KB182764

호주	어디까지 가봤니?

나의 호주 여행 다이어리

I ♥ AUSTRALIA

Travelike

SYD
AUSTRALIA

DATA	WEIGHT	FLIGHT
15 AUG	15.0	RA 573

AIRLINE BAGGAGE

뉴사우스웨일스
New South Wales

호주의 역사가 시작된 곳이자 인구가 가장 많은 주. 동쪽 해안을 따라 시드니, 뉴캐슬 등의 도시가 자리 잡고 있으며 내륙의 블루마운틴산맥과 와인 산지 등 볼거리가 풍성하다.

Capital City

세계 3대 미항 **시드니**　　▶ 2권 P.010

Date.

Memo.

푸른 안개에 휩싸인 태고의 협곡 **블루마운틴**　　▶ 2권 P.090

Date.

Memo.

돌고래 투어와 사막 샌드보딩 **포트스티븐스**　　▶ 2권 P.154

Date.

Memo.

바다와 등대가 어우러진 포토존 **울런공**　　▶ 2권 P.111

Date.

Memo.

호주 대륙의 동쪽 끝 **바이런베이** ▶▶ 2권 P.160

Date.

Memo.

호주 와인의 자존심 **헌터밸리** ▶▶ 2권 P.082

Date.

Memo.

오스트레일리아캐피털테리토리
Australian Capital Territory

정부 기관이 모인 정치 · 행정의 중심지 캔버라가 바로 여기에 있다. 시드니와 멜버른 중간 지점에 건설한
독립 행정구역이며 지리적으로는 뉴사우스웨일스에 둘러싸여 있다.

Capital City

호주의 건국이념을 담아 건설한 계획도시 **캔버라** ▶▶ 2권 P.120

Date.

Memo.

퀸즐랜드
Queensland

산호초의 바다 그레이트배리어리프와 신비로운 열대우림이 기다리는 곳이다.
비가 많이 내리는 우기만 피해 간다면 태양이 반짝이는 선샤인 스테이트의 진면목을 확인할 수 있다.

퀸즐랜드 여행의 관문 **브리즈번**　　▶ 2권 P.164

Date.

Memo.

호주 최고의 엔터테인먼트 시티 **골드코스트**　　▶ 2권 P.200

Date.

Memo.

파도가 밀려드는 곳 **누사헤즈(선샤인코스트)**　　▶ 2권 P.254

Date.

Memo.

언제나 여름인 액티비티의 천국 **케언스**　　▶ 2권 P.218

Date.

Memo.

1만 년 역사를 지닌 부족 마을 **쿠란다** ▶ 2권 P.235

Date.

Memo.

남회귀선 기념비에서 인증샷 **록햄프턴** ▶ 2권 P.250

Date.

Memo.

그레이트배리어리프의 핵심 **휘트선데이 제도** ▶ 2권 P.248

Date.

Memo.

세계에서 가장 큰 모래섬 **프레이저 아일랜드** ▶ 2권 P.256

Date.

Memo.

빅토리아
Victoria

호주 대륙 남쪽에 있어 서늘하고 쾌적한 기후가 특징인 풍요로운 주.
커피의 도시 멜버른, 골드러시 시기에 번성한 소도시와 마을을 여행해보자.

Capital City

문화·예술의 수도 **멜버른**

▶ 3권 P.010

Date.

Memo.

포도가 무르익는 전원 속으로 **야라밸리**

▶ 3권 P.062

Date.

Memo.

증기기관차 퍼핑 빌리 타고 떠나는 여행 **단데농**

▶ 3권 P.059

Date.

Memo.

호주 최대의 리틀펭귄 서식지 **필립 아일랜드**

▶ 3권 P.068

Date.

Memo.

12사도 바위와 꿈의 해안 도로 **그레이트 오션 로드**　▶ 3권 P.076

Date.

Memo.

황금의 땅 빅토리아의 자부심 **밸러랫 & 벤디고**　▶ 3권 P.096

Date.

Memo.

태즈메이니아 Tasmania

전체 면적의 절반 이상이 보호구역으로 지정될 만큼
자연 그대로의 풍경을 간직한 섬이다.
크레이들 마운틴에서 세계 10대 트레킹 코스를 걸어보자.

Capital City

19세기 문화유산이 가득! **호바트**　▶ 3권 P.106

Date.

Memo.

태즈메이니아의 지붕 **크레이들 마운틴**　▶ 3권 P.127

Date.

Memo.

사우스오스트레일리아 & 웨스턴오스트레일리아 & 노던테리토리
South Australia & Western Australia & Northern Territory

Capital City

공원으로 둘러싸인 계획도시 **애들레이드**

▶ 3권 P.132

Date.

Memo.

캥거루와 물개의 천국 **캥거루 아일랜드**

▶ 3권 P.155

Date.

Memo.

Capital City

눈부시게 변화하는 웨스턴오스트레일리아의 주도 **퍼스**

▶ 3권 P.170

Date.

Memo.

쿼카가 살고 있는 힐링의 섬 **로트네스트 아일랜드**

▶ 3권 P.196

Date.

Memo.

호주 대륙의 근원 **울루루-카타 추타 국립공원**

▶ 3권 P.224

Date.

Memo.

2025-2026
최신 개정판

팔로우 호주

시드니 · 브리즈번 · 멜버른 · 퍼스

팔로우 호주
시드니 · 브리즈번 · 멜버른 · 퍼스

1판 1쇄 발행 2023년 12월 26일
2판 1쇄 인쇄 2025년 1월 3일
2판 1쇄 발행 2025년 1월 14일

지은이 | 제이민
발행인 | 홍영태
발행처 | 트래블라이크
등 록 | 제2020-000176호(2020년 6월 24일)
주 소 | 03991 서울시 마포구 월드컵북로6길 3 이노베이스빌딩 7층
전 화 | (02)338-9449
팩 스 | (02)338-6543
대표메일 | bb@businessbooks.co.kr
홈페이지 | http://www.businessbooks.co.kr
블로그 | http://blog.naver.com/travelike1
인스타그램 | travelike_book
ISBN 979-11-987272-8-2 14980
    979-11-982694-0-9 14980 (세트)

팔로우 호주

시드니 · 브리즈번 · 멜버른 · 퍼스

제이민 지음

Travelike

글·사진
제이민 Jey Min

여행작가. 미국 뉴욕주 변호사
네이버 파워 블로거 선정을 계기로 본격적인 여행작가의 길로 들어섰다. 여행을 좋아하는 부모님의
차에 실려 어린 시절부터 세계 곳곳을 여행했으며, 오랜 해외 생활을 통해 누적한 경험을 책에
충실하게 녹여내고 있다. 니콘 클럽N 앰배서더(3기) 등 사진작가로도 활동 중이다. 저서로《팔로우
호주》,《팔로우 뉴질랜드》,《호주 100배 즐기기》,《디스 이즈 미국 서부》,《미식의 도시 뉴욕》
등이 있다.

홈페이지 in.naver.com/travel **인스타그램** @jeymin.ny

지난 1년 동안《팔로우 호주》를 사랑해주신 많은 분들께 감사의 인사를 드립니다. 덕분에 새로운
개정판을 낼 수 있었습니다. 호주의 여러 도시와 자연을 낱낱이 엮어 하나의 큰 그림으로 완성한다는 것이
결코 쉬운 일은 아니었으나, 제 경험을 가장 효과적으로 전달하기 위해 언제나처럼 최선을 다했습니다.

아주 특별한 책을 만들고 널리 알려 주신 출판사 담당자분들, 늘 함께 해주는 원동권 작가,
그리고 독자 여러분께 진심으로 감사드립니다.

사진
원동권 Dongkwon Won

호주생활 14년차 여행작가.《팔로우 뉴질랜드》공동저자
송희, 지아, 지오. 사랑하는 가족과 함께라면 그곳이 곧 집!
여행과 캠핑을 좋아해 머나먼 서호주의 오지부터 시드니와
멜버른, 태즈메이니아까지, 호주 대륙 구석 구석 가보지 않은
곳이 없다. 제이민 작가와《팔로우 호주》,《호주 100배 즐기기》를
만들었다.

인스타그램 @go_hoju

이 책에는 광활한 호주 대륙을 돌아본

43,827km의 여정이 빠짐없이

기록되어 있습니다. 팬데믹 기간 중에도

그 이후에도 꾸준한 취재를 통해 현지의 생생한 정보를 담았습니다.

아득한 해변과 산호초의 바다, 희귀동물이 서식하는 울창한 밀림, 거친 사막과 눈 내리는

고산지대까지, 사계절 내내 여행을 가능케 하는 광활한 대지를 가진 나라.

세계에서 가장 큰 섬이자 가장 작은 대륙인 호주를 탐구할수록 놀라움은 커져만 갑니다.

낮에는 눈부시게 새하얀 모래사장을 걷다가 유칼립투스 나무로 둘러싸인 숲속 캠핑장으로

돌아오면, 저녁 무렵 무리 지어 동네 잔디밭으로 껑충껑충 뛰어오는 캥거루도 만날 수 있죠.

어디 그뿐인가요? 시드니와 멜버른 같은 대도시에서는 전 세계 그 어디와 견주어도

뒤지지 않는 맛집 탐방과 문화생활도 가능합니다.

영국에 대한 향수와 미국의 개척 정신이 공존하는 호주는 앞으로 쌓아 나가야 할 서사가

훨씬 많은 나라입니다. 그 덕분에 기존의 고정관념을 깨는 실험과 도전이 기꺼이 받아들여지고

있다는 걸 곳곳에서 느낄 수 있습니다. 그러니 호주에서라면 여러분이 내딛는 한 걸음 한 걸음이

곧 새로운 여정이 될 것입니다.

남반구를 환히 밝히는 남십자성처럼

《팔로우 호주》가 여러분께 소중한 길잡이가 되기를 바라면서!

저자 드림

1권 최강의 플랜북

3권으로 분권한 목차를 모두 정리했습니다. 찾고 싶은 여행지와 정보를 권별로 간편하게 찾아보세요.

2권 호주 동부 실전 가이드북

3권 호주 남서부 실전 가이드북

《팔로우 호주》사용법

HOW TO FOLLOW AUSTRALIA

01 일러두기

- 이 책에 실린 정보는 2024년 12월까지 수집한 자료를 바탕으로 하며 이후 변동될 가능성이 있습니다.
현지 교통편과 관광 명소, 상업 시설의 운영 시간과 비용 등은 현지 사정에 따라 수시로 바뀔 수 있으니
여행을 떠나기 전 다시 한번 확인하기 바랍니다.

- 호주의 화폐 단위는 호주 달러Australian dollar(AUD, A$)이며 책에서는 편의상 '$(달러)'로 표기했습니다.
호주 현지에서도 $로 표기합니다. 요금은 대개 성수기의 성인 요금을 기준으로 기재했으나
여행 시즌별로 변동 폭이 크기 때문에 대략적인 선으로만 참고하기 바랍니다.

- 본문에 사용한 지명, 상호명 등은 국립국어원 외래어표기법을 최대한 따랐으나, 현지 발음과 현저한 차이가
있는 경우 통상적으로 사용하는 명칭을 표기했습니다. 또한 현재 호주는 근대에 붙인 영문 지명을
토착 원주민이 사용하던 본래 지명으로 복원하는 정책을 표기하고 있습니다. 여행자의 편의를 위해 익숙한
지명을 우선으로 표기했으나 필요한 경우 원주민어 명칭을 병기했습니다.

- 추천 일정과 차량 및 도보 이동 시간, 대중교통 정보는 현지 사정과 개인의 여행 스타일에 따라 크게 달라질
수 있다는 점을 고려하여 일정을 계획하기 바랍니다.

02 책의 구성

- **이 책은 크게 세 파트로 나누어 분권했습니다.**

  1권 호주 여행을 준비하는 데 필요한 준비 정보와 꼭 경험 해봐야 할 여행법을 제안합니다.
  2권 호주 동부 시드니를 기준으로 북쪽 브리즈번으로 올라가거나 남쪽 캔버라로 내려가는 순서로
  구성했습니다.
  3권 호주 남부 멜번른을 기준으로 태즈메이니아와 애들레이드를 거쳐 서부 퍼스와 북부 다윈,
  대륙 중앙의 울루루까지 시계 방향으로 구성했습니다.

- **주 이름의 약어 인덱스 표기**

  각 지역 페이지 오른쪽 상단에 해당 주의 약어를
  표기해 쉽게 찾아볼 수 있게 했습니다.
  주 이름의 영문 약어는 현지에서 내비게이션으로
  길을 안내하는 경우나 우편번호에도 자주
  등장하므로 약어를 익혀두면 여러모로 편리합니다.

  - 뉴사우스웨일스(NSW)
  - 퀸즐랜드(QLD)
  - 빅토리아(VIC)
  - 태즈메이니아(TAS)
  - 사우스오스트레일리아(SA)
  - 웨스턴오스트레일리아(WA)
  - 노던테리토리(NT)

(03) 본문 보는 법

대도시는 존(ZONE)으로 구분
볼거리가 많은 대도시는 존으로 나눠 핵심
명소와 연계한 주변 볼거리를 한눈에 파악할 수
있게 구성했습니다. 추천 코스를 참고해 하루
일정을 짜면 효율적인 여행이 가능합니다.

놓치지 말아야 할 관광 포인트
핵심 볼거리는 매력적인 테마 여행법으로
세분화하고 풍부한 읽을거리, 사진, 지도 등과
함께 소개해 더욱 알찬 여행을 할 수 있습니다.

믿고 보는 맛집 정보
상업 스폿의 위치와 유형,
주메뉴, 장·단점을 요약
정리했습니다.
위치 해당 장소와 가까운 지역
유형 유명 맛집, 로컬 맛집,
신규 맛집 등으로 분류
주메뉴 대표 메뉴나 인기 메뉴
☺ ☹ 좋은 점과 아쉬운 점에
대한 작가의 견해

> **위치** 오페라하우스 내부
> **유형** 유명 맛집
> **주메뉴** 파인다이닝
> ☺ → 시드니 오페라하우스의 상징
> ☹ → 예약 필수, 예약 경쟁 치열

NATURE TRIP
호주 특유의 자연을 경험할
수 있는 국립공원과 섬
여행법을 소개합니다.
주요 볼거리와 꼭 알아야 할
여행 팁을 짚어줍니다.

블루마운틴
BLUE MOUNTAINS

ROAD TRIP
주요 스폿 간 거리와 이동
시간을 한눈에 파악할 수
있는 개념 지도를 함께
구성했습니다. 자동차 여행에
참고하기 좋은 정보입니다.

시드니 남부 해안 도로
사우스 코스트
SOUTH COAST

지도에 사용한 기호 종류									
관광 명소	공항	기차역	버스 터미널	페리 터미널	케이블카	비지터 센터	산	공원	뷰 포인트

약어 표기					
St ▸ Street	**Ave** ▸ Avenue	**Blvd** ▸ Boulevard	**Ln** ▸ Lane		**Dr** ▸ Drive
Hwy ▸ Highway	**Mt** ▸ Mount	**NP** ▸ National Park	**Nat'l** ▸ National		**St** ▸ Saint

내 취향에 맞는 **호주 여행지 선택하기**

당신에게 맞는 호주 여행법은? 질문을 읽고 YES/NO 중 선택해 화살표를 따라가보세요!

Start!

SNS 인증샷은 필수! 유명한 건 꼭 봐야 함 —NO→ **액티비티를 좋아함** —YES→ **바다를 좋아함**

YES ↓   NO ↓   NO ↓

카페·맛집 투어를 좋아함 —NO→ **힐링 여행이 취향** —YES→ **트레킹을 좋아함**

YES ↓   NO ↓   NO ↓   YES ↓

미술관·박물관에 관심 많음 —NO→ **운전 가능**   **와인을 특별히 좋아함**

YES ↓   YES ↓   NO ↓   NO ↓   YES ↓

멜버른

문화·예술의 도시에서 다양한 매력을 느끼며 유럽풍 낭만에 취해보기!

시드니

호주를 대표하는 관광 명소부터 쇼핑까지 모든 취향을 만족시켜줄 호주 제1의 도시 즐기기!

헌터밸리 & 바로사밸리

아름다운 들판에서 와이너리 투어 어때요? 자연을 즐기는 와인 애호가를 위한 스피릿 로드로 출발!

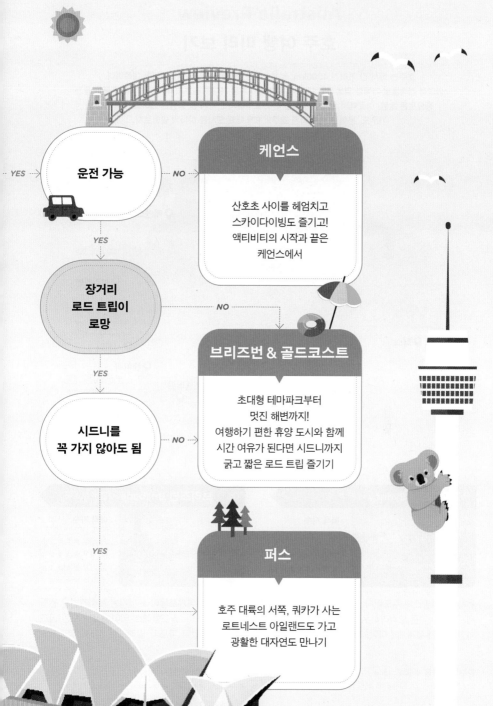

YES →

운전 가능

NO →

YES ↓

장거리 로드 트립이 로망

NO →

YES ↓

시드니를 꼭 가지 않아도 됨

NO →

YES ↓

케언스

산호초 사이를 헤엄치고
스카이다이빙도 즐기고!
액티비티의 시작과 끝은
케언스에서

브리즈번 & 골드코스트

초대형 테마파크부터
멋진 해변까지!
여행하기 편한 휴양 도시와 함께
시간 여유가 된다면 시드니까지
굵고 짧은 로드 트립 즐기기

퍼스

호주 대륙의 서쪽, 쿼카가 사는
로트네스트 아일랜드도 가고
광활한 대자연도 만나기

Australia Preview
호주 여행 미리 보기

호주는 동서 간 거리가 4000km, 남북으로는 3600km에 달하는 거대한 대륙이다.
현대적 건축물로 가득한 역동적인 대도시, 세계에서 가장 거대한 산호초 바다, 소와 양이 풀을 뜯는
풍요로운 초원, 아웃백의 무한한 지평선까지, 호주에서 만나게 될 풍경은 그야말로 각양각색!
기후도, 문화도 서로 다른 호주의 8개 대표 도시를 하나씩 알아보자.

다윈

노던테리토리
(NT)

케언스

퀸즐랜드
(QLD)

웨스턴오스트레일리아
(WA)

울루루

브리즈번

사우스오스트레일리아
(SA)

퍼스

애들레이드

뉴사우스웨일스
(NSW)

시드니

캔버라

멜버른

오스트레일리아
캐피털테리토리
(ACT)

빅토리아(VIC)

태즈메이니아(TAS)

호바트

NSW 시드니 Sydney ▸2권 P.010

매력 지수

🏛 관광 ★★★★★
🍴 미식 ★★★★★
🏊 체험 ★★★★★
⛱ 휴양 ★★★★☆

뉴사우스웨일스의 주도이자 호주를 대표하는 도시.
세계적인 아이콘 오페라하우스와 하버 브리지의 완
벽한 조화가 세계 3대 미항의 풍경을 완성한다.

원주민어 명칭 워랭Warrane
#오페라하우스 #하버브리지 #본다이비치 #블루마운틴

QLD 브리즈번 Brisbane ▸2권 P.164

매력 지수

🏛 관광 ★★★☆☆
🍴 미식 ★★★★☆
🏊 체험 ★★★★★
⛱ 휴양 ★★★★★

열대지방의 여유로움이 느껴지는 브리즈번은 퀸즐
랜드의 주도다. 월드클래스 테마파크가 모인 골드
코스트, 끝없이 파도가 밀려드는 선샤인코스트도
가깝다.

원주민어 명칭 미안진Meeanjin
#나이트마켓 #그레이트배리어리프 #골드코스트

ACT 캔버라 Canberra ▸2권 P.120

매력 지수

🏛 관광 ★★★☆☆
🍴 미식 ★★☆☆☆
🎡 체험 ★☆☆☆☆
⛱ 휴양 ★★☆☆☆

호주의 수도 캔버라는 건국이념과 정치적 요소를 철학적으로 담아낸 계획도시다. 시드니와 멜버른의 중간 지점에 건설한 오스트레일리아캐피털테리토리에 있다.

원주민어 명칭 캔버라

#호주의수도 #플로리아드 #계획도시

VIC 멜버른 Melbourne ▸3권 P.010

매력 지수

🏛 관광 ★★★★☆
🍴 미식 ★★★★★
🎡 체험 ★★★★★
⛱ 휴양 ★★★★☆

호주 문화 · 예술의 수도라 불릴 정도로 축제가 끊이지 않는 빅토리아의 주도. 유럽풍 카페 골목에서 즐기는 커피는 더없이 특별하고, 그레이트 오션 로드의 해안 도로가 가슴을 설레게 한다.

원주민어 명칭 나름Narrm

#시티서클트램 #커피의도시 #그레이트오션로드

TAS 호바트 Hobart ▸3권 P.106

매력 지수

🏛 관광 ★★★★☆
🍴 미식 ★★☆☆☆
🎡 체험 ★★★☆☆
⛱ 휴양 ★★★★☆

호주에서 가장 큰 섬 태즈메이니아는 산과 호수, 희귀한 동물을 만나러 떠나는 힐링 여행지다. 제대로 여행하려면 일단 주도인 호바트까지 비행기로 날아가야 한다.

원주민어 명칭 니팔루나Nipaluna

#항구도시 #청정자연 #크레이들마운틴

SA 애들레이드 Adelaide ▸3권 P.132

매력 지수

🏛 관광 ★★★★☆
🍴 미식 ★★★☆☆
🎡 체험 ★★★☆☆
⛱ 휴양 ★★☆☆☆

공원으로 둘러싸인 아름다운 도시 애들레이드는 사우스오스트레일리아(남호주)의 주도. 호주 종단 · 횡단 열차가 지나는 교통의 요지이며 호주 최대 와인 산지와 가깝다.

원주민어 명칭 탄탄야Tartanya

#호주대륙의중간 #바로사밸리 #캥거루아일랜드

WA 퍼스 Perth ▸3권 P.170

매력 지수

🏛 관광 ★★★☆☆
🍴 미식 ★★★☆☆
🎡 체험 ★★★★☆
⛱ 휴양 ★★★★☆

환상적인 도심 공원과 풍요로운 강변에 건설한 웨스턴오스트레일리아(서호주)의 주도. 호주의 새로운 아이콘으로 떠오른 쿼카와 함께 인증샷을 남기려면 퍼스로!

원주민어 명칭 부얼루Boorloo

#인도양 #스완강 #프리맨틀 #쿼카

NT 다윈 Darwin ▸3권 P.222

매력 지수

🏛 관광 ★★☆☆☆
🍴 미식 ★★☆☆☆
🎡 체험 ★★★☆☆
⛱ 휴양 ★★★★☆

발리나 파푸아뉴기니와 가까워 남태평양의 정취가 느껴지는 호주 최북단 도시다. 다윈을 베이스캠프 삼아 노던테리토리(노던준주)에서 진정한 아웃백을 만나보자.

원주민어 명칭 골롬메르드젠Gulumerrdgen

#남태평양 #울루루 #카카두국립공원

ATTRACTION

ACTIVITY

EAT & DRINK

SHOPPING

Bucket List

호주 여행 버킷 리스트

시드니 천문대 언덕 ▶ 2권 P.042

ATTRACTION

☑ BUCKET LIST 01

여기가 호주였어?
호주를 알리는
대표 랜드마크

호주 하면 생각나는 곳! 뚜렷한 존재감으로 호주의 도시와 자연을 빛내는 랜드마크를 모았다.
국토 면적이 넓은 호주에서는 목적지가 어느 도시와 가까운지, 가는 데 시간은 얼마나
걸리는지 등 편의성을 따져보는 것도 중요하다. 한 장소를 가기 위해 먼 거리를 이동하거나
접근성이 떨어지는 경우 난이도를 '상', 도시와 가까운 곳일수록 '하'로 표시했다.

NSW 시드니 오페라하우스 *Sydney Opera House*

시드니 항구를 가장 아름답게 빛내는 건축물로, 인간의 창의성이 빚어낸 걸작이라 불리는 유네스코 세계문화유산이다. 오페라하우스 앞 광장은 관광객과 시민들의 쉼터이자 새해 불꽃놀이와 비비드 시드니 등 시즌별로 축제가 열리는 핫 플레이스다. ▶ 2권 P.030

가는 방법	시드니 중심가
방문 난이도	하
소요 시간	1~2시간

What else?
여러 전망 포인트에서 오페라하우스 입체적으로 감상하기

VIC 플린더스 스트리트 기차역 *Flinders Street Railway Station*

1851년 골드러시 시기에 지은 호주 최초의 기차역이자 멜버른의 중앙역이다. 웅장한 청동 돔 건물 앞으로 클래식 트램이 지나가는 장면이 멜버른의 상징이다. 바로 옆 페더레이션 스퀘어는 멜버른 컵, 안작 데이, 오스트레일리안 데이 등 중요한 행사 때마다 이벤트 장소로 활용한다. ▶ 3권 P.025

가는 방법	멜버른 중심가
방문 난이도	하
소요 시간	30분 미만

What else?
기차 타고 멜버른 근교 여행 떠나기

VIC

12사도 바위 *Twelve Apostles*

그레이트 오션 로드를 세계적 명소로 만든 것은 '12사도 바위'라는 이름으로 알려진 석회암 기둥이다. 가파른 해안 절벽을 따라 기암 괴석이 장관을 이루는 자동차 도로를 달리며 멋진 드라이브를 즐기자. 포트 캠벨 국립공원 안에 있으며, 주변의 다른 명소와 묶어 하루나 이틀 일정으로 여행하기 적당하다.

▶ 3권 P.087

가는 방법	멜버른에서
	자동차로 3시간
방문 난이도	중
소요 시간	하루

What else?
로크 아드 협곡에
숨은 해변 찾아가기

NT

울루루 *Uluru*

호주 중심에 해당하는 붉은 땅, 레드 센터Red Centre를 지키는 거대한 단일 암체. 호주 대륙의 근원으로 여겨온 원주민들의 오랜 성지다. 일출과 일몰 무렵이면 오묘한 색으로 빛나는 바위를 보기 위해 비행기를 타고 날아가는 수고도 충분히 감수할 만하다. ▶ 3권 P.229

가는 방법	시드니 등 주요 도시에서
	비행기로 3시간
방문 난이도	상
소요 시간	최소 2~3일

What else?
인근의 바위산 카타 추타도
함께 다녀오기

QLD 하트 리프 *Heart Reef*

세계 최대의 산호초 지대인 그레이트배리어리프에서 가장 깜찍한 모양을 한 산호초다. 해밀턴 아일랜드에서 헬리콥터를 타고 갈 수 있으며, 인공 플랫폼에 잠시 상륙하는 것도 가능하다. 대도시에서 거리가 꽤 멀지만 퀸즐랜드를 제대로 보고 싶다면 가볼 만한 곳! ▶ 2권 P.249

가는 방법	에얼리비치에서 페리를 타고 해밀턴 아일랜드 방문
방문 난이도	상
소요 시간	최소 2~3일

What else?
스노클링과 스쿠버다이빙 즐기기

NSW 스리 시스터스 *Three Sisters*

푸른 안개에 휩싸인 태고의 협곡, 유칼립투스 나무로 둘러싸인 블루마운틴을 배경으로 우뚝 솟은 세 봉우리는 일명 '세자매봉'이라는 이름으로 우리에게 더 잘 알려져 있다. 대중교통으로 다녀올 수 있을 만큼 편의 시설이 완벽하게 갖춰졌고 주변 볼거리도 풍부해 사계절 붐비는 명소다. ▶ 2권 P.094

가는 방법	시드니에서 자동차 또는 기차로 2시간
방문 난이도	하
소요 시간	하루

What else?
절벽 산책로에서
포토 스폿 찾아보기

TAS 크레이들 마운틴 *Cradle Mountain*

호주에서 가장 큰 섬인 태즈메이니아에는 빙하가 깎아낸 험준한 산맥과 호수로 이루어진 원시의 자연이 살아 있다. 시드니에서 호바트까지 비행기로 2시간을 더 날아가야 하는 고립된 곳으로, 세계 10대 트레킹 루트로 불리는 전 세계 산악인들의 성지다. ▶ 3권 P.127

가는 방법	시드니에서 비행기, 또는 멜버른에서 페리
방문 난이도	상
소요 시간	최소 4~7일

What else?
프레이시넷 국립공원도 놓치지 말 것

WA 피너클스 *The Pinnacles*

독특한 자연경관으로 사진과 미디어에 수없이 노출된 서호주의 대표적 여행지다. 수천 개의 크고 작은 석회암 기둥 사이를 걷다 보면 마치 달 표면이나 외계 행성을 걷는 듯한 기분이 든다. ▶ 3권 P.205

가는 방법	퍼스에서 자동차로 2시간
방문 난이도	중
소요 시간	반나절

What else?
란셀린 사막에서 샌드보딩 즐기기

SA & WA 핑크 호수 *Pink Lakes*

호염성 미생물의 영향으로 특정 시기가 되면 호수가 짙은 핑크빛으로 물드는 더없이 신비로운 풍경이 SNS를 통해 알려졌다. 레이크 힐리어Lake Hillier나 레이크 에어Lake Eyre가 가장 유명하지만 경비행기를 타고 가야 한다. 이 외에도 남호주와 서호주에는 자동차로 방문할 수 있는 핑크 호수가 여럿 있다.
▶ 3권 P.157, P.160, P.163, P.207

가는 방법	애들레이드 또는 퍼스
방문 난이도	최상
소요 시간	장기간의 로드 트립

What else?
호주에서 가장 긴 직선도로
'에어 하이웨이' 달려보기

WA

벙글 벙글 *Bungle Bungles*

호주의 마지막 개척지라 불릴 정도로 척박한 오지인 킴벌리 쪽에 있어 쉽게 갈 수 없는 곳이지만 지구의 비밀을 간직한 카르스트 지형이 놀라울 만큼 아름답다. ▶ 3권 P.217

가는 방법	다윈에서 1140km
방문 난이도	최상
소요 시간	최소 3~4일

What else?
신비로운 빛의 협곡 에키드나 캐즘
탐험하기

ATTRACTION

☑ BUCKET LIST **02**

시티뷰, 하버뷰, 오션뷰 다 모았다!
호주 최고의 전망대

높은 곳에 올라 도시 전경을 감상하는 것은 언제나 특별한 경험이다.
예약해야 하는 곳이 많아서 방문하려는 도시에 어떤 특징의 전망대가 있는지
미리 알아두면 여행 계획을 세우는 데 도움이 된다. 특히 최근에는 단순히
풍경을 감상하는 데 그치지 않고 교량 위로 걸어 올라가는 브리지클라임이나
집라인 등의 액티비티를 함께 즐길 수 있는 곳이 많다.

	시드니	브리즈번	골드코스트	멜버른	애들레이드	퍼스
장소	하버 브리지	스토리 브리지	스카이포인트	멜버른 스카이데크	애들레이드 오벌	마타가럽 브리지
종류	다리	다리	고층 빌딩	고층 빌딩	경기장	다리
높이	134m	74m	270m	285m	50m	72m
전망	오페라하우스와 시드니 하버	브리즈번강과 캥거루 포인트	서퍼스 파라다이스	멜버른 중심가와 강변	경기장과 파크 랜즈	옵터스 스타디움과 퍼스 중심가
액티비티	브리지클라임	브리지클라임	건물 외벽 클라임	엣지 체험	루프클라임	집라인 & 브리지클라임

`NSW` `시드니`

브리지클라임 시드니

BridgeClimb Sydney

▶ 2권 P.037

시드니 하버 전경을 가장 아름다운 위치에서 바라볼 수 있는 장소는 바로 시드니의 랜드마크인 하버 브리지다. 다리 정상부인 아치 크라운까지 1621개의 계단을 올라가야 하는 브리지클라임이 부담스럽다면 교각 위의 야외 전망대 파일론 룩아웃에서 비슷한 풍경을 감상할 수 있다. 시드니에서 가장 높은 건물인 타워 아이에도 전망대가 있는데, 다른 고층 빌딩이 시야를 가리기 때문에 인기는 다소 덜하다. 하지만 엘리베이터를 타고 쉽게 올라갈 수 있으며 250m 높이에서 파노라마 전망을 즐길 수 있다. 타워 아이에도 건물 외벽을 타고 올라가는 스카이워크 액티비티가 있다.

장소	브리지클라임	파일론 룩아웃	시드니 타워 아이
종류	액티비티	야외 전망대	실내 전망대
소요 시간	3시간	30분	1시간
난이도	상	중	하

`QLD` `브리즈번`

스토리 브리지 어드벤처 클라임

Story Bridge Adventure Climb

▶ 2권 P.186

브리즈번강의 상징적 다리인 스토리 브리지에서 경치를 감상하려면 1138개의 계단을 올라가는 방법밖에 없다. 고층 빌딩 뒤로 해가 저물고 조명이 켜지는 늦은 오후 시간이 가장 인기 있다. 매일 첫 타임에는 할인 혜택이 있다. 브리즈번의 또 다른 전망대로는 강변에 설치된 대관람차, 휠 오브 브리즈번이 있다.

장소	스토리 브리지클라임	휠 오브 브리즈번
종류	액티비티	대관람차
소요 시간	2시간	20분
난이도	상	하

QLD 골드코스트

스카이포인트 옵저베이션 데크

SkyPoint Observation Deck

➡ 2권 P.210

퀸즐랜드의 눈부신 해안선과 해변, 서퍼스 파라다이스의 빌딩 숲, 내륙 쪽 인공 운하와 평야까지 탁 트인 전망을 감상할 수 있는 고층 빌딩이다. 230m 높이인 77층까지는 누구나 엘리베이터를 타고 올라갈 수 있다. 추가로 클라이밍 액티비티를 신청한 사람은 건물 외벽 사다리를 이용해 270m까지 298개의 계단을 걸어 올라간다. 그야말로 아찔한 높이라서 담력이 무엇보다 중요하다.

장소	스카이포인트 전망대
종류	실내 전망대 & 레스토랑
소요 시간	30분~1시간
난이도	하

장소	스카이포인트 클라임
종류	액티비티
소요 시간	1시간 30분
난이도	상

> **TIP! 예약 전 주의 사항**
> 다리나 고층 빌딩에 설치된 계단을 걸어 오르는 클라이밍 액티비티는 기본적인 체력은 물론이고 높은 고도에 적응할 수 있는 담력이 필수다. 안전 장비를 착용해야 하며 카메라, 휴대폰 등은 휴대가 불가능하다. 연령 제한도 있으니 예약할 때 업체별로 조건을 확인할 것. 야외 활동이라서 날씨의 영향을 받기 때문에 더운 계절이라면 늦은 오후나 저녁, 겨울에는 낮 시간이 적당하다.

VIC 멜버른

멜버른 스카이데크

Melbourne Skydeck

➡ 3권 P.038

플린더스 스트리트 기차역과 페더레이션 스퀘어, 야라강과 빅토리아 왕립 식물원 등 멜버른의 핵심 랜드마크와 아름다운 자연을 눈에 담을 수 있는 곳이다. 일반 전망대는 285m 높이인 88층에 있으며 89층은 레스토랑이다. 건물 외벽을 타고 오르는 액티비티는 없지만, 바깥으로 돌출된 유리 큐브에서 인증샷을 남기는 '엣지The Edge'를 추가할 수 있다. 가장 인기 있는 시간은 노을이 질 무렵이다.

장소	스카이데크	엣지
종류	실내 전망대 & 레스토랑	액티비티
소요 시간	30분~1시간	10분
난이도	하	하

루프클라임
애들레이드 오벌
RoofClimb Adelaide Oval

▶ 3권 P.150

고층 빌딩이 많지 않은 애들레이드에는
초대형 경기장의 구조물과 지붕을 따라
걷는 루프클라임이라는 독특한 액티비티
가 있다. 맨 꼭대기에 오르면 도시를 둘러
싼 아름다운 녹지와 토렌스강이 내려다보
인다. 높이가 50m에 불과해 만만할 것 같
지만 적게는 1000개, 많게는 6000개의
계단을 오르는 프로그램이 난이도별로 나
뉘어 있다. 경기가 있는 날에는 지붕에 마
련된 특별석을 판매하기도 한다.

장소	**스타디움 투어**	**루프클라임**
종류	일반 경기장 관람	액티비티
소요 시간	1시간 30분	2시간
난이도	하	중~상

마타가럽 집+
클라임
Matagarup Zip+Climb

▶ 3권 P.188

퍼스를 대표하는 도심 공원인 킹스 파크 언덕 위에서 보는 퍼스 전경도 물론
멋있지만, 마타가럽 다리 꼭대기(72m)에 설치된 전망대까지 걸어 올라갔
다가 아찔한 집라인을 타고 내려오는 복합 액티비티는 재미와 편리함을 모
두 잡은 관광 상품이다. 전망대에서는 옵터스 스타디움과 스완강의 근사한
전경이 내려다보인다.

장소	**마타가럽 브리지**	**킹스 파크 전망대**
종류	액티비티	야외 언덕
소요 시간	2시간	1시간
난이도	중	하

☑ BUCKET LIST **03**

현지인의 일상 속으로!

호주 마켓과 축제

호주 마켓은 현지인의 일상을 체험할 수 있는 곳일 뿐 아니라 공연과 놀이 기구까지
등장하는 축제 그 자체다. 정식으로 건물에 자리한 상설 시장, 요일별로 열리는 재래시장,
그리고 시즌에 따라 호주 여러 곳을 찾아다니는 비정기적 마켓이 있다.

나이트 마켓

저녁에 열리는 야시장, 나이트 마켓은 상상을 초월하는 스케일의 푸드 테마파크에 가깝다. 보통 늦은 오후부터 문을 열지만 화려한 조명을 밝혔을 때 가야 제대로 된 분위기를 느낄 수 있다. 1년 내내 정기적으로 여는 곳은 브리즈번의 이트 스트리트Eat Street가 대표적이고, 멜버른의 재래시장 퀸 빅토리아 마켓이 문을 닫는 날에 맞춰 열리는 나이트 마켓도 매우 특별하다. 호주 최대 규모라는 스트리트 푸드 라이브Street Food Live와 아시아 음식을 중점적으로 취급하는 나이트 누들 마켓은 주요 도시를 찾아다니며 1년에 한두 번씩 열리는 음식 축제다.

마켓별 특징	도시	운영	찾아보기
이트 스트리트 ▶ 브리즈번에서 가장 큰 푸드 축제	브리즈번	금 · 토 · 일요일	2권 P.190
퀸 빅토리아 나이트 마켓 ▶ 시즌별로 콘셉트를 달리하는 스트리트 푸드 축제	멜버른	수요일	3권 P.056
트와일라잇 호커스 마켓 ▶ 여름철에 금요일 밤을 장식하는 음식 축제	퍼스	10~3월 금요일	3권 P.190
민딜 비치 선셋 마켓 ▶ 노을을 감상하며 즐기는 해변 축제	다윈	4~10월 목 · 일요일	3권 P.223
스트리트 푸드 라이브 ▶ 호주 최대 규모의 푸드 트럭 축제	주요 도시	유동적	thestreetfoodlive.com
나이트 누들 마켓 ▶ 아시아 음식을 중점적으로 연간 1~2회 열리는 축제	주요 도시	유동적	nightnoodlemarkets.com.au

데이 마켓

호주 사람들은 어디서 장을 볼까? 대형 마트를 제치고 멜버른 퀸 빅토리아 마켓 같은 재래시장이 건재하는 까닭은 신선한 과일이나 채소를 파는 파머스 마켓이 무척 활성화되어 있기 때문이다. 또한 시드니의 패딩턴 마켓처럼 신예 디자이너가 작품을 선보이는 기회를 제공하기도 한다. 여기에 소개한 장소는 극히 일부! 어느 도시를 방문하든 크고 작은 마켓이 열리니 꼭 한번 경험해보자.

마켓별 특징	도시	운영	찾아보기
퀸 빅토리아 마켓 ▶ 145년 전통의 재래시장	멜버른	월 · 수요일 휴무	3권 P.056
패딩턴 마켓 ▶ 현지인이 많이 찾는 수공예품 마켓	시드니	토요일	2권 P.080
오리지널 레인포레스트 마켓 ▶ 열대지방의 문화를 엿볼 수 있는 원주민 마켓	쿠란다	매일	2권 P.235
유먼디 마켓 ▶ 주민들이 참여하는 수공예 마켓	선샤인코스트	수 · 토요일	2권 P.254
살라만카 마켓 ▶ 옛 골목에서 열리는 푸드 마켓	호바트	토요일	3권 P.118
센트럴 마켓 ▶ 먹거리 많은 실내 재래시장	애들레이드	화~토요일	3권 P.144
프리맨틀 마켓 ▶ 주말 위주로 열리는 실내 재래시장	퍼스(프리맨틀)	금~일요일	3권 P.194

시드니 루나 파크　멜버른 루나 파크

빈티지해서 더 힙하다!
루나 파크

크게 벌린 어릿광대의 입 안으로 걸어 들어가면 삐걱거리는 놀이기구로 채워진 추억의 장소가 나온다. 19세기 초반 미국 뉴욕 해변의 놀이공원 루나 파크Luna Park가 성공을 거두자 호주에도 5개의 루나 파크가 생겨났는데, 그중 멜버른(1912년 개장)과 시드니(1935년 개장) 루나 파크가 지금까지 명맥을 이어오고 있다.

특히 시드니 루나 파크는 화려한 조명 쇼 '소닉 네온Sonic Neon'과 서커스 등의 요소를 접목해 빈티지한 매력을 느낄 수 있다. 2024년 12월에 선보인 '오징어게임 체험Squid Game: The Experience' 같은 다양한 시즌성 이벤트도 인기다. 자유이용권은 온라인으로 예매해야 할인율이 높지만 현장에서 개별 입장권을 구입해도 된다. 대관람차 위에서는 오페라하우스와 하버 브리지를 감상할 수 있는 전망 포인트이기도 하다.

시드니 루나 파크 ▶ 가는 방법 2권 P.043
운영 10:00~18:00 ※주말 및 여름에는 야간 개장
요금 무료입장, 슈퍼패스(자유이용권, 소닉 네온, 서커스 포함) $99, 자유이용권 $55~60, 대관람차 $15, 회전목마 $15, 오징어게임 체험(2025년 2월까지) $49
홈페이지 lunaparksydney.com

멜버른 루나 파크 ▶ 가는 방법 3권 P.042
운영 주말 및 공휴일에만 영업 ※캘린더 확인 필수
요금 입장권+놀이기구 1개 $25, 자유이용권 $55 **홈페이지** lunapark.com.au

몸바 페스티벌Moomba Festival 기간에 멜버른강 변에 설치한 이동식 놀이기구

집 앞으로 찾아오는
호주 축제

호주에서 '테마파크' 하면 생각나는 곳이 골드코스트다. 호주 최대 규모인 드림월드를 포함해 시월드, 무비월드 등 수많은 테마파크가 모여 있기 때문이다. 골드코스트 이외의 지역에서는 이처럼 규모가 큰 테마파크를 찾아보기 어렵다. 대신 도시 주변의 넓은 공터에 이동식 놀이 기구를 설치하는 시즌성 축제가 자주 열린다. 대체로 특별한 기념일에 맞춰 열리니 공휴일과 축제 캘린더를 확인하도록.
▶ 축제 정보 P.100

☑ BUCKET LIST **04**

캥거루와 코알라는 어디에?

호주 대표 동물과
동물원 총정리

캥거루, 코알라, 쿼카, 왈라비, 웜뱃, 포섬, 태즈메이니아데빌!
호주를 대표하는 동물들의 공통점은 출산 후에도
약 6개월에서 1년간 육아낭에서 새끼를 키우는 유대류라는
것이다. 호주에는 쾌적한 환경의 동물원과 생태 공원,
사파리도 많고 도심을 벗어나 한적한 길을 달리다 보면
어렵지 않게 야생동물을 만날 수 있다.

호주를 상징하는 동물
캥거루 *Kangaroo*

어디에 살까?

초원과 아웃백

▸ 저비스베이 NSW
▸ 그램피언스 국립공원 VIC
▸ 헤이리슨 아일랜드 WA
▸ 캥거루 아일랜드 SA

왈라비

호주 전역에 서식하는 캥거루는 약 3600만 마리다. 몸집이 가장 큰 레드캥거루는 주로 아웃백과 서부에, 좀 더 작은 그레이캥거루는 동부와 남부에 서식한다. 이름 때문에 캥거루 아일랜드가 제일 유명하지만 호주 전역 어디서나 볼 수 있는 흔한 동물이다. 야행성이라 낮에 동물원에 가면 대부분 꾸벅꾸벅 졸고 있다. 야생 캥거루는 숲속에서 낮잠을 자다가 저녁 무렵 무리 지어 동네 잔디밭으로 나와 풀을 뜯는다. 간혹 캥거루로 오해받는 왈라비는 몸집이 훨씬 작고 얼굴이 쥐처럼 생겼다.

유칼립투스 잎사귀를 먹고 사는
코알라 *Koala*

귀여운 외모로 사랑받는 코알라는 야생 적응력이 약해 남은 개체수가 10만 마리도 되지 않는 멸종 위기종이다. 호주에 자생하는 유칼립투스 나무 800여 종 중 불과 50종류만 골라 먹는 까다로운 입맛을 가졌다. 유칼립투스 잎사귀의 알코올 성분으로 인해 잠을 많이 잔다고 잘못 알려져 있는데, 실제로는 섬유질만 많고 영양소가 적은 먹이라서 활동량을 최소화하기 위해 하루 대부분을 잠자며 보내는 것이다. 거기에 서식지까지 계속 파괴되면서 야생 코알라를 만나기가 점점 힘들어지고 있다. 야생에서는 평균 8~10년, 보호구역에서는 12~14년 정도 수명을 유지한다.

어디에 살까?

호주 동남부 해안의 유칼립투스 숲

▸ 브리즈번 론파인 코알라 보호구역 QLD
▸ 그레이트 오션 로드(케이프 오트웨이) VIC

REPORT INJURED ANIMALS PHONE 1300 ANIMAL

기분 좋은 미소의 주인공

쿼카 *Quokka*

항상 웃는 듯한 입 모양과 귀여운 생김새로 유명해진 쿼카는 퍼스 근교의 작은 섬 로트네스트 아일랜드에 주로 서식하는 유대류다. 야생 쿼카를 보려면 서호주까지 가야 하지만 시드니 타롱가 동물원, 페더데일 야생공원 등에서도 사육한다.

어디에 살까?

‣ 로트네스트 아일랜드 WA

왕관을 쓴 호주의 마스코트

앵무새 *Parrot*

어디에 살까?

호주 전역

‣ 시드니 하이드 파크 NSW
‣ 블루마운틴 국립공원 NSW
‣ 래밍턴 국립공원,
 데인트리 국립공원 QLD
‣ 퍼스 킹스 파크 WA

56종의 앵무새가 서식하는 호주는 그야말로 앵무새의 낙원이다. 숲과 공원은 물론이고 시드니 도심에서도 무리 지어 있는 앵무새를 볼 수 있다. '새 먹이 주기'로 유명한 장소에 가면 경계심 없이 날아와 사람 머리 위에 앉기도 한다. 여행자 눈에는 한없이 신기할 따름!

레인보 로리키트
(오색앵무)

수컷은 머리와 몸통이 빨간색이고 암컷은 머리와 가슴이 녹색인 오스트레일리아킹패럿
(대왕앵무)

병솔나무꽃을 좋아하는 로젤라
(장미앵무)

흰색 몸통에 노란색 관을 쓴 코카투
(큰유황앵무)

세계에서 가장 작은 펭귄

리틀펭귄 *Little Penguin*

33cm 정도의 작은 키이며, 깃털에 푸른빛이 감돌아 블루 펭귄blue penguin이라고도 부른다. 최대 서식지는 멜버른에서 남동쪽으로 140km 떨어진 필립 아일랜드다. 낮에는 바다로 먹이 활동을 나갔다가 밤이면 둥지로 돌아오는 모습을 가까운 거리에서 관찰할 수 있다.

어디에 살까?

호주 남부 해안과 뉴질랜드 일대

‣ 필립 아일랜드 VIC
‣ 캥거루 아일랜드 SA

호주의 국조
에뮤 Emu

캥거루와 함께 호주 문장에 새겨진 호주에서 가장 큰 새다. 날지 못하는 대형 조류라는 점에서 타조와 흡사하다. 타오르는 듯한 눈동자에 듬성듬성 털이 나 있어 꽤 사나워 보이지만 동물원에 자유롭게 풀어놓을 정도로 성격이 온순하다.

상냥한 초식동물
웜뱃 Wombat

짧막하지만 강력한 다리와 넓은 어깨로 땅굴을 팔 수 있어 '덤불의 불도저'라는 별명이 붙었다. 지하 생활을 하는 야행성이라 평소에는 눈에 띄지 않는다.

작은 악마
태즈메이니아데빌 Tasmanian Devil

날카로운 울음소리와 흥분하면 귀가 새빨개지는 특징 때문에 이름에 '데빌'이 붙었지만 몸무게는 9kg 정도에 불과하다. 야생에서는 좀처럼 보기 힘든 멸종 위기종이다.

신기한 동물
오리너구리 Platypus

오리처럼 주둥이가 넓적하고 발에 물갈퀴가 달린 오리너구리는 호주 동부와 태즈메이니아의 민물에 서식한다. 수컷의 발꿈치에 달린 가시에는 독샘이 있다. 알을 낳아 새끼가 부화하면 젖을 먹여 키우는 난생 포유류다.

고슴도치 아니에요
에키드나 Echidna

오리너구리와 같은 난생 포유류로 배에 작은 주머니가 있으며, 고슴도치처럼 보이지만 실제로는 개미핥기에 더 가깝다. 땅속에서 생활하면서 개미나 지렁이류를 주식으로 삼는다. 운전하다 보면 도로 위를 느릿느릿 지나갈 때가 있으니 조심해야 한다.

고기를 좋아해요!
쿠카부라 Kookaburra

호주 동남부 지역에 서식하는데 그중 '웃는 쿠카부라laughing kookaburra'는 발랄하게 지저귀는 소리와 귀여운 모습으로 사랑받는 물총새의 일종이다. 고기를 극도로 좋아해 야외에서 바비큐를 하다 보면 어느새 날아와 사람 옆에 앉아 있다.

TRAVEL TALK

오스트레일리아 들개, 딩고를 만나면 조심!

딩고dingo는 약 3500~4000년 전부터 호주 대륙에 서식하는 들개예요. 일반 개와 달리 공격성이 강한 야생동물로 무리 지어 사냥을 하죠. 몸빛깔은 갈색이 주류를 이루지만 검은색이나 흰색도 있어요. 네 발의 흰색 마크와 흰색 꼬리로 순종 딩고를 구분해요. 프레이저 아일랜드에 다수 서식하는데 접근이 엄격히 금지되어 있어요. 얼마전 딩고 새끼를 발견하고 셀카를 찍은 관광객이 200만 원 상당의 벌금을 물기도 했답니다.

나를 위한 맞춤 가이드!
동물원과 수족관 선택하기

운영 형태에 따라 차이점은 있으나 동물원과 수족관은 일반 관람 위주이고,
캥거루, 코알라, 웜뱃, 태즈메이니아데빌 등 호주의 토종 동물에 특화된 곳은
동물과 함께 사진을 찍거나 먹이를 주는 등 체험형 액티비티에 중점을 두는 편이다.
야생공원wildlife park과 보호구역sanctuary도 상당히 많다.
유명한 동물원의 규모와 특징을 참고해 찾아갈 곳을 선택하자.

소속 주	장소	종류	규모	특징
NSW	👍 추천 **타롱가 동물원**	일반 동물원	28ha	1916년에 건립했으며, 시드니 오페라하우스가 보이는 전망이 인상적이다. **위치** 시드니에서 페리로 20분 ▶ 2권 P.033 **홈페이지** taronga.org.au
	타롱가 웨스턴 플레인 동물원	사파리	300ha	뉴사우스웨일스 내륙의 더보 동물원Dubbo Zoo에 위치한 대형 스케일의 사파리다. **위치** 시드니에서 400km **홈페이지** taronga.org.au
	페더데일 야생공원	호주 동물 특화	3.29ha	블루마운틴으로 가는 길에 있으며 여행사 투어 코스에 자주 포함된다. 쿼카 만나기 체험으로 인기를 끌고 있다. **위치** 시드니에서 38km ▶ 2권 P.025 **홈페이지** Featherdale.com.au
	시드니 동물원	동물원 + 수족관	16.5ha	호주 동물뿐 아니라 세계 희귀 동물을 다양하게 볼 수 있다. **위치** 시드니에서 38km **홈페이지** sydneyzoo.com
	와일드라이프 시드니	동물원 + 수족관	0.7ha	듀공과 상어가 헤엄치는 수중 터널이 인기. 공간은 매우 협소한 편이다. **위치** 시드니 중심가 달링하버 ▶ 2권 P.053 **홈페이지** wildlifesydney.com.au
VIC	👍 추천 **웨리비 오픈 레인지 동물원**	사파리	225ha	호주 최초의 동물원인 멜버른 동물원, 힐스빌 야생공원과 같은 재단에서 운영한다. **위치** 멜버른 근교 ▶ 3권 P.043 **홈페이지** zoo.org.au
QLD	👍 추천 **론파인 코알라 보호구역**	호주 동물 특화	18ha	세계 최초 코알라 보호구역이며 상당히 많은 숫자의 코알라를 볼 수 있다. **위치** 브리즈번 근교 ▶ 2권 P.189 **홈페이지** lonepinekoalasanctuary.com

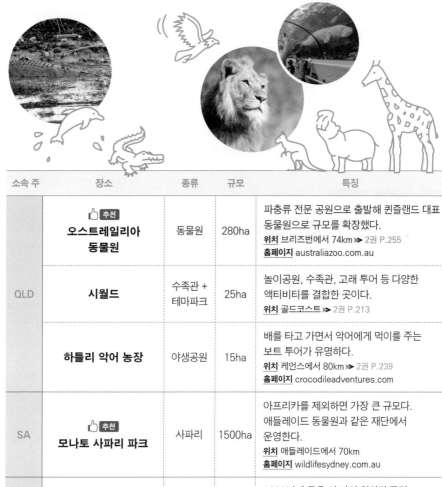

소속 주	장소	종류	규모	특징
QLD	👍 추천 **오스트레일리아 동물원**	동물원	280ha	파충류 전문 공원으로 출발해 퀸즐랜드 대표 동물원으로 규모를 확장했다. **위치** 브리즈번에서 74km ▶ 2권 P.255 **홈페이지** australiazoo.com.au
QLD	**시월드**	수족관 + 테마파크	25ha	놀이공원, 수족관, 고래 투어 등 다양한 액티비티를 결합한 곳이다. **위치** 골드코스트 ▶ 2권 P.213
QLD	**하틀리 악어 농장**	야생공원	15ha	배를 타고 가면서 악어에게 먹이를 주는 보트 투어가 유명하다. **위치** 케언스에서 80km ▶ 2권 P.239 **홈페이지** crocodileadventures.com
SA	👍 추천 **모나토 사파리 파크**	사파리	1500ha	아프리카를 제외하면 가장 큰 규모다. 애들레이드 동물원과 같은 재단에서 운영한다. **위치** 애들레이드에서 70km **홈페이지** wildlifesydney.com.au
WA	**퍼스 동물원**	일반 동물원	17ha	1898년에 문을 연 자연 친화적 주립 동물원이다. **위치** 퍼스에서 페리로 10분 ▶ 3권 P.189 **홈페이지** perthzoo.wa.gov.au
WA	**버셀턴 제티**	수족관	수중 9.5m	바닷속 생태계를 실제로 관찰할 수 있도록 설계했다. **위치** 퍼스에서 223km ▶ 3권 P.166 **홈페이지** busseltonjetty.com.au
NT	**크로코사우루스 코브**	수족관	0.4ha	5.5m 크기의 거대한 바다악어 수조에 들어가는 공포 체험이 유명하다. **위치** 다윈 중심가 ▶ 3권 P.223 **홈페이지** crocosauruscove.com

ATTRACTION

☑ BUCKET LIST 05

호주 전역에 20곳

유네스코 세계유산

문화유산 Cultural Heritage

① 오스트레일리아 교도소 유적지 ➤ 3권 P.124
② 왕립 전시관과 칼튼 가든 ➤ 3권 P.033
③ 시드니 오페라하우스 ➤ 2권 P.030
④ 버즈 빔 문화 경관

자연유산 Natural Heritage

⑤ 오스트레일리아 포유류 화석 보존 지구
⑥ 곤드와나 열대우림 ➤ 2권 P.216
⑦ 그레이트배리어리프 ➤ 2권 P.242
⑧ 블루마운틴 산악 지대 ➤ 2권 P.090
⑨ 허드 맥도널드 제도
⑩ 프레이저 아일랜드 ➤ 2권 P.256
⑪ 로드 하우 제도
⑫ 매쿼리 아일랜드
⑬ 닝갈루 리프 ➤ 3권 P.210
⑭ 푸눌룰루 국립공원 ➤ 3권 P.217
⑮ 샤크 베이 ➤ 3권 P.208
⑯ 퀸즐랜드 열대 습윤 지역 ➤ 2권 P.235

복합 유산 Mixed Heritage

⑰ 카카두 국립공원 ➤ 3권 P.238
⑱ 태즈메이니아 야생 지대 ➤ 3권 P.105
⑲ 울루루-카타 추타 국립공원 ➤ 3권 P.224
⑳ 윌랜드라 호수 지역

호주에는 전 인류를 위해 보존해야 할 '탁월한 보편적 가치'를 인정받은
세계유산이 20곳이나 있다. 시드니 오페라하우스와 멜버른의 칼튼 가든처럼
도시에 있는 문화유산을 제외하면 대부분 자연유산이라 도시와 상당히 거리가
떨어져 있다. 책에서는 접근성을 고려해 가볼 만한 곳을 선별해 소개했다.

홈페이지 whc.unesco.org/en/statesparties/au

생물종 다양성의 교과서

퀸즐랜드 열대 습윤 지역 *Wet Tropics of Queensland* ▸ 2권 P.235

케언스 남쪽 타운스빌에서 북쪽 쿡타운까지, 퀸즐랜드 북동부 해안을 따라 450km에 걸친 세계자연유산이다. 이곳의 생태계에서 기원한 호주 유대류는 원시 상태와 가장 가까운 종으로 진화 연구에 중요한 자산으로 평가받는다. 호주 전체의 절반에 해당하는 400여 종의 조류가 서식하는 새들의 낙원이기도 하다. 쿠란다 마을로 향하는 스카이레일 레인포레스트 케이블웨이에서 열대우림 사이로 쏟아져 내리는 환상적인 폭포를 감상해보자. 데인트리 국립공원의 모스만 협곡에서 수영을 즐겨도 좋다.

가는 방법 케언스에서 쿠란다까지 30km, 모스만 협곡까지 77km
방문 난이도 중
소요 시간 1~2일

스카이레일 레인포레스트
케이블웨이

어떤 동물이 살고 있을까?

① 몬순림에서 만난 신비로운 **붉은꼬리검정관앵무**red-tailed black cockatoo
② 열대지방의 늪지나 바다에 서식하는 거대한 **바다악어**saltwater crocodile
③ 아름답지만 공격적인 **화식조**cassowary

TRAVEL TALK

화식조를 만나면 조심!

풍성한 푸른 깃털을 가진 화식조는 멸종 위기에 처한 희귀 조류예요. 인간의 발길이 닿지 않는 퀸즐랜드 북서부 해변 쪽에 주로 서식하는데 사나운 눈빛만큼이나 성질이 포악해요. 혹시라도 마주치게 된다면 등을 보이지 않으면서 아주 천천히 시야에서 벗어나도록 하세요.

살아 있는 자연사박물관

블루마운틴 *Blue Mountains* ▶ 2권 P.090

블루마운틴 국립공원에서 단연 눈에 띄는 것은 광활한 유칼립투스 숲이다. 호주에서 가장 흔하게 볼 수 있는 유칼립투스는 사시사철 푸른색을 띠며 가지가 매끄러운 나무다. 전 세계 유칼립투스 수종의 14%에 해당하는 100종 이상이 블루마운틴에 자생한다. 약 5억 5000만 년 전부터 3억 2000만 년 전까지 남반구를 구성했던 곤드와나 초대륙의 잔존 생물로 알려진 월레미 소나무wollemi pine도 블루마운틴의 중요한 자산이다. 시드니에서 가까워 쉽게 찾아갈 수 있는 유네스코 자연유산이다. 전망대에서 스리 시스터스(세자매봉)를 감상하고 절벽을 지나는 케이블카를 타기 위해 수많은 관광객이 찾는다.

가는 방법 시드니에서 101km
방문 난이도 하
소요 시간 1일

어디서 만날 수 있을까?

① **스리 시스터스** ▶ 카툼바 마을의 에코 포인트 전망대
② **코카투 앵무새** ▶ 유칼립투스 숲이 있는 곳이면 어디든
③ **온대림** ▶ 시닉 레일웨이 타고 내려가기

ACTIVITY

아름다운 해변 BEST 5

수영·서핑·샌드보딩
즐기기

호주의 해안선은 수만 km에 달하며, 해변이라는 이름이 붙은 장소만 1만 2000여 개로
세계에서 가장 많은 숫자를 자랑한다. 가는 곳마다 기후가 달라 풍경은 제각각이지만
깨끗한 바다와 새하얀 모래는 어디나 최고 수준이다. 호주 대륙을 일주하며 만난 수많은
해변 중 기억에 남는 다섯 곳을 선정했다. 바닷물에 들어가기 전 주의 사항은 필독!

초승달 닮은 시드니 최고의 해변

본다이 비치 *Bondi Beach* ➡ 2권 P.062

황금빛 초승달 모양을 한 멋진 해변, 서퍼들의 마음을 설레게 하는 파도, 환상적인 바다 수영장과 해변 산책로, 해변을 둘러싼 맛집과 카페까지. 모든 이의 기대와 취향을 만족시켜주는 여행지다. 유일한 단점은 사람이 지나치게 많다는 것!

가는 방법 시드니에서 대중교통으로 45분 방문 난이도 하
소요 시간 반나절 편의 시설 충분

낭만적인 서핑 타운

바이런베이 *Byron Bay* ➡ 2권 P.160

해안 절벽 위 등대가 아름다운 비치 타운. 시드니와 브리즈번 사이에 있어서 배낭여행자도 많이 찾아오고, 럭셔리한 휴양지 분위기가 느껴진다. 등대에서 조금만 걸어 나가면 호주 대륙에서 가장 동쪽으로 튀어나온 지점에서 인증샷을 남길 수 있다.

가는 방법 브리즈번에서 자동차로 2시간 방문 난이도 중
소요 시간 하루 이상 편의 시설 충분

그레이트배리어리프의 보석

화이트헤이븐 비치
Whitehaven Beach ➡ 2권 P.248

74개의 섬으로 이루어진 휘트선데이 제도에서 가장 큰 섬에 있는 해변이다. 발밑에서 기분 좋게 사각대는 흰 모래는 순도 98%의 실리카로 이루어져 있고, 해변 북쪽 끝에는 모래와 바다가 섞여 들며 오묘한 무늬를 그려내는 힐 인렛Hill Inlet이 있다.

가는 방법 에얼리비치에서 투어 이용 방문 난이도 중
소요 시간 하루 편의 시설 없음

⚠ 해파리를 조심하세요!
호주 북동부 지역, 특히 그레이트배리어리프의 경우 11~5월은 독성 해파리stinger가 극성을 부리는 시기다. 전용 스팅어 슈트를 착용해야 입수가 가능하며, 만약 해파리에 쏘인다면 상처에 식초를 부어 응급처치를 한 뒤 즉시 투어 가이드나 주변 구조 대원에게 도움을 요청한다.

STINGERS

호주에서 가장 새하얀 해변

에스페란스 *Esperance* ▶ 3권 P.162

서호주 남쪽 해변 마을 에스페란스를 본 사람이면 주저 없이 이곳을 호주 최고 해변으로 손꼽는다. 호주에서 가장 새하얀 모래가 깔린 러키 베이Lucky Bay, 에메랄드빛으로 반짝이는 트와일라잇 비치Twighlight Beach 등 놀라운 풍경이 펼쳐지는 곳이다.

가는 방법 퍼스에서 755km, 자동차로 9시간 **방문 난이도** 상
소요 시간 최소 2박 3일 **편의 시설** 없음

완벽한 야자수 배경으로 인증샷

팜코브 *Palm Cove* ▶ 2권 P.240

퀸즐랜드 북부다운 남태평양의 정취가 가득한 해변이다. 해안의 멋진 야자수로 유명하다. 타운 자체는 매우 작기 때문에 케언스에서 당일 여행으로 다녀와도 되고, 포트더글러스의 럭셔리 리조트에 투숙하면서 다녀오기에 좋은 위치다.

가는 방법 케언스에서 자동차로 30분 **방문 난이도** 하
소요 시간 반나절 **편의 시설** 충분

⚠ 호주에서 안전하게 수영하는 요령

여행 중 예쁜 해변을 발견했다고 해서 함부로 바닷물에 뛰어들면 안 된다. 호주의 파도는 매우 거센 편이며, 바닷물이 급속히 소용돌이치는 이안류가 많다. 또 열대지방에는 상어나 해파리 같은 위험 요소가 도사리고 있다. 수영이 가능한 해변에는 빨간색과 노란색 깃발로 수영 허용 구역이 표시되어 있으며, 그 외에도 다양한 표지판을 보고 정보를 확인할 줄 알아야 한다. 호주 환경에 익숙하지 않은 여행자라면 안전 요원이 배치된 장소에서만 수영하는 것이 바람직하다.

안전 깃발의 종류

수영 허용 구역	**서핑 금지 구역**	**긴급 탈출**	**위험 지역**	**수영 금지 구역**
빨간색과 노란색 혼합 깃발 사이에서만 수영 가능 표시	검은색과 흰색 혼합 깃발로 표시	흰색과 빨간색 혼합 깃발로 물에서 즉시 나오라는 표시	노란색 깃발로 표시	빨간색 깃발로 표시

힙하고 안전한 바다 수영장

록 풀

시드니와 동부 해안에는 안전을 위해 둑을 쌓아 만든 천연 해수 수영장, 록 풀rock pool과 오션 풀ocean pool이 매우 많다. 바다와의 모호한 경계가 아름다운 곳에서 누구나 해수욕을 즐길 수 있다. 북부 열대지방에서는 아예 바닷가에 인공 수영장을 조성해 수온까지 관리한다. 대부분 지자체에서 운영하며 무료이거나 최소한의 요금만 받는다.

어디가 좋을까?

- 시드니 아이스버그 수영장 NSW
- 뉴캐슬 오션 배스 NSW
- 케언스 에스플러네이드 QLD
- 시드니 맨리 비치 록 풀 NSW
- 키아마 록 풀 NSW
- 퍼스 스카버러 비치 풀 WA

모래 위를 달린다!

샌드보딩과 해변 드라이브

세계에서 가장 큰 모래섬 프레이저 아일랜드부터 시드니 근교 여행지 포트스티븐스의 애나베이까지, 천연 사구砂丘에서 즐기는 다양한 액티비티가 준비되어 있다. 대표적으로 모래언덕에서 썰매를 타고 내려오는 샌드보딩이 있으며, 낙타를 타고 해변을 이동하는 캐멜 라이딩도 인기 있다. 사륜구동 SUV를 타고 해변을 달리는 드라이브까지! 특별한 경험을 원하는 사람이라면 꼭 가볼 만한 곳이다.

어디가 좋을까?

- 액티비티의 천국, 포트스티븐스 NSW
- 해변을 걷는 낙타 행렬, 브룸 WA
- 스릴 만점 샌드보딩, 란셀린 사막 WA
- 사륜구동 차량으로만 갈 수 있는 프레이저 아일랜드 QLD
- 캥거루 아일랜드의 리틀 사하라 SA

ACTIVITY

산호초 바다를 만끽하는 방법

스노클링 & 스쿠버다이빙

배를 타고 푸른 바다를 미끄러지듯 항해하다가 유리알처럼 맑은 물속으로
뛰어드는 꿈같은 순간! 얕은 물에서 가볍게 즐기는 스노클링, 장비를 메고 잠수하는
스쿠버다이빙, 무엇을 선택하든 호주의 매혹적인 수중 생태계를 경험하게 될
것이다. 열대어와 함께 알록달록한 산호초 사이를 헤엄쳐 다니다가 돌고래나
바다거북을 만나는 행운을 누릴지도 모른다.

GBR Facts

길이: 2300km
면적: 34만 4400km²
600종의 산호
1625종의 물고기(전 세계의 10%에 해당)
30종의 고래와 돌고래
330종의 해조류
215종의 조류
전 세계 7종 중 6종의 바다거북

케언스 📍

Great Barrier Reef

에얼리비치 📍

브리즈번 📍

세계에서 가장 넓은 산호초 바다

그레이트배리어리프
Great Barrier Reef(GBR)

'스쿠버다이빙 명소' 하면 제일 먼저 떠오르는 그레이트배리어리프는
우주에서도 관측될 정도로 거대한 산호초 지대다. 퀸즐랜드 해안 전
역에 분포한 900개의 섬과 3000개의 산호초가 말 그대로 거대한 장
벽을 이룬다. 해역 전체의 물살이 잔잔한 덕분에 수많은 해양 생물의
안식처가 되는 곳이다. 실질적인 관광은 케언스와 에얼리비치를 중
심으로 이루어진다.

TRAVEL TALK

**예쁜 산호를 보려면
언제, 어디로
가야 할까요?**

지구온난화로 평균 수온이 상승하면서 산호초가 하얗게 변하는
백화 현상이 계속되고 있어요. 하지만 숙련된 투어업체를
이용한다면 만족할 만한 장면을 볼 수 있을 거예요. 참고로 동부
그레이트배리어리프의 다이빙 시즌은 5~10월이며, 특히 산호가
산란하는 10월 말부터 11월까지는 전 세계 다이버들이 열광하는
장면이 펼쳐집니다.

워터 액티비티
즐기는 방법

산호초는 육지에서 거리가 좀 떨어져 있는 곳에 있기 때문에 보통 배를 타고 섬이나 먼바다의 산호초로 이동해 액티비티를 즐긴다. 초보자를 위한 하루짜리 기본 코스부터 며칠 동안 이어지는 본격 훈련 코스도 있다.

스노클링 *Snorkeling*

스위밍 고글과 스노클 같은 간단한 장비만 착용하면 누구나 쉽게 즐길 수 있다는 것이 장점. 일반 투어와 병행해 차를 타고 다니며 섬을 구경한 다음 수영하기 알맞은 곳에 내려주는 방식으로 프로그램을 진행한다.

스쿠버다이빙 *Scuba Diving*

산소통과 잠수 장비를 갖추고 약 8~12m 수중으로 들어가는 액티비티다. 기본적인 다이빙 장비는 대여가 가능하고 방수 카메라를 빌려주기도 한다. 초보자도 걱정 없이 잠수할 수 있도록 중간 지점에 인공 플랫폼 폰툰pontoon을 설치해둔 업체도 있다.

초보자를 위한 안내

☑ 초보자도 약 25~35분간 기초 훈련을 받으면 잠수가 가능하다. 추가 요금을 내고 레벨업 트레이닝까지 이수하면 더 안전하게 즐길 수 있다.

☑ 다이빙이 가능한 연령은 만 12세 이상이며 18세 미만은 부모의 동의가 필요하다. 본인이 건강하다는 확인과 사고 발생에 대해 책임을 묻지 않는다는 확인서를 작성해야 한다. 55세 이상 초보자는 의사 소견서diving medical certificate를 첨부해야 하는데, 현장에서 간단한 검진을 하고 발급해주기도 한다.

☑ 다이빙 후에는 다른 액티비티를 하기 전 최소 12~24시간 동안 충분한 수면과 휴식을 취해야 한다. 특히 경비행기나 헬리콥터 투어 등 비행을 앞두고 있다면 기압 차이로 인한 잠수병의 위험이 있어 절대 다이빙을 해서는 안 된다. 다른 활동에 참가할 때는 해당 업체에 마지막으로 다이빙한 날짜를 고지할 의무가 있다.

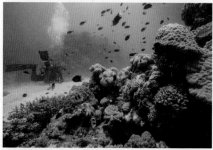

ACTIVITY

☑ BUCKET LIST **08**

혹등고래의 유영

신비로운
해양 생물과의 만남

몸길이가 무려 15m에 달하는 거대한 혹등고래와 남방고래는 여름 무렵
극지방의 해양에서 먹이 활동을 하다가 겨울에는 따뜻한 호주 연안으로
이동해 짝짓기를 하고 새끼를 낳은 뒤 다시 극지방으로 돌아간다.
물론 이들 고래뿐 아니라 사계절 상주하는 돌고래, 알을 낳기 위해
해변을 찾아오는 바다거북 등 수많은 해양 생물을 만날 수 있다.

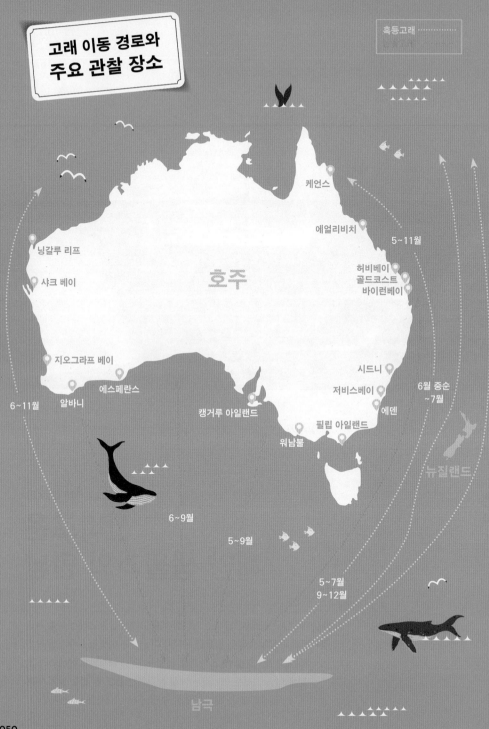

고래 이동 경로와
주요 관찰 장소

혹등고래
남방긴수염고래

케언스

에얼리비치

5~11월

닝갈루 리프

샤크 베이

호주

허비베이
골드코스트
바이런베이

지오그라프 베이

시드니

에스페란스

저비스베이

6월 중순
~7월

6~11월

알바니

캥거루 아일랜드

필립 아일랜드

에덴

워남불

뉴질랜드

6~9월

5~9월

5~7월
9~12월

남극

050

〰〰〰〰〰〰
지구상에서 가장 경이로운

고래 관찰 크루즈

운이 좋으면 해안가 절벽 위에서 고래가 호흡하는 광경을 육안으로 볼 수 있는 데, 더 가까이 보려면 고래 관찰 크루즈를 이용한다. 지역별로 최적 관찰 시기가 조금씩 다르지만 5월부터 11월까지 호주 전 해역에서 크루즈를 운영한다고 볼 수 있다. 시드니, 골드코스트 등 대도시보다는 근교의 작은 어촌에서 출발하는 크루즈가 요금이 좀 더 저렴하다. 물살이 잔잔한 오전 시간에 출항하면 목격 확률이 좀 더 높다. 만약 고래를 보지 못했을 경우 다시 크루즈를 탈 수 있도록 보증해주는 업체도 있으니 조건을 잘 확인하고 상품을 선택한다.

©Gold Coast Sea World Cruises

💬 **어디가 좋을까?**

골드코스트 시월드 ▶ 2권 P.213
가는 방법 브리즈번에서 80km
홈페이지 seaworld.com.au

허비베이 ▶ 2권 P.252
가는 방법 브리즈번에서 285km
홈페이지
herveybaywhalewatch.com.au

야생 돌고래 먹이 주기

고래 시즌이 아니라면 호주 근해에서 사계절 서식하는 돌고래 투어를 선택하는 것도 좋은 방법이다. 배가 출항하면 물살을 헤치며 쫓아올 만큼 애교가 많은 야생 돌고래는 보기만 해도 귀엽고, 수온이 적당한 시기에는 함께 수영도 해볼 수 있다. 서호주의 멍키미아Monkey Mia는 야생 돌고래 먹이 주기 행사로 유명하고, 포트스티븐스는 시드니에서 당일로 다녀가는 투어가 많다.

어디가 좋을까?

멍키미아 ▶ 3권 P.209
가는 방법 퍼스에서 822km **홈페이지** sharkbay.org/place/monkey-mia
포트스티븐스 ▶ 2권 P.154
가는 방법 시드니에서 215km **홈페이지** moonshadow-tqc.com.au

고래상어와 헤엄치기

그레이트배리어리프 정반대편, 서호주의 닝갈루 리프 또한 유네스코 자연유산에 등재된 드넓은 산호초 바다다. 가기 힘든 곳이라 조금 덜 알려졌을 뿐 인도양 최고의 다이빙 명소다. 거대하지만 온순한 고래상어에게 가까이 접근해 함께 헤엄치는 프로그램이 특히 유명하다. 닝갈루 리프 쪽의 산호 산란기는 3~4월이고 고래상어 시즌은 3월부터 7월까지 계속된다.

어디가 좋을까?

닝갈루 리프(엑스머스) ▶ 3권 P.210
가는 방법 퍼스에서 1250km
홈페이지 exmouthdiving.com.au

©Exmouth Dive and Whalesharks Ningaloo

특별한 이색 광경

바다거북 알 낳는 장면 보기

매년 11월부터 3월 사이에 그레이트배리어리프의 몬 레포스 터틀 센
터를 방문하면 몸집이 커다란 바다거북이 해변에 알을 낳고, 부화한 새
끼 거북이 바다로 돌아가는 신비로운 장면을 볼 수 있다. 관리인이 먼저
거북 위치를 파악하고 나서 해변으로 함께 이동하기 때문에 센터에는
오후 6시 30분 이전에 도착해야 한다.

어디가 좋을까?

몬 레포스 터틀 센터
가는 방법 브리즈번에서 351km, 번더버그에서 14km
주소 Mon Repos Turtle Centre, 141 Mon Repos Rd, Mon Repos QLD 4670
운영 09:00~14:00(투어 예약자에 한해 저녁 방문 가능)
요금 센터 관람 무료, 거북 관찰 투어 유료 ※예약 필수
홈페이지 npsr.qld.gov.au/parks/mon-repos/turtle-centre

ACTIVITY

대세는 언택트 여행!

호주에서 즐기는
감성 캠핑

호주에서 캠핑은 곧 일상이다. 호텔이 아닌 캠핑장에
묵는 것은 자연과 한 걸음 더 가까워지는 멋진 기회!
캥거루나 앵무새가 숙소 앞까지 찾아와 장난을
치고, 마트에서 장을 봐 직접 요리하거나, 밤하늘의
남십자성을 찾으며 고요함에 푹 빠져드는 '원초적인
여행'의 묘미를 경험해보자. 편의성이 뛰어난
글램핑을 포함해 여러 가지 방법을 소개했다.

체크인부터 체크아웃까지
캠핑장 이용 방법

STEP 01 체크인 →

리셉션reception에서 예약해둔 캠핑 사이트나 캐빈 위치를 표시한 지도를 받는다. 오후 5시 이후 도착 예정이라면 미리 캠핑장에 연락해 직원 퇴근 후에도 체크인이 가능하도록 안내받는다.

STEP 02 차단기 해제 →

대형 캠핑장은 차단기로 차량 출입을 통제한다. 체크인 시 번호판을 등록하거나 출입할 때 비밀번호를 입력해야 문이 열린다.

STEP 03 시설 확인 →

지도를 보고 정해진 자리를 찾아가 텐트를 설치한다. 욕실, 화장실, 부엌, 바비큐, 수영장 등의 부대시설 위치도 미리 파악해둔다. 세탁할 예정이라면 리셉션이 문을 닫기 전 코인을 바꿔둔다.

STEP 04 기본 수칙 지키기 →

No Noise Making

소음을 차단하는 벽이 없는 캠핑장에서는 타인을 배려하는 행동이 중요하다. 특히 일몰 이후부터 다음 날 아침까지는 자동차 헤드라이트를 켜거나 소음을 유발하는 행위는 금물이다.

No Trace Camping

야생동물이 접근하지 않도록 음식물은 밀폐해 실내에 보관하고 쓰레기는 지정된 장소에만 버린다. 공용 욕실과 부엌은 다른 사람을 위해 깨끗하게 정리한다.

STEP 05 체크아웃

간단히 뒷정리를 하고 정해진 시간 내에 체크아웃을 한다. 투숙 중 파손된 비품이나 문제점이 발견되면 곧바로 리셉션에 전달해야 한다. 만약 본인의 잘못이 아닌데 파손된 것이 있다면 미리 사진을 찍어두어 '책임 없음'을 명확히 해두는 것이 좋다.

해외 캠핑은 처음이지?
캠핑장 종류 파악하기

텐트나 캠핑카를 아무 공원이나 도로변에 설치하거나
주차해 숙박하는 것은 불법이며 반드시 지정된 장소
를 이용해야 한다. 통신이 끊기거나 벌레에 물리는 등
의 불편함은 마땅히 감수해야 할 부분이며 캠핑에 필
요한 물품을 꼼꼼하게 챙겨야 한다.

❶ 캠프그라운드 Campground

모든 야영장, 캠핑장을 통칭하는 용어. 소정의 사용
료를 지불하는 곳부터 무료지만 편의 시설이 전무한
노지 캠핑장, 그리고 휴게 공간인 레스트 에어리어
rest area도 포함된다. 관리자가 없는 곳이라면 산불
이나 홍수 등 비상 상황에 신속하고 능동적인 대처
가 필요하다.

❷ 캐러밴 파크 Caravan Park

편의 시설이 충분한 캠핑장을 찾는다면 캐러밴 파
크를 검색해본다. 흔히 캠핑카라고 부르는 모터홈
moterhome이나 야영용 트레일러인 캐러밴caravan을
위한 설비를 갖춘 대형 캠핑장을 뜻한다. 홀리데이
파크와 비슷하게 운영하는 곳이 많지만 간혹 텐트나
캠퍼밴(차량을 개조한 캠핑
카)은 이용 불가한 경우
도 있으니 방문 전 이용
요건 확인은 필수.

모터홈

캐러밴

캠퍼밴

텐트

❸ 홀리데이 파크 & 투어리스트 파크
Holiday Park & Tourist Park

수영장, 바비큐, 세탁실 등의 편의 시설을 충분히 갖춰 가족 단위 여행객이 많이 찾는 캠핑장이다. 텐트 숙박을 위한 야영 데크와 캠퍼밴, 대형 캐러밴, 모터홈 전용 주차장은 물론이고 독채형 오두막인 캐빈까지 갖춘 곳이 대부분이다. 호주 전역에 지점을 둔 빅 4 홀리데이 파크 또는 디스커버리 파크에 회원 가입을 하면 요금을 할인받을 수 있다.

빅 4 홀리데이 파크
big4.com.au

디스커버리 파크
discoveryholidayparks.com.au

❹ 데이 유즈 에어리어 Day Use Area

보통 낮 시간대에 피크닉 용도로 개방하는 공터다. 이와 비슷한 개념인 레스트 에어리어 중에는 캠핑이 가능한 곳도 있는데, 데이 유즈 에어리어의 경우 야간 캠핑은 절대 금지다.

모바일 앱으로 캠핑 정보 알아보기

캠핑장 종류와 시설에 따라 캠핑 요금은 천차만별이다. 구글맵 정보만으로는 한계가 있기 때문에 캠핑 전용 앱을 사용하는 것이 편리하다.

위키캠프 오스트레일리아
WikiCamps Australia

요금 호주 $9.99
특징 가장 널리 사용하는 앱으로 호주 전역의 캠핑장 시설과 특징을 쉽게 파악할 수 있다. 항목별로 세분화해 검색할 수 있고, 캠핑에 특화된 부가 기능이 뛰어나 장기 여행자에게는 필수로 여겨진다. 단, 국가별로 앱이 다르고 최초 1회에 한해 요금을 지불해야 한다.

캠퍼메이트 CamperMate

요금 무료
특징 위키캠프에 비해 세부 정보는 부족하지만 호주나 뉴질랜드 캠핑장에 관한 기본 정보를 얻기에는 충분하다. 무료이니 다운 받아서 다른 앱과 함께 활용하기를 추천한다. 단, 광고가 지나치게 많은 것이 단점이다.

애니캠프 Anycamp

요금 무료
특징 최근 사용층이 늘어나는 앱으로 인터페이스가 깔끔하다. 다녀온 곳을 리뷰하고 사진을 업로드하는 커뮤니티 기능에 특화되어 있다.

캠핑 장비 없어도 괜찮아!
캐빈과 글램핑

캠핑의 낭만을 즐기는 방법은 여러 가지! 캠핑 장비가 없다면 빅 4 홀리데이 파크처럼 규모가 큰 캠핑장에서 제공하는 독채 숙소, 캐빈cabin을 알아보자. 실내에 욕실과 부엌을 갖추고 있으며 바로 옆에 주차할 수 있어 아이들과 여행할 때 특히 편리하다. 고급 호텔에 비하면 시설은 좀 떨어지지만 약간의 불편함만 감수한다면 캠핑의 묘미를 경험할 수 있고 비용도 저렴하다는 것이 장점이다. 방 하나짜리 스튜디오부터 거실과 침실이 분리된 원베드룸, 여러 가족이 이용할 수 있는 큰 집까지 종류와 크기가 다양하다. 깔끔함과 편안함을 포기할 수 없다면 대형 텐트 안에 침대와 각종 장비를 완비한 글램핑이 대안이다. 'eco retreat', 'glamping' 등의 키워드로 검색해보자. 인기 글램핑 장소는 다음과 같다.

숙소 바로 옆에 주차 가능한 단독 캐빈

와일드라이프 리트리트 앳 타롱가
Wildlife Retreat at Taronga

시드니 도심 건너편 타롱가 동물원에서 운영하며 전망이 환상적이다.
홈페이지 taronga.org.au

글램핑 앳 나이트폴
Glamping at Nightfall

브리즈번 및 골드코스트와 가까운 래밍턴 국립공원의 온대 우림에 있다.
홈페이지 nightfall.com.au

페이퍼백 캠프
Paperbark Camp

유칼립투스 나무로 둘러싸인 숲속 캠핑장. 새하얀 모래사장으로 유명한 저비스베이에 있다.
홈페이지 paperbarkcamp.com.au

롱기튜드 131°
Longitude 131°

호주의 중심, 울루루-카타 추타 국립공원과 가장 가까운 마을인 율라라에 있는 최고급 글램핑장.
홈페이지 longitude131.com.au

꼭 알아야 할 캠핑 용어

파워드 사이트 Powered Site & 논파워드 사이트 Non-Powered Site

'사이트'란 텐트를 설치하거나 캠퍼밴을 주차하는 공간을 뜻하며, 전기가 들어오는 곳을 '파워드 사이트', 안 들어오는 곳을 '논파워드 사이트'라고 한다. 전기 설비 유무에 따라 비용이 다르다.

셰어드 Shared & 프라이빗 Private

'셰어드'는 공용 부엌shared kitchen, 공용 욕실shared bathroom처럼 여럿이 함께 사용하는 시설을 뜻한다. 반대로 '프라이빗'은 개인 시설을 뜻하며, 단독 욕실이 딸린 객실은 앙 스위트en suite로 표기하기도 한다.

셀프컨테인드 Self-Contained

오폐수 처리 설비를 갖춘 차량을 말한다. 만약 'Self-Contained Vehicle Only'라고 표기되어 있다면, 캠핑장에 별도의 편의 시설이 없으니 캐러밴이나 모터홈만 이용 가능하다는 뜻이다.

수건과 침구 Towels & Duvet(Sheet)

일반 캠핑이라면 당연히 수건과 침구를 직접 챙겨 가야 하지만 미처 준비하지 못했다면 소정의 요금을 내고 대여할 수 있다. 캐빈은 일반적으로 기본 옵션으로 포함된다.

세탁 Laundry

세탁기와 건조기를 갖춰놓은 곳이다. 리셉션에서 세탁용 코인을 팔거나 모바일 결제로 이용 가능한 곳도 생겼지만, 아직은 동전으로 작동하는 곳이 더 많으니 $1, $2짜리 동전을 모아두면 좋다. 일회용 세제와 섬유 유연제는 따로 준비할 것.

캠핑 준비물 체크 리스트

캠핑 장비
- [ ] 텐트
- [ ] 침낭/침대 시트
- [ ] 에어 매트리스
- [ ] 방한용품

욕실용품
- [ ] 세면용품
- [ ] 수건
- [ ] 헤어드라이어
- [ ] 화장실용 휴지

생활용품
- [ ] 플래시/헤드랜턴
- [ ] 어댑터와 파워 코드
- [ ] 여분의 배터리
- [ ] 비닐봉지/지퍼백
- [ ] 쓰레기봉투
- [ ] 라이터/성냥
- [ ] 세제와 섬유 유연제
- [ ] 물티슈
- [ ] 해충 기피제
- [ ] 비상 의약품
- [ ] 지도와 안내 책자

주방용품
- [ ] 아이스박스
- [ ] 충분한 물과 음식
- [ ] 물병/보온병
- [ ] 밀폐 용기
- [ ] 키친타월
- [ ] 알루미늄 포일
- [ ] 종이 접시와 식기
- [ ] 수세미와 세제
- [ ] 고무장갑/비닐장갑
- [ ] 집게, 가위, 다용도 칼 등 바비큐용품

☑ BUCKET LIST **10**

5대 도시 포토 스폿

호주에서 만난
유럽 감성

호주의 대도시에는 유럽 감성의 클래식한 건물이 가득하다.
반짝이는 유리 초고층 빌딩과는 또 다른 매력을 지닌, 견고한 돌로
지은 건축물을 감상하며 사진을 남겨보자. 놓치면 아쉬울 호주의
대표 도시별 포토존을 소개한다.

퀸 빅토리아빌딩(QVB)

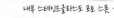

내부 스테인드글라스도 포토 스폿

시드니

빅토리아 시대의 3대 건축물

1898년에 건축한 아름다운 쇼핑센터. 웅장한 건물 외관은 물론 스테인드글라스와 시계로 장식한 내부까지 아름답다. 정문 앞에는 빅토리아 여왕 동상이, 내부에는 엘리자베스 2세의 친서가 담긴 타임캡슐이 보관되어 있다. ▶ 2권 P.049

시드니 대학교

시드니

시드니에 호그와트가 있다고?

1850년 설립된 시드니 대학교의 본관 쿼드랭글 Quadrangle은 회랑과 시계탑이 아름다운 고딕 리바이벌 양식의 건물이다. 중심가에서 412번 버스를 타고 20분가량 이동하면 〈해리 포터〉 마법학교를 닮은 것으로 유명한 캠퍼스가 나온다. 지도 목적지는 '쿼드랭글 시계탑'으로 지정할 것. ▶ 2권 P.026

하이드 파크

시드니

시드니 CBD의 예쁜 공원

시드니 최대 쇼핑가 마켓 스트리트 바로 앞에 자리한, 런던 하이드 파크와 똑같은 이름의 도심 공원이다. 가로수 길을 산책하다가 아치볼드 분수와 세인트메리 대성당을 만나면 인증샷 찰칵! ▶ 2권 P.045

시티 서클 트램

멜버른

유럽풍 카페 골목

멜버니안(멜버른 사람)의 커피 사랑은 특별하다. 어디를 가든 수준급 커피를 맛볼 수 있고, 골목의 노천카페는 이른 아침부터 저녁까지 커피를 즐기는 사람들로 가득하다. 눈 마주치고 웃어주는 친절한 직원이 있다면 편하게 자리를 잡고 앉아보자.

➤ 3권 P.029

디그레이브스 스트리트

멜버른

무료 트램 타고 한 바퀴

플린더스 스트리트역, 페더레이션 스퀘어, 빅토리아주 국회의사당, 칼튼 가든 등 멜버른의 핵심 명소를 스쳐 가는 버건디색 혹은 그린색 트램의 공식 명칭은 시티 서클 트램! 덜컹덜컹 흔들리는 트램을 타고 한 바퀴 돌면 유럽의 어느 도시를 여행하는 듯한 기분이 든다.

➤ 3권 P.020

왕립 전시관 & 칼튼 가든

멜버른

여유로운 정원 풍경

1880년에 멜버른 만국 박람회 개최를 목적으로 건립한 왕립 전시관은 1901년 호주연방 의회 개원을 알린 역사적 장소다. 칼튼 가든은 세계에 얼마 남지 않았다는 희귀한 느릅나무 가로수 길이 있는 정원으로, 왕립 전시관과 함께 유네스코 세계문화유산으로 지정되었다. ➤ 3권 P.033

포스트 오피스 스퀘어

▶ 2권 P.180

브리즈번

아름다운 골목 사이로

센트럴 기차역에서부터 안작 스퀘어를 지나 포스트 오피스 스퀘어와 브리즈번 GPO까지 일직선으로 뻗은 거리를 걸으며 브리즈번의 클래식한 매력을 발견해보자. 중앙우체국 골목(GPO laneway)으로 불리는 좁은 도로를 지나면 웅장한 세인트슈테판 대성당과 퀸즐랜드 최초의 가톨릭 예배당이었던 옛 세인트스테판 교회(1850년 건축)가 나온다.

한도르프

런던 코트

애들레이드

호주 속 독일 마을

1838년에 독일 이민자들이 세운 마을이다. 아기자기한 독일식 카페와 레스토랑, 공예품 가게가 많고 소시지, 프레첼 등 전통 독일 음식도 맛볼 수 있다. 애들레이드 인근의 와이너리와 함께 당일치기 여행지로 인기가 높다. ▶ 3권 P.154

퍼스

퍼스에 왔다면 여기!

서호주 퍼스에서 뜻밖의 런던 분위기를 느낄 수 있는 곳으로, 15~16세기 영국 튜더 왕조의 건축양식을 재현한 쇼핑가다. 여러 상점을 구경한 뒤 가까운 곳에 있는 트리니티 아케이드도 함께 구경하면 좋다. ▶ 3권 P.184

ACTIVITY

☑ BUCKET LIST 11

호주를 멈추는 경마 대회

멜버른 컵
현지인처럼
즐기기

©Tourism Australia/Time Out Australia

모두를 위한 축제
멜버른 컵이란?

매년 11월 멜버른 플레밍턴 경마장에서 열리는 국제 경마 대회다. 1861년 첫 대회를 개최한 이래 제2차 세계대전 중에도 중단한 적이 없으며, 팬데믹 기간에도 무관중으로 진행했다. 약 일주일간 열리는 여러 대회 중에서 하이라이트는 단연 최고 상금이 걸린 화요일의 멜버른 컵이다. 전세계의 우수 경주마가 3200m 트랙을 달리는 경기로, 말을 타는 기수를 조키jockey라고 한다. 우승자에게는 상금(2023년 기준 약 56억 원)과 함께 금으로 만든 우승컵을 수여한다.

플레밍턴 경마장 찾아가기

빅토리아주 공휴일인 멜버른 컵 경기 당일에는 10만~15만 명의 관중이 플레밍턴 경마장을 찾는다. 입장권은 매년 4월경 판매를 시작하는데, $100부터 수천 달러까지 관람석에 따라 가격이 천차만별이다. 주최 측인 빅토리아 경마 클럽(VRC)에서는 복장 규정을 매우 엄격하게 적용하므로 직접 경기장을 가는 경우 운동화나 청바지 같은 캐주얼 차림은 피해야 한다. 결승전 당일에는 경마장 근처에 진입하기 어려울 정도로 교통이 혼잡해 직행열차를 타고 가는 것이 편하다.

가는 방법 서던 크로스역에서 기차로 20분(Flemington Racecourse 하차) **홈페이지** vrc.com.au

멜버른에서 축제 분위기 즐기기

'컵 위크Cup Week'로 불리는 8일간 멜버른은 완전히 축제 분위기에 휩싸인다. 이 기간에 맞춰 멜버른에 갈 수 있다는 건 최고의 행운! 경마장에서 직접 관전하지 않더라도 멜버른 컵 분위기를 즐기는 방법은 다양하다.

❶ 전야제 퍼레이드
멜버른 컵 경기가 열리는 전날인 월요일 오후 12시에는 페더레이션 스퀘어 앞에서부터 스완스턴 스트리트를 따라 역대 우승자와 기수가 참여하는 성대한 퍼레이드가 펼쳐진다.

❷ 중계 관람하기
페더레이션 스퀘어에 설치한 대형 전광판으로 생중계를 시청하거나 스포츠 바에서 맥주 한잔과 함께 TV로 경기를 관람하며 가능성 있는 말과 기수를 응원한다.

❸ 베팅 참여하기
가족, 친구, 직장 동료끼리 소액을 걸고 우승마에 베팅하는 것도 소소한 즐거움! 멜버른 컵 결승전이 열리는 오후 3시에는 레스토랑이나 펍에서도 손님들끼리 베팅 이벤트를 한다.

멜버른 컵 드레스 코드

전통과 권위를 중시하는 경마 대회와 패션은 떼려야 뗄 수 없는 관계다. 제일 중요한 4개 대회가 열리는 경기일에는 조금씩 다른 드레스 코드가 전통으로 내려온다. 방송국마다 베스트 드레서를 뽑을 정도로 모두가 패션에 진지하다. 심지어 멜버른 외 지역에서도 이 기간에 경마 대회에 어울리는 복장을 쇼윈도에 걸어놓는다. 영국 왕실 풍습에 따라 화려하게 장식한 모자를 착용하기도 한다.

토요일 ▸ 빅토리아 더비 데이 Victoria Derby Day
멜버른 컵보다 앞선 토요일에 제일 먼저 열리는 2500m의 개막전 경기일이다. 이날의 드레스 코드는 흑백 정장이며, 특히 남성은 주간 예복인 모닝코트 옷깃에 푸른색 수레국화 코르사주를 꽂는다.

화요일 ▸ 멜버른 컵 데이 Melbourne Cup Day
멜버른 외 지역에서도 풀 정장 차림으로 거리를 활보하는 사람이 특히 눈에 많이 띄는 날이다. 뚜렷한 드레스 코드는 없지만 무채색 계열보다는 핫 핑크, 밝은 노랑 등 강렬한 원색 의상이 총출동한다.

목요일 ▸ 오크스 데이 Oaks Day
비공식적으로 '숙녀의 날'로 불리며, 드레스 코드는 꽃을 상징하는 봄 느낌의 화사한 파스텔 톤 의상이다. 풀 정장을 갖춰 입는 것은 다른 날과 마찬가지다.

토요일 ▸ 스테이크스 데이 Stakes Day
멜버른 컵 위크 마지막 날은 다른 날에 비해 한결 조용하고 여유로운 분위기다. 편안한 차림으로 가족과 함께 경기를 관전하는 날이다.

EAT & DRINK

시드니 · 멜버른 핫플

스타 ⭐ 의
브이로그 맛집

호주로 힐링 여행을 떠나 브이로그를 공개하는 연예인이
점점 많아지고 있다. 탁월한 패션 감각만큼이나 음식 취향도
센스 넘치는 그들이 다녀간 원픽 맛집은
어디일까? 지금 시드니와 멜버른에서 가장
핫한 맛집들을 테마별로 확인해보자.

시드니 커피 & 브런치 $ 예산 15~30

싱글 오 커피 Single O Coffee
시드니 3대 스페셜티 커피 전문점. 가벼운 브런치
메뉴도 있어 커피와 함께 간단한 식사를 즐기기 좋다.
📍 서리힐스
인스타그램 @single_o

파라마운트 커피 프로젝트
Paramount Coffee Project
아보카도 토스트, 프라이드치킨 와플 등 푸짐한
퓨전 브런치로 언제나 줄을 서야 하는 맛집.
📍 서리힐스
인스타그램 @paramountcoffeeproject

인더스트리 빈 Industry Beans
라테 아트와 컬러풀한 말차 음료, 화려한 비주얼의
브런치 메뉴로 시드니, 멜버른, 브리즈번에서
인기몰이 중!
📍 스트랜드 아케이드에서 도보 5분
인스타그램 @IndustryBeans

A.P 플레이스(A.P 베이커리)
A.P Place(A.P Bakery)
현재 가장 인기 있는 빵집. 샌드위치와
페이스트리가 먹음직스럽다. 매장별로 이름이
다른데, 중심가에 있는 A.P 플레이스가 가장
접근성이 좋다.
📍 중심가, 서리힐스, 뉴마켓
인스타그램 @a.p.bread

블랙 스타 페이스트리 Black Star Pastry
신선한 계절 과일로 만든 창의적인 케이크와
페이스트리는 먹기에도, 보기에도 최고!
대표 메뉴는 핑크색 딸기 수박 케이크다.
📍 퀸 빅토리아 빌딩 근처
인스타그램 @blackstarpastry

라비 & 에벨 Lavie & Belle
크루아상, 바게트 샌드위치와 다양한 프렌치
페이스트리를 판매한다. 좌석은 그리 많지 않다.
📍 서리힐스
인스타그램 @lavieandbelle_surryhills

마트 & 식료품점

데이비드 존스 푸드홀 David Jones Foodhall
다양한 제품을 구경하기에도, 퀄리티 좋은 식품을
구입하기에도 좋은 백화점 식품관.
📍 마켓 스트리트
운영 10:00~19:00(목요일 21:00까지,
일요일 09:00부터)

로컬리 바이 로미오스 Locali by Romeo's
유럽풍 푸드홀 겸 그로서리. 간단한 식사를 하거나
빵, 치즈, 육류 등 식재료를 살 수 있다.
📍 마틴 플레이스
인스타그램 @localibyromeos

아이비 시드니 맛집

바 토티스 Bar Totti's
화덕에서 구워낸 빵과 파스타, 고기, 생선 등
이탈리아 요리로 유명한 맛집. 시드니의 대표
클럽이 있는 아이비 시드니ivy Sydney건물에 입점한
CBD점이 가장 인기 있다. 예약 후 방문 권장.
📍 **라이트레일 윈야드**Wynyard역
인스타그램 @tottis.merivale

바 토파 Bar Topa
부담 없이 들러 한잔하기 좋은 분위기.
파타타스 브라바스(감자 요리), 생햄과 치즈 등 한
입 거리 스페인식 타파스를 칵테일과 함께 주문해
가볍게 즐겨보자.
📍 **라이트레일 윈야드**Wynyard역
인스타그램 @bartopa_sydney

지미스 팔라펠 Jimmy's Falafel
풍부한 향신료가 특징인 중동 요리로 유명한
레스토랑. 2024년 11월에 루프톱 바도 오픈했다.
피타 브레드와 팔라펠(병아리콩으로 만든 완자)
등의 기본 메뉴는 테이크아웃으로 즐겨도 좋다.
📍 **라이트레일 윈야드**Wynyard역
인스타그램 @merivale

> 보다 많은 맛집 정보는
> 도시별 맛집 페이지에서
> 확인하세요!
> ➡ 2권 P.066, 3권 P.044

멜버른 커피 & 브런치

브릭 레인 멜버른 Brick Lane Melbourne
맛있는 커피와 스매시드 아보카도, 에그 베네딕트를
맛볼 수 있는 브런치 맛집. 벽돌 건물 앞에서 예쁘게
사진도 찍을 수 있다. 주말에는 워크인만 가능하다.
📍 **중심가 북쪽**
인스타그램 @bricklane_melbourne

마켓 레인 커피 Market Lane Coffee
고품질의 커피 원두를 사용한 스페셜티 커피로
유명하다. 퀸 빅토리아 마켓 등 여러 곳에 매장이
있는데 대부분 테이크아웃 위주다.
📍 **멜버른 내 여러 곳**
인스타그램 @marketlane

룬 크루아상테리 Lune Croissanterie
오전에 가지 않으면 품절되어 살 수 없는
최고의 크루아상 맛집. 버터의 풍미가
풍부하다. 피츠로이 본점보다 중심가(CBD)
매장으로 가면 좀 더 편하게 구입할 수 있다.
📍 **페더레이션 스퀘어 건너편**
인스타그램 @lunecroissant

멜버른 바 & 레스토랑

맥스 온 하드웨어 Max on Hardware
길거리에 앉아 멜버른의 낭만을
즐기기 좋은 캐주얼한 이탈리아식
레스토랑. 대표 메뉴는 피자와
파스타다. 주말에는 예약 필수.
📍 하드웨어 스트리트
인스타그램 @max_onhardware

어플로트 카프리 Afloat Capri
해산물과 타코 플레이트, 칵테일이 주메뉴다.
여름에 가면 강변 전망과 함께 트렌디한 멜버른의
분위기를 만끽할 수 있다.
📍 야라강 산책로
인스타그램 @afloat_melbourne

헨리 앤드 더 폭스 Henry and the Fox
고급스러운 브런치와 식사 메뉴로 특히 주변 직장인들에게
인기가 많다. 공간도 넉넉해 편히 앉아서 식사하기 좋다.
📍 리틀 콜린스 스트리트
인스타그램 @henryandthefox

아메리칸 도넛 키친 American Donut Kitchen
1950년부터 멜버른의 재래시장인 퀸 빅토리아 마켓을
지켜온 도넛 푸드 트럭이다. 잼을 넣은 맛있는 설탕
도넛을 먹으려면 줄을 서야 하는데, 온라인으로 미리
주문하는 방법도 있다. 평소에는 오후 3시면 영업이
끝나니 나이트마켓이 열리는 수요일에 방문해도 좋다.
📍 퀸 빅토리아 마켓
인스타그램 @adkqvm

김렛 앳 캐번디시 하우스 Gimlet at cavendish house
호주산 제철 재료를 사용하는 유럽풍의 고급 레스토랑. 굴,
샤퀴테리 보드, 스테이크 등을 칵테일이나 와인과 함께
즐기기 좋다. 가격대는 상당히 높다.
📍 페더레이션 스퀘어 근처
인스타그램 @gimlet.melbourne

버거 보이스 Burger Boys
큼직하고 신선한 패티로 만든 수제 버거로 인기 만점인
곳이다. 사이드 메뉴로는 두툼한 감자튀김, 어니언링,
프라이드치킨 등을 주문해보자.
📍 중심가 서쪽
인스타그램 @burgerboysmelbourne

이것이 호주의 맛!
호주 명물 먹거리 BEST 10

피시앤칩스
Fish & Chips

📍음식점, 테이크아웃 전문점

생선fish튀김에 감자튀김potato chips을 곁들인 피시앤칩스는 영국
음식으로 잘 알려져 있으나 생선 맛은 호주가 단연 최고다. 식당이
거의 없는 시골 동네에도 피시앤칩스 전문점이 있을 만큼 맛과
영양을 보장하는 메뉴다. 주문할 때 생선 종류와 튀김 방식을 선택한다.

인기 생선 BEST 3
• 헤이크 Hake 대구의 일종. 촉촉하고 부드러운 식감이 특징이다.
• 스내퍼 Snapper 도미의 일종. 단단하고 고소한 식감이 느껴진다.
• 바라문디 Barramundi 농어의 일종. 호주 북부 특유의 열대어다.

튀김 방식
• 배터드 Battered 주로 맥주를 이용한 밀가루 반죽을 입혀 튀겨내는 조리법으로 부드러운 식감이 특징이다.
• 크럼드 Crumbed 반죽에 빵가루를 묻혀 튀겨서 좀 더 바삭한 식감을 낸다.
• 그릴드 Grilled 튀김옷을 입히지 않고 기름에 담백하게 구워낸다.

📍스테이크하우스, 마트

📍마트, 베이커리

미트 파이
Meat Pie

다진 고기 등의 짭짤한 속 재료에
그레이비소스를 섞어 만드는 영국식
파이. 양념한 고기를 페이스트리 생지로
감아 구워낸 소시지 롤도 비슷한 간식이다.

캥거루 & 악어 고기
Kangaroo & Crocodile Meat

마트에서도 팔고 스테이크 전문점에서 쉽게
접할 수 있다. 지방 함량이 낮은 캥거루 고기는
다소 뻣뻣한 소고기 같은 식감이고, 악어
고기는 닭고기와 흡사한 맛이다.

베지마이트
Vegemite

📍마트

영국인의 소울 푸드로 불리는
마마이트marmite와 닮은꼴로, 버터처럼
토스트에 발라 먹는다. 이스트 추출물과
소금을 혼합해 만드는데 강렬한
짠맛때문에 호불호가 갈리는 음식!

● 마트, 베이커리

안작 비스킷
ANZAC Biscuits

호주-뉴질랜드 연합군을 뜻하는 '안작'에서 이름을 따온 국민 디저트. 귀리와 밀가루에 코코넛과 시럽을 섞어 구운 쿠키로 보관성이 좋아서 제1차 세계대전 파병 군인들의 가족이 위문품으로 보냈다고 한다.

● 음식점, 베이커리

파블로바
Pavlova

1920년대에 호주와 뉴질랜드를 여행하던 발레리나 안나 파블로바를 위해 만들어진 고급 디저트. 새하얀 머랭 위에 휘핑크림과 과일로 장식한다.

● 마트, 베이커리

래밍턴 케이크
Lamington Cake

19세기 후반 퀸즐랜드 총독을 지낸 래밍턴 경 집안의 요리사가 만들었다는 디저트. 정사각형의 초콜릿 스펀지케이크 표면에 코코넛 가루를 듬뿍 뿌린다.

● 호주 북부 카페

댐퍼 & 빌리 티
Damper & Billy Tea

호주 개척 시대에 유목민과 노동자들이 즐겨 먹던 서민 음식. 빌리 티는 깡통에 손잡이를 매달아 모닥불 위에서 끓여내는 따뜻한 음료이고 댐퍼는 잿더미 위에서 구운 빵이다.

● 원주민 마을, 파인다이닝 레스토랑

부시 터커
Bush Tucker

호주 원주민의 수렵과 채집 생활에서 비롯된 전통 음식. 유칼립투스 잎사귀로 훈연하거나 에뮤알로 요리하는 등 고급 요리에도 폭넓게 활용한다.

시푸드
Seafood

● 피시 마켓, 음식점

동부 해안 바위에서 자라는 록 오이스터rock oyster(생굴), 퀸즐랜드 특산품인 모어튼 베이 버그Moreton Bay bug(부채새우)를 저렴하게 먹고 싶다면 피시 마켓(수산시장)을 찾아가자.

알아두면 쓸모 있는
호주 레스토랑 문화

ⓥ 미슐랭 별 대신 셰프 모자 찾아가기

호주에는 1982년부터 AGFG(Australian Good Food Guide)에서 마련한 '셰프 햇 어워드Chef Hat Awards'라는 자체 평가 시스템이 있다. 원래는 〈미슐랭 가이드〉와 비슷한 평가 방식으로 요리의 퀄리티에 대해 모자 개수로 등급을 매겼으며, 최근 들어 20점 만점을 기준으로 점수를 세분화해 기재하고 있다. 또 독자들이 선정한 맛집에는 '리더스 초이스 어워드Readers' Choice Awards'라는 별을 붙여준다. 물론 이런 평가 등급과 무관하게 맛있는 곳도 많지만, 특별한 식사를 원할 때는 아무래도 셰프 모자 점수를 알아보는 것도 도움이 된다.

점수	등급
19~18점	🎩🎩🎩
국제적으로 인정받는 최상급 음식과 와인을 제공하며, 일부러 찾아갈 만한 특별한 가치가 있음	
17~16점	🎩🎩
매우 특별한 수준의 요리를 제공하며, 우회해 찾아갈 만한 가치가 있음	
15~14점	🎩
상당히 특별한 수준의 요리를 제공하며, 가는 길에 방문할 가치가 있음	
Readers' Choice	★
1년간 홈페이지에서 독자 투표로 선정한 맛집	

ⓥ 호주의 팁 문화는?

호주에서는 종업원에게 팁을 주는 것이 의무가 아니지만 최근 들어 계산할 때 팁을 줄 것인지 물어보는 식당이 늘어나는 추세다. 특별한 서비스를 받은 것이 아닌 이상 일반 레스토랑에서 팁을 지불할 필요는 없다. 하지만 정장을 입은 서버가 와인을 따라주는 최고급 레스토랑에서는 10% 내외의 팁을 주는 것이 관례다. 만약 영수증에 'Service Charge'라고 표기되어 있다면 봉사료가 포함된 것이니 팁을 따로 주지 않아도 된다.

ⓥ 계산은 어떻게 할까?

카페나 캐주얼한 식당이라면 우리나라와 동일하게 카운터에서 지불하는 것이 일반적이다. 고급 레스토랑에서도 자리에서 일어나 지불하는 것이 이상한 일은 아니지만 보통은 서버가 테이블로 계산서를 가져다준다.

ⓥ 고급 레스토랑은 평일에 방문하기

공휴일이나 주말에는 식사 금액에 약 10~15%의 할증료가 붙는다. 따라서 가격대가 높은 레스토랑은 평일에 가는 게 좋다. 식당마다 관련 규칙이 조금씩 다르며 보통 메뉴판과 홈페이지에 공지한다.

⊘ 맛집 검색 방법

호주에서도 점차 구글맵 기반의 맛집 정보 검색이 주류를 이루어가는 추세다. 현지인 사이에서 가장 많이 활용하던 조마토Zomato 사이트도 호주에서 철수를 선언했다. 레스토랑 예약이 필요할 때도 구글맵을 통해 검색하면 자체 홈페이지 또는 오픈테이블 등의 예약 사이트로 연결된다. 리뷰어는 아시아계 비율이 상당히 높은데 이는 호주에 거주하는 중국계 호주인이 많기 때문이다. 리뷰를 꼼꼼하게 확인하면 우리 입맛에 잘 맞는 음식을 찾을 수 있다. 트립어드바이저를 제외한 나머지 사이트는 한국어를 지원하지 않는다.

트립어드바이저 Tripadvisor

전 세계 사람들이 남긴 리뷰를 바탕으로 해당 지역의 레스토랑 순위를 매겨 리스트를 작성할 수 있다. 여행자 입장에서 필요한 정보를 얻기 좋다. 한국어 선택이 가능하다.
홈페이지 tripadvisor.com

더포크 TheFork

예약에 특화된 유럽 기반의 웹사이트. 호주에서의 점유율은 오픈테이블의 30% 수준이다.
홈페이지 thefork.com.au

오픈테이블 Opentable

맛집 리뷰 검색이 가능한 것은 물론, 예약에 특화된 미국 기반의 웹사이트. 구글맵에서 검색하면 오픈테이블로 연동되는 레스토랑이 꽤 많다.
홈페이지 opentable.com.au

AGFG

셰프 모자 점수를 기반으로 맛집을 검색할 수 있다. 특별히 고급 레스토랑을 찾을 때 사용하기 좋다.
홈페이지 agfg.com.au/awards

⊘ 호주에서 배달 음식 주문하기

구글맵을 실행한 상태에서 'food delivery'로 검색하면 배달 가능한 주변 업체가 나열된다. 원하는 곳을 선택해 해당 업체가 이용하는 배달 시스템을 확인한다. 사이트별로 쿠폰 등 할인 혜택이 있으니 따져보고 저렴한 곳을 선택한다. 음식 배달 앱 중에서는 교통 앱과 연계된 우버 이츠가 대세다. 2위 업체인 메뉴로그는 영국계 저스트 이트에서 인수했고, 지역에 따라 메뉴로그 또는 저스트 이트로 나누어 서비스한다. 한때 사용 빈도가 높았던 딜리버루는 호주에서 사업을 완전히 종료했다.
홈페이지 우버 이츠 ubereats.com **메뉴로그** menulog.com.au **저스트 이트** justeattakeaway.com

⊘ 버거킹 아니고, 헝그리 잭

로고는 분명 버거킹하고 똑같은데 이름은 전혀 다른 헝그리 잭Hungry Jack's은 특별한 스토리가 있다. 글로벌 브랜드 버거킹이 호주 진출을 시도할 당시 애들레이드에 소재한 업체가 이미 같은 이름의 상표권을 보유하고 있었다. 이에 따라 버거킹이 호주 버거업체인 잭 코윈을 인수해 '헝그리 잭'이라는 합작 브랜드가 탄생하게 되었다. 일반 와퍼 메뉴 외에도 100% 호주산 고기로 만든 패티와 베이컨, 유기농 달걀, 비트를 넣은 오지Aussie 버거를 선보인다. 호주 전역에 390여 개 매장이 있어 편하게 이용할 수 있다.

호주인들은 줄임말을 즐겨 사용하는데, 맥도날드도 예외는 아니에요. 맥도날드를 줄여 마카스Macca's라고 부른답니다.

☑ BUCKET LIST **13**

고기 맛집이 여기 있네!

호주식 바비큐의 모든 것

품질이 뛰어난 호주 소고기와 양고기는 마트 정육 코너에서 구입해 직접 구워 먹어야 제맛이다. 식비를 절약할 수 있을 뿐만 아니라 내 손으로 직접 구워 최고의 스테이크를 먹을 수 있다는 점이 호주 여행을 더욱 즐겁게 만들어준다.

바비큐하기 좋은 고기 부위

부위별 고기 명칭은 나라마다 조금씩 달라 혼란스럽다. 울워스와 콜스에서는 호주식 표현을 쓰는 반면 코스트코 같은 미국계 마트에서는 미국식 명칭을 사용하는데, 아래에 소개한 몇 가지 부위를 선택하면 실패가 없을 것이다.

 소고기

스카치 필렛 Scotch Fillet
마블링이 많고 육즙이 풍부한 꽃등심. 립아이ribeye라고도 하며, 뼈가 붙어 있으면 본 인 립아이bone in ribeye라고 한다.

티본 T-bone
T자형 뼈 양쪽으로 안심과 등심이 붙은 부위

아이 필렛 Eye Fillet
부드럽고 담백한 안심 부위. 텐더로인tenderloin 또는 필레 미뇽filet mignon이라고도 한다.

포터하우스 Porterhouse
씹는 맛이 좋은 일반 등심 부위. 서로인sirloin이라고도 한다.

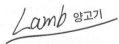 양고기

램 커틀릿 Lamb Cutlets
가장 부드럽고 맛있는 양갈비 부위

미드 로인 찹 Mid Loin Chops
뼈가 붙은 등심, 허릿살 부위로 약간 저렴하다.

머튼 Mutton
1살 이후 도축한 고기로, 어린 양에 비해 육향이 강하다.

퍼블릭 바비큐
이용 방법

캠핑장 등의 숙소는 물론이고 웬만한 공원이나 해변에 누구나 사용할 수 있는 공용 바비큐(BBQ) 설비를 갖추고 있다. 연료까지 제공하기 때문에 간단히 몇 가지만 준비하면 근사한 식사를 즐길 수 있다.

STEP 01
장소 확인

여행을 다니면서 적당히 한산한 장소를 눈여겨보자. 구글맵에서 'Public BBQ'로 검색해도 된다. 인기가 많은 장소는 예약을 받는 곳도 드물게 있지만 대부분 선착순으로 이용한다.

STEP 02
장보기

가까운 마트에서 식재료와 필요한 물품을 구입한다. 마트 정육 코너와 동네 정육점butchers에서 품질 좋은 고기를 판매한다. 호주의 대표 마트는 콜스와 울워스다. ▶ 마트 정보 P.089

STEP 03
재료 손질

바비큐 장소로 이동해 재료 손질과 식사 준비를 하면서 빈자리가 나기를 기다린다. 순서가 되면 준비한 재료와 집게 등 도구를 옮긴다.

STEP 04
그릴 점화하기

공용 바비큐는 대부분 철판에 전기로 열을 가하는 형태다. 간혹 가스 밸브를 열어야 하는 곳도 있다. 버튼을 길게 눌러 점화하고, 철판이 데워지면 물을 뿌려 그릴을 깨끗하게 닦아낸 뒤 사용한다. 숙소에서는 일반적인 직화 그릴을 제공하기도 한다.

STEP 05
고기 굽고 뒷정리하기

이제 고기를 맛있게 구울 차례! 고기를 구우며 천천히 식사를 즐기면 좋겠지만, 대기자가 있으면 빨리 고기를 구운 다음 뒷정리를 하고 비켜주는 것이 매너다. 뜨거운 기름이 묻은 휴지는 화재 위험이 있으니 주의한다.

"Fancy a cuppa?"

호주인처럼 마시는 커피와 차 한잔

독창적인 커피 문화를 이룬 호주인의 커피 사랑은 각별해서 어디를 가든 수준급의 커피를 맛볼 수 있다. 특히 멜버른 골목의 노천카페는 이른 아침부터 모닝커피를 즐기는 사람들로 가득하다. 오후에 마시는 영국식 애프터눈 티도 빼놓을 수 없다.

호주의 커피 문화, 어떻게 다를까?

호주에서는 에스프레소 기반의 진한 커피를 즐겨 마신다. 기본적으로 에스프레소는 쇼트 블랙, 물을 섞어 희석한 커피는 롱 블랙이라고 한다. 아메리카노와 달리 롱 블랙은 잔에 물을 붓고 나서 샷을 추가하는 방식이라 크레마(거품)가 좀 더 살아 있다. 호주 스타일 커피의 대표 주자는 단연 플랫 화이트다. 우유로 거품을 낸 스팀 밀크를 사용한다는 점은 일반 라테와 같지만 우유의 양과 거품을 적게 쓰기 때문에 커피 본연의 향이 더 강하게 느껴진다. 그 미묘한 맛의 차이를 직접 경험해보자.

'커파cuppa'는 '컵 오브 티cup of tea'를 줄여 부르는 영국과 호주식 영어 표현이에요. 누군가 "Fancy a cuppa?"라고 묻는다면 '우리 차(또는 커피) 한잔 할래?'라는 뜻이랍니다.

호주 카페에서 만나는 커피 종류

쇼트 블랙 Short Black

롱 블랙 Long Black

아메리카노 Americano

라테 Latte

플랫 화이트 Flat White

What else?
멜버른에서는 커피와 우유의 비율을 '마법처럼' 맞췄다는 매직 커피Magic Coffee가 유행이다. 에스프레소에 비해 빠르게 추출하는 더블 리스트레토를 넣기 때문에 쓴맛은 적고 산미가 더 많이 느껴진다.

스콘을 곁들인
오후의 티타임

호주에서는 애프터눈 티보다 하이 티high tea라는 표현을 주로 사용한다. 높은 테이블에 차려내는 차와 다과를 의미한다. 원래는 늦은 오후에 일과를 마치고 먹는 식사 대용의 개념이었지만 빅토리아 여왕 시대부터 본격적인 고급 차 문화로 자리 잡기 시작했다. 3단 트레이 아래쪽에는 짭짤한 식사용 빵, 중간에는 달콤한 빵, 가장 위쪽에는 초콜릿 등의 디저트를 플레이팅한다. 좀 더 간소한 다과 세트인 라이트 티light tea를 주문해도 된다. 따끈한 스콘에 잼과 부드러운 클로티드 크림을 발라 먹으면 오후가 행복해진다.

어디서 마실까?

시드니

팰리스 티 룸 The Palace Tea Room

위치	퀸 빅토리아 빌딩 Level 1 ▶ 2권 P.049
운영	09:00~18:00
예산	라이트 티 $22~35, 하이 티 $65 ※예약 권장
홈페이지	thepalacetearoom.com.au

티 룸 The Tea Room

위치	퀸 빅토리아 빌딩 Level 3 ▶ 2권 P.049
운영	10:00~17:00
예산	데본셔 티 $35, 하이 티 $75 ※예약 필수
홈페이지	thetearoom.com.au

멜버른

티 룸 1892 The Tea Rooms 1892

위치	중심가 블록 아케이드 ▶ 3권 P.028
운영	08:00~17:00
예산	하이 티 $75 ※예약 필수
홈페이지	thetearooms1892.com.au

타임 앤드 타이드 티룸 Time and Tide High Tea

위치	포트페어리 ▶ 3권 P.091
운영	주말 12:00~16:00
예산	하이 티 1인 $89 ※예약 필수
홈페이지	timeandtidehightea.com

콘벤트 The Convent

위치	데일스포드 ▶ 3권 P.097
운영	목~월요일 11:30에만 주문 가능
예산	하이 티 $90 ※예약 필수
홈페이지	conventgallery.com.au

EAT & DRINK

☑ BUCKET LIST **15**

치열한 경쟁이 맛있는 맥주를 만든다

맥주와 브루어리

호주에서는 어느 동네를 가더라도 펍pub(영국식 주점)에 사람들이 모여 떠들썩한
분위기에서 맥주를 마시는 모습을 흔히 볼 수 있다. 와인 시장의 급격한 성장으로
맥주 소비량이 다소 줄었다고는 하나 맥주는 여전히 가장 사랑받는 주류다.

지역별 대표 맥주 종류

- 다윈
- 케언스
- 울루루
- 브리즈번
- 퍼스
- 애들레이드
- 시드니
- 캔버라
- 멜버른
- 호바트

NT
· Draught

QLD
· XXXX
· Great Northern Brewing Co.

WA
· Little Creatures
· Gage Road
· Swan
· Emu

SA
· Coopers
· West End
· Pirate Life Brewing

NSW
· Tooheys
· KB Lager
· Hahn

VIC
· Victoria Bitter
· Carlton

TAS
· Cascade
· Boags

✅ 어떤 맥주를 마실까?

가장 대중적인 맥주는 칼튼 드래프트Carlton Draught, 빅토리아 비터Victoria Bitter(VB), 포엑스 골드XXXX Gold, 쿠퍼스 페일 에일Coopers Pale Ale, 그레이트 노던 슈퍼 크리스프Great Nothern Super Crisp 등이다. 수제 맥주 열풍에 힘입어 지역별로 특색 있는 크래프트 브루어리가 점점 늘어나는 추세라 지역별 특산품 맥주를 맛보는 재미가 있다.

❶ 포엑스 골드　　❷ 쿠퍼스 페일 에일　　❸ 빅토리아 비터

✅ 주문할 때 알아야 할 맥주 용어

미디Middy 또는 팟Pot
생맥주를 담아주는 작은 잔(약 285ml/스몰 사이즈)

스쿠너Schooner
생맥주를 담아주는 큰 잔(약 425ml/라지 사이즈)

그로울러Growler
손잡이가 달린 큰 병(약 1.89L)

비어 플라이트Beer Flights
여러 개의 작은 잔으로 구성한 시음용 맥주

TRAVEL TALK

맥주인 듯 맥주 아닌 진저 비어
이름 때문에 맥주로 착각할 수 있지만 사실 진저 비어는 탄산음료랍니다. 생강ginger을 갈아 사탕수수, 물과 혼합한 뒤 특별한 이스트를 첨가해 맥주처럼 발효시켜 만들어요. 대부분 무알코올이지만 발효 과정에서 간혹 소량의 알코올이 발생할 수도 있으니 아이들이 마실 때는 꼭 성분을 확인하세요.

진저 비어

진짜 비어

⚓ 브루어리 방문은 어떻게 할까?

유명한 곳이라면 보통 양조장과 함께 맥주와 음식을 파는 비어 홀을 운영한다. 떠들썩한 분위기에서 마시는 생맥주는 단연 최고! 어떤 종류의 생맥주가 있는지 궁금할 때는 "What do you have on tap?"이라고 물어본다. 양조장 투어는 대부분 예약제로 운영하니 방문 전 일정을 확인할 것.

추천 브루어리

200년 역사의 전통 맥주
캐스케이드 브루어리 Cascade Brewery

호주에서 가장 오래된 양조장으로 태즈메이니아에 있다. 1824년 설립 이래 캐스케이드 페일을 꾸준히 생산한다. 마운트 웰링턴 산기슭의 경치도 아름답다.

가는 방법	호바트에서 20km ▶ 3권 P.120
홈페이지	cascadebreweryco.com.au

도심에서 가까운 브루어리
칼튼 브루하우스 Carlton Brewhouse

빅토리아 대표 맥주인 칼튼 드래프트와 빅토리아 비터를 생산하는 양조장에서 운영한다. 야외 정원도 있고 도시에서 가까워 쉽게 가기 좋은 핫플이다.

가는 방법	멜버른에서 5km ▶ 3권 P.033
홈페이지	carltonbrewhouse.com.au

서호주 대표 브루어리
리틀 크리처 Little Creatures

퍼스 근교 항구도시 프리맨틀의 흥겨움을 즐기기 좋은 장소다. 홉을 다량 사용해 향과 아로마가 풍부한 미국식 페일 에일로 유명해졌다.

가는 방법	퍼스에서 22km ▶ 3권 P.195
홈페이지	littlecreatures.com.au

135년 역사의 전통주
번더버그 럼 양조장 Bundaberg Rum Distillery

맥주는 아니지만 사탕수수를 원료로 한 호주의 증류주 번디 럼은 면세점에서도 판매하는 인기 주류다. 번더버그 럼 양조장에서 당밀의 제분, 정제, 증류, 병입까지 전체 공정을 견학할 수 있다.

가는 방법	브리즈번에서 351km ▶ 2권 P.251
홈페이지	bundabergrum.com.au

EAT & DRINK

☑ BUCKET LIST 16

명품 와인 따라 떠나는

호주
와인 산지

마거릿강 유역 & 스완밸리 ▶ 3권 P.200

마거릿강 유역은 다른 지역에 비해 비교적
늦게 와인 생산에 뛰어들었지만 서호주의
강렬한 햇살과 해풍이 특징인 지중해성
기후 덕분에 프리미엄 카베르네 소비뇽
생산지로 빠르게 자리 잡았다. 강변에
위치한 스완밸리는 대도시인 퍼스와 가까워
맛집 & 카페 투어를 하기에도 적당하다.

호주 와인의 역사는 와인으로
유명한 다른 국가에 비해 짧은 편이다.
그러나 넓은 대지와 따사로운 햇살
아래에서 재배한 신대륙의 와인은 호주를
빠른 시간 안에 세계 10대 와인 생산국
반열에 올려놓았다. 호주에서 가장 인기
높은 와인은 시라즈 종으로, 동남부와
서남부 지역에 광범위하게 분포한 약
65곳의 와인 산지에서 생산한다. 그중
바로사밸리의 펜폴즈 그랜지가 '세기의
와인'이라는 평가를 받으며 호주 와인의
명성을 전 세계에 알렸다.

인근의 클레어 밸리, 애들레이드 힐, 맥라렌베일, 리버랜드와 함께 호주 최대의 와인 생산량을 자랑한다. 1800년대 중반에 심은 이후 지금껏 열매를 맺는 올드 바인 덕분에 풍미가 깊은 바로사밸리 시라즈, 독일의 리슬링과는 특징이 전혀 다른, 인기 있는 에덴밸리 리슬링을 생산한다.

바로사밸리 ▶ 3권 P.153

1791년부터 포도를 재배한 호주 최초의 와인 산지. 산미가 높고 도수가 낮아 청량감이 뛰어난 헌터밸리 세미용이 대표 라벨이며, 샤르도네와 시라즈를 포함한 다양한 와인을 생산한다.

헌터밸리 ▶ 2권 P.082

빅토리아주의 서늘하고 쾌적한 기후 덕분에 샤르도네와 피노 누아 품종이 유명하다. 그림 같은 구릉지대에서 아름다운 풍경도 감상할 수 있는 멜버른 근교의 인기 여행지이기도 하다.

야라밸리 ▶ 3권 P.062

TIP! 와인 테이스팅 방법

와이너리에서 3~5종류의 와인을 조금씩 맛보는 것을 '테이스팅(시음)'이라고 한다. 보통 $15~30 정도의 비용을 받지만 와인을 구입하면 테이스팅 비용을 돌려주는 것이 관례다. 유명 와이너리는 대부분 테이스팅과 판매를 위한 셀러 도어cellar door를 따로 운영한다. 영업시간에는 예약 없이 가도 기본적인 시음이 가능했으나 팬데믹 이후 예약제로 바뀌었다. 특히 일반 와인이 아닌 프리미엄 와인의 시음을 원하거나, 와인을 곁들인 식사를 하는 경우는 대부분 예약이 필수다. 와이너리가 넓은 지역에 흩어져 있기 때문에 개인 차량으로 방문해야 한다. 대부분 무료 주차장이 있다. 개인 차량이 없을 때는 대도시에서 출발하는 와이너리 투어를 이용하는 것이 좋다.

BUCKET LIST 17

이런 선물 어때요?

호주 필수
쇼핑 리스트

고품질의 양모 제품과 천연 벌꿀, 유기농 화장품까지 일상생활에서
실용적으로 사용할 수 있는 센스 만점 기념품과 국내보다 저렴하게
구입할 수 있는 선물용 제품을 모았다. 호주의 우방국인 뉴질랜드산
제품을 현지와 비슷한 조건으로 구할 수 있다는 것도 호주 쇼핑의 장점!

호주 기념품

①

②

꿀

우리나라에 비해 저렴하면서도 품질이 남다른 벌꿀은 누구나 좋아하는 선물! 호주 국민 꿀로 불리는 카필라노Capilano가 인기 브랜드다.

건강 보조 식품

각종 비타민과 영양제, 프로폴리스 제품, 뉴질랜드산 초록입홍합 추출물 등의 건강 보조 식품은 마트나 드러그스토어에서 구입할 수 있다. 대표 브랜드는 블랙모어스Blackmores, 스위세Swisse 등이다. 케미스트 웨어하우스Chemist Warehouse라는 대형 약국의 세일 품목을 노려보자.

③

기념품

원주민의 부메랑 같은 전통 공예품, 캥거루나 코알라 모양의 기념품은 호주 여행의 추억을 오래도록 간직할 수 있게 해주는 아이템이다. 도시별로 디자인이 다른 스타벅스 머그잔도 모으는 재미가 있다.

④

오팔

호주는 세계 오팔 생산량의 95%를 차지하는 나라로, 오팔 제품으로 만든 액세서리와 젬스톤gemstone(보석의 원석)이 특산품이다. 주말 마켓의 장신구 매대를 눈여겨볼 것!

(**5**)

울 제품

호주는 중국에 이은 세계 2위 양모 생산국이다. 겨울 내복부터 양말, 스카프, 니트, 심지어 이불과 카펫까지, 어디를 가든 양모 제품이 눈에 띈다. 메리노 품종 양모로 만든 프리미엄 제품을 추천한다.

Special Brand ▶ 어그 UGG

우리나라에도 잘 알려진 브랜드명인 어그는 원래 호주에서 서핑을 마치고 발을 따뜻하게 해주는 용도로 발명한 양가죽 부츠를 뜻하는 말이었다. 상표권 때문에 다른 나라에서는 'UGG' 또는 'UGH'라는 상표를 사용할 수 없으며 호주에서는 'UGG' 부츠라고 표시된 다양한 어그 제품을 볼 수 있다.

(**6**)

화장품

보습 효과가 탁월한 루카스 포포Pawpaw 크림은 면세점에서 장바구니에 쓸어 담는 아이템이다. 양모 추출 성분으로 만든 라놀린 크림, 유칼립투스나 티트리로 만든 에센셜 오일 등 천연 화장품도 추천!

Special Brand ▶ 이솝 Aēsop

1987년 멜버른에서 탄생한 세계적인 미니멀리스트 화장품 브랜드. 저마다 독창적인 디자인의 매장을 구경하는 재미도 있다. 품격 넘치는 멜버른의 콜린스 스트리트점, 시드니 특유의 테라스하우스에 입점한 패딩턴점을 눈여겨보자.

▶ 2권 P.059, 3권 P.054

Special Brand ▶ 메카 Mecca

다양한 코스메틱 브랜드를 큐레이팅해 선보이는 호주 최대의 화장품 편집숍이다. 럭셔리 라인으로 구성한 메카 코스메티카Mecca Cosmetica, 대중적인 제품까지 폭넓게 갖춘 메카 막시마Mecca Maxima로 나뉜다. 백화점이나 쇼핑가에서 쉽게 눈에 띈다.

초콜릿

여행 시기가 무더운 여름이 아니라면 초콜릿도
좋은 선물이다. 고급스러운 포장의 헤이그
초콜릿이나 코코 블랙Koko Black 같은 호주산
하이엔드 제품은 백화점과 자체 매장에서
판매한다. 호주의 국민 과자로 불리는 팀탐을
비롯한 마트 제품도 있다. ▶ P.088

Special Brand ▶ 헤이그 초콜릿 Haigh's Chocolates

1915년 5월 1일 애들레이드 비하이브 코너에
1호점을 낸 호주의 프리미엄 초콜릿 브랜드
(현지에서는 '하익스 초콜릿'으로 발음한다).
대도시의 고급 쇼핑 아케이드에서는 어김없이
가장 좋은 위치를 차지하고 있다. ▶ 본점 3권 P.146

홍차

영국 문화권답게 다양한 홍차가 있는데
가장 눈에 많이 띄는 테틀리Tetley와
트와이닝Twinings은 영국 제품, 딜마Dilmah는
스리랑카 제품이다. 호주 제품으로는
마두라Madura, 네라다Nerada,
티투Tea Too(T2)가 있다.

Special Brand ▶ T2

감각적인 패키징이 돋보이는 차 브랜드로,
멜버른의 피츠로이 본점을 비롯해 전 세계에
40개 매장을 두고 있다. 시드니, 멜버른, 퍼스,
브리즈번, 호바트 등 도시별로 서로 다른 향과
맛을 내는 브렉퍼스트 티 박스는
기념품으로 딱이다.
▶ 3권 P.054

호주 마트 아이템

팀탐 TimTam

1964년에 탄생한 호주의 국민 간식! 초코 비스킷 사이에 초코 크림을 넣고 초콜릿으로 마무리한 초코 과자다. 원조 나라에서 다양한 종류의 팀탐을 맛볼 수 있다.

솔로 Solo

코카콜라를 대체하는 호주의 국민 탄산음료. 톡 쏘는 청량감에 부드러운 레몬 맛이 상큼하다.

번더버그 Bundaberg

예쁜 병에 담아 파는 자연 발효 탄산음료. 핑크 자몽, 트로피컬 망고, 진저 비어 등 맛과 색이 다양하고 국내에도 수입할 정도로 인기가 많다.

스미스 Smith's

호주산 감자로 만드는 짭짤한 감자칩은 단연 스미스가 최고! 담백한 오리지널부터 새콤한 솔트 & 비니거까지 다양한 맛에 도전해보자.

아노츠 비스킷 Arnott's Biscuits

팀탐으로 유명한 아노츠는 원래 1865년부터 비스킷을 만들어온 회사다. 쇼트브레드, 스카치 핑거 등 갖가지 종류의 비스킷이 마트 진열대 한 면을 가득 채우고 있다.

열대 과일 Tropical Fruit

망고, 파인애플, 수박, 잭프루트 등의 열대 과일을 마음껏 먹어보자. 포장하지 않은 과일은 옆에 마련된 비닐에 담아두었다가 계산할 때 결제한다.

우유 Milk

호주 우유는 종류가 굉장히 다양하다. 지방 함량이 3.2%인 일반 우유를 풀 크림 밀크full cream milk 또는 홀 밀크whole milk, 지방을 0.15% 이하로 줄인 것을 스킴 밀크skim milk라고 한다. 저지방 우유인 로 팻low fat 밀크 또는 라이트lite 밀크, 유당을 제거한 락토프리lactose-free 밀크도 있다.

가장 중요한 바비큐용 고기 고르는 꿀팁
▶ P.075

생수 Spring Water

일반적으로 음용하는 식수는 스프링 워터(지하수 또는 샘물) 중에서 고르면 된다. 탄산수는 스파클링 워터sparkling water, 약간의 광물질이 포함된 미네랄워터mineral water가 있다.

어느 도시에나 있다! 호주 마트

여행 중 직접 고기를 구워 먹거나 요리할 일이 무척 많은 호주에서 마트 방문은 필수! 호주 전역에 있는 체인점 형태의 슈퍼마켓에서는 대부분의 생필품을 원스톱으로 구입할 수 있다.

호주 양대 대형 마트

울워스 Woolworths(Wollies)

W 형태의 산뜻한 녹색 로고가 상징적인 슈퍼마켓 체인이다. 시장점유율 37%로 가장 큰 비율을 차지하며, 제휴 주유소는 EG 암폴EG Ampol(예전의 칼텍스 주유소)이다.

홈페이지 woolworths.com.au

콜스 Coles

빨간색 바탕에 흰 글씨의 간판이 눈에 띄는 슈퍼마켓 체인이다. 울워스에 비해 약간 저렴한 편이고 대중적인 이미지다. 제휴 주유소는 셸Shell이며, 편의점인 콜스 익스프레스Coles Express를 통해 운영한다.

홈페이지 coles.com.au

TIP! 마트 영수증 꼭 챙기기!

호주 거주자에게 발급해주는 적립 카드reward card가 있으면 구매 시 할인을 받거나 포인트 적립(1달러에 1포인트, 2000포인트마다 $10 지급)을 할 수 있다. 단기 여행자라면 그때그때 눈에 띄는 마트를 이용하는 것이 편리한데 종이 영수증을 꼭 챙겨두자. 일정 금액 이상 구입했다면 영수증 하단을 통해 추가 할인 쿠폰을 발급해주기 때문이다. 제휴 업체(주유소, 주류 판매점)에서 결제할 때 마트 영수증을 보여주면 할인이 적용된다.

알아두면 좋은 종류별 마트

- ☑ **알디 Aldi** 독일에 본사가 있는 할인형 슈퍼마켓 체인으로 가격이 가장 저렴한 편이다.

- ☑ **IGA Independent Grocers of Australia** 보다 규모가 작은 지역 식료품업체들이 연합해 운영하는 슈퍼마켓

- ☑ **케이마트 Kmart** 가전, 가구, 장난감, 의류 등 각종 생필품과 공산품을 저렴하게 판매한다.

- ☑ **케미스트 웨어하우스 Chemist Warehouse** 전문 의약품을 포함해 비타민과 건강식품, 잡화를 판매하는 의약품 전문 마트

- ☑ **렙코 오스트레일리아 Repco Australia** 대표적인 자동차용품 전문점이며 카센터를 겸한다.

- ☑ **슈퍼칩 오토 SuperCheap Auto** 좀 더 저렴한 자동차 부품 및 액세서리 소매업체

술이 필요하다면 보틀 숍

호주에서는 마트에서 술을 팔지 않고 보틀 숍bottle shop 또는 리커 스토어liquor store라고 하는 주류 전문점에서 판다. 주요 체인점 중에서 BWS와 댄 머피Dan Murphy's는 울워스, 리커랜드Liquorland와 퍼스트 초이스 리커First Choice Liquor는 콜스 계열사라서 보통 대형 마트 입구 바로 옆에 매장이 있다. 단독 매장 형태로 운영하는 곳도 많다.

알뜰 쇼핑을 위한
호주 쇼핑 정보

◎ 호주 대표 백화점은?

마이어MYER & 데이비드 존스David Jones

주요 도시의 번화가라면 어김없이 볼 수 있는 백화점이다. 온갖 명품 브랜드가 경쟁하는 한국 백화점과 다르게 디자이너 브랜드와 대중적인 브랜드가 더 많다. 백화점이 입점한 대형 쇼핑센터 지하에는 푸드 코트가 있을 확률이 높기 때문에 간단하게 끼니를 해결할 만한 장소로 알아두면 편리하다.

> 목요일은 쇼핑 데이! 평소에는 일찍 문을 닫는 상점과 백화점도 목요일에는 저녁 늦게까지 문을 여는 곳이 많아요.

◎ 아웃렛은 어디로 갈까?

도시나 공항 근처의 넓은 공간에 자리한 할인형 쇼핑센터에서는 중저가형 의류나 스포츠 의류를 구입하기 좋다. 멜버른 근교에서는 남반구 최대 규모라는 채드스톤 쇼핑센터가, 시드니 쪽은 버킨헤드 포인트가 유명하다. 가장 대표적인 아웃렛 체인은 DFO로 여러 도시에 매장이 있다.

채드스톤 쇼핑센터 Chadstone Shopping Centre

가는 방법 멜버른에서 17km, 페더레이션 스퀘어에서 무료 셔틀버스 운행(예약제 운행)
주소 1341 Dandenong Rd, Malvern East VIC 3145 **운영** 월~수요일 09:00~17:30,
목~토요일 09:00~21:00, 일요일 10:00~19:00 **홈페이지** chadstone.com.au

버킨헤드 포인트 Birkenhead Point

가는 방법 시드니 중심가에서 6km, 서큘러 키에서
일반 시내버스(M52 · 500 · 507번 등) 이용
주소 19 Roseby St, Drummoyne NSW 2047
운영 월~수 · 금요일 10:00~17:30, 목요일 10:00~19:30,
토요일 09:00~18:00, 일요일 10:00~18:00
홈페이지 birkenheadpoint.com.au

DFO 홈부시 DFO Homebush

가는 방법 시드니 중심가에서 15km, 스트라스필드Strathfield
기차역에서 버스(525 · 526번)로 환승
주소 3-5 Underwood Rd, Homebush NSW 2140
운영 10:00~18:00(목요일 20:00까지)
홈페이지 www.dfo.com.au/homebush

✅ 호주 면세점 쇼핑은?

콕 집어서 필요한 물건만 모았다

시드니 면세점Sydney Duty Free

국내 여행자가 즐겨 찾는 인기 쇼핑 품목을 구비하고 있어서 출국 직전이나 가격을 꼼꼼하게 비교할 시간이 없을 때 이용하기 편리하다. 한국어로 제품 설명을 듣고 원스톱으로 면세 안내까지 받을 수 있다.

위치 시드니 중심가 뮤지엄역Museum Station
주소 136 Liverpool St, Sydney NSW 2000
운영 11:00~19:00
홈페이지 공식 sydneydutyfree.com.au
　　　　한국어 blog.naver.com/vof93

고급 제품을 고르려면

롯데면세점 시드니Lotte Duty Free Sydney

시드니 중심가에 있으며 한국인 관광객을 대상으로 하는 면세점이다. 럭셔리 뷰티 브랜드와 명품 시계 등 고급 제품, 그리고 시음이 가능한 주류 코너까지 갖추었으며 3개 층으로 이루어졌다.

위치 시드니 중심가 웨스트필드 맞은편
주소 55 Market St, Sydney NSW 2000
운영 10:00~18:00(목요일 21:00까지)
홈페이지 kr.lottedfs.com

✅ 택스 리펀드 받는 방법

호주를 떠나기 전 60일 이내에 단일 사업장(ABN 번호로 구분)에서 $300 이상 제품을 구입한 경우에는 상품-서비스세(GST 10%) 및 와인에 부과되는 세금(WET 29%)에 대해 여행자 세금 환급을 요청할 수 있다. GST가 붙지 않은 품목은 합산에서 제외되며, $1000을 초과한 경우 영수증에 본인의 여권 영문명까지 정확히 기재되어 있어야 한다. 출국 전 TRS(Tourist Refund Scheme) 오피스에서 현재 물품을 소지하고 있음을 입증해야 하니 충분한 시간을 두고 공항에 도착해야 한다. 부피가 작은 물품은 출국장 내 TRS 오피스에서 확인을 받고 기내 수하물로 휴대하면 된다. 부피가 큰 제품과 액체류는 체크인하기 전 ABF(Australian Border Force) 오피스를 먼저 방문해 영수증에 확인 도장을 받은 뒤에 위탁 수하물로 보낸다. 그런 다음 TRS 오피스를 방문해 환급 절차를 밟는다. 환급은 60일 이내에 TRS 오피스에 등록한 신용카드로 이루어진다. 온라인(모바일 앱 TRS)으로 미리 신고서를 작성하고 가면 대기 시간을 줄일 수 있다. 물품 및 환급 조건에 관한 정확한 규정은 홈페이지 참고.

홈페이지 trs.border.gov.au

필요 항목
여권

항공권

영수증(tax invoice)

환급받을 신용카드

구입한 물품

BASIC INFO

꼭 알아야 할
호주 여행 기본 정보

BASIC INFO ❶

호주 국가 정보

적도를 기준으로 지구 반대편 남반구에 자리한 호주 대륙은 미국 본토와 맞먹는 거대한 크기를 자랑한다.
호주 헌법에 따라 국가 권력은 연방 정부와 주 정부로 분산되며, 독자적 주권을 가진 6개의 주state는
각각의 총독과 총리를 임명하고 주 의회에서 자치권을 행사한다. 오스트레일리아캐피털테리토리와
노던테리토리라는 2개의 준주territory는 연방 정부가 직접 통치한다. 인구의 85%는 해안 지대에 거주하며,
도시를 벗어나면 광활한 자연이 펼쳐진다.

면적
7,663,948km²
알래스카, 하와이 제외한 본토

인구
약 **3**억 **4000**만 명

미국

✈ 10시간 30분

호주

북회귀선
적도
남회귀선

면적
7,741,220km²
세계 6위, 한반도의 35배

인구
2712만 명
한국의 절반

국명
오스트레일리아 연방
Commonwealth of
Australia

수도
캔버라
Canberra

연방 수립
1901년 **1**월 **1**일

정치체제
영국연방 입헌군주제하 의원내각제

언어
영어

국가 번호
+61 (한국 +82)

전압
240V (50Hz 사용)
※ 멀티 어댑터 필요

통화
호주 달러 (AUD, AU$)

환율
1 AUD = 약 910원
※ 2024년 12월 기준

비자
ETA (전자 관광 비자)
최대 90일

시차
한국보다 1시간 빠름
(시드니 기준, 서머타임 적용 시 2시간 빠름)

비행시간
인천-시드니 (직항)
약 10시간 30분

호주의 상징

호주 국기 Flag of Australia

호주 국기는 영국 국기인 유니언잭Union Jack 아래에 6개 주와 호주 영토를 상징하는 7개의 꼭짓점으로 이루어진 연방의 별Commonwealth Star이, 오른쪽에는 남반구에서만 관측되는 남십자성Southern Cross 별자리가 그려져 있다.

호주 원주민 국기
Australian Aboriginal Flag

호주 대륙의 토착 원주민이 사용하는 깃발은 국가에서 공인한 것으로, 공식 석상에서 호주 국기와 함께 사용한다. 빨간색은 대지, 노란색은 태양, 검은색은 호주 원주민을 상징한다.

호주연방 문장
Commonwealth Coat of Arms

호주를 상징하는 연방 문장은 캥거루와 에뮤가 6개 주의 문양과 연방의 별이 새겨진 방패를 들고 마주 보고 있는 형상으로 이루어져 있다. 캥거루와 에뮤는 둘 다 뒷걸음질을 못 하는 동물로, 빠른 속도로 전진하는 호주를 의미한다.

남반구
Southern Hemisphere

적도를 경계로 지구 남쪽 부분을 뜻하는 남반구에서는 여러모로 북반구와 다른 자연현상을 경험하게 된다. 밤하늘에서는 북극성 대신 남십자성이 길잡이 역할을 하고, 동쪽으로 뜬 해가 남쪽이 아닌 북쪽 하늘을 지나 서쪽으로 진다. 무엇보다 북반구와 계절이 정반대라서 한여름에 크리스마스를 맞이한다는 점이 호주라는 나라를 더욱 궁금하게 만든다.

호주 날씨와 여행 시즌

호주 여행지를 결정할 때는 여행 시기를 고려하지 않을 수 없다. 한국이 겨울일 때 가볼 만한 여행지로는
시드니와 멜버른이 가장 무난한 선택지다. 요즘처럼 폭염이 자주 발생하는 상황에서는 기후가 한결 서늘한
멜버른이나 태즈메이니아의 비중을 늘리는 것도 괜찮다.

호주의 사계절

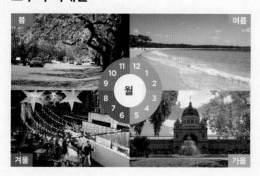

사계절이 있는 지역

시드니, 멜버른, 호바트, 애들레이드, 퍼스
호주 남동부 및 남서부 해안 지역은 비교적 사계
절이 뚜렷한 편이다. 한국이 한창 단풍으로 물
들 때 호주에서는 보라색 자카란다가 봄꽃을 피
우고, 곧이어 건조하고 뜨거운 여름이 찾아온
다. 가을은 무척 쾌적하고 겨울에는 비가 많이 내
린다. 남쪽의 일부 산간지대를 제외하면 가을에
단풍이 들거나 눈이 내리는 일은 거의 없다.

우기와 건기로 구분하는 열대지방

케언스, 다윈, 브룸
남회귀선보다 북쪽에 위
치한 지역은 월 평균기
온이 18℃ 이상인 열대
기후다. 사계절이 아닌
건기와 우기로 구분하

며, 특히 '파노스Far North'라 불리는 최북단에는
11~2월에 무더위와 함께 몬순성 폭우, 비바람을
동반한 사이클론이 자주 발생한다.
- **우기** Wet Season 11~4월
- **건기** Dry Season 5~10월

여행하기 좋은 시기

호주는 지역별로 기후가 완전히 다르고, 비슷한 위도라 해도 내륙과
해안에 따라 차이가 크다. 시드니에서 브리즈번 쪽으로 올라갈수록
아열대기후에 가까워지고, 멜버른이나 호바트(태즈메이니아) 쪽으
로 내려갈수록 날씨가 쌀쌀해진다. 자세한 기온은 주요 도시의 미리
보기 페이지를 참고할 것.

언제나 건조한 아웃백

앨리스스프링스, 울루루
호주 대륙 전체 면적의
70%는 사람이 살기 힘
든 척박한 환경의 내륙
지대, 즉 아웃백outback
에 해당한다. 특히 대륙

중심부는 연평균 강수량
이 465mm에 불과할 정
도로 건조한 사막이라
여행하기 전 정보를 수
집하고 빈틈없이 준비해
야 한다.

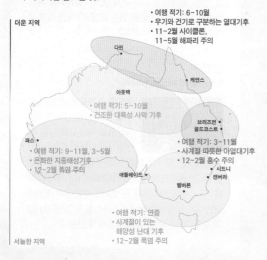

더운 지역

- 여행 적기: 6~10월
- 우기와 건기로 구분하는 열대기후
- 11~2월 사이클론,
  11~5월 해파리 주의

다윈

케언스

아웃백
- 여행 적기: 5~10월
- 건조한 대륙성 사막 기후

브리즈번
골드코스트
- 여행 적기: 3~11월
- 사계절 따뜻한 아열대기후
- 12~2월 홍수 주의

퍼스
- 여행 적기: 9~11월, 3~5월
- 온화한 지중해성기후
- 12~2월 폭염 주의

애들레이드

시드니
캔버라

멜버른

- 여행 적기: 연중
- 사계절이 있는
  해양성 난대 기후
- 12~2월 폭염 주의

서늘한 지역

표준시와 시차 알아보기

시드니와 한국의 평소 시차는 불과 1시간! 지구 반대편이지만 경도가 비슷한 우리나라와 호주의 시차는 의외로 크지
않다. 비행기에서 내려 시차를 느끼지 않고 지낼 수 있다는 것은 큰 장점이다. 평소 호주는 동부 표준시(AEST),
중부 표준시(ACST), 서부 표준시(AWST) 3개의 시간대로 나뉜다. 그런데 일부 주에서 시간을 1시간 앞당기는
일광절약시간제를 시행하면 시간대가 5개로 늘어난다. 예를 들어 호주 대륙의 가장 서쪽인 퍼스와 가장 동쪽인
시드니의 시차는 평소 2시간이지만 여름에는 3시간으로 바뀐다. 또 평소 시차가 없는 퀸즐랜드와 뉴사우스웨일스는
여름에 1시간의 시차가 발생한다. 스마트폰은 날짜와 시간이 자동으로 전환되지만, 이 시기에 주 경계선을 넘을 경우
예약 시간과 숙소 체크인 시간에 특별히 유의해야 한다.

호주 표준시 Australian Standard Time

한국보다
1시간 느림

한국보다
30분 빠름

다윈

한국보다
1시간 빠름

NT
UTC +9.5

QLD
UTC +10

● 브리즈번

WA
UTC +8

SA

퍼스 ●

NSW

애들레이드 ●

● 시드니
● 캔버라

VIC

멜버른 ●

TAS

● 호바트

일광절약시간제 Daylight Saving Time

10월 첫째 일요일 새벽 2시(3시로 조정)부터
다음 해 4월 첫째 일요일 새벽 3시(2시로 조정)

다윈

NT
실시 안 함

QLD
실시 안 함

● 브리즈번

WA
실시 안 함

SA
UTC +10.5

NSW
UTC +11

퍼스 ●

애들레이드 ●

● 시드니
● 캔버라

한국보다 1시간 30분 빠름

VIC

멜버른 ●

한국보다
2시간 빠름

TAS

● 호바트

한국 표준시 Korea Standard Time UTC +9					
주 이름	WA	SA[1]	NT	QLD	NSW[2], VIC, ACT, TAS
평상시 *한국 시간 대비	1시간	30분 빠름	30분	1시간	1시간 빠름
일광절약시 *한국 시간 대비	느림	1시간 30분 빠름	빠름	빠름	2시간 빠름
주요 도시	퍼스	애들레이드	다윈	브리즈번	시드니, 멜버른, 캔버라, 호바트

1) 서호주와 남호주 경계 지역에서는 CWST라는 별도의 표준시를 사용한다.
　▶ 자세한 정보 3권 P.161
2) 뉴사우스웨일스 브로큰힐Broken Hill 지역에서는 동부 표준시가 아닌 중부 표준시를 따른다.

한국 시간 09:00일 때

시드니 기준 평상시 10:00

시드니 기준 일광절약시 11:00

BASIC INFO ❹

현지인이 알려주는 호주 생활 상식

 CBD가 도대체 뭘까?

호주에서는 도시 한복판의 가장 번화한 곳을 센트럴 비즈니스 디스트릭트Central Business District(중심 업무 지구), 약자로 CBD라 부른다. 정확한 구역이 정해져 있지만 실생활에서는 굳이 그 범위를 따지지 않고 시티 센터City Centre, 시티City와 혼용해 사용한다. 우리말로 '중심가, 번화가, 시내' 정도의 의미다. 처음에는 생소해도 호주에서 지내다 보면 "오늘 시드니 CBD에 다녀왔어!" 같은 표현을 자연스럽게 쓰게 될 것이다.

 전압은 비슷하지만 어댑터 필요

호주의 표준 전압은 240V, 50Hz로 한국보다 약간 높지만 정격 전압이 220~240V라고 표시된 제품이라면 사용 가능하다. 하지만 콘센트(socket, outlet)의 모양과 규격이 달라 변환 어댑터가 필요하다. 현지 마트에서 '파워 플러그 어댑터power plug adapter', '트래블 어댑터travel adapter'라고 표시된 제품을 구입하면 된다.

소켓

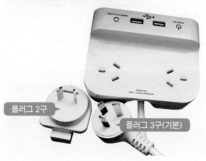
플러그 2구
플러그 3구(기본)

 음주 문화 바로 알기

호주의 음주 가능 연령은 만 18세 이상이며, 술을 구입할 때는 반드시 신분증을 제시해야 한다. 구입도 주류 전문점인 보틀 숍 bottle shop에서만 가능하다. 공원과 공공장소에서 음주는 기본적으로 불법이다.

 분리수거 방법

주별로 규정이 조금씩 다르지만 대체로 한국보다는 느슨한 편이다. 부피가 큰 종이 상자, 빈 병, 캔 등의 재활용품만 분리수거하고 음식물을 포함한 나머지는 큰 봉투에 담아 버린다. 도심이 아닌 일반 주택가에서는 쓰레기 배출일이 따로 정해져 있다. 단, 캠핑이나 야외 활동을 할 때는 야생동물이 먹지 못하도록 음식물 쓰레기를 구분해 밀봉 처리해야 한다.

횡단보도 건널 때는 오른쪽 먼저 확인!

호주의 도로 시스템은 영국 방식을 따르고 있어 운전석과 도로 주행 방향이 한국과 반대다. 보행자가 가는 방향을 기준으로 차가 오른쪽에서 오기 때문에 건널목을 건널 때는 반드시 오른쪽을 먼저 살펴야 한다. 신호등이 있는 곳에서는 버튼을 눌러야 녹색 불로 바뀐다.

호주에는 지상층이 따로 있어요

호주에서 그라운드 플로어ground floor는 한국의 1층에 해당한다. 따라서 퍼스트 플로어first floor는 한국의 2층, 세컨드 플로어second floor는 한국의 3층이 된다. 엘리베이터도 숫자 1이 아닌 G 또는 0 표시 버튼을 눌러야 지상층으로 나갈 수 있다.

통신이 안 되는 지역도 있어요!

대도시에서는 공공 와이파이를 쉽게 이용할 수 있고 통신에도 문제가 없다. 다만 숙소에서는 인터넷 속도가 한국에 비해 느릴 확률이 높다. 그리고 도시를 벗어나면 인터넷은 물론 통화가 안 되는 지역도 상당히 많다. 오지 캠핑이나 자동차 여행을 준비한다면 구글맵 오프라인 지도를 다운받고, 숙소 예약 등 기본적인 준비를 미리 마치는 것이 좋다.

여행의 길잡이 비지터 센터

주요 관광지마다 파란색 바탕에 노란색 i 표시가 그려진 공인 비지터 인포메이션 센터Accredited Visitor Information Centres가 있다. 친절한 안내와 함께 각종 여행 정보를 제공하고 기념품을 판매하는 곳이다. 입구에 그날의 주의 사항 등을 게시하기도 한다. 외딴곳일수록 자칫 지나치기 쉬운 중요한 정보를 얻을 수 있으니 특별한 목적이 없더라도 방문하는 습관을 들이자.

BASIC INFO ⑤

호주 공휴일과 축제 캘린더

호주에는 전국적인 국경일뿐 아니라 주 또는 도시별로 별도의 공휴일이 있다.
축제 기간에는 화려한 퍼레이드와 갖가지 쇼가 펼쳐져 여행의 즐거움이 더한 반면,
전국에서 사람들이 모여들어 숙소 비용이 인상되기도 한다. 방문할 지역의 행사를
미리 파악해두는 것이 무척 중요한 이유다. 공휴일에는 대부분의 관공서와 관광 명소가
문을 닫거나 운영 시간을 단축한다.

1월

1~2일
새해 New Year's Day★
📍 전국

26일
오스트레일리아 데이
Australia Day★
📍 전국

2주간
호주 오픈(테니스 대회)
Australian Open
📍 멜버른

3주간
시드니 축제(문화 · 예술제)
Sydney Festival
📍 시드니

2월

둘째 월요일
로열 호바트 레가타(요트 대회)
Royal Hobart Regatta
📍 호바트

둘째 목요일
마디 그라(남반구 최대 규모의
LGBT 축제) Mardi Gras
📍 시드니

2~3월 사이
퍼스 축제(문화·예술제)
Perth Festival
📍 퍼스

2월 중순부터 1개월간
애들레이드 프린지(문화·예술제)
Adelaide Fringe
📍 애들레이드

3월

첫째 월요일
노동절 Labour Day
📍 서호주

둘째 월요일
캔버라 데이(수도 작명 기념일)
Canberra Day★
📍 캔버라(ACT)
애들레이드 컵 경마 대회
Adelaide Cup Day★
📍 남호주
노동절 Eight Hours Day★
📍 태즈메이니아
노동절 Labour Day★
📍 빅토리아

노동절 주말
뭄바 축제(강변 놀이공원)
Moomba Festival 📍 멜버른

4일간
세계 음악 예술 축제
WOMADelaide
📍 애들레이드

2주간
캔버라 축제(빛의 축제)
Enlighten Canberra
📍 캔버라

유동적
포뮬러 원 오스트레일리아
그랑프리(자동차 경주)
Formula 1® Australian
Grand Prix
📍 멜버른

유동적
멜버른 음식 & 와인 축제
Melbourne Food & Wine
Festival
📍 멜버른

호주 전역의 주요 공휴일
(★는 전일 휴일, ☆는 반나절
휴일)과 중요한 축제를
소개했습니다. 요일제 공휴일인
경우 날짜가 매년 바뀌니
정확한 일정은 정부 홈페이지
(australia.gov.au/public-
holidays)를 참고하세요.

3월 중순부터
시드니 야외 오페라 축제
Handa Opera on
Sydney Harbour
📍 시드니

3월 22일~4월 25일 사이
굿 프라이데이
Good Friday★
📍 전국
부활절 토요일
Easter Saturday★
📍 전국
부활절 일요일
Easter Sunday★
📍 전국
부활절 월요일
Easter Monday★
📍 전국
부활절 화요일
Easter Tuesday★
📍 태즈메이니아

부활절 주말
립 컬 프로(서핑 대회)
Rip Curl Pro
📍 토키(그레이트 오션 로드)

4월

25일
안작 데이(현충일)
ANZAC Day★
📍 전국

10일간
애들레이드 음식 & 와인 축제
Tasting Australia
📍 애들레이드

5월

첫째 월요일
메이 데이 May Day★
📍 노던테리토리
노동절 Labour Day★
📍 퀸즐랜드

27일 또는 이후 월요일
화합의 날
Reconciliation Day★
📍 캔버라(ACT)

5월 말부터 3주간
비비드 시드니(빛의 축제)
Vivid Sydney
📍 시드니

6월

첫째 월요일
서호주 건립 기념일
Western Australia Day★
📍 서호주

둘째 월요일
국왕 탄신일 King's Birthday★
📍 전국(QLD, WA 제외)

7월

첫째 일요일부터 일주일간
나이독 위크(원주민 기념 주간)
NAIDOC Week
📍 전국

7월 초
골드코스트 마라톤
Gold Coast Marathon
📍 골드코스트

8월

첫째 월요일
피크닉 데이 Picnic Day★
📍 노던테리토리

둘째 일요일
도심-해변 마라톤 대회
City2Surf Sydney
📍 시드니

둘째 또는 셋째 수요일
에카 피플 데이
Ekka People's Day★
📍 브리즈번

18일간
다윈 축제(문화·예술제)Darwin
Festival 📍 다윈

유동적
화이트 나이트(빛의 축제)
White Night
📍 멜버른

유동적
해밀턴 아일랜드 요트 대회
Race Week Hamilton Island
📍 그레이트배리어리프

9월

유동적
AFL(오스트레일리아 풋볼 리그)
결승 직전 금요일
AFL Grand Final Friday★
📍 빅토리아

한 달간
시드니 프린지(문화·예술제)
Sydney Fringe
📍 시드니

3주간
브리즈번 축제(문화·예술제)
Brisbane Festival
📍 브리즈번

9~10월 사이 1개월간
캔버라 봄꽃 축제
Floriade Canberra
📍 캔버라

넷째 월요일 또는 10월 첫째 월요일
국왕 탄신일 King's Birthday★
📍 서호주

10월

첫째 월요일
국왕 탄신일 King's Birthday★
📍 퀸즐랜드

첫째 월요일
노동절 Labour Day★
📍 캔버라(ACT), 뉴사우스웨일스,
남호주

2주간
해변 예술제
Sculpture by the Sea
📍 시드니 본다이비치

10월 말
골드코스트 500(자동차 경주)
Gold Coast 500
📍 골드코스트

11월

첫째 월요일
레크리에이션 데이
Recreation Day★
📍 태즈메이니아 북부

첫째 화요일
멜버른 컵 데이(경마 대회)★
Melbourne Cup Day
📍 빅토리아

12월

24일
크리스마스이브
Christmas Eve☆
📍 퀸즐랜드, 남호주,
노던테리토리

25일
크리스마스 Christmas★ 📍 전국

26일
박싱 데이 Boxing Day★ 📍 전국

26일부터 일주일간
시드니-호바트 요트 대회
Sydney to Hobart Yacht Race
📍 시드니, 호바트

31일
새해 전야 New Year's Eve☆
📍 남호주, 노던테리토리

호주 주요 기념일과 축제를 기억하자!

시드니 새해 전야 불꽃 축제 Sydney New Year's Eve Fireworks

시드니 오페라하우스와 하버 브리지를 중심으로 12월 31일 밤 9시와 자정, 두 차례 열리는 불꽃 축제는 새해의 시작을 알리는 성대한 행사다. 전망이 가장 좋은 록스, 왕립 식물원, 미세스 매쿼리 포인트는 유료 구역이다. 다리 건너편의 밀슨스포인트Milsons Point, 라벤더베이 파크랜드Lavender Bay Parklands와 록스의 바랑가루 리저브Barangaroo Reserve 같은 무료 관람 구역은 오후부터 자리 경쟁이 치열하다.

오스트레일리아 데이 Australia Day

1788년 영국에서 최초의 함대가 상륙한 날, 즉 호주 탄생을 기념하는 중요한 국경일이다. 매년 1월 26일 동틀 무렵, 시드니 오페라하우스 지붕을 아름다운 조명으로 장식하면서 하루가 시작된다. 뒤이어 수많은 배가 참여하는 시드니 하버 퍼레이드를 비롯해 전국적으로 야외 공연, 불꽃놀이 등의 행사가 온종일 계속된다.

농축산 축제 Agricultural Shows

호주에서는 농업과 축산업을 장려하는 지역 축제가 매우 큰 비중을 차지한다. 전시 마당인 쇼그라운드showground에서 주로 개최하며 농산물 품평회, 농장 체험, 승마 대회, 각종 경주가 열리고 놀이 기구도 설치하는 초대형 이벤트다. 부활절 주간에 맞춰 12일간 열리는 시드니의 로열 이스터 쇼Royal Easter Show, 8월 5일 이후 금요일부터 9일간 계속되는 브리즈번의 로열 퀸즐랜드 쇼Royal Queensland Show는 꼭 기억해 둘 것. 그 밖에도 로열 애들레이드 쇼, 퍼스 로열 쇼 등 연중 580여 개의 크고 작은 행사가 열린다.

국왕 탄생일 King's Birthday

영국연방 국가에서 기념하는 축일로 군주의 실제 생일이 아닌 명목상의 기념일이라 유동적이다. 영국에서는 찰스 3세의 즉위와 함께 6월 셋째 월요일로 날짜를 변경했지만, 호주에서는 원래대로 6월 둘째 월요일을 축일로 삼고 있다. 또 퀸즐랜드는 10월 첫째 월요일, 서호주는 9월 마지막 월요일을 국왕 탄생일로 한다.

안작 데이 퍼레이드 ANZAC Day Parade

제1차 세계대전 당시 갈리폴리 전투에서 희생한 호주–뉴질랜드 연합군(ANZAC)과 모든 순국 선열을 기리는 호주와 뉴질랜드의 현충일인 4월 25일. 동틀 무렵 시드니 중심가의 기념비(세노타프)에서 거행하는 추모식을 시작으로, 정오에는 하이드 파크의 안작 메모리얼까지 퍼레이드를 진행한다. 엄숙한 행사가 끝나면 밤늦게까지 떠들썩한 축제 분위기가 이어진다.

문화·예술 축제 Fringe, Festivals

문화·예술인들이 참여하는 예술제는 프린지 페스티벌 또는 도시 이름을 붙인 축제 형식으로 돌아가며 열린다. 영국의 에든버러 프린지에 이어 세계 2위 규모인 애들레이드 프린지가 호주에서는 가장 규모가 크다. 또한 시드니 오페라하우스 지붕을 스크린 삼아 레이저 조명을 쏘아 올리는 비비드 시드니 같은 빛의 축제도 주요 도시마다 열린다.

크리스마스와 박싱 데이 Christmas & Boxing Day

한여름의 크리스마스를 경험해볼 수 있는 즐거운 시간! 크리스마스이브에는 도시마다 퍼레이드가 펼쳐지고, 영국 시간으로 크리스마스 당일 오후 3시에 영국 국왕이 전하는 축하 메시지가 일제히 방송된다. 크리스마스 이튿날 선물을 주고받던 전통에서 유래한 박싱 데이는 대대적인 세일을 하는 쇼핑 주간이다.

호주 역사 간단히 살펴보기

꿈꾸는 원주민 시대

'애버리지널 오스트레일리안Aboriginal Australians'이라 부르는 토착 원주민은 약 4만~6만 년 동안 채집과 수렵 생활을 하며 호주 대륙에 거주했다. 유럽인 상륙 이전에는 500여 개의 언어를 구사하는 부족이 존재했으며, 물과 식량을 구하기 위해 대륙 이곳저곳으로 옮겨 다니는 생활을 했다. 조상의 영혼이 삶의 모든 부분에서 과거, 현재, 미래와 연결되어 있다고 믿으며 이를 '드리밍dreaming, tjukurrpa'이라는 추상적 개념으로 표현한다. 현재 후손들은 파괴된 문화와 전통을 복구하기 위해 다각도로 노력하고 있다.

17~18세기 → 호주 대륙 발견

이 시기에 유럽인은 새로운 식민지 확보를 위해 경쟁적으로 신항로를 개척했다. 호주에 상륙한 최초의 유럽인은 네덜란드인이었으며, 1606년에 퀸즐랜드 북쪽 케이프요크반도에 관한 기록을 남겼다. 1770년 4월 19일에는 제임스 쿡 선장이 호주 남동부 해안을 탐험하며 이 지역을 영국령으로 선포했다.

1788년 → 뉴사우스웨일스 식민지 탄생

1788년 1월 26일 아서 필립 제독이 이끄는 최초의 영국 함대 퍼스트 플리트First Fleet가 시드니 코브(오늘날의 서큘러 키Circular Quay)에 도착해 정착민 마을을 세웠다. 이것이 호주 국경일 '오스트레일리아 데이'의 유래다. 시드니의 록스Rocks 지역을 방문하면 지금까지 그대로 보존된 옛 골목길을 걸어볼 수 있다.

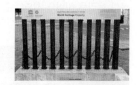

1804~1836년 → 식민지 확장

신대륙에서 새로운 기회를 찾기 위해 점차 많은 수의 자유 이민자가 유입되면서 호주는 발전을 거듭했다. 1803년 태즈메이니아에 반디멘스랜드Van Dimen's Land라는 제2의 식민지가, 1824년에는 퀸즐랜드, 1829년에는 서호주 식민지가 건설되었다. 이후 1835년 멜버른, 1836년 애들레이드에도 영국인 정착촌이 생기면서 호주 초창기 식민지 역사가 정립되었다. 한편 유럽인 상륙 이후 원주민들은 무차별적 강탈과 학살로 회복할 수 없는 피해를 입었다.

1850년대 → 골드러시

멜버른 근교의 밸러랫과 벤디고에서 금이 발견되자 전 세계에서 채굴꾼이 모여드는 골드러시가 시작되었다. 한편 1854년 빅토리아주에서 광부를 비롯한 노동자들이 영국 총독과 지배 계층에 맞서는 유레카 스토케이드Eureka Stockade가 발생하면서 호주 역사의 중요한 사건으로 기록되었다. 골드러시를 계기로 멜버른은 최초의 호주 의회를 유치하는 등 시드니의 강력한 경쟁 도시로 성장했다.

1901년 → 호주연방 탄생

1901년 1월 1일 헌법 제정과 함께 각기 다른 정부를 구성한 6개 주를 하나의 국가로 존속하게 하는 호주연방이 출범했다. 그리고 시드니와 멜버른이 수도의 지위를 차지하기 위해 경쟁을 벌이던 중 완전히 새로운 계획도시를 건설하기로 합의했다. 그 결과 1911년 호주연방 정부의 특별 자치 구역인 오스트레일리안캐피털테리토리(ACT)가 탄생하고 1913년 3월 12일 캔버라를 호주의 수도로 선언했다.

1914년 → 제1차 세계대전 참전

제1차 세계대전은 호주 역사에 깊은 상처를 남겼다. 당시 인구가 500만 명도 되지 않던 호주에서 42만 명이 참전했으며 그중 6만 명이 전사하고 15만 명 이상이 부상당하거나 포로가 되었다. 특히 영국연방의 일원인 뉴질랜드와 함께 안작 연합군으로 참전한 터키 갈리폴리 전투에서만 무려 1만 명의 전사자가 발생했다. 이후 갈리폴리 상륙일인 4월 25일을 호주와 뉴질랜드 양국에서 안작 데이ANZAC Day라는 매우 중요한 국경일로 정했으며, 현재는 제2차 세계대전, 한국전쟁, 걸프전 등 주요 해외 전쟁에 파병된 참전 용사를 추모하는 기념일로 확대되었다.

1950년대 이후 → 호주의 발전

제2차 세계대전 종전 이후 호주는 지속적인 이민자 유입과 함께 시드니 오페라하우스 같은 대형 국책 사업을 추진하며 급속도로 성장했다. 1973년 노동당 정권의 고프 휘틀럼 총리가 집권하면서 백인 이외의 인종을 차별하던 백호주의를 철폐하고 아시아인에 대해 이민을 개방해 다문화 국가로 거듭나게 되었다.

호주의 정치제도

오늘날 호주는 영국식 의원내각제와 미국식 연방제를 혼합한 정치제도를 채택하고 있다. 영국 국왕을 국가원수로 하는 입헌군주제를 채택한 영국연방의 일원으로, 형식상의 권한은 호주 의회와 총리의 추천을 받아 영국 국왕이 임명하는 호주 총독에게 있으나, 실질적 행정권은 하원 다수당이 구성하는 내각 수반인 총리(임기 3년, 3선까지 가능)가 행사한다.

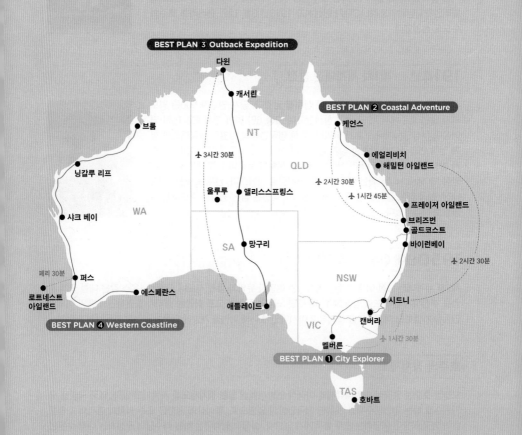

BEST PLAN &
BUDGET

호주 추천 일정과
여행 예산

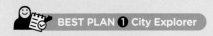
호주 주요 대도시 여행
시드니 · 캔버라 · 멜버른 9박 10일

도시와 자연의 매력을 골고루 경험하고 싶은 사람에게 추천하는 일정이다. 볼거리가 풍성한 대표 도시를
돌아보고, 호주 최고의 해안 도로 그레이트 오션 로드를 타고 근교 여행도 떠나본다. 다소 빠듯한 일정이지만
운전이 가능하다면 호주의 수도 캔버라를 경유하는 길에 사우스 코스트의 해안을 지나가도 좋다.

TRAVEL POINT

⊙ **항공 스케줄** 시드니 IN – 멜버른 OUT

⊙ **총 이동 거리** 약 1600~1800km

⊙ **교통수단**
자동차 또는 기차 1회, 비행기 1회(멜버른에서
시드니로 돌아올 때 국내선 항공편 이용)

⊙ **사전 예약 필수**
포트스티븐스 투어, 그레이트 오션 로드 또는
필립 아일랜드 투어, 렌터카

⊙ **여행 시즌**
뉴사우스웨일스와 빅토리아는 사계절 여행이 가
능한 지역이지만, 자카란다꽃과 유채꽃이 피는
봄 시즌인 10~11월, 더위가 잦아드는 2월 중순
부터 3월까지 날씨가 쾌적하다. 11월부터 본격
적인 해수욕이 가능하고 12월에는 한여름의 크
리스마스와 시드니 새해맞이 불꽃 축제를 볼 수
있다. 5~6월에 여행한다면 비비드 시드니 축제
기간을 확인하자.

TRAVEL ITINERARY 여행 스케줄 한눈에 보기

여행 일수	체류 도시	세부 일정
DAY 1		인천 → 시드니(비행기로 11시간)
DAY 2	시드니 2권 P.010	시드니 오페라하우스와 하버 브리지, 중심가 관광
DAY 3		가까운 해변(본다이 비치 또는 맨리 비치) 다녀오기
DAY 4		❶ 블루마운틴 또는 포트스티븐스 당일 투어
DAY 5	저비스베이 2권 P.116	❷ 울런공, 키아마 등 사우스 코스트 따라 로드 트립
DAY 6	캔버라 2권 P.120	저비스베이에서 캔버라로 이동해 도시 관광
DAY 7	멜버른 3권 P.010	하루 종일 이동(중간에 비치워스, 글렌로완 등에서 쉬어 가기)
DAY 8		멜버른 중심가 관광 및 카페 투어
DAY 9		❸ 그레이트 오션 로드 또는 필립 아일랜드 투어
DAY 10	귀국	멜버른 → 시드니 → 인천

❶ 블루마운틴은 대중교통을 이용해 쉽게 다녀올 수 있지만, 거리가 먼 포트스티븐스는 투어 상품이 편리하다.

❷ 중간 지점에 해당하는 저비스베이와 캔버라를 생략하고 기차 또는 비행기를 이용해 곧바로 멜버른으로 이동하면
시간을 아낄 수 있다. 시드니 센트럴역에서 야간 기차를 타고 저녁 9시에 출발하면 다음 날 오전 7시 30분에 멜버른
서던크로스역에 도착한다. 침대칸 예약은 필수.

❸ 그레이트 오션 로드는 길이 멀고 험해 하루밖에 시간이 없을 경우 투어 상품을 이용하는 것이 효율적이다.
직접 운전한다면 최소 1박 2일 정도로 여유 있게 일정을 잡는다.

TRAVEL IDEAS

주요 대도시를 여행한 후 시간 여유가 충분하다면? 다음 페이지의 추천 일정(BEST PLAN 2, 3)을 참고하면
완벽한 호주 여행이 될 것이다. 또한 멜버른에서 비행기나 페리로 갈 수 있는 태즈메이니아에서 일주일간 힐
링하며 보내는 것도 좋은 추억을 남길 수 있는 방법이다. 아울러 스톱오버 항공권을 활용해 호주와 뉴질랜드
를 모두 여행하는 방법도 있으니 항공권 구입 전에 계획을 세우자.

바다×액티비티=호주!
퀸즐랜드 · 시드니 9박 10일

브리즈번과 골드코스트의 다양한 액티비티로 일정을 빼곡하게 채운
다음, 최고의 휴양지 그레이트배리어리프에서 환상적인 산호초와 해변을
만나자. 광활한 퀸즐랜드에서는 비행기로 먼 거리를 빠르게 이동하는
것이 포인트! 물론 시간 여유가 있다면 레전더리 퍼시픽 코스트를 따라
브리즈번에서 시드니까지 900km를 운전해도 좋다.

● 케언스

622km

✈ 2시간 30분

QLD

에얼리비치
● 해밀턴 아일랜드

1118km

✈ 1시간 45분

● 프레이저 아일랜드

✈ 2시간 30분

IN 브리즈번
골드코스트

바이런베이

900km

NSW

● 뉴캐슬

OUT 시드니

고래 관찰

스쿠버다이빙

바다

푸드 마켓

휴양지

테마파크

9박 10일

VIC

⊕ **항공 스케줄** 브리즈번 IN – 시드니 OUT

⊕ **총 이동 거리** 3000~4000km(항공편 이용 필수)

⊕ **교통수단** 대중교통, 비행기 2회

⊕ **사전 예약 필수**

케언스 또는 휘트선데이 제도행 항공권, 스쿠버다이빙 등 액티비티, 시드니의 전망 좋은 레스토랑

⊕ **여행 시즌**

열대지방인 퀸즐랜드 북부의 여행 최적기는 바다 수영을 자유롭게 할 수 있고 고래 관찰이 가능한 6~9월이다. 브리즈번이나 골드코스트는 연중 여행이 가능하지만 11~2월은 비가 많이 내리는 우기이므로 10월에 여행을 마치는 것이 좋다.

TRAVEL ITINERARY ▶ 여행 스케줄 한눈에 보기

여행 일수	체류 도시	세부 일정
DAY 1	**브리즈번** 2권 P.164	인천 → 브리즈번(비행기로 10시간)
DAY 2		시티 투어와 주말 저녁의 나이트 마켓 즐기기
DAY 3	**골드코스트** 2권 P.200	❶ 서퍼스 파라다이스 해변과 고래 관찰 크루즈
DAY 4		골드코스트 테마파크 즐기기
DAY 5	**그레이트배리어리프** 2권 P.242	❷ 비행기로 케언스 또는 휘트선데이 제도로 이동
DAY 6		❸ 스노클링, 스쿠버다이빙 등 액티비티 즐기기
DAY 7		여유롭게 휴식하기
DAY 8	**시드니** 2권 P.010	비행기로 시드니로 이동, 중심가 관광 및 쇼핑
DAY 9		❹ 시드니 오페라하우스 야경 보며 저녁 식사
DAY 10	**귀국**	시드니 → 인천(비행기로 11시간)

❶ 브리즈번에서 골드코스트까지는 대중교통(트레인)으로 2시간 거리다. 드림월드, 시월드 등의 테마파크가 모여 있고 액티비티의 선택지가 다양하니 가고 싶은 곳을 미리 알아본다.

❷ 바다뿐 아니라 퀸즐랜드의 열대우림까지 가보고 싶다면 케언스로, 휴양지 분위기를 즐기고 싶다면 '남반구의 호놀룰루'로 불리는 휘트선데이 제도(에얼리비치)로 향하자. 해밀턴 아일랜드의 럭셔리 리조트는 신혼여행지로도 최고!

❸ 깊은 바닷속으로 잠수하는 스쿠버다이빙을 하고 난 다음에는 하루 정도 완전한 휴식을 취해야 한다. 따라서 7일 차에는 헬리콥터 등 과격한 액티비티는 피하고 여유로운 시간을 보내자.

❹ 시드니 오페라하우스가 보이는 전망 좋은 위치에 시드니의 최고급 레스토랑들이 자리해 있다. 야경을 감상하며 여행을 마무리하기에 최고의 장소다.

호주 중심 종단 여행
아웃백 7박 8일

호주 최북단 다윈에서 출발해 대륙 중간의 울루루를 거쳐 최남단의 애들레이드까지 가는
대륙 종단 여행은 호주인들도 버킷 리스트로 손꼽는 인생 여행 코스다. 사람이 살지 않는 황량한 아웃백을
가장 안전하게 여행하는 방법은 장거리 기차 '더 간The Ghan'을 이용하는 것. 평균 시속 85km로 달리는 기차를
타고 호주 대륙의 중심부, 레드 센터를 통과해보자.

TRAVEL POINT

⊛ **항공 스케줄**
다윈 IN – 애들레이드 OUT(반대 방향도 가능)

⊛ **총 이동 거리** 2979km(철도 기준)

⊛ **교통수단** 기차

⊛ **사전 예약 필수**
기차 예약 ➟ 저니 비욘드 레일 P.123

⊛ **여행 시즌**
다윈과 애들레이드를 왕복하는 기차는 북부 지방의 우기를 피해 3~11월에만 운행한다. 그중 3박 4일짜리 특별 코스(Ghan Expedition)는 다윈에서 애들레이드 방향으로만 예약할 수 있다. 밤새 달리는 기차에서 잠을 자고 낮에는 관광을 하는 방식이며 6~9월이 가장 인기다.

TRAVEL ITINERARY   여행 스케줄 한눈에 보기

여행 일수	체류 도시	세부 일정
DAY 1	다윈 3권 P.222	❶ 인도네시아 발리 또는 호주의 다른 도시에서 비행기로 이동
DAY 2		악어 수족관(크로코사우루스 코브) 등 다윈 중심가 관광
DAY 3		베리 스프링스, 리치필드 국립공원 등 다윈 근교 여행
DAY 4	기차 1일 차	오후에 캐서린(타운)에 정차해 니트밀룩 국립공원의 캐서린 협곡 크루즈 탑승
DAY 5	기차 2일 차	❷ 오전에 앨리스스프링스(타운)에 도착해 울루루를 다녀오는 헬리콥터 투어(추가 옵션)
DAY 6	기차 3일 차	망구리 기차역에 정차해 오팔 광산으로 유명한 쿠버 페디 관광
DAY 7	애들레이드 3권 P.132	정오 무렵 애들레이드에 도착해 노스 테라스 등 중심가 관광
DAY 8		❸ 바로사밸리, 캥거루 아일랜드 등 근교 여행 후 다른 지역으로 이동

❶ 다윈은 인도네시아의 섬 발리와 가까워서 호주 사람들이 남태평양을 여행할 때 많이 방문하는 도시다. 휴양과 아웃백 여행 모두 하고 싶을 때 추천한다.

❷ 기차 여행이 부담스럽다면 울루루를 갈 때 항공편을 이용하는 것이 좋다. 시드니, 멜버른 등 주요 도시에서 출발해 3시간 비행하면 울루루와 가장 가까운 마을 율라라의 에어즈 록 공항(공항 코드 AYQ)에 도착한다. ➟ 3권 P.226

❸ 애들레이드에서부터는 자동차를 렌트해 호주의 다른 지역으로 여행을 이어가도 된다. 그레이트 오션 로드를 지나 멜버른까지는 약 900km다.

모험과 여행 사이
서호주 로드 트립 2주

호주 대륙 서부 전체를 차지한 서호주는 시드니에서 무려 4000km 떨어져 있어 동남부와는 완전히
따로 여행 계획을 세워야 한다. 로트네스트 아일랜드나 피너클스 등 퍼스 근교 여행지를 제외하면 각
명소 간 거리가 멀기 때문에 직접 자동차를 운전하며 다녀야 제대로 돌아볼 수 있다. 2주 정도의 일정이
가능하다면 닝갈루 리프까지 다녀올 수 있다. 자세한 계획은 코럴 코스트 & 노스웨스트 로드 트립을
참고해 세울 것. ▶ 3권 P.202

TRAVEL POINT

➔ **항공 스케줄** 퍼스 IN – 퍼스 OUT
(시드니보다 싱가포르, 홍콩 등 경유)

➔ **총 이동 거리**
2500~2800km(닝갈루 리프 왕복 기준)

➔ **교통수단** 자동차

➔ **사전 예약 필수** 렌터카, 서호주 국립공원 패스

➔ **여행 시즌**
샤크 베이와 닝갈루 리프의 여행 최적기는 4~9월
이다. 6~8월에는 퍼스 쪽이 꽤 춥다는 점을 고려해
야 한다. 닝갈루 리프보다 북쪽은 열대지방이기 때
문에 우기인 10~3월에는 방문을 피하도록 한다.

TRAVEL BUDGET

9박 10일 기준
여행 예산 산정 요령(예시)

아래 표에 예산 책정 시 고려할 항목을 대략적으로 기재했다. BEST PLAN 1처럼 시드니로 입국해 자동차로 여행한 뒤 경유 항공편으로 출국하는 자유 여행 루트를 가정했다. 또 여행사를 이용한 투어나 특별 액티비티는 제외시켰다. 실제 여행 경비는 여행 방식과 시기, 인원에 따라 크게 달라질 수 있으니 참고만 할 것.

분류	항목	상세	비용 (호주 달러)			내용
			금액	횟수	계	
교통	항공권	인천-시드니	$1,700	1	$1,700	직항 왕복 항공권
		멜버른-시드니	$150	1	$150	국내선 편도 항공권
	렌터카	도시 간 로드 트립(4일)	$1,200	1	$1,200	중형 SUV 기준
	유류비	1500km(120리터)	$250	1	$250	시드니-멜버른-그레이트 오션 로드
	대중교통	트레인, 버스	$80	1	$80	교통카드 사용
	소계				$3,380	
숙박	호텔	도시 중심부 호텔	$200	3	$600	숙소는 2인 1실 기준 전제로 요금의 50%
	B&B	가정집 형태의 민박	$120	2	$240	
	캐빈	캠핑장의 독채형 오두막	$60	2	$120	
	모텔	체인형 숙소	$80	2	$160	
	소계				$1,120	
식비		일반 레스토랑	$25	6	$150	브런치, 파스타 등
		고급 레스토랑	$200	1	$200	시드니 파인다이닝 코스 요리
		캐주얼/스낵	$20	4	$80	버거, 샌드위치 등 간단한 식사
		커피/음료	$5	16	$80	하루 2잔 기준
		간식/디저트	$8	8	$64	아이스크림 2스쿱 기준
		식료품	$100	2	$200	대형 마트 장보기(바비큐 준비 포함)
	소계				$774	
기타	통신	스마트폰 유심	$40	1	$40	국내 통신사 로밍 상품 4GB 39,000원
	관광지	어트랙션	$200	1	$200	전망대, 박물관, 유람선 등
	소계				$240	
	총계(호주 달러)				$5,514.00	쇼핑, 알코올음료, 기타 비용 불포함
	총계(원화)				₩5,030,698	환율 910원 기준

※ 물가는 웹사이트 numbeo.com 기준으로 산정

PLANNING
3

GET READY

떠나기 전에 반드시
준비해야 할 것

 **GET READY ❶**

호주 입국 서류 준비하기

출입국 및 해외여행을 위해 필요한 서류는 각자 철저하게 준비해야 한다. 현시점에서 호주 단기 여행자는 여권과
전자 여행 비자(ETA)가 있으면 입국이 가능하지만, 입국 심사에 대비해 왕복 항공권 등을 출력해두면 좋다.
방문 시점의 최신 정보는 항공사와 주한 호주 대사관 홈페이지에서 다시 한번 확인할 것.

● 기본 서류

☑ 여권

유효기간이 6개월 이상 남은 여권을 준비한다.

☑ 운전면허증

호주에서 운전하려면 국내 운전면허증과 함께 도로교통
공단이나 경찰서에서 발급하는 국제운전면허증을 모두
항상 소지해야 한다. 영주권자나 장기 거주자는 현지 운
전면허를 취득해야 한다.

☑ 여행자 보험

여행 중 일어날 수 있는 다양한 위험에 대비하는 여행자
보험은 이제 더 이상 선택이 아닌 필수다. 반드시 출국 전
에 가입해야 하며, 공항 출국장 카운터보다는 온라인 등
으로 사전 가입하는 것이 더 저렴하다.

> **주한 호주 대사관**
> **문의** 02-2003-0111(평일 09:00~11:00)
> **이메일** seoul-visa@dfat.gov.au
> **홈페이지** southkorea.embassy.gov.au
> (우측 상단에서 한국어 선택)

● 방문 · 워킹홀리데이 비자

장기 체류, 워킹홀리데이, 유학 등의 목적으로 호주를 방문하는 경우에는 주한 호주 대사관을 통해 방문 비자
(subclass 600), 워킹홀리데이 비자(subclass 417) 등을 정식으로 발급받아야 한다. 대면 접수는 불가능하
며, 비자 신청서를 우편 접수해야 한다. 여행사 또는 호주 내무부에 등록된 이민 법무사를 통해 신청하는 것이
일반적이다.
우편 접수처 서울시 광화문 우체국 사서함 562 주한 호주 대사관 비자과(우편번호 03187)

호주의 워킹홀리데이는 협정 체결 국가의 청년(만
18~30세)에게 1년 동안 체류하면서 관광, 취업, 어
학연수를 허용하는 제도다. 제1차 비자를 발급받은 경
우 최대 12개월간 체류를 기본으로 하며, 특정 조건 만
족 시 최대 2년, 총 3년까지 비자 연장이 가능하다. 외
교부 워킹홀리데이 인포센터와 주한 호주 대사관의
Hello 워홀 사이트에서 각종 정보를 얻을 수 있다.

호주 이민성
비자 안내

워킹홀리데이
인포센터

Hello
워홀

● 전자 여행 비자(ETA)

호주에 입국하려면 입국 목적에 부합하는 유효한 비자(ETA, 전자 여행 허가제 포함)가 있어야 한다. 90일 이내의 단순 관광 및 금전적 보상이 없는 업무를 목적으로 호주를 방문하는 한국 여권 소지자는 전자 여행 비자(Subclass 601)를 신청하면 된다. 유효기간은 발급일로부터 1년이며 입국 시 최대 3개월까지 체류할 수 있다.
신청서는 모바일 앱을 통해 작성하는데, 모든 절차가 영문으로 이루어진다. 범죄 이력이 있거나 직접 신청하기 어려운 상황이라면 여행사 또는 이민 법무사의 도움을 받도록 한다.

신청 방법

❶ 앱 다운로드
애플스토어 또는 구글플레이에서 모바일 앱(AustralianETA)을 다운로드한다.

❷ 앱 접속
휴대폰의 NFC 기능과 GPS 기능을 켠 상태에서 앱에 접속한다.

❸ 여권 스캔
앱 사용 약관에 동의한 다음 'Are you a travel agent?'라는 질문이 뜨면 'No'(여행사가 아닌 개인 신청이라는 뜻)를 선택한다. 안내에 따라 휴대폰 카메라를 이용해 여권을 스캔하는데, 빛이 반사되지 않도록 주의해 촬영한다.

❹ 전자 여권(ePassport) 칩 읽기
전자 칩을 인식할 수 있도록 커버를 벗긴 휴대폰을 여권 위에 똑바로 올려놓는다.

❺ 신상 정보 확인
신청서에 자동으로 채워진 신상 정보를 확인하고 다음 단계로 넘어간다.

❻ 사진 촬영
여권상의 사진과 일치하는지 확인하는 절차이니 증명사진을 찍을 때처럼 반듯한 자세로 촬영한다.

❼ 개인 정보 입력
신청자의 한국 집 주소와 전화번호(국가 번호 +82)를 영문으로 입력하고, 이메일로 인증 절차를 거친다.

❽ 질문 사항 응답
범죄 사실 이력을 묻는 질문에는 'No'에 체크(전과가 있다면 ETA가 아닌 정식 방문 비자 신청)해야 다음 단계로 넘어간다. 호주 체류 주소와 전화번호를 등록하는 단계에서 아직 주소가 없다면 'I don't know the address'를 선택하고, 사유에 'Hotel reservation pending (호텔 예약 준비 중)' 이라고 적는다.

❾ 추가 신청서 등록
1인 여행자라면 곧바로 결제 단계로 넘어가면 되고, 가족 등 일행이 있다면 이 단계에서 신청서를 여러 장 추가해 일괄 결제할 수 있다.

❿ 수수료 납부
마지막 단계에서 신용카드 정보를 입력해 발급 수수료 $20(호주 달러)를 결제한다. 구글페이나 애플페이로도 결제가 가능하다.

⓫ 결과 조회
보통 신청 직후 또는 몇 시간 후에 이메일로 결과가 전송된다. 만약 12시간 이내에 승인이 나지 않거나 'Refer Application to Australian Embassy'라는 메시지가 하단에 뜨면 여권의 인적 사항과 연락처를 첨부해 주한 호주 대사관에 문의한다. 온라인 신청 시 잘못된 정보(이름, 생년월일, 성별 또는 여권 번호 등)를 입력한 경우 올바른 정보로 다시 신청해야 하며, 재신청 시 수수료를 추가로 납부해야 한다.

GET READY ❷

호주 주요 교통 정보 파악하기

한국에서 호주까지는 비행기를 이용해야 한다. 여행 일정이 임박할수록 항공료가 높아지기 때문에 미리 예약하는 것이 좋다. 호주 내에서는 열차, 버스 등의 대중교통을 이용하거나 렌터카로 호주 대륙을 자유롭게 여행하면 된다.

비행기

한국 – 호주 간 직항 정기편을 운항하는 도시는 현재 시드니와 브리즈번 두 곳이다. 여행 수요에 따라 골드코스트나 멜버른행 노선이 편성되기도 하나, 다른 도시로 갈 때는 시드니 또는 다른 국가를 경유해야 한다. 항공권 가격이 인상되는 여행 성수기는 한여름인 12~2월로, 한국의 겨울철에 해당한다. 호주 국내에서도 주요 도시 간 이동은 항공편을 이용하는 것이 보편적이다.

직항편을 운항하는 항공사
대한항공 Korean Air
아시아나항공 Asiana Air
티웨이항공 T'way Air

콴타스항공 Quantas ▸ 호주 최대 국영 항공사
젯스타항공 Jetstar ▸ 콴타스 그룹 계열의 저비용 항공사

직항편이 도착하는 호주 공항
시드니 공항(SYD) ▸ 5개 항공사 매일 운항 ▸▸ 2권 P.016
멜버른 공항(MEL) ▸ 방학 시즌이나 성수기에 한시적 운항 ▸▸ 3권 P.016
브리즈번 공항(BNE) ▸ 대한항공, 젯스타 운항 ▸▸ 2권 P.170

경유편 이용 시 환승 방법

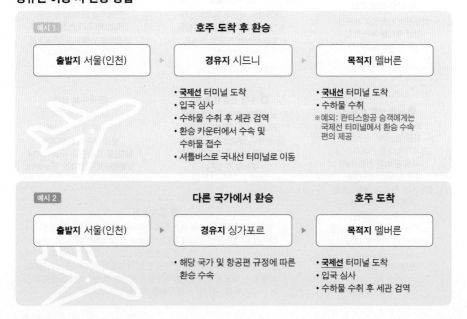

예시 1

호주 도착 후 환승

| 출발지 서울(인천) | ▸ | 경유지 시드니 | ▸ | 목적지 멜버른 |

경유지 시드니
• **국제선** 터미널 도착
• 입국 심사
• 수하물 수취 후 세관 검역
• 환승 카운터에서 수속 및 수하물 접수
• 셔틀버스로 국내선 터미널로 이동

목적지 멜버른
• **국내선** 터미널 도착
• 수하물 수취
※예외: 콴타스항공 승객에게는 국제선 터미널에서 환승 수속 편의 제공

예시 2

다른 국가에서 환승　　　**호주 도착**

| 출발지 서울(인천) | ▸ | 경유지 싱가포르 | ▸ | 목적지 멜버른 |

경유지 싱가포르
• 해당 국가 및 항공편 규정에 따른 환승 수속

목적지 멜버른
• **국제선** 터미널 도착
• 입국 심사
• 수하물 수취 후 세관 검역

환승 시 유의 사항

항공편을 이용할 때 가장 중요한 것은 항공사별 수하물 연결 규정을 확인하는 것이다. 일반 국제선 항공편으로 호주에 입국한 경우 반드시 첫 번째 기착지에서 입국 심사 후 위탁 수하물을 찾아 세관 검역을 마쳐야 한다. 이후 환승 카운터에서 재수속을 한 다음 셔틀버스를 타고 국내선 터미널로 이동해야 하기 때문에 최소 2~3시간 시간적 여유가 필요하다. 단, 예외로 콴타스항공 승객을 위한 빠른 환승 프로그램(Qantas Seamless Transfer Service)에 대해서는 항공사에 문의한다. 이 경우에도 수하물은 일단 국제선 터미널에서 수취해야 한다.

싱가포르, 홍콩, 일본, 뉴질랜드 등 다른 국가를 경유해 호주로 입국할 때도 위탁 수하물이 최종 목적지까지 연결되는지 경유지의 출입국 조건을 반드시 확인해야 한다. 또한 현장에서의 혼선을 줄이기 위해 모바일 항공권보다는 종이로 된 보딩 패스를 발급받아 소지하는 것이 좋다. 특히 24시간 이내의 단순 경유(레이오버layover)가 아니라 며칠간 체류하는 경유(스톱오버stopover)라면 해당 국가의 입국 요건을 완전히 갖춰야 한다. ▸ 반입 금지 품목 P.144

호주 입국 심사

특별한 사유가 없다면 무인으로 진행하는 입국 심사에 간단히 통과할 수 있다. 하지만 공항에서의 세관 검사는 매우 엄격하며 반입 한도를 초과하는 물품에 대해서는 고액의 관세가 부과된다. 입국 절차는 다음과 같다.

❶ 입국 신고서Passenger Card 작성

기내에서 나눠주는 입국 신고서는 1인당 1부씩 작성한다. 문항이 한글로 되어 있다 하더라도 답변은 푸른색 또는 검은색 펜을 사용해 영어로 작성할 것. 세관 신고에 관한 질문지는 꼼꼼하게 읽고 확인한다.

❷ 전자 여권ePassport 셀프 서비스

한국 국적의 전자 여권 소지자는 호주 공항에 설치된 키오스크를 이용할 수 있다. 여권을 스캔하고 화면상의 질문에 응답하면 종이 패스가 발급된다.

❸ 스마트 게이트Smart Gate 통과

앞서 발급받은 패스를 넣고 자동 사진 촬영을 마친 다음 패스는 돌려받고 게이트를 통과한다. 이러한 무인 심사 절차를 이용하기 어렵다면 직원의 안내를 받아 입국 심사관에게 입국 신고서와 패스를 제출하고 도장을 받는다.

❹ 세관 신고 및 검역

신고할 물품이 없다면 초록색(Nothing to Declare)으로 이동해 검역관에게 입국 신고서와 패스를 제출한다. 만약 세관 신고 사항이 있다면 빨간색(To Declare)에서 짐 검사를 받은 후 검역관의 지시에 따라야 한다.

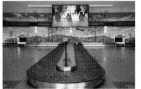

열차

호주 대륙을 가로지르는 횡단 열차(Indian Pacific)나 종단 열차(The Ghan) 같은 대표적인 장거리 철도는 실용적인 교통수단이 아닌 패키지 관광을 철도와 접목한 관광 열차에 가깝다. 주요 대도시와 근교를 연결하는 일반 광역 철도는 각 주의 철도 공사에서 운영한다. 인구가 많은 남동부 지역의 노선이 활성화되어 있다.

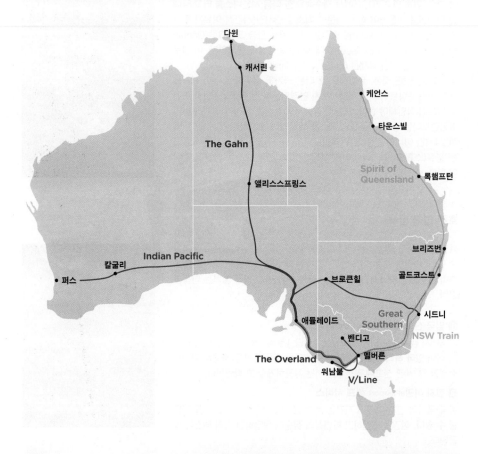

저니 비욘드 레일 Journey Beyond Rail

대륙 횡단 및 종단 열차를 운영하는 유일한 업체. 중간에 하차해 그 지역을 여행한 뒤 다시 열차를 타고 다음 목적지로 떠나는 방식으로 운영한다. 식사와 침대칸이 포함된 럭셔리 프로그램이라 요금은 비행기와 비교할 수 없을 만큼 비싸다. 애들레이드-다윈 노선의 기본 객실인 골드 싱글Gold Single은 $2600~3100 정도이고 여기에 울루루 헬리콥터 투어 등 패키지 프로그램을 추가할 수 있다. 6개월 전에 예약하면 할인 혜택이 있으나 환불 조건에 유의할 것.

홈페이지 journeybeyondrail.com.au

철도명	주요 도시	소요 시간	이동 거리
인디언 퍼시픽 Indian Pacific	시드니-애들레이드-퍼스	3박 4일	4352km
더 간 The Gahn	애들레이드-다윈	2박 3일	2979km
그레이트 서던 Great Southern	애들레이드-브리즈번	2박 3일	2885km
디 오버랜드 The Overland	멜버른-애들레이드	10시간 30분	828km

남동부 지역 철도

남동부 지역에서 철도를 이용한 장기 여행을 계획한다면 철도 패스를 구입하는 것도 좋다. 그 밖의 광역 철도에 관한 정보는 도시별 교통편을 참고한다.

철도 패스 통합 정보 australiarailpass.com

스피릿 오브 퀸즐랜드 Spirit of Queensland **운행 구간** 브리즈번과 케언스 간 ▶ 2권 P.173
뉴사우스웨일스 트레인 NSW Train **운행 구간** 시드니 근교, 멜버른과 브리즈번 간 ▶ 2권 P.020
브이 라인 트레인 V/Line Train **운행 구간** 멜버른 근교 ▶ 3권 P.021

할인 패스	사용 가능한 구간	요금
디스커버리 패스 Discovery Pass	뉴사우스웨일스 철도청에서 운영하는 열차와 모든 장거리 버스 (뉴사우스웨일스 전역, 캔버라, 브리즈번, 멜버른 사이)	14일 $232 1개월 $275 3개월 $298 6개월 $420
퀸즐랜드 익스플로러 패스 Queensland Explorer Pass	퀸즐랜드 철도청에서 운영하는 열차와 모든 장거리 버스	1개월 $299 2개월 $389
퀸즐랜드 코스털 패스 Queensland Coastal Pass	브리즈번과 케언스 사이의 해안 도시를 연결하는 열차와 버스	1개월 $209

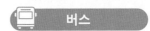
버스

통상적으로 장거리 버스는 '코치coach'라고 부른다. 비행기나 열차에 비해 가격이 저렴하며 야간 버스 이용 시 숙박비까지 아낄 수 있다. 다만 12시간 이상 버스로 이동하는 것은 체력적으로 매우 힘들다는 점을 감안할 것. 그레이하운드가 가장 광범위한 네트워크를 확보하고 있으며, 지역별로 운영하는 로컬 버스도 있다.

주요 업체	지역	홈페이지
그레이하운드	애들레이드-퍼스, 퍼스-브룸을 제외한 호주 전역	greyhound.com.au
프리미어 모터	시드니, 브리즈번, 케언스 등 동부 해안	www.premierms.com.au
파이어플라이	애들레이드-멜버른-시드니	www.fireflyexpress.com.au
인터그리티	서호주 퍼스-브룸 사이	www.integritycoachlines.com.au
브이 라인	멜버른 근교와 빅토리아주 전역	www.vline.com.au
태지 링크	태즈메이니아 섬 전역	www.tassielink.com.au

그레이하운드 휘밋 패스란?

일정 기간 동안 그레이하운드 노선을 횟수나 범위 제한 없이 무제한으로 이용할 수 있는 패스다. 홈페이지에서 계정을 생성한 후 패스를 구입해 원하는 경로를 예약하면 된다. 패스를 프린트할 필요 없이 운전기사에게 휴대폰으로 예약 번호를 보여주는 방식이다.

패스 종류

내셔널 휘밋 트래블 패스 National Whimit Travel Pass
그레이하운드 전 노선을 무제한으로 이용할 수 있는 패스로 15일권($399)부터 최장 120일권($849)까지 있다. 일단 패스가 있으면 추가 요금을 내고 1일, 3일, 5일, 10일 추가하는 것도 가능하다.

이스트 코스트 휘밋 트래블 패스 East Coast Whimit Travel Pass
이용자가 많은 동부 연안의 네트워크에서 이용 가능한 패스다. 7일권, 15일권, 30일권이 있다.

야간 버스 이용 시 준비물

여행지가 대부분 장거리인 만큼 밤에 출발하는 버스를 많이 이용한다. 여름이라 해도 기온이 많이 떨어지니 따뜻한 옷이나 담요가 필요하다. 소음을 방지할 귀마개와 목 베개도 유용하다. 충분한 음료수와 냄새가 나지 않는 간단한 스낵, 그리고 휴지, 물티슈, 휴대폰 충전기 등도 챙긴다.

수하물 규정

가지고 탈 수 있는 가방은 8kg짜리 1개, 위탁 수하물은 20kg짜리 가방 2개까지 가능하다. 추가 수하물이나 자전거, 서핑보드 등에 대해서는 추가 요금을 내야 한다.

자전거

평지가 많은 호주는 기본적으로 자전거 타기 좋은 환경이다. 교통이 애매한 곳이나 이동 거리가 먼 공원, 강변에서도 자전거는 매우 편리한 교통수단이다. 길을 걷다가 자전거가 보이면 빌려 타고 목적지에서 반납하는 방식으로 운영하는 공유 자전거는 호주 주요 도시에서 쉽게 이용할 수 있다.

공유 자전거 & 스쿠터

전동 자전거와 전동 스쿠터를 대여해주는 업체가 여러 곳 있다. 매번 요금을 결제하는 것보다 이용 시간을 정해놓고 이용하는 1~3일권을 구매하는 게 더 경제적이다. 주변에서 눈에 많이 띄는 기종을 선택해 앱을 다운받으면 이용할 수 있다.

 빔 Beam
지역 호주 전역(한글 지원)

 뉴런 Neuron
지역 시드니를 제외한 호주 전역

 라임 Lime
지역 시드니, 멜버른, 골드코스트

 헬로라이드 HelloRide
지역 시드니

위치 및 잔여 수량을 검색한 다음 이용할 업체를 결정하세요!

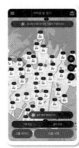  

교통 수칙 파악하기

❶ 자전거 및 스쿠터에 관한 도로교통법은 주별로 조금씩 다르다. 뉴사우스웨일스주와 빅토리아주가 규정이 가장 엄격한 편이다. 속도제한부터 인도 주행 금지, 연령 제한(대부분 16세 이상), 면허증 소지 등 대여 업체 앱에 명시된 해당 지역의 이용 규칙을 꼼꼼하게 읽고 숙지해야 한다.

❷ 호주 전역에서 자전거나 전동 스쿠터를 탈 때는 반드시 헬멧을 써야 한다. 대여 기기에 헬멧이 부착되어 있다.

❸ 자동차 도로에서 자동차 운전자와 동일한 교통법규를 따르는 것은 기본이다. 이용 중 휴대폰을 사용하거나 음주 운전을 해서는 안 된다. 과속이나 교통 흐름을 방해하는 행위도 금물이며, 수신호로 진행 방향을 명확하게 알려야 한다.

❹ 트램, 버스, 자동차가 복잡하게 교차하는 도심에서는 사고 우려가 높다. 현지 교통에 익숙하지 않다면 한적한 곳 위주로 이용한다.

🚐 렌터카

환상적인 해안 도로, 끝없이 이어진 대륙 횡단 고속도로를 달리는 자동차 여행은 누구나 꿈꾸는 로망! 국토 면적이 넓고 인구가 적은 호주에서는 개인 차량을 이용하면 더욱 알찬 여행을 즐길 수 있다.

차량 종류 결정하기

도시 위주 여행을 한다면 콤팩트 사이즈나 풀사이즈의 일반 승용차도 괜찮고, 자연 여행을 많이 할 계획이라면 SUV 차량이 더 유용하다. 캠핑카(모터홈, 캠퍼밴 등)를 대여하면 캠핑장을 이용하며 숙박비를 절약할 수 있는 반면, 주차와 기동성 측면에서 불편할 수 있다.

업체 선정하기

일반 렌터카

허츠Hertz, 알라모Alamo, 에이비스AVIS를 통해 예약하면 대체로 출고 2~3년 이내의 신형 차량을 대여해준다. 중저가형 업체인 에이스Ace, 스리프티Thrifty, 주시Jucy 등은 렌털비가 저렴한 대신 출고된 지 오래된 차량을 대여해주고 영업소 수도 적다. 공항 터미널에서 바로 차량을 대여할 수 있는 대형 업체와 달리 중소 업체는 셔틀버스를 타고 공항 밖의 대여 장소까지 이동해야 하는 경우가 있으니 여러 조건을 비교해보고 결정한다.

특수 렌터카

오프로드나 해변에서도 주행 가능한 사륜구동 차량이나 캠핑카(캠퍼밴, 모터홈) 등은 일반 렌터카 회사에서도 빌릴 수 있지만 전문업체도 상당히 많다. 대표적인 모터홈업체로 마우이Maui가 있다.
마우이 maui-rentals.com/au/en
오버랜드 어드벤처 overlanderadventures.com.au

주행 금지 구역 확인

일반 렌터카로 비포장도로를 주행하거나 장거리 페리(태즈메이니아 섬, 프레이저 아일랜드 등)에 탑승하는 것은 금지되어 있다. 허가 없이 운전했다가 사고가 발생하면 보험이 적용되지 않으니, 방문 지역을 정확히 고지해 사전 승인을 받는 등 절차를 거치도록 한다.

> **운전에 꼭 필요한 앱**
>
>
> **구글맵 Google Maps**
> 기본적인 내비게이션 용도로 사용한다. '오프라인 지도'를 미리 다운받으면 통신이 불안정한 지역에서도 길을 안내해준다. 간혹 일반 차량이 운행하기 어려운 지름길로 안내하기도 하니 주의할 것.
>
>
> **웨이즈 Waze**
> 구글맵과 비슷하지만 보다 세밀한 내비게이션 기능을 제공한다. 또 운전자 간의 커뮤니티 기능을 통해 속도 단속 구간, 교통 사고 등 실시간 정보를 얻을 수 있어 매우 유용하다.

렌터카 대여 절차

Step ❶ 예약하기

한국에서 미리 차량을 예약하고 현지 공항에서 차량을 인도받는 방식이 여러 모로 유리하다. 한국 영업소를 통해 정보를 얻을 수 있으며, 할인 요금을 적용받을 수 있다.

Step ❷ 결제하기 ※렌터카사와 중개 사이트마다 방식이 다름

국내에서는 예약만 하고 현지에서 신용카드로 결제하는 방식이 안전하다. 차량 픽업 시 보증금이 포함된 렌트비 총액을 가결제하고, 여행을 마친 후 이상 없이 차량을 반납하면 보증금은 승인 취소되고 렌트비만 결제된다. 여행을 마치고 나서 톨게이트 비용이나 교통 범칙금 등이 추가로 청구될 수 있다.

Step ❸ 보험 선택

호주에서 렌터카 이용 시 필요한 보험으로는 TPL(대인·대물 책임보험), LDW(기본 자차 보험), MDW(완전 자차 보험)가 있다. 우리나라 보험사의 긴급 출동과 유사한 프리미엄 로드사이드 어시스턴스premium roadside assistance 같은 옵션을 선택할 수도 있다. 현지 사무소에서 차량을 인수할 때 예약 내용과 달리 추가 보험을 권유하는 경우가 있으니, 이에 대해서는 미리 한국 영업소에서 안내를 받는 것이 좋다.

Step ❹ 옵션 선택

차량을 반환할 때 연료를 채우지 않고 반납하는 연료 선구입 옵션fuel purchase option은 여러모로 편리한 반면, 연료를 완전히 쓰지 않고 반납하면 약간 손해를 보게 된다. 탑승 시간이 촉박하거나 새벽에 비행기를 타야 할 때는 선구입 옵션이 유리할 수 있다.

> **TIP**
>
> **After Hour Return Fee에 주의하세요!**
> 퇴근 시간을 정확하게 지키는 호주에서는 렌터카 영업소가 문을 일찍 닫는 경우가 많다. 따라서 예정 시간보다 차량을 늦게 반납할 때는 물론 영업시간이 지나 반납하면 추가 비용이 발생한다. 이때는 보통 계약서 봉투에 차량 열쇠를 넣어 반납하도록 되어 있는데, 영업소에 따라 규정이 다르기도 하니 반드시 확인하도록 한다.

기본 교통법규와 주의 사항

호주는 운전 방향이 한국과 반대이고 신호 체계와 시스템도 다르다. 교통법규 단속은 매우 엄격하며, 위반 시 수십만 원에 달하는 고액의 벌금이 부과된다. 이 책에는 여행자를 위한 보편적 사항을 기재했으며, 호주 주 정부 사이트에 접속해 주별로 조금씩 다른 교통법규를 숙지하는 것이 좋다.

주별 교통국 홈페이지

뉴사우스웨일스 NSW
nsw.gov.au/driving-boating-and-transport

퀸즐랜드 QLD
tmr.qld.gov.au

빅토리아 VIC
vicroads.vic.gov.au

오스트레일리안캐피털테리토리 ACT
police.act.gov.au/road-safety/safe-driving

태즈메이니아 TAS
transport.tas.gov.au

사우스오스트레일리아(남호주) SA
mylicence.sa.gov.au/road-rules

웨스턴오스트레일리아(서호주) WA
transport.wa.gov.au

노던테리토리 NT
nt.gov.au/driving

좌측 통행 Drive on Left

도로 시스템은 영국 방식을 따르고 있어 운전석은 오른쪽, 조수석은 왼쪽이다. 또 주행 차선이 중앙선의 좌측이므로 차량을 렌트하는 경우 안전한 장소에서 충분한 시뮬레이션과 연습을 거친 후 실제 도로 운전을 하는 것이 좋다. 보통 진입로마다 진입 방향이 표시되어 있고 경고 표지판이 설치되어 있으니 혼란스러운 상황에서도 당황하지 말고 침착하게 대응하도록 한다.

회전 교차로 Roundabouts

❶진입 전 감속하면서 주행 방향과 진출로를 미리 확인한다. ❷자신보다 먼저 회전 교차로에 진입한 차량이 있거나 ❸오른쪽에서 동시에 진입하려는 차량이 있다면 ❹정지선(점선)에 정지해 대기한다. ❺회전 교차로 안에서는 시계 방향으로 주행하며, 차선 변경 없이 노면에 그려진 화살표 방향으로만 진행해야 한다. ❻교차로를 빠져나갈 때는 반드시 좌측 방향 지시등을 켜서 자신이 교차로에서 나간다는 것을 후행 차량에 알린다.

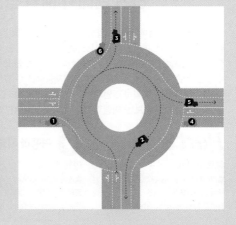

정지 표지판 Stop Sign

정지 표지판이 보이면 완전히 정지한 상태에서 2~3 초간 좌우를 살핀 후 안전하다고 판단될 때 다시 출 발한다. 빨간색 신호등과 동일한 효력을 갖는다고 생각해야 하며, 스쿨버스나 공사장 수신호 등 다른 정지 신호가 보일 때도 주의 깊게 살펴야 한다.

양보 표지판 Give Way Sign

교차로 진입 전에 서서히 속도를 줄여 양보하라는 뜻이다. 이미 해당 교차로에 진입했거나 진입 중인 차량 등 우선권이 있는 차량에 순서를 양보한다.

일반 교차로 General Intersection

신호등이 없는 교차로를 주행하는 경우 교차로에 진입한 순서에 상관없이 직진하는 차량에 우선권이 있다. 다른 차량을 가로질러 회전하고자 하는 차량 은 반드시 양보해야 한다.

아래 상황에서 우선권은 파란색 차량에 있어요. 빨간색 차량이 양보해야 합니다.

제한속도 Speed Limit

속도제한은 빨간색 원 안에 검은색 숫자로 표시한 다. 별도의 속도제한 표지판이 없는 경우 대부분의 주에서 시내 제한속도는 50km/h다. 공사 현장이나 작업 중인 도로에서는 별도 임시 표지판의 속도를 준수하고 안내 요원의 수신호에 따른다.

T자 교차로 T-Shaped Intersection

T자 교차로의 끝 지점에서 점선으로 도로가 이어진 경우에만 우회전하는 파란색 차량에 우선권이 있다. 이때 직진으로 주행하려는 빨간색 차량은 다른 도로 에 진입하는 것으로 간주하므로 우측 방향 지시등을 켜서 자신의 진행 방향을 정확히 알려야 한다.

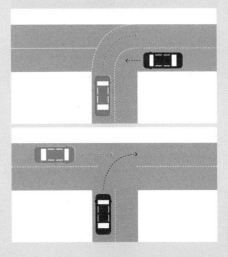

철도 건널목 Railway Crossing

검은색과 흰색으로 된 표지판이 있는 철도 건널목에서는 반드시 좌우 주변 상황을 정확하게 확인한 후 통과한다.

스쿨 존 School Zone

학교와 인접한 도로에서는 정해진 시간대에 40km/h 이하의 속도로 운행해야 한다. 사진의 표지판은 오전 8시~9시 30분 사이와 오후 2시 30분~4시 사이에 40km/h 이하로 운행하라는 뜻이다. 그 외의 시간대에는 별도의 제한 속도 표지판이 있는 경우 해당 속도 이하로, 없는 경우 50km/h 이하로 운행한다.

운전 시 주의 사항

❶ 전 좌석 안전벨트 착용

호주에서는 고속도로는 물론 시내 구간에서도 전 좌석 안전벨트를 착용해야 한다. 위반 시 운전자에게 벌금이 부과된다.

❷ 신호등

신호등에 B, T 표시가 있는 경우, 일반 차량이 아닌 버스나 택시, 트램 등 대중교통에 관한 교통신호라는 뜻이다.

❸ 횡단보도

기본적으로 자동차보다는 자전거, 자전거보다는 보행자를 우선하는 문화이므로 운전 시 횡단보도를 지날 때 각별한 주의가 필요하다.

❹ 야생동물

야생동물이 출몰하는 지역에는 경고 표지판이 설치되어 있다. 캥거루나 왈라비 같은 야행성 동물은 종종 늦은

오후에 갑자기 도로로 뛰어들기 때문에 한적한 국도를 운전할 때도 항상 주의해야 한다. 소 떼나 양 떼가 길을 막는 경우에는 목동이 이동을 완료할 때까지 정지했다가 출발한다.

❺ 물, 기름, 식량은 충분히 준비

도시가 아닌 지역을 방문하는 경우 충분한 물과 식료품을 준비하는 것이 중요하다. 수백 킬로미터를 달려야 다음 마을이 나타나는 서호주와 남호주, 노던테리토리를 여행한다면 주유소를 만날 때마다 주유하는 습관이 필요하다.

❻ 위험한 행동은 금물

통신이 자주 끊기는 국립공원과 아웃백에서는 스스로의 안전에 책임을 져야 한다. 사륜구동 차량이라고 해도 해변이나 오프로드

에 진입했다가 바퀴가 빠지는 경우가 발생할 수 있으므로 2대 이상의 차량이 조를 이뤄 이동하는 것이 바람직하다. 주변에 다른 사람이나 차량이 전혀 없다면 무리한 시도는 금물이다.

주유소 이용 방법

호주에서 주유소는 '서비스 스테이션Service Station' 또는 '페트롤 스테이션Petrol Station'으로 표시한다. EG 암폴(기존의 칼텍스Caltex), 셸Shell, BP 등이 대표적인 주유소다.

TIP

콜스, 울워스 등 대형 마트 영수증 가장 하단에 제휴 주유소의 할인 쿠폰이 포함되어 있다. 이용하는 주유소의 편의점이 해당 제휴 업체라면 계산할 때 쿠폰을 제시하면 된다.

주유 순서

❶ 주유기 선택하기

기본적으로 셀프 주유 방식이다. 비어 있는 주유기에 차를 대고 주유를 시작한다. 화재 위험이 있으니 주유소에서 휴대폰 사용은 금지.

❷ 휘발유 선택하기

차종에 맞는 휘발유, LPG, 디젤 펌프 등을 선택해 주유한다. 가장 일반적인 휘발유가 'Unleaded 91'이다. 렌터카의 주유구를 열면 주유 가능한 휘발유가 표시된 스티커가 붙어 있으니 참고할 것.

❸ 주유하기

주유를 시작하면 펌프 옆 계기판에 'Cents Per Litre'라고 적힌 리터당 가격 숫자가 올라가면서 금액을 보여준다.

❹ 계산하기

주유기 번호를 확인하고 카운터로 가서 계산한다. 주유소가 대개 편의점을 겸하고 있어 필요한 물건이 있으면 구입하고 같이 계산한다. 완전한 무인 시스템으로 운영하는 경우 주유를 시작하기 전에 신용카드를 기계에 넣어 가결제를 한다. 차액은 보통 주유 후에 자동 정산된다.

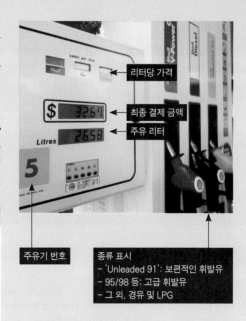

리터당 가격

최종 결제 금액

주유 리터

주유기 번호

종류 표시
- 'Unleaded 91': 보편적인 휘발유
- 95/98 등: 고급 휘발유
- 그 외, 경유 및 LPG

주차하기

대도시에서 거리 주차를 할 때는 주차 관련 신호 및 표지판을 꼼꼼하게 확인해야 한다. 실내의 안전한 공간에서 어느 정도 보안이 유지되는 주차장은 시큐어 파킹secure parking이라고 하며, 거리 주차에 비해 주차비가 비싼 편이다.

거리 주차는 최대 2시간까지 가능하다는 표시
예시: 1/2P(30분), 1P(1시간), 2P(2시간), 4P(4시간)

차 뒷부분을 보도 경계석 쪽으로 두고 45도 각도로 비스듬히 주차할 것

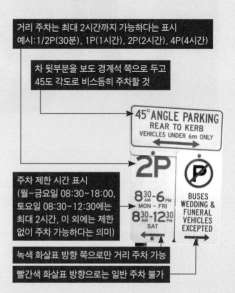

주차 제한 시간 표시
(월~금요일 08:30~18:00, 토요일 08:30~12:30에는 최대 2시간, 이 외에는 제한 없이 주차 가능하다는 의미)

녹색 화살표 방향 쪽으로만 거리 주차 가능

빨간색 화살표 방향으로는 일반 주차 불가

주차비 지불 방법

대형 주차장은 자동으로 차량 번호를 인식해 출차 전에 계산하는 곳도 있지만, 주차장에 따라 결제 방법이 천차만별이니 잘 확인해야 한다. 길거리에 일렬로 주차하는 스트리트 파킹은 일반적으로 주차비를 선납한다.

Type ❶ 티켓 발부 방식

주차 미터기에는 보통 'Pay Here'라는 사인이 명확하게 붙어 있다. 주차비를 결제한 다음 종료 시간이 적힌 티켓을 발부받아 밖에서 잘 보이도록 자동차 앞쪽 대시보드에 올려놓는다.

Type ❷ 자리 번호/차량 번호 입력 방식

주차한 공간의 번호(보통 주차한 자리 바닥이나 앞쪽에 표시되어 있음) 또는 차량 번호를 기계에 입력하고 주차비를 선납하는 방식이다. 마찬가지로 티켓을 대시보드에 올려놓는다.

Type ❸ 주차장 앱 활용

주차장을 검색하고 주차비를 비교한 다음 예약하거나 결제하는 기능까지 있어 대도시에서 유용하다. 호주 전역에서 사용 가능한 파코피디아Parkopedia는 한글 지원이 되고, NSW 교통국(시드니 쪽)에서 만든 파크엔페이Park'nPay는 거리에 있는 주차 미터기 요금도 지불할 수 있어 편리하다.

⚠ **주차 시 주의 사항**

호주의 치안이 특별히 나쁜 편은 아니지만 간혹 주차한 차량 안의 소지품을 훔쳐 가는 범죄가 발생하는 것이 현실이다. 다음 주의 사항을 확인해 피해를 입지 않도록 예방하자.

- 차량 문과 창문이 모두 제대로 잠겼는지 직접 확인할 것
- 차량 외부에서 내부를 들여다봤을 때 가방이나 카메라 등이 절대 보이지 않도록 할 것
- 가급적 사람들 눈에 잘 띄는 공간에 주차할 것
- 여권이나 현금, 귀중품은 차에 두지 말 것

운전하기 전 유료 도로 확인은 필수

시드니, 멜버른, 브리즈번 근교에는 통행료를 받는 유료 도로가 있다. 문제는 이러한 유료 도로가 모두 무인 시스템이라 톨게이트에서 요금을 지불할 방법이 없다는 점이다. 보통 차량에 부착된 태그를 인식해 요금을 청구하는데, 지역별로 사용 태그가 서로 다르기 때문에 다른 지역을 방문할 때는 사전 등록을 해야 수수료를 아낄 수 있다. 렌터카 이용 시 이 부분을 반드시 확인해두자.

지역	유료 도로 종류	통합 관리는 '링크트'에서 가능
시드니	Linkt	전체 통행 요금을 관리하려면 링크트 Linkt 계정이 있어야 한다. 모바일 앱을 다운받으면 좀 더 편리하다.
멜버른	CityLink, EastLink	
브리즈번	Linkt	**홈페이지** linkt.com.au

> 유료 도로를 피하고 싶다면 구글맵 또는 웨이즈 등 내비게이션 앱에서 무료 도로 우선 설정을 해보세요.

통행료 결제 방법 세 가지

❶ Prepaid Tag Account 태그 부착

호주 거주자라면 차량 등록 후 태그를 발급받는다. 렌터카업체에서도 미리 태그를 부착해두고 통행료를 청구하는 방식을 주로 이용하는데, 별도의 수수료가 붙는다. 사용을 원하지 않는다면 미리 말해두어야 한다.

❷ Pay for Recent Travel 온라인 후납 제도

유료 도로를 통과하고 1~5일 정도 지난 다음 링크트 홈페이지나 모바일 앱에 차량 번호license plate number를 입력하면 통행료를 확인할 수 있다. 유료 도로를 이용했다는 사실을 미처 인지하지 못해 납부하지 않거나 납부 시기를 놓치면 높은 금액의 수수료를 더한 통행료 청구서toll invoice를 발송하니 주의할 것.

❸ Road Pass 온라인 사전 등록 제도

여행자에게 적합한 선택지. 링크트 계정을 만들고 사전에 차량 번호와 신용카드를 등록해두면 유료 도로를 이용할 때마다 통행료가 청구된다. 유료 도로 통행료 외에 번호판 인식 비용도 추가되지만 가장 안전하고 편리한 방법이다. 지역별로 따로 등록해야 하며, 최장 30일까지 이용 가능하니 방문 직전에 등록한다. ▶ 3권 P.018

GET READY ❸

숙소 예약하기

여행 시기와 방문 지역, 숙소 유형에 따라 비용이 크게 달라진다. 여행 성수기에 대도시를 갈 때는 수개월 전에 미리 예약하는 것이 유리하지만, 일정에 변동이 생길 가능성에 대비해 취소 및 환불 정책을 확인해둘 필요가 있다.

● 호텔 Hotel

호텔은 가장 보편적인 숙박 형태로 시내 중심가에서부터 전망 좋은 지역까지 다양하게 형성되어 있다. 호주에서는 보통 1~5성급으로 별점을 매겨 다음과 같은 기준으로 호텔을 평가한다. 만약 호텔에 숙박한다면 3등급 이상을 권장한다.

등급	특징
5성급	전 분야에서 럭셔리한 시설을 보유하고 개인화된 서비스를 제공한다.
4성급	고급스러운 경험을 제공하며 고객 니즈를 충분히 만족시킨다.
3성급	평균 이상 수준의 시설을 갖추고 전반적인 고객 니즈를 만족시킨다.

● 모텔 Motel

호텔보다 낮은 등급으로 숙박비가 저렴하다. 중심가보다는 외곽에 있어 개인 차량으로 여행할 때 이용하기 편리하다. 작은 부엌이 포함된 형태가 많고 세탁 시설과 바비큐, 수영장 등 편의 시설을 갖추었다. 객실 현관문 바로 앞에 주차할 수 있다는 점도 편리하다.

● 리조트/아파트먼트 Resort/Apartment

부엌이 있고 공간이 넓은 레지던스형 숙소로 가족 단위 여행객에게 특히 적합하다. 골드코스트 같은 해변 지역에 특히 많으며, '서비스드 아파트먼트' 또는 '리조트'라는 이름이 붙어 있다. 위치와 시설에 따라 숙박비가 호텔보다 비싼 곳도 있다.

● 백패커스 Backpackers

주로 낮은 연령층의 배낭여행자를 위한 숙소로 유스호스텔, 호스텔 등으로도 부른다. 시내 중심부 또는 대중교통이 편리한 곳에 위치한 경우가 많다. 여러 명이 한 방에서 묵는 도미토리는 욕실과 부엌을 공동으로 사용하며 숙박비는 $30~40 내외다. 개인 욕실을 갖춘 1인실이나 2인실이 있는 곳도 있으나 호텔이나 모텔 수준을 기대하기는 어렵다. 대표적인 백패커스 체인으로 YHA 오스트레일리아가 있다.

● 비앤비 B&B

베드 & 브렉퍼스트Bed & Breakfast(B&B)는 말 그대로 하룻밤 잠자리와 아침 식사를 제공하는 민박이다. 보통 큰 저택의 방 또는 한 층을 사용하고, 주인이 직접 차려주는 아침 식사를 먹으며 호주 문화를 간접 체험할 수 있다. 다만 어떤 시설과 서비스를 제공하는지 이용자가 작성한 리뷰를 확인하도록 한다.

● 에어비앤비 Airbnb

호주에서도 숙소 공유 서비스인 에어비앤비가 활성화되어 있다. 홈페이지를 통해 예약과 결제가 이루어지고 운영 방식도 체계적이지만, 집 열쇠를 받으려면 집주인과 직접 연락이 필요하다. 청소나 시설면에서 미비한 경우도 많으니 선택할 때 각별한 주의가 필요하다.

● 캠핑장 Caravan Park, Holiday Park

자동차 여행을 한다면 꼭 한번 경험해봐야 하는 곳이다. 캠핑용품이 없어도 캐빈을 빌려 숙박할 수 있다.
➡ P.056

> ! **체크인 시간 확인은 필수**
>
> 대형 호텔이 아닌 이상 오후 5시가 넘으면 직원이 퇴근하는 경우가 많다. 직원이 없는 시간에 도착했을 때 체크인할 수 있도록 열쇠함(보통 비밀번호 제공)이 준비되어 있으니 업무 외 시간에 도착할 것이 예상된다면 사전에 연락을 취해야 한다. 특히 주 경계선을 넘어 이동할 때는 시차에 따른 착오가 없도록 꼼꼼히 점검한다.
>
>
>
> **예약 전 점검 사항**
>
> ❶ **결제 시점 확인** 숙소에 도착한 뒤 결제하는 것인지, 예약 시 결제하는 것인지 확인해야 한다. 취소 수수료와 취소 기한, 보증금 등도 꼼꼼히 따진다.
>
> ❷ **결제 시 화폐단위** 숙소 비용을 호주 달러로 결제하는지 확인한다. 현지에서 신용카드는 원화보다 호주 달러로 결제하는 것이 유리하다.
>
> ❸ **방 형태 점검** 침대와 거실이 한 공간에 있는 원룸studio인지, 별도로 침실(1 베드룸, 2 베드룸)이 있는지, 침대 형태는 2인용(킹, 퀸, 더블), 1인용, 2층 침대 중 어느 것인지 점검한다.
>
> ❹ **침구 포함 여부** 백패커스, 호스텔 등 저가형 숙소는 이불, 베개, 시트, 수건 등은 추가 요금을 내고 사용해야 하는 경우가 있다.
>
> ❺ **욕실/화장실** 저가형 숙소는 공동 욕실인 경우가 많다. 이를 원치 않는다면 욕실 포함 객실을 선택한다.
>
> ❻ **주차 공간** 차량이 있다면 숙소 비용에 주차비가 포함되는지 확인한다. 대도시 중심지에서는 대부분 주차 요금을 따로 청구한다.
>
> ❼ **인터넷** 무료로 와이파이를 제공하는 경우가 대부분이지만 체크해둔다.
>
> ❽ **기타 편의 시설** 부엌, 바비큐 시설, 세탁실, 수영장 등 개인별로 특별히 필요로 하는 편의 시설이 있다면 확인한다.

시드니 숙소

관광객이 많이 몰리는 시드니는 숙박비가 천차만별이다. 전망 좋은 최고급 호텔은 서큘러 키와 록스에 모여 있고, 이보다 약간 저렴한 중고가 호텔은 달링하버 쪽을 살펴보면 된다. 차이나타운에는 저렴한 숙소와 한국 레스토랑, 편의 시설이 많아 편리한 대신 소음이 단점이다. 전망 좋고 합리적인 요금의 호텔이나 에어비앤비를 원한다면 하버 브리지 건너편의 밀슨스포인트와 노스시드니 지역을 고려해봐도 좋다. 반면 시드니 시내에 있으면서 숙박비가 저렴한 킹스크로스는 유흥가여서 안전에 주의해야 한다.

포시즌스 호텔 시드니
Four Seasons Hotel Sydney
위치 서큘러 키 **유형** 5성급
호주에서 유일하게 시드니에만 있는 고급 체인 호텔로, 시드니 오페라하우스가 내려다보이는 하버뷰가 자랑이다. 전망(하버뷰, 시티뷰)에 따라 요금이 달라진다.

샹그릴라 시드니
Shangri-La Sydney
위치 서큘러 키 **유형** 5성급
시드니 하버뷰로 객실뿐 아니라 레스토랑과 바 전망까지 완벽해 SNS 핫 플레이스가 된 최고급 호텔. 록스 한복판에 있어 관광이 편리한 것도 장점이다.

힐튼 시드니
Hilton Sydney
위치 시드니 중심가 **유형** 5성급
퀸 빅토리아 빌딩 바로 옆에 위치한 고급 호텔. 주변 환경이 쾌적하고, 식당과 카페 등 편의 시설이 많아 편리하다.

풀러턴 호텔 시드니
The Fullerton Hotel Sydney
위치 시드니 중심가 **유형** 5성급
유서 깊은 시드니 중앙 우체국 건물에 있는 호텔. 금융가에 자리해 주변 환경이 깔끔한 편이다.

W 시드니 W Sydney
위치 달링하버 **유형** 5성급
2023년에 오픈한 최신식 호텔로, 달링하버 한복판에 자리한 물결 모양 건물이 상징이다. 시드니 하버 전체와 피어몬트 브리지가 보이는 전망이며, 달링 스퀘어 쇼핑센터가 가까워 쇼핑에도 최적이다.

이비스 시드니
Ibis Sydney
위치 달링하버 **유형** 3성급
무난한 체인 호텔로 시드니 여러 곳에 지점이 있다. 관광객을 위한 편의 시설이 많은 달링하버점의 인기가 가장 높다.

웨이크 업! 시드니
Wake Up! Sydney
위치 시드니 CBD **유형** 호스텔
센트럴 기차역과 헤이마켓 사이에 있어 교통이 좋고, 주변에 저렴한 맛집도 많다. 시드니의 호스텔 중에서 깔끔한 시설로 좋은 평가를 받고 있다.

레인코브 리버 투어리스트 파크
Lane Cove River Tourist Park
위치 시드니 시내에서 자동차로 30분 **유형** 캠핑장
깔끔한 시설 덕분에 시드니의 캠핑장 중에서도 인기가 많다. 캠핑 장비가 없어도 캐빈에서 숙박이 가능하다.

캔버라 숙소

캔버라는 저녁 시간이 지나면 거리에 인적이 드문 한적한 도시다. 따라서 개인 차량이 없다면 편의 시설까지 걸어 다닐 수 있는 노스캔버라의 시티힐 주변에서 숙소를 구하길 추천한다. 차량이 있는 경우는 도심 주변의 캠핑장이나 호숫가 등 선택의 폭이 넓다. 숙박비는 시드니나 멜버른에 비해 저렴하다.

하얏트 호텔 캔버라
Hyatt Hotel Canberra
위치 캐피털힐 **유형** 5성급
국회의사당이 있는 캐피털힐 부근에 빌라형으로 지은 5성급 호텔. 주변에 편의 시설은 부족하지만 조용하고 쾌적하다.

오볼로 니시 Ovolo Nishi
위치 캐피털힐 **유형** 4성급
벌리 그리핀 호수가 내려다보이는 고급 부티크 호텔. 낮은 요금에 오볼로 호텔만의 세련된 인테리어와 요가 클래스 등을 경험할 수 있다.

노보텔 캔버라
Novotel Canberra
위치 시티 북쪽 **유형** 4성급
캔버라 시내에 자리한 무난한 체인 호텔. 버스 정류장과 가깝고 캔버라 관광의 중심인 캔버라 센터까지 도보로 5분 거리다.

만트라 온 노스번
Mantra on Northbourne
위치 시티 북쪽 **유형** 4성급
가족 여행자에게 적당한 콘도형 아파트먼트 호텔. 객실이 넓은 편이고 주방이 있어 편의성이 높은 반면 서비스 만족도는 낮다.

빌리지 캔버라
The Village Canberra
위치 시티 동쪽 **유형** 백패커스

캔버라 센터 부근에 있어 대중교통을 이용하는 백패커에게 최적의 위치다. 여러 명이 사용하는 도미토리 룸과 2인실 모두 침대 시트를 제공한다. 예약 시 객실 내 욕실 유무를 확인할 것.

알리비오 투어리스트 파크
Alivio Tourist Park
위치 시티 북쪽 **유형** 캠핑장

캔버라 도심에서 자동차로 15분 거리에 있는 깔끔한 캠핑장. 오두막 형태의 캐빈, 방이 여러 개인 빌라형, 심플한 모텔 룸까지 다양하게 갖추고 있어 가족 단위 여행자에게 적합하다.

브리즈번 숙소

시드니나 멜버른에 비하면 같은 유형이라도 숙박비가 저렴하다. 개인 차량이 없다면 센트럴 기차역 주변이 편리한데 아무래도 강변 쪽 숙소가 더 쾌적하다. 시내 전경이 바라다보이는 사우스뱅크 지역은 숙박비가 비싸고, 스토리 브리지 쪽은 좀 더 저렴한 아파트먼트형 숙소가 많다. 렌터카 여행을 하는 경우는 숙소를 선택할 때 주차가 가능한지 확인해야 한다.

힐튼 브리즈번
Hilton Brisbane
위치 브리즈번 CBD
유형 5성급

퀸 스트리트 몰의 윈터가든 안에 자리한 고급 체인 호텔. 브리즈번 최대 번화가에 있어 거리 소음이 들릴 수 있으나 교통이 편리하다.

브리즈번 메리어트 호텔
Brisbane Marriott Hotel
위치 스토리 브리지 부근
유형 5성급

깔끔한 부대시설과 강변 전망의 레스토랑이 있는 것이 장점이다. 리버사이드 페리 터미널까지 10분 거리이며, 호텔 바로 앞에 중심가로 가는 버스가 많이 정차한다.

트레저리 카지노 앤드 호텔 브리즈번
Treasury Casino and Hotel Brisbane
위치 CBD **유형** 5성급

브리즈번 CBD에서 가장 핵심적인 위치에 있으며 강변과도 가까운 최고급 호텔이다.

크리스털브룩 빈센트
Crystalbrook Vincent
위치 스토리 브리지
유형 5성급

복합 엔터테인먼트 시설인 하워드 스미스 워프의 고급 부티크 호텔. 스토리 브리지 전망의 루프톱 바와 수영장이 있다.

리지스 사우스뱅크 브리즈번
Rydges South Bank Brisbane
위치 사우스뱅크 **유형** 4성급

사우스브리즈번 기차역에서 5분 거리이며, 사우스뱅크 페리 터미널 바로 앞에 있어 브리즈번의 주요 관광지로 이동하기 편리하다.

콘스탄스 호텔
Constance Hotel
위치 포티튜드밸리 **유형** 4성급

포티튜드밸리의 나이트라이프를 즐기기 좋은 부티크 호텔. 중심가에서 떨어져 있어 숙박료가 좀 저렴하지만 주변 소음은 감수해야 한다.

케언스 숙소

관광도시답게 숙소 선택의 폭이 넓고 요금은 상대적으로 저렴하다. 케언스 기차역 주변과 에스플러네이드 쪽에 저가형 숙소가 많고, 바다가 보이는 전망 좋은 위치에는 고급 리조트와 호텔이 자리한다. 투어를 이용해 여행한다면 업체에 픽업 요청을 할 수 있도록 중심가 쪽에 숙소를 정해야 편리하다. 개인 차량으로 다닌다면 케언스를 벗어나 해변이 예쁜 포트더글러스의 리조트에 머물면서 여러 가지 액티비티를 즐겨보자.

샹그리라 더 마리나
Shangri-La the Marina
위치 하버 **유형** 5성급

트리니티 인렛이 시작되는 지점의 쇼핑센터 '더 피어 케언스' 건물에 있는 호텔. 전망 좋은 레스토랑과 야외 수영장이 있으며, 다른 지역의 샹그리라 호텔보다는 숙박비가 낮다.

풀만 리프 호텔 카지노
Pullman Reef Hotel Casino
위치 하버 **유형** 5성급

카지노와 고급 레스토랑, 바를 갖춘 5성급 호텔. 같은 건물에 실내 동물원인 케언스 줌 & 와일드라이프가 있어 방문객이 많다. 객실 발코니에서 트리니티 인렛이 보인다.

만트라 트릴로지 Mantra Trilogy
위치 에스플러네이드 **유형** 4성급

방 1개 이상과 객실이 포함된 아파트먼트형 체인 호텔. 에스플러네이드 바로 앞이라 물놀이를 즐기기 좋고, 가족 여행에 적합하다. 단, 호텔급 서비스는 기대하기 어렵다.

케언스 센트럴 YHA
Cairns Central YHA

위치 케언스 중심가 **유형** 백패커스

케언스 기차역 바로 앞에 있는 백패커스 숙소. 수영장이 있으며 아침 식사를 제공한다. 도미토리 룸과 1~2인실을 갖추고 있다. 개인 화장실이 있는 방을 원한다면 옵션을 체크할 것.

쉐라톤 그랜드 미라지 리조트
Sheraton Grand Mirage Resort

위치 포트더글러스 **유형** 5성급

포트더글러스의 대표 리조트. 골프 코스와 수영장 9개, 레스토랑 등을 갖췄다. 하루 이상 머무르며 휴식을 취하기 좋다.

멜버른 숙소

대도시 멜버른의 숙소 선택지는 매우 다양하다. 프리 트램 존 안쪽의 멜버른 CBD가 가장 좋고, 서던크로스역 주변은 공항 직행버스가 오간다는 점에서 편리하다. 시티뷰 전망 호텔은 사우스뱅크, 깔끔한 중·고급 체인 호텔은 도클랜드 주변에서 찾는다. 대학가인 칼튼 부근에는 저렴한 숙소가 많은데 프리 트램 존까지 도보 15분 거리이니 중심가에서 너무 멀지 않은 곳으로 선택할 것. 개인 차량이 있다면 주차 가능 여부도 반드시 체크한다.

더블트리 바이 힐튼 호텔 멜버른
DoubleTree by Hilton Hotel Melbourne

위치 멜버른 CBD(프리 트램 존) **유형** 4성급

트램이 지나는 플린더스 스트리트와 엘리자베스 스트리트의 교차 지점에 있어 여행자에게 최적의 위치다. 야라강 전망 객실이 인기가 높다.

크라운 멜버른
Crown Melbourne

위치 사우스뱅크 **유형** 4~5성급

전망 좋은 야라강 변에 자리 잡은 크라운 카지노 & 엔터테인먼트 콤플렉스. 5성급 크라운 타워, 크라운 메트로폴, 4성급 크라운 프롬나드 등 객실 선택지가 넓다.

멜버른 메리어트 호텔
Melbourne Marriott Hotel

위치 멜버른 CBD(프리 트램 존) **유형** 5성급

빅토리아주 국회의사당 근처라 접근성이 뛰어난 버크 스트리트점과 항구 전망에 인피니티 풀까지 갖춘 도크랜드점 중에서 선택한다.

브래디 아파트먼트
Brady Apartments

위치 멜버른 CBD(프리 트램 존) **유형** 아파트먼트

주방과 거실을 갖춘 오피스텔·아파트형 숙소. 플린더스 스트리트점은 강변과 가깝고, 하드웨어 레인점은 핫 플레이스가 많은 동네에 있다.

시티 스퀘어 모텔
City Square Motel

위치 멜버른 CBD(프리 트램 존) **유형** 모텔

도미토리 룸과 개인 룸을 갖춘 유스호스텔급 모텔. 요금이 매우 저렴하고 플린더스 스트리트 기차역, 야라강 변 등 주요 관광지가 도보 5분 이내로 가깝다.

멜버른 빅포 홀리데이 파크
Melbourne BIG4 Holiday Park

위치 멜버른 CBD 북쪽 **유형** 캠핑장

단독 캐빈 여러 채와 캠핑사이트를 갖춘 캠핑장. 쾌적한 시설로 좋은 평가를 받는다. 멜버른과는

거리가 있으니, 근교 여행을 떠나기 전후에 방문하면 좋다.

호바트 숙소

호바트에는 깔끔한 고급 숙소가 많고 시드니나 멜버른과 비교하면 요금이 싼 편이다. 하지만 여행 성수기인 여름, 특히 시드니-호바트 요트 대회가 열리는 시기에는 숙박비가 훨씬 높아진다. 개인 차량이 없다면 투어업체에서 픽업 가능한 호바트 중심가의 숙소를 선택한다. 호바트 중심가를 벗어나면 객실 옵션 선택의 폭이 줄어든다.

호텔 그랜드 챈슬러
Hotel Grand Chancellor

위치 호바트 **유형** 4성급

깔끔하고 무난한 대형 호텔이다. 스카이버스가 정차하는 호텔 중 하나이고, 워터 프런트에서 주요 관광지까지 걸어갈 수 있어 편리하다.

헨리 존스 아트 호텔
The Henry Jones Art Hotel

위치 호바트 **유형** 5성급

1804년에 건축한 고풍스러운 건물을 개조한 부티크 호텔이자 아트 갤러리. 56개의 방을 각기 다르게 디자인해 미술관에서 하룻밤 보내는 듯한 기분을 느낄 수 있다.

살라만카 인 Salamanca Inn

위치 호바트 **유형** 4성급

중급 숙소로 레스토랑, 카페, 갤러리, 부티크, 상점 등이 많이 모인 살라만카 플레이스까지 도보 2분 거리다. 호바트의 나이트라이프를 즐기고, 걸어서 도시의 주요 지역을 둘러보기에는 최적의 선택이다.

호바트 센트럴 YHA
Hobart Central YHA
위치 호바트
유형 백패커스
도보로 호바트를 돌아볼 수 있는 최적의 장소에 위치한 백패커스 호스텔. 도미토리 룸은 하루 6만 ~7만 원 선이며 일부는 2인실이다. 소음은 감수해야 하며 시설도 상당히 낡은 편이다.

모나 파빌리온
MONA Pavilions
위치 호바트 근교
유형 5성급
모나 미술관에서 운영하는 최고급 콘도형 숙소. 유명 건축가와 예술가들을 테마로 한 객실에서 강변 전망을 즐기며 멋진 휴식을 즐길 수 있다. 개인 차량이 있는 경우 이용하기 적당하다.

크레이들 마운틴 호텔
Cradle Mountain Hotel
위치 크레이들 마운틴
유형 4성급
오버랜드 트랙의 시작점과 가까워 트레킹을 준비할 때 이용하기 좋은 숙소. 국립공원에서 산장 같은 특별한 숙소를 원한다면 보다 깊숙한 곳에 위치한 크레이들 마운틴 로지를 예약한다.

페퍼스 시포트 호텔
Peppers Seaport Hotel
위치 론서스턴
유형 4성급
타마강과 에스크강이 만나는 지점에 위치한 호텔. 깔끔한 시설에 퀸 빅토리아 박물관과 도보 10분 거리라 인기가 높다.

애들레이드 숙소
애들레이드는 다른 도시에 비해 숙박비가 대체로 싸다. 무료 트램이 다니는 시티 중심에 숙소를 정하면 교통비를 절약할 수 있다. 2~3월 사이에 열리는 애들레이드 프린지The Adelaide Fringe 축제 기간에는 숙박비가 치솟을 수 있다.

메이페어 호텔
Mayfair Hotel
위치 시티
유형 5성급
고풍스러운 런들 몰 건물에 자리한 부티크 호텔. 루프톱 라운지에서 거리를 내려다보며 애들레이드의 저녁 분위기를 즐길 수 있다.

힐튼 애들레이드
Hilton Adelaide
위치 시티
유형 5성급
애들레이드의 중심 광장 빅토리아 스퀘어가 내려다보이는 5성급 호텔. 바로 앞으로 트램이 지나가고, 센트럴 마켓과 가깝다.

이비스 애들레이드
Ibis Adelaide
위치 시티 **유형** 4성급
런들 몰 부근에 위치해 주요 명소를 도보로 다닐 수 있는 중급 체인 호텔. 애들레이드 기차역까지는 도보 15분 거리다.

애들레이드 센트럴 YHA
Adelaide Central YHA
위치 시티 **유형** 백패커스
런들 몰이나 센트럴 마켓까지 도보로 10분 내외 거리인 라이트 스퀘어 주변에 있다. 객실 형태가 다양하다.

퍼스 숙소
다른 대도시에 비해 숙박비가 싼 편이다. 단, 중저가형 숙소가 많은 노스브리지는 치안에 주의해야 한다. 개인 차량이 없다면 무료 캣 버스가 다니는 지역이 편리하다. 전망 좋은 곳을 원한다면 크라운 퍼스의 호텔 중 한 곳을 추천한다.

크라운 퍼스 Crown Perth
위치 퍼스 중심가 **유형** 5성급
크라운 메트로폴(5성급), 크라운 타워스(5성급), 크라운 프로미나드(4성급) 호텔과 카지노, 노부 퍼스, 아트리움 뷔페, 록 풀 바 앤드 그릴 등 고급 레스토랑이 입점한 초대형 리조트 단지로 전망이 아름다우며, 배럭 스퀘어까지 페리로 갈 수 있어 교통도 좋은 편이다.

인터컨티넨탈 퍼스 시티 센터
InterContinental Perth City Centre
위치 퍼스 중심가 **유형** 5성급
만족도가 높은 5성급 호텔. 퍼스 기차역은 물론 엘리자베스 키, 서호주 미술관과 박물관 등 주요 명소까지 걸어 다닐 수 있는 거리다.

이비스 퍼스 Ibis Perth
위치 퍼스 중심가 **유형** 3성급
교통 요지에 있지만 숙박료는 저렴한 편이다. 번화가에 자리해 야간 소음은 감수해야 하며 주차 요금은 별도다.

페닌슐라 리버사이드
The Peninsula Riverside
위치 프리맨틀 **유형** 아파트먼트
스완강 남쪽에 있는 아파트먼트형 숙소. 바로 앞 공원에서 멋진 야경을 감상할 수 있다.

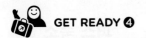

GET READY ④

투어 상품과 각종 입장권 준비하기

호주에서 국립공원이나 대중교통으로 가기 힘든 곳을 여행하거나 짜릿한 액티비티를 즐길 계획이라면 떠나기 전에 투어업체를 통해 미리 예약하는 것이 좋다. 단, 취소 및 환불이 어려운 규정도 있으니 꼼꼼하게 살펴볼 것.

● 할인 패스

입장료를 받는 어트랙션(전망대, 동물원, 수족관 등)을 여러 곳 방문할 예정이라면 할인 패스 구입을 고려해본다. 특정 도시에서만 이용할 수 있는 것과 호주 여러 도시에서 이용할 수 있는 통합권 개념의 할인 패스도 있다. 예약 조건이 다르니 업체 측 설명을 잘 확인해야 한다.

클룩 패스 Klook Pass
지역 시드니, 골드코스트, 멜버른 등 호주 전역 **홈페이지** klook.com/ko/attractions

고 시티 익스플로러 패스 Go City Explorer Pass
지역 시드니의 20여 개 어트랙션 중 일부 선택 **홈페이지** gocity.com/sydney/ko

아이벤처 카드 iVenture Card
지역 시드니, 멜버른, 골드코스트 개별 이용권 또는 통합권 선택 가능 **홈페이지** iventurecard.com/us/au-multi-city

시드니 멀티플 어트랙션 패스 Sydney Multiple Attractions Pass
지역 달링하버 어트랙션 3개와 시드니 타워 전망대 특화 **홈페이지** visitsealife.com

● 국립공원 입장료 및 캠핑 정책 확인

500곳 이상의 호주 국립공원은 주별로 관리하며 정책이 서로 다르다. 매표소를 운영하지 않는 국립공원에서는 온라인으로 사전 결제를 하고 가야 하는 경우도 있다. 장기간 여행을 계획한다면 '국립공원 패스' 구입을 고려해볼 것. 국립공원 내에서 캠핑을 하려면 사전 퍼밋을 발급받아야 한다.

뉴사우스웨일스 nationalparks.nsw.gov.au
퀸즐랜드 parks.des.qld.gov.au
빅토리아 parkweb.vic.gov.au
태즈메이니아 parks.tas.gov.au
남호주 parks.sa.gov.au
서호주 exploreparks.dbca.wa.gov.au
노던테리토리 nt.gov.au/parks

● 투어 상품 예약하기

하루 안에 먼 거리를 다녀와야 하거나 개인 차량이 없을 때 이용한다. 웹사이트에서 방문할 도시를 검색한 뒤 투어업체를 직접 선택해도 되고, 클룩Klook, 바이에이터Viator, 케이케이데이KKday 등의 중개업체를 통해서 예약도 가능하다. 현지 한인 여행사에서도 한국인이 선호하는 프로그램을 마련해 운영한다. 영어로 진행하는 투어 상품은 선택지가 보다 다양하다.

언어	업체	지역	홈페이지
한국어	현대여행사	호주 전역	hyundaitravel.com
	머뭄투어	호주 전역	mumumtour.com
	아이러브호주	호주 전역	hojoo.kr
영어	AAT 킹스(관광버스)	울루루, 서호주, 동부 해안	aatkings.com
	익스피리언스 오지	호주 전역	experienceoz.com.au

알아두면 쓸모 있는
호주 여행 팁

긴급 상황 발생 시 어떻게 대처해야 할까요?

해외여행은 안전이 최우선인 만큼 돌발 상황에 대한 대비책이 필요하다. 여권, 항공권, 각종 예약 확인서의 사본을 따로 준비해두고 여행자 보험에 가입한다. 긴급 상황 발생 시 도움을 받을 수 있는 영사콜센터, 현지 공관의 필수 연락처는 별도로 메모해두는 것이 좋다.

❶ 호주의 긴급 전화번호 000

긴급 상황 시 호주의 긴급 전화번호 000으로 전화를 건다. 경찰, 소방서 또는 구급차 중 어떤 지원이 필요한지 말하고 본인의 현재 상황과 위치를 알린다.

❷ 모바일 앱 Emergency Plus 설치

앱을 통해 전화를 걸면 스마트폰에 내장된 GPS 기능으로 위치 정보가 자동으로 전송된다. 긴급 전화뿐 아니라 홍수나 산불, 사이클론 등 자연재해와 관련된 도움도 요청할 수 있으니 앱을 설치해둔다.

❸ 긴급 통역이 필요하다면 131 450

영어를 전혀 할 수 없다면 비영어 사용자를 위해 연중 24시간 통역 서비스를 제공하는 TIS 내셔널 연락처를 알아둘 것. 전화를 걸어 '코리안Korean'을 요청하면 즉석 전화 통역을 통해 유관 업체를 연결해준다. 개인적인 용무를 위한 통화는 불가능하며 긴급 상황에만 서비스를 제공한다.

❹ 외교부의 지원이 필요할 때 영사콜센터

긴급 상황에 처한 해외여행자에게 도움을 주기 위해 한국 외교부에서 제공하는 연중무휴 24시간 상담 서비스다. 안전이나 신변에 위협이 있는 긴급한 경우에만 이용할 수 있다.

영사콜센터

한국 외교부에서 제공하는 무료 전화 앱. 와이파이가 가능한 환경에서 무료 상담 전화를 이용할 수 있다.

해외 재난 및 사건·사고 접수

해외여행 중 긴급 상황 시 7개 국어 통역 서비스 제공

신속 해외 송금 지원

해외 안전 여행 지원

인터넷 사용이 가능하다면
- 와이파이 환경에서는 모바일 앱(영사콜센터)을 통해 무료 상담 전화 가능
- 카카오톡 상담 연결 가능(카카오채널에서 '영사콜센터' 검색)

휴대폰 유료 통화
- +82-2-3210-0404로 전화 연결
- 호주 입국 시 수신한 외교부 안내 문자에서 통화 버튼 누르기

무료 컬렉트 콜
- 현지의 일반 전화나 공중전화를 이용해 다음 전화번호로 연결
- 국제전화 코드를 통해 전화 걸기 → 0011-800-2100-0404
- 국제 자동 컬렉트 콜 → 1-800-249-224

주 호주 대사관 및 총영사관 연락처

관할 지역이 서로 다르니 각 지역에 맞는 대사관 또는 영사관으로 연락한다. 비대면으로 업무를 처리하는 경우가 많으니 직접 찾아가기보다는 전화로 먼저 문의한다.

주 호주 대사관
관할 지역: ACT, TAS, SA, WA
주소 113 Empire Circuit,
Yarralumla ACT 2600
문의 대표 +61-2-6270-4100,
긴급 +61-408-815-922

주 멜버른 분관 관할 지역: VIC
주소 Level 10, 636 St Kilda Rd,
Melbourne VIC 3004
문의 대표 +61-3-9533-3800

주 시드니 총영사관
관할 지역: NSW, NT
주소 Level 10, 44 Market St,
Sydney NSW 2000
문의 대표 +61-2-9210-0200,
긴급 +61-403-546-058

주 브리즈번 출장소 관할 지역: QLD
주소 Level 1, 102 Adelaide St,
Brisbane City QLD 4000
문의 대표 +61-7-3221-1440

❺ 여권을 분실했을 때

현지에서 여권을 분실했다면 총영사관에 가서 여권 분실 신고를 하고 임시 여권을 발급받는다. 여권 사본을 별도로 보관하고 있을 경우 절차가 좀 더 간편하다.

❻ 사고가 발생했을 때

휴대폰 도난, 교통사고 등 불의의 사고 발생 시 현지 경찰서에 신고하고 가까운 공관에 도움을 요청한다. 해외여행 보험금을 청구하려면 경찰서의 도난 신고서Police Report가 필요하다. 범인의 인상 착의, 도난 발생 장소, 도난 물품 명세서를 기재하고 확인 도장을 받는다. 단순 분실이 아닌 도난인 경우만 보험금 청구 대상이다.

❼ 몸이 아플 때

호주의 의료 체계는 단일 과목을 진찰하는 1차 병원과 상급 종합병원인 2차 병원으로 나뉜다. 따라서 GP라고 하는 일반의 또는 전문의를 찾아가 먼저 진료받는 것이 일반적이지만 긴급 상황이라면 병원 응급실로 간다. 의료비는 한국과 비교해 매우 높은 편이며 여행자 보험에 가입한 경우 보험 혜택을 받을 수 있다. 병원 이용 후에는 보험사에서 요구하는 서류(진료 내역, 결제 영수증)를 빠짐없이 챙길 것.

24시간 응급실을 운영하는 병원

시드니 **St Vincent's Hospital Sydney**
주소 390 Victoria St, Darlinghurst NSW 2010
문의 +61-2-8382-1111

캔버라 **Canberra Hospital**
주소 Yamba Drive, Garran ACT
문의 +61-2-5124-0000

브리즈번 **Royal Brisbane and Women's Hospital**
주소 Butterfield St, Herston QLD 4029
문의 07-3646-8111

멜버른 **Royal Melbourne Hospital**
주소 Grattan Street, Parkville VIC 3050
문의 +61 3 9342 7000

호바트(태즈메이니아) **Royal Hobart Hospital**
주소 48 Liverpool St, hobart TAS
문의 03-6166-8308

애들레이드 **Royal Adelaide Hospital**
주소 Port Rd, Adelaide SA 5000 **문의** 08-7074-0000

퍼스 **Sir Charles Gairdner Hospital**
주소 Hospital Ave, Nedlands WA **문의** 08-6457-3333

호주에 가져갈 수 없는 품목은 무엇인가요?

호주 반입 규정

"확실하지 않으면 신고하세요! In doubt, always declare!"는 호주 세관의 모토다. 무작위 가방 검사로 반입 금지 품목이 적발되면 입국 거부 등 불이익이 생길 수 있으니 미리 신고하는 것이 마음 편하다. 흔히 실수하는 다음 사례를 잘 읽어보자. 더욱 구체적인 사항은 호주 국경 수비대(ABF) 홈페이지에서 금지 품목 prohibited goods을 검색하거나, 왼쪽 QR코드를 확인할 것.

홈페이지 abf.gov.au

- 반입 금지 품목은 광범위하다. 모든 종류의 식음료를 포함해 꿀, 한약, 과일은 반입 금지! 컵라면, 햇반 등의 간편식은 신고 대상이다. 기내식 또한 실수로라도 가방에 넣지 않도록 주의한다.

- 일반 상비약이나 개인 복용 약은 최대 3개월 치까지 반입 가능하다. 영문으로 된 약품 목록과 처방전을 준비하면 입국 수속 시 약에 대한 설명이 필요할 때 도움이 된다.

- 해외에서 구매했거나 면세점에서 구매한 일반 물품(선물 포함)에 대해서는 성인 기준 면세 한도가 AUD 900다. 18세 미만은 AUD 450이며 가족여행인 경우 면세 한도를 합산해 사용할 수 있다. 예를 들어 성인 2명과 18세 미만 2명으로 구성된 가족은 각자의 면세 한도를 합산해 총 AUD 2700까지 면세 혜택을 받을 수 있다. 한도를 초과할 경우 물품을 신고하고 해당 세금 및 관세를 지불해야 한다. 단, 해외여행자가 호주에 도착하기 전 12개월 이상 보유하고 사용한 물품은 예외다.

- 면세 한도와 별도로 18세 이상 성인에 한해 주류 2.25리터, 담배 25개비까지 반입할 수 있다. 이 한도를 초과하면 면세점에서 구입한 경우도 신고 대상이니 주의해야 한다

- 자전거, 낚싯대 등 레저 및 캠핑 장비, 흙이 묻은 등산화 등도 검역 대상이다.

- 1만 호주 달러(A$10,000) 이상 혹은 이에 상응하는 외환 휴대 시 별도 양식(AUSTRAC cross border movement – physical currency)으로 세관에 신고해야 한다.

주 경계선을 넘을 때도 검역을 한다고요?

주별로 기후, 지형, 문화적 특색뿐만 아니라 법률과 제도도 다르기 때문에 주 경계선을 넘을 때마다 검역을 한다. 주 경계선에는 국경과 비슷한 검역소가 설치되어 있다. 동물이나 식물의 질병 확산을 막기 위해 꿀, 씨앗, 생과일, 생야채, 동식물, 흙 등은 반입 금지 품목으로 지정했으며 서호주 지역은 검역이 특히 엄격하다. 주별 규정은 홈페이지(interstatequarantine.org.au)를 참고할 것.

호주에는 정말 벌레가 많은가요?

더운 계절에는 샌드플라이(흡혈성 곤충)가 주요 경계 대상이다. 야외 활동에 나서기 전 해충 기피제 준비는 필수. 한국 제품보다는 현지 약국이나 슈퍼 제품이 효과가 더 좋다. 구입할 때는 살충제(DEET) 함량과 지속 시간을 확인할 것.

도시에서는 별다른 문제가 없지만 무더운 열대지방일수록 작은 도마뱀부터 거대한 몸집의 악어, 손바닥만 한 거미, 나뭇가지에 매달린 박쥐 등 불청객을 마주칠 확률이 높다. 아웃백이나 열대지방을 방문할 때는 목과 얼굴을 보호할 수 있도록 그물 달린 모자 등을 챙겨야 한다.

FAQ ⑤

호주에서 전화는 어떻게 걸어야 하나요?

호주 → 한국

현지 전화로 한국에 전화를 걸 때는 국제전화 코드(0011)+국가 번호(한국 82)+맨 앞의 0을 생략한 전화번호 또는 휴대폰 번호를 입력한다. 예시: 0011-82-10-XXXX-XXXX

호주 → 호주

공중전화나 현지 휴대폰으로 전화를 걸 때는 지역 번호 2자리와 전화번호 8자리를 누른다. 휴대폰 번호는 04로 시작하고 각 지역별 번호는 아래와 같다.

ACT	NSW	VIC	TAS	QLD	SA	WA	NT
02	02	03	03	07	08	08	08

※ 휴대폰 로밍은 국내 통신사의 안내에 따른다.

FAQ ⑥

호주의 대표적인 통신사는 어디인가요?

가장 광범위하고 안정적인 서비스를 제공하는 대표 통신사는 텔스트라Telstra. 도심 지역에서는 옵터스Optus 또는 보다폰 Vodafone도 괜찮다. 텔스트라의 통신망을 사용하는 알뜰폰업체로는 알디모바일ALDImobile, 울워스 모바일Woolworths Mobile 등이 있다.

FAQ ⑦

통신사 로밍과 현지 유심, 뭐가 좋을까요?

	로밍	현지 유심
장점	• 한국 전화번호 유지 가능 • 사용이 간편함	• 로밍에 비해 저렴 • 데이터 사용량이 많다면 유리
단점	• 유심에 비해 가격이 높음 • 데이터 용량이 적은 편	• 유심 교체 · 장착이 불편함 • 한국 번호로 전화/문자 수신 불가

여행 일정이 짧다면 국내 통신사의 로밍 상품을 이용하는 것이 간편하다. 비용 면에서는 현지 통신사의 유심으로 교체하는 것이 경제적이다. 가입이 간편한 선불 유심은 한국에서 미리 구입한다. 아니면 호주 공항 터미널 인포메이션 센터나 통신업체 부스에서도 구입 가능하다.

최신 기종의 휴대폰이라면 유심칩을 넣지 않고 사용하는 이심 eSIM을 사용해도 된다. 국내 유심칩을 그대로 끼워둔 채 해외 이심만 추가하면 한국 전화번호를 그대로 유지하면서 현지 통신사의 데이터망을 이용할 수 있어 편리하다. 지원 가능한 단말기인지 여부는 통신사별 정책을 확인해 알아본다.

호주의 화폐단위와 계산 방법이 궁금해요!

호주의 공식 화폐는 호주 달러Australian dollar(AUD, A$)다. 현지에서는 간편하게 '달러'라 부르고 $로 표기한다. 5달러짜리 지폐는 파이버Fivers, 10달러짜리는 테너Tenners라는 별명으로 부르기도 한다. 1달러($1)는 100센트(100c)와 같다. 최근 환율은 달러당 850~900원 사이를 오르내린다.

$5 $10 $20

$50 $100

$2 $1 50c 20c 10c 5c 2c 1c

호주의 주요 은행은?

호주 달러를 발행하는 오스트레일리아 준비은행Reserve Bank of Australia 이외에 4대 은행은 코먼웰스 은행Commonwealth Bank, 웨스트팩Westpac, 오스트레일리아 뉴질랜드 은행Australia and New Zealand(ANZ), 내셔널 오스트레일리아 은행National Australia Bank(NAB)이다.

현금과 카드 중 어떤 걸로 계산하는 게 좋을까요?

호주에서는 현금보다 신용카드, 체크카드, 모바일 결제가 더 보편화되었다. 버스에서도 현금을 받지 않는 추세이니 대중교통을 이용하려면 콘택트리스(비접촉식) 결제가 가능한 해외용 카드(트래블로그, 트래블월렛 등)를 발급받는 게 좋다. 현금은 주로 20달러 이하의 소액 결제에만 사용한다. 100달러짜리 지폐를 내면 신분증을 요구하기도 한다. 참고로 애플페이는 호주에서도 별다른 절차 없이 그대로 사용하면 되고, 삼성페이는 해외 결제를 지원하는 특정 카드인지 확인 후 등록하면 사용 가능하다.

요즘 여행 필수품!
해외여행 체크카드

요즘은 한국 계좌와 연동해두고 필요한 만큼 현지 통화를 충전해 쓰는 체크카드가 대세다. 해외 결제 수수료가 무료이며, 환전 수수료는 없거나 매우 저렴하다. 현지 ATM에서 현금을 인출할 때도 수수료가 없어 유용하다.

호주 통화
바로 충전

결제 및 환전
수수료 혜택

콘택트리스
(비접촉식 결제)
기능

현지 교통카드
대체

현금이
필요할 때 인출

은행에 갈
필요 없이
모바일로 처리

	트래블로그	트래블페이	SOL 트래블체크
발행처	하나카드	트래블월렛	신한카드
브랜드	마스터카드 유니온페이	비자카드	마스터카드
충전 한도	통화별 300만 원	최대 300만 원	최대 6500만 원
연결 계좌	하나금융그룹	본인 소유 계좌	신한은행 계좌
최소 충전액	제한 없음	1달러	제한 없음
결제 수수료	없음	없음	없음
환전 수수료[1] (호주 달러 기준)	1%(기간 한정 무료)	0.7~0.8%	없음
ATM 수수료[2]	인출 수수료 면제	월 500달러까지 무료, 이후 2%	인출 수수료 면제
환급 수수료	1%	없음	50% 우대
이자	없음	없음	있음
국내 사용	가능	불가	가능

[1] 통화별 수수료 정책이 계속 바뀌니 자세한 내용은 카드사 홈페이지를 참고할 것.
[2] 카드사에서는 ATM 인출 수수료를 면제해준다. 현지 ATM 운영사가 부과하는 수수료는 별도다.

✓ 신용카드와 동일한 건 아니에요

카드사별 경쟁이 심해지면서 결제 및 인출 한도가 늘어나는 추세다. 하지만 많은 금액을 환전해두는 것은 부담이므로 큰 금액보다는 소액 결제에 적합하다. 온라인 결제나 택스 리펀드를 할 때 승인이 거절될 수 있다.

✓ 숙소 체크인 용도로는 쓰지 마세요

숙소에 체크인할 때 보증금을 결제하게 되는데, 취소가 간편한 신용카드와 달리 체크카드라서 해당 금액이 계좌에서 빠져나가며 취소 처리에 시간이 상당히 걸린다.

✓ 여행 후 잔액 환급은 천천히

대중교통 요금, 숙소 미청구액, 주유비 등 대금이 뒤늦게 청구되는 경우가 있다. 따라서 귀국 후 곧바로 잔액을 환급받지 말고 한 달가량 충분한 시간을 두고 계좌를 정리하는 것이 좋다.

호주 영어는
많이 다른가요?

알면 도움 되는
호주 특유의 표현

처음에는 발음이 독특해서 생소하게 느껴질 수 있으나 생활 영어가 가능하다면 의사소통에 어려움은 없다. 호주식 영어는 영국식에 가깝지만 훨씬 캐주얼한 편이고 무엇보다 줄임말을 즐겨 쓰는 호주인들의 특성상 재미있는 단어도 많다. 기억해 둘 만한 호주식 영어 표현을 간략하게 정리했다.

Aussie(OZ) 오지	호주인을 부를 때 사용하는 애칭. 기념품이나 각종 문구에서 종종 눈에 띈다.
Down Under 다운 언더	호주를 부르는 말로, '저 아래'라는 뜻은 머나먼 남반구에 위치한 호주를 의미한다.
G'day 그다이	'good day'의 줄임말. "Hi"를 대체하는 말로 "G'day mate!"처럼 가볍게 사용하는 인사다.
Mate 메이트	남자끼리 서로를 친근하게 지칭하는 말. 미국식 영어의 영향으로 남녀 구분 없이 'guys(가이즈)'라고도 많이 쓴다.
Sheila 쉐일라	본래 아일랜드계 여성을 지칭하는 말인데, 무례한 의미가 담겨 있어 지금은 거의 사용하지 않는다. 남성에게 쓰는 'bloke'와 유사하다.
Billabong 빌라봉	강이 범람해 형성된 호수나 물웅덩이를 뜻하는 원주민어. 빌라봉이라는 패션 브랜드도 있으며, 미디어에서도 자주 사용한다.
Boomerang 부메랑	호주 원주민의 전통 투척 기구로 전 세계에서 익숙한 단어가 되었다.
Footpath 풋패스	영국의 'pavement', 미국의 'sidewalk'와 같은 뜻으로 보행자 통행로를 의미한다.
Servo 서보	'Service Station'의 줄임말로 주유소를 뜻한다. 구글맵에서 검색할 때는 미국식 표현인 'Gas Station'으로 검색해도 된다.
Barbie 바비	바비 인형이 아니라 'barbeque(바비큐)'의 줄임말이다.
Fair Dinkum 페어 딩컴	'페어 플레이fair play'라는 뜻의 옛말이 호주식 슬랭으로 굳어진 것. '진짜다', '최고다' 등을 강조할 때 쓴다.

**미국식 영어와 달라서
헷갈릴 수 있어요!
영국식·호주식 표기법**

영국식·호주식	미국식	뜻
centre	center	중심
theatre	theater	극장
harbour	harbor	항구
ground floor(G)	first floor(1)	1층(지상층)
first floor(1)	second floor(2)	2층
basement/lower level/lower ground	lower level/cellar/underground	지하 1층
underground	subway	지하철
subway	underground	지하도
CBD (Central Business District)	downtown	도시 중심가, 중심 업무 지구
mobile phone	cell phone	휴대폰
duvet	comforter	푹신한 이불
chips	french fries	감자튀김

**여행하다 보면 궁금해져요!
바다 및 해안선 관련 용어**

구분	뜻	대표 장소
gulf 걸프	바다와 대양에 면한 거대한 만으로 해안선에 둘러싸인 수역, 일반적으로 베이에 비해 규모는 크지만 내륙에 갇힌 지형	애들레이드의 세인트 빈센트 걸프
bay 베이	바다나 호수 등에 면한 만으로 입구가 넓어 걸프에 비해 개방된 형태	바이런베이
inlet 인렛	베이에 비해 입구가 좁고 깊게 들어간 작은 만이나 내해	에어리스 인렛
cove 코브	인렛 또는 베이의 작은 형태로 입구가 좁은 반원형의 호	시드니 코브
coast 코스트	길게 이어지는 해변·해안 지대	선샤인 코스트
beach 비치	수영이 가능한 바다/호수의 해변/호숫가	본다이 비치
cape/headland 케이프/헤드랜드	해안선의 툭 튀어나온 지형 (곶 또는 갑)	케이프
quay/port/marina 키/포트/마리나	배가 정박할 수 있도록 인위적으로 만든 항구	서큘러 키 포트스티븐스
harbor 하버	인공 항구뿐 아니라 베이나 인렛에 생성된 천연 항	시드니 하버
pier/wharf/jetty 피어/와프/제티	배를 잠시 멈출 수 있도록 만든 소규모 부두 혹은 잔교	버셀턴 제티

※여행자의 이해를 돕기 위해 정리한 내용으로 학술적·사전적 의미와 다소 차이가 있을 수 있습니다.

호주 여행 준비물 체크 리스트

● 드레스 코드

도심 관광지

자연 여행지

겨울철

호주에서는 캐주얼한 옷차림이 기본이다. 와이너리를 방문할 때도 꼭 정장을 차려입을 필요는 없고 어느 정도 단정한 옷차림이면 된다. 다만 고급 레스토랑, 공연장, 클럽을 갈 때는 기본적으로 재킷과 구두를 착용하고 특별한 드레스 코드가 있는지 확인해야 한다.

사막 지대를 여행할 때는 긴팔이나 목이 올라오는 옷, 챙 넓은 모자로 신체를 보호하는 것이 좋다. 눈을 보호하기 위한 선글라스는 어른은 물론 아이도 착용해야 한다. 산악 지대에서는 기온차가 심하니 경량 패딩은 늘 지참하는 것이 좋다.

호주의 겨울은 대체로 온화하지만 비가 많이 내리기 때문에 체감 온도는 낮은 편이다. 추위를 타는 정도에 따라 옷차림도 천차만별. 여러 벌의 옷을 준비해 기온 변화에 따라 능동적으로 대처하는 것이 방법이다.

● 최종 점검! 여행에 꼭 필요한 모바일 앱

구글맵
Google Maps

대중교통을 이용할 때는 무빗Moovit, 운전 시에는 웨이즈Waze를 같이 확인하면 좋다.

오팔 트래블
Opal Travel

시드니를 대중교통으로 여행하는 경우 필수! 도시마다 교통국 공식 모바일 앱이 있다.

트랜짓
Transit

실시간 버스 위치를 직관적으로 파악하기 좋은 교통 정보 앱. 구글맵과 함께 활용하면 편리하다. 호주 대도시는 물론 다른 국가에서도 사용할 수 있다.

티엔데오
Tiendeo

콜스, 울워스, 알디 등 호주 대표 마트와 쇼핑몰의 세일 품목을 한눈에 보여주는 앱. 현지 주소가 있다면 마트별 회원 가입도 할 것.

우버
Uber

한국에서 미리 앱을 다운받고 결제 수단을 등록하면 호주에서 바로 사용 가능하다. 비슷한 업체로 디디DiDi가 있다.

왓츠앱
WhatsApp

카카오톡 기능을 하는 메신저 앱. 휴대폰 번호로 등록할 수 있으며, 현지 친구들과 문자를 주고받을 때 유용하다.

● 꼭 챙겨야 하는 필수품

※ 호주 관련 입국 규정을 반드시 숙지해 문제 되는 물품이 포함되지 않도록 주의한다. ➡ P.144

항목	품목	체크
필수품	여권	☑
	비상용 여권 사본, 여권 사진	☐
	운전면허증, 국제운전면허증	☐
	항공권, 입국 서류	☐
	여행자 보험	☐
	현금, 신용카드/체크카드	☐
	지갑	☐
	여행 가방 네임 태그	☐
	수첩(비상 연락처 기재)	☐
	필기도구	☐
	예약 관련 서류	☐
전자 제품	휴대폰	☐
	휴대폰 충전기	☐
	유심칩	☐
	시계	☐
	카메라	☐
	카메라 메모리 카드	☐
	노트북/태블릿	☐
	멀티 어댑터	☐
	각종 충전기	☐
	보조 배터리(기내 수하물)	☐

항목	품목	체크
의류	속옷	☐
	옷(상의, 하의)	☐
	외투/경량 파카	☐
	양말	☐
	편한 신발	☐
	수영복	☐
	선글라스, 모자	☐
	액세서리	☐
	방한용 장갑(계절 확인)	☐
개인용품	기내용품(목 베개 등)	☐
	세면도구	☐
	화장품(선크림 필수)	☐
	빗, 헤어드라이어	☐
	인공 눈물(렌즈 착용 시)	☐
	위생용품	☐
	반짇고리, 다용도 칼(위탁 수하물)	☐
	비닐봉지/지퍼백	☐
	세탁용품	☐
	휴지, 물티슈	☐
	보조 가방(에코백 등)	☐
	우비, 우산	☐
	해충 기피제	☐
	비상약	☐

책 속 여행지를 스마트폰에 쏙!

《팔로우 호주》
지도 QR코드 활용법

QR코드를 스캔하세요.
구글맵 앱 '메뉴–저장됨–
지도'로 들어가면 언제든지
열어볼 수 있습니다.

①

스마트폰으로 오른쪽 상단의 QR코드를
스캔합니다. 연결된 페이지에서 원하는
지역을 선택합니다.

②

선택한 지역의 지도로 페이지가 이동됩
니다. 화면 우측 상단에 있는 아이콘
을 클릭합니다.

③

지도가 구글맵 앱으로 연동되고, 내 구
글 계정에 저장됩니다. 본문에 소개된
장소들의 위치를 확인할 수 있습니다.

" 여행을 떠나기 전에
반드시 팔로우하라! "

★★*
BEST
여행 전문가가 엄선한
최고의 명소

★★*
LOCAL
현지인이 추천하는
로컬 맛집

★★*
PLAN
돈과 시간을 아끼는
최적의 스케줄

★★*
SOS
여행 중 발생하는
다양한 사고 대처법

✈ Australia

folloŵ

팔로우 시리즈는 여행의 새로운 시각과
즐거움을 추구하는 가이드북입니다.

follow Australia

제이민
지음

2025-2026
최신 개정판

팔로우 호주

시드니 · 브리즈번 골드코스트 · 캔버라

2

실시간 최신 정보 완벽 반영! 호주 동부 실전 가이드북

Travelike

2025-2026
최신 개정판

팔로우 호주

시드니 · 브리즈번 · 멜버른 · 퍼스

팔로우 호주
시드니 · 브리즈번 · 멜버른 · 퍼스

1판 1쇄 발행 2023년 12월 26일
2판 1쇄 인쇄 2025년 1월 3일
2판 1쇄 발행 2025년 1월 14일

지은이 | 제이민
발행인 | 홍영태
발행처 | 트래블라이크
등 록 | 제2020-000176호(2020년 6월 24일)
주 소 | 03991 서울시 마포구 월드컵북로6길 3 이노베이스빌딩 7층
전 화 | (02)338-9449
팩 스 | (02)338-6543
대표메일 | bb@businessbooks.co.kr
홈페이지 | http://www.businessbooks.co.kr
블로그 | http://blog.naver.com/travelike1
인스타그램 | travelike_book
ISBN 979-11-987272-8-2 14980
       979-11-982694-0-9 14980 (세트)

비즈니스북스는 독자 여러분의 소중한 아이디어와 원고 투고를 기다리고 있습니다.
원고가 있으신 분은 ms3@businessbooks.co.kr로 간단한 개요와 취지, 연락처 등을 보내 주세요.

팔로우 호주

시드니 · 브리즈번 · 멜버른 · 퍼스

제이민 지음

Travelike

《팔로우 호주》
지도 QR코드 활용법

QR코드를 스캔하세요.
구글맵 앱 '메뉴–저장됨–
지도'로 들어가면 언제든지
열어볼 수 있습니다.

1

스마트폰으로 오른쪽 상단의 QR코드를
스캔합니다. 연결된 페이지에서 원하는
지역을 선택합니다.

2

선택한 지역의 지도로 페이지가 이동됩
니다. 화면 우측 상단에 있는 ⬚ 아이콘
을 클릭합니다.

3

지도가 구글맵 앱으로 연동되고, 내 구
글 계정에 저장됩니다. 본문에 소개된
장소들의 위치를 확인할 수 있습니다.

《팔로우 호주》 본문 보는 법
HOW TO FOLLOW AUSTRALIA

호주 동부 시드니를 기준으로 북쪽 브리즈번으로 올라가거나 남쪽 캔버라로 내려가는 순서로 구성했습니다.

• 주 이름 찾는 법

페이지 오른쪽 상단에 해당 주의 약어를 표기해 쉽게 찾아볼 수 있게 했습니다. 내비게이션으로 길을 안내할 때 약어를 알아두면 편리합니다.

• 대도시는 존(ZONE)으로 구분

볼거리가 많은 대도시는 존으로 나눠 핵심 명소와 연계한 주변 볼거리를 한눈에 파악할 수 있게 구성했습니다. 추천 코스를 참고해 하루 일정을 짜면 효율적인 여행이 가능합니다.

• 놓치지 말아야 할 관광 포인트

핵심 볼거리는 매력적인 테마 여행법으로 세분화하고 풍부한 읽을거리, 사진, 지도 등과 함께 소개해 더욱 알찬 여행을 할 수 있습니다.

• 믿고 보는 맛집 정보

상업 스폿의 위치와 유형, 주메뉴, 장·단점을 요약 정리했습니다.
위치 해당 장소와 가까운 지역
유형 유명 맛집, 로컬 맛집, 신규 맛집 등으로 분류
주메뉴 대표 메뉴나 인기 메뉴
☺ ☹ 좋은 점과 아쉬운 점에 대한 작가의 견해

위치	오페라하우스 내부
유형	유명 맛집
주메뉴	파인다이닝

☺ → 시드니 오페라하우스의 상징
☹ → 예약 필수, 예약 경쟁 치열

• NATURE TRIP

호주 특유의 자연을 경험할 수 있는 국립공원과 섬 여행법을 소개합니다. 주요 볼거리와 꼭 알아야 할 여행 팁을 짚어줍니다.

블루마운틴
BLUE MOUNTAINS

• ROAD TRIP

주요 스폿 간 거리와 이동 시간을 한눈에 파악할 수 있는 개념 지도를 함께 구성했습니다. 자동차 여행에 참고하기 좋은 정보입니다.

사우스 코스트
SOUTH COAST

지도에 사용한 기호 종류

📍	✈️	🚆	🚌	⛴️	🚡	ℹ️	⛰️	🌲	🔭
관광 명소	공항	기차역	버스 터미널	페리 터미널	케이블카	비지터 센터	산	공원	뷰 포인트

약어 표기

St ▸ Street	**Ave** ▸ Avenue	**Blvd** ▸ Boulevard	**Ln** ▸ Lane	**Dr** ▸ Drive
Hwy ▸ Highway	**Mt** ▸ Mount	**NP** ▸ National Park	**Nat'l** ▸ National	**St** ▸ Saint

호주 전도

0   360km

티모르해
Timor Sea

다윈 ✈
Darwin

카카두 국립공원
Kakadu National Park

벙글 벙글(푸눌룰루 국립공원)
Bungle Bungle(Purnululu National Park)

브룸
Broome

노던
테리토리
NORTHERN
TERRITORY(N

닝갈루 리프 ●
Ningaloo Reef

웨스턴오스트레일리아
WESTERN AUSTRALIA(WA)

앨리스
스프링스
Alice Spring

● 울루투
Uluru

인도양
Indian Ocean

● 샤크 베이
Shark Bay

사우스
오스트레일
SOUTH AUST
(SA)

● 피너클스(남붕 국립공원)
Pinnacles(Nambung National Park)

● 퍼스 ✈
Perth

● 에스페란스
Esperance

그레이트오스트레일리아만
Great Australian Bight

데인트리 국립공원
Daintree National Park

케언스
Cairns

에얼리비치 •
Airlie Beach

그레이트배리어리프
Great Barrier Reef

퀸즐랜드
QUEENSLAND(QLD)

브리즈번
Brisbane

남태평양
Pacific Ocean

래밍턴 국립공원 •
Lamington National Park

골드코스트
Gold Coast

바이런베이
Byron Bay

쿠버 페디
ber Pedy

뉴사우스웨일스
NEW SOUTH WALES(NSW)

헌터밸리
Hunter Valley

뉴캐슬
Newcastle

블루마운틴
Blue Mountains

시드니
Sydney

캔버라
Canberra

저비스베이
Jervis Bay

애들레이드
Adelaide

캥거루 아일랜드
Kangaroo Island

빅토리아
VICTORIA(VIC)

마운트갬비어 •
Mount Gambier

멜버른
Melbourne

질롱
Geelong

필립 아일랜드
Phillip Island

태즈먼해
Tasman Sea

바스해협
Bass Strait

데번포트
Devonport

태즈메이니아
TASMANIA(TAS)

호바트
Hobart

007

레전더리 퍼시픽 코스트
LEGENDARY PACIFIC COAST P.146

바이런베이 P.160
BYRON BAY

헌터밸리
HUNTER VALLEY P.150

P.082

뉴캐슬
NEWCASTLE

P.090

P.010

블루마운틴
BLUE MOUNTAINS

시드니(주도)
SYDNEY

P.108

사우스 코스트
SOUTH COAST

캔버라(수도) P.120
CANBERRA

P.116

저비스베이
JERVIS BAY

뉴사우스웨일스
NEW SOUTH WALES

뉴사우스웨일스주는 자연과 도시, 숲과 바다가 어우러진 축복의 땅이다. 호주 인구의 1/3가량이 뉴사우스웨일스주에, 그중 66%는 시드니 주변에 살고 있을 만큼 살기 좋은 환경을 자랑한다. 세계 3대 미항의 하나로 불리는 시드니 부근에만 100여 곳의 해변이 있고 기후가 온화해 한겨울에도 해수욕, 서핑 같은 해양 스포츠를 즐길 수 있다. 여러 곳의 국립공원과 보호구역 중에서 유칼립투스 삼림이 장관을 이루는 블루마운틴은 꼭 가봐야 할 명소다. 북쪽의 브리즈번, 남쪽의 멜버른까지 해안 도로를 따라 달리면서 창밖으로 보이는 소도시와 마을 풍경도 즐겨보자. 참고로 호주의 수도 캔버라가 속한 오스트레일리안캐피털테리토리(ACT)는 지리적으로는 뉴사우스웨일스주로 둘러싸여 있으나 호주의 어떤 주에도 속하지 않는 독립 행정구역이다.

INFO ›

인구	› 8,469,600명(호주 1위)
면적	› 801,150km²(호주 5위)

시차	› 한국 시간+1시간(서머타임 기간 +2시간)
홈페이지	› visitnsw.com(뉴사우스웨일스주 관광청)

SYDNEY

시드니

원주민어 워랭 WARRANE

호주 제1의 도시 시드니의 역사는 1788년 아서 필립 제독이 이끄는 영국 함대가 시드니
코브Cove(오늘날의 서큘러 키)에 상륙하면서 본격적으로 시작된다. 영국 문화의 토대 위에 이민자와
원주민의 다양한 문화가 접목되는 한편, 경제·문화 분야에 대한 집중적 투자를 통해 오늘날 인구
530만 명의 대도시로 성장했다. 짧은 기간 동안 급속도로 발전한 시드니 CBD에는 세련된 쇼핑몰과
전통 아케이드가 공존하며, 하이드 파크와 왕립 식물원 같은 도심 속 공원도 자리해 있다. 가까운 곳에
본다이 비치와 맨리 비치처럼 아름다운 해변까지 갖춘 이상적인 대도시다. 파란 하늘을 배경으로
햇빛을 받아 하얗게 빛나는 오페라하우스의 첫인상은 상상 그 이상으로 아름답다. 저녁 무렵
하버 브리지에서 바다 위를 유유히 떠다니는 수십 척의 선박이 연출하는 풍경을 마주하는 순간,
세계 3대 미항의 하나로 불리는 시드니의 매력에 흠뻑 빠져들 것이다.

오페라
하우스

블루마운틴

본다이
비치

하버
브리지

호주의
탄생

세계 3대
미항

주말 마켓

전망
레스토랑

시드니

Sydney Preview
시드니 미리 보기

시드니는 먼바다에서 8km가량 떨어진 깊숙한 내해에 자리 잡은 항구도시다.
호주 대륙 남동쪽 태즈먼해Tasman Sea에 면한 2개의 곶(사우스헤드와 노스헤드)이
거대한 천연 항 시드니 하버Sydney Harbour(일명 포트잭슨 하버Port Jackson Harbour)를 완벽하게
감싸고 있는 형태다. 도시의 중심 항구 서큘러 키에서 페리를 타고 여러 해변과 명소를 다녀올 수 있고,
내륙 쪽으로는 블루마운틴과 다른 해안 도시까지 철도와 자동차 도로가 잘 갖춰져 있다.

8 맨리 비치

노스헤드

노스헤드 전망 포인트 👀

모스만

M1

노스시드니

● 혼비 등대
사우스헤드

Port Jackson

8 왓슨스베이

● 밀슨스포인트

● 키리빌리
● 오페라하우스

Sydney Harbour

South
Pacific Ocean

롹스 **2**
1 서큘러 키

시드니 CBD **3**

4 달링하버   M1

로즈베이

더블베이

달링허스트
센트럴역 🚉   **6**

치펜데일 **5**   **6**
& 뉴타운   서리힐스   **7** 패딩턴

알렉산드리아   ● 본다이정션

↓ 시드니 공항(9km) ✈   **8** 본다이 비치

① 서큘러 키 ➡ P.029

시드니 여행의 출발점이 되는 중심 항구이자 교통의 요지. 오페라하우스 주변의 아름다운 하버뷰를 감상해보자.

② 록스 ➡ P.038

시드니의 역사와 현재가 살아 숨 쉬는 동네. 걸어서 하버 브리지를 건너려면 일단 이 동네 골목으로 들어가야 한다.

③ 시드니 CBD ➡ P.044

고층 빌딩이 밀집한 상업 중심 지구. 도심 공원 하이드 파크에서 시작되는 마켓 스트리트는 시드니의 중심 쇼핑가다.

④ 달링하버 ➡ P.051

수족관, 동물원 등 엔터테인먼트 시설과 항구 전망의 레스토랑, 여행자를 위한 호텔이 많은 종합 관광 단지다.

⑤ 치펜데일 & 뉴타운 ➡ P.055

대학가의 활기가 그대로 느껴지는 힙한 동네. 10여 개의 갤러리가 모여 있으며, 알찬 맛집 골목부터 클럽과 바가 넘쳐난다.

⑥ 서리힐스 & 달링허스트 ➡ P.056-057

시드니 특유의 테라스 하우스가 많은 주택가. 로컬들이 사랑하는 트렌디한 카페와 부티크 상점도 곳곳에 자리해 있다.

⑦ 패딩턴 ➡ P.058

시드니 하이패션의 발상지인 옥스퍼드 스트리트 주변으로 쇼핑 거리와 핫 플레이스가 즐비하다. 로컬들의 플리 마켓인 주말 마켓도 놓치지 말 것!

⑧ 시드니 대표 해변 ➡ P.061-065

왓슨스베이(사우스헤드)와 맨리 비치(노스헤드), 본다이 비치에는 놀라운 해안 절벽과 황금빛 해변이 기다린다.

🔖 **Follow Check Point**

❶ Information Centre

위치 서큘러 키 **주소** Customs House, 31 Alfred St, Sydney NSW 2000
문의 02 9265 9779 **운영** 09:00~17:00
홈페이지 kr.sydney.com

❄ 시드니 날씨

시드니에서 12~2월은 한여름으로, 평균기온은 30℃ 이하지만 습도가 높고 햇빛이 강해 체감온도는 훨씬 높게 느껴진다. 특히 최근에는 기온이 40℃ 가까이 올라가는 폭염이 지속되는 날이 많고 폭우가 내리기도 해서 이상 기후에 대비해야 한다. 겨울에는 낮 기온이 13~17℃ 정도로 유지되기 때문에 가벼운 재킷이나 코트 정도만 걸치면 되는데, 강수량이 집중되는 6월에는 생각보다 추울 수 있으니 경량 패딩을 준비해 가는 게 좋다. 여행 최적기는 자카란다꽃이 피는 봄 시즌으로 10월 말부터 11월까지다.

계절	봄(9~11월)	여름(12~2월)	가을(3~5월)	겨울(6~8월)
날씨	☀	☀🌧	⛅	⛈
평균 최고 기온	23℃	25.8℃	22.2℃	17℃
평균 최저 기온	11℃	18.8℃	14.6℃	8.8℃

시드니 추천 코스

세계 3대 미항
시드니 완벽 가이드

첫째 날은 하버 브리지에 올라 오페라하우스와 시드니 하버 전경을 눈에 담고, 호주 역사가 시작된 록스 골목을 걸어보자. 박물관과 미술관, 쇼핑센터, 맛집으로 가득한 시드니 중심가도 놓칠 수 없다. 주말에는 마켓도 구경하고 해변에서 여유로운 시간을 보내며 잠시 로컬의 일상을 경험해본다. 블루마운틴이나 울런공 같은 근교 여행지를 다녀오고 포트스티븐스 투어까지 하려면 적어도 5일이 필요하다. 방문 시기, 공휴일 및 날씨를 고려해 상황에 맞게 일정을 잡는다.

TRAVEL POINT

➥ **이런 사람 팔로우!** 시드니를 알차게 둘러보고 싶다면

➥ **여행 적정 일수** 도심 3일+근교 2일

➥ **주요 교통수단** 도보, 라이트 레일, 기차, 페리(가능하면 자전거나 스쿠터 활용)

➥ **여행 준비물과 팁** 편한 운동화, 선크림, 모자는 필수! 교통카드, 할인 패스 준비

➥ **사전 예약 필수** 브리지클라임 시드니, 오페라하우스 내부 투어, 고급 레스토랑, 근교 투어

	DAY 1	DAY 2	DAY 3
	시드니 하버를 한눈에!	중심가 맛집 & 쇼핑	로컬 마켓 구경하고 해변 즐기기
오전	**시드니 오페라하우스** • 왕립 식물원과 미세스 매쿼리 포인트 • 베넬롱 포토 스폿 🍴 MCA 카페	🍴 파라마운트 커피 프로젝트 ▼ 도보 10분 **하이드 파크** • 안작 기념관 • 하이드 파크 배럭	**패딩턴** • 옥스퍼드 스트리트 쇼핑가 • 패딩턴 마켓(토요일)
오후	▼ 도보 10분 **록스** • 골목 산책 • 시드니 천문대 언덕 ▼ 도보 20분 **하버 브리지** • 파일런 룩아웃(전망대) 또는 브리지클라임 시드니 ▼ 도보 20분 • 캠벨스 스토어	▼ 도보 15분 **시드니 타워 아이 스트랜드 아케이드 퀸 빅토리아 빌딩** 🍴 검션 바이 커피 알케미 🍴 블랙 스타 페이스트리 **마켓 & 피트 스트리트**	▼ 버스 30분 **본다이 비치** • 아이스버그 수영장 (전망 카페 또는 수영 즐기기) • 해변과 캠벨 퍼레이드 맛집 • 코스털 워크 산책하기 ▼ 버스 20분 **왓슨스베이** • 갭 블러프 전망대
저녁	▼ 페리 10분 **달링하버** • 피어몬트 브리지 • 코클 베이 워프 🍴 닉스 시푸드 레스토랑	▼ 라이트 레일+도보 20분 **치펜데일** • 치펜데일 그린 • 스파이스 앨리	▼ 서큘러 키까지 페리 30분 🍴 오페라하우스 주변 레스토랑 🍴 아이비 시드니 클럽 주변 맛집
기억할 것!	주말 록스 마켓, 토요일 달링하버 불꽃놀이	시드니 타워 아이 전망대 방문 시 시드니 할인 패스 확인	고급 레스토랑이나 클럽에 가려면 드레스 코드 확인

➡ 맛집 · 쇼핑 정보 P.066

시드니 들어가기

국내 직항편이 매일 운항하는 시드니는 한국인 여행자에게 친숙한 도시다.
브리즈번과 멜버른 중간 지점에 위치한 덕분에 시드니를 베이스캠프 삼아 호주 여행 계획을 세우는 것이
여러모로 편리하다. 공항에서 차를 대여하거나 기차, 비행기 등을 이용해 다른 지역으로 이동한다.

시드니-주요 도시 간 거리 정보

시드니 기준	거리	자동차	비행기
캔버라	286km	3시간	1시간 6분
멜버른	872km	9시간	1시간 10분
브리즈번	910km	10시간	2시간 20분
울루루	2840km	30시간	2시간 45분

비행기

인천국제공항에서 시드니 국제공항Sydney Airport(공항 코드 SYD)까지는 직항편으로 약 11시간 걸린다. 국적기인 대한항공과 아시아나항공, 티웨이항공을 비롯해 호주의 콴타스항공, 젯스타항공에서 직항 노선을 운항하며, 뉴질랜드 등을 거치는 여러 연계 항공편도 있다. 모든 국제선 항공기는 T1에서 발착한다. 국내선 터미널은 T2와 T3인데 T3는 콴타스항공 전용 터미널이다.
시드니 국제공항에 도착해 곧바로 호주 내 다른 지역으로 환승하려면 먼저 국제선 터미널(T1)에서 입국 심사를 마치고 국내선 터미널(T2, T3)로 이동해 다시 탑승 수속을 밟아야 한다. 터미널 간 이동 시 무료 셔틀버스(T-Bus)를 타야 하므로 연계 항공편 예약 시 탑승 시간을 여유 있게 잡는 것이 좋다.
▶ 호주 국내선 환승 시 주의 사항 1권 P.120

주소 Mascot NSW 2020
홈페이지 sydneyairport.com.au

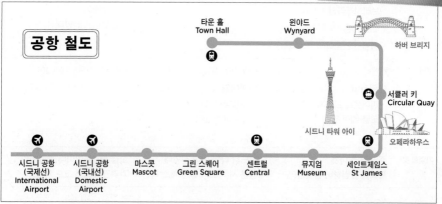

시드니 국제공항에서 도심 들어가기

공항은 도심에서 8km 거리로 가까운 편이지만 도로 정체가 심하다. 출퇴근 시간에는 공항 철도를 이용하는 것이 나을 수 있다.

● 기차 Train

공항에서 도심으로 이동하는 가장 빠른 방법은 15분 만에 도착하는 공항 철도(T8 airport link & south line)를 이용하는 것이다. 국제선 터미널(T1) 도착층에서 출구 A Exit A로 나가서 'Trains' 사인을 따라가면 된다. 공항을 거쳐 가는 기차는 일반 트레인 요금에 공항세를 추가해서 결제된다.

운행 평일 04:22~00:57, 주말 04:42~00:27(배차 간격 10~15분)
소요 시간 15분(센트럴역 기준) **요금** $21.54(공항세 station access fee $17.34 포함 금액) ※동일한 교통카드 사용 시 일주일 최대 $35.16 부과 **홈페이지** airportlink.com.au

● 버스 Bus

T1(국제선), T3(국내선) 터미널에 정차하는 420번 버스를 이용하면 공항세를 아낄 수 있다. 10분 정도 거리의 마스콧 기차역 Mascot Station에 내려서 시드니행 기차(T8)로 환승하면 중심가까지 일반 요금만 결제되기 때문이다. 짐이 많지 않고 시간이 충분하다면 고려해볼 만한 방법이다.

운행 05:12~12:00
소요 시간 30분(센트럴역 기준)
요금 $5~6

● 택시 Taxi

공식 택시는 터미널 바로 앞 지정된 택시 대기 라인에서 승차한다. 택시보다 저렴한 우버, 디디, 올라 등 라이드셰어 서비스는 픽업이 허용되는 라이드셰어 존 rideshare zone까지 걸어가서 차량을 호출해야 한다. 대기하는 시간만큼 비용이 추가될 수 있으니 위치를 정확하게 지정할 것.

운행 24시간
소요 시간 25분(센트럴역 기준)
요금 $44~55

● 렌터카 Rent a Car

대부분의 렌터카업체가 시드니 국제공항이나 시드니 도심에 사무소를 운영한다. 시드니 지상철인 라이트 레일과 버스가 복잡하게 얽혀 있는 도심에서 운전할 때는 매우 조심해야 한다. 시내에서 곧바로 운전하기 부담스럽다면, 공항에서 차를 빌려 시드니 외곽의 숙소에서 1박을 하며 적응해가는 것도 좋다. 시드니 진입 시에는 톨게이트 비용이 발생하니 사전에 정산 방법을 확인해야 한다.

➡ 주차비 지불 방법 1권 P.132

시드니 교통 요금
자세히 알아보고 선택하기

시드니에서 대중교통을 이용할 때는 1회권보다 환승 할인과 이용 금액 상한제가 자동으로 적용되는 교통카드를 사용하는 것이 무조건 유리하다.

● 교통카드 이용 방법

오팔 카드Opal Card는 대중교통 탑승 시마다 충전 금액이 차감되는 선불 교통카드다. 예전에는 반드시 오팔 카드를 구입해야 했지만 지금은 해외 비접촉 결제 방식을 지원하는 신용카드 및 체크카드(트래블로그, 트래블월렛 등)나 모바일 페이로도 결제가 가능해졌다.

탑승 방법은 우리나라 지하철, 버스와 비슷하다. 맨 처음 탑승할 때 단말기에 카드를 태그(tap on)하고 내릴 때 다시 태그(tap off)해야 한다. 개찰구가 없는 개방된 정류장이라도 반드시 단말기를 찾아 카드를 태그하고 탑승해야 무임승차로 간주되지 않는다.

교통카드 종류	오팔 카드	신용카드 및 모바일 결제
구매처	편의점(Seven Eleven, WH Smith 등)	본인이 소지한 카드 중 1개만 선택해 사용
충전	편의점, 지하철 자판기	불필요
환불	호주 은행 계좌로만 가능	불필요
수수료	없음	신용카드사에 따라 다르니 확인 필요
4~15세 할인	가능	불가능

콘택트리스 카드 이용 시 주의 사항

❶ 결제수단은 한 가지로 통일

할인 혜택을 적용 받기 위해서는 한 가지 결제 방식(실물 카드 또는 모바일 결제)을 사용해 탑승 이력을 누적해야 한다. 예를 들어 신용카드를 애플페이에 등록했다면 같은 카드번호라고 해도 두 가지를 서로 다른 결제 수단으로 인식하며, 스마트폰과 스마트워치도 서로 다른 결제수단으로 인식한다.

❷ 1인 1카드는 필수

모바일 앱(Opal Travel)에는 오팔 카드나 신용카드를 여러 개 등록해두고 사용 금액을 관리할 수 있다. 하지만 교통수단을 이용할 때는 반드시 1인당 1개의 카드로 결제해야 한다.

Opal Travel 앱

❸ 교통 요금은 추후 정산

처음 탑승할 때 $1가 결제되고, 실제 이용 금액은 다음 날(또는 2~3일 후) 정산된다.
사용한 금액은 모바일 앱으로 틈틈이 확인하고 통장에 잔액이 부족하지 않도록 관리할 것.

🔵 교통 요금 아끼는 방법

❶ 실시간 요금 현황 확인하기

교통 요금은 이동 거리에 따라 다르다. 기본적으로 1시간 이내에 다른 교통수단으로 갈아타면 환승 할인을 받는다. 단, 페리-라이트 레일 간에는 할인이 적용되지 않는다. 모바일 앱(Opal Travel)에 카드 번호를 등록해두면 카드 이용 내역과 할인 현황을 실시간으로 확인할 수 있다.

❷ 오프피크 타임에 이동하기

출퇴근 시간인 피크 타임에는 대중교통 요금이 30% 더 비싸다. 금요일과 주말, 공휴일에는 오프피크 요금이 적용된다.

시드니 피크 타임 월~목요일 06:30~10:00, 15:00~19:00
인터시티 트레인 피크 타임 월~목요일 06:00~10:00, 15:00~19:00

❸ 하루에 몇 번을 타도 요금 걱정 없는 데일리 캡 Daily Cap

교통카드를 하루에 여러 번 사용해 1일 한도액에 도달하면 이후에는 카드를 태그해도 더 이상 요금이 결제되지 않는 이용 금액 상한제가 있다. 주말에는 할인 폭이 훨씬 커서 먼 거리를 이동할 때 유리하다.

기간별 요금 최대 결제액

기간	월~목요일	금~일요일 · 공휴일	일주일
최대 결제액	$18.70	$9.35	$50

※공항세는 사용 금액에 합산되지 않음

❹ 일주일을 알차게 보내는 요령, 위클리 캡 Weekly Cap

일주일 최대 결제액 한도인 $50가 넘으면 더 이상의 요금이 결제되지 않는다. 단, 공항으로 갈 때 내는 공항세(station access fee)는 위클리 캡에서 제외된다. 사용 횟수는 매주 월요일마다 리셋되며, 동일한 결제 수단으로 탑승 이력을 누적해야 할인 혜택을 받을 수 있다. 결제 한도에 도달했더라도 대중교통을 타고 내릴 때는 반드시 카드를 태그(tap on/tap off)해야 한다.

시드니 도심 교통

대중교통 시스템이 잘 구축된 시드니는 차가 없어도 여행하기 좋은 도시다. 뉴사우스웨일스 교통국 홈페이지와
공식 모바일 앱인 오팔 트래블Opal Travel의 트립 플래너 메뉴에서 출발지origin와 목적지destination를 입력하면
추천 경로와 비용까지 알려준다. 시간대 및 시즌별로 노선과 요금이 변경될 수도 있다.
홈페이지 transportnsw.info

주요 교통수단별 기본 요금

기본요금	기차·메트로		버스·라이트 레일		페리
교통카드	$4.20(피크 타임)	$2.94	$3.20(피크 타임)	$2.24	$7.13
1회권	$5.00		$4.00		$8.60
1일 최대 요금	월~목요일 $17.80, 금~일요일·공휴일 $9.35				

※신용카드 및 모바일 결제는 교통카드 요금을 적용

기차 Train

시드니와 뉴사우스웨일스 지역을 운행하는 기차는 크게 3종류다. 시민들이 일상적으로 이용하는 시드니 트레인Sydney Trains과 인터시티 트레인Intercity Trains은 복층 구조로, 승차하고 나서 자유롭게 앉으면 된다. 교통카드로 환승 할인까지 받을 수 있는 지하철 개념으로 생각하면 된다.
리저널 트레인Regional Trains은 우리나라의 KTX, 새마을호처럼 미리 티켓을 구매하며 좌석을 지정하고 승차하는 장거리 기차다.
주의 하차 시 기차 문이 자동으로 열리지 않는 경우가 있다. 이때 당황하지 말고 열림 버튼을 누르거나 손잡이에 힘을 주어 열면 된다.
운행 04:30~24:00(자정 이후 심야 버스 나이트라이드NightRide가 일부 노선 대체)

기차 종류별 주요 정보

기차 종류	시드니 트레인 Sydney Trains	인터시티 트레인 Intercity Trains	리저널 트레인 Regional Trains
교통카드	사용 가능	사용 가능	사용 불가
주요 지역	센트럴역, 본다이정션, 시드니 국제공항	블루마운틴, 뉴캐슬, 울런공	브리즈번, 캔버라, 멜버른
운행 범위	시드니 메트로폴리탄 (도심과 교외를 포함한 광역 대도시권)을 연결하는 도시 철도. T1~T9의 9개 노선 중 T2, T3, T8이 중심가를 순환하는 시티 서클 노선이며 T8은 공항 철도를 겸한다.	시드니와 근교를 연결하는 5개의 근거리 기차 노선. **BMT** 블루마운틴 라인 **CCN** 센트럴 코스트 & 뉴캐슬 라인 **SCO** 사우스 코스트 라인 **SHL** 서던 하이랜드 라인 **HUN** 헌터 라인	뉴사우스웨일스 전체 및 호주 주요 도시를 연결하는 장거리 기차. 노선 종류는 트립 플래너trip planner에 목적지를 입력하는 방식으로 확인 가능하다.

시드니 주요 기차역

센트럴역
Central Station

1906년에 건축한 웅장한 건물 위로 시계탑이 우뚝 솟은 시드니의 중앙역이다. 시드니 트레인의 핵심 노선과 장거리 기차, 장거리 버스가 모두 정차하며 트램까지 연결되어 있다. 비지터 센터와 긴급 지원 센터를 운영하며 무료 와이파이도 제공한다.

가까운 장소 치펜데일, 헤이마켓 (차이나타운)

세인트제임스역
St James Station

시드니 CBD를 순환하는 시티 서클 노선(T2, T3, T8)이 정차하는 교통 허브. 이 구간에서는 기차가 지하철처럼 지하로 운행한다. 엘리자베스 스트리트 방향 출구로 나오면 주요 쇼핑가인 마켓 스트리트가 시작되며, 뒤쪽은 하이드 파크다.

가까운 장소 하이드 파크, 시드니 타워 아이

타운 홀역
Town Hall Station

시드니 CBD의 주요 도로인 조지 스트리트와 파크 스트리트의 교차로에 자리한다. 지하도를 통해 퀸 빅토리아 빌딩(QVB) 같은 주요 쇼핑센터와 연결된다. 지상으로 나오면 라이트 레일 타운 홀역이 가깝다. 차이나타운이나 코리아타운 쪽으로 걸어가기 좋은 교통의 요지다.

가까운 장소 퀸 빅토리아 빌딩

시드니 기차 노선도

Chatswood
Artarmon
St Leonards
Wollstonecraft
Waverton
North Sydney
Milsons Point
Circular Quay
Wynyard
Martin Place
Kings Cross
Edgecliff
Town Hall
St James
Bondi Junction
Central
Museum
Redfern
시드니 중심가
Erskineville
St Peters
Green Square
Mascot
Sydenham
Domestic Airport
Tempe
International Airport
시드니 국제공항
Wolli Creek

T1
T2
T3
T4
T8
T9
==== 메트로 노선

시드니 트레인

복층 구조

서큘러 키역

기차역 플랫폼

페리 Ferry

항구도시 시드니에서 페리는 빈번하게 이용하는 교통수단이다. 모든 페리의 출발지인 서큘러 키 페리 터미널에는 워프wharf로 불리는 선착장 번호가 2~6번까지 지정되어 있다. 각 터미널은 서로 다른 업체가 운영하기 때문에 탑승 전 티켓의 워프 번호를 반드시 확인해야 한다.

시드니 페리 Sydney Ferries

뉴사우스웨일스 교통국에서 운영하는 공식 페리로 요금이 저렴한 대신 이동 시간은 조금 긴 편이다. 관광객이 주로 이용하는 노선은 F1(맨리행), F2(시드니 타롱가 동물원행), F4(밀슨스포인트·달링하버행), F9(왓슨스베이행)이다.

주의 개찰구가 따로 없는 선착장에서도 탑승하기 전 반드시 단말기를 찾아 교통카드를 태그할 것 **운행** 노선별로 다름(일부 노선 24시간)
홈페이지 transportnsw.info/routes/ferry

맨리 패스트 페리 Manly Fast Ferry

시드니 북부 맨리 비치를 중심으로 서큘러 키, 달링하버, 왓슨스베이를 왕복한다. 사설 업체에서 운영하기 때문에 요금은 비싼 편이지만 시드니 페리에 비해 이동 시간이 짧다.

주의 사설 페리는 교통카드 사용은 가능하지만 할인 적용은 불가
운행 평일 06:00~20:50, 주말 09:30~20:30(서큘러 키로 돌아오는 시간은 현장 확인 필수)
홈페이지 manlyfastferry.com.au

시드니 페리 노선도

서큘러 키 기차역
서큘러 키 페리 터미널

버스 Bus

기차와 페리, 라이트 레일이 운행하지 않는 지역을 연결하는 교통수단. 노선이 복잡하지만 모바일 앱을 활용하면 목적지까지 쉽게 갈 수 있다. 특히 본다이 비치를 갈 때는 직행버스를 타는 게 더 편리하다. 자주 이용하는 버스 정류장은 서큘러 키 뒤편의 앨프리드 스트리트Alfred St, 하이드 파크 부근의 뮤지엄 스테이션Museum Station이다. 탑승 방식은 우리나라와 동일하다. 앞문으로 타면서 운전기사 옆의 단말기에 교통카드를 태그하고, 하차 시에는 스톱 버튼을 누르고 뒷문으로 내린다.

주의 구형 버스에는 정류장 안내 서비스가 없으니 구글맵으로 하차 지점을 잘 확인할 것
운행 노선별로 다름

버스 색상으로 노선 구분

내리기 전 스톱 버튼을 누르고 하차

서큘러 키 버스 정류장

메트로 Metro

2030년까지 시드니 메트로폴리탄 구간 전체를 연결하는 것을 목표로 건설 중인 호주 최초의 무인 전철 시스템이다. 2019년 5월 26일 개통한 노스웨스트 노선이 시드니 교외 지역인 채스우드Chatswood-탈라웡Tallawong을 연결한다. 2024년 시티 & 사우스웨스트 노선이 개통하면 시드니 CBD 쪽에서는 센트럴역, 피트 스트리트역, 마틴 플레이스역, 바랑가루역을 통과하게 된다. 현재 메트로 요금은 기차 요금과 동일하며 오팔 카드도 사용 가능하다.

주의 지속적으로 업데이트되는 노선을 확인할 것
운행 노선별로 다름

무인 전철 메트로

메트로 승강장

채스우드 메트로 역

라이트 레일
Light Rail

라이트 레일 정류장과 단말기

시드니 CBD를 다닐 때 편리

한국 여행자들이 종종 '트램'이라고 부르는 라이트 레일은 지상으로 운행해 쉽게 승하차할 수 있는 경전철이다. 서큘러 키에서 센트럴역 남쪽으로 운행하는 L2, L3 노선은 퀸 빅토리아 빌딩과 타운 홀 등 시드니 CBD의 주요 명소에 정차해 편리하게 이용할 수 있다. L1 노선은 센트럴역에서 달링하버를 지나 피시 마켓(수산 시장)으로 갈 때 이용하기 좋다.

주의 탑승 전과 후 정류장에서 반드시 단말기를 찾아 카드를 태그할 것
운행 보통 06:00~23:00(노선별로 다름)

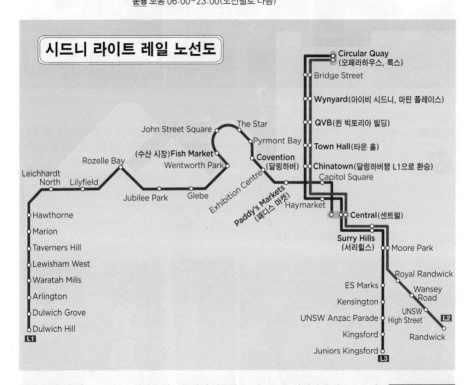

시드니 라이트 레일 노선도

- Circular Quay (오페라하우스, 록스)
- Bridge Street
- Wynyard(아이비 시드니, 마틴 플레이스)
- QVB(퀸 빅토리아 빌딩)
- Town Hall(타운 홀)
- Chinatown(달링하버행 L1으로 환승)
- Capitol Square

The Star
John Street Square
Pyrmont Bay
(수산 시장)Fish Market
Covention (달링하버)
Wentworth Park
Rozelle Bay
Leichhardt North　Lilyfield
Jubilee Park　Glebe
Exhibition Centre
Paddy's Markets (패디스 마켓)
Haymarket

- Hawthorne
- Marion
- Taverners Hill
- Lewisham West
- Waratah Mills
- Arlington
- Dulwich Grove
- Dulwich Hill
L1

- Central(센트럴)
- Surry Hills (서리힐스)
- Moore Park
- Royal Randwick
- ES Marks
- Wansey Road
- Kensington
- UNSW Anzac Parade
- UNSW High Street
- Kingsford
- Randwick **L2**
- Juniors Kingsford
L3

공유 자전거
Shared Bikes

가까운 장소로 쉽게 이동할 수 있는 공유 자전거와 전동 스쿠터는 시드니에서도 인기가 많다. 대표적인 업체로 라임Lime, 빔Beam, 뉴런Neuron, 헬로라이드Helloride 등이 있는데, 경쟁이 치열한 편이니 요금 조건을 검색해보고 저렴한 것을 고른다. 자동차와 버스, 라이트 레일이 복잡하게 교차하는 시드니 도심에서는 자전거나 전동 스쿠터를 탈 때 여러모로 조심해야 한다. 오페라하우스 주변이나 왕립 식물원 쪽에서는 대여나 반납은 가능하지 않다는 점에 유의할 것.

주의 자전거나 전동 스쿠터를 탈 때 헬멧 착용 필수 **운행** 24시간
▶ 공유 자전거 찾는 법 1권 P.125

시드니에서 즐길 수 있는
투어 프로그램 알아보기

시드니는 대중교통으로 충분히 여행할 수 있는 도시지만, 시간을 아껴 좀 더 특별한 경험을 할 수 있는 투어에 참여하는 것도 괜찮은 방법이다.

① 캡틴 쿡 크루즈 Captain Cook Cruise

서큘러 키역에 내리면 여러 곳의 투어업체들이 다양한 상품으로 관광객의 이목을 끈다. 일반 페리를 탑승해도 시드니 하버를 충분히 구경할 수 있으나 좀 더 재미있는 여행을 원한다면 유람선 탑승을 추천한다. 관광 크루즈와 정규 노선 모두 운영하는 대형 업체 캡틴 쿡 크루즈에서 다양한 종류의 프로그램을 판매한다. 하루 동안 페리를 자유롭게 타고 내릴 수 있는 홉온홉오프hop-on-hop-off 티켓과 주요 어트랙션 입장권 패키지는 가성비가 좋은 편이다.
요금 1일권 $38~42(타롱가 동물원 입장권 포함 $75~85)
홈페이지 captaincook.com.au

② 고래 투어 Whale Watching

5월과 11월 사이, 시드니의 먼바다를 지나는 혹등고래나 남방흰수염고래를 관찰하는 투어가 있다. 6월 말부터 7월 초까지 관찰할 수 있는 확률이 가장 높다. 서큘러 키에서 여러 업체가 경쟁하고 있는데, 고래를 보지 못하면 무료로 재탑승할 수 있는 'Whale Guarantee' 옵션이 있는지 확인할 것.
요금 $80~120 **홈페이지** whalewatchingsydney.com.au

한인 투어업체 홈페이지
엘라 호주 ellahoju.com
줌줌 투어 zoomzoomtour.com

③ 빅 버스 Big Bus

도시 면적이 넓고 정류장 간 거리가 먼 시드니에서 투어 버스를 이용하는 건 의외로 비효율적이다. 한번 내리면 다시 승차하기까지 볼거리가 너무 많기 때문이다. 하지만 대중교통 이용이 어려운 경우나 편하게 앉아 시내를 둘러보고 싶을 때는 좋은 대안이 된다. 시드니 CBD 명소 23곳을 순환하는 노선과 본다이 비치를 포함한 주변 지역 10곳을 운행하는 노선 두 가지가 있다. 배차 간격은 약 20~30분.
요금 1일권 $69, 2일권 $135(캡틴 쿡 크루즈, 시드니 타워 포함)
홈페이지 bigbustours.com

한인 투어업체에서는 포트스티븐스를 '포트 스테판'으로 표기하기도 하는데, 같은 장소랍니다.

④ 근교 투어

대표적 근교 여행지로는 숲으로 떠나는 블루마운틴과 바다로 떠나는 울런공, 포트스티븐스 등이 있다. 블루마운틴이나 울런공은 기차로도 다녀올 수 있지만 데이 투어를 이용하면 보다 알찬 스케줄이 가능하다. 네이버에서 '시드니 투어'를 검색하면 다양한 상품이 나온다.

- 블루마운틴(스리 시스터스, 페더데일 야생공원) 소요 시간 10시간
- 포트스티븐스(샌드보딩, 돌고래 크루즈) 소요 시간 11시간
- 울런공+키아마 소요 시간 9시간

시드니 전도

0 ___ 1km

채스우드
노스브리지
모스만
노스시드니

시드니 하버 P.028
시드니 타롱가 동물원 •
Taronga Zoo Wharf 🚢
키리빌리
Jeffrey St
하버 브리지   Kiribilli Wharf
고트 아일랜드 •   브래들리 헤드 등대 •
발메인   록스   • 포트 데니슨
                         시드니 오페라하우스
                         Sydney Harbour
                    써큘러 키   미세스 매쿼리
                    Circular Quay   포인트

시드니 중심가 P.044
Wynyard
안작 브리지   Martin Place
                    St James   킹스크로스
                    하이드 파크
                    Town Hall   Kings Cross   더블버
            달링하버 Museum   • •
                    시드니 CBD   달링허스트
글리브 마켓   Edgecliff
글리브   헤이마켓
            치펜데일   서리힐스   패딩턴
시드니 대학교 •   센트럴역   패딩턴 마켓 •
                    Central
                                                Bondi Junc
            Redfern
시드니 중심가 주변 P.054   무어 파크
                         센테니얼 파크

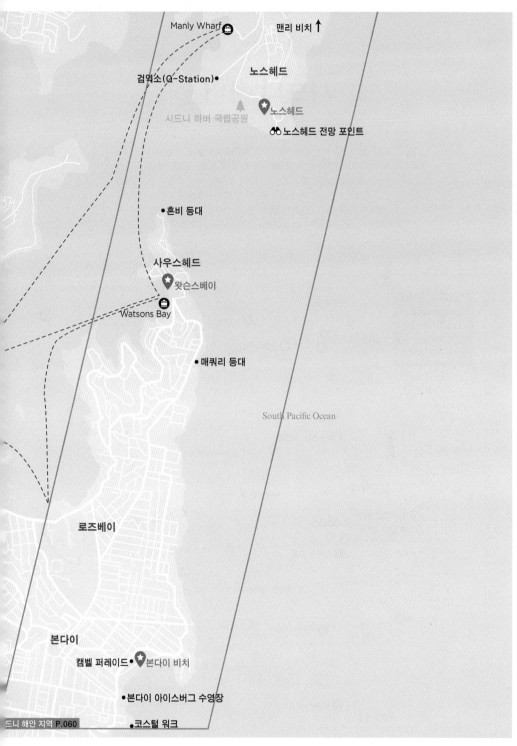

Manly Wharf

맨리 비치 ↑

검역소(Q-Station)●

노스헤드

시드니 하버 국립공원

★ 노스헤드

�� 노스헤드 전망 포인트

●혼비 등대

사우스헤드

왓슨스베이

Watsons Bay

●매쿼리 등대

South Pacific Ocean

로즈베이

본다이

캠벨 퍼레이드● ♥본다이 비치

●본다이 아이스버그 수영장

드니 해안 지역 P.060 ●코스털 워크

시드니 하버

세계 3대 미항의 하나로 꼽히는 시드니 중심에서 여행 시작!

시드니 오페라하우스와 하버 브리지를 중심으로 아름다운 항구 풍경을 다각도에서
조망하는 것이 시드니 여행의 핵심. 오페라하우스 앞 광장 계단을 지나 왕립 식물원을
산책하면서 여행의 첫걸음을 내딛어보자. 서큘러 키 서쪽 록스 지역의 구불구불한
골목을 따라 언덕을 오르면 하버 브리지 전망대인 파일런 룩아웃Pylon Lookout에
도착한다. 광범위한 지역이므로 걸어 다니며 하루에 다 보기는 힘들다.
록스와 왕립 식물원 쪽은 이틀에 나누어 둘러보기를 추천한다.

TIP
시드니 하버 전체
모습은 근교 해변을
오가는 페리를 타고
감상하면 더욱
멋지다.

0 ——— 230m

• 루나 파크

★ 키리빌리

• Kirribilli Wharf

밀슨스포인트 📍
🚇 Jeffrey St

• 키리빌리 하우스
• 어드미럴티 하우스

하버 브리지 📍

Walsh Bay

• 포트 데니슨

📍 힉슨 로드 리저브

• 바랑가루

📍 시드니 오페라하우스

Hickson Rd

📍 록스

• 베넬롱 론

• 미세스 매쿼리 체어
📍 미세스 매쿼리 포인트

시드니 천문대 •
호주 현대미술관 • 6 5 4 3 2
최초의 함대 공원 •
Circular Quay
🚢 서큘러 키
ℹ 관세청 건물

Mrs Macquaries Rd

Bridge St

📍 왕립 식물원
팜 그로브 센터•

Wynyard 🚇

• 캘릭스 전시관
• 울루물루 핑거 워프

Pitt St

🚇 Martin Place

Macquarie St

• 도메인
뉴사우스웨일스•
주립 미술관

• 울루물루

King St

• 매켈혼 스테어
엘리자베스 베이 하우스 •

🚇 St James

센트럴역 ↓

① 서큘러 키
Circular Quay

> 사전적으로 '서큘러'는 원형의 구조를, '키'는 선박 접안 시설을 뜻해요.

시드니 여행의 출발점

오른쪽에 오페라하우스, 왼쪽에 하버 브리지가 자리한 작은 만인 시드니 코브 Sydney Cove를 말발굽 형태로 둘러싼 시드니의 중심 항구다. 밀슨스포인트, 달링하버, 포트 데니슨, 시드니 타롱가 동물원, 왓슨스베이, 맨리 비치로 향하는 페리가 여기서 출발한다. 페리 터미널 뒤쪽은 기차역과 버스 정류장이 있고 라이트 레일까지 정차하는 교통 허브다. 오페라하우스를 감상하기 좋은 전망 포인트와 고급 레스토랑이 주변에 수없이 많고, 편의 시설도 완벽하게 갖추었다.

▶ 페리 탑승 정보 P.022

📍 지도 P.028 <u>가는 방법</u> 기차 · 라이트 레일 · 페리 서큘러 키에서 바로 연결

관세청 건물 *Customs House*

1990년까지 관세청 본관으로 사용한 고풍스러운 석조 건물. 지금은 시드니 도서관, 시드니 공식 비지터 센터, 그리고 다양한 전시 공간으로 활용한다. 건물 맨 위층에 자리한 카페 시드니는 전망 레스토랑으로 인기가 많다. 이 건물 뒤편에  는 영국에서 죄인들을 싣고 온 '최초의 함대First Fleet'에 관한 기념물이 있다.

📍 **주소** 31 Alfred St
운영 내부 상시 개방, 공식 비지터 센터 09:00~17:00
요금 무료 **홈페이지** sydneycustomshouse.com.au

최초의 함대 공원 *First Fleet Park*

시드니로 들어온 초대형 크루즈가 정박하는 국제 여객 터미널은 과거 아서 필립 총독이 최초로 영국 국기를 꽂은 장소로 알려져 있다.
최초의 함대 공원은 서큘러 키와 호주 현대미술관 (MCA) 사이에 이를 기념해 조성한 잔디 광장으 로, 사실상 록스 지역으로 들어가는 관문 역할을 한다.

📍 **주소** The Rocks **운영** 24시간

 02

시드니 오페라하우스
Sydney Opera House

추천

지도 P.028
가는 방법 서큘러 키에서 도보 10분
주소 Bennelong Point
운영 09:00~17:00 **요금** 영어 투어
$48(1시간), 한국어 투어 $35(30분)
홈페이지 sydneyoperahouse.com

시드니 하버의 상징

어느 방향에서 보아도 수려한 곡선미와 균형미가 드러나는 시드니 오페라하우스는 현대건축의 걸작으로 손꼽히며 유네스코 세계문화유산으로 등재되었다. 원주민의 성지였던 베넬롱 포인트Bennelong Point에 호주를 대표하는 공연장을 세우기 위해 뉴사우스웨일스주 정부는 1957년 국제 설계 공모전을 열어 덴마크 건축가 예른 웃손 Jørn Utzon의 작품을 채택했다. 부드러운 곡선의 모던한 디자인은 당시 파격적이었으며 이를 구현하는 데 상당한 어려움을 겪었으나, 14년이라는 긴 공사 기간 끝에 1973년 10월 20일 완공했다. 이를 계기로 무명의 예른 웃손은 일약 세계적 건축가로 도약했다. 오페라하우스 일반 투어에 참가하면 가이드를 따라 공연장 내부와 연회장 등 여러 공간을 관람하게 된다. 그 밖에 무대 뒤를 구경하는 백스테이지 투어, 오페라하우스 건축 과정을 상세하게 소개하는 투어도 있다. 한국어 투어는 매일 오전 11시 15분, 오후 12시 15분, 2시 45분, 3시 45분에 출발한다. 홈페이지에서 'Korean Tour'를 검색해 예약할 것을 권장한다.

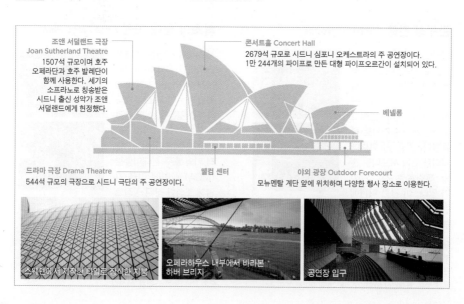

조앤 서덜랜드 극장
Joan Sutherland Theatre
1507석 규모이며 호주 오페라단과 호주 발레단이 함께 사용한다. 세기의 소프라노로 칭송받은 시드니 출신 성악가 조앤 서덜랜드에게 헌정했다.

콘서트홀 Concert Hall
2679석 규모로 시드니 심포니 오케스트라의 주 공연장이다.
1만 244개의 파이프로 만든 대형 파이프오르간이 설치되어 있다.

베넬롱

드라마 극장 Drama Theatre
544석 규모의 극장으로 시드니 극단의 주 공연장이다.

웰컴 센터

야외 광장 Outdoor Forecourt
모뉴멘탈 계단 앞에 위치하며 다양한 행사 장소로 이용한다.

스웨덴에서 제작한 타일로 장식한 지붕

오페라하우스 내부에서 바라본 하버 브리지

공연장 입구

시드니의 상징 오페라하우스
재미있게 즐기는 여섯 가지 방법

시드니 오페라하우스는 실제로 눈앞에서 보았을 때 훨씬 웅장하게 다가온다. 조개껍데기와 요트 돛을 연상시키는 흰색 지붕은 스웨덴에서 제작한 100만 개의 타일로 장식했으며, 실내는 유칼립투스종인 옐로 박스yellow box와 브러시 박스brush box 목재로 마감했다. 메인 로비 전면 유리창을 통해 시드니 하버 풍경이 파노라마처럼 펼쳐진다. 총 6개 공연장, 5738석 규모로 다양한 시설을 갖추고 있어 복합 문화 공간으로서의 역할을 다한다.

누구에게나 열린 공간에서
로맨틱한 시간 보내기

알고 보면 오페라하우스 일대에는 공연을 보러 오는 사람보다 경치와 분위기를 즐기러 오는 사람이 훨씬 더 많다. 오페라하우스를 누구나 쉽게 접근할 수 있는 장소로 만들겠다는 건축가의 의도에 따라 건물 주변 광장을 모두 개방했기 때문이다. 건물 기둥 아래 자리한 카페 겸 레스토랑 오페라 바Opera Bar, 웨일브리지Whalebridge 등은 간단한 식사나 음료를 즐기고 싶을 때 부담 없이 찾기 좋은 곳이다. 건물 안에 있는 고급 레스토랑 베넬롱Bennelong에서는 하버 브리지 전망을 감상하며 로맨틱한 분위기에서 식사를 즐길 수 있다. ▶ 베넬롱 정보 P.066

02 핫 플레이스에서 파노라마 뷰 즐기기

샹그릴라 호텔 36층에 자리한 블루 바 온 36Blu Bar on 36은 높은 건물에서 내려다보는 막힘없는 하버뷰로 유명하다. 시드니의 최고급 레스토랑으로 손꼽히는 키Quay와 아리아Aria도 빼놓을 수 없다. 예약 없이 갈 만한 곳으로는 현대미술관 루프톱에 자리한 MCA 카페 MCA Café가 있다. 커피는 물론 비빔밥, 치킨 같은 한식 메뉴도 판다.
▶ 카페 정보 P.067

바두 길리 쇼 시간표

03 비비드 시드니 아트 레이저 쇼 감상하기

매년 5월 말에서 6월 중순 사이, 초겨울에 접어든 시드니는 빛의 도시로 변신한다. 오페라하우스 건물의 흰색 지붕을 스크린 삼아 화려한 아트 레이저 쇼 비비드 시드니Vivid Sydney를 선보이는데, 이 기간에 하버 브리지와 주변 건물은 물론 유람선까지 도시 전체가 축제 분위기에 빠져든다. 비비드 시드니 기간에 맞춰 방문하지 못했다면 베넬롱 론 동쪽 지붕을 장식하는 바두 길리 쇼Badu Gili Show로 아쉬움을 달랠 수 있다. 매일 해 질 녘부터 밤까지 30분~1시간 간격으로 5분간 조명을 비추는데, 계절에 따라 시간이 바뀐다. 모뉴멘탈 계단이나 왕립 식물원 방향에서 볼 수 있는 무료 공연이다.

04 베넬롱 론에서 인생 사진 찍기

베넬롱 론Bennelong Lawn은 유칼립투스 사이로 오페라하우스가 바라다보이는 포토 스폿. 전망이 좋아서 결혼식 등 이벤트 장소로도 사랑받는다. 왕립 식물원에 포함된 구역이라 입구는 뉴사우스웨일스 주지사 관저인 거버먼트 하우스 쪽에 있다.

05 포트 데니슨의 발포식 감상하기

페리를 타고 오갈 때면 어김없이 눈에 띄는 작은 바위섬 핀치것 아일랜드Pinchgut Island에는 1839~1855년 시드니를 방어하던 해상 요새 포트 데니슨Fort Denison이 남아 있다. 1906년부터 매일 오후 1시 마르텔로 타워Martello Tower에서 포를 발사하는 예포 의식이 유명하다. 멋진 전망 덕분에 프러포즈 장소로 인기였으나 장기간 보수 공사로 현재 일반 관광은 어려운 상태다.

지도 P.028 **가는 방법** 서큘러 키에서 페리 또는 캡틴 쿡 크루즈로 10분
홈페이지 fortdenison.com.au

06

시드니 타롱가 동물원에서 오페라하우스를 배경으로 사진 찍기

1916년 10월 7일 처음 문을 연 시드니 타롱가 동물원Taronga Zoo Sydney은 시설은 전반적으로 낡은 편이지만, 동물원이 위치한 브래들리 헤드 정상에서 보는 시드니 하버 전경이 특히 아름답다. 맨 위에서부터 한 섹션씩 구경하며 걸어서 아래쪽 선착장까지 내려오도록 관람 코스를 설계했다. 원래는 시드니 타롱가 동물원 선착장에 내린 뒤 곤돌라(스카이 사파리)를 타고 정상까지 올라갈 수 있었다. 하지만 2025년까지 곤돌라 공사로 지금은 페리 선착장에서 버스로 갈아타고 언덕 위 정문으로 가야 한다.

지도 P.026 **가는 방법** 서큘러 키에서 페리로 15분
(Taronga Zoo Wharf 하차), 선착장에서 238번
버스로 정문까지 6분 **주소** Bradleys Head Rd
운영 09:30~17:00(5~8월 16:30까지)
요금 일반 $51, 4~15세 $27 **홈페이지** taronga.org.au

페리 타고 가는 길

기린 뒤로 오페라하우스가 보이는 풍경

지도 P.028

03
왕립 식물원
Royal Botanic Garden

지도 P.028
가는 방법 오페라하우스에서 도보 10분
주소 Mrs Macquaries Rd
운영 07:00~석양 무렵
※매월 변동되므로 홈페이지 확인 필수
요금 무료
홈페이지 rbgsyd.nsw.gov.au

바다가 보이는 도심 정원

영국인이 시드니에 상륙해 최초로 만든 농장 팜코브Farm Cove 자리에 호주 대륙의 토종 식물을 연구할 목적으로 1816년 설립한 최초의 식물원이다. 도시 개발 초창기에 일일이 손으로 쌓아 만든 샌드스톤 방파제가 바닷물로부터 식물원을 보호하는 담장 역할을 한다. 여름 시즌에는 바로 이곳에 야외 오페라 무대를 설치한다. 오페라하우스 동쪽 정문에서부터 미세스 매쿼리 포인트Mrs Macquaries Point까지 방파제를 따라 걷는 동안 오페라하우스와 하버 브리지를 눈에 담을 수 있다.

드넓은 왕립 식물원을 모두 다 돌아보기는 현실적으로 쉽지 않다. 그런데 그중 사람들이 많이 찾는 곳은 메인 연못과 그 뒤편의 휴식 공간인 팜 그로브 센터, 계절별로 다양한 식물을 전시하는 실내 온실 캘릭스The Calyx 전시관 등이다. 왕립 식물원은 또 다른 도심 정원인 더 도메인The Domain과 경계를 맞대고 있다. '더 도메인'은 단어 그대로 '영역'이라는 뜻이며, 호주의 초대 총독 아서 필립이 1788년 팜코브 위쪽 언덕을 '필립 도메인'으로 선언한 이래 지명으로 굳어진 것이다. 왕립 식물원과 마찬가지로 여름 시즌에 다양한 이벤트 장소로 활용되고 있다.

오페라하우스에서 미세스 매쿼리 포인트를 지나 울루물루까지 연결되는 해안 산책로는 시드니 로컬들이 즐겨 찾는 조깅 코스랍니다.

04 미세스 매쿼리 포인트
Mrs Macquaries Point

05 울루물루
Woolloomooloo

시드니의 두 랜드마크를 한눈에!

시드니 오페라하우스와 하버 브리지가 완벽하게 겹쳐 보이는 최고의 전망 포인트. 시드니 도심의 스카이라인까지 볼 수 있기 때문에 많은 사람이 인증샷을 찍으러 찾아오는 명소다. 바다 쪽으로 돌출된 부분에는 의자 모양의 바위(Mrs Macquarie's Chair)가 눈에 띈다. 1810~1821년에 뉴사우스웨일즈주 2대 총독을 지낸 매쿼리 장군의 부인 엘리자베스 매쿼리가 자주 찾아와 영국에서 입항하는 선박을 보며 향수병을 달래던 곳이라고 한다. 그로 인해 주변 도로에도 '미세스 매쿼리 로드'라는 이름이 붙었다. 왕립 식물원과 달리 출입 시간에 제한이 없으나, 인적이 드문 편이라서 야경을 보러 간다면 택시를 이용하는 것이 좋다.

지도 P.028
가는 방법 오페라하우스에서 도보 20분
※야간에는 자동차로 방문할 것
주소 1d Mrs Macquaries Rd
운영 24시간

로컬들의 핫플이 된 해군 기지

미세스 매쿼리 포인트에서 오페라하우스 반대 방향으로 가면 거대한 군함이 정박해 있는 울루물루가 보인다. 1856년부터 자리한 해군 기지 주변은 한때 선원들이 드나들던 곳으로 슬럼가이자 노동자 주거지역이었으나 부동산 가격이 폭등하면서 상업지역으로 변했다. 1915년에 지은 길이 410m, 폭 64m의 세계 최장 기록을 보유한 목재 부두 울루물루 핑거 워프Woolloomooloo Finger Wharf에는 호텔과 레스토랑, 고급 레지던스가 들어서 있으며, 바로 앞에는 미트 파이로 유명한 해리스 카페 드 휠(P.069)이 있다.
울루물루에서 매켈혼 스테어McElhone Stairs의 가파른 계단 113개를 걸어 올라가면 포츠포인트 지역으로 이동할 수 있다.

지도 P.028
가는 방법 미세스 매쿼리 포인트에서 도보 15분, 뉴사우스웨일스 주립 미술관에서 도보 7분
주소 6 Cowper Wharf Roadway
운영 12:00~22:00 ※업체별로 다름

하버 브리지
Harbour Bridge

추천

하버 브리지와 오페라하우스를 함께
사진에 담고 싶으면 다리 건너편의
밀슨스포인트, 또는 왕립 식물원 쪽의
미세스 매쿼리 포인트를 찾아가자.

시드니 최고 전망대

오페라하우스와 함께 시드니를 대표하는 건축물 하버 브리지는 전체 길이 1149m로 세계에서 네 번째로 긴 아치교arch bridge다. 대공황 시기인 1923년에 착공, 3만 8390톤에 달하는 엄청난 양의 철강재를 사용해 1932년 3월 19일 완공했다. 다리 너비는 48.8m, 수면으로부터의 높이 134m, 바닥판에서 아치 크라운까지의 높이 57m로, 아치의 곡선미를 완벽하게 구현한 걸작이다. 육중한 외관에 비해 아치교의 곡선미가 뛰어나 옷걸이The Coat Hanger라는 애칭으로도 불린다. 무더운 날씨에는 철강이 늘어나기 때문에 기온에 따라 아치 정상이 18cm 상승하기도 한다. 시드니 하버와 밀접한 록스와 주거 지역인 밀슨스포인트를 연결하며, 자동차 통행량도 굉장히 많다. 아치교 양 끝에 각각 89m 높이의 파일런(상부 교각)을 세웠는데, 구조적 기능보다 디자인적 요소로 더욱 큰 의미가 있다. 4개의 교각 중 하나는 시드니 최고의 전망 포인트로 손꼽을 만하다.

지도 P.028 **가는 방법** 서큘러 키에서 도보 20분

밀슨스포인트 방향

브리지클라임

브리지 계단 진입로
(Cumberland St)

파일런 룩아웃 입구

록스 방향

밀슨스포인트의 전망

파노라마 뷰 포인트부터 클라이밍까지
하버 브리지의 스릴 만점 액티비티

높은 위치에서 시드니 하버와 오페라하우스 전경을 파노라마처럼 볼 수 있는 하버 브리지는
그 자체로 멋진 포토존이다. 유료 전망대인 파일런 룩아웃까지 올라가지 않더라도 다리
위에서 내려다보는 경치도 충분히 만족스럽다. 하버 브리지를 걸어서 건너려면 반드시 보행자
전용 진입로인 계단 입구로 가야 한다. ▶ 찾아가는 방법 P.039

파일런 룩아웃 Pylon Lookout

하버 브리지 남쪽, 오페라하우스가 잘 보이는 파일런에 전망대를 만들
어놓았다. 티켓 구입 후 200개의 계단을 걸어서 꼭대기까지 올라가면
360도로 시야가 확보되는 파일런 룩아웃에 도달한다. 하버 브리지의
아치가 손에 잡힐 듯 가깝고, 오페라하우스와 시드니 하버, 도심의 스카
이라인이 파노라마처럼 한눈에 들어온다. 브리지클라임 시드니와 달리
난도가 높지 않아 누구나 쉽게 오를 수 있으며 사진 촬영도 자유롭다.

주소 Bridge Stairs, Cumberland St
운영 화~금요일 10:00~16:00, 토~월요일 10:00~18:00(1시간 전 입장 마감)
요금 $29.95 ※브리지클라임 시드니 입장권 소지 시 50% 할인
홈페이지 pylonlookout.com.au

브리지클라임 시드니 BridgeClimb Sydney

아찔한 높이의 아치 위를 걷는 브리지 클라이밍에 도전해
보자. 약 3시간에 걸쳐 아치 크라운 정점까지 1621개의
계단을 올라가는 상당히 힘든 익스트림 투어다. 전용 복
장과 안전 장구를 갖춰야 하며 개별 사진 촬영은 허용하지
않는다. 투어가 출발하는 위치는 록스 지역의 컴벌랜드 스
트리트Cumberland St다. 투어 진행 시간과 종류에 따라 요
금이 다른데, 노을 지는 저녁 시간이 가장 인기가 높다. 성
수기와 비비드 시드니 기간에는 예약이 필수다.

주소 3 Cumberland St
요금 $328~408 ※투어 종류에 따라 다름
홈페이지 bridgeclimb.com

동네 전체가 살아 있는 박물관

07

록스
The Rocks

추천

11척의 배에 1480명을 싣고 영국을 떠난 아서 필립 제독 일행이 1788년 호주에 도착해 최초의 식민 도시를 건설한 자리는 시드니 코브(오늘날의 서큘러 키) 옆이었다. 견고한 샌드스톤 암반층으로 이루어져 '바위'라는 뜻의 록스로 불리게 된 이곳에는 초기 정착민들이 만든 골목길과 18~19세기에 지은 건물이 그대로 남아 있어 지역 전체가 하나의 박물관 같은 느낌을 준다. 고풍스러운 옛 벽돌 건물마다 트렌디한 레스토랑과 카페, 기념품 매장, 또는 특색 있는 갤러리가 입점해 있으며 관광객과 현지인이 뒤섞여 언제나 활력이 넘치는, 시드니에서 가장 재미있는 동네다. 좁은 미로처럼 얽힌 골목길을 걸어 다니다 보면 오페라하우스가 보이는 전망 포인트가 나온다.

금요일이나 주말에 가면 더 좋아요. 평일에는 다소 한산하던 거리가 록스 마켓이 열리는 날이면 축제 분위기로 바뀐답니다. 록스 마켓 정보는 P.079 참고.

지도 P.028
가는 방법 서큘러 키에서 도보 10분
주소 George St & Argyle St, The Rocks
홈페이지 therocks.com

FOLLOW UP

록스 주변 그대로 따라가며
로컬들의 일상 탐닉하기

복잡한 골목길이 얽히고설킨 록스에서는 구글맵에 의존해 길을 찾는 것도 만만치 않다.
여기에 소개하는 지명을 미리 알고 가면 방향 잡기가 좀 더 쉬울 것이다. 어디부터 가볼까?
지금부터 Follow me!

서큘러 키에서 하버 브리지 계단 찾아가기

호주 현대미술관(MCA) 뒤편으로 돌아가면 록스의 메인 거리인 조지 스트리트George St와 아가일 스트리트 Argyle St가 나온다. 이 두 길이 ❶만나는 지점이 다양한 행사가 열리는 록스의 중심부다. 록스 스퀘어에서 언덕 방향으로 조금만 걸으면 아가일 컷Argyle Cut 터널이 보인다. 록스와 달링하버를 연결하기 위해 1859년 발파 공법으로 개통한, 단단한 암반층이 그대로 드러나 있는 곳이다. 터널에 진입하기 직전에 보이는 ❷아 가일 계단Argyle Stairs으로 올라가면 언덕 위 도로인 컴벌랜드 스트리트Cumberland St가 나온다. 이곳이 하버 브리지로 올라가는 ❸브리지 계단Bridge Stairs 입구다. 다리 위 보행자 도로를 따라 10분 정도 걸으면 첫 번째 교 각의 전망 포인트에 도달한다. 유료 전망대인 파일런 룩아웃에 올라가거나 그냥 다리 위에서 항구 전경을 내려다 봐도 좋다. 다리를 끝까지 걸어서 건너면 루나 파크가 있는 밀슨스포인트가 나온다.

총거리 1.3km
소요 시간 편도 20분(파일런 룩아웃까지 올라가는 데는 1시간)

록스에만 있다! 구석구석 골목 탐방하기

록스 디스커버리 박물관
The Rocks Discovery Museum

초창기 록스 역사가 궁금하다면 찾아가볼 만
한 장소. 아가일 스트리트로 진입하면 우측 골
목에 있다. 1800년대에 건축한 세 건물을 연결해
박물관으로 사용하고 있다. 록스의 중심 지역이며, 근처
에는 1816년에 지은 선원들의 집이었던 캐드먼 코티지
Cadmans Cottage도 남아 있다.
가는 방법 서큘러 키에서 도보 4분
주소 2-8 Kendall Ln **운영** 10:00~17:00 **요금** 무료
홈페이지 rocksdiscoverymuseum.com

오스트레일리안 헤리티지 호텔
Australian Heritage Hotel

1824년에 오픈한 호텔로 외관부터 남다르다. 호텔 내에
서 영업 중인 펍은 호텔의 명성을 더욱 빛내준다. 130
종 이상의 수제 맥주를 맛볼 수 있어 맥주 애호가라
면 더욱 반가운 곳이다. 안작 데이ANZAC Day를 비롯
한 공휴일과 스포츠 중계가 있는 날이면 다양한 이벤
트를 열어 흥을 돋운다. 매주 금요일에는 $1를 내고
참여할 수 있는 복권 게임 '프라이데이 나이트 래플
스'를 진행한다. 복권 판매는 오후 5시 30분부터, 추
첨은 오후 7시에 한다.
가는 방법 서큘러 키에서 도보 6분
주소 100 Cumberland St **영업** 11:00~24:00
홈페이지 australianheritagehotel.com

수에즈 운하 Suez Canal

사람 한 명이 겨우 통과할 만한 너비의 골목이
라 그 자체로 포토존이 된다. 큰길에서 골목 안
으로 들어가면 1788~1816년 당시 지역 병
원에서 근무한 간호사들을 기념해 너스 워크
Nurse's Walk로 이름 붙인 길과 연결된다. 아기
자기한 상점을 구경하며 걷다 보면 계단이 나
오는데, 하버 브리지 계단이 있는 언덕 위까지
연결된다.
가는 방법 서큘러 키에서 도보 3분,
해링턴 스트리트Harrington St 또는 조지 스트리트
George St 쪽에서 진입

오페라하우스 감상 포인트 찾기

Follow Me!

호주 현대미술관
Museum of Contemporary Art Australia(MCA)

당대 미술 작품을 전시하는 현대미술관. 조각, 사진, 회화 등 다양한 시각 예술 장르를 아우른다. 이곳을 방문해야 할 또 하나의 이유는 오페라하우스와 하버 브리지가 한눈에 보이는 MCA 카페(Level 4)다. 미술관 앞 잔디밭과 함께 시민들의 휴식 공간으로 사랑받는다. ▶ 카페 정보 P.067

가는 방법 서큘러 키에서 도보 1분
주소 140 George St **운영** 미술관 10:00~17:00,
카페 월·수~일요일 10:00~16:00(금요일 21:00까지)
휴무 화요일 **요금** 무료(특별전 별도) **홈페이지** mca.com.au

캠벨스 코브 Campbells Cove

오페라하우스가 정면으로 보이는 최적의 위치에 자리한 광장. 그 뒤쪽의 캠벨스 스토어에는 전망 좋은 레스토랑과 바가 입점해 있다. 1839년에 건축해 19세기 후반까지 물류 창고로 사용하다가 최근 럭셔리 쇼핑센터로 개조했다. 광장 앞에 각종 조형물을 설치해 인증샷 명소가 되었다.

가는 방법 서큘러 키에서 도보 4분 **주소** 4 Circular Quay W
운영 24시간 **홈페이지** campbellsstores.com.au

힉슨 로드 리저브 Hickson Road Reserve

하버 브리지의 육중한 교각 아래 언덕에는 1791년에 설치한 도스 포인트 배터리(포대)가 시드니 하버 쪽을 방어하고 있다. 산책로를 따라 야자수가 늘어서 있는 힉슨 로드 리저브의 잔디밭에 앉아 오페라하우스 전망을 만끽해보자.

가는 방법 서큘러 키에서
도보 9분 **주소** Hickson Rd

글렌모어 호텔 The Glenmore Hotel

하버 브리지 입구 계단 바로 건너편에 있는 옛 호텔 건물로 전체를 레스토랑과 펍으로 사용하고 있다. 맨 아래층은 펍, 중간 층은 칵테일 바와 다이닝 공간이고, 루프톱은 시드니 오페라하우스와 항구가 바라다보이는 전망으로 유명하다. 저녁마다 발 디딜 틈 없는 핫 플레이스이므로 방문한다면 온라인 사전 예약을 추천한다.

가는 방법 서큘러 키에서 도보 6분
주소 96 Cumberland St
운영 11:00~24:00 **홈페이지** theglenmore.com.au

시드니 천문대
Sydney Observatory

지도 P.028
가는 방법 서큘러 키에서 도보 9분
※밤에는 택시 이용
주소 1003 Upper Fort St
운영 내부 레노베이션 중으로 예약제
별 관측 투어만 가능, 공원 24시간
요금 투어 $36, 공원 무료
홈페이지 maas.museum/sydney-observatory

시드니 하버 브리지가 보이는 무료 전망대

시드니에서 가장 높은 언덕, 시드니 천문대 앞 잔디밭은 평화로운 힐링 스폿이다. 서큘러 키와 달링하버 사이의 전망대 언덕Observatory Hill에 올라가면 하버 브리지와 건너편 노스시드니 전경이 한눈에 들어온다. 언덕 아래쪽으로 보이는 켄트 스트리트Kent St와 나지막한 건물들은 마치 시간이 멈춘 듯한 록스의 거리 풍경을 상징한다. 천문대 앞 허물어진 성벽의 잔해는 필립 요새Fort Philip의 흔적이다. 1859년 시드니 최초로 세운 천문대는 벽돌 건물과 청동 돔이 원형 그대로 보존되어 있다. 오래된 건물이라 실내는 좁은 편이지만 당시의 관측 기구를 구경할 수 있고, 밤마다 별을 관측하는 투어를 운영한다. 록스 쪽에서 아가일 컷 터널을 통과하면 바로 왼쪽으로 천문대로 올라가는 샛길이 보인다. 이 길을 따라 가볍게 산책하는 기분으로 천문대까지 걸어가보자. 천문대 관람을 마친 후 올라왔던 길 반대 방향으로 내려가면 바랑가루Barangaroo 지역에 도착한다. 툭 튀어나온 곳에 조성한 공원인 바랑가루 리저브에서도 하버 브리지 전경이 잘 보이는데, 바로 이곳이 시드니의 새해 불꽃 축제 장면을 제대로 찍을 수 있는 포토 스폿이다.

09 밀슨스포인트
Milsons Point

10 키리빌리
Kirribilli

아름다운 야경 명소

시드니 오페라하우스 건너편, 하버 브리지를 기준으로 서쪽 지역을 밀슨스포인트라고 한다. 교량 바로 밑에 있는 페리 선착장에서 보면 웅장한 하버 브리지 너머로 오페라하우스와 시드니 CBD의 고층 빌딩이 한눈에 들어온다. 선착장 바로 옆에는 1935년부터 운영해온 빈티지 테마파크인 루나 파크Luna Park가 있다. 익살맞은 어릿광대의 입속으로 들어가는 게이트와 하버 브리지 모형에 조명을 밝히는 때가 가장 아름다운 야경을 감상할 수 있는 시간이다. 기차를 타거나 걸어서 다리를 건너가려면 의외로 시간이 걸리기 때문에 서큘러 키 또는 달링하버에서 페리를 타고 가는 것이 가장 간단하면서 경치를 즐기기 좋은 방법이다. 노을이 질 때 루나 파크에서 대관람차를 타며 시드니 하버 풍경을 감상해보자.

▶ 루나 파크 입장 정보 1권 P.031

지도 P.028
가는 방법 밀슨스포인트 워프Milsons Point Wharf에서 바로 연결, 또는 기차 밀슨스포인트역에서 도보 10분
주소 1 Olympic Dr **운영** 24시간

빅토리아 양식의 고급 주택가

하버 브리지를 경계로 밀슨스포인트 반대편에 자리 잡은 키리빌리는 1840~1860년 사이에 지은 빅토리아 양식의 테라스 하우스가 많은 고급 주택가다. 호주 총리 관저인 키리빌리 하우스와 호주연방 총독 관저인 어드미럴티 하우스Admiralty House가 이곳에 있다. 평소 개방하지 않기 때문에 관저 주변과 주택가는 상당히 조용한 편이다. 지명의 어원이 원주민어로 '낚시하기 좋은 곳'이라는 뜻인데 이를 증명하듯 낚시꾼이 종종 눈에 띈다. 키리빌리의 인기 포토존 두 곳은 바다 건너 오페라하우스가 정면으로 보이는 제프리 스트리트Jeffrey St 선착장과 최근 핫 플레이스로 떠오른 전망 카페 셀시우스 커피 & 다이닝Celsius Coffee & Dining이다. 격월로 열리는 키리빌리 마켓은 주택가보다는 밀슨스포인트 기차역과 더 가깝다.

지도 P.028
가는 방법 기차 밀슨스포인트역에서 도보 10~15분
주소 Jeffrey St/ Kirribilli Wharf

시드니 중심가
City Centre

하이드 파크에서 달링하버까지 도보 여행의 중심

호주에서는 상업 시설이 모인 지역을 센트럴 비즈니스 디스트릭트Central Business District의
약자인 CBD로 부른다. 시드니 CBD는 서큘러 키 남쪽으로 약 3km 범위로,
서쪽의 달링하버, 동쪽의 왕립 식물원과 경계를 이룬다. 도시 중심이라는 뜻의 '시티 센터'와
혼용해서 쓰기 때문에 책에서는 편의상 달링하버까지 묶어 시드니 중심가로 소개했다.
대형 쇼핑센터와 각종 편의 시설이 모여 있어 여행 내내 자주 지나게 되는 지역이다.

Wynyard
Sydney Wharf Marina
뉴사우스웨일스 주립 도서관●
뉴사우스웨일스 주립 미술관 ↗
York St
세노타프● ●마틴 플레이스
Pyrmont Bay Park
●킹 스트리트 워프
킹 스트리트 워프
Martin Place
George St
●시드니 동물원
국립해양박물관●
●시드니 수족관
King St
구 시드니 조폐국●
●마담 투소
스트랜드 아케이드
Pitt St
Aquarium
시드니 타워 아이● 하이드 파크 배럭●
(웨스트필드 쇼핑센터 내)
피어몬트 브리지●
●시드니 총영사관
Market St
St James
●아치볼드 분수
달링하버 진입로
세인트메리 대성당●
퀸 빅토리아 빌딩
Darling Harbour
●코클 베이 워프
하이드 파크
타운 홀(시청)●
Town Hall
Park St
달링하버
Pitt St
●달링 쿼터
오스트레일리아 박물관●
●안작 기념관
●텀발롱 파크
Liverpool St
Museum
●월드 스퀘어
Goulburn St
달링 스퀘어●
●헤이마켓
차이나타운
Hay St
캐피톨 극장
센트럴역
●패디스 마켓
0 150m

(01) 하이드 파크
Hyde Park

지도 P.044
가는 방법 기차 세인트제임스Saint James역에서 바로 연결
주소 Elizabeth St
운영 24시간 **요금** 무료

시드니 시민들의 휴식 공간

런던의 하이드 파크에서 이름을 따온 호주 최초의 공공 공원이다. 시드니의 주요 박물관과 미술관, 명소로 둘러싸여 있으며 시드니 CBD 여행의 구심점이 된다. 하이드 파크 중앙에 있는 아치볼드 분수가 특히 유명한데, 제1차 세계대전에 참전한 호주와 프랑스군의 공로를 기념하기 위해 언론인 아치볼드가 기증한 것이다. 청동 아폴론 조각상을 말, 거북이, 돌고래가 둘러싼 형상의 조형물이 예술적이다.

분수 남쪽으로는 울창한 무화과나무 가로수 터널이 안작 기념관ANZAC Memorial 앞까지 이어진다. 안작 기념관은 1914년 이후 참전하거나 평화유지군 활동으로 국가를 위해 헌신한 이들을 기리는 장소다. 기념관이 거울처럼 비치는 반영의 연못Pool of Reflection이 발걸음을 멈추게 한다. 내부는 추모 공간이자 박물관이다.

아치볼드 분수 동쪽으로는 세인트메리 대성당St Mary's Cathedral이 자리 잡고 있다. 웅장한 외관의 로마 가톨릭 대성당으로 1821년 호주 최초의 교회 터에 초석을 놓고 1865년 성모마리아에게 봉헌했다. 중세 유럽 성당을 연상케 하는 고딕 복고 양식 건물이며, 성당 지하 제실의 테라초(대리석으로 만든 모자이크 타일) 바닥을 관람하는 경우만 입장료를 받는다.

안작 기념관

반영의 연못

무화과나무 터널

유네스코 세계문화유산부터 순수 미술까지!

하이드 파크에서 예술 산책

뉴사우스웨일스 주립 미술관
Art Gallery of NSW

19세기 호주 및 세계 미술 작품을 전시하는 순수 미술관이다. 웅장한 그리스 신전 같은 건축양식으로 지은 건물로 전망 좋은 갤러리 카페를 운영한다.

지도 P.044
주소 Art Gallery Rd, The Domain
운영 10:00~17:00
(수요일 22:00까지)
요금 무료(특별전 별도)
홈페이지 artgallery.nsw.gov.au

오스트레일리아 박물관 *Australian Museum*

1827년 설립한 호주 최초의 자연사박물관. 호주 대륙의 지구과학, 생물학 관련 자료를 전시한다. 박물관 상층부 카페에서 세인트메리 대성당과 하이드 파크 전경이 보인다.

지도 P.044 **주소** 1 William St **운영** 10:00~17:00(수요일 21:00까지)
요금 한시적으로 무료 **홈페이지** australianmuseum.net.au

하이드 파크 배럭 *Hyde Park Barracks*

호주 역사는 영국의 범죄자들을 이주시킨 유형지라는 특수성에서 비롯되었다. 1819년에 지은 하이드 파크 배럭은 1848년 병영 막사로 사용하기 전까지 5만여 명의 재소자가 거쳐 간 수감 시설이자 그들의 노역을 관리하던 곳이다. 이후 역사적 가치를 인정받아 유네스코 세계문화유산으로 등재되었다.

지도 P.044 **주소** Queens Square, Macquarie St **운영** 10:00~18:00
요금 방문 전 무료 입장권 예매 권장
홈페이지 mhnsw.au/visit-us/hyde-park-barracks

구 시드니 조폐국 *The Sydney Mint*

영국의 해외 식민지 중 최초로 설립된 조폐국으로 1854년부터 1920년대까지 화폐를 발행한 기관이다. 원래는 1816년 죄수들을 치료하기 위한 목적으로 설립한 병원 건물이었는데 당시 럼주의 독점 수입권을 재원으로 건립 자금을 확보해 럼 병원Rum Hospital이라는 별칭으로 불렸다. 시드니에 남아 있는 가장 오래된 공공 건물로 현재는 박물관과 뉴사우스웨일스주 국회의사당으로 사용한다.

지도 P.044 **주소** 10 Macquarie St **운영** 09:00~17:00 **휴무** 토·일요일
요금 무료 **홈페이지** mhnsw.au/visit-us/the-mint

뉴사우스웨일스 주립 도서관
State Library of NSW

시민들이 자유롭게 이용할 수 있는 공공 도서관. 무료 와이파이를 제공하고 카페도 있다. 본관 건물인 미첼 라이브러리Mitchell Library에는 런던의 햄프턴코트 궁전을 본뜬 웅장한 셰익스피어 룸이 있다.

지도 P.044 **주소** 1 Shakespeare Pl
운영 본관 월~목요일 09:00~20:00, 금~일요일 10:00~17:00 /
카페 평일 08:00~16:00, 주말 09:30~16:00
요금 무료 **홈페이지** sl.nsw.gov.au

시드니 타워 아이
Sydney Tower Eye

03

스트랜드 아케이드 추천
The Strand Arcade

시드니 최고층 빌딩 전망대

도심 전체와 시드니 하버 일부를 360도 파노라마로 볼 수 있는 전망대. 아쉽게도 오페라하우스와 하버 브리지는 다른 빌딩에 가려 보이지 않는다. 예약 시간에 맞춰 웨스트필드 쇼핑센터 입구에서 보안 검사를 거친 다음 엘리베이터를 타고 지상 250m까지 올라간다. 총 4개 층 가운데 아래쪽 2개 층은 회전식 전망 레스토랑(O Bar and Dining)과 뷔페(SkyFeast)로 운영하며 위쪽 2개 층에는 전망대가 있다. 더 짜릿한 스릴을 원한다면 스카이워크에 도전해보자. 최소 2명씩 짝을 지어 268m 상공에서 건물 외벽을 걷는 체험으로 1시간 정도 소요된다. 전망대는 7일 이내 재방문 시 $10에 입장할 수 있으니 입장권을 바로 버리지 말고 보관할 것.

지도 P.044
가는 방법 기차 세인트제임스Saint James역에서 도보 1분, 웨스트필드 쇼핑센터 Level 5
주소 100 Market St, Westfield Sydney
운영 09:00~20:00(방문 전 시간대 예약 필수)
요금 전망대 $33~40, 스카이워크+전망대 $95
▶ 할인 패스 정보 1권 P.140
홈페이지 sydneytowereye.com.au

유럽풍 건축양식의 3층 아케이드

시드니의 쇼핑가 피트 스트리트Pitt St와 조지 스트리트George St를 연결하는 쇼핑 아케이드. 1892년에 영국 건축가 존 스펜서가 18~19세기 유럽 스타일로 설계했으며, 빅토리아 여왕 시대에 건축한 시드니의 5개 아케이드 중 유일하게 보존되어 있다. 이처럼 통로를 아치형 지붕으로 덮은 쇼핑가 아케이드는 오늘날 흔히 볼 수 있는 쇼핑센터의 원형이다. 매끄럽게 마감된 삼나무 계단과 주철 난간, 바닥의 타일 장식이 둥그런 유리 천장과 완벽한 조화를 이룬 3층 건물은 위에서 내려다보면 더욱 아름답다. 시드니 3대 커피의 하나로 불리는 검션 바이 커피 알케미Gumption by Coffee Alchemy, 애들레이드의 초콜릿 브랜드 헤이그 초콜릿Haigh's Chocolates 매장도 입점해 있다.

지도 P.044
가는 방법 하이드 파크에서 도보 5분
주소 412-414 George St
운영 월~수 · 금요일 09:00~17:30,
목요일 09:00~21:00, 토요일 09:00~16:00,
일요일 11:00~16:00
홈페이지 strandarcade.com.au

04

퀸 빅토리아 빌딩
Queen Victoria Building

추천

📍 **지도** P.044 **가는 방법** 기차 QVB역에서 바로 연결 **주소** 455 George St(입구는 George·Market·York·Druitt St 각 방향에 있음) **운영** 월~토요일 09:00~18:00(목요일 21:00까지), 일요일 11:00~17:00 **요금** 무료 **홈페이지** qvb.com.au

여왕의 친서가 숨겨진 쇼핑몰

스코틀랜드 출신 건축가 조지 맥레이가 설계한 너비 30m, 길이 190m의 유럽풍 쇼핑센터. 약칭으로 QVB라고 부른다. 빅토리아 여왕 치세를 기념해 1898년에 완공했으며, 길 건너편의 타운 홀Town Hall, 세인트앤드루스 대성당St Andrews Cathedral과 함께 빅토리아 시대의 3대 건물로 평가받는다. 웅장한 청동 돔과 건물 내부 양쪽에 설치된 2개의 대형 시계는 QVB의 상징이다. 매시 정각을 알리는 종소리가 울리면 영국 역사의 주요 장면을 묘사한 왕실 시계와 호주 역사의 33개 장면을 묘사한 호주 시계의 디오라마가 작동하는데, 이 장면을 보려면 Level 2로 올라가야 한다. 엘리자베스 2세 여왕이 1986년에 작성한 편지를 타임캡슐처럼 보관해놓은 코너도 있는데, 그 내용은 2085년 시드니 시장이 공개할 때까지 누구도 알 수 없는 비밀이라고! 해가 들어오는 오후 시간, 마음에 드는 카페에 앉아 애프터눈 티를 마시는 것도 이곳을 즐기는 방법 중 하나다.

호주 시계 (Great Australian Clock)

왕실 시계 (Royal Clock)

엘리자베스 2세의 친서

마틴 플레이스
Martin Place

매주 토요일 밤 9시,
달링하버에서
불꽃놀이가 펼쳐져요!

시드니의 금융가

보행자 도로를 따라 호주연방준비은행Bank of Australasia, 코먼웰스 뱅크, 웨스트팩, 맥쿼리인프라 사옥과 금융기관이 즐비해 '시드니의 심장'이라고도 불리는 금융가다. 1891년에 건축한 시드니 중앙 우체국Sydney GPO과 바로 맞은편 호주연방준비은행 등 신고전주의 양식의 건물이 많아 클래식한 분위기가 느껴진다. 눈에 띄는 자리에 세워진 제1차 세계대전 전사자 추모비 세노타프Cenotaph('빈 관'이라는 뜻)에서 매년 4월 25일 안작 데이 행사의 시작과 끝을 알리는 의식이 거행된다. 호주나 뉴질랜드를 여행하다 보면 종종 보게 되는 '안작ANZAC'은 제1차 세계대전 당시 유럽에 파병된 호주-뉴질랜드 연합군(Australian and New Zealand Army Corps)의 약자다.

지도 P.044
가는 방법 라이트 레일 윈야드Wynyard역에서 도보 2분
주소 1 Martin Pl

달링하버
Darling Harbour

달링하버 명소와 가까운 페리 터미널

달링하버 동쪽
→ 시드니 수족관, 동물원,
마담 투소 부근
❶ Barangaroo Wharf
❷ Pier 26

달링하버 서쪽
→ 국립해양박물관,
하버사이드 쇼핑센터 부근
❸ Pyrmont Bay
❹ Convention Jetty

시드니 여행의 베이스캠프

육지 쪽으로 움푹 들어간 코클 베이에 형성된 달링하버라는 지명은 뉴 사우스웨일스 총독 랠프 달링(재임 1825~1831년)의 이름에서 유래했다. 서큘러 키와 가깝다는 지리적 이점 덕분에 뉴사우스웨일스의 물류를 책임지는 공업지대였으며 현재는 국립해양박물관, 수족관, 실내 동물원과 카지노, 쇼핑센터가 총집결한 관광단지로 변모했다. 퀸 빅토리아 빌딩 쪽에서 찾아갈 때는 마켓 스트리트Market St와 피어몬트 브리지Pyrmont Bridge를 연결하는 고가도로를 따라 걸어가면 된다. 항구에서 유람선과 페리를 곧바로 탈 수 있으며 버스 노선과 라이트 레일까지 연결되어 있다. 금액별로 다양한 호텔이 밀집해 있고, 유동 인구가 많다 보니 밤에도 걱정 없이 걸어 다닐 수 있다는 것도 장점이다.

지도 P.044
가는 방법 하이드 파크에서 도보 15분(마켓 스트리트를 따라 일직선으로 걸어가면 피어몬트 브리지까지 연결된 고가도로 입구가 나옴), 서큘러 키에서 페리를 타면 피어몬트 베이 워프Pyrmont Bay Wharf까지 10분
주소 1 Martin Pl **홈페이지** darlingharbour.com

어트랙션 가득한 달링하버에서

낭만적인 나이트라이프 즐기기

여행자들이 가장 고민하는 부분이 '밤에 혼자 돌아다녀도 될까?'일 것이다.
적어도 달링하버에서라면 안전하게 밤거리를 즐길 수 있다. 이곳은 변화와 발전을 거듭하면서
W호텔을 비롯한 최신 건물이 늘어나는 관광지이다 보니 선택지가 다양하다.
주변에 레스토랑이 많아 식사하기도 편리하고, 아담한 항구와 고층 빌딩이 어우러진 야경 명소이기도 하다.

피어몬트 브리지 *Pyrmont Bridge*

항구 동쪽과 서쪽을 연결하는 보행자 전용 다리
로, 원래는 중앙이 분리된 상판이 수평으로 회
전하며 배가 통과할 수 있도록 개방되는 선개교
swingspan bridge였으나, 달링하버가 상업항의 기
능을 상실한 후에는 관광용으로만 개폐 장면을
시연한다. 다리가 완전히 열리기까지 걸리는 시
간은 약 60초다.

주소 Pyrmont Bridge, Sydney
운영 24시간(개폐 시각은 주말 및 공휴일 11:00~14:00
매시 정각)

국립해양박물관 *Australian National Maritime Museum*

본관과 항구에 정박한 14척의 선박으로 이루어져 있다. 항구도시 시드니의 역사 및 에오라 부족국가Eora
Nation 원주민 역사에 대한 자료도 함께 전시한다. 호주 해군의 일상을 체험할 수 있는 인터랙티브 전시관
인 액션 스테이션과 잠수함(HMAS Onslow), 구축함의 인기가 높다.

주소 2 Murray St **운영** 10:00~16:00 **요금** 일반 $25 **홈페이지** sea.museum

프로미나드 *The Promenade*

대형 쇼핑센터로 둘러싸인 항구 주변 산책로. 코클 베이 워프와 킹 스트리트 워프가 있는데 이름에서 알 수 있듯 모두 옛날 부두를 개조한 곳이다. 전망 좋은 위치에는 밤늦게까지 문을 여는 바와 레스토랑이 자리해 있다. 독특한 디자인으로 눈길을 끄는 바랑가루 하우스에는 스타 셰프 맷 모란의 레스토랑이 입점해 있다.

주소 Cockle Bay Wharf, King Street Wharf, Barangaroo House

텀발롱 파크 *Tumbalong Park*

항구 가장 안쪽에서 헤이마켓 방향으로 걸어가면 빌딩 숲으로 둘러싸인 텀발롱 파크가 나온다. 아이들을 위한 놀이 공간이 많아 가족 여행자에게는 필수 방문지. 가까운 쇼핑센터인 달링 쿼터Darling Quarter와 달링 스퀘어Darling Square에는 아시아 레스토랑이 매우 많은데 음식을 테이크아웃해 이곳에서 피크닉을 즐겨도 좋다.

주소 11 Harbour St

TRAVEL TALK

가족 여행자를 위한 어트랙션

호주에 왔다면 동물원은 꼭 가봐야 해요. 멀리까지 다녀올 시간이 부족할 때는 달링하버에 있는 도심 동물원 와일드 라이프 시드니 주Wild Life Sydney Zoo가 대안이 될 수 있어요. 특히 시드니 수족관Sea Life Sydney Aquarium, 밀랍 인형 박물관인 마담 투소Madame Tussauds까지 나란히 있어 어린이를 동반한 가족 여행에 딱 맞는 곳이죠. 모두 같은 업체에서 운영하기 때문에 입장료를 개별적으로 내는 것보다 패키지 티켓을 구매해 이용하는 것이 경제적이에요. ▶ 시드니의 다른 동물원 정보 1권 P.036

시드니 중심가 주변
Inner Suburbs

시드니 로컬의 일상에 한 발짝 다가가는 여행

코리아타운과 차이나타운, 젊음의 거리 치펜데일, 고급 주택가 서리힐스, 수백 채의 테라스 하우스가
보존된 달링허스트, 패셔너블한 패딩턴과 글리브 등 시드니 중심가 주변 동네는 저마다 개성이
뚜렷하다. 대중교통을 이용해 쉽게 찾아갈 수 있으며 동네별로 2시간 정도면 주요 볼거리를 다 둘러볼
수 있다. 짧은 여행 기간에 전부 방문하기는 어려우니 취향에 맞는 동네를 골라보자. 패딩턴이나
글리브 쪽은 토요일 마켓이 열리는 시간에 맞춰 가면 더욱 재미있다. ➤ 시드니 마켓 정보 P.078

⑴ 헤이마켓
Haymarket

시드니 속 아시아 여행

달링하버와 센트럴 기차역 사이에 자리한 헤이마켓의 랜드마크는 실내 재래시장인 패디스 마켓Paddy's Markets Haymarket과 뮤지컬 공연이 열리는 캐피톨 극장Capitol Theatre이다. 패디스 마켓 건너편의 드래건 게이트를 통과하면 전형적인 차이나타운이 눈에 들어온다. 19세기 후반 록스 지역에 처음 생기기 시작한 중국인 상권이 1920년경 이쪽으로 이전하면서 호주 최대 규모의 차이나타운이 형성된 것이다. 주변에 한국, 베트남, 태국, 일본 등의 커뮤니티까지 자리 잡았으며 쇼핑센터도 많아서 관광지라기보다는 현지 생활을 하며 자주 들르는 지역이다. 특히 아시아 음식을 먹고 싶을 때 헤이마켓 일대를 찾아가면 된다. 금요일 밤에는 먹거리 장터인 차이나타운 나이트 마켓이 열린다.

지도 P.054
가는 방법 라이트 레일 헤이마켓Haymarket역에서 바로 연결 **주소** Dixon St(Hay St & Goulburn St)
홈페이지 sydney-chinatown.info

⑵ 치펜데일
Chippendale

대학가와 가까운 예술의 거리

시드니 공과대학교University of Technology Sydney와 뉴사우스웨일스주 정부 기술 주립 전문대학 TAFE NSW이 가까운 지역에 핫 플레이스가 끊임없이 생기는 것은 지극히 자연스러운 일! 센트럴 기차역 남쪽의 치펜데일은 원래 공장 지대였으나 건물을 리모델링하면서 힙한 지역으로 변했다. 중국 현대미술품을 전시하는 화이트 래빗 갤러리White Rabbit Gallery를 포함한 10여 개의 갤러리가 모여 있어 아트 디스트릭트라고도 불린다. 호주 문화유산으로 등재된 올드 클레어 호텔The Old Clare Hotel과 켄싱턴 스트리트Kensington St, 치펜데일 그린Chippendale Green(공원) 사이가 중심 구역이다. 아시아풍 맛집 골목으로 꾸민 스파이스 앨리Spice Alley에서는 칠리새우나 일본 라멘, 중국 딤섬 등을 부담 없는 가격에 즐길 수 있다.

지도 P.054
가는 방법 기차 센트럴Central역에서 도보 10분
주소 28 Broadway

ⓒ 서리힐스 추천
Surry Hills

ⓓ 킹스크로스
Kings Cross

트렌디한 카페 거리

1790년대에 이 지역을 영지로 받은 뉴사우스웨일스 총독 조셉 포보가 본인 소유의 영국 서리 농장과 똑같은 이름을 붙인 것이 지명의 유래다. 초창기에는 서민들의 주거지였으나 교통이 발달함에 따라 시드니 중심가와 가까운 고급 주택가로 인식이 바뀌었다. 호주 출신 영화배우 제프리 러시와 케이트 블란쳇이 거쳐 간 벨부아 스트리트 극장Belvoir Street Theatre도 이곳에 있다. 서리힐스의 메인 도로는 시계탑과 서리힐스 도서관이 있는 크라운 스트리트Crown St다. 깔끔한 레스토랑과 카페가 많은 지역이라 유학생과 여행객의 선호도가 높다. 인기 있는 카페로 싱글 오 서리힐스Single O Surry Hills, 파라마운트 커피 프로젝트Paramount Coffee Project, 버크 스트리트 베이커리Bourke Street Bakery 등이 있다.

지도 P.054
가는 방법 기차 센트럴Central역에서 도보 11분, 또는 라이트 레일(L2·L3 노선) 서리힐스Surry Hills역에서 도보 6분 **주소** 470 Crown St

초대형 코카콜라 간판

킹스크로스는 멀리서도 눈에 띄는 초대형 코카콜라 간판 아래 자리한 킹스크로스 기차역을 중심으로 시드니에서도 변화가 빠른 동네다. 시드니의 홍등가로 오랫동안 오명을 썼으나 점점 분위기가 바뀌어가는 추세로, 젠트리피케이션을 피해 이곳에 새롭게 문을 연 맛집과 바가 많아지면서 변화를 주도하고 있다. 달링허스트와 포츠포인트를 잇는 위치에 있으며, 저렴한 숙소가 많아 여행자도 꽤 많이 찾아오지만 여전히 노숙자가 많은 위험 지역에 속한다.

낮 시간에 한해 엘-알라메인 분수El-Alamein Fountain 광장을 구경하고, 도보 5~10분 거리에 있는 언덕 위 대저택 엘리자베스 베이 하우스Elizabeth Bay House를 돌아봐도 좋다.

지도 P.054
가는 방법 기차 킹스크로스Kings Cross역에서 바로 연결
주소 Darlinghurst Rd, Potts Point

(05)

달링허스트
Darlinghurst

📍 **지도** P.054 **가는 방법** 하이드 파크 남동쪽 코너에서 도보 10~15분 **주소** 맛집 거리 Oxford St & Crown St / 빌스 본점 433 Liverpool St

테라스 하우스가 보존된 고급 주택가

달링허스트는 뉴사우스웨일스 7대 총독 랠프 달링의 이름과 나무가 많은 지역을 뜻하는 '허스트'를 합쳐 만든 지명이다. 옥스퍼드 스트리트 Oxford St와 크라운 스트리트Crown St가 만나는 교차 지점은 다소 분위기가 썰렁하다. 따라서 이 동네의 진짜 매력을 느끼고 싶다면 골목골목을 누벼야 한다. 거리마다 숨어 있는 디자이너 부티크와 갤러리, 분위기 좋은 카페를 찾아다니고, 국내에도 입점한 빌스 본점에서 브런치를 맛보거나 테라스 하우스가 늘어선 패딩턴의 고급 주택가를 걸으며 현지인의 일상을 체험해보자. 테라스 하우스terraced house란 옆 건물과 벽을 공유하는 주택을 말하는데, 영국에서 수백 채의 주택을 한꺼번에 짓기 위해 적용했던 공법을 1850~1890년경 시드니에 들여와 소규모 건축으로 고급화했다. 주철로 만든 테라스에 누금 기법으로 정교하게 문양을 새겨 넣은 것이 시드니 테라스 하우스의 특징이다. 달링허스트, 패딩턴, 서리힐스처럼 다수의 테라스 하우스가 보존된 지역은 부동산 가격이 대폭 상승했다.

패딩턴
Paddington

시드니 하이패션의 발상지

자카란다 가로수가 늘어선 빅토리아 배럭(호주 육군 막사) 담장 건너편에 도로가 세 갈래로 나뉘는 인터섹션 패딩턴이 있다. 메인 도로인 옥스퍼드 스트리트는 패션 매장이 즐비한 쇼핑 거리이고, 인터섹션에서 글렌모어 로드를 따라가면 나오는 오거리 파이브웨이스Fiveways 쪽에도 루프톱 바와 트렌디한 핫 플레이스가 많다. 유럽풍의 시계탑이 있는 타운 홀도 빼놓을 수 없는 명소이며, 바로 옆의 패딩턴 급수장 정원Paddington Reservoir Gardens은 잠시 쉬어 가기 좋은 휴식 공간이다. 19세기 급수 시설에 사용했던 벽돌, 목재, 철재 프레임 등의 건축자재를 재활용해 공공장소로 재탄생시킨 이 정원에서 각종 전시와 이벤트를 개최하기도 한다. 매주 토요일 패딩턴 연합교회 앞 공터에서 열리는 패딩턴 마켓은 시드니의 대표적인 플리 마켓으로 길거리 음식도 맛볼 수 있다.

▶ 시드니 마켓 정보 P.078

타운 홀

패딩턴 급수장 정원

지도 P.054
가는 방법 시드니 CBD에서 333 · 440번 버스로 약 15분 (Paddington Town Hall 정류장 하차)
주소 타운 홀 249 Oxford St / 인터섹션 Oxford St & Glenmore Rd

시드니의 가로수 길

옥스퍼드 스트리트에서 쇼핑하기

하이드 파크 남동쪽에서 패딩턴까지 쭉 뻗은 옥스퍼드 스트리트는 킴 카다시안, 마일리 사이러스, 패리스 힐튼 같은 할리우드 셀럽들도 와서 쇼핑을 하는 호주 하이패션의 메카다. 1960년대 초반부터 옥스퍼드 스트리트에 패션 부티크가 자리 잡기 시작했는데, 1층에 매장을 꾸미고 2층은 작업실이나 주거 공간으로 활용하기 좋은 테라스 하우스가 많았기 때문이라고.

① 팔러 엑스 Parlour X

셀린느, 끌로에, 꼼데가르송, 이자벨 마랑 등 디자이너 브랜드를 모아놓은 럭셔리 셀렉트 숍.

주소 261 Oxford St **홈페이지** parlourx.com

② 아크네 스튜디오 Acne Studios

미니멀하고 모던한 감각이 돋보이는 스웨덴의 패션 브랜드.

주소 28 Glenmore Rd
홈페이지 www.acnestudios.com

③ 스캔런 시어도어 Scanlan Theodore

모던하고 심플한 호주의 디자이너 브랜드. 쇼핑보다는 인증샷을 찍기 좋은 매장이다.

주소 122 Oxford St
홈페이지 scanlantheodore.com/au

④ 짐머만 Zimmermann

패딩턴 마켓에서 수제 의류를 만들어 팔던 니키와 시몬 짐머만 자매의 브랜드. 사랑스러운 프린트 원피스와 액세서리가 주력 아이템.

주소 2/2-16 Glenmore Rd
홈페이지 zimmermannwear.com

⑤ 베이시크 Bassike

오가닉 코튼 저지와 데님으로 유명한 호주의 디자이너 브랜드.

주소 26 Glenmore Rd **홈페이지** bassike.com

⑥ 이솝 Aēsop

국내에서도 인기 많은 이솝은 호주의 대표적인 코스메틱 브랜드.

주소 3A Glenmore Rd **홈페이지** aesop.com

시드니 해안 지역
Beachside Suburbs

해변의 도시 시드니의 진짜 모습을 만나다

시드니 주변에는 서핑과 수영을 즐기기 좋은 해변이 100곳이 넘는다. 해변으로 밀려오는 파도의 세기와 높이가 적당해 서퍼들에게 사랑받는 최고의 명당이다. 시드니 하버 국립공원으로 지정된 주변의 해안과 섬은 시드니의 스카이라인을 감상할 수 있는 전망 포인트이며, 서큘러 키에서 해변까지 페리를 타고 떠나는 바닷길 자체도 멋진 볼거리다. 주말의 교통 요금 상한제를 활용하면 평일보다 할인된 요금으로 페리를 이용할 수 있다. 사진으로만 봤던 본다이 비치의 절경을 눈으로 직접 확인해보자.

⑪
왓슨스베이
Watsons Bay

추천

버스를 타고
왓슨스베이와
본다이 비치를 쉽게
오갈 수 있어요!

아찔한 해안 절벽

페리를 타고 도착한 왓슨스베이는 낭만적인 해변이다. 고급 시푸드 레스토랑 도일스 온 더 비치Doyles on the Beach 앞 해변은 경사가 완만해서 아이들도 놀기 좋은 환경이다. 특별할 것 없는 첫인상을 뒤로한 채 공원을 가로질러 갭 블러프Gap Bluff 전망대까지 5분만 걸어가면 거친 파도가 부서지는 해안 절벽을 마주하게 된다. 바다를 향해 툭 튀어나온 사우스헤드곶 길목에 해당하는 지점으로, 절벽 위에 자리 잡은 해안 마을과 시드니 고층 빌딩이 대비되는 장면이 무척 이색적이다. 시간이 충분하다면 혼비 등대Hornby Lighthouse까지 한 바퀴 돌아오는 사우스헤드 헤리티지 트레일을 따라 걸어보자. 끝 지점인 캠프 코브Camp Cove에는 1788년 1월 21일 아서 필립 총독의 상륙 기념비가 세워져 있고, 로컬들만 찾아오는 아늑한 해변도 곳곳에 숨어 있다. 운이 따라준다면 북쪽으로 이동하는 고래 떼를 목격하게 될지도 모른다. 페리 선착장에서부터 왕복 3km가량 걸어야 하기 때문에 편한 복장은 필수이며 간식과 물도 꼭 지참하도록 한다.

📍 **지도** P.060 **가는 방법** 서큘러 키에서 페리(F9 또는 캡틴 쿡 크루즈)로 25분, 본다이 비치에서 380번 버스로 30분(Old South Head Rd at Salisbury St 정류장 하차) **주소** Watsons Bay Wharf

02

본다이 비치 추천

Bondi Beach

 지도 P.063 **해변 운영** 24시간(무료)
수영장 운영 06:00~18:30
수영장 휴무 목요일 수영장
요금 \$9(사물함, 타월 대여료 별도)
홈페이지 icebergs.com.au

초승달을 닮은 시드니 최고의 해변

황금빛의 본다이 비치는 수영과 서핑에 최적의 조건을 갖춘 시드니의 대표 해변이다. 백패커 익스프레스로 불리는 이안류 파도가 강하게 몰아치는 남쪽 끝 구역이 서퍼들의 모험심을 자극한다. 한마디로 본다이 비치에는 바다로 뛰어들 기회만 있다면 기꺼이 몸을 던지는 시드니사이더들로 가득하다는 뜻! 본다이 비치에서 해수욕을 할 때는 노란색과 빨간색 깃발로 표시된 안전지대를 반드시 확인할 것. 바다와의 경계가 모호해 더욱 환상적으로 보이는 본다이 아이스버그 수영장Bondi Icebergs Swimming은 천연 암반 지형에 바닷물을 채워 만든 오션 풀이다. 구조대원들이 이곳에서 겨울에도 체력 훈련을 하려고 결성한 수영 클럽이 1929년부터 명맥을 이어오고 있다. '아이스버그 멤버' 정회원이 되려면 무려 5년 동안 5~9월(호주의 겨울) 일요일 중 최소 3회는 출석해야 한다. 이런 까다로운 조건 때문에 기상 상황이 허락하는 한 사계절 내내 수영장을 오픈하는 것이 원칙이다. 입장료를 내면 일반인도 사용 가능하지만 수심이 깊고, 파도가 심한 날에는 바닷물이 들이치는 경우가 있으니 수영에 능숙한 사람에게만 권한다.

본다이 비치 가는 방법

시드니 중심가 쪽에서는 한번에 가는 버스를 이용하는 것이 가장 편리하다. 하차 지점은 본다이 비치 메인 도로인 캠벨 퍼레이드 Campbell Parade 바로 앞이 해변이라 내리는 장소를 쉽게 알아볼 수 있다.

❶ 시드니 중심가 또는 패딩턴에서 갈 때
버스(333번)로 40~45분
❷ 다른 지역에서 갈 때 기차(T4)로
본다이정션Bondi Junction역까지 이동 후
버스(333·380번)로 환승
❸ 왓슨스베이에 들러서 갈 때 버스(380번)로 20분

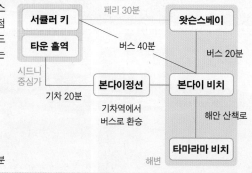

페리 30분

서큘러 키

타운 홀역

시드니
중심가

버스 40분

기차 20분

본다이정선

기차역에서
버스로 환승

왓슨스베이

버스 20분

본다이 비치

해안 산책로

타마라마 비치

해변

FOLLOW
UP

해안 절벽 산책과 오션뷰까지
본다이 비치의 또 다른 즐거움

● 코스털 워크

해안 절벽 지대를 따라 걷는 전망 좋은 산책로. 본다이 비치에서 브론테 비치Bronte Beach까지 4km, 쿠지 비치Coogee Beach까지 총 6km다. 가장 가까운 타마라마 비치Tamarama Beach까지는 1km 남짓이니, 초승달 모양의 해변 전경을 감상할 수 있는 이곳의 매켄지 포인트 전망대Mackenzie's Point Lookout는 꼭 다녀오자. 운동화만 신으면 걷기 좋게 잘 정비되어 있으며, 본다이 아이스버그 수영장 쪽에서 출발한다.

● 해변 전망 맛집

해변 중앙에는 해수욕장 편의 시설 용도로 1929년에 개관한 본다이 파빌리온Bondi Pavilion이 남아 있다. 탈의실과 물품 보관함은 여전히 사용하고 나머지 공간에는 레스토랑이 들어서 있다. 해변에 파라솔과 의자를 내놓고 영업하니 자리를 잡고 앉아 맥주와 함께 피시앤칩스를 맛봐도 좋다. 높은 곳에서 해변을 내려다보고 싶다면 본다이 아이스버그 수영장 건물의 루프톱 카페로 가면 된다. 로컬 맛집으로는 해변에서 도보 10분 거리인 피시몽거스 본다이Fishmongers Bondi를 추천한다.

● 캠벨 퍼레이드

해변과 나란하게 이어지는 메인 도로 캠벨 퍼레이드는 버스 하차 지점이자 현지인과 관광객이 뒤섞이며 시드니 도심 못지않게 북적대는 번화가다. 주말에는 공립학교 부지를 활용해 마켓도 열린다. ➡ P.081

맨리 비치
Manly Beach

볼거리 많은 낭만적인 해변

시드니 하버 국립공원 북쪽에 위치한 또 다른 대표 해변이다. 바닷속 산호초가 파도를 증폭시키는 천혜의 환경 덕분에 1964년 세계 최초의 서핑 대회가 열리기도 했다. 버스로 가는 방법도 있지만 페리를 타고 시원한 바닷바람을 맞으며 가다 보면 금세 도착한다. 페리 선착장에 내려 보행자 전용 도로인 코르소The Corso를 따라 걸으면 곧바로 해변이 나온다. 양쪽으로 야자수가 늘어선 거리에서 흥겨운 공연이 펼쳐지며 휴양지다운 분위기로 가득하다. 모래사장 면적은 본다이 비치보다 작지만 오히려 아늑하고 깨끗해서 맨리 비치를 더 선호하는 사람도 많다. 맨리 비치 남쪽으로 셸리 비치Shelly Beach까지 이어지는 해안 산책로에서는 천연의 암반 지형을 이용해 만든 록 풀을 흔히 볼 수 있다. 전망 좋은 브런치 레스토랑인 보트하우스The Boathouse나 마음에 드는 노천카페에 자리를 잡고 앉아 시드니 사람들과 여유로운 일상을 공유해보자. 주말에 열리는 맨리 비치 마켓도 재미있는 볼거리다.

⑭ 노스헤드 추천
North Head

○
지도 P.060
가는 방법 서큘러 키에서 일반 페리(F1)로 30분, 또는 직행 페리(Manly Fast Ferry)로 20~25분
주소 Manly Wharf Forecourt, East Esplanade, Manly
운영 해변 24시간, 비지터 센터 10:00~16:00
홈페이지 hellomanly.com.au

> 주말에는 대중교통 요금이 저렴해 맨리 비치를 왕복할 때는 일반 페리를 타는 것이 유리해요!

시드니 하버의 환상적인 전망

먼바다에서 시드니 하버로 들어가는 물길을 감시하는 2개의 곳을 '시드니 헤드Sydney Heads'라고 한다. 그중 한 곳이 왓슨스베이가 위치한 사우스헤드, 다른 한 곳은 맨리 비치의 노스헤드다. 버스를 타고 종점까지 올라가면 시드니 하버와 포트잭슨만의 전경이 한눈에 들어오는 전망 포인트에 도착한다. 노스헤드에는 1832년부터 1984년까지 사용한 검역소 건물도 여러 채 남아 있는데 현재는 호텔과 박물관, 엔터테인먼트 시설인 큐스테이션Q-Station으로 운영한다. 버스를 타고 올라가다 중간에 내려서 걸어간다.

○
지도 P.060
가는 방법 맨리 워프에서 161번 버스로 15분(종점 하차)
※버스는 오전부터 저녁까지만 운행
주소 N Head Sanctuary Visitor Centre
운영 24시간
요금 무료 ※국립공원 내 주차료 별도

시드니 맛집

호주 제1의 도시답게 시드니의 음식 문화는 세계적 수준이다. 오페라하우스가 보이는 창가에 앉아 파인다이닝 코스 요리를 즐길 수 있으며, 싱싱한 해산물 요리와 소고기 스테이크는 물론 다양한 색채의 아시아 요리까지 만족스러운 미식 여행이 가능하다.

> 호주에서는 미슐랭 스타 대신 셰프의 모자chef's hat 개수로 맛집을 평가해요. 12~19까지 숫자가 높을수록 최고의 레스토랑이라는 뜻!

베넬롱 ⟨17⟩
Bennelong

위치 오페라하우스 내부
유형 유명 맛집
주메뉴 파인다이닝

☺→ 시드니 오페라하우스의 상징
☹→ 예약 필수, 예약 경쟁 치열

베넬롱 포인트에 세워진 시드니 오페라하우스 맨 앞쪽 건물에 입점해 존재 자체로 상징성을 갖는 시드니 대표 맛집이다. 조개껍데기 모양을 한 지붕의 곡선이 인상적인 메인 다이닝 룸에서 창밖의 하버 브리지와 서큘러 키 풍경을 보며 식사할 수 있다. 시드니의 스타 셰프 피터 길모어가 호주 본연의 식재료를 이용해 모던 호주식을 선보인다. 공연 전 식사에 적합하도록 코스 가짓수를 간소화한 덕분에 피터 길모어의 대표 레스토랑인 키Quay(스리햇 레스토랑)에 비해 가격대가 조금 저렴한 편이다. 다만 예약 경쟁이 치열해 방문 준비를 일찍 시작해야 한다.

📍
가는 방법 서큘러 키에서 도보 6분, 오페라하우스 Level 2
주소 Bennelong Point **운영** 런치 금~일요일
12:00~14:00, 디너 월~토요일 17:30~20:45
예산 3코스 $210, 런치 2코스 $125
홈페이지 bennelong.com.au

아리아 ⟨17⟩
ARIA

위치 오페라하우스 주변
유형 유명 맛집
주메뉴 파인다이닝

☺→ 시각과 미각의 하모니
☹→ 높은 가격, 예약 필수

1999년부터 키, 베넬롱과 함께 오페라하우스 3대 파인다이닝으로 손꼽히는 레스토랑. 서큘러 키, 하버 브리지, 오페라하우스가 한 화면에 담기는 파노라마 뷰 다이닝 룸에서 섬세한 요리를 대접받는 모든 과정이 즐겁다. 공연 전 방문하는 사람을 위해 4코스로 구성한 프리 시어터 메뉴도 있지만, 시간이 충분하다면 테이스팅 코스를 주문하는 게 좋다. 예약은 필수이며 드레스 코드는 스마트 캐주얼이다. 오너 셰프 맷 모란은 아리아 외에도 달링하버의 바랑가루 하우스, 스테이크 전문점 찹 하우스 등의 핫 플레이스를 운영하고 있으니 시드니를 여행한다면 그의 레스토랑 한 곳쯤은 방문해보자.

📍
가는 방법 서큘러 키에서 도보 4분
주소 1 Macquarie St **운영** 런치 목~토요일 12:00~13:30,
디너 매일 17:00~22:30 **휴무** 일요일
예산 테이스팅 코스 $290, 평일 런치 2코스 $120
홈페이지 ariasydney.com.au

오페라 바
Opera Bar

위치	오페라하우스 내부
유형	유명 맛집
주메뉴	스낵, 칵테일

☺ → 브레이크 타임 없음
☹ → 무난한 수준의 음식

오페라하우스 광장에서 하버 브리지 방향으로 내려가면 파라솔을 펼쳐놓은 수십 개의 테이블이 보인다. 화창한 날 야외 테이블에 앉아 시드니 하버의 여유로움을 만끽하고 싶을 때 어울리는 장소다. 레스토랑 아리아의 셰프 맷 모란이 음식을 큐레이팅하는 오페라 바를 포함해 커피나 음료, 가벼운 스낵을 주문할 수 있는 레스토랑과 카페가 여럿 있다.

📍 **가는 방법** 오페라하우스 근처
주소 Macquarie St
운영 11:00~24:00(금 · 토요일 00:30까지)
예산 $20~40
홈페이지 operabar.com.au

MCA 카페
MCA Café

위치	오페라하우스 주변
유형	로컬 맛집
주메뉴	식사, 음료

☺ → 완벽한 전망
☹ → 날씨의 영향을 받음

서큘러 키 기차역 바로 옆 현대미술관을 방문한다면 루프톱(Level 4)에 꼭 올라가보자. 미술관을 구경하다가 잠시 들러 음료수를 마시거나 피시앤칩스, 샌드위치로 가볍게 요기할 수 있는 이곳은 베넬롱 포인트 건너편의 오페라하우스와 서큘러 키가 보이는 최고의 전망을 자랑한다. 단, 항구 앞에 초대형 크루즈가 정박했을 때는 시야를 가릴 수도 있다.

📍 **가는 방법** 서큘러 키에서 도보 5분
주소 4/140 George St
운영 07:00~17:00(토요일 09:00부터, 일요일 10:00부터)
예산 $15~25
홈페이지 mca.com.au

셀시우스 커피 & 다이닝
Celcius Coffee & Dining

위치	하버 브리지 건너편
유형	로컬 맛집
주메뉴	브런치, 커피

☺ → 전망과 맛 모두 만족
☹ → 웨이팅 있고 교통이 번거로움

좀 더 특별한 경험을 원한다면 키리빌리 선착장 끝에 자리한 이 카페를 방문해보자. 창가 자리 경쟁이 치열해 이른 오전 오픈런을 해야 웨이팅을 피할 수 있다. 겉보기에는 허름한 컨테이너 하우스지만 신선한 재료로 만든 브런치 메뉴와 스페셜티 커피로 맛과 비주얼 모두 만족시킨다. 페리를 타고 가면서 감상하게 되는 시드니 하버 풍경은 최고!

📍 **가는 방법** 서큘러 키에서 페리(F5)로 6분 **주소** Kirribilli Wharf
운영 월~금요일 07:30~14:30, 토 · 일요일 08:00~15:00
예산 $20~30 **홈페이지**
www.celsiuscoffee.com.au

시드니 피시 마켓
Sydney Fish Market

위치 달링하버 서쪽
유형 로컬 맛집
주메뉴 해산물

☺ → 가성비 최고!
☹ → 오후 3시까지만 영업

호주 최대 규모의 수산 시장으로 시끌벅적하면서도 활기 넘치는 분위기이고, 무엇보다 방금 잡아 온 싱싱한 해산물을 맛볼 수 있다. 레스토랑과 바, 카페도 있지만 굴, 피시앤칩스, 스시, 랍스터구이를 종류별로 구입해 매장 옆 테이블이나 건물 밖에 마련된 테라스에서 먹는 것을 추천한다. 문 닫기 1시간 전인 오후 3시까지는 도착해야 음식을 살 수 있다. 실제로 경매가 이루어지는 현장을 구경하고 싶다면 별도의 투어를 신청해야 한다.

📍 **가는 방법** 라이트 레일 피시 마켓 Fish Market역에서 도보 4분 **주소** Bank St & Pyrmont Bridge Rd **운영** 07:00~16:00 **예산** $20~ (메뉴별로 다름) **홈페이지** sydneyfishmarket.com.au

닉스 시푸드 레스토랑
Nick's Seafood Restaurant

위치 달링하버 쇼핑센터
유형 유명 맛집
주메뉴 해산물

☺ → 달링하버의 시그너처 맛집
☹ → 높은 가격대의 관광 레스토랑

늦은 오후 항구를 바라보며 한껏 낭만을 느끼는 것이야말로 달링하버에서만 가능한 즐거움! 코클 베이 워프 쇼핑센터 내에 있는 대형 레스토랑 중에서 가장 인기가 많은 해산물 전문점이다. 랍스터와 새우, 굴 등 해산물을 푸짐하게 담아주는 시푸드 플래터가 대표 메뉴다. 여러 명이 나눠 먹을 만한 단품 메뉴가 많아 일행과 함께 방문하기 좋다. 단체 손님을 받을 만큼 규모가 큰 곳이라 퇴근한 직장인들까지 합류하는 저녁 무렵이면 더욱 북적인다.

📍 **가는 방법** 마켓 스트리트에서 도보 10~15분 **주소** Cockle Bay Wharf **운영** 런치 11:30~15:00, 디너 17:00~22:00 **예산** 단품 요리 $42~60, 시푸드 플래터(2인) $165~210 **홈페이지** nicksgroup.com.au

도일스 온 더 비치
Doyles on the Beach

위치 왓슨스베이 선착장
유형 유명 맛집
주메뉴 해산물

☺ → 전통 있는 레스토랑
☹ → 높은 가격과 불편한 위치

1885년 왓슨스베이에 문을 연 이래 도일 가문이 대를 이어 운영해온 유서 깊은 레스토랑이다. 시드니에서 해수욕을 즐기러 온 사람들을 상대로 장사하던 곳이라 휴양지 느낌의 본관 건물이 인상적이다. 시드니 스카이라인을 감상하며 즐기는 식사는 훌륭하지만, 단품 메뉴 가격이 $50~70에 달할 정도로 비싸다는 것이 단점. 페리 선착장 앞 테이크아웃 매장에서 피시앤칩스를 구입해 해변에 앉아 먹는 것이 합리적인 대안일 수 있다.

📍 **가는 방법** 서큘러 키에서 페리(F9) 또는 캡틴 쿡 크루즈로 25분 **주소** 11 Marine Parade **운영** 런치 11:45~15:00(토 · 일요일 16:00까지), 디너 17:00~20:30 (토요일 17:30~21:00, 일요일 17:30 ~20:00) **예산** 피시앤칩스 $55.9, 시푸드 플래터(2인) $209 **홈페이지** doyles.com.au

해리스 카페 드 휠
Harry's Café de Wheels

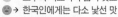

셀럽들이 다녀간 핫플이 궁금하다면 1권 P.066의 맛집 정보를 함께 확인해보세요.

위치 울루물루 선착장
유형 유명 맛집
주메뉴 미트 파이, 핫도그

☺ → 호주의 시그니처 음식 맛보기
☹ → 한국인에게는 다소 낯선 맛

바삭한 파이 속에 고기를 채운 영국식 미트 파이로 소문난 가게. 1930년대 해군 기지 앞 부둣가의 간이 캐러밴 카페에서 'pie n' peas(파이와 완두콩)'를 팔기 시작했는데, 군인과 선원들이 밤 늦게 찾아와 즐겨 먹는 간식으로 입소문 나면서 현재의 매장으로 자리 잡았다. 미트 파이가 한국인 입맛에는 다소 생소할 수 있기 때문에 취향에 따라 재료를 고를 수 있다는 것도 장점이다. 본점은 울루물루 핑거 워프 바로 앞에 있는데 다소 외진 지역이니 낮에 방문하거나 시드니 달링 쿼터 매장에서 맛보자.

가는 방법 뉴사우스웨일스 주립 미술관에서 도보 7분
주소 Cowper Wharf Roadway & Dowling St
운영 평일 09:00~22:00(금요일 23:30까지), 토요일 10:00~23:30, 일요일 10:00~22:00
예산 $12~18
홈페이지 harryscafedewheels.com.au

 주문 방법

미트 파이를 주문할 때는 속 재료를 선택할 수 있다. 마지막에 끼얹어주는 그레이비 소스를 원하지 않는다면 "Without sauce, please."라고 요청할 것.

속 재료 종류
비프 민스 파이 Beef Mince Pie 다진 소고기를 그레이비 소스에 버무린 기본 파이
비프 파이 Beef Pie 고깃덩어리가 약간 씹히는 그레이비 소스를 사용한 파이
스테이크 앤드 머시룸 파이 Steak and Mushroom Pie 버섯을 넣어 느끼함이 조금 덜한 파이
베지터블 파이 Vegetable Pie 고기는 빼고 감자, 터닙(유럽 원산지 순무), 호박을 넣어 만든 파이

추천 메뉴
타이거 파이 Tiger Pie 으깬 완두콩과 으깬 감자를 듬뿍 올리고 그레이비 소스를 끼얹은 클래식 미트 파이
칠리 도그 Chilli Dog 빵에 소시지를 끼우고 매콤한 칠리 소스를 끼얹은 핫도그

팬케이크 온 더 록스
Pancakes on the Rocks

위치	록스 골목
유형	유명 맛집
주메뉴	팬케이크

😊 → 넉넉한 공간, 합리적 가격
😞 → 일반적인 관광 맛집

1975년부터 영업하고 있는 록스의 브런치 명소다. 미국 로드 트립 중 영감을 받아 만들었다는 버터밀크 팬케이크가 대표 메뉴다. 달걀과 해시 브라운, 소시지를 곁들여 푸짐한 한 끼 식사를 해도 좋고, 늦은 오후 커피와 함께 디저트를 즐겨도 괜찮다. 브런치 전문점이지만 하루 종일 영업하며 휴무 시간도 없어 이용하기 편하다. 예약은 전화로만 가능하다고 공지되어 있는데, 굳이 예약해서 갈 만한 곳은 아니고 부담 없이 가서 식사하기 좋은 패밀리 레스토랑 스타일이다. 아이들을 위한 메뉴도 따로 준비되어 있다. 중심가 달링 스퀘어, 골드코스트 서퍼스 파라다이스에도 매장이 있다.

📍 **가는 방법** 서큘러 키에서 도보 10분
주소 22 Playfair St
운영 일~목요일 07:30~24:00,
금·토요일 07:30~02:00
예산 $16~20
홈페이지 pancakesontherocks.com.au

빌스
Bills

위치	달링허스트 주택가
유형	로컬 맛집
주메뉴	브런치

😊 → 예쁜 브런치 카페
😞 → 교통 불편

서울과 도쿄, 런던에도 매장을 낸 빌 그랜저 셰프의 첫 번째 레스토랑이다. 상업적 분위기의 패밀리 레스토랑 형태로 꾸민 서울 지점을 경험해봤다면 달링허스트 주택가에 자리한 빌스 본점이 무척 특별하게 느껴질 것이다. 시드니 특유의 주택인 테라스 하우스 구조를 그대로 살리고, 중앙에는 커뮤널 테이블을 배치해 따뜻한 분위기다. 동네 사람도, 소문을 듣고 찾아온 여행자도 함께 앉아 식사할 수 있도록 했다. 리코타 치즈를 넣어 폭신하게 구워낸 핫케이크, 유기농 달걀로 만든 오믈렛, 과일 요구르트 등 호주식 브런치를 맛볼 수 있다.

📍 **가는 방법** 기차 킹스크로스King's Cross역에서 도보 8분
주소 433 Liverpool St
운영 07:30~15:00
예산 핫케이크 $32, 토스트 $20
홈페이지 bills.com.au

파라마운트 커피 프로젝트
Paramount Coffee Project

위치 서리힐스 주택가
유형 로컬 맛집
주메뉴 커피, 토스트

☺ → 수준급 커피 맛
☹ → 인기 맛집이라 웨이팅 필수

서리힐스 한복판에 이른 아침부터 북적이는 장소가 있다면 싱글 오 커피 아니면 여기! 서리힐스의 부티크 호텔 파라마운트와 멜버른의 세븐 시드 커피 로스터스가 합작해 만든 브런치 카페. 정성껏 그려주는 라테아트가 수준급이라 기분이 좋아진다. 아보카도, 오믈렛, 달걀 등을 얹어주는 토스트가 시그너처 메뉴. 차조기잎을 넣거나 시치미토가라시를 뿌려 느끼함을 잡아준다. 헤비한 음식도 괜찮다면 프라이드치킨 와플이나 달걀 반숙에 빵가루를 입혀 바삭하게 튀겨낸 크럼드 에그crumbed egg 토스트를 주문해보자.

📍
가는 방법 하이드 파크에서 도보 6분
주소 80 Commonwealth St
운영 07:00~16:00
예산 카푸치노 $5~6, 토스트 $27
홈페이지 paramountcoffeeproject.com.au

에스터 🎩
Ester Restaurant

위치 치펜데일 주변
유형 로컬 맛집
주메뉴 파인다이닝

☺ → 익숙한 재료의 새로운 맛
☹ → 일부러 찾아가야 하는 위치

치펜데일다운 힙한 분위기에서 매트 린지 셰프의 감각적인 요리를 즐겨보자. 해산물과 육류 외에 감자나 소시지 등 소박한 재료도 즐겨 사용하는데, 맛과 스타일에서 트렌드를 놓치지 않는다. 메뉴 이름이 복잡하지 않고 간단한 재료명만 알려주는 식이며, 요리를 보통 장작 오븐에 조리하는 것이 특징이다. 단품 메뉴도 있으나 저녁 시간에는 대부분 다양한 요리를 맛볼 수 있도록 타파스처럼 작은 접시에 담아 서빙하는 세트 메뉴를 주문한다. 제철 식재료를 이용해 시즌마다 특별 메뉴를 선보이기도 한다. 홈페이지에서 온라인 예약을 받는데 인기가 높아서 서둘러야 한다.

📍
가는 방법 기차 센트럴Central역에서 도보 15분
주소 46-52 Meagher St **운영** 런치 토 · 일요일 12:00~15:30, 디너 월~토요일 18:00~22:00
예산 단품 $29~40, 세트 메뉴 $125
(토요일 저녁에는 세트 메뉴만 주문 가능)
홈페이지 ester-restaurant.com.au

그라운드 오브 알렉산드리아
The Grounds of Alexandria

위치	알렉산드리아 주택가
유형	로컬 맛집
주메뉴	커피, 브런치, 디너

- 😊 → 다양한 콘셉트의 여러 메뉴 제공
- 😊 → 중심가에서 꽤 먼 거리

넓은 정원을 여러 섹션으로 나누어 테마파크처럼 꾸민 푸드 홀로 다양한 식당을 이용할 수 있다. 크리스마스와 특별한 이벤트에 맞춰 장식을 달리하고, 눈길 닿는 모든 곳을 포토존처럼 꾸며놓았다. 카페The Café에서는 오후 4시까지 음료와 간단한 브런치 메뉴를, 포팅 셰드Potting Shed에서는 런치와 디너에 맞는 육류나 해산물 요리를 판매한다. 온실에서 영국식 하이 티(애프터눈 티)를 즐기는 글라스하우스Glasshouse도 있다. 시드니 CBD에도 비슷한 이름의 브런치 카페 '그라운드 오브 더 시티The Grounds of the City'가 있는데 콘셉트와 메뉴는 전혀 다르다. 둘 중 한 곳을 선택해야 한다면 이곳을 추천한다.

> 2024년 9월에는 '그라운드 커피 팩토리'라는 대형 카페도 새로 열었어요. 알렉산드리아에서 차로 6분, 버스로 30분 거리에 있답니다.

🔵 **가는 방법** 기차 그린 스퀘어Green Square역에서 도보 13분
주소 7a/2 Huntley St, Alexandria
운영 07:00~16:00(주말 07:30부터)
요금 단품 $25~40, 하이 티 $95
홈페이지 thegrounds.com.au

박스터 인
The Baxter Inn

위치	퀸 빅토리아 빌딩 수변
유형	로컬 맛집
주메뉴	위스키, 칵테일

- 😊 → 아는 사람만 아는 특별한 장소
- 😊 → 약간 으슥한 곳에 위치

시드니의 나이트라이프를 체험하고 싶다면 주저 없이 이곳을 추천한다. 가드가 지키고 서 있는 입구를 지나 지하실 계단 끝 육중한 출입문을 열면 시끌벅적한 위스키 바가 나타난다. 겉보기에는 평범한 통로 같은데 지하에 분위기 있는 멋진 공간이 숨어 있다. 주문과 계산은 바에서 바텐더에게 직접 하고, 자유롭게 자리를 골라 분위기를 즐기면 된다.

🔵 **가는 방법** 라이트 레일
QVB역에서 도보 4분
주소 152~156 Clarence St
운영 16:00~03:00
요금 칵테일 $25
홈페이지 thebaxterinn.com

싱글 오 커피
Single O Coffee

위치	서리힐스 주택가
유형	로컬 맛집
주메뉴	스페셜티 커피, 브런치

☺ → 시드니 3대 커피 경험
☹ → 좌석이 적어 웨이팅 필수

2003년부터 서리힐스를 지켜 온 스페셜티 커피 전문점. 테이크아웃과 브런치 코너를 따로 운영하는데, 이왕이면 자리에 앉아 분위기를 즐기길 추천한다. 토스트, 샐러드와 커피가 잘 어우러진다. 손님이 직접 커피를 따라 마시게끔 필터 탭도 설치해두었다. 데일리 플라이트 Daily Flight를 선택해 세 가지 맛의 싱글 오리진 커피를 맛보자.

ⓘ
가는 방법 기차 센트럴Central역에서 도보 7분
주소 60-64 Reservoir St
운영 평일 07:00~15:00, 주말 08:00~15:00
요금 필터 커피 $6, 필터 플라이트 $50, 브런치 $16~30
홈페이지 singleo.com.au

검션 바이 커피 알케미
Gumption by Coffee Alchemy

위치	스트랜드 아케이드 내부
유형	유명 맛집
주메뉴	스페셜티 커피

☺ → 아케이드 분위기 즐기기
☹ → 매장이 매우 작음

시드니에서 가장 유명한 로스터리 '커피 알케미'에서 운영하는 카페. 좋은 커피를 찾아내려면 노력이 필요하다는 의지를 담아 상호에 진취성gumption이라는 뜻의 단어를 사용할 만큼 맛에 대한 자부심이 남다르다. 매장이 매우 작은데 약간의 추가 요금을 내면 고풍스러운 스트랜드 아케이드 통로에 자리한 테이블에서 커피를 마실 수 있다.

ⓘ
가는 방법 라이트 레일 QVB역에서 도보 3분, 스트랜드 아케이드 Level G
주소 Shop 11, The Strand Arcade
운영 평일 08:30~16:00, 토요일 10:00~16:00, 일요일 11:00~15:00 **요금** 커피 $6(샷 추가 또는 우유 종류에 따라 요금 추가)
홈페이지 coffeealchemy.com.au

메카 커피
Mecca Coffee

위치	시드니 CBD & 알렉산드리아
유형	유명 맛집
주메뉴	스페셜티 커피

☺ → 맛있는 커피 한잔
☹ → 중심가에서 먼 거리

호주에 스페셜티 커피 물결이 일기 시작한 초창기부터 생산지별로 고급 원두를 선별하고, 직접 로스팅하면서 시드니의 커피 문화를 이끈 로스터리 카페. 시드니 CBD점은 테이크아웃만 가능하다. 시간 여유가 있다면 넉넉한 공간에서 커피와 식사를 즐길 수 있는 알렉산드리아의 로스터리를 방문해보자.

ⓘ
가는 방법 기차 그린 스퀘어 Green Square역에서 도보 3분
주소 26 Bourke Rd
운영 평일 07:30~15:00, 주말 08:00~15:00
요금 커피 $5~6
홈페이지 meccacoffee.com.au

블랙 스타 페이스트리
Black Star Pastry

위치 퀸 빅토리아 빌딩 주변
유형 유명 맛집
주메뉴 디저트

😊→ 예쁜 비주얼과 맛
😒→ SNS 핫플을 싫어한다면 별로

장미 꽃잎과 과일로 장식한 조각 케이크를 보면 누구든 이곳이 SNS 핫플임을 알 수 있다. 여러 겹의 레이어마다 다른 재료를 채웠는데, 필링으로 수박을 넣고 토핑으로 딸기 장식을 얹은 스트로베리 워터멜론 케이크와 핑크빛 스트로베리 워터멜론 라테가 시그너처 메뉴. 달콤하면서도 시원한 식감이 만족스럽다. 아래층에서 주문하고 위층으로 올라가 자리를 잡는다.

📍 **가는 방법** 라이트 레일 QVB역에서 도보 2분, 갤러리스 쇼핑센터 Level G
주소 500 George St
운영 평일 08:00~18:00, 주말 09:00~18:00
예산 음료 $5~8, 케이크 $9~12
홈페이지 blackstarpastry.com

버크 스트리트 베이커리
Bourke Street Bakery

위치 서리힐스 주택가
유형 유명 맛집
주메뉴 파이, 타르트

😊→ 사랑스러운 동네 베이커리
😒→ 기다림을 감수해야 함

서리힐스 주택가에서 동네 빵집으로 시작해 시드니 대표 베이커리로 자리 잡은 곳이다. 중심가에 매장이 많은데도 일부러 본점까지 찾아오는 사람들이 끊임없이 줄을 선다. 매장이 아주 작은 데 비해 판매하는 빵 종류는 매우 다양하다. 미트 파이, 소시지 롤, 샌드위치는 든든한 한 끼로 충분하고 달콤한 타르트나 케이크는 커피와 함께 먹으면 더욱 맛있다.

📍 **가는 방법** 라이트 레일 서리힐스 Surry Hills역에서 도보 4분
주소 633 Bourke St
운영 평일 07:00~18:00, 주말 07:00~17:00
요금 파이류 $8~12 **홈페이지** bourkestreetbakery.com.au

코이 디저트 바
Koi Dessert Bar

위치 치펜데일 그린 주변
유형 유명 맛집
주메뉴 타르트

😊→ 특별한 맛의 디저트 경험
😒→ 가격이 높은 편

호주 경연 프로그램 〈마스터 셰프〉 출연자 레이널드 포어노모가 운영하는 고급 디저트 바. 더없이 팬시한 분위기가 눈과 입을 즐겁게 하는 디저트 천국이다. 일반 카페로 운영하는 1층에서는 단품 타르트와 음료를 판매하고, 예약제로 운영하는 2층에서는 분기별로 콘셉트를 달리하는 파인다이닝 요리와 디저트 코스, 하이 티(애프터눈 티) 등을 맛볼 수 있다.

📍 **가는 방법** 기차 센트럴Central역에서 도보 13분
주소 6 Central Park Ave
운영 11:00~22:00 휴무 월요일
요금 단품 타르트 $16~20, 코스 메뉴 $165
홈페이지 koidessertbar.com.au

시드니 쇼핑

하이드 파크 서쪽 세인트제임스 기차역 앞에서 시작되는 마켓 스트리트 일대가
시드니의 중심 쇼핑가다. 200m 길이의 보행자 전용 도로인 피트 스트리트에 피트
스트리트 몰이 있고, 조지 스트리트와 교차하는 지점마다 시드니의 유서 깊은 쇼핑
아케이드와 대형 백화점, 쇼핑센터가 자리해 쇼핑하기 편하다.

목요일은 쇼핑 데이!
평소에는 상점과 백화점 모두
일찍 문을 닫는데 목요일에는
밤늦게까지 영업하는 곳이 많아요.

여긴 꼭 가봐야 해!

역사가 살아 숨 쉬는 쇼핑몰, 퀸 빅토리아 빌딩 ▶ P.049
시드니에서 가장 오래된 쇼핑 아케이드, 스트랜드 아케이드 ▶ P.048
디자이너 부티크 거리, 옥스퍼드 스트리트 ▶ P.059

웨스트필드 시드니
Westfield Sydney

위치 마켓 스트리트 중앙
유형 쇼핑센터
특징 식사와 쇼핑을 한번에

시드니에서 가장 높은 건물인 타워 아이 전망대 바로 아래쪽의 마켓 스트리트를 걷다 보면 가장 먼저 눈에 띄는 복합 쇼핑센터. 피트 스트리트 몰을 사이에 두고 마이어 백화점, 스트랜드 아케이드와 연결되어 있다. 전망대로 올라가는 입구(Level 5) 쪽에 자리한 대중적인 체인 레스토랑이나 마이어 백화점 지하의 푸드 코트에서 간단하게 끼니를 해결해도 좋다.

가는 방법 하이드 파크에서 도보 5분
주소 Cnr Pitt St Mall and, Market St
운영 09:30~19:00(목요일 21:00까지, 일요일 10:00부터)
홈페이지 westfield.com.au/sydney

디목스
Dymocks Sydney

위치 스트랜드 아케이드 옆
유형 서점 & 기념품점
특징 오래 머무르고 싶은 서점

월터 디목Walter Dymock이 창업한 디목스는 1879년부터 명맥을 이어온 대형 서점이다. 1922년 옛 로열 호텔 건물을 인수, 서점 전용 건물로 전환해 100만여 권의 장서를 진열하면서 한때 세계 최대 서점으로 불리기도 했다. 빌딩과 빌딩 사이를 천장으로 덮어 만든 아케이드 자체도 볼거리다. 여행 기념품과 아기자기한 소품을 구입하기에 좋은 장소다.

가는 방법 라이트 레일 QVB역에서 도보 2분
주소 424-430 George St
운영 월~토요일 09:00~19:00 (목요일 21:00까지, 토요일 18:00까지), 일요일 10:00~17:00
홈페이지 dymocks.com.au

갤러리스
The Galeries

위치 퀸 빅토리아 빌딩 옆
유형 쇼핑센터
특징 핫플이 입점한 쇼핑센터

조지 스트리트와 피트 스트리트를 연결하는 대형 쇼핑센터. 옛 대학(Sydney Mechanics' School of Arts) 건물 일부를 활용한 독특한 구조로, 로비에 들어서면 유리창 사이로 건너편 퀸 빅토리아 빌딩의 돔이 비쳐 보인다. 인기 브런치 카페인 그라운드 오브 CBDThe Grounds of CBD, 요즘 핫한 블랙 스타 페이스트리Black Star Pastry가 입점해 꼭 한번 들러볼 만하다.

가는 방법 라이트 레일 QVB역 또는 기차 타운 홀Town Hall역에서 도보 2분
주소 500 George St
운영 월·수·금·토요일 10:00~18:00, 화요일 13:00~17:00, 목요일 10:00~21:00, 일요일 10:00~17:00
홈페이지 thegaleries.com

달링 스퀘어
Darling Square

위치	헤이마켓(차이나타운) 주변
유형	쇼핑센터
특징	만남의 광장

비대칭 구조의 원형 타워(The Exchange)를 중심으로 공공 도서관과 다양한 매장이 입점해 있는 복합 쇼핑센터다. 쇼핑센터 내에는 시드니 명물 레스토랑 체인점과 캐주얼한 아시아 레스토랑, 브런치 맛집이 눈에 띈다. 달링 스퀘어에서 텀발롱 블러바드Tumbalong Boulevard를 따라 걷다 보면 달링하버로 이어진다. 조명을 밝히면 분위기가 더욱 근사해진다.

🔾
가는 방법 라이트 레일
패디스 마켓Paddy's
Markets역에서 도보 2분
주소 35 Tumbalong Bvd
운영 07:00~23:00
홈페이지 www.darlingsq.com

아이비 시드니
ivy Sydney

위치	마틴 플레이스 주변
유형	복합 공간
특징	시드니 최고 핫 플레이스

메리베일 그룹에서 운영하는 복합 엔터테인먼트 공간. 클러버라면 그냥 지나칠 수 없는 시드니 대표 클럽이 자리해 있다. 아이비 풀 클럽ivy Pool Club은 밤에 풀 파티 장소로 바뀌는 스타일리시한 루프톱 수영장이다. 매주 목요일에는 시드니 최대의 주중 파티(Ivy Thursday)가 열린다. 입장료는 사전 구매 시 $15, 일반 입장은 $25다. 맛집(바 토티스, 지미스 팔라펠) 정보는 1권 P.068 확인.

🔾
가는 방법 라이트 레일
윈야드Wynyard역 맞은편
주소 330 George St
운영 07:30~24:00
홈페이지 merivale.com

코리아타운
Korea Town

위치	헤이마켓(차이나타운) 주변
유형	쇼핑센터
특징	K-푸드의 모든 것

피트 스트리트 몰Pitt Street Mall에서 10분 정도 걸어 내려오면 한국어로 된 간판이 점점 많아진다는 것을 느낄 수 있다. 이곳이 바로 시드니 도심 속 코리아타운이다. 여행 중 필요한 물품을 구입해야 할 때나 한국 음식이 그리울 때 찾아가게 되는 곳. 한식당, 분식점, 노래방, 마트, 그리고 한국인을 대상으로 하는 시드니 면세점 등 다양한 편의 시설이 있다.

🔾
가는 방법 기차 뮤지엄Museum역에서 리버풀 스트리트Liverpool St를 따라 달링하버 쪽으로 이동
주소 Pitt St & Liverpool St

생생한 현지인의 일상을 한눈에!

취향 맞춤 시드니 마켓 여행

시드니에는 현대적인 쇼핑센터도 많지만 동네 길거리에서 열리는 마켓의 비중도 상당히 크다.
토요일 아침이면 현지인들이 장을 보러 마켓에 나오는 것이 흔한 주말 풍경이다.
잡화를 주로 다루는 플리 마켓과 식료품을 파는 파머스 마켓,
길거리 음식을 파는 푸드 마켓으로 구분할 수 있지만 요즘에는 뒤섞여 열리는 추세다.

주요 마켓 정보

시드니 대표 마켓

록스 마켓

금요일	×
토요일	○
일요일	○

패딩턴 마켓 · 글리브 마켓

금요일	×
토요일	○
일요일	×

패디스 마켓

수~일요일
실내 영업

해변 마켓

본다이 마켓

금요일	×
토요일	○
일요일	○

맨리 마켓

금요일	×
토요일	○
일요일	○

나이트 마켓

차이나타운 프라이데이 나이트 마켓

금요일	○
토요일	×
일요일	×

록스 마켓 Rocks Market

위치 록스 골목
유형 푸드 마켓 & 잡화 마켓

초기 이주자들의 모습을 표현한 조각상(First Impressions) 앞에서 록스 디스커버리 박물관까지 이어지는 좁은 골목에 간이 천막과 좌판을 설치하고 여는 장터다. 관광지 마켓이라는 특성상 재미있는 이벤트가 많고 길거리 음식도 다양한 편이다. 여름철 성수기에는 금요일에 마켓을 열기도 하니 인스타그램 공지를 눈여겨보자.

가는 방법 서큘러 키에서 도보 10분
주소 George St & Playfair St
운영 토 · 일요일 10:00~17:00
홈페이지 therocks.com
인스타그램 @therocks

패디스 마켓 Paddy's Market

위치 헤이마켓(차이나타운) 주변
유형 파머스 마켓 & 아웃렛

무려 150년 역사를 가진 차이나타운의 재래시장이다. 다른 마켓처럼 야외 장터로 시작했다가 규모가 커지면서 실내로 자리를 옮겨 상설 마켓으로 운영한다. 청과물, 해산물, 육류 코너는 물론 값싼 수입 의류와 잡화 코너도 있다. 저렴한 여행 기념품을 사러 가거나 주말에 다른 마켓을 방문할 시간이 없을 때 가기에 적당하다. 마켓시티 아웃렛과 같은 건물에 있다.

가는 방법 라이트 레일 패디스 마켓역에서 도보 2분
주소 9-13 Hay St **운영** 수~일요일 10:00~18:00
홈페이지
paddysmarkets.com.au

패딩턴 마켓 Paddington Markets

위치 패딩턴 주택가
유형 잡화 마켓 & 푸드 마켓

1973년에 시작된 패딩턴 마켓은 시드니의 로컬 디자이너들이 자체 브랜드를 홍보하는 수단으로 삼기도 했던 인지도 높은 마켓이다. 글로벌 브랜드가 된 짐머만도 패딩턴 마켓의 좌판에서 출발했다고 한다. 중심가에서 다소 떨어져 있지만 "일부러 버스까지 타고 가봐야 할까?" 묻는다면 대답은 "Why not?" 다양한 소품과 의류, 아기자기한 잡화는 물론 입맛 당기는 스트리트 푸드와 재미있는 공연까지 축제 분위기가 펼쳐진다. 패딩턴 마켓을 보고 나서 옥스퍼드 스트리트의 부티크 매장을 구경해도 좋다.

📍 **가는 방법** 시드니 CBD에서 333 · 440번 버스로 10분
주소 395 Oxford St, Paddington
운영 토요일 10:00~16:00
홈페이지 paddingtonmarkets.com.au

TIP 시드니 주택가에서 열리는 마켓

키리빌리 마켓 Kirribilli Markets
하버 브리지 건너편 주택가 키리빌리에서 열리는 패션과 수공예품, 골동품 마켓이다.
운영 격주 토요일 또는 일요일 08:30~15:00 **홈페이지** kirribillimarkets.com

글리브 마켓 Markets at Glebe
패딩턴 마켓과 함께 대표적인 현지인 플리 마켓으로 손꼽힌다. 치펜데일에서 걸어갈 수 있다.
운영 토요일 10:00~16:00 **홈페이지** marketsatglebe.com.au

캐리지웍스 파머스 마켓 Carriageworks Farmers' Market
신선한 제철 식재료와 유기농 빵, 치즈 등 퀄리티 높은 제품을 만날 수 있는 실내 마켓이다.
운영 토요일 08:00~13:00 **홈페이지** carriageworks.com.au

본다이 마켓 Bondi Markets

위치 본다이 비치
유형 파머스 마켓 & 잡화 마켓

해변과 나란히 이어지는 도로, 본다이 비치 퍼블릭 스쿨Bondi Beach Public School에서 소규모로 열리는 주말 장터. 매주 토요일에는 과일과 채소 등 먹거리를 파는 본다이 파머스 마켓이, 일요일에는 비치웨어와 액세서리를 파는 본다이 마켓이 번갈아 열린다. 반바지에 샌들을 신고 이것저것 구경하는 자유로운 분위기가 매력적이다.

가는 방법 시드니 CBD에서 333번 버스로 40~45분 **주소** Bondi Beach Public School
운영 토요일 09:00~13:00, 일요일 10:00~16:00 **홈페이지** bondimarkets.com.au

맨리 마켓 Manly Markets

위치 맨리 비치
유형 잡화 마켓

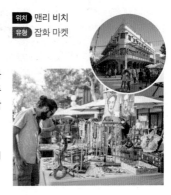

맨리 워프에 내려서 해변으로 향하는 보행자 도로인 코르소에 좌판을 깔고 수공예품과 예술품을 판매하는 크래프트 마켓이다. 주변에서는 버스커의 노랫소리가 울려 퍼지고, 서퍼보드를 든 사람들이 계속 지나다니는 바닷가 특유의 여유와 흥이 느껴진다.

가는 방법 서큘러 키에서 일반 페리(F1)로 30분, 맨리 워프에서 코르소까지 도보 5분 **주소** Sydney Rd, Manly **운영** 토·일요일 09:00~17:00
홈페이지 manlymarkets.com.au **인스타그램** @manlymarkets2095

차이나타운 프라이데이 나이트 마켓
Chinatown Friday Night Market

위치 헤이마켓(차이나타운) 주변
유형 스트리트 푸드 마켓

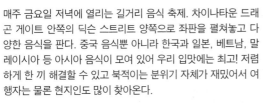

매주 금요일 저녁에 열리는 길거리 음식 축제. 차이나타운 드래곤 게이트 안쪽의 딕슨 스트리트 양쪽으로 좌판을 펼쳐놓고 다양한 음식을 판다. 중국 음식뿐 아니라 한국과 일본, 베트남, 말레이시아 등 아시아 음식이 모여 있어 우리 입맛에는 최고! 저렴하게 한 끼 해결할 수 있고 북적이는 분위기 자체가 재밌어서 여행자는 물론 현지인도 많이 찾아온다.

가는 방법 라이트 레일 차이나타운Chinatown역에서 도보 3분 **주소** Dixon St, Haymarket
운영 금요일 16:00~23:00 **홈페이지** chinatownmarkets.com.au

헌터밸리 📍

HUNTER VALLEY

헌터밸리

포콜빈Pokolbin, 러브데일Lovedale, 브로크Broke, 마운트뷰Mount View 등
브로큰백산맥Broken Back Range의 구릉지대에 자리한 여러 와인 산지를 합쳐 헌터밸리
와인 컨트리라고 한다. 이 지역의 포도 재배 역사는 1820년대로 거슬러 올라간다. 호주에서
가장 오래된 와인 산지라는 자부심을 바탕으로 끊임없이 고급화를 추구한 결과 '헌터밸리
세미용'으로 호주 와인의 품질을 세계적 수준으로 끌어올렸다는 평가를 받는다. 대도시와
가까운 덕분에 자연스럽게 파인다이닝 맛집과 골프장, 리조트까지 들어선 휴양지로
자리매김했고 동네 마켓 또는 축제도 구경할 수 있어 여러모로 만족도 높은 여행지다.

세미용

와인
컨트리

테이스팅

포콜빈

호주 와인

와인과
음식

헌터밸리 들어가기 & 여행 방법

렌터카

헌터밸리를 여행하려면 개인 차량으로 이동하거나 시드니에서 출발하는 와이너리 투어를 이용해야 한다. 시드니에서 170km 떨어져 있으며 고속도로(M1)를 타고 곧바로 포콜빈으로 향하면 2시간 거리다. 중간에 월럼바이Wollombi를 경유하면 투어리스트 드라이브 33번Tourist Drive 33을 따라가며 더 아름다운 경치를 볼 수 있지만, 길이 구불구불해 시간이 좀 더 소요된다.

Follow Check Point

ⓘ Hunter Valley
Visitor Information Centre

위치 포콜빈 **주소** 455 Wine Country Dr, Pokolbin NSW 2320 **문의** 02 4993 6700
운영 09:00~17:00 **홈페이지** winecountry.com.au

헌터밸리 추천 코스

DAY 1

시드니에서 아침 일찍 출발해

❶ 월럼바이를 경유해 가서

❷ 포콜빈에서 점심 식사를 하고 와이너리 2~3곳을 골라 와인 테이스팅을 즐긴다.

와이너리는 대부분 무료 주차장을 운영한다.

DAY 2

헌터밸리에서 숙소를 구하거나 1시간 거리의

❸ 뉴캐슬로 나와 1박을 해도 좋다. 둘째 날

❹ 포트스티븐스까지 다녀오면 와이너리 투어와 시드니 근교 바다까지 한번에 즐길 수 있다.

➡ 레전더리 퍼시픽 코스트 P.146

알아두면 좋은 투어 정보

헌터밸리에 왔다면 주차장에 차를 세워두고 마음 편히 와인을 마실 수 있는 투어에 참여해보자. 취향에 맞는 와이너리를 찾고 싶다면 비지터 센터에서 브로슈어를 구해 정보를 얻는다.

● 홉온홉오프 버스 Hop-On Hop-Off Bus

단체 투어가 아니라 개별적으로 와이너리를 방문하고자 할 때 원하는 정류장에서 내리고 탈 수 있도록 마련한 버스 서비스다. 예약은 필수이며 출발 장소와 정류장은 예약하면서 확인할 것.
언어 영어 **운영** 10:00~17:00 **요금** 빈나절 $55, 하루 $85
홈페이지 ihophuntervalley.com.au

● 올 어라운드 더 바인 All Around the Vines

헌터밸리 내 숙소에서 픽업 후 반일 또는 하루 동안 와이너리를 방문하는 투어다. 요금에는 테이스팅과 식사 비용이 포함된다. 다른 일행과 합쳐서 투어를 진행한다.
언어 영어 **요금** 반일 투어 $90, 전일 투어 $115
홈페이지 allaroundthevines.com.au

● 벌룬 알로프트 Balloon Aloft

헌터밸리는 자연환경상 열기구 비행에 적합한 기류가 형성되는 곳이다. 새벽에 열기구를 타고 하늘 위에서 와이너리와 일출을 감상하는 환상적인 순간을 체험해보자.
언어 영어 **요금** $290부터
홈페이지 balloonaloft.com

● 헌터밸리의 주말 마켓

주말에는 동네마다 마켓이 열리는데, 주로 와이너리 관광객을 대상으로 하는 소규모 장터라 상품 종류는 많지 않다. 하지만 호주의 주말 마켓은 충분히 즐거운 이벤트가 된다.

헌터 와인 컨트리 마켓 Hunter Wine Country Markets
주소 532 Wine Country Dr(De Bortoli Wines) **운영** 토요일 09:00~15:00

핸드메이드 인 더 헌터 마켓 Handmade in the Hunter Markets
주소 5 Halls Rd(Sobel's Wines)
운영 토요일 09:00~14:00

월럼바이 마켓 Wollombi Markets
주소 Wollombi Rd, Wollombi **운영** 홈페이지 공지
홈페이지 wollombimarkets.com

헌터밸리 관광 명소

헌터밸리 지역 전체에는 150개 이상의 와이너리와 셀러 도어가 있다.
하루에 3~4곳 이상 들르기는 어려우니 어느 장소를 방문할지 미리 정해두는 것이 좋다.

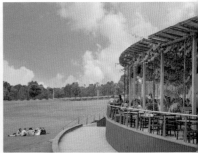

01

포콜빈
Pokolbin

와이너리 투어의 출발점

헌터밸리의 중심지 포콜빈에서 본격적인 와이너리 투어를 시작해보자. 1960
년대 이후 전문적 설비를 갖추고 와인을 양산하는 대형 와이너리가 많이 생겨
났지만, 소규모로 고품질의 와인을 생산해온 가족 운영 와이너리도 여전히 남
아 있다. 호주 와인의 브랜드 이미지를 높이기 위해 다양한 실험을 시도하고 있
으니, 와인 애호가라면 특별한 부티크 와이너리를 탐방하는 것도 재미있을 것
이다. 포도 수확철을 제외하고 평일에는 한가롭다가 주말이 되면 시드니에서
몰려드는 현지인들로 지역 전체가 북적인다. 광활한 포도밭을 눈에 담는 것만
으로도 힐링이 된다.

🗺 **지도** P.083 **가는 방법** 시드니에서 가장 빠른 길로 170km, 자동차로 2시간

ℹ **Hunter Valley Visitor Information Centre**
주소 455 Wine Country Dr, Pokolbin NSW 2320 **운영** 09:00~17:00
홈페이지 winecountry.com.au

02

월럼바이
Wollombi

시간이 멈춘 19세기 마을

1830년에 생긴 인구 200명 미만의 아주 작은 마을이다. 주민들이 십시일반 돈을 모아 건립했다는 동네 교회와 19세기의 소박한 건물이 여행자의 눈길을 끈다. 그 주변으로 제너럴 스토어와 앤티크 매장, 카페, 기념품점 등 전형적인 시골 마을 상점 몇 개가 모여 있다. 걸어서 돌아다녀도 10분이면 충분할 만큼 자그마한 동네이니 여유롭게 둘러보자. 평일에는 손님이 적어 주말에만 문을 여는 가게도 있다.

📍
지도 P.083 **가는 방법** 포콜빈과 월럼바이 사이를 오갈 때는 반드시 세스녹을 거쳐가야 한다. 월럼바이에서 세스녹까지는 30km, 포콜빈까지는 45km인데 길이 좁아서 1시간가량 걸린다. 구글맵에서 안내하는 브로그 방향 도로(Paynes Crossing Rd)는 너무 협소한 외길이라 주의해야 한다.
주소 2886 Wollombi Rd, Wollombi NSW 2325 **홈페이지** visitwollombi.com.au

TRAVEL TALK

**헌터밸리 사람들의
동네 사랑방**

인구수가 적은 시골 마을에서는 다양한 생활용품을 파는 제너럴 스토어의 존재가 무척 소중하다. 월럼바이에도 1900년대 초반의 인테리어를 그대로 보존한 전형적인 제너럴 스토어가 있다. 지역 특산품과 기념품을 판매하고 커피와 식사도 가능하니 이곳에서 제너럴 스토어의 매력을 즐겨보자.
운영 평일 09:00~16:00, 주말 08:30~16:00

03 그레이트 노스 로드
Great North Road

04 세스녹
Cessnok

세계문화유산으로 지정된 옛길

시드니와 헌터밸리 사이에는 1825~1836년 죄수들의 노동력을 동원해 건설한 264km의 옛 도로가 이어져 있다. 유형지였던 호주 역사를 증명하는 현장으로 유네스코 세계문화유산에 등재되었으며 '죄수의 트레일Convict Trail'로 불린다. 고속도로가 개통한 후로는 쇠락한 옛길로 남았지만 월럼바이 주변, 특히 투어리스트 드라이브 33으로 지정된 구간은 일부러 찾아가 지나가도 좋을 만큼 경치가 뛰어나다. 소 떼가 풀을 뜯는 넓은 들판을 지나고 유칼립투스 나무가 우거진 시골길을 달리다 보면 어느덧 아름다운 구릉이 펼쳐진 헌터밸리에 도착하게 된다.

지도 P.083
가는 방법 월럼바이 마을 교차로에서 세스녹 표지판을 따라 월럼바이 로드Wollombi Rd로 진입, 세스녹까지 30km
홈페이지 australianconvictsites.org.au

헌터밸리로 가는 길목

시드니에서 포콜빈으로 갈 때 지나가게 되는 인구 6만 명의 소도시다. 한때 광산업으로 번창했던 동네라 건물들이 상당히 고풍스러우나 관리가 잘되는 편은 아니다. 저렴한 숙소가 많긴 하지만 메인 도로에 있는 카페와 레스토랑조차 오후 2~3시면 문을 닫기 때문에 숙박 장소로는 추천하지 않는다. 교차로 주변에 대형 마트와 주유소가 모여 있으니 편의 시설을 이용할 만한 장소로 알아두자.

지도 P.083
• **콜스 세스녹 Coles Cessnock**
종류 마트 **주소** Cooper St **운영** 06:00~22:00
• **울워스 세스녹 Woolworths Cessnock**
종류 마트 **주소** Cooper St **운영** 07:00~22:00
• **세스녹 데이 나이트 파머시**
Cessnock Day Night Pharmacy
종류 약국 **주소** 202 Wollombi Rd **운영** 08:00~20:00

포콜빈 와이너리와 맛집

헌터밸리를 대표하는 포도 품종은 높은 산미와 낮은 도수의 청량감 넘치는 헌터밸리 세미용Hunter Valley Semillion이다. 와인 테이스팅은 와이너리에서 운영하는 셀러 도어에서 이루어지는데, 기본 옵션인 시음만 해도 되고 와인과 함께 식사할 수 있도록 레스토랑을 겸하는 경우도 많다. 요즘에는 사전 예약이 필요한 곳이 대부분이기 때문에 일정을 계획하고 미리 예약해야 한다. ▶ 호주의 와이너리와 와인 테이스팅에 관한 기본 정보 1권 P.082

페퍼 트리 와인
Pepper Tree Wines

위치 포콜빈
유형 부티크 와이너리
대표 라벨 Block 21A(카베르네 소비뇽)

아름다운 저택과 정원을 구경하기 위해서라도 방문할 가치가 있는 부티크 와이너리. 1991년 문을 열어 역사는 짧지만 성장을 거듭해 호주 전역에 4개의 프리미엄 와이너리를 운영하고 있으며, 와인 품평회에 카베르네 소비뇽과 메를로 와인을 출품해 여러 차례 수상한 경력이 있다. 방문하기 전 예약해야 하며, 좀 더 특별한 와인을 맛보려면 싱글 빈야드 8종을 시음할 수 있는 프로그램(Best of Four World)을 선택한다.

주소 86 Halls Rd
문의 02 4909 7100
운영 09:00~17:00 ※예약 필수
예산 기본 $15(45분), 특별 $30(45분)
홈페이지 peppertreewines.com.au

써카 1876 🧑‍🍳
Circa 1876

위치 포콜빈
유형 대표 맛집
주메뉴 파인다이닝

럭셔리 호텔인 컨벤트 헌터밸리에서 운영하는 레스토랑으로 1876년에 지은 저택 안에 있다. 아름다운 가로수 길을 따라 들어가면 프로방스 농가 분위기의 저택과 정원이 나온다. 텃밭에서 직접 재배한 유기농 재료를 사용한 팜투테이블 요리는 와인 맛을 더욱 감미롭게 만들어준다. 와인 리스트가 풍부해 헌터밸리의 대표 와인을 고루 맛볼 수 있다는 것도 장점이다.

주소 64 Halls Rd
문의 02 4998 4999 **운영** 런치 금·토요일 12:00~16:00, 디너 17:30~22:00
휴무 일·월요일 **예산** 런치 2코스 $85, 디너 3코스 $115
홈페이지 circa1876.com.au

티렐스 와인
Tyrrell's Wines

위치	포콜빈
유형	대표 와이너리
대표 라벨	Vat 1(세미용)

영국 출신의 티렐 가문이 대를 이어 운영해온 와이너리. 1963년 최초로 생산한 티렐스 바트 1 세미용Tyrrell's Vat 1 Semillon(프랑스 보르도 품종)이 큰 성공을 거두며 헌터밸리 세미용의 명성을 세계 수준으로 끌어올렸다. 약 5500개의 메달과 330개 이상의 트로피를 획득한 티렐스 바트 1 세미용은 명품 와인이라는 평가를 받는다.

📍
주소 1838 Broke Rd
문의 02 4993 7000
운영 10:00~17:00(일요일 16:00까지) ※예약 권장
예산 기본 $15(45분)
홈페이지 tyrrells.com.au

스카버러 와인
Scarborough Wine

위치	포콜빈
유형	대표 와이너리
대표 라벨	The Obsessive(샤르도네)

헌터밸리 일대가 내려다보이는 언덕 위에 자리한 그림 같은 와이너리. 샤르도네가 주력 품종이지만 베르멘티노, 베르델류 같은 특색 있는 와인도 다양하게 생산한다. 특별한 품종을 시음하려면 치즈보드와 함께 제공하는 1시간짜리 'Offshoot Range' 또는 'Obsessive Range'를 선택해야 한다.

📍
주소 179 Gillards Rd
문의 02 4998 7563
운영 10:00~17:00
예산 기본 $20(30분), 특별 $45~60(1시간)
홈페이지 scarboroughwine.com.au

로슈 이스테이트
Roche Estate

위치	포콜빈
유형	쇼핑센터
주메뉴	와인과 다양한 음식점

메인 건물에 여러 개의 셀러 도어, 맛집, 마켓이 한데 모여 있고 넓은 잔디밭에는 대형 공연장이 자리한 쇼핑센터. 개별 와이너리를 찾아다니기 어려울 때 이곳을 방문하면 특산품 쇼핑과 시음을 한번에 해결할 수 있다. 가벼운 식사 메뉴와 공용 테이블도 넉넉하게 마련되어 있다. 템퍼스 투Tempus Two의 셀러 도어에도 방문해보자.

📍
주소 Broke Rd & McDonalds Rd
문의 02 4998 4098
운영 10:00~17:00
예산 입장 무료
홈페이지 www.rocheestate.com.au

푸른 안개에 휩싸인 태고의 협곡

블루마운틴
BLUE MOUNTAINS

호주의 대표적인 국립공원. 희귀한 고대 식물군과 동물군이 자생해 '살아 있는 자연사박물관'으로 불리며 유네스코 세계유산에 등재되었다. 유칼립투스 삼림 위로 새하얀 코카투 앵무새가 무리 지어 날아다니고 사암 절벽 아래로는 폭포가 쏟아져 내린다. 블루마운틴의 상징인 스리 시스터스Three Sisters(세자매봉) 전망대와 절벽을 지나는 케이블카, 트레킹과 산악 액티비티 등 즐길 거리가 다양하다. 시드니에서 불과 2시간 거리로, 철도 연결이 잘되어 있어 시드니에서 대중교통으로도 다녀올 수 있는 인기 여행지다.

블루마운틴 📍

📷 Follow Check Point

ℹ️ **Echo Point Visitor Information Centre**
위치 카톰바
주소 Echo Point Rd, Katoomba NSW 2780
문의 1300 653 408
운영 국립공원 24시간, 비지터 센터 09:00~16:00
요금 국립공원 주요 지역 무료(글렌브룩 예외)
홈페이지 visitbluemountains.com.au

블루마운틴 실전 여행

블루마운틴 일대가 국립공원으로 지정된 것은 1959년으로, 그 전부터 사람들이 산중에 마을을 이루고 살았다. 현재 20여 개의 타운이 모여 블루마운틴시City of Blue Mountains를 구성한다. 주요 관광지는 지각이 융기해 주변 지대보다 고도가 높은 고원(플래토plateau)에 자리하며, 그중 가장 중심적인 위치에 인구 8000명의 카툼바Katoomba(해발 1017m) 마을이 있다. 원래 작은 탄광촌이었으나 스리 시스터스가 유명해지고 고급 별장이 들어서면서 번화한 타운으로 성장했다. 바로 옆 마을 루라Leura는 기차로 한 정거장, 자동차로 10분이면 이동할 수 있다. 북쪽의 블랙히스Blackheath(해발 1065m), 제놀란 동굴(해발 800m) 쪽은 카툼바나 루라에 비해 관광객의 발길이 뜸한 만큼 더 고요한 풍경을 기대해도 좋은 지역이다.

ACCESS

● 대중교통으로 가기

STEP 01 기차

시드니 센트럴역에서 출발하는 블루마운틴 노선Blue Mountain Line(BMT, 리스고 Lithgow 방향) 기차를 탑승하면 블루마운틴의 주요 타운(웬트워스폴스Wentworth Falls, 루라, 카툼바)에 2시간 만에 도착한다. 기차는 이른 아침부터 밤까지 1일 30회 이상 운행해 예약하지 않아도 된다. 오팔 카드(교통카드)를 사용하면 하루 최대 요금(월~목요일 $18.70, 금~일요일 $9.35)으로 왕복 기차편과 시내버스 요금까지 충당할 수 있다.

STEP 02 시내버스

카툼바 기차역 바로 앞에서 출발하는 686번 버스를 타면 에코 포인트와 시닉 월 드를 쉽게 갈 수 있다. 배차 간격은 시간대에 따라 15~30분 정도로 차이가 난 다. 카툼바에서 루라, 웬트워스폴스로 이동할 때는 685번 버스를 탄다.

STEP 03 2층 투어 버스

카툼바와 루라 마을의 명소 30여 곳에 정차하는 2층 투어 버스를 이용하는 방법 도 있다. 트레킹 출발 지점이나 보통 택시를 타고 가야 하는 관광 명소 바로 앞에 정차해 어르신이나 어린이를 동반한 여행이라면 더욱 편리하다. 다만 배차 간격 이 길어 효율적으로 여행하기는 힘들다.
운행 09:00~16:00(시즌별로 조금씩 다름) **요금** 버스 1일권 $55, 시닉 월드 통합권 $109
홈페이지 explorerbus.com.au

● 렌터카로 가기

블루마운틴은 시드니에서 서쪽 내륙 방향으로 101km 떨어져 있으며 자동차로 1시간 30분 정도 걸린다. 그레이트 웨스턴 하이웨이(A32)와 메인 웨스턴 철도 가 나란히 블루마운틴 전 지역의 타운과 마을을 통과한다.

● 데이 투어 이용하기

블루마운틴은 시드니와 가까워 당일치기로 다녀오는 경우가 대부분이다. 여행사 에서는 보통 10~12시간 동안 블루마운틴의 주요 명소와 페더데일 야생공원, 자 동차로만 방문 가능한 인기 포토 스폿 링컨스 록Lincoln's Rock까지 다녀오는 알찬 일정으로 구성한다. ▶ 투어 정보 P.025

PLANNING

● DAY 1

아침 일찍 블루마운틴의 중심 타운 ❶카툼바에 도착한 뒤 곧바로 에코 포인트 전망대로 이동해 스리 시스 터스를 감상한다. 에코 포인트에서 시닉 월드까지는 자동차로 10분, 절벽 트레일을 따라 걸으면 40분 거리 다. 시닉 월드 어트랙션 3종 세트를 체험하고 오후에는 아기자기한 ❷루라 거리를 걸어본다. 여기까지는 대중 교통만으로도 충분히 둘러볼 수 있다. 렌터카를 이용한다면 웬트워스 폭포 트레킹을 즐겨도 좋다.

● DAY 2

직접 운전해서 간다면 이동 거리를 감안해 1박 2일 일정으로 계획하는 것이 좋다. 관광객이 빠져나간 후 조용해진 산속 분위기를 즐길 수 있다는 것도 장점이다. 참고로 ❸제놀란 동굴 관광은 잠정적으로 중단된 상태다. 둘째 날 오 전에는 ❹블랙히스 방향으로 올라가거나 ❺지그재그 레일웨이Zig Zag Railway 열차(사전 예약 필수)를 탑승한다.

스리 시스터스
Three Sisters

추천

지도 P.092
가는 방법 카툼바 기차역에서
2.4km, 버스로 10분
주소 Echo Point Lookout, Prince
Henry Cliffwalk
운영 24시간 **요금** 무료

블루마운틴을 유명하게 만든 바위

재미슨 밸리Jamison Valley 한쪽 경사면에 특이한 형상으로 나란히 자리한 3개의 기암이 '세자매봉'이라는 뜻의 스리 시스터스다. 원주민 카툼바 부족의 전설에 따르면 다른 부족과 사랑에 빠진 세 자매를 보호하기 위해 돌로 바꾸어놓았다고 한다. 각각의 바위에는 메니Meehni(922m), 윔라Wimlah(918m), 구네두Gunnedoo(906m)라는 이름도 붙었다. 스리 시스터스가 가장 잘 보이는 지점은 카툼바 마을 절벽에 설치한 전망대, 에코 포인트 룩아웃이다. 이곳에 블루마운틴의 대표 비지터 센터가 있으며 주변으로 다양한 편의 시설이 들어서 있다. 차에서 내리면 바로 전망대인데, 그 편리함 때문에 관광버스와 투어 차량, 관광객들로 붐빈다. 따라서 고요한 산속 마을을 상상했다면 조금 실망할 수도 있다. 하지만 전망대에서 내려다보는 절벽 아래쪽은 인간의 발길이 전혀 미치지 않은 자연 그대로의 모습이다. 블루마운틴 협곡의 생성 시기는 미국의 그랜드캐니언보다 최소 10배 이상 오래된 약 5000만 년 전으로 추정된다. 깊은 골짜기는 원시림에 완전히 가려져 있어 완만한 구릉지대처럼 보인다.

TIP

가장 많은 인파가 몰리는 에코 포인트 룩아웃에는 전용 주차장이 없어 유료 거리 주차를 해야 한다.
요금은 시간당 $8~9 정도이며, 일 주차권은 $38이다. 주차 요금은 주차 미터기 또는 모바일 앱(PAYSTAY)를 통해
정산할 수 있다. 주차 구역에 적힌 안내 문구를 잘 확인할 것.

푸른 안개의 정체

블루마운틴을 제대로 볼 수 있는 가장 좋은 방법은
절벽 가장자리에서 아래쪽 협곡을 내려다보는 것이다.
이때 미리 알고 가면 좋은 과학 상식! 유칼립투스
삼림의 짙푸른 연무blue haze 때문에 맑은 날에도
뿌옇게 보이는 현상이 나타나는데, 이것은 유칼립투스
나무에서 뿜어져 나온 오일 방울과 물방울, 미세한
부유 물질에 의해 빛이 산란되는 레일리 산란Rayleigh
scattering이다. 특히 푸르스름한 기운이 더 강한 이른
아침에 블루마운틴의 제 모습을 볼 수 있다.

블루마운틴 비경의 끝판왕!
프린스 헨리 클리프 워크 트레킹하기

사람 많은 곳을 피해 평화로운 블루마운틴을 경험해보고 싶다면 절벽을 따라 걸어보자.
스리 시스터스를 사이에 두고 양쪽으로 뻗어나가는 총 7km의 트레킹 코스를 프린스 헨리 클리프
워크Prince Henry Cliff Walk라고 부른다. 한 굽이 지날 때마다 나타나는 전망 포인트에서
블루마운틴의 비경을 여러 각도로 관망할 수 있다. 전 구간을 완주하기는 어려우니 먼저 전망대에서
스리 시스터스를 감상하고 나서 시닉 월드나 바로 옆 루라 마을 방향으로 조금 걷는 방법을
추천한다. 출발 전 비지터 센터에서 트레킹 정보를 얻을 것.

① 자이언트 스테어웨이 Giant Stairway

에코 포인트 룩아웃에서 스리 시스터스 워크Three
Sisters Walk 표지판을 보고 가면 된다. 초반부 전망
포인트인 스푸너스 룩아웃Spooners Lookout까지는
아이들도 무난하게 걸을 수 있을 정도로 쉬운 코스
다. 1930년대에 만든 900개의 가파른 계단을 따라
아래로 내려가면 스리 시스터스의 첫 번째 바위로 건
너가는 구름다리가 나온다. 전망대 위에서 보는 것보
다 훨씬 웅장한 바위를 배경으로 인증샷을 찍기 좋은
장소다. 여기서 더 내려가면 카툼바 폭포 맨 아래 지
점으로 향하는 난도 높은 페더럴 패스Federal Pass와
연결되니 구름다리까지만 구경하고 에코 포인트로
되돌아가는 게 좋다.

난이도 중
가는 방법 비지터 센터에서 구름다리까지 왕복 1km,
도보 30분 **운영** 09:00~16:30

② 시닉 월드 방향의 클리프 워크

프린스 헨리 클리프 워크의 서쪽 코스는 비교적 평탄한 경사로 이루어졌다. 처음에는 절벽 위 전망 포인트가 차례로 등장하고, 중간 지점부터는 수풀이 우거진 숲길과 카툼바 폭포가 나타난다. 시닉 월드와 가까워지면서 케이블카 승차장 근처의 클리프 뷰 룩아웃을 만나고, 스리 시스터스를 배경으로 케이블카가 지나가는 장면도 볼 수 있다.

난이도 하
가는 방법 에코 포인트 룩아웃에서 편도 2.4km, 도보 1시간

③ 루라 방향의 클리프 워크

카툼바와 루라 마을을 잇는 동쪽 코스는 절벽 길이다. 자이언트 스테어웨이로 내려가는 갈림길에서 위쪽 프린스 헨리 클리프 워크로 접어들면 중간 지점인 허니문 포인트Honeymoon Point까지 1.3km다. 전망 포인트가 계속 나타나는 가운데 길이 무척 좁아지면서 다소 지루하게 느껴질 수 있다. 작은 폭포를 뜻하는 루라 캐스케이드Leura Cascade 쪽에는 피크닉 장소로 좋은 잔디밭과 계곡이 많다. 코스 끝 지점은 고든 폭포 룩아웃 Gordon Falls Lookout으로 이어진다.

난이도 하
가는 방법 에코 포인트 룩아웃에서 편도 4.7km, 도보 2시간

④ 서블라임 포인트 룩아웃
Sublime Point Lookout

해발 900m에 자리한 서블라임 포인트 룩아웃은 카툼바와 루라 마을 아래로 펼쳐진 재미슨 밸리 한가운데 솟은 산, 마운트 솔리터리Mount Solitary가 정면으로 보이는 지점이다. 주차장에서 300m만 걸으면 절벽 끝 유난히 튀어나온 곳에 자리한 전망대가 나온다. 암벽 등반 명소로도 유명하다.

난이도 하
가는 방법 기차 루라역에서 주차장까지 편도 4.4km (자동차로 방문), 주차장에서 도보 5분

⑫ 시닉 월드
Scenic World

추천

블루마운틴 어트랙션 3종 세트

블루마운틴 협곡을 입체적으로 관광할 수 있도록 옛 카툼바 탄광 터에 만든 시설이다. 일종의 자유 이용권인 입장권을 구입해 세 가지 어트랙션을 차례로 즐길 수 있다. 안내 데스크에서 추천하는 순서는 먼저 ❶레일웨이를 타고 협곡 아래로 내려가 ❷시닉 워크웨이(우림 지대 트레킹)를 마친 후 ❸케이블웨이를 타고 시닉 월드로 돌아와 ❹스카이웨이를 탑승하는 것이다. 그런데 스카이웨이를 탈 때는 전망이 매우 중요하기 때문에 날씨가 좋다면 협곡 아래로 내려가기 전에 먼저 스카이웨이를 탑승하는 것이 좋다.

전부 다 체험하려면 2~3시간 이상 걸리니 적어도 오후 2시까지는 도착해야 한다. 건물 2층의 기념품점과 카페 발코니에서 보이는 협곡 건너편의 스리 시스터스 전망도 놓치지 말자.

📍
지도 P.092
가는 방법 기차 카툼바역 또는 에코 포인트 룩아웃에서 686번 버스 이용, 무료 주차장 있음 **주소** Violet St & Cliff Dr, Katoomba
운영 평일 10:00~16:00, 주말 09:00~17:00 **홈페이지** scenicworld.com.au

TIP

시닉 월드 입장권 종류 이해하기
※주말 및 성수기에는 예약 후 방문 추천. 아래 요금은 온라인 예매 기준

- **언리미티드 디스커버리 패스** Unlimited Discovery Pass 스카이웨이, 케이블웨이, 레일웨이 3종과 우림 지대를 걷는 시닉 워크웨이까지 포함된 가장 기본적이고 핵심적인 이용권이다. **요금** 성인 $61~66, 3~15세 $36.60
- **비욘드 스카이웨이** Beyond Skyway 스카이웨이 안이 아니라 위에 올라타서 절벽을 건너는 아찔한 체험이다. 가이드 투어로 90분간 진행하며 샴페인, 사진 패키지가 포함되어 있다. **요금** $349
- **원주민 문화 투어** Buunyal Tour 블루마운틴 지역의 원주민 군둥구라Gundungurra 부족과 함께하는 문화 체험. 3종 어트랙션과는 별개다. **요금** $94~100

스카이웨이 *Skyway*

270m 높이에서 협곡을 건너는 케이블카로 시닉 월드의 하이라이트. 왕복 10분 동안 720m의 짧은 거리를 오가는데, 울창한 숲과 절벽, 카툼바 폭포가 어우러진 비경과 반대편의 스리 시스터스까지 한눈에 보이는 360도 파노라마 전망을 자랑한다. 절벽 건너편 정류장(Skyway East Station)에 내려 50m 거리의 클리프 뷰 룩아웃까지 다녀와도 좋다.

레일웨이 *Railway*

급경사면에 철로를 설치해 휠로 열차를 끌어 올리는 방식의 인클라인 철도Incline Railway다. 1880년대에 재미슨 밸리 저지대의 광산에서 고지대까지 광물을 운반하는 용도로 사용하다가 1945년부터 관광 열차로 운행하고 있다. 절벽 옆 터널을 따라 310m 하강해 협곡 맨 아래에 도착한다.

 03

릴리안펠스
블루마운틴 리조트
Lilianfels Blue Mountains Resort

케이블웨이 *Cableway*

재미슨 밸리 협곡 아래 우림 지대까지 내려가 잘
정비된 2.4km의 시닉 워크웨이Scenic Walkway를
걸으면서 블루마운틴의 다양한 식물군을 만나보
자. 다시 케이블웨이를 타고 시닉 월드로 돌아온다.

절벽 위에 지은 별장

뉴사우스웨일스주 6대 대법원장이었던 프레더릭
달리가 1889년 카툼바에 지은 여름 별장이다. 현
재는 스파 시설까지 갖춘 고급 리조트로 개조되었
다. 오린저리 레스토랑Orangery Restaurant이나 라
운지에서 전통 하이 티(애프터눈 티)를 즐기고 아
름다운 영국식 정원을 거닐어도 좋다. 레스토랑은
저녁에만 영업한다.

🅟
지도 P.092
가는 방법 에코 포인트에서 도보 8분
주소 5/19 Lilianfels Ave, Katoomba
운영 라운지 11:00~17:00, 레스토랑 17:30~21:00
휴무 레스토랑 월요일
요금 하이 티 1인 $65~70 ※예약 필수
홈페이지 lilianfels.com.au

⑷ 루라 몰
Leura Mall

블루마운틴의 보석

카툼바 옆 마을 루라 기차역 앞에 있는 메인 쇼핑가. 예쁜 우체국 건물에서 시작되며 브런치 카페, 앤티크 매장이 줄지어 늘어선 휴양지 분위기를 풍긴다. 카툼바 못지않게 많은 관광객이 찾아오는 루라는 블루마운틴에서 가장 아름답다고 해서 '왕관의 보석The Crown Jewel', 고급 대저택과 정원이 특별히 많아서 '정원의 마을The Garden Village'이라 불린다. 다만 정원 대부분이 사유지라 일반에 공개하지는 않는다. 평소 루라의 정원을 구경하지 못하는 아쉬움을 달래기 위해 해마다 9~10월 사이 400여 가구의 동네 주민이 참여하는 가든 페스티벌을 개최한다.

> '루라'는 원주민 언어로 용암이라는 뜻이래요.

📍 **지도** P.092 **가는 방법** 기차 루라역 하차, 또는 카툼바에서 685번 버스로 10분
홈페이지 leuravillage.wildapricot.org

⑸ 에버글레이즈 히스토릭 하우스 & 가든
Everglades Historic House & Gardens

로맨틱한 유럽풍 대정원

1930년대에 덴마크 조경 디자이너 폴 소렌슨이 아르데코 양식으로 만든 대정원. 뉴사우스웨일스 내셔널 트러스트 소유라서 일반인도 관람 가능하다. 넓은 잔디밭과 관목 숲, 돌벽, 수영장, 분수가 이루는 경치가 특히 아름답고 협곡 전망도 좋아 루라 가든 페스티벌의 메인 행사장으로 사용한다. 정원 안에 아트 갤러리와 카페도 있다. 주말에는 데본셔 티에 케이크를 곁들이거나, 진저 비어나 과일 주스를 마시며 마치 유럽의 대저택에서 티타임을 즐기는 기분을 느낄 수 있다. 루라 마을의 분위기가 잘 느껴지는 곳이지만 개인 차량이 없으면 방문하기 어렵다.

📍 **지도** P.092
가는 방법 기차 루라역에서 1.8km(대중교통 없음)
주소 37 Everglades Ave, Leura
문의 02 4784 1938
운영 수~월요일 10:00~16:00
(티룸은 주말에만 운영)
요금 $17 ※예약 필수
홈페이지 nationaltrust.org.au

06

웬트워스 폭포
Wentworth Falls

지도 P.092
가는 방법 카툼바에서 8km
(대중교통 없음) **주소** 주차장
Wentworth Falls Picnic Area, Sir H
Burrell Dr, Wentworth Falls

절벽 폭포의 몽환적 비경

루라 옆 마을의 지명 '웬트워스폴스'는 187m 높이의 이 웅장한 3단 폭포에서 비롯되었다. 1908년에 개통한 내셔널 패스라는 트레킹 코스를 따라 폭포 맨 위에서부터 아래까지 내려가볼 수 있다. 시간과 체력이 허락한다면 꼭 가볼 만한 블루마운틴의 명소다. 가장 위쪽의 전망 포인트인 플레처스 룩아웃Fletchers Lookout부터는 가파른 절벽에 만들어놓은 계단(Grand Stairway)으로 내려가야 한다. 중간 지점인 로켓 포인트 룩아웃Rocket Point Lookout까지만 다녀오더라도 폭포의 위용은 충분히 느낄 수 있다. 주차장과 폭포 사이에 재미슨 룩아웃Jamison Lookout, 프린세스 록 룩아웃Princes Rock Lookout 등 여러 전망 포인트가 있는데, 웬트워스 폭포를 보고 체력이 남는다면 들러보자.

TIP

내셔널 패스 주요 지점
전 코스를 완주하려면 3~4시간 이상 걸리는 난도 높은 트레킹 코스이니 복장을 갖추고 물과 간식을 준비해 출발한다. 비가 내릴 때는 계곡물이 불어날 수 있어 방문을 자제해야 한다.

프린세스 록 룩아웃
난도 하 **가는 방법** 주차장에서 450m, 편도 10분

폭포 맨 위 지점
난도 중 **가는 방법** 주차장에서 900m, 편도 20분

로켓 포인트 룩아웃
난도 중 **가는 방법** 폭포 맨 위에서 절벽 계단 중간까지 왕복 1시간

07

제놀란 동굴
Jenolan Caves

지도 P.092
가는 방법 카툼바에서 80~100km,
자동차로 2시간 /
오베론Oberon에서 30km
주소 Jenolan Caves NSW 2790
요금 동굴별로 다름 ※예약 필수
홈페이지 jenolancaves.org.au

스펙터클한 고생대 동굴 탐험

약 3억 4000만 년 전에 생성된 석회암 동굴. 약 9000년 전 원주민(군둔구라 Gundungurra 부족과 위라주리Wiradjuri 부족)이 최초로 발견했다고 한다. 제놀란강을 따라 40km 이상 뻗어 있으며 입구만 300여 개에 달하는 엄청난 규모다. 석회암이 녹아 생성된 카르스트 지형의 동굴 내부에 고생대 중기의 해양 화석과 방해석 결정이 분포해 자연·문화적으로 매우 중요한 자산으로 인정받고 있다. 카툼바에서는 제법 거리가 있는데도 투어업체들이 반드시 일정에 포함시키는 명소다. 1897년에 건축한 제놀란 케이브 하우스Jenolan Caves House는 시드니에서 찾아오는 휴양객을 위해 지은 고급 리조트다. 원래는 저렴한 도미토리형 숙소가 주류였으나 증축을 거듭하며 일반 룸(classic)과 럭셔리 룸(grand classic)을 갖추게 되었다. 제놀란 케이브 하우스 투숙객에 한해 미처 동굴 투어를 예약하지 못한 경우 투어할 수 있도록 안내해준다. 제놀란 케이브 하우스는 제놀란 동굴 입구에서 500m 거리이며, 투어 시간을 기다리는 동안 이용할 만한 카페와 레스토랑, 편의 시설도 갖추었다.

▶ TRAVEL TALK

**도로 통제
확인은 필수!**

블루마운틴 국립공원의 도로는 대부분 왕복 4차선 고속도로이나 제놀란 동굴이 가까워지면 도로 폭이 매우 좁아집니다. 도로 통제도 잦은 편이라 방문 전에 반드시 홈페이지 공지를 확인하고 가야 합니다. 그리고 최근 카툼바와 제놀란 동굴을 연결하던 지름길(Jenolan Cave Rd)과 터널이 폐쇄되어 우회 도로(Edith Rd)를 이용해야 합니다. 또 주차 후 셔틀버스로 환승해야 하기 때문에 이동 시간을 최소 2시간으로 예상하고 시간을 잘 맞추세요.

블루마운틴에서 놓치기 아까운 모험!
제놀란 동굴 투어

전체 동굴 중 관광객 입장이 허용되는 곳은 극히 제한적이다. 또 자연보호를 위해
순환제로 코스를 변경하기 때문에 집합 장소와 투어 요금이 동굴마다 다르다. 예약 과정에서
세부 내용을 반드시 확인하고, 출발 1시간 30분 전까지 도착하는 것이 바람직하다.

> 산사태로 인해 제놀란 동굴 관광은
> 2026년까지 잠정 중단되었습니다.

● 오리엔트 동굴 Orient Cave

제놀란 동굴에서 가장 거대한 석순인 '헤라클레스의 기둥'과 천장에
서 쏟아져 내린 듯 길게 늘어진 종유석이 인상적이다.

소요 시간 1시간 30분 **난이도** 중 **계단** 358개 **깊이** 470m

● 치플리 동굴 Chifley Cave

동굴 깊이 들어갈수록 신비로운 형상으로 가득한 챔버가 나온다. 각종
화석과 수정 결정체를 볼 수 있다.

소요 시간 1시간 **난이도** 중 **계단** 421개 **깊이** 690m

● 임페리얼 동굴 Imperial Cave

지하를 흐르는 스틱스강을 볼 수 있다. 계단이 조금 있으나 가장 쉬운
투어에 해당한다.

소요 시간 1시간 **난이도** 하 **계단** 258개 **깊이** 1070m

● 루카스 동굴 Lucas Cave

가파른 계단을 올라가서 푸른 호수를 내려다보고, '캐서드럴'이라 불
리는 제놀란 동굴 최대 규모의 챔버를 관람한다.

소요 시간 2시간 **난이도** 중 **계단** 1000개 **깊이** 860m

동굴 투어를 미처 예약하지 못했다면!

● 네틀스 동굴 Nettles Cave

날카로운 톱니처럼 자란 잡초(nettle) 형상이 많은 동굴로 1838년에
발견되었다. 동굴 중 유일하게 셀프 투어가 가능하며, 보통 투어를
진행하는 낮 시간에만 개방한다. 다만 코로나19 시기를 거치고 나서
폐쇄하는 날이 많으니 방문 전 확인 필수.

● 블루 레이크 Blue Lake

제놀란 동굴 입구에서 500m 거리에 있는 호수로, 오리너구리
서식지로도 알려졌다. 전체를 다 돌아보려면 2.6km를 걸어야
하지만 대부분 푸른 호수를 배경으로 인증샷을 남기고 돌아온다.

블랙히스
Blackheath

블루마운틴에서 가장 높은 지대

1815년에 형성된 인구 4000명의 산간 마을. 시드니와 왕복하는 블랙히스 기차역이 있지만 역에 내려서 이용할 만한 교통편이 여의치 않기 때문에 개인 차량으로 방문해야 한다. 시드니에서 출발한 뒤 블루마운틴 고원 지대로 진입해 첫 번째 관문인 글렌브룩Glenbrook을 지나면서부터 서서히 지대가 높아지고 블랙히스를 통과할 때 해발 1065m가 된다. 블랙히스의 하이라이트는 마을 아래쪽 협곡 지대인 그로스 밸리Grose Valley가 내려다보이는 전망 포인트다. 이 장소를 처음 발견한 윌리엄 고베트의 이름을 따서 고베츠 리프 룩아웃Govetts Leap Lookout이라고 부른다. 리프는 스코틀랜드 고어로 '폭포' 또는 '작은 폭포'를 의미하는데, 실제로 이곳에서 고베츠 폭포를 보러 갈 수 있다. 또 다른 전망 포인트인 에반스 룩아웃Evans Lookout까지는 절벽 트레일을 따라 연결되어 있으나, 두 전망대 모두 주차장이 있어서 자동차로 이동하면 된다. 산간 마을이지만 관광객을 위한 편의 시설이 많아 숙소 여건은 좋은 편이다.

지도 P.092
가는 방법 카툼바에서 14km, 기차 블랙히스역 하차
주소 Blue Mountains Heritage Centre, 270 Govetts Leap Rd, Blackheath NSW 2785
운영 09:00~16:30
홈페이지 nationalparks.nsw.gov.au

TIP

블랙히스 주요 워킹 트랙
고도가 높은 블랙히스 쪽 트레킹 코스는 난도가 높은 편이다. 오르기 전 인포메이션 센터를 겸하는 블루마운틴 헤리티지 센터에서 정보를 얻을 수 있다.

그랜드캐니언 트랙
Grand Canyon Track
협곡 아래까지 내려가며 여러 폭포와 우림 지대를 돌아보는 등산로.
난이도 상
가는 방법 에반스 룩아웃에서 출발해 한 바퀴 도는 데 6.3km, 3~4시간

고베츠 리프 디센트
Govetts Leap Descent
가파른 경사를 오르내리는 내내 고베츠 폭포가 보이는 험로.
난이도 최상
가는 방법 고베츠 리프 룩아웃에서 왕복 1.8km, 2시간

클리프 톱 워킹 트랙
Cliff Top Walking Track
고베츠 리프와 에반스 룩아웃을 연결하는 절벽 길.
난이도 중
가는 방법 에반스 룩아웃에서 편도 3km, 1시간 30분

페어팩스 헤리티지 워킹 트랙
Fairfax Heritage Walking Track
평탄한 숲길로 이루어진 산책로. 전망은 제한적이다.
난이도 하
가는 방법 고베츠 리프와 헤리티지 센터 사이 편도 1.8km, 45분

09

블루마운틴 식물원
Blue Mountains Botanic Garden

전망 좋은 고지대 식물원

블랙히스 북쪽에 있는 벨에서 출발해 시드니 방향으로 블루마운틴을 관통하는 총 59km 구간의 벨스 라인 오브 로드Bells Line of Road(B59번 도로)는 아름다운 도로다. 절경을 감상하며 천천히 달리다 보면 어느덧 블루마운틴 식물원이 있는 마운트 토마에 도착하게 된다. 원주민 다루그Dharug 부족의 언어로 나무고사리라는 뜻의 '토마'라는 이름답게 양치식물류가 풍성한 우림 지대는 한때 위기를 겪기도 했다. 그러다 1912년 무분별한 개발을 막기 위해 기업인들이 일대 부지를 매입해 식물원으로 조성한 것이 오늘에 이르렀다. 1929년 해발 1000m 고지대에 개장한 식물원은 현재 뉴사우스웨일스주 정부에서 관리한다. 호주에서는 가장 높은 고도에 위치한 식물원이라는 기록을 보유하고 있다.

지도 P.092
가는 방법 블랙히스에서 48km, 자동차로 1시간
주소 Mount Tomah NSW 2758
문의 02 4567 3000 **운영** 09:00~17:00 **요금** 무료
홈페이지 bluemountainsbotanicgarden.com.au

⑩

지그재그 레일웨이
Zig Zag Railway

 지도 P.092
주소 Zig Zag Station, Abberfield Dr, Clarence NSW 2790
운행 금요일, 주말 및 공휴일 운행
※예매 필수
요금 왕복 $46.50(주차 무료, 시드니에서 인터시티 트레인 요금 별도)
홈페이지 zigzagrailway.au

증기기관차 타고 깊은 산속으로

1869~1910년 블루마운틴의 가파른 산간 마을과 평지를 연결하던 산악 철도다. '스위치백' 또는 '인클라인' 철도라고도 부르며, 심한 고도 차이 때문에 지그재그(Z자)로 설치한 선로를 따라 전진과 후진을 반복하면서 꼭대기로 올라간다. 석탄을 연료로 하는 증기기관차는 1970년대부터 관광 열차로 바뀌었는데, 중간에 홍수 피해를 입고 파손된 선로를 10여 년 만인 2023년 5월 복구했다. 지그재그 레일웨이를 타기 위해 직접 운전해서 갈 건지 대중교통(인터시티 트레인)으로 갈 건지에 따라 티켓 종류와 출발 장소가 달라진다.

───────── TIP ─────────

탑승 방법

① 직접 운전해서 갈 때: Clarence → Bottom Points 방향 티켓 구입
가장 간단한 방법으로 직접 운전해서 블랙히스에서 리스고 방향으로 25km 떨어진 클래런스 기차역까지 간다. 주차 후 증기기관차를 타고 약 90분에 걸쳐 클래런스와 바텀 포인트를 왕복한다.

② 인터시티 트레인으로 갈 때: Bottom Points → Clarence 방향 티켓 구입
시드니 또는 카툼바에서 출발하는 인터시티 트레인을 타고 가다가 바텀 포인트 쪽 지그재그 레일웨이 간이역에서 환승한다. BML(Blue Mountains Line) 노선 중 'Weekends & Public Holidays' 시간표를 보고 지그재그 레일웨이의 출발 시간을 잘 맞춰 예약해야 하기 때문에 상당히 까다로운 방법. 아직 운행 시간이 불규칙한 편이라 현지 사정에 익숙하지 않은 사람에게는 추천하지 않는다.

《 블루마운틴 편의 시설 》

블루마운틴에서 여유로운 오후 시간을 보내고 싶다면 하룻밤 머무는 것도 좋은 선택이다. 조명을 받아 빛나는 밤의 스리 시스터스를 감상하는 것은 물론 협곡에서 불어오는 바람 소리와 새소리를 들으며 대자연의 신비를 경험할 수 있다. 편의 시설은 카툼바와 루라에 많고, 럭셔리 리조트부터 저가형 캠핑장까지 선택지가 다양하다.

맛집

룩아웃 에코 포인트 *The Lookout Echo Point*

이름처럼 재미슨 밸리 전경이 내려다보이는 멋진 장소에서 합리적인 가격에 식사할 수 있는 곳이다. 스리 시스터스 전망대 바로 옆에 자리한 쇼핑센터로 들어가면 음료수와 샌드위치를 파는 테이크아웃 전문점 밀크바가 보인다.

위치 카툼바 **유형** 전망 맛집
주메뉴 호주 전통 요리
가는 방법 스리 시스터스 전망대에서 도보 2분
주소 33/37 Echo Point Rd, Katoomba
운영 09:00~21:00
예산 메뉴당 $25~30
홈페이지 thelookoutechopoint.com.au

릴리스 패드 카페 *Lily's Pad Café*

루라 몰에서 한 블록 안쪽에 자리한 브런치 카페. 소박한 인테리어와 가정식 느낌의 정갈한 음식으로 오랫동안 사랑받고 있다. 입구 칠판에 손 글씨로 그날의 메뉴를 적어둔다.

위치 루라 **유형** 캐주얼 카페
주메뉴 커피, 브런치
가는 방법 루라 기차역에서 도보 5분
주소 19 Grose St
운영 월~토요일 08:00~15:00
요금 브런치 $22~24
홈페이지 lilyspad.com.au

숙소

블루마운틴 YHA *Blue Mountains YHA*

시설이 깨끗해서 좋은 평가를 받는 유스호스텔이다. 4~8인실 도미토리가 대부분이며 싱글 룸과 2인실도 있다. 카툼바 기차역에서 도보 10분 거리이고 주변에 편의 시설이 많아 개인 차량이 없어도 부담 없이 이용하기 좋다.

위치 카툼바 **유형** 백패커스
주소 207 Katoomba St, Katoomba
문의 02 4782 1416
홈페이지 www.yha.com.au

에코 부티크 호텔 *Echoes Boutique Hotel*

스리 시스터스와 릴리안펠스 리조트 옆에 자리한 호텔. 블루마운틴 특유의 대저택을 리모델링한 곳이다. 재미슨 밸리가 내려다보이는 테라스석에서 아침 식사도 가능하다.

위치 카툼바 **유형** 4성급 호텔
주소 3 Lilianfels Ave
문의 02 4782 1966
홈페이지 echoeshotel.com.au

카툼바 폭포 캠핑장
Katoomba Falls Tourist Park

카툼바 폭포 입구 앞에 있다. 텐트 사이트와 캐러밴 파크, 캐빈을 갖추고 있다. 아침에는 야생 코카투 앵무새가 찾아와 애교를 부리는 모습을 볼 수 있는 자연 속 숙소다.

위치 카툼바 **유형** 캠핑장
주소 101 Cliff Dr, Katoomba
문의 02 4782 1835
홈페이지 bmtp.com.au

알파인 모터 인
Alpine Motor Inn

카툼바 중심부로 진입하기 직전의 고속도로 옆에 있는 모텔 수준의 숙소. 개인 차량이 있고 카툼바 중심가보다 저렴한 숙소를 찾는다면 좋은 대안이다.

위치 카툼바 **유형** 모텔
주소 197 Great Western Highway, Katoomba
문의 02 4782 2011
홈페이지 alpinemotorinn.com.au

Road Trip

📍 어드바이스
남쪽으로 내려갈수록 기온이 낮아져 한여름을 제외하면 생각보다 날씨가 춥다. 저비스베이를 지나면 도로를 달리는 차량 대수가 현저히 줄어든다. 사우스 코스트의 주요 지점마다 비지터 센터가 있으니 수시로 도로 상황을 확인할 것.
홈페이지 southcoast.com.au

🧭 가는 방법
시드니 센트럴 기차역에서 출발하는 인터시티 트레인 사우스 코스트 노선South Coast Line(SCO, 키아마Kiama 방향)이 울런공을 지나 키아마까지 연결된다. 자동차를 운전해서 A1 도로로 시드니에서 멜버른까지 가려면 무려 1134km를 달려야 한다. 내륙 간 고속도로를 타는 것에 비해 몇 배의 시간이 걸리므로 특정 목적지까지만 A1 도로를 이용하는 방법을 추천한다. 데이 투어는 보통 울런공과 키아마를 묶어 일정을 짠다.

시드니 남쪽 해안 도로

사우스 코스트
SOUTH COAST

시드니에서 캔버라나 멜버른 방면으로 이동할 때는 곧바로 고속도로를 타지 말고 호주 1번 도로(A1 도로)를 따라 남쪽으로 내려가는 경로를 추천한다. 로열 국립공원을 지나면서부터 시작되는 해안 도로의 수많은 뷰 포인트 중에서는 볼드 힐에서 보는 시클리프 브리지 전망이 가장 유명하다. 등대가 아름다운 울런공과 키아마는 시드니 현지인들도 즐겨 찾는 당일치기 명소이고, 그보다 먼 지역은 1박 2일 이상 일정을 잡아야 한다. A1 도로를 달리는 내내 울창한 삼림이 끝없이 펼쳐지는 풍경은 인상적인 장면으로 기억될 것이다.

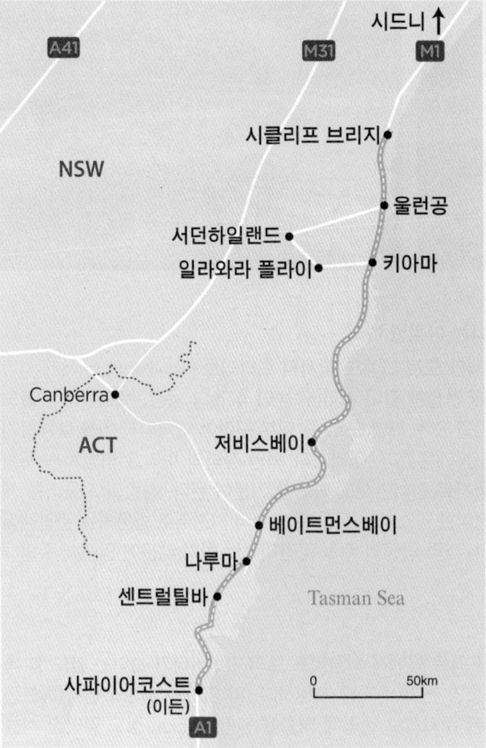

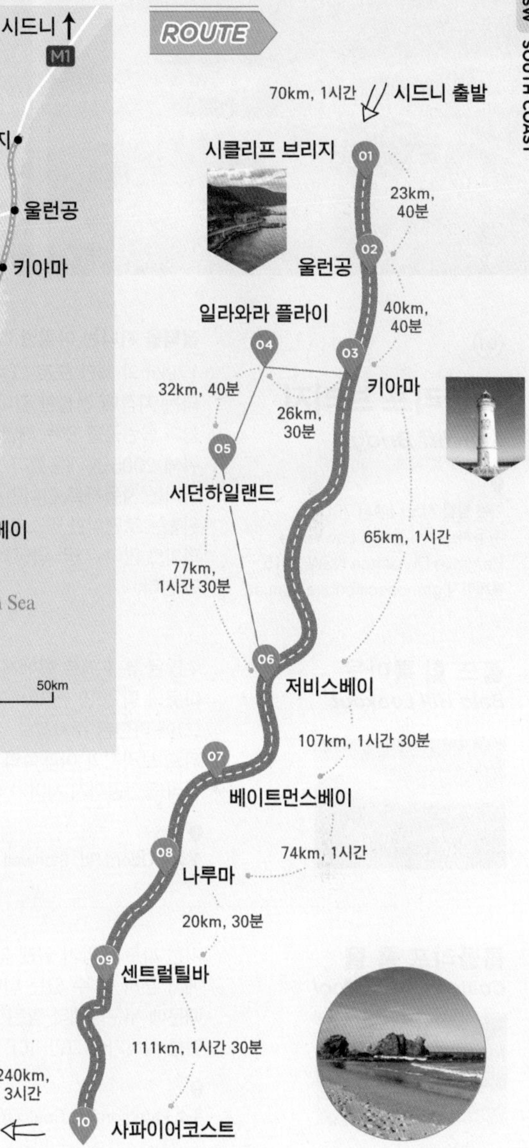

A41　　M31　　M1

시드니 ↑

NSW

서던하일랜드
일라와라 플라이

시클리프 브리지
울런공
키아마

Canberra

ACT

저비스베이

베이트먼스베이
나루마
센트럴틸바

Tasman Sea

사파이어코스트
(이든)
A1

0　　50km

ROUTE

70km, 1시간 ↘ 시드니 출발

시클리프 브리지　01

23km,
40분

울런공　02

40km,
40분

일라와라 플라이

04　　03
키아마

32km, 40분

26km,
30분

05

서던하일랜드

65km, 1시간

77km,
1시간 30분

06

저비스베이

107km, 1시간 30분

07

베이트먼스베이

74km, 1시간

08
나루마

20km, 30분

09
센트럴틸바

111km, 1시간 30분

240km,
3시간

깁슬랜드(VIC) 도착 ←　10　사파이어코스트

사우스 코스트의 주요 지명과 관광 포인트

일라와라 ❶~❸
일라와라Illawara 단애(고원지대에 형성된 가파른 절벽) 지대

솔헤이븐 ❹~❻
고원지대의 마을과 흰 모래 해변이 있는 저비스베이 일대

유로보달라 ❼~❾
캔버라 근교의 주말 여행지인 베이트먼스베이 일대

사파이어코스트 ❿
뉴사우스웨일스 가장 남쪽, 빅토리아와의 경계 부근

01

시클리프 브리지
Seacliff Bridge

가는 방법 시드니에서 70km,
자동차로 1시간 **주소** Lawrence
Hargrave Dr, Clifton NSW 2515
홈페이지 grandpacificdrive.com.au

절벽을 지나는 아찔한 다리

179km의 해안 도로 그랜드 퍼시픽 드라이브Grand Pacific Drive가 시작되는 지점에 건설한 길이 455m, 높이 41m의 웅장한 교량이다. 볼드 힐과 울런공을 잇는 해안 도로 중 일부 구간이 폐쇄되자 이를 대체하기 위해 2005년 개통했다. 일라와라 해안 절벽의 허리를 떠받치는 듯한 다리는 자동차로 건너면서도 아찔한 기분이 든다. 사랑의 자물쇠를 채워놓는 로맨틱한 명소로 소문난 뒤 도보나 자전거로 방문하는 관광객이 의외로 많다. 다리 남단의 주차 공간이 협소하기 때문에 안전에 주의해야 한다.

볼드 힐 룩아웃
Bald Hill Lookout

수많은 뷰 포인트 중에서 시클리프 브리지와 바다가 보이는 볼드 힐 룩아웃의 탁 트인 전망이 가장 시원하다. 약 300m 높이의 언덕(헤드랜드)에 마련된 주차장도 전망대 역할을 겸한다. 5km 정도 떨어진 시클리프 브리지와 아래쪽의 스탠웰 파크가 내려다보이고, 청명한 날에는 멀리 울런공까지 시야가 확보된다.

주소 1 Otford Rd, Stanwell Tops

콜클리프 록 풀
Coalcliff Rock Pool

거친 파도를 막기 위해 암반 위에 만들어놓은 록 풀은 뉴사우스웨일스에서 흔히 볼 수 있는 바다 수영장이다. 이곳은 주 정부에서 관리하기 때문에 누구에게나 열린 공간이며, 일라와라 해안 절벽을 바라보며 더위를 식히기에 그만이다. 볼드 힐과 시클리프 브리지 사이에 있다.

주소 Paterson Rd, Coalcliff

TRAVEL TALK

호주 항공학계의 선구자

1894년 11월 12일 호주의 엔지니어이자 탐험가 로렌스 하그레이브는 볼드 힐에서 스탠웰 파크 해변까지 역사적인 무동력 비행에 성공합니다. 그가 만든 상자 연Box Kite은 항공 분야에 획기적인 공헌을 했고, 이를 계기로 볼드 힐은 행글라이딩과 패러글라이딩 명소가 되었지요. 시클리프 브리지를 포함해 시드니와 울런공 사이의 해안 도로를 '로렌스 하그레이브 드라이브Lawrence Hargrave Drive'로 부르게 된 이유입니다.

⑫

울런공 추천
Wollongong

가는 방법 시드니에서 82km, 자동차로 1시간 30분, 기차로 시드니 센트럴역에서 울런공역까지 2시간, 셔틀버스 정류장 Cliff Rd after Harbour St 하차
주소 Flagstaff Hill Park, Wollongong NSW 2500
홈페이지 visitwollongong.com.au

바다와 등대가 어우러진 포토존

시드니에서 당일치기로 많이 다녀가는 근교 여행지이자 본격적인 로드 트립의 출발점이다. 가장 먼저 눈에 띄는 것은 플래그스태프 힐 꼭대기에 세워진 울런공 헤드 등대Wollongong Head Lighthouse. 날씨가 좋은 날 태즈먼 해안이 보이는 해안 산책로를 따라 등대 주변을 걸으면 울런공을 찾아온 보람을 느끼게 된다. 방파제 안쪽에는 1817년에 세운 브레이크워터 등대Breakwater Lighthouse가 있다. 원래는 석탄 운반선의 운항을 돕는 용도였다가 1974년 이후 가동을 중단하면서 관광용으로 관리하고 있다. 울런공이라는 독특한 지명은 원주민 다라왈Dharawal 부족의 언어로 '5개의 섬·구름'이라는 뜻. 현지에서는 '공The Gong'으로 줄여 부르기도 한다. 인구 31만 명에 달하는 호주 10위 규모의 도시이며 울런공 대학교가 있다.

울런공 헤드 등대

브레이크워터 등대

울런공 기차역

TIP

울런공 주요 명소 편하게 다니는 방법
울런공 기차역 앞에서 출발하는 무료 셔틀버스(Gong Shuttle)를 타면 편하게 주요 명소를 돌아볼 수 있다. 55A번 버스는 시계 방향, 55C번 버스는 반시계 방향으로 기차역과 울런공 대학교 사이를 순환한다.
운행 평일 07:00~18:00(배차 간격 10분), 18:00~22:00(배차 간격 20분), 주말 및 공휴일 09:40~17:20(배차 간격 20분)

셔틀버스 시간표

⟨ 울런공 맛집 ⟩

울런공 센트럴 *Wollongong Central*

백화점과 대형 마트가 입점한 쇼핑센터. 울런공 기차역에서 도보 5분 거리의 번화가에 있다. 보행자 전용도로인 크라운 스트리트를 사이에 두고 레스토랑과 편의 시설이 모여 있다.

유형 쇼핑센터 **주소** 200 Crown St
운영 매장별로 다름
홈페이지 wollongongcentral.com.au

라군 시푸드 레스토랑
Lagoon Seafood Restaurant

놀이터와 바비큐 시설을 갖춘 바닷가 공원 스튜어트 파크 안에서 1986년부터 영업해온 인기 시푸드 레스토랑. 아이스크림과 커피를 파는 테이크아웃 코너도 운영한다.

유형 해산물 전문점
주소 Stuart Park, George Hanley Dr
운영 07:30~22:00
예산 단품 $25~40, 평일 런치 $50~60
홈페이지 lagoonrestaurant.com.au

키 칸틴 *Quay Canteen*

대학 도시인 울런공에는 가성비 맛집부터 고급 레스토랑까지 다양한 옵션이 있는데, 그중 이곳은 아시아 퓨전 카페로 베트남 스트리트 푸드는 물론 포크번, 브런치, 디저트와 커피도 판매한다.

유형 베트남 음식점 **주소** 5/157 Crown St
운영 08:00~15:00 **휴무** 월요일
예산 샌드위치 $12~18
인스타그램 @quaycanteen

하버프런트 시푸드 레스토랑 ⑫
Harbourfront Seafood Restaurant

브레이크워터 등대를 바라보며 식사할 수 있는 전망 좋은 레스토랑이다. 플래그스태프 힐 바로 앞에 있어 접근성이 좋다. 단품 메뉴도 있지만 보통 코스 요리를 주문한다.

유형 해산물 전문점 **주소** 2 Endeavour Dr
운영 11:30~22:00 **예산** 단품 $25~45,
코스 $65~75 **홈페이지** harbourfront.com.au

> **TIP**
> 울런공 시내에서 자동차로 10km 거리에 있는 마운트 키아라 룩아웃Mount Keira Lookout은 도시 전체를 배경으로 사진 찍을 수 있는 포토 스폿이다.

ⓛ 키아마
Kiama

가는 방법 시드니에서 120km,
자동차로 2시간, 기차로 시드니
센트럴역에서 키아마역까지
2시간 20분

**ⓘ Kiama Visitor
Information Centre**
주소 Blowhole Point Rd, Kiama
NSW 2533
운영 09:00~17:00
홈페이지 kiama.com.au

등대와 물기둥이 솟구치는 블로홀

새들백 마운틴Saddleback Mountain과 바다 사이에 위치한 해안 마을. 등대가 있다는 점에서는 울런공과 비슷하지만 작고 조용한 타운인 키아마를 더 선호하는 사람도 많다. 원주민어로 키아라마kiarama, 즉 '바다가 소리를 내는 장소'라는 뜻이다. 실제로 키아마 등대 아래쪽, '쾅' 하는 천둥 소리를 내면서 물기둥이 솟구쳐 오르는 블로홀blowhole이 최고 명소다. 이는 라타이트 화산암에 생긴 구멍 속으로 파도가 들이칠 때마다 소리가 나는 신기한 현상이다. 물기둥의 높낮이는 압력 크기에 따라 매번 달라진다. 바람이 남동쪽에서 심하게 불어오는 날 높게 솟구치며 조수 간만의 차에도 영향을 받는다. 등대 앞에 전망대가 마련되어 있고, 가까이 접근해도 되는데 간혹 갑작스러운 물벼락을 맞을 수 있으니 주의할 것. 반면 물기둥을 보지 못하고 돌아가는 경우도 있어서 어느 정도 행운이 따라줘야 한다. 사우스 코스트 노선의 종점인 키아마 기차역에서 등대까지는 도보 10분 거리다. 가는 길에 보이는 비지터 센터에서 날씨 정보를 얻을 수 있다.

메인 거리 Main Streets

마을 규모가 크지 않아 걸어 다니면서 구경할 수 있다. 여름이면 기차를 타고 서핑족이 몰려올 만큼 멋진 해변도 많다. 시계탑 건물인 우체국 앞에서 교차하는 2개의 도로변에 카페와 레스토랑, 저렴한 숙소가 줄지어 있다. 매주 일요일에는 해변에 푸드 트럭이 모여들어 시사이드 마켓Seaside Market이 열린다.

 주소 Manning St & Terralong St
운영 시사이드 마켓
일요일 09:00~15:00

키아마 록 풀 Kiama Rock Pool

키아마에는 4개의 바다 수영장, 즉 록 풀이 있다. 주민들이 온종일 수영을 즐기는 힐링 스폿이자 노을 명소다. 1880년대에 처음 만들 당시, 등대 언덕 아래쪽의 록 풀은 남성 전용, 항구 쪽 컨티넨털 풀은 여성 전용이었다고 한다. 지금은 누구나 자유롭게 이용할 수 있다. 화산암 지대라 지면이 울퉁불퉁하니 미끄러지지 않도록 주의해야 한다.

 주소 Blowhole Point Rock Pool
운영 24시간

커시드럴 록 Cathedral Rock

동굴 안에서 기묘한 형상의 화산암을 바라보는 장면으로 알려진 인증샷 명소다. 하지만 찾아가는 길이 만만치 않다. 존스 비치 쪽에서 해변을 따라 커시드럴 록까지 걸어가야 하는데, 물때를 잘못 맞추면 자칫 위험할 수도 있다. 따라서 이곳을 가려면 구글에서 'kiama tide times'를 검색해 썰물 시간에 맞춰 갈 것.

 주소 36 Cliff Dr(Jones Beach), Kiama Downs

(04)

일라와라 플라이
Illawara Fly

30m 나무 위를 걷는 트리톱 워크와 집라인

울런공이나 키아마에서 경험해볼 만한 어트랙션. 집라인은 35m 높이에서 온대 우림 위를 날아다니는 체험이고, 트리톱 워크는 지상 20~30m 높이에 설치한 캐노피 구조물을 따라 걷는 것이다. 나이트 타워Knights Tower라 불리는 전망대에 올라가면 울런공, 키아마, 일라와라 호수까지 근교 지역이 모두 내려다보인다. 1500m 트랙 전체를 걷는 데 1시간 정도 걸린다. 집라인 티켓에는 트리톱 워크 요금이 포함되어 있고, 트리톱 워크 티켓만 따로 구입할 수도 있다. 액티비티를 원하지 않는다면 이곳에서 자동차로 10분 거리인 잼버루 룩아웃Jamberoo Lookout(무료)을 방문해도 된다. 해발 710m에 위치한 부더루Budderoo 국립공원까지 올라가는 길이 다소 멀긴 하지만 투어리스트 드라이브 9번에서 만나는 경치가 환상적이다.

♀
가는 방법 울런공에서 56km, 자동차로 1시간
주소 182 Knights Hill Rd, NSW 2577
운영 10:00~17:00 ※예약 필수
요금 집라인 $80, 트리톱 워크 $28.50
홈페이지 illawarrafly.com.au

(05)

서던하일랜드
Southern Highlands

뉴사우스웨일스의 전원 속으로

숲과 초원으로 둘러싸인 고원지대인 서던하일랜드에서 가장 유명한 장소는 모턴Morton 국립공원의 피츠로이 폭포Fitzroy Falls다. 주차 후 조금만 걸으면 절벽 위 전망대에 도착하는데, 수량이 많은 봄철에 가장 멋지다. 높이 80m에서 온대 우림으로 쏟아져 내리는 폭포는 와일드 메도 크리크를 지나 캥거루강까지 흘러간다. 폭포를 보고 난 다음에는 1898년에 건설한 목재 현수교 햄던 브리지Hampden Bridge와 1890년대 풍경을 그대로 간직한 박물관 같은 마을 베리Berry를 이정표 삼아 한 바퀴 돌아보자. 만나는 마을 어디든 여행자를 따뜻하게 맞이해주는 카페나 베이커리가 있다.

♀
가는 방법 일라와라 플라이에서 피츠로이 폭포까지 32km, 자동차로 30분

❶ Fitzroy Falls Visitor Centre
주소 1301 Nowra Road, Fitzroy Falls NSW 2577 **문의** 02 4887 7270
운영 09:00~16:00 **요금** 입장료 무료, 주차 $4
홈페이지 nationalparks.nsw.gov.au

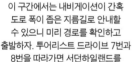

TIP

이 구간에서는 내비게이션이 간혹 도로 폭이 좁은 지름길로 안내할 수 있으니 미리 경로를 확인하고 출발하자. 투어리스트 드라이브 7번과 8번을 따라가면 서던하일랜드를 한 바퀴 돌아볼 수 있다.

저비스베이
Jervis Bay

허스키슨 항구에서는 1년 내내 돌고래 투어를 진행하고, 6~11월에는 혹등고래나 남방참고래를 볼 수 있어요.

눈부시게 하얀 모래 해변

새하얀 모래사장과 에메랄드빛 바다가 끝없이 펼쳐지는 해안 지대. 사실상 저비스베이 전역이 국립공원과 해양 공원으로 지정되어 있어서 영화 속 비밀의 해변으로 등장할 법한 아름다운 해변이 많다. 저비스베이 남쪽은 뉴사우스웨일스주가 아니라 연방 정부 직할인 저비스베이테리토리에 속한다. 돌핀 크루즈와 유람선 투어가 출발하는 허스키슨 항구 쪽이 번화하고, 타운 주변으로 고급 휴양지가 조성되어 있다. 숲속 펜션이나 국립공원 안쪽의 캠핑장에서 하룻밤 보내는 것도 좋지만 새하얀 모래사장과 잔잔한 바다를 하루 종일 즐기는 것이 이곳의 여행 포인트. 시드니에서 다소 먼 거리이기 때문에 단기 여행자보다는 현지인들이 주로 방문한다. 자연 속으로 깊숙하게 들어갈수록 저비스베이의 매력을 제대로 체험할 수 있다.

가는 방법 시드니에서 183km, 자동차로 2시간 30분
주소 Huskisson Wharf, Currambene St, Huskisson NSW 2540

하이암스 비치 *Hyams Beach*

가루처럼 곱고 흰 모래로 유명한 저비스베이의 대표 해변이다. 말 그대로 백사장인 이곳의 모래는 미세한 석영(둥그렇게 마모된 수정) 입자로 이루어져 밟을 때마다 사각사각 기분 좋은 소리를 낸다. 세계에서 가장 새하얀 해변으로 《기네스북》에 올랐다는 소문도 있지만 실제로는 서호주 러키 베이의 모래가 더 하얗다고 한다. 하지만 이곳이 호주에서 손꼽히게 아름다운 해변이라는 것은 변하지 않는 사실이다.

주소 98 Cyrus St, Hyams Beach **요금** 무료

부더리 국립공원 *Booderee National Park*

울창한 유칼립투스 숲에 둘러싸인 생태계의 보고다. 하이암스 비치와 가까운 일루카 비치Iluka Beach도 모래가 굉장히 곱고 흰 편인데, 입장료를 내고 들어가는 곳이라 훨씬 깨끗하고 조용하다. 해안선을 따라 그린패치Greenpatch, 머레이 비치Murrays Beach 등의 해변이 이어지고, 곶 반대편은 절벽 지대다. 부더리 국립공원 안에는 별다른 편의 시설이 없으니 출발 전 빈센티아 Vincentia의 대형 마트에서 음식과 음료를 준비해야 한다. 현재 사전 예약제로 운영하며 캠핑장 예약은 별도다.

♥
주소 Village Rd, NSW 2540
요금 1일권 $20 ※차량 1대, 입장권 예약 필수
홈페이지 parksaustralia.gov.au/booderee

≪ 저비스베이 편의 시설 ≫

맛집

빈센티아 쇼핑 빌리지
Vincentia Shopping Village

저비스베이 진입로 근처의 쇼핑센터로 주변에 대형 마트와 저렴한 레스토랑이 많다.

유형 쇼핑센터 **주소** 5 Burton St, Vincentia
운영 07:30~17:30 **휴무** 일요일
홈페이지 vincentiashoppingvillage.com.au

숙소

허스키슨 비치 홀리데이 파크
Huskisson Beach Holiday Park

허스키슨 근처 무나 무나 비치에 있는 캠핑장으로 여러 채의 캐빈이 설치되어 있다.

유형 캠핑장
주소 17 Beach St, Huskisson
문의 1300 733 027
홈페이지 holidayhaven.com.au

브림 비치 홀리데이 파크
Bream Beach Holiday Park

잔디밭에 야생 캥거루 무리가 출몰하는 캠핑장. 숙박 조건이 다소 까다로워 호주 은행 계좌가 있는 경우에만 추천한다. 저비스베이 반대편 호수 쪽에 있다.

유형 캠핑장
주소 66 Wrights Beach Rd, Bream Beach
문의 02 4443 0373
홈페이지 breambeachholidaypark.com

⑦ 베이트먼스베이
Batemans Bay

현지인의 낚시 명당

원주민어로 '물 사이의 땅'이라는 뜻을 가진 유로보달라 지역의 중심 마을이다. 클라이드강Clyde River의 담수와 바닷물이 만나는 하구에 위치해 낚시 명당으로 알려졌다. 캔버라에서 가까워 주말 여행지로 인기가 높고, 현지인들은 클라이드강에서 굴을 채취하기도 한다.

가는 방법 캔버라에서 149km, 시드니에서 277km
주소 Batemans Bay NSW 2536
홈페이지 eurobodalla.com.au

⑧ 나루마
Narooma

호주 대륙을 닮은 바위

거대한 바위에 호주 대륙과 흡사한 형태로 구멍이 뚫린 오스트레일리아록Australia Rock이 포토 스폿이다. 나루마는 원주민어로 '깨끗하고 파란 물'이라는 뜻이다. 주변 방파제에 물개가 서식해 가까운 거리에서 관찰할 수 있다. 와고나 인렛Wagona Inlet(인렛은 아주 좁은 만을 뜻함)에 위치한다.

ⓘ Narooma Visitor Information Centre
가는 방법 시드니에서 346km
주소 1 Bar Rock Rd, Narooma NSW 2546

⑨ 센트럴틸바
Central Tilba

작고 예쁜 산골 마을

골드러시 시기에 굴라가 국립공원 기슭에 형성된 인구 300명의 작은 산골 마을이다. A1 도로에서 벗어나 이 마을을 찾아가는 길은 비탈진 초지에서 소와 양이 한가롭게 풀을 뜯는 그림 같은 풍경의 연속이다. 19세기 개척 시대의 정취로 가득한 카페와 레스토랑, 빈티지 숍이 관광객을 맞이한다.

가는 방법 시드니에서 361km
주소 2 Bate St, Central Tilba NSW 2546
홈페이지 tilba.com.au/tilba-tilba

⑩ 사파이어코스트
Sapphire Coast

전설 속 범고래의 흔적을 찾아서

뉴사우스웨일스주 최남단의 해안 지대. 중심 타운인 이든Eden은 1800년대까지 포경을 생업으로 삼았던 어촌 마을이다. 당시 '올드 톰'이라 불리던 리더와 수십 마리의 범고래 무리가 다른 고래들을 바다 한쪽으로 몰아 포경을 도왔다는 일화가 전해진다. 포경이 금지된 현재는 올드 톰의 뼈가 전시된 박물관만 남아 있다. 이든을 지나면서부터 프린스 하이웨이(A1 도로의 일부)가 해안을 벗어나 숲길로 들어선다. 도로 양옆으로 10m가 훌쩍 넘는 높이의 유칼립투스 삼림이 수백 km 이어지는 길을 지날 때는 차창을 내리고 맑은 공기를 한껏 들이마시자.

 ❶ **Eden Killer Whale Museum**
가는 방법 시드니에서 473km, 멜버른까지 556km
주소 182 Imlay St, Eden NSW 2551
문의 02 6496 2094
운영 월~토요일 09:15~15:45, 일요일 10:15~14:45
요금 $15
홈페이지 killerwhalemuseum.com.au

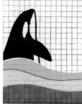

≪ 사파이어코스트 맛집 ≫

틸바 티팟 카페
Tilba Teapot Café

센트럴틸바 메인 거리에서 운영하는 가정집 분위기의 작은 카페. 달콤한 타르트와 고소한 스콘이 따끈한 차 한잔과 잘 어울리고, 홈메이드 미트 파이나 브런치로 배를 채워도 좋다.

유형 브런치 카페
주소 2/17 Bate St, Central Tilba NSW 2546
운영 09:00~15:00 **휴무** 월 · 화요일

베가 치즈 헤리티지 센터
Bega Cheese Heritage Centre

사파이어코스트를 여행한다면 호주 마트에서 파는 대표 치즈 브랜드인 베가 치즈 공장을 가보지 않을 수 없다. 초창기 치즈 공장이 보존되어 있으며 간단한 식사도 가능하다.

유형 치즈 공장 & 숍 **주소** 13/11 Lagoon St, Bega NSW 2550 **운영** 09:00~17:00 **요금** 무료
홈페이지 heritagecentre.com.au

CANBERRA

캔버라

호주의 건국 이념과 징지직 요소를 철학적으로 담고 있는 호주의 수도다. 지리적으로는
뉴사우스웨일스주에 해당하나 오스트레일리아캐피털테리토리Australian Capital Territory라는
특별 행정구역이다. 1901년 출범한 호주연방 정부에서는 1913년 캔버라를 호주의 수도로
공표하고, 국제 공모전을 열어 미국 건축가 월터 벌리 그리핀과 마리온 마호니 그리핀 부부의 계획안을
채택해 도시 건설을 시작했다. 1964년에 설계의 핵심인 인공 호수가 만들어지고, 건국
200주년인 1988년 5월 9일 새로운 국회의사당이 완공되었다. 캔버라는 원주민어로 '만남의
장소'라는 뜻으로 국민들이 직접 선택한 이름이며, 원래 존재하던 곳을 수도로 정한 것이
아니라 공들여 완성한 완전히 새로운 계획도시였다는 점에서 큰 의미가 있다. 서울보다 조금 큰
면적(814.2km²)에 인구는 45만 명에 불과하다. 하지만 행정부, 입법부, 사법부 및 정부 기관과
국립대학, 국립박물관이 들어선 도시의 존재 자체가 호주의 완전한 독립과 국민 통합을 상징한다.

브로드버거

주 호주
대한민국
대사관

호주의
수도

국회의사당

호주 전쟁
기념관

플로리아드

호주국립
박물관

벌리 그리핀
호수

계획
도시

Canberra Preview
캔버라 미리 보기

캔버라는 자연 지형을 최대한 활용해 원형, 사각형, 육각형, 팔각형, 삼각형으로 구획한
기하학적 구조로 설계했다. 팔러먼터리 트라이앵글Palimentary Triangle로 불리는 삼각형은
도시의 중심으로, 의회와 정부 기관이 들어선 캐피털힐Capital Hill, 시민을 상징하는 지역이자 상업
활동의 중심인 시티City, 군사 지역인 러셀Russell이 3개의 꼭짓점 부분에 위치한다. 그 중간에
직선으로 뻗은 코먼웰스(연방) 애비뉴Commonwealth Ave, 컨스티튜션(헌법) 애비뉴Constitution
Ave, 킹스(왕실) 애비뉴Kings Ave 3개 도로를 배치하고, 시내를 관통하는 몰롱글로강Molonglo
River의 흐름을 막아 거대한 인공 호수를 만들었다.

① 캐피털힐 ➡ P.132
새로운 국회의사당이 들어선 언덕에서부터 호수까지 방사상으로 뻗어 내려간 지역을 말한다. 호주국립미술관과 호주 왕립 조폐국 등 수도의 위상에 걸맞은 건물이 가득하다. 이곳에 자리한 레이크 벌리 그리핀Lake Burley Griffin은 캔버라의 풍요로움을 상징하는 드넓은 인공 호수로 시민들이 산책과 운동을 즐긴다.

② 시티 ➡ P.141
캔버라가 새로 탄생하기 이전부터 존재했던 구도심에 해당하는 지역이다. 육각형으로 구획한 런던 서킷 London Circuit 주변은 대학가이자 상업 지구다. 버스 노선 대부분이 집결하는 시티 버스 인터체인지City Bus Interchange가 있다.

③ 러셀 ➡ P.137
국가 안보와 행정에 초점을 둔 지역으로 국방부를 비롯한 정부 기관이 모여 있다. 국립 카리용과 가깝지만 일반 여행자가 방문할 일은 드문 군사 지역이다.

캐피털힐

시티

러셀

🔖 **Follow Check Point**

ℹ️ **Canberra and Region Visitors Centre**
위치 코먼웰스 파크(레이크 벌리 그리핀 북쪽) **주소** Barrine Drive, Parkes ACT 2600
문의 1300 554 114 **운영** 평일 09:00~17:00, 주말 09:00~16:00 **홈페이지** visitcanberra.com.au

❄️ **캔버라 날씨**
대륙성기후로 사계절이 뚜렷하고 날씨는 대체적으로 청명한 편이다. 특히 낮 기온이 34~37℃까지 오르는 12~1월의 체감온도는 실제보다 훨씬 높다. 쾌적한 가을이 지나고 겨우내 서리가 내릴 정도의 추위가 계속되다가 9월 중순부터 10월 중순 사이에 성대한 봄꽃 축제 플로리아드를 개최하면서 여행 성수기를 맞이한다. 내륙 분지라는 특성상 굉장히 덥고 건조해서 산불이 자주 발생하는 여름철은 여행하기 적합한 시기가 아니다.

계절	봄(9~11월)	여름(12~2월)	가을(3~5월)	겨울(6~8월)
날씨	☀️	☀️ 폭염	☀️	❄️❄️ 서리
평균 최고 기온	19℃	27℃	20℃	12℃
평균 최저 기온	6℃	17℃	7℃	1℃

캔버라 추천 코스

호주 수도에서 보내는
특별한 시간

시드니와 멜버른 사이를 자동차로 지나는 도중에 하루 또는 1박 2일 일정을
추천한다. 주요 관광 명소들은 자동차로 10~15분 거리에 불과해 마음만
먹으면 반나절이나 하루에 다 돌아볼 수 있다. 물론 호주 건국의 의미가
담긴 장소를 일일이 찾아가고 국립박물관까지 꼼꼼히 보려면 더 많은
시간이 필요하다.
참고로 호주의 수도 캔버라의 캐피털힐 남서쪽에는 미국, 프랑스,
말레이시아, 스페인, 독일, 그리스 등 세계 각국의 대사관이 모인 '대사관
마을'이 있다. 주 호주 대한민국 대사관Embassy of the Republic of Korea도
캔버라에서 ACT, TAS, SA, WA 지역 관할 업무를 수행한다.
▶ 호주 소재의 다른 영사관 정보 1권 P.143

주소 113 Empire Cct, Yarralumla ACT 2600 **문의** 02 6270 4100,
긴급(야간) 408 815 922 **운영** 월요일 09:00~12:30, 13:30~17:30,
화~금요일 09:00~12:30, 13:30~16:00 **휴무** 토 · 일요일
홈페이지 overseas.mofa.go.kr/au-ko

캔버라는 시드니와
시차가 같고, 10~4월에는
일광절약시간을 시행해요!

DAY 1	DAY 2	DAY 3
완벽한 계획도시 캔버라를 한눈에	**호주의 역사 · 문화와 함께하는 하루**	**멜버른 또는 시드니로, 다시 로드 트립 시작**

오전	**캔버라 도착**	🍴 **론스데일 스트리트**	**캔버라 근교 여행**
	▼ 자동차 15분	▼ 자동차 10분	• **Option 1** 하이컨트리 멜버른과 시드니를 연결하는 내륙 고속도로의 소도시와 산악 지대 ▶ 3권 P.100
	마운트 에인슬리 룩아웃	**국회의사당**	
	▼ 도보 20분	• 국회의사당 내부 가이드 투어 후 카페에서 식사	
	레이크 벌리 그리핀	▼ 도보 10분	• **Option 2** 베이트먼스베이 캔버라에서 가장 가까운 해변 지역으로 자동차로 2시간 거리이며 캔버라 시민이 자주 찾는 주말 휴양지 ▶ P.118
	• 비지터 센터	**구 국회의사당**	
	• 국립수도전시관		

오후	▼ 자동차 10분	▼ 도보 15~30분	
	🏙 캔버라 센터 주변	**파크스 남쪽**	
	▼ 자동차 10분+도보 15분	• 호주국립미술관	
	호주 전쟁 기념관	• 호주 왕립 조폐국	
	• 내부 전시 관람	▼ 자동차 10분	
	• 안작 퍼레이드 걸어보기	🍴 브로드버거	
		• 킹스턴 이스트레이크 퍼레이드 산책	

기억할 것!	일찍 문을 닫는 곳이 많아 저녁에는 인적이 드문 편	브로드버거 웨이팅을 피하려면 앱으로 미리 주문하기	

캔버라 들어가기

캔버라는 경유 항공편을 이용하기에는 시드니와 너무 가깝고, 일부러 이곳을 목적지로 여행하기에는
고립된 위치다. 가장 좋은 방법은 시드니와 멜버른을 자동차로 오갈 때 잠깐 들르는 것이다.

캔버라-주요 도시 간 거리 정보

캔버라 기준	거리	자동차	기차	비행기
시드니	287km	3시간	4시간 30분	1시간
저비스베이	195km	2시간 30분	–	–
멜버른	663km	7시간	8시간 30분	1시간

비행기

우리나라에서 캔버라로 가는 항공편은 없다. 시드니 또
는 호주의 다른 도시에서 국내선으로 환승해 캔버라 공항
Canberra Airport(CBR)으로 들어가야 한다.
공항에서 캔버라 중심가까지는 7km밖에 안 된다. 터
미널 앞에서 래피드 버스 3번을 타면 20분 만에 중심
가(시티)에 도달한다. 택시를 탈 경우 예상 요금은 약
$25~30다.
주소 Terminal Circuit, ACT 2609
홈페이지 canberraairport.com.au

자동차

시드니와 멜버른을 연결하는 내륙 고속도로(M31) 분
기점에서 1시간가량 남쪽으로 우회하면 캔버라에 도
착한다. 장거리 여행인 경우 시드니에서 해안 도로를
따라 내려오다가 저비스베이에서 캔버라로 접어드는
방법도 괜찮다. 캔버라를 구경한 다음 다시 고속도로
(M31)를 타고 멜버른 쪽으로 여정을 이어간다.

기차

시드니 센트럴 기차역에서 출발하는 리저널 트레인 서던 뉴사우스웨일스 노선
Southern NSW Line이 중심가(시티)에서 6km 떨어진 캔버라 기차역에 도착한
다. 여기서 우버 또는 래피드 버스 2번으로 갈아탄다. 멜버른에서는 브이 라인V/
Line 기차를 타고 앨버리Albury로 이동해 버스로 환승한다.
주소 Canberra Railway Station, Wentworth Avenue, Burke Cres, Kingston ACT 2604

장거리 버스

시드니 센트럴 기차역 또는 멜버른의 서던크로스역에서 출발하는 그레이하운드
Greyhound, 브이 라인V/Line, 머레이Murrays 버스 등 장거리 버스가 중심가(시티)
북쪽의 졸리먼트 투어리스트 센터에 정차한다.
주소 Jolimont Tourist Centre, Canberra ACT 2601

캔버라 도심 교통

캔버라 시내는 주차 공간이 여유로워 개인 차량으로 다니는 것이 가장 편리하다.
지역이 넓다 보니 대중교통 노선이 전반적으로 구석구석 잘 갖춰진 편이 아니다.
현지인들도 우버Uber, 글라이드Glide, 올라Ola 등 라이드셰어를 많이 이용한다.
캔버라 교통국 홈페이지 transport.act.gov.au

버스 Bus

도심과 근교 지역을 연결하는 직행 노선인 래피드 버스와 일반 노선인 레귤러 버스로 나뉜다. 평일과 주말에 운행하는 노선 번호가 다르기 때문에 홈페이지의 저니 플래너에서 출발지(From)와 목적지(To)를 입력하고 검색해봐야 한다. 시티 인터체인지City Interchange로 불리는 시티 한복판의 길거리 터미널에 대부분 버스가 정차한다.
주의 승하차 시 단말기에 카드를 태그할 것.
운행 평일 07:00~19:00(배차 간격 15분, 그 외 시간대는 노선별로 다름)

TIP

캔버라에서는 콘택트리스 카드면 충분!
2024년 11월부터 마이웨이 플러스MyWay+라는 결제 시스템을 도입했다. 기존에 사용하던 교통카드 대신 콘택트리스 기능이 있는 신용카드(체크카드)나 모바일 결제로 대중교통(버스, 라이트 레일)을 이용하면 된다. 자판기에서 여행자용 1일권daily ticket을 구매하는 방법도 있다. 자판기는 캔버라 공항과 라이트 레일 역, 일부 버스 정류장에 설치되어 있다.

교통카드 종류 및 요금

출발지	마이웨이 요금	출발지	마이웨이 요금
피크 타임	$3.22	평일 이용 한도	$9.60
오프피크 타임*	$2.55	주말·공휴일 이용 한도	$5.87
자판기 티켓 1회권 $5.00		자판기 티켓 1일권 $9.60	

*오프피크 타임: 평일 09:00~16:30, 18:00 이후, 주말·공휴일

레드 익스플로러 루프 버스
Red Explorer Loop Bus

원하는 장소마다 내려서 둘러보고 다시 탈 수 있는 투어 버스. 배차 간격이 길어 효율적인 편은 아니다. 버스에서 내리지 않고 1시간 동안 타고 한 바퀴 돌아도 된다.
주의 요일별로 운행 시간, 정류장 다르다.
요금 오전 출발 $50, 오후 출발 $45
홈페이지 canberradaytours.com.au

라이트 레일
Light Rail

캔버라 전역에서 경전철 공사가 진행 중이다. 현재 운행 중인 1차 노선은 캔버라 북쪽 외곽 지역인 궁갈린Gungahlin과 시티를 연결한다. 캐피털힐과 시티를 연결하는 2차 노선은 2028년 운행 예정이다.
주의 현재는 여행자에게 유용한 교통수단이 아니다. **운행** 06:00~23:30(배차 간격 5분)

공유 자전거
Shared Bikes

일직선으로 뻗은 대로와 호숫가의 넓은 공원 등 캔버라는 한눈에 보기에도 자전거 친화적 도시다. 버스를 타면 빙 둘러가야 하는 길도 자전거로 가면 금방일 때가 많다. 현재 E-스쿠터업체로 뉴런Neuron이 있으며 자전거업체로는 에어바이크Airbike가 있다. 안전에 유의하며 라이딩을 즐기자.
주의 헬멧 착용은 언제나 필수 **운행** 24시간

도시 전망이 한눈에 쏙!

캔버라 뷰 포인트

건축가 월터 벌리 그리핀과 마리온 마호니 그리핀 부부는 캔버라 북쪽의 두 산봉우리가
도시 전경을 보여주는 미술관 같은 역할을 하리라 기대하며 이 도시를 설계했다. 그러니까
캔버라에 존재하는 모든 장소에는 특별한 의미가 부여되어 있다고 해도 과언이 아니다. 텔스트라
타워는 장기간 공사가 예정되어 있으니 마운트 에인슬리 룩아웃을 꼭 방문하자.

#그리핀 부부의 꿈이 현실이 된 곳
마운트 에인슬리 룩아웃 Mount Ainslie Lookout

캔버라의 도시 구조를 단번에 파악할 수 있는 전망대로, '마리온 마호니 그리핀 룩아웃'이라 부르기도
한다. 팔러먼터리 트라이앵글 북동쪽 산(해발 843m) 위에 있다. 바로 아래쪽은 호주 전쟁 기념관이
며, 그 앞으로 곧게 뻗은 안작 퍼레이드 너머의 국회의사당과 그 뒤편의 레드힐 언덕까지 정면으로 보인
다. 시야가 다소 가리지만 서쪽으로는 시티 일부도 보인다. 야외에 전망대가 있어 기념비 외에 편의 시설
은 없다. 입장료를 받거나 따로 관리하는 것이 아니기 때문에 늦은 시간 방문은 권하지 않는다. 차를 세우
고 잠시 구경하는 데 10~15분 정도면 충분하다.

가는 방법 시티에서 7km, 자동차로 15분 ※좁은 주차 공간 있음
주소 20 Mount Ainslie Dr **운영** 24시간 **요금** 무료

#캔버라 전경이 파노라마로 펼쳐지는 곳

텔스트라 타워 Telstra Tower

팔러먼터리 트라이앵글 북서쪽 산 블랙마운틴 정상(해발 812m)에 세워진 195.2m 높이의 타워다. 통신 업체 텔스트라사의 송신탑으로 남산서울타워 윗부분을 잘라놓은 듯한 모습이다. 캔버라에서는 거의 유일하게 높은 건물이라 어디서나 눈에 띄는 랜드마크다. 특별한 행사가 있을 때나 기념일에는 조명 색을 달리하면서 도시의 야경을 더 아름답게 만들어준다. 1980년대부터 캔버라의 대표적 전망대 역할을 해 왔으며 꼭대기 층에서는 360도 파노라마 뷰가 펼쳐진다. 인공 호수 레이크 벌리 그리핀의 전경이 보이는 것은 물론 광활한 호주 내륙의 삼림이 한눈에 들어온다. 팬데믹 이후 장기간 리모델링 공사에 들어갔으니 방문 전 오픈 여부를 확인해야 한다.

가는 방법 시티에서 6km, 자동차로 12분 ※대중교통 없음
주소 100 Black Mountain Dr, Acton **운영** 공사 중 **홈페이지** telstra.com.au/telstra-tower

캔버라 전도

0   1km

Black Mountain Nature Reserve

Barry Dr

텔스트라 타워

호주국립식물원

Clunies Ross St

호주국립ㄷ

캔버라 국립수목원

Park's Way ②

Weston Park

Molonglo River

호주국립박물관

레이크 벌리 그리핀

Alexandrina Dr

Stirling Park

Perth Ave

Novar St

국회의사

주 호주 대한민국 대사관 ●

카

Adelaide Ave

Melbourne Ave

호주 왕립 조폐국 ●

Kent St

Red Hill Lookout

Haig Park

Limestone Ave

●론즈데일 스트리트
(맛집 거리)

●캔버라 센터

시티 버스 인터체인지

Ainslie Ave

Mount Ainslie

마운트 에인슬리 룩아웃

호주 전쟁 기념관

Fairbairn Ave

한국전쟁 참전 기념비● ●안작 퍼레이드

웰스 파크

Park's Way

Constitution Ave

ⓘ 국립 수도 전시관
(비지터 센터)
캡틴 제임스 쿡 메모리얼
리얼 분수

팔러먼터리 트라이앵글

Mount Pleasant
Nature Reserve

●호주국립도서관

●국립과학기술센터

●호주대법원
●국립초상화미술관

●국립 카리용

러셀
●태평양 전쟁 기념비

●호주국립미술관

구 국회의사당

러지니 천막 대사관

드워드 테라스

Kings Ave

Kings Avenue Bridge

Molonglo River

캔버라 공항(7km)

Brisbane Ave

Jerrabomberra
Wetlands

캔버라 유리 공장● ●킹스턴 이스트레이크 퍼레이드
●올드 버스 디포 마켓

Telopea Park

킹스턴

●Manuka Obal(경기장)

B23

A23

캔버라 관광 명소

규칙적으로 배치된 건물들은 얼핏 가까워 보이지만 실제로는 거리가 상당하다.
전부 걸어서 다니기는 매우 힘드니 대중교통이나 자동차를 적절히 이용하도록 한다.

국회의사당
Parliament House

호주 역사와 원주민의 정신이 깃든 곳

호주 건국 200주년인 1988년 5월 9일 완공한 새로운 국회의사당이다. 호주 연방 의회Parliament of Australia를 구성하는 상원과 하원이 입법 활동을 하며, 호주 송리와 부처 장관 집무실 등 국가기관으로 사용한다. 광장 정중앙에 자리한 높이 81m, 중량 250톤의 국기 게양대 위에서는 호주 국기가 나부낀다. 국회의사당 양옆에는 원주민의 도구인 부메랑처럼 보이도록 경사가 완만한 언덕을 만들고, 이 언덕에 의해 건물의 나머지 각진 부분이 감춰지도록 설계했다. 국회의사당 앞 광장의 연못은 캔버라를 둘러싼 레이크 벌리 그리핀을 묘사한 것이다.

하원 회의장은 호주의 토종 식물인 유칼립투스 잎을 상징하는 녹색, 상원 회의장은 아웃백 지역의 붉은 흙과 땅을 의미하는 붉은색으로 꾸몄다. 건물 안 카페는 누구나 이용 가능하며, 비회기 중에는 건물을 보다 자유롭게 관람할 수 있다.

지도 P.130
가는 방법 시티에서 3km, 버스 정류장 Parliament House Federation Mall 하차
※지하 주차장 1시간 무료 **주소** Parliament Dr, Capital Hill
운영 09:00~17:00, 카페 09:00~16:00, 투어 09:30~15:30 사이에 출발(1일 6회)
요금 무료 **홈페이지** aph.gov.au

국회의사당

구 국회의사당

TIP

무료 가이드 투어에 참여하면 그레이트 홀과 상·하원 회의장을 관람할 수 있다. 다만 회기 중에는 관람이 제한될 수 있다. 홈페이지를 통한 예약이 필수이며 여권을 지참해야 한다.

02

구 국회의사당
*Old
Parliament House*

🔴
지도 P.131
가는 방법 국회의사당에서
도보 15분 **주소** 18 King
George Terrace, Parkes
운영 09:00~17:00 **요금** 무료
홈페이지 moadoph.gov.au

호주 민주주의 역사박물관

수도를 멜버른에서 캔버라로 이전한 1927년부터 새로운 국회의사당이 완공된 1988년까지 호주연방 의회에서 사용한 건물이다. 비록 한시적인 용도였으나 정식 상·하원 회의장을 갖췄으며, 지금은 호주 역사와 현재, 화합의 미래를 보여주는 박물관으로 사용하고 있다. 흰색으로 칠한 3층 벽돌 건물의 현관 상단에는 영국 왕실 문장Royal Coat of Arms(사자와 유니콘)과 호주연방 문장Commonwealth Coat of Arms(캥거루와 에뮤)을 각각 새겨 넣었으며, 정면에 안작 퍼레이드와 호주 전쟁 기념관이 서로 마주 보도록 설계했다. 잔디밭 한쪽에는 애버리지니 천막 대사관 Aboriginal Tent Embassy이 자리해 있다. 1972년 4명의 원주민이 파라솔을 펴고 시작한 시위가 지금까지 이어진 것으로, 원주민의 토지 소유권과 정치적 입지 강화를 주장하는 상징성을 띤다.

호주연방 문장

영국 왕실 문장

상원 회의장

하원 회의장

TRAVEL TALK

**수도 캔버라는
왜 이렇게
멀리 있을까?**

호주가 독립하던 시점인 19세기 말, 서로 수도가 되려고 하는 시드니와 멜버른 간 경쟁이 과열되자 호주연방 정부는 차라리 미국의 워싱턴DC나 브라질의 브라질리아처럼 특정 주에 소속되지 않은 독립된 수도를 건설하기로 했어요. 새로운 수도는 시드니로부터 160km 이상 떨어져 있어야 하고, 완공 전까지 주요 기관을 멜버른에 유지시킨다는 조건이었죠. 그야말로 아무것도 없던 땅에 도시를 세운 것이어서 'Middle of Nowhere(주변에 아무것도 없는 외딴 곳)'라는 우스갯소리까지 생길 정도였어요. 어쨌든 1908년 뉴사우스웨일스주가 수도 건설 부지를 연방 정부에 양도함으로써 오스트레일리아캐피털테리토리가 탄생했고 캔버라를 건설할 기반이 마련됩니다. 1913년 3월 12일, 일반 국민이 제안한 750개의 이름 중 캔버라를 수도명으로 결정했으며, 매년 3월 둘째 월요일을 캔버라 창립 기념 공휴일로 지정했어요.

FOLLOW UP

박물관 대부분이 무료!
호주 수도에서 문화를 향유하는 시간

국회의사당이 위치한 캐피털힐 주변에는 일반인의 방문이 가능한 국가기관과 박물관이 밀집해 있다. 아래 내용을 참고해 방문할 장소를 선별하자. 아이들과 함께 하는 여행이라면 퀘스타콘이나 호주 왕립 조폐국을 추천한다.

가는 방법 국회의사당에서 도보 15분, 또는 버스 정류장 King Edward Terrace 하차

호주대법원 / 국립초상화미술관 / 호주국립미술관 / 퀘스타콘 / 호주국립도서관 / 코먼웰스 애비뉴

킹 에드워드 테라스
King Edward Terrace

구 국회의사당과 퀘스타콘, 국립초상화미술관 등을 연결하는 역할을 하는 공원이다. 정면으로 안작 기념관이 바라다보이는 위치로 호주연방 정부 수립 당시 영국 국왕 에드워드 8세에게 헌정했다. 조지 5세 기념비와 장미 정원 등으로 이루어진 넓은 공원이다.

운영 24시간

국립초상화미술관 National Portrait Gallery

역사적 인물의 초상화를 전시한 전문 미술관으로 1998년에 개관했으며 2008년 현재의 호주대법원 건물 옆으로 이전했다. 네드 켈리의 데스마스크, 호주 연예인 닉 케이브의 초상화를 비롯한 예술가, 정치인, 문화계 인물, 스포츠 스타 등 다양한 초상화를 전시한다.

운영 09:00~17:00 **요금** 무료 **홈페이지** portrait.gov.au

호주국립도서관
National Library of Australia

호주 최대 규모의 도서관. 열람실과 트레저 갤러리를 무료로 개방한다. 제임스 쿡 선장이 호주를 향해 최초의 항해를 떠나던 당시 작성한 일지, 호주 초대 총리 에드먼드 바턴의 일기장, 2000년 시드니 올림픽 관련 자료와 사진, 지도, 희귀 서적을 보유하고 있다.

운영 전시관 10:00~17:00, 카페 평일 08:30~16:00, 주말 09:00~16:00 **요금** 무료
홈페이지 nla.gov.au

호주대법원
High Court of Australia

호주 최고 법원으로, 이전에는 여러 도시의 법원을 이용하다가 1980년에 캔버라에 자리 잡았다. 콘크리트와 유리로 지은 모던한 건물 외관은 평범하다. 일반인도 메인 로비 입장과 재판 방청이 가능하나, 전자 기기는 반드시 입구에 보관해야 하며 간단한 보안 검사를 거친다.

운영 월~금요일 09:45~16:30, 일요일 12:00~16:00
휴무 토요일 **요금** 무료 **홈페이지** hcourt.gov.au

호주국립미술관 National Gallery of Australia

1967년에 설립한 호주 최대 규모의 미술관이다. 삼각형을 기반으로 한 기하학적 구조의 넓은 건물에 호주와 원주민의 예술품 및 전 세계의 다양한 미술품 16만 6000점이 소장되어 있다. 호주에서 자생하는 식물이 자라는 야외 조각 공원에도 멋진 작품이 많다. 더구나 무료 입장이니 호주만의 작품을 감상할 기회를 놓치지 말자.
운영 10:00~17:00 **요금** 무료 ※유료 주차장 있음 **홈페이지** nga.gov.au

> 호주국립미술관 작품 자세히 보기

애버리지널 메모리얼 The Aboriginal Memorial

호주에 영국인이 상륙한 1788년부터 1988년까지 희생된 원주민을 추모해 200개의 텅 빈 나무줄기를 채색해 완성한 작품이다. 각각의 나무줄기에는 이번 생에서 다음 생으로 원주민 영혼의 안녕이 이어지기를 기원하는 의미를 담았다. 호주 노던테리토리의 라밍기닝Ramingining 부족 예술가들이 공동 작업해 1988년 시드니 비엔날레에 전시했던 작품을 호주국립미술관에서 영구 소장 중이다.

스카이스페이스 Skyspace

조각 공원에는 미국의 설치 미술가 제임스 터렐의 스카이스페이스 연작 중 하나인 〈Within or Without〉이 설치되어 있다. 천장에 난 구멍을 통해 하늘이 액자에 담긴 것처럼 보이는 멋진 공간이다.

네드 켈리 시리즈 Ned Kelly Series

호주의 역사와 설화에 깊은 관심을 가진 호주 화가 시드니 놀런이 네드 켈리의 전설에서 영감을 받아 그린 회화 작품이다. 20세기 호주 민족주의 예술의 대표작으로 손꼽힌다. 호주인이라면 누구나 알고 있는 '무법자 네드 켈리'에 관한 이야기는 ▶ 3권 P.100

국립과학기술센터
National Science and Technology Centre

'퀘스타콘Questacon'이라는 이름으로 더 많이 불리는 체험형 과학기술 박물관이다. 다양한 인터랙티브 전시물을 활용해 어린이들이 자연스럽게 과학과 가까워질 수 있도록 했다. 건물 뒤편에는 조형물로 잘 꾸며놓은 퀘스타콘 가든이 있다. 캔버라에서는 드물게 입장료를 받는 곳인데 그만큼 즐길 거리가 다양하다.
운영 09:00~17:00 ※예약 필수
요금 성인 $24.50, 가족(성인 2명+어린이 3명) $73.40 **홈페이지** questacon.edu.au

호주 왕립 조폐국
Royal Australian Mint

호주에서 유일하게 동전 주조 권한을 가진 공공 기관이다. 1965년부터 약 150억 개의 동전을 발행했다. 지금도 공장은 계속 가동 중으로, 2층 높이의 관람석에 올라가면 자동화 로봇이 동전을 찍어내는 주조 공정을 견학할 수 있다. 호주 동전의 역사 및 호주에서 최초로 주조한 동전과 다양한 기념 주화를 전시해놓았다. 나만의 기념 주화를 만들어주는 자판기에 $3를 넣으면 기계가 $1짜리 코인을 만들어준다. 실제로 사용 가능한 동전이지만 액면가보다 구입가가 비싼 이 동전은 보통 기념품으로 소장한다.
운영 평일 08:30~17:00, 주말 10:00~16:00 **요금** 무료
홈페이지 ramint.gov.au

03

레이크 벌리 그리핀
Lake Burley Griffin

메모리얼 분수

캔버라를 아름답게 만들어주는 인공 호수

캔버라를 가로질러 흐르던 몰롱글로Molonglo강 양쪽에 댐을 건설해 생긴 거대한 인공 호수다. 수도 캔버라의 도시계획에 참여했던 미국 건축가 월터 벌리 그리핀에게 호수는 가장 핵심적인 부분이었다. 그는 캔버라에 물을 공급하는 수자원이기도 한 호수가 도시 중앙과 동서쪽에 각각 동심원을 그리면서 캐피털힐을 보호하는 형태로 설계했다. 그러나 정부의 잦은 설계 변경 요구로 불화가 생기자 1920년 호주를 떠나고 말았다. 이후 1930년대 대공황과 제2차 세계대전까지 겹치며 수도의 완공은 요원해 보였다. 그러다 1964년 10월 17일 마침내 인공 호수가 완성됐다. 오늘날 호수는 시민들이 카누와 요트 등 수상 스포츠를 즐기는 장소로 사랑받는다. 길이 11km, 너비 1.2km인 호수의 최대 수심은 18m이며, 호수 모양과 수위를 일일이 컨트롤할 정도로 완벽하게 관리하고 있다.

지도 P.130~131

TRAVEL TALK

캔버라의 봄꽃 축제, 플로리아드

매년 9월 중순부터 10월 중순 사이에 열리는 호주 최대 규모의 봄꽃 축제 기간에는 비지터 센터가 위치한 코먼웰스 파크를 포함해 호숫가 주변이 온통 색색의 꽃으로 장식됩니다. 대관람차를 설치하기도 하고 밤에는 조명을 비추기도 하며 각종 행사가 열리지요. 이 시기만큼은 호주 전역에서 관광객이 캔버라를 찾아옵니다.
홈페이지 floriadeaustralia.com

⑭ 코먼웰스 파크 추천
Commonwealth Park

⑮ 국립 카리용
National Carillon

비지터 센터와 호숫가 산책

레이크 벌리 그리핀 중앙에서 14m 높이로 솟구치는 메모리얼 분수Memorial Jet의 물기둥은 시내 어디서든 보인다. 분수 바로 앞 공원에는 캡틴 제임스 쿡 메모리얼Captain James Cook Memorial이 있다. 제임스 쿡 선장의 호주 상륙 200주년을 기념해 타히티와 뉴질랜드를 거쳐 1770년 4월 19일 호주 동부에 상륙한 그의 여정을 청동 지구본에 기록한 것이다. 국립수도전시관에서는 캔버라 탄생에 관한 역사를 확인할 수 있다.

📍
지도 P.131
가는 방법 캔버라 센터에서 2km, 버스 정류장 Regatta Point Commonwealth Ave 하차 ※주차장 있음
주소 National Capital Exhibition, Barrine Dr, Parkes
운영 메모리얼 분수 24시간, 국립수도전시관 평일 09:00~17:00, 주말 10:00~16:00
홈페이지 visitcanberra.com.au

평화로운 호숫가 종탑

엘리자베스 2세 여왕에게 헌정한 작은 섬에 세워진 50m 높이의 종탑이다. 꼭대기에는 캔버라 창립 50주년을 기념해 영국이 선물한 카리용이 설치되어 있다. 각각의 무게가 7kg에서 6톤에 달하는 57개의 종이 매우 정교한 음악을 연주한다. 오스트레일리아 데이, 캔버라 데이 등 호주 국경일에 이곳을 방문한다면 호숫가에 울려 퍼지는 음악 소리를 들을 수 있을지도 모른다. 건물 내부에는 작은 전시관이 있다.

📍
지도 P.131
가는 방법 비지터 센터에서 2km ※주차장 있음
주소 Queen Elizabeth II Island, Parkes
운영 평일 09:00~17:00, 주말 10:00~16:00
요금 무료
홈페이지 nca.gov.au/attractions/national-carillon

06

호주 전쟁 기념관
Australian War Memorial

추천

지도 P.131 **가는 방법** 캔버라 센터에서
1.5km, 버스 정류장 War Memorial
Fairbairn Ave 하차 ※무료 주차장 있음
주소 Treloar Crescent, Campbell
운영 09:00~16:00
요금 무료 ※예약 필수
홈페이지 awm.gov.au

참전 용사를 추모하는 공간

호주연방의 이름으로 참전한 모든 이를 기리고 추모하는 기념관이
다. 제2차 세계대전이 한창이던 1941년에 개관했으며 시드니 오페
라하우스만큼이나 인상적인 건축물로 평가받는다. 추모의 전당Hall
of Memory에는 꺼지지 않는 불꽃Eternal Flame이 타오르고 그 앞으로 반
영의 못Pool of Reflection이 잔잔하게 흐른다. 제1·2차 세계대전과 한국
전쟁을 포함한 수차례의 전쟁에서 산화한 전사자들의 이름이 새겨진 벽
앞에서는 모두가 숙연해진다. 비잔틴 십자가 형태인 기념관은 전쟁 기
록을 보존하는 박물관 역할을 겸한다. 위층의 웨스트 윙에는 제1차 세
계대전, 이스트 윙에는 제2차 세계대전, 그리고 아래층에는 한국전쟁
과 걸프전에 관한 사료를 전시한다. 매일 오후 4시 45분이면 하루를 마
무리하는 의식(Last Post Ceremony)이 거행되는데, 전시관과 의식을
관람하려면 홈페이지에서 입장 시간을 미리 예약해야 한다.

⑦ 안작 퍼레이드
ANZAC Parade

호주와 뉴질랜드 우호의 상징

호주 전쟁 기념관 앞으로 곧게 뻗은 대로를 안작 퍼레이드라고 한다. 안작ANZAC은 'Australian and New Zealand Army Corps(호주–뉴질랜드 연합군)'의 약자다. 제1차 세계대전 당시 갈리폴리 상륙 작전에서 희생된 호국 영령을 추모하기 위해 매년 4월 25일을 안작 데이로 지정할 만큼 호주와 뉴질랜드에 매우 중요한 의미를 지닌다. 안작 퍼레이드 양쪽으로 서 있는 14개의 전몰장병 기념비에는 전쟁의 각 장면이 묘사되어 있다. 호수 방향으로 맨 끝에 있는 바구니 손잡이 모양의 조형물은 뉴질랜드 마오리족의 속담 "우리는 각각 바구니의 손잡이"를 형상화한 것으로 양국의 우정을 의미한다. 가로수도 뉴질랜드의 토종 식물 헤베hebe와 호주에 많이 자라는 유칼립투스를 함께 심었다.

📍
지도 P.131 **가는 방법** 호주 전쟁 기념관에서 도보 20분, 버스 정류장 Constitution Ave 하차 ※주차장 없음 **주소** ANZAC Parade, Campbell **운영** 24시간 **홈페이지** www.nca.gov.au

TRAVEL TALK

한국전쟁 참전 용사들의 영혼이 잠든 곳

안작 퍼레이드에는 1만 7000명의 호주군 참전 용사를 기리는 한국전쟁 참전 기념비Australian National Korean War Memorial가 있습니다. '평화'라는 한글과 함께 참전 용사들의 이야기가 새겨져 있지요. 기념비 중간 부분은 추모 공간이며, 정면에는 재한유엔기념공원 (부산에 있는 UN군 묘역)에 안장되거나 묘역 없는 전사자를 기리는 오벨리스크가 세워져 있어요. 기념비 양쪽에는 군인들이 장대 사이를 정찰하는 모습의 조형물이 있는데, 바닥에 깔린 자갈은 당시 혹독했던 날씨와 한국의 대지를 상징합니다.

KOREAN WAR 1950-53

⑧ 호주국립박물관
National Museum of Australia

⑨ 호주국립대학교
Australian National University

호주 역사와 문화 전시

벌리 그리핀 호숫가, 액턴반도Acton Peninsula 끝에 기하학적 구조가 눈길을 끄는 박물관 건물이 있다. 매듭진 끈을 모티프로 다양한 배경을 지닌 호주인의 결속을 다진다는 의미를 담았다. 소장 자료는 호주 원주민의 5만 년 역사와 1788년 영국이 최초로 유럽인 정착지로 세운 이후 호주연방 정부 탄생, 2000년 시드니 올림픽 관련 자료를 총 망라한다. 전설적인 경주마 파 랩Phar Lap의 심장, 크리켓 관련 수집품, 영국에서 출발해 호주에 상륙한 최초의 함대First Fleet에서 사용했다는 테이블, 네드 켈리의 성명서 사본도 소장되어 있다.

♥
지도 P.130 **가는 방법** 시티에서 2.5km, 버스 정류장 National Museum Lennox Crossing 하차
※유료 주차장 있음 **주소** Lawson Crescent, Acton
운영 09:00~17:00 **요금** 무료 **홈페이지** nma.gov.au

호주 최고의 대학교

호주연방 의회가 창설한 국립대학으로 1946년 개교했다. 약 2만 명이 재학 중이며 대학 순위 호주 1위, 세계 20위 안에 드는 명문 대학교다. 시티 바로 옆 액턴에 조성한 캠퍼스 면적은 1.45km²로, 걸어서 돌아보기에는 규모가 너무 크고 의미도 없다. 차량 통행이 가능하니 자동차나 자전거로 타고 돌아보는 게 좋다. 주요 건물로는 육각형 벌집 모양의 쿰스Coombs, 치플리 도서관, 유니버시티 하우스 홀 등이 있다. 이 대학 진학에 관심 있는 학생들을 위해 주로 방학 기간(4월, 6~7월, 9~10월)에 사전 예약제로 캠퍼스 투어를 진행한다(투어 신청 campus.tours@anu.edu.au).

♥
지도 P.130 **가는 방법** 시티에서 1.6km, 도보 20분
주소 JB Chifley Building, 15 Concessions Lane
홈페이지 anu.edu.au

⑩ 호주국립식물원 & 캔버라 국립수목원

Australian Nat'l Botanic Gardens & Nat'l Arboretum Canberra

호주의 다양한 식물이 한자리에

블랙마운틴에 위치한 호주국립식물원은 수종 보호 연구를 목적으로 1949년에 설립했다. 호주 대륙은 광활한 만큼 다양한 기후가 나타나는데, 이곳은 열대식물과 유칼립투스 같은 토종 식물을 호주에서 가장 많이 보유하고 있다. 야생성을 유지한 캥거루도 서식한다. 캔버라 국립수목원은 향나무와 참나무가 숲을 이룬 캔버라 외곽 지역에 형성된 대규모 공원으로 레스토랑, 카페, 어린이 놀이터를 비롯한 다양한 시설을 갖추고 있어 피크닉 장소로 알맞다. 두 곳 모두 규모가 광범위해 대중교통을 이용해 방문하기는 매우 힘들다.

🔘
• **호주국립식물원**
지도 P.130 **가는 방법** 시티에서 2.5km, 도보 30분
※대중교통 없음 **주소** Clunies Ross St, Acton
운영 08:30~17:00 **요금** 무료 ※유료 주차장 있음
홈페이지 anbg.gov.au

• **캔버라 국립수목원**
가는 방법 비지터 센터에서 7.5km ※대중교통 없음, 유료 주차장 있음 **주소** Forest Dr, Molonglo Valley
운영 09:00~16:00 **요금** 무료
홈페이지 nationalarboretum.act.gov.au

⑪ 캔버라 센터

Canberra Centre

캔버라 관광의 중심

호수 남쪽에는 육각형의 런던 서킷London Circuit을 중심으로 시민 생활과 상업 활동의 터전인 시티를 건설했다. 그중 가장 번화한 곳이 캔버라 센터다. 여러 블록에 걸쳐 자리한 대형 쇼핑센터로 마이어Myer 백화점, 데이비드 존스David Jones 백화점, 콜스Coles 마트를 포함한 260여 개의 매장과 편의 시설이 들어서 있다. 캔버라의 중심지이기도 한 캔버라 센터 주변에도 수많은 음식점과 카페가 있어 취향에 따라 선택할 수 있다. 캔버라 센터에서 페트리 플라자 방향으로 나오면 보행자 전용 도로인 시티 워크City Walk가 시작되는데, 이 도로에서 거리 공연 등 크고 작은 행사가 열린다. 시티 워크 북단에는 주요한 버스 노선이 모두 정차하는 시티 버스 인터체인지가 있다.

🔘
지도 P.131
가는 방법 시티 중심 ※유료 주차장 있음
주소 Bunda St
운영 월~토요일 09:00~17:00, 일요일 10:00~16:00
※음식점은 매장마다 다름
홈페이지 www.canberracentre.com.au

캔버라 맛집

국가기관이 모인 행정 수도라는 점 때문에 이미지가 조금 딱딱한 편이지만 캔버라의 일상도
다채롭기는 마찬가지다. 점심시간에 시티 센터 쪽으로 가면 맛집 선택의 폭이 넓어진다.
레이크 벌리 그리핀 남쪽 킹스턴에서 브로드버거의 명물 버거를 맛보고 호숫가 산책을 나서도 좋다.

커핑 룸
Cupping Room

위치	시티
유형	로컬 맛집
주메뉴	브런치 카페

☺→ 대학가의 스타일리시한 브런치 카페
☹→ 관광지 주변은 아님

시티를 둘러싼 런던 서킷 서쪽은 호주국립대학교와 가까워 학생들이 많
이 찾는 트렌디한 장소가 많다. 우드 톤으로 따스한 분위기의 인테리어
가 눈에 띄는 핫 플레이스가 바로 이곳이다. 캔버라에서 가장 큰 스페
셜티 커피 로스터리인 오나 커피ONA Coffee에서 운영하는 카페다. 커
피 맛과 향을 감별한다는 '커핑'이라는 뜻에 걸맞게 맛있는 커피를 낸
다. 그동안 선보인 메뉴를 모아 요리책을 펴냈을 정도로 음식에도 많은
신경을 쓴다. 일반 브런치 카페에 비해 라인업이 매우 다양한데 그중 수
란이나 아보카도가 들어간 호주식 브런치는 실패가 없고, 점심 식사에
어울리는 든든한 버거와 고기류도 있다. 메뉴는 계속 바뀌지만 신선한
재료로 만든다는 점은 한결같다.

가는 방법 캔버라 센터에서 도보 10분
주소 1/1-13 University Ave,
Canberra
운영 평일 07:30~15:00,
주말 08:00~15:00
예산 브런치 $20~25
홈페이지 thecuppingroom.com.au

브로드버거
Brodburger

위치	킹스턴
유형	유명 맛집
주메뉴	버거

- ☺→ 캔버라 최고의 명물 버거 맛보기
- ☹→ 극심한 웨이팅

푸드 트럭으로 큰 성공을 거둬 킹스턴에 정식 매장을 낸 캔버라의 명물 버거집이다. 킹스턴 본점의 웨이팅은 1시간이 기본. 온라인으로 미리 주문하고 본점에서 픽업하는 것이 시간을 절약하는 방법이며, 웨이팅이 길지 않은 캐피털 브루어리점을 이용하는 것도 괜찮다. 브로드 버거(싱글)와 딜럭스 버거(더블)가 기본 메뉴. 패스트푸드 프랜차이즈와 다르게 투박한 듯한 번에 끼워주는 두툼한 패티에 육즙이 가득하다. 기본 미디엄으로 굽는 소고기 패티는 굽기 정도를 선택할 수 있다. 그 외에 치킨 샌드위치, 양고기 버거, 스테이크 버거, 핫도그, 비건 버거도 주문 가능하다. 큼직한 어니언 링을 주문하는 것도 잊지 말 것.

🚩
가는 방법 시티에서 5~9km **예산** 브로드 버거 $18.50, 딜럭스 버거 $25
- **킹스턴 본점 주소** 11 Wentworth Ave, Kingston
  운영 런치 11:00~14:30, 디너 17:00~21:00 **휴무** 월요일
- **캐피털 브루어리점 주소** Building 3/1 Dairy Rd, Fyshwick
  운영 11:30~20:00(수~일요일 연장 영업)
홈페이지 brodburger.com.au

모칸 & 그린 그라우트
Močan & Green Grout

위치	시티
유형	로컬 맛집
주메뉴	브런치 카페

- ☺→ 분위기 있는 인테리어
- ☹→ 일찍 문을 닫음

캔버라에서 활동하는 공예가와 아티스트들이 경영하는 디자인 카페. 안으로 들어서면 깔끔한 오픈 키친이 눈에 들어온다. 구석구석 공들여 꾸민 인테리어에 직접 만든 도자기를 사용하는 세심함이 돋보인다. 커피는 물론이고 홈메이드 칠리 소스를 곁들인 달걀 요리, 각종 토스트 등 브런치 메뉴가 맛깔스럽다.

🚩
가는 방법 캔버라 센터에서 도보 16분
주소 1/19 Marcus Clarke St
운영 07:00~15:30
예산 브런치 $10~20
홈페이지 mocanandgreengrout.com

론스데일 스트리트
Lonsdale Street

시티 북쪽의 큰길 양쪽, 주유소와 주차장만 있던 한산했던 거리에 레스토랑과 카페가 점점 늘어나면서 캔버라 대표 맛집 거리로 자리 잡았다. 자유분방하고 힙한 장소가 많기로 유명한데, 이런 분위기를 주도한 카페는 캔버라에서 몇 개의 매장을 운영하는 론스데일 스트리트 로스터스다. 그 건너편에는 밤늦게까지 북적이는 시빅 펍이 있고 젤라토 메시나(시드니 명물 아이스크림 체인점)도 들어섰다.

위치	시티
유형	맛집 거리
주메뉴	다양함

☺ → 캔버라의 힙한 맛집 경험
☹ → 다소 썰렁한 거리 분위기

가는 방법 캔버라 센터에서 도보 10분

 주요 맛집

론스데일 스트리트 로스터스 Lonsdale Street Roasters
유형 카페 **주소** 7 Lonsdale St **운영** 08:30~14:30 **휴무** 주말
예산 커피 $5~7 **홈페이지** lonsdalestreetroasters.com

젤라토 메시나 Gelato Messina
유형 아이스크림 가게 **주소** 4/21 Lonsdale St
운영 12:00~22:30
예산 1스쿱 $7~8 **홈페이지** gelatomessina.com

시빅 펍 The Civic Pub
유형 펍 **주소** 8 Lonsdale St **운영** 11:00~23:00
예산 버거 $23, 파스타 $28 **홈페이지** civicpub.com.au

킹스턴 이스트레이크 퍼레이드
Kingston Eastlake Parade

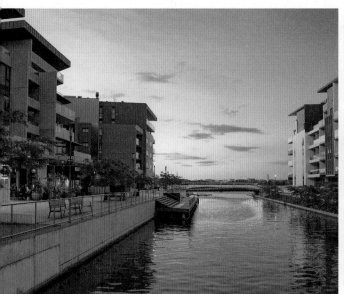

캐피털힐 동쪽으로 3.5km 떨어진 킹스턴은 주상복합건물이 많은 주거지역이다. 호숫가를 따라 깔끔한 레스토랑들이 들어서 있다. 대중교통을 이용해 찾아가기는 위치가 애매하지만, 차가 있다면 경치를 구경할 겸 가봐도 좋다. 저녁과 주말에 분위기가 더욱 살아난다.

가는 방법 시티에서 6.5km, 자동차로 10분

위치 킹스턴
유형 맛집 거리
주메뉴 다양함

☺→ 호숫가의 로맨틱한 데이트 명소
☹→ 중심가와 떨어진 위치

 주요 맛집

코코나인 CocoNine
유형 태국 음식점
주소 29 Eastlake Parade
운영 런치 11:30~14:30, 디너 17:30~21:00
예산 커리 $26~29, 팟타이 $20~25
홈페이지 coconine.com.au

도크 The Dock
유형 펍 **주소** 7/81 Giles St
운영 11:30~23:00(화요일 16:00부터)
휴무 월요일 **예산** 피시앤칩스 $27, 스테이크 $42~52
홈페이지 thedockkingston.com.au

🗺 **레전더리**
퍼시픽 코스트

Road Trip

📝 **어드바이스**
- 호주에서 살기 좋은 쾌적한 지역에 속하기 때문에 소도시가 매우 많고 쉬어 갈 만한 장소도 충분하다. 전반적으로 날씨가 시드니와 비슷하지만 북쪽 퀸즐랜드와 가까워질수록 기온이 올라간다.
홈페이지 pacificcoast.com.au
- 일광절약시간을 실시하는 10월 첫째 일요일과 4월 첫째 일요일 사이에는 시드니(뉴사우스웨일스)가 브리즈번(퀸즐랜드)보다 1시간 빠르다. 이 시기에 주 경계선을 지날 경우 시간을 확인할 것!

✈ **가는 방법**
직접 자동차를 운전해 가는 경우 최소 1박 2일 일정은 잡아야 한다. 고속도로(M1, A1)를 따라 달리다가 원하는 도시에 방문한다. 뉴캐슬까지는 시드니 센트럴 기차역에서 출발하는 인터시티 트레인의 센트럴코스트 & 뉴캐슬 노선Central Coast & Newcastle Line(CCN)이 연결되어 대중교통으로도 여행할 수 있다.

태평양 연안을 달려 브리즈번까지

레전더리 퍼시픽 코스트
LEGENDARY PACIFIC COAST

시드니 북쪽에서 브리즈번까지 태평양 연안을 잇는 900km의 해안 도로를 레전더리 퍼시픽 코스트라고 한다. 48개 국립공원과 12개 국유림, 환상적인 해변이 계속되며, 중간중간 소도시와 마을이 있어 달리는 내내 지루할 틈이 없다. 시드니에서 당일로 다녀갈 만한 곳은 뉴캐슬Newcastle, 포트스티븐스Port Stephens 정도이며 바이런베이Byron Bay는 오히려 브리즈번과 가깝다.

레전더리 퍼시픽 코스트의 주요 지명과 관광 포인트

퍼시픽 하이웨이 ❶~❼
시드니와 브리즈번 사이의 고속도로 명칭. 호주 전역을
연결하는 1번 도로(A1 도로)의 일부다.

센트럴코스트 ❶~❷
석호가 많아 해안선이 들쑥날쑥한 호수 지대.

헌터밸리 ❷~❸
뉴캐슬부터 강을 따라 펼쳐지는 와인 산지.

노스코스트 ❹~❼
포트매쿼리부터 퀸즐랜드주 경계까지 약 400km에 걸친
해안 지대.

(01)

센트럴코스트
Central Coast

바다와 호수가 만나는 곳

시드니에서 북쪽으로 자동차로 1시간가량 떨어진 혹스베리Hawkesbury 강을 건너면서 시작되는 지역. 낮은 높이의 모래톱을 경계로 바다와 호수가 나뉜 석호가 유난히 많다. 호주에서 가장 큰 석호인 매쿼리 호수Lake Macquarie는 시드니 하버의 2배에 달하는 엄청난 크기이며, 터게라 호수Tuggerah Lake도 그 못지않다. 호수 지대의 시작점에 위치한 마을 엔트런스에서부터 등대가 있는 노라헤드까지 들어가다 보면 왼쪽으로는 잔잔한 호수가 보이고, 오른쪽으로는 바다가 넘실대는 대조적인 풍경을 감상할 수 있다.

 가는 방법 시드니에서 102km, 자동차로 1시간 걸린다. 고속도로(M1)에서 벗어나 Enterprise Dr를 따라 국도 진입 후 B74, A49 도로를 타고 엔트런스로 진입해 다리를 건너 노라헤드로 간다. 대중교통으로는 방문하기 어렵다.

▶ TRAVEL TALK

호수에는 자이언트 펠리컨이 살아요

터게라 호수에는 약 500마리의 펠리컨이 서식하고 있어요. 수심이 낮고 해초가 적은 센트럴코스트의 지형은 펠리컨에게 최적의 환경이기 때문이죠. 펠리컨은 무게가 보통 4~8kg이며 날개를 펼치면 길이가 2.8m가 넘는 대형 조류인데, 전 세계 8종의 펠리컨 중에서 호주에 서식하는 펠리컨종의 몸집이 가장 큽니다.
인간에게 익숙한 이곳의 펠리컨들은 낚시하는 사람 옆에 가까이 붙어서 먹이를 얻어 먹곤 해요. 사람을 공격하는 일은 없으나 간혹 먹이로 착각하고 손에 든 물건을 채 가는 일이 발생하니 가까이 접근하지는 마세요.

엔트런스
The Entrance

호수와 바다가 합류하는 염하구에 위치한 작은 타운이다. 널리 알려진 관광지는 아니지만 유유자적 낚시를 하거나 카약이나 자전거를 타기에 더없이 좋은 환경이다. 평일에는 조용하다가 주말이면 시드니 쪽에서 가족 단위 여행객이 많이 찾아온다. 또 매년 9월 전국의 클래식 카가 해변 공원에 총집합하는 대규모 자동차 쇼까지 열리는 호주 로컬들의 숨은 명소다.

매주 주말 오후 3시 30분에는 펠리컨 먹이 주기 행사가 열려요. 1979년경 어느 가게 점원이 먹이를 주던 것이 계기가 되어 수십 마리의 펠리컨이 시간에 맞춰 찾아온답니다.

❶ **The Entrance Visitor Information Centre**
주소 Memorial Park, The Entrance NSW 2261
문의 02-4304-7211
운영 09:30~16:30
홈페이지 lovecentralcoast.com

노라헤드 등대
Norah Head Lighthouse

터게라 호수Tuggerah Lake 북쪽 지점과 가까운 노라곶에 있는 새하얀 등대. 1903년 완공 이래 레전더리 퍼시픽 코스트의 험준한 해안을 지나는 선박을 보호하는 역할을 해왔다. 주차장에서 5분 정도 등대 쪽으로 걸어가면 5~11월에 태평양을 지나가는 고래를 관찰할 수 있는 전망 포인트가 나오다. 그 아래로는 마치 항공모함의 갑판처럼 편평한 독특한 해안 절벽이 있다. 등대지기들이 사용하던 옛 관사는 개조해 4성급 펜션으로 운영하고 있다.

주소 40 Bush St, Norah Head NSW 2263
운영 10:00~15:00 ※투어는 예약 필요 없이 현장에서 신청
요금 투어 $10, 숙박 $400 이상
홈페이지 norahheadlighthouse.com.au

⑫ 뉴캐슬
Newcastle

다양한 매력을 가진 역사 도시

뉴사우스웨일스 제2도시인 뉴캐슬은 한때는 세계에서 가장 큰 석탄항이었으며, 시드니에서 분류된 중범죄자들의 유형지였다. 지금은 포트스티븐스와 묶어 시드니에서 당일 또는 1박 2일 일정으로 다녀가기 좋은 근교 여행지다. 중심가는 걸어서 다니면 되고, 오팔 카드로 버스와 페리를 이용할 수도 있어 차를 운전하며 여행하지 않는 사람도 많이 찾아온다. 헌터강과 바다가 만나는 강어귀의 노비스 등대와 거대한 규모의 오션 풀, 나지막한 언덕 위의 고풍스러운 건물을 구경하다 보면 하루가 금세 지나간다. 퀸스 워프에서 페리를 타면 스톡턴 비치 쪽으로 건너갈 수 있다.

⊙ 가는 방법 시드니에서 168km, 자동차로 2시간 30분, 대중교통으로 3시간(뉴캐슬 인터체인지Newcastle Interchange 기차역에서 라이트 레일로 환승해 퀸스 워프에서 하차)

❶ Newcastle Visitor Information Centre
주소 430 Hunter St, Newcastle NSW 2300 **문의** 02 4974 2109
운영 평일 09:30~16:30, 주말 10:00~14:00
홈페이지 visitnewcastle.com.au

크라이스트처치 대성당
Christ Church Cathedral

언덕 위에 있어 눈에 띄는 고딕 복고 양식의 성공회 대성당으로 1847년에 착공해 약 50년에 걸쳐 완공했다. 160개의 창문 중 72개를 스테인드글라스로 장식해 아름답고 웅장하다. 1989년 뉴캐슬 지역에 발생한 지진으로 건물 일부가 훼손되기도 했으나 지금은 완전히 복구된 상태다. 40m 높이의 타워에 올라가면 뉴캐슬 시내와 주변 지형이 한눈에 내려다보인다.

주소 52 Church St **문의** 02 4929 2052 **운영** 월~토요일 10:00~16:00, 일요일 10:45~17:00 ※미사 시간에는 관람 제한 **요금** 타워 $10 ※전화 예약 필수 **홈페이지** newcastlecathedral.org.au

스크래칠리 요새
Fort Scratchely

크림 전쟁 당시 러시아 공격에 대비해 1882년에 축조한 언덕 위의 요새. 뉴캐슬의 자랑처럼 여겨지던 요새를 처음 가동한 건 제2차 세계대전 때였다. 1942년 5월 31일 시드니를 공격했던 일본군 잠수함이 교란을 목적으로 6월 8일 새벽 뉴캐슬을 기습한 것이다. 34발의 포격에 맞서 요새에서 4발의 포탄으로 대응 사격했지만 모두 빗나가고 말았다. 적의 공격에 도시가 무방비하게 노출된 이 뼈아픈 사건을 '뉴캐슬의 포격Shelling of Newcastle'이라 부른다. 1972년까지 병력이 주둔했던 요새는 현재 박물관으로 사용하고 있다.

주소 1-3 Nobbys Rd **운영** 10:00~16:00 **휴무** 화요일 **요금** 입장 무료(터널 가이드 투어는 별도 문의) **홈페이지** fortscratchley.org.au

> **TRAVEL TALK**
>
> **오후 1시, 대포 소리에 놀라지 마세요!**
>
> 매일 오후 1시 스크래칠리 요새에서는 주변을 지나는 배들이 항해 시간을 맞출 수 있도록 대포를 발사하는 '타임 건 파이어링Time Gun Firing' 행사를 거행해요. 이는 영국 포츠머스에서 유래한 전통적인 의식으로, 뉴캐슬 관세청Custom House 건물의 '타임 볼 드롭'과 동시에 진행합니다.

뉴캐슬 오션 배스
Newcastle Ocean Baths

호주 해변에는 거센 파도나 급류 같은 위험 요소를 차단하기 위해 암반 지대를 활용해 만든 해수 수영장(록 풀, 오션 풀)이 많다. 뉴캐슬 비치 옆에도 1922년에 만든 뉴캐슬 오션 배스가 있다. 시 당국에서 안전 요원을 배치해 관리하며, 탈의실과 샤워 시설을 갖추고 정식 수영장으로 운영한다. 바로 옆에 있는 원형의 카누 풀Canoe Pool은 수심이 얕은 어린이 수영장이다. 이 외에도 너비 100m, 길이 90m로 올림픽 수영장을 능가하는 규모의 미어웨더 배스Merewether Bath가 명소로 손꼽힌다.

📍
주소 30 Shortland Esplanade
운영 여름철 08:00~16:30, 겨울철 09:00~17:30 **요금** 무료

노비스 등대
Nobbys Lighthouse

바다를 향해 돌출된 노비스곶에 위치한 작고 예쁜 등대. 뉴캐슬 해변 풍경을 완성하는 곳으로 1854년부터 지금까지 170년이 넘는 세월 동안 뉴캐슬 항구를 오가는 선박의 길잡이 역할을 하고 있다. 곶 양쪽 해변(말발굽 모양의 호스 슈 비치Horse Shoe Beach와 그 반대편의 노비스 비치)에서 선명하게 보인다. 퀸스 워프에서 등대까지는 약 2km 거리인데 내부는 주말에만 개방하며 일부러 가볼 필요는 없다.

📍
주소 Newcastle East
운영 주말 10:00~16:00 **홈페이지** nobbyslighthouse.org.au

뉴캐슬 메모리얼 워크
Newcastle Memorial Walk

호주-뉴질랜드 연합군(ANZAC)의 갈리폴리 상륙 100주년을 기념하기 위해 조성한 산책로. 난간 양쪽에 참전 용사를 묘사한 조형물을 세워 놓았다. 스츨레스키 룩아웃Strzelecki Lookout에서는 뉴캐슬 전체가 보인다. 해변 산책로인 베이더스 웨이Bathers Way는 계단을 따라 내려갈 수 있다. 퀸스 워프에서 6km 거리라 자동차로 방문해야 한다.

주소 28 Memorial Dr

≪ 뉴캐슬 편의 시설 ≫

퀸스 워프가 위치한 항구와 헌터 스트리트 주변에 많이 비싸지 않은 레스토랑과 편의 시설이 모여 있다. 해변이 잘 보이면서 마음에 드는 곳을 골라보자.

맛집

러스티카 *Rustica*
통유리창 밖으로 뉴캐슬 비치가 보이는 환상적인 전망 레스토랑.
유형 지중해 음식(파스타, 스테이크, 해산물) **주소** Unit 2/1 King St **운영** 런치 목~토요일 11:30~15:30, 디너 월~토요일 17:30~22:00 **휴무** 일요일
요금 메인 메뉴 기준 $36~60
홈페이지 www.rustica.com.au

노아 온 더 비치 *Noah's on the Beach*
호텔 노아의 부속 레스토랑으로 오전에는 뷔페, 오후에는 고급 레스토랑으로 운영한다. 메인 다이닝 룸과 야외 테라스의 완벽한 전망을 자랑한다.
유형 레스토랑 **주소** 29 Zaara St **운영** 런치 12:00~14:30, 디너 18:00~20:30 **요금** 메뉴당 $40~45 **홈페이지** noahsonthebeach.com.au

숙소

노보텔 뉴캐슬 비치
Novotel Newcastle Beach
메인 비치와 가까워서 편리한 4성급 체인 호텔.
유형 호텔
주소 5 King St
홈페이지 novotelnewcastlebeach.com.au

뉴캐슬 비치 YHA
Newcastle Beach YHA
메인 비치와 가까운 유스호스텔. 2인실을 원한다면 욕실 포함(en-suite) 여부를 확인할 것.
유형 백패커스
주소 30 Pacific St
홈페이지 yha.com.au

포트스티브스
Port Stephens

돌고래 관찰과 사막 체험을 동시에

'호주의 돌고래 수도Dolphin Capital of Australia'라는 별명으로 불리는 항
구도시다. 카루아Karuah강과 마이올Myall강이 바다와 만나는 지점에 천
연 항이 형성되어 있다. 규모는 시드니 하버의 2배가 넘고, 토마리 국립
공원을 포함해 20개 이상의 해변이 있다. 해양성 아열대기후 덕분에 돌
고래 관찰이 언제나 가능하고, 사막에서 즐기는 샌드보딩(모래 썰매)과
낙타 타기 같은 이색 액티비티가 많다. 대중교통으로는 여러 장소를 일
일이 다닐 수 없기 때문에 시드니에서 데이 투어를 이용하는 경우가 많
다. 다채로운 여행을 원하는 사람이라면 꼭 가볼 만한 곳이다.

투어업체에서는
'포트 스테판'으로
표기하기도 하는데
같은 장소예요.

가는 방법 시드니에서 215km, 자동차로 2시간 30분, 넬슨베이 & 애나베이는
자동차로 15분

ⓘ **Port Stephens Visitor Information Centre**
주소 60 Victoria Parade, Nelson Bay NSW 2315 **문의** 1800 808 900
운영 09:00~16:00 **홈페이지** portstephens.org.au

😊 포트스티븐스에서 즐기는 액티비티

시드니에서 출발하는 당일 투어를 이용하면 편리하고, 개인적으로 방문해 투어에 참여하는 것도 가능하다. 단, 운영 시간이 다소 불규칙하다. ▶ 투어 정보 P.025

돌고래 관찰 크루즈 Dolphin Watching Cruises
운영 10:30~13:30 사이에 출항(혹등고래 투어는 5~10월)
요금 성인 $45, 가족 $116 ※90분 소요, 예약 권장
홈페이지 moonshadow-tqc.com.au

낙타 타기 Camel Rides
운영 10:00~15:30 **요금** 1인 $40
※20분 소요, 예약 불가, 워크인 방문
홈페이지 oakfieldranch.com.au

샌드보딩 Sandboarding
운영 10:00~15:30(약 30분 간격으로 출발)
요금 성인 $41.50, 가족 $140 ※75분 소요, 예약 권장
홈페이지 portstephens4wd.com.au

넬슨베이
Nelson Bay

🔻
주소 d'Albora Marinas,
6 Teramby Rd

포트스티븐스 여행의 중심지로, 대부분의 돌고래 투어가 넬슨베이 마리나에서 출항한다. 약 100~150마리의 큰돌고래bottlenose dolphin가 근처에서 무리 생활을 하고 있어 돌고래를 목격할 확률이 매우 높다. 넬슨베이에서 넬슨 헤드 등대까지 연결된 5km의 바틀릿 사이클웨이Bartlett Cycleway는 자전거 타기에 적당하다. 해수욕을 하려면 곳 반대편인 솔 베이Shoal Bay 쪽을 방문해보자.

애나베이
Anna Bay

🔻
주소 Birubi Point Public Carpark
(Anna Bay Lower Carpark)

뉴캐슬에서부터 포트스티븐스까지 장장 32km에 걸친 스톡턴 비치Stockton Beach 맨 끝에 펼쳐진 사막이다. 너비 1km, 높이 30m가량의 사구로 이루어져 있으며, 바람을 타고 북쪽으로 매년 4m가량 이동해 '움직이는 사막'이라 불린다. 제2차 세계대전 당시에는 일본군 공격에 대비해 요새로 사용하기도 했다. 지금은 낙타 체험과 샌드보딩, 쿼드 바이크 등 액티비티 장소로 이용한다. 개인 차량으로 간다면 비루비 포인트에 주차한 다음 업체에서 빌려주는 사막 전용 차량을 타고 투어 장소로 이동한다.

⑭ 포트매쿼리
Port Macquarie

등대가 있는 아늑한 마을

1821년에 이주해 온 죄수들의 노동력을 이용해 건설했다는 어두운 역사와 달리 고풍스러운 19세기 건축물이 곳곳에 남아 있는 지중해 분위기의 예쁜 마을이다. 마을 중심에 박물관과 여러 랜드마크가 모여 있다. 처치힐 언덕에는 1823~1827년에 지은 세인트토머스 성공회 교회St Thomas' Anglican Church가 자리해 있으며, 종탑 위에 올라가면 포트매쿼리 전경이 보인다.

ⓘ
가는 방법 시드니에서 384km, 자동차로 4시간 30분, 대중교통으로는 7시간 이상 걸린다. 근처 기차역(Wauchope) 앞에서 버스로 환승한다.

ⓘ **Greater Port Macquarie Visitor Centree**
주소 30-42 Clarence St, Port Macquarie NSW 2444
문의 1300 303 155
운영 09:00~16:00(주말 14:00까지)
홈페이지 portmacquarieinfo.com.au

> **TRAVEL TALK**

포트매쿼리의 코알라 병원

포트매쿼리에는 1970년대부터 야생 코알라를 치료해온 코알라 병원이 있어요. 가이드 투어를 통해 보호 시설을 둘러볼 수 있으며, 관람료는 코알라 보호를 위해 사용됩니다.
운영 08:30~16:00 **요금** $12.50 ※예약 또는 현장 방문
홈페이지 koalahospital.org.au

태킹 포인트 등대
Tacking Point Lighthouse

뱃머리의 방향을 전환한다는 뜻을 지닌 태킹 포인트 등대가 울퉁불퉁한 바위 언덕에 서 있다. 주변보다 지대가 높아 이동하는 고래나 돌고래를 관찰하기 좋다. 타운 센터에서 9km 거리로, 바로 앞에 주차장이 있다. 해안 산책로를 따라 걸어도 좋다.

주소 Lighthouse Rd

시 에이커스 국립공원
Sea Acres National Park

호리호리한 방갈로 야자수와 유칼립투스가 우거진 숲에 설치된 길이 1.3km의 보드워크를 걸어보자. 우림 지대의 새나 도마뱀 같은 생물의 생태를 땅 위에서 관찰할 수 있도록 7m 높이에 설치했다. 국립공원 비지터 센터 겸 카페인 레인포레스트 카페Rainforest Cafe는 트레킹을 마치고 차를 마시며 쉬어 가기 그만이다.

주소 159 Pacific Dr **문의** 02 6582 4444
운영 09:00~16:30 **요금** 보드워크 $9
홈페이지 rainforestcafeportmacquarie.com

05

코프스하버
Coffs Harbour

자연에 파묻힌 작은 항구도시

퀸즐랜드주 경계선과 가까운 코프스하버 일대는 기후가 따뜻해 바나나를 많이 재배했기 때문에 '바나나 코스트'로 불렸다. 그 별명에 걸맞게 바나나 농장이었다가 테마파크로 변신한 '빅 바나나 펀 파크'의 거대한 바나나 간판이 제일 먼저 반겨준다. 항구 쪽은 무척 조용한 분위기다. '고래 관찰 크루즈'를 타거나 쇠부리슴새가 서식하는 머튼버드 아일랜드 자연 보호 구역Muttonbird Island Nature Reserve을 방문해도 좋다. 시드니와 브리즈번 중간 지점에 있어 저렴한 숙소를 찾는다면 하룻밤 쉬어 가기에 적당한 위치다.

가는 방법 시드니에서 528km, 브리즈번에서 400km ※1박 2일 이상 일정 추천

• 빅 바나나 펀 파크 Big Banana Fun Park
운영 351 Pacific Hwy　**문의** 02 6652 4355　**운영** 09:00~16:30
요금 방 탈출 게임, 워터파크, 아이스 스케이트 등 어트랙션별로 다름
홈페이지 bigbanana.com

• 고래 관찰 크루즈 Whale Watch Experience
운영 1 Marina Dr　**운영** 6월~11월 초　**요금** 시즌별로 다름 ※예약 필수
홈페이지 whalewatchexperience.com.au

《 코프스하버 편의 시설 》

맛집

제티 빌리지 쇼핑센터
Jetty Village Shopping Centre

마트와 각종 편의 시설, 음식점이 모여 있다. 먼 길을 가다가 들러 쉬어 가기 좋다.

유형 쇼핑센터　**주소** Collingwood St & Harbour Dr
요금 업체별로 다름

피셔멘스 코옵 *Fishermen's Co-op*

작은 수산 시장 역할을 하는 어업 협동조합으로 싱싱한 해산물과 피시앤칩스를 판매한다.

유형 시푸드 마켓
주소 69 Marina Dr
운영 09:00~17:00　**요금** 피시앤칩스 $25
홈페이지 coffsfishcoop.com.au

숙소

빅4 파크 비치 홀리데이 파크
BIG4 Park Beach Holiday Park

멋진 바다 전망의 캠핑장. 쾌적한 시설의 캐빈형 숙소도 여러 동 있다.

유형 캠핑장　**주소** 1 Ocean Parade
문의 02 6648 4888
홈페이지 coffscoastholidayparks.com.au/parks/
park-beach/

클럽 윈덤 코프스 하버
Club Wyndham Coffs Harbour

항구 북쪽의 해양 보호구역에 자리 잡은 고급 리조트. 골프장을 끼고 있으며 수영장 등 부대시설을 완벽하게 갖추었다.

유형 고급 리조트　**주소** 6 Resort Dr　**문의** 02 6659
2988　**홈페이지** www.wyndhamhotels.com

룩앳미나우 헤드랜드
Look at Me Now Headland

코프스하버 북쪽으로 75km에 달하는 해안가 일대는 솔리터리 아일랜드 해양 공원Solitary Islands Marine Park으로 지정되어 있다. 난류와 한류가 합류하는 지점이라 열대, 아열대, 온대의 해양 생물이 혼재하는 독특한 생태계를 보존하기 위한 것이다. 인공 시설물이 거의 없고 인적이 드문 이곳에서는 무리 지어 풀을 뜯는 회색캥거루를 흔하게 볼 수 있다. 그중 뾰족하게 돌출된 룩앳미나우 헤드랜드를 한 바퀴(1.6km) 돌아보는 하이킹 코스를 걸어보자. 먼바다를 지나는 고래나 돌고래를 발견하게 될지도!

가는 방법 코프스하버에서 21km, 자동차로 30분
주소 Look At Me Now Headland, Emerald Beach NSW 2456
운영 07:00~19:00 **홈페이지** nationalparks.nsw.gov.au

---

⑥ 그래프턴
Grafton

보랏빛 자카란다의 향연

클래런스Clarence강이 크게 반원을 그리며 휘돌아 나가는 지점에 자리 잡은 타운. 평소에는 이곳에 올 일이 없지만, 봄이 오는 10월에서 11월 사이에는 도시 전체가 보랏빛 자카란다꽃에 휩싸여 구경할 만하다. 자카란다는 열대 및 아열대 지방에서 주로 자생하고 봄마다 보라색 꽃을 피우는 대형 수목이다. 강수량이 많고 여름이면 무더운 그래프턴은 마을 중심과 주택가 가로수로 모두 자카란다를 심어 '자카란다의 도시'로 불렸다. 1935년부터 봄마다 개최하는 자카란다 축제는 11월 첫째 목요일에 절정을 이룬다.

가는 방법 코프스하버에서 A1 도로를 따라 내륙으로 1시간

❶ **My Clarence Valley Information Portal**
주소 158 Fitzroy St, Grafton NSW 2460
문의 02 6643 0800
운영 10:00~16:00 **휴무** 월요일
홈페이지 myclarencevalley.com

바이런베이
Byron Bay

호주 대륙의 동쪽 끝

아름다운 해변을 찾고 있다면 바이런베이로 떠나자. 부드러운 하얀 모래와 터키석처럼 푸른 바다가 펼쳐진 곳으로, 호주에서 가장 아름다운 해변을 뽑을 때마다 항상 상위권에 든다. 등대가 있는 곳(육지 끝 돌출 지점) 안쪽의 메인 비치와 클라크스 비치Clarkes Beach 쪽은 파도가 적고 잔잔하다. 여름철에는 안전 요원이 배치되어 어린이도 안심하고 수영할 수 있다. 해변 맨 끝에는 '피셔맨스 룩아웃' 또는 '서퍼스 룩아웃'이라 불리는 작은 섬이 있다. 얕게 흐르는 물길을 따라 섬까지 걸어서 건너가는 재미가 있다. 곶 반대편은 파도가 높아 전문 서퍼들에게 인기가 많다. 고급 휴양지로 이름난 만큼 레스토랑과 숙박 시설, 각종 편의 시설이 모두 훌륭하다.

가는 방법 브리즈번에서 165km, 자동차로 2시간, 대중교통으로는 그레이하운드나 프리미어 코치 이용 가능

ⓘ Byron Visitor Centre
주소 80 Jonson St, Byron Bay NSW 2481
문의 02 6680 8558
운영 여름철 09:00~17:00, 겨울철 10:00~16:00 **휴무** 일요일
홈페이지 visitbyronbay.com

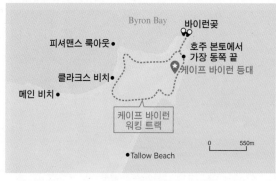

Byron Bay

바이런곶

피셔맨스 룩아웃

호주 본토에서
가장 동쪽 끝
케이프 바이런 등대

클라크스 비치

메인 비치

케이프 바이런
워킹 트랙

0   550m

●Tallow Beach

케이프 바이런 등대
Cape Byron Lighthouse

뾰족하게 튀어나온 바이런곶에 세워진 등대다. 여기까지 올라왔다면 호주 대륙 동쪽의 가장 끝 지점은 꼭 밟아봐야 한다. 등대에서 트레킹 코스를 따라 불과 10분 거리이며, 바다를 향해 돌출된 전망대 쪽에 '호주 본토에서 가장 동쪽 포인트(Most Easterly Point of the Australian Mainland)'라는 팻말이 있다. 지리적으로 의미 있는 장소일 뿐 아니라 등대와 어우러진 전망 또한 인상적이라 인증샷을 남기지 않을 수 없다. 여기서부터 3.7km 워킹 트랙을 따라 메인 비치까지 걸어 내려갈 수도 있지만, 경사진 언덕과 해안 절벽이 계속되는 길이라 체력적으로 상당히 힘들다.

전망, 분위기 모두 만족시키는 케이프 바이런 등대의 유일한 단점은 주차 문제다. 주말에는 차가 진입하기 어려울 정도로 방문객이 많고, 등대 바로 앞은 주차 시간이 1시간으로 제한되어 있기 때문에 차라리 아래쪽 도로에 차를 세워두는 편이 나을 수 있다.

주소 201 Lighthouse Rd
운영 07:00~19:00
요금 주차 $10(최대 1시간)
홈페이지 nationalparks.nsw.gov.au

《 바이런베이 맛집 》

케이프 바이런 라이트하우스 카페
Cape Byron Lighthouse Café

등대 바로 아래에서 전망을 감상하며 간단한 식사를 즐길 수 있다.

유형 카페 **주소** 201 Lighthouse Rd
운영 08:30~15:00(여름철 연장 영업) **요금** $5~10

톱 숍 The Top Shop

바이런베이의 핫 플레이스. 잔디밭에 앉아 식사하는 자유로운 분위기의 브런치 전문점이다. 온라인으로 주문 후 픽업 가능하다.

유형 브런치 **주소** 65 Carlyle St
운영 06:30~15:00 **요금** 버거 · 샌드위치 $15~20
홈페이지 topshopbyronbay.com.au

비치 바이런베이
Beach Byron Bay

클락스 비치 앞의 전망 좋은 고급 레스토랑. 해변에 테이크아웃 가능한 키오스크 매장을 운영한다.

유형 시푸드, 모던 호주식
주소 2 Massinger St
운영 예약 후 방문, 키오스크 07:00~15:00
요금 레스토랑 $55~70, 키오스크 $15~24
홈페이지 beachbyronbay.com.au

데인트리 국립공원
DAINTREE NATIONAL PARK

P.240

케언스
CAIRNS

P.218

에얼리비치
(휘트선데이 제도)
AIRLIE BEACH
(WHITSUNDAY ISLANDS)

P.246

남회귀선 기념비
TROPIC OF
CAPRICORN MARKER

P.250

브리즈번(주도)
BRISBANE

P.164

래밍턴 국립공원
LAMINGTON NATIONAL PARK

P.216

골드코스트
GOLD COAST

P.200

FOLLOW

퀸즐랜드
QUEENSLAND

'선샤인 스테이트Sunshine State'라는 멋진 별명처럼 퀸즐랜드주는 남태평양의 여유와 낭만을
고스란히 품고 있다. 호주 동부 해안선과 내륙 전체를 차지하는 퀸즐랜드주는 영국의 7배, 일본의
5배가 넘는 방대한 면적을 자랑한다. 땅덩이가 큰 만큼 기후와 환경 또한 다양해 열대와 온대의
경계선인 남회귀선 위쪽으로는 열대우림과 함께 세계 최대의 산호초 군락지인 그레이트배리어리프가
자리하고 있다. 또 주도 브리즈번과 휴양도시 골드코스트는 초대형 나이트 마켓과 해변의
테마파크 등 즐길 거리가 다양해 어린이를 동반한 가족 여행과 신혼여행지로도 인기가
높다. 참고로 퀸즐랜드주는 일광절약시간을 실시하지 않기 때문에 뉴사우스웨일스주 경계선을
넘어갈 때 10월 첫째 일요일부터 4월 첫째 일요일까지 1시간 시차가 발생한다.

INFO 〉

| 인구 〉 | 5,560,500명(호주 3위) |
| 면적 〉 | 172만 9742km²(호주 2위) |

| 시차 | 한국 시간+1시간(시머타임 없음) |
| 홈페이지 〉 | queensland.com(퀸즐랜드주 관광청) |

BRISBANE

브리즈번

원주민어 미안진 MEEANJIN

퀸즐랜드 주도인 브리즈번은 호주에서 세 번째로 큰 도시로, 깔끔한 환경과 풍부한
문화 인프라 덕분에 현지인들 사이에서도 살기 좋은 도시로 손꼽힌다. 1824년 시드니 교도소의
재소자를 분리 수용할 목적으로 도시 개발을 시작했지만, 1842년부터 일반인의 이주가
허용되면서 유형지라는 과거를 뒤로하고 대도시로 빠르게 성장했다. 인공 해변을 갖춘 강변 공원
사우스뱅크, 시원한 전망을 자랑하는 마운트 쿠사, 귀여운 코알라와 교감할 수 있는 론파인 코알라
보호구역 등 특색 있는 관광지가 많다. 즐거운 저녁 시간을 선사해줄 나이트 마켓도
놓치지 말자. 북쪽의 그레이트배리어리프와 선샤인코스트, 남쪽의 골드코스트라는
최고의 관광지가 가까이 있어 퀸즐랜드 여행의 출발점으로 많이 이용한다.

테마파크

골드코스트

나이트
마켓

마운트
쿠사

선샤인
코스트

스토리
브리지

시티호퍼

QAGOMA

스트리트 비치

브리즈번

Brisbane Preview
브리즈번 미리 보기

브리즈번강이 S자로 급격하게 휘는 지점에 형성된 도시다. 강 북쪽의 브리즈번 CBD와
남쪽의 사우스뱅크가 도시의 중심가를 이룬다. 전망 좋은 마운트 쿠사 룩아웃Mount Coot-Tha
Lookout(해발 300m)에 올라 산과 언덕으로 둘러싸인 브리즈번 전경을 감상해보자.
가장 가까운 해안은 퀸즐랜드 남동부의 모어튼 베이Moreton Bay로 15km가량 떨어져 있다.

❶ 브리즈번 CBD ➡ P.179

고층 빌딩이 많은 브리즈번강 북쪽의 상업 지구를 센트럴 비즈니스 디스트릭트(CBD)라고 한다. 시청 주변은 도보로, 시티 보태닉 가든이나 스토리 브리지 쪽은 무료로 운행하는 시티 루프 버스를 타고 돌아볼 만한 범위다.

❷ 사우스뱅크 ➡ P.182

브리즈번강 남쪽의 공원 지대. 박물관과 미술관, 도서관 등 문화적 인프라와 인공 해변, 대관람차 같은 즐길 거리를 완벽하게 갖췄다. 브리즈번 CBD에서 다리를 걸어서 건너거나 페리를 타고 쉽게 갈 수 있다.

❸ 포티튜드밸리 ➡ P.196

제임스 스트리트를 따라 트렌디한 쇼핑가와 함께 루프톱 바, 나이트클럽이 늘어선 브리즈번의 핫 플레이스. 차이나타운과 한국, 아시아 음식점도 쉽게 찾을 수 있다.

❹ 뉴팜 ➡ P.187

브리즈번 CBD 북쪽 강변 지역에 위치한 차분한 분위기의 주택가. 문화센터인 브리즈번 파워하우스에 페리를 타고 가볼 만하다.

브리즈번 시내의 한글 간판

대전-브리즈번 친선비

시내 곳곳에서 반가운 한글 간판이 눈에 띄는 이유는? 브리즈번과 대전광역시가 자매결연을 맺었기 때문이에요.

🔒 **Follow Check Point**

❶ Brisbane Visitor Information

위치 퀸 스트리트 몰 **주소** 167 Queen Street Mall, Brisbane City QLD 4000
문의 07 3006 6290 **운영** 평일 09:00~16:00, 주말 10:00~16:00
홈페이지 www.visitbrisbane.com.au

❀ 브리즈번 날씨

1년 내내 날씨가 따뜻하거나 더운 아열대기후이지만 여행 시기를 잘 선택하는 것이 매우 중요하다. 12~3월에는 한국의 장마철처럼 집중호우와 우박이 쏟아진다. 강우량은 열대지방인 케언스에 비하면 1/4 수준이지만 지형이 하천 저지대에 위치해 홍수 피해가 많이 발생하므로 이 기간에는 되도록 여행을 피하는 것이 좋다. 여행 성수기는 습도가 낮고 쾌적한 날씨가 지속되는 4~11월로, 이 시기에는 자외선 차단 지수가 높은 선크림과 선글라스, 모자를 꼭 챙기자.

계절	봄(9~11월)	여름(12~2월)	가을(3~5월)	겨울(6~8월)
날씨	☀️	⛈️	🌦️	☀️
평균 최고 기온	25.6℃	29.1℃	26.3℃	20.6℃
평균 최저 기온	15.6℃	20.9℃	16.9℃	9.5℃

브리즈번 추천 코스

퀸즐랜드 여행의 관문인
브리즈번과 골드코스트 함께 여행하기

브리즈번의 주요 볼거리는 브리즈번 CBD와 사우스뱅크에 모여 있다. 대부분 걷거나 무료 페리를 타고 다니고, 일부 유료 교통수단은 신용카드로 탈 수 있다. 나이트 마켓(Eat Street)이 열리는 금~일요일 사이에 브리즈번을 둘러보고, 다른 날 골드코스트와 근교 지역을 다니는 게 적당하다. 골드코스트의 테마파크와 액티비티를 선택할 때는 할인 패스를 잘 비교해보자. ➡ P.202

TRAVEL POINT

➥ **이런 사람 팔로우!** 퀸즐랜드의 도시를 하나씩 알아가고 싶다면

➥ **여행 적정 일수** 브리즈번 2일+골드코스트와 근교 3~6일

➥ **주요 교통수단** 브리즈번 CBD에서는 도보와 페리, 근교로 갈 때는 기차나 자동차 이용

➥ **여행 준비물과 팁** 골드코스트 테마파크 패스

➥ **사전 예약 필수** 스토리 브리지 클라임, 포엑스 브루어리 투어, 고래 크루즈

브리즈번 도심과 시티 보태닉 가든 전경

	DAY 1	DAY 2	DAY 3 & 4
	브리즈번 하루 만에 완전 정복	스트레스 제로! 자연 여행 후 맛집 투어	엔터테인먼트 천국 골드코스트 다녀오기
오전	**브리즈번 CBD** • 브리즈번 시청 • 안작 스퀘어 • 퀸 스트리트 몰	**론파인 코알라 보호구역** • 코알라와 기념사진 찍기 • 캥거루 먹이 주기	▼ 자동차 1시간 30분, 또는 기차 2시간 **서퍼스 파라다이스** • 스카이포인트 전망대 • 각종 액티비티 즐기기 • 해수욕 & 고래 크루즈 **골드코스트 테마파크** • 드림월드 또는 시월드
오후	▼ 도보 15분 **사우스뱅크** • 퀸즐랜드 미술관 & 박물관 ▼ 도보 15분 ⑤ 리틀 스탠리 스트리트 **스트리트 비치** • 도심 속 해변 산책 • 대관람차 탑승	▼ 자동차 15분 **마운트 쿠사 룩아웃** • 브리즈번 룩아웃 • 전망 레스토랑 & 카페 • 시티 보태닉 가든 ▼ 자동차 10분 **포엑스 브루어리** • 맥주 테이스팅	
저녁	▼ 페리 30분 **스토리 브리지 클라임** ▼ 페리 15분 Ⓜ 하워드 스미스 워프	▼ 자동차 15분 • Option 1 이트 스트리트 • Option 2 포티튜드밸리	DAY 5~6 **브리즈번 근교** • Option 1 선샤인코스트 • Option 2 탬버린 마운틴 국립공원과 래밍턴 국립공원
기억할 것!	스토리 브리지 클라임은 더운 시간은 피할 것	나이트 마켓(Eat Street)이 열리는 금~일요일 중 이틀은 브리즈번에서 지낼 것	고래 크루즈는 5월 말~11월 초

✅ 브리즈번 & 골드코스트 마켓 운영 일정 한눈에 보기

	월요일	화요일	수요일	목요일	금요일	토요일	일요일
나이트 마켓							
이트Eat 스트리트 P.190					OPEN	OPEN	OPEN
마이애미 마케타 P.211			OPEN		OPEN	OPEN	OPEN
비치프런트 마켓 P.205			OPEN		OPEN	OPEN	
데이 마켓							
파워하우스 파머스 마켓 P.187						OPEN	
브리즈번 시티 마켓 P.181			OPEN				
리버사이드 선데이 마켓 P.186							OPEN
컬렉티브 마켓 P.185					OPEN	OPEN	OPEN

※ **OPEN** 표시는 마켓 오픈일을 뜻함(여행 비수기와 우기에는 바뀔 수 있으니 방문 전 확인 필수)
※ **OPEN** 표시 요일에는 마켓을 오픈하지 않을 수도 있음

브리즈번 들어가기

브리즈번은 도심은 물론 근교 도시와 퀸즐랜드 남동부 지역까지 기차와 버스 등 대중교통이 잘 갖춰진
교통의 중심지다. 개인 차량 없이도 근교 지역까지 쉽게 여행할 수 있는 여건이 갖춰져 배낭여행자들이 많이 찾는다.
또 비행기로 브리즈번에 와서 렌터카를 이용해 호주 어디든 로드 트립을 떠날 수 있는 지리적 이점이 있다.

브리즈번-주요 도시 간 거리 정보

브리즈번 기준	거리	자동차	비행기
골드코스트	80km	1시간	-
시드니	910km	10시간	1시간 30분
케언스	1680km	20시간 이상	2시간 30분
다윈	3425km	-	4시간

비행기

인천국제공항에서 브리즈번 공항Brisbane Airport(공항 코드 BNE)까지는 직항
편으로 약 10시간 걸린다. 현재 대한항공과 젯스타의 인천-브리즈번 직항 노선
이 주 3~5회 운항한다. 국제선 터미널(T1)과 국내선 터미널(T2)은 4km 정도 떨
어져 있다. 무료 셔틀버스(배차 간격 10~25분)로 10분, 에어트레인(배차 간격
15~30분, $5)으로 5분 정도 소요되니 환승 시 터미널 간 이동 시간을 충분히 확
보해야 한다. 경유편을 이용할 때는 브리즈번을 거치는 대신 시드니에서 곧바로
골드코스트 공항Gold Coast Airport(공항 코드 OOL)으로 가기도 한다.

브리즈번 공항
주소 11 The Circuit, Brisbane Airport
홈페이지 bne.com.au

골드코스트 공항
주소 Eastern Ave, Bilinga QLD 4225
홈페이지 goldcoastairport.com.au

브리즈번 공항에서 도심 들어가기

브리즈번 공항은 중심가 북동쪽에서 14km 떨어져 있으며 차로 20~30분 거리
다. 대중교통은 브리즈번 중심가까지 20분 만에 도착하는 에어트레인이 편리하
다. 에어트레인 운행 시간이 아닌 경우에는 택시나 우버를 이용한다.

● 에어트레인 Airtrain

브리즈번 공항과 도심, 골드코스트까지 연결하는 공항 철도. 국제선 터미널
Level 3 및 국내선 터미널 건물 밖에 에어트레인 역이 있다. 따로 예약할 필요 없
이 브리즈번 교통카드인 고카드GoCard나 일반 신용카드를 단말기에 태그(편도 1
인 요금만 결제 가능)하고 탑승해도 되지만, 왕복 이용권이나 2인 이상 탑승 시
에는 일반 승차권이 저렴할 수 있다.
운행 평일 05:04~22:04, 주말 06:04~22:04(배차 간격 15~30분)
홈페이지 airtrain.com.au

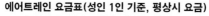

에어트레인 요금표(성인 1인 기준, 평상시 요금)

목적지	브리즈번 센트럴 기차역		
구분	일반 승차권		교통카드
	온라인 예매	현장 구매	
편도	$18.62	$21.90	$21.90
왕복	$35.53	$41.80	사용 불가

목적지	헬렌스베일역(골드코스트 환승역)		
구분	일반 승차권		교통카드
	온라인 예매	현장 구매	
편도	$32.73	$38.50	$33.36
왕복	$63.75	$75	사용 불가

일시적인 퀸즐랜드 대중교통 요금 감면 정책에 따라 에어트레인 요금은 일반 승차권, 교통카드 구분 없이 브리즈번 CBD까지 $10.95로 통일되었습니다. 2025년 2월 이후에는 홈페이지에서 실시간 요금을 꼭 확인해보세요!

할인 방법(센트럴 기차역 기준, 일반 승차권만 가능)

❶ 종이 승차권은 공항 내 에어트레인 매표소나 자동 발매기에서 구입한다. 온라인에서 E-티켓을 예매하면 할인율이 높지만, 탑승일을 지정해야 하며 변경과 환불 절차가 다소 복잡하니 신중하게 결정한다.

❷ 성인 1명이라면 편도보다 왕복 티켓이 저렴하다. 여럿이 같이 예매할 경우 할인율이 올라가니 일행이 있다면 홈페이지에서 계산해보고 구입한다.

❸ 어린이(5~14세)는 매표소에서 종이 승차권을 구매한 성인과 동행할 경우 센트럴 기차역까지 무료 탑승할 수 있다. 온라인으로 E-티켓을 예매할 때 동반 어린이 수를 입력하고 성인 요금만 결제하는 방법도 있다. 어린이가 일반 교통카드로 탑승할 때는 편도 기준 $8.30가 결제되며, 4세 이하는 무료다.

에어트레인 노선도

정류장 이름	가까운 장소
Int'l Airport Station	브리즈번 공항

⏱ 20분

브리즈번 중심가

Fortitude Valley	제임스 스트리트
Brisbane Central	안작 스퀘어
Roma Street	파크랜드
South Brisbane	퀸즐랜드 박물관
South Bank	사우스뱅크

에어트레인 승차권에 G:link 요금 포함

Surfers Paradise ○ 골드코스트 중심가

⏱ 2시간

Helensvale G:link 환승역

테마파크 드림월드행 버스 TX7 환승역

Coomera

⏱ 1시간 30분

● 택시 & 차량 공유 서비스 Taxi & Rideshare

일반 택시는 블랙 & 화이트 캡Black & White Cabs과 13캡13Cabs 회사가 영업 중이다. 국제선 터미널(Level 2)과 국내선 터미널 바로 바깥쪽 대기 라인에서 탑승하면 된다. 택시 요금은 미터기로 계산하며, 브리즈번 센트럴역에서 브리즈번 공항까지 $45~55 정도다. 여기에 공항세와 톨게이트 비용($12~15), 그리고 주말과 공휴일, 심야에는 할증료가 가산된다. 차량 공유 서비스 우버Uber는 별도로 지정된 장소에서 차량을 호출해야 한다. 터미널 입구에서 'Pre-Booked Express and Ride Booking' 사인을 따라가면 된다.

홈페이지
블랙 & 화이트캡 blackandwhitecabs.com.au
13캡 13cabs.com.au
우버 uber.com/cities/brisbane

장거리 기차
Queensland Rail

퀸즐랜드 철도청Queensland Rail에서 운영하는 장거리 기차는 브리즈번을 중심으로 퀸즐랜드의 주요 지역을 연결한다. 뉴사우스웨일스 철도청NSW Trains과 연계되어 있어 시드니도 기차로 갈 수 있다. 도시 철도에 해당하는 남동부 노선(SEQ)은 고카드로 탑승할 수 있지만, 좀 더 먼 곳으로 갈 때는 일반 승차권을 사야 한다. 요금은 노선별, 거리별, 일정별로 달라지며 이동 거리가 멀기 때문에 좌석(economy seats) 또는 침대칸(railbed) 예약이 필수다.

장기 여행을 할 계획이라면 퀸즐랜드 익스플로러 패스 구입을 고려해보는 것도 좋다. 브리즈번과 케언스 사이의 주요 기차 노선은 물론 연계 버스(RailBus)까지 1개월($299) 또는 2개월($389) 동안 무제한 탑승할 수 있는 할인권이다. '호주 밖 외국 거주자'에게만 발급하는 것이 원칙으로 워킹홀리데이 비자나 학생 비자가 있으면 구입 가능하다. 단, 항상 여권을 소지해야 한다.

홈페이지 queenslandrailtravel.com.au

장거리 버스
Coach

기차 노선이 닿지 않는 근교 지역을 갈 때 그레이하운드Greyhound, 프리미어 모터 서비스Premier Motor Service 등을 이용한다. 장거리 버스는 보통 로마 스트리트 기차역 근처의 브리즈번 코치 터미널Brisbane Coach Terminal에 정차한다. 배차 간격이 불규칙하니 예매할 때 반드시 운행 시간을 확인할 것.

홈페이지
그레이하운드 greyhound.com.au
프리미어 모터 서비스 premierms.com.au

자동차 Car

브리즈번과 연결된 고속도로는 대부분 톨게이트 비용을 징수한다. 국도로 우회하는 방법도 있는데 내비게이션에 의존해 다니다 보면 유료 도로를 통과할 확률이 높다. 요금 납부는 차량에 부착된 전자 태그 또는 번호판 인식을 통해 이루어지므로 홈페이지에서 미리 차량 번호를 등록해두거나 렌터카 사무소에서 정산 방법을 확인한다.

▶ 주차비 지불 방법 1권 P.132

홈페이지 linkt.com.au

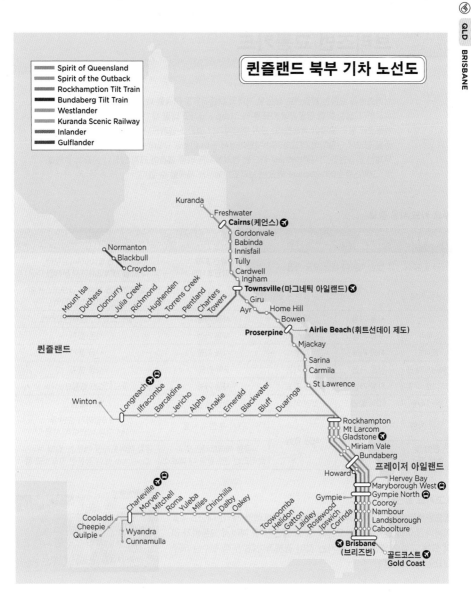

퀸즐랜드 북부 기차 노선도

- Spirit of Queensland
- Spirit of the Outback
- Rockhamption Tilt Train
- Bundaberg Tilt Train
- Westlander
- Kuranda Scenic Railway
- Inlander
- Gulflander

퀸즐랜드

프레이저 아일랜드

장거리 기차 운행 정보

대표 노선	스피릿 오브 퀸즐랜드 Spirit of Queensland	틸트 트레인 Tilt Train	사우스이스트 퀸즐랜드 South East Queensland(SEQ)
연결 범위	브리즈번-케언스	브리즈번-번더버그-록햄프턴	선샤인코스트-브리즈번-골드코스트 외 다수
전체 거리 (소요 시간)	1681km(24시간)	639km(7시간 30분)	200~300km 내외(1~3시간)

브리즈번 교통카드
완벽하게 이해하기

브리즈번을 포함한 퀸즐랜드 남부 지역의 대중교통을 이용할 때는 고카드를 사용하는 게 유리하다. 탑승할 때 단말기에 카드를 태그(tap on)하고 내릴 때 다시 태그(tap off)하면 자동으로 할인 요금이 적용된다. 단기 여행자라면 일반 신용카드나 스마트폰, 스마트워치 등을 핑크색 단말기에 태그하거나 자판기에서 종이 티켓을 구입하면 된다. 여행자를 위한 무제한 탑승권인 고시큐GoSeeQ 카드는 편리하지만 비용 절감이 크지 않으니 신중히 선택할 것. 고익스플로어GoExplore 카드는 브리즈번에서는 사용할 수 없다.

주요 카드 사용 정보

카드 종류	고카드 GoCard	신용카드 Smart Ticketing	고시큐 GoSeeQ	고익스플로어 GoExplore
요금 및 방식	탑승 때마다 해당 요금 차감		3일권 $79, 5일권 $129	1일권 $10(개시일부터 다음 날 새벽 3시까지 무제한 이용)
사용 지역	브리즈번을 포함한 퀸즐랜드 남동부 지역			브리즈번을 제외한 골드코스트와 선샤인코스트 지역
버스	사용 가능	일부	사용 가능	골드코스트, 선샤인코스트
페리	사용 가능	사용 불가	사용 가능	사용 불가
트레인	사용 가능	일부	사용 가능	사용 불가
에어트레인	사용 가능	사용 가능	2회 한도	사용 불가
라이트 레일	사용 가능	사용 가능	사용 가능	골드코스트 G링크G:link
5~14세	50% 할인	할인 없음	할인 없음	할인 없음
사용 기한	10년	해당 없음	개시 후 연속 사용	최대 8일까지 충전 후 1년 이내 비연속적 사용
판매 및 충전 장소	공항, 지정 판매처		공항 에어트레인 역과 브리즈번 센트럴역 내 매표소	공항 에어트레인 매표소, 칼빌 애비뉴 Cavill Ave 트램 정류장 키오스크 등

● 고카드 할인받기
월요일부터 일요일까지 8회 이상(환승, 에어트레인 제외) 대중교통을 이용하면 아홉 번째부터는 요금이 50% 할인된다. 따라서 교통비가 많이 드는 교외 지역은 주말에 가는 것이 경제적이다. 누적 횟수는 매주 월요일에 리셋된다.

● 고카드 구입 및 충전
실물 카드를 처음 구입할 때는 보증금(성인 $10, 어린이 $5)과 최소 $5(공항에서는 최소 $20)를 충전해야 한다. 트랜스링크 홈페이지에 카드 번호(16자리)를 등록하면 잔액과 탑승 정보를 확인할 수 있고 온라인 충전도 가능하다. 공항과 기차역 매표소, 편의점, 시티캣 페리, 정류장 자동 발매기 등에서 구매할 수 있다.
판매처 검색 translink.com.au/gocardretailers

● 고카드 환불받기
카드 보증금과 잔액을 합산한 금액이 $50 미만이고, 마지막 충전을 편의점이나 자동 발매기에서 현금으로 했다면 기차역 매표소나 편의점에서 환불받을 수 있다. 그 외의 수단으로 충전한 경우는 환불 절차가 까다롭다.

브리즈번 도심 교통

브리즈번과 근교 지역은 이동 거리에 따라 총 8개 요금 구역으로 나뉜다. 다양한 할인이 적용되는
교통카드인 고카드 사용을 권장한다. 홈페이지 첫 화면의 파인드 어 저니Find a Journey 기능이나
공식 모바일 애플리케이션 마이트랜스링크MyTransLink를 활용하면 요금을 쉽게 확인할 수 있다.
홈페이지 translink.com.au ➡ 골드코스트 지역을 운행하는 라이트 레일(경전철) 정보 P.201

> 퀸즐랜드에서는 2024년 8월부터 모든
> 대중교통 요금을 50센트로 정한 할인 정책을 시행하고
> 있습니다. 2025년 2월 이후에는 요금이 정상화될 수 있습니다.

교통 요금 체계

카드 종류	고카드 & 신용카드 GoCard & Smart Ticketing		종이 티켓[2] Single Paper Ticket
요금 구역(대표 장소)	피크 타임 요금	오프피크 타임[1] 요금	1회권
1존(브리즈번 CBDBrisband CBD)	$3.55	$2.84	$5.10
2존(서니뱅크Sunnybank)	$4.34	$3.47	$6.30
3존(입위치Ipwich)	$6.63	$5.30	$9.60
4존(쿠메라Coomera)	$8.72	$6.98	$12.60
5존(서퍼스 파라다이스Surfers Paradise)	$11.46	$9.17	$16.60
6존(바시티 레이크Varsity Lakes)	$14.55	$11.64	$21.10
7존(유먼디Eumundi)	$18.10	$14.48	$26.20
8존(누사Noosa)	$21.48	$17.18	$31.10

[1]**오프피크 타임**: 평일 08:30~15:30, 19:00~06:00, 주말 및 공휴일 전일
[2]**종이 티켓**: 고카드 보증금을 내고 싶지 않을 때 알아둘 옵션. 1존 내 환승은 2시간까지, 4존 내 환승은 3시간 30분까지
가능하다. 대중교통은 현금 결제가 되지 않으니 탑승 전 자동 발매기에서 종이 티켓을 구매해야 한다.

TIP

요금 계산 예시　브리즈번 CBD(1존) 내에서만 이동 ▸ 1존 요금
　　　　　　　　브리즈번 CBD(1존)에서 골드코스트(Zone 5)로 이동 ▸ 5존 요금
　　　　　　　　쿠메라(4존)에서 서퍼스 파라다이스(Zone 5)로 이동 ▸ 2존 요금

SEQ 트레인
SEQ Train

퀸즐랜드 남동부South East Queensland 기차 노선으로 트랜스링크와
연계해 운행하기 때문에 고카드 사용이 가능하다. 골드코스트, 누사
등 브리즈번 근교 지역을 갈 때 사용하면 편리하다. 중앙역인 브리
즈번 센트럴Brisbane Central역과 로마 스트리트, 사우스뱅크, 사우스
브리즈번역도 있다. 게이트 출입 시 교통카드를 태그한다.

페리 Ferry

브리즈번강을 오가는 페리는 유용한 교통수단이다. 파란색 노선을 따라 운행하는 시티캣CityCat과 쾌속선 익스프레스 시티캣Express CityCat은 1존 요금을 받는다. 교통카드 단말기는 운행 중에는 작동하지 않으니 내리고 탈 때 태그한다. 빨간색 노선 시티호퍼CityHopper와 노란색 노선 크로스리버CrossRiver는 무료이며 유람선처럼 이용하기 좋다. 시티호퍼는 매일 오전 5시 30분부터 자정까지 운항하며 배차 간격은 30분이다.

시티호퍼: 무료

시티캣: 고카드 사용

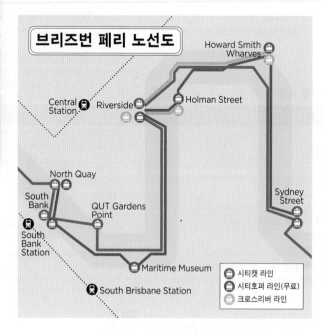

브리즈번 페리 노선도

Howard Smith Wharves

Central Station

Riverside

Holman Street

North Quay

South Bank

QUT Gardens Point

Sydney Street

South Bank Station

Maritime Museum

South Brisbane Station

시티캣 라인
시티호퍼 라인(무료)
크로스리버 라인

버스 Bus

일반 버스: 고카드 사용

시티 루프 버스: 무료

브리즈번 CBD를 지나는 시티 루프 2개 노선을 포함해 총 5개 버스 노선이 무료로 운행한다. 일반 시내버스는 승차 시 운전석 앞쪽 단말기에 카드를 태그하고, 하차 시에는 앞쪽 또는 뒤쪽 단말기에 태그한다. 피크 타임인 경우나 일부 노선은 운전기사에게 직접 요금을 지불하지 못하므로 탑승권을 구입해 승차하고, 고카드 잔액이 충분한지 미리 확인할 것.

시티 루프 City Loop
40번: 브리즈번 CBD를 시계 방향으로 운행, 평일 07:00~18:00, 배차 간격 10분
50번: 브리즈번 CBD를 반시계 방향으로 운행, 평일 07:05~18:05, 배차 간격 10분
주요 정류장 센트럴 기차역Central Station, 리버사이드Riverside, 보태닉 가든Botanic Gardens, QUT, 시티 홀City Hall, 트레저리 카지노Treasury Casino

사우스브리즈번 루프 South Brisbane Loop
86번: 현대미술관, 사우스뱅크 등 운행, 매일 10:00~23:00, 배차 간격 10~15분

스프링힐 루프 Spring Hill Loop
30번: 브리즈번 CBD와 스프링힐 사이를 순환 운행, 평일 06:00~18:57, 배차 간격 10~20분

공유 자전거
Shared Bikes

브리즈번에서 운행하는 공유 자전거와 E-스쿠터업체는 뉴런과 빔이다. 브리즈번강 변은 자전거 도로와 산책로가 잘 정비되어 있어 누구나 편안하게 자전거를 탈 수 있다. 헬멧 착용은 필수이며, 사람이 지나갈 때는 무조건 양보가 원칙이고, 자전거 진입이 금지된 일부 산책로에서는 자전거를 끌고 다녀야 한다. 브리즈번의 자전거 도로에 관한 정보는 홈페이지 참고.

홈페이지 cyclingbrisbane.com.au

 브리즈번에서 즐기는 투어 프로그램

리버 시티 크루즈 River City Cruise
브리즈번강 유역의 관광지를 느긋하게 감상할 수 있는 일반 유람선. 사우스뱅크 대관람차 패키지와 점심 식사가 포함된 투어 상품도 있다.

요금 일반 $49~ **홈페이지** rivercitycruises.com.au

코알라 & 리버 크루즈 Koala & River Cruise
유람선을 타고 강 상류의 론파인 코알라 보호구역에 가서 2~3시간 관람 후 다시 배를 타고 돌아온다.

요금 편도 $95, 왕복 $110(보호구역 입장료 포함) **홈페이지** mirimarcruises.com.au

스토리 브리지 어드벤처 클라임 Story Bridge Adventure Climb
브리즈번강의 상징물인 스토리 브리지에 올라가는 액티비티. 보통 낮보다는 저녁과 밤 투어가 인기가 높다. 안전 장비를 착용해야 하며 카메라, 휴대폰 등은 휴대 불가능하다. 출발 장소는 강 남쪽인 캥거루 포인트 쪽이다. 가까운 페리 터미널은 홀맨 스트리트Holman St에 있다.

요금 $129~159(얼리버드 할인 있음) **홈페이지** storybridgeadventureclimb.com.au

모어튼 아일랜드 데이 투어
브리즈번강에서 페리를 타고 모어튼 아일랜드의 탕갈루마 리조트를 방문해 돌고래 먹이 주기, 사파리 투어 등을 할 수 있다. 요금은 옵션별로 크게 다르니 예약 시 확인할 것.

홈페이지 www.tangalooma.com

현지 한인 여행사
브리즈번 시내에 사무소가 있는 현대여행사를 이용하면 한국어 서비스를 받을 수 있다. 브리즈번을 포함해 호주 전역의 여행 상품을 판매한다.

문의 호주 내에서 07 3210 0061, 한국에서 070 8625 9942 **홈페이지** hyundaitravel.com

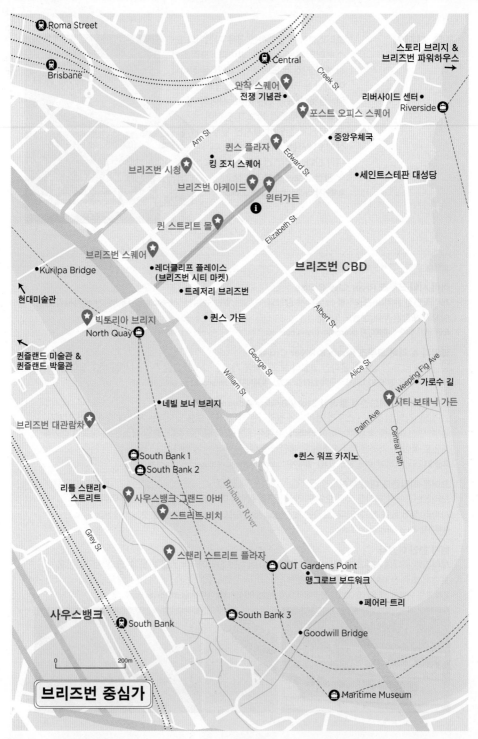

Roma Street

Brisbane

Central

완착 스퀘어
전쟁 기념관

Creek St

스토리 브리지 &
브리즈번 파워하우스
→

리버사이드 센터
Riverside

포스트 오피스 스퀘어

중앙우체국

Ann St

퀸스 플라자

킹 조지 스퀘어

브리즈번 시청

Edward St

세인트스테판 대성당

브리즈번 아케이드

윈터가든

브리즈번 CBD

퀸 스트리트 몰

Elizabeth St

브리즈번 스퀘어

Kurilpa Bridge

레더클리프 플레이스
(브리즈번 시티 마켓)

트레저리 브리즈번

현대미술관

Albert St

퀸스 가든

빅토리아 브리지
North Quay

퀸즐랜드 미술관 &
퀸즐랜드 박물관

George St

Alice St

Weeping Fig Ave
가로수 길

시티 보태닉 가든

브리즈번 대관람차

William St

Palm Ave

Central Path

네빌 보너 브리지

리틀 스탠리
스트리트

South Bank 1

South Bank 2

퀸스 워프 카지노

사우스뱅크 그랜드 아버

스트리트 비치

Brisbane River

스탠리 스트리트 플라자

Grey St

QUT Gardens Point

맹그로브 보드워크

페어리 트리

사우스뱅크

South Bank

South Bank 3

Goodwill Bridge

0   200m

브리즈번 중심가

Maritime Museum

브리즈번 관광 명소

도시 중심을 흐르는 브리즈번강 북쪽이 브리즈번 CBD, 남쪽이 사우스뱅크다. 시청과 안작 스퀘어 쪽을
둘러본 다음 보행자 전용 도로인 퀸 스트리트 몰을 따라 강변까지 걸어가는 경로를 추천한다.
강을 건널 때는 무료 페리를 유람선처럼 타도 좋고 빅토리아 브리지, 네빌 보너 브리지 등을 걸어서 건너가도 된다.

(01)

브리즈번 시청
Brisbane City Hall

지도 P.178
가는 방법 안작 스퀘어에서 도보 5분
주소 64 Adelaide St
운영 박물관 10:00~17:00, 시계탑
투어 10:15부터 15분 간격 진행
※예약 필수 **요금** 무료
홈페이지 museumofbrisbane.com.au

시계탑 전망대와 박물관

높다란 시계탑이 인상적인 시청 건물은 브리즈번 박물관을 겸하고 있
다. 전시 공간(Level 3)에서는 도시 역사를 살펴보고 로컬 예술가의 작
품을 관람할 수 있다. 1930년대에 제작한 낡은 엘리베이터를 타고 시
계탑(Level 10)으로 올라가면 도시 전경이 내려다보인다. 공간이 매우
협소해 시계탑 투어는 한 번에 4명씩 진행한다.
시청 앞 킹 조지 스퀘어King George Square는 브리즈번의 중심 광장이
다. 이곳에서 영국 왕이나 교황 등 외빈 방문 행사는 물론 안작 데이 등
특별한 날을 맞아 다양한 행사가 열린다. 12월 초에는 중앙에 대형 크
리스마스트리를 세우고 시청 건물에 조명을 밝힌다. 순록이 끄는 썰매
에 탄 산타클로스와 요정까지 등장하는 성대한 크리스마스 퍼레이드는
어린이들이 가장 좋아하는 특급 이벤트! 반팔을 입고 맞이하는 한여름
의 크리스마스라 더욱 이색적이다. 광장 지하의 대형 유료 주차장은 브
리즈번 CBD를 방문할 때 이용하기 편리하다.

⑫ 안작 스퀘어
ANZAC Square

⑬ 포스트 오피스 스퀘어
Post Office Square

브리즈번의 전쟁 기념관

센트럴 기차역 건너편에서 시작되는 첫 번째 광장이 안작 스퀘어로 제1차 세계대전에 참전한 호주-뉴질랜드 연합군에게 헌정한 곳이다. 이곳에 고대 그리스의 원형 신전 형태로 지은 전쟁 기념관Shrine of Remembrance이 있다. 18개의 육중한 돌기둥으로 둘러싸인 정중앙에는 '영원한 추모의 불꽃Eternal Flame of Remembrance'이 타오르는 청동 항아리가 놓여 있다. 퀸즐랜드 도서관에서 운영하는 지하 갤러리에는 전쟁과 관련된 각종 기록물이 전시되어 있다. 광장 입구에는 보어 전쟁(1899~1902년)에 참전한 퀸즐랜드 기마병의 동상이 있고, 계단 아래에는 한국전쟁과 제2차 세계대전 이후 전쟁에 참전한 용사들을 기리는 추모비가 서 있다.

ⓘ
지도 P.178
가는 방법 센트럴 기차역에서 도보 2분
주소 285 Ann St **운영** 광장 24시간,
갤러리 10:00~16:00 **휴무** 갤러리 토요일
요금 무료 **홈페이지** anzacsquare.qld.gov.au

시민들의 휴식 공간

안작 스퀘어에서 길을 건너면 시작되는 두 번째 광장이다. 브리즈번의 옛 건물과 새로운 쇼핑 공간이 조화를 이루는 퍼블릭 스페이스(모두에게 개방된 휴식 공간)로, 지상은 공원이고 지하는 여러 맛집과 카페가 입점한 쇼핑 아케이드다. 광장 끝에는 브리즈번 중앙우체국(1872년 개축)이 있다. 중앙우체국 골목GPO Laneway으로 불리는 좁은 도로를 지나면 웅장한 세인트스테판 대성당과 퀸즐랜드 최초의 가톨릭 예배당이었던 옛 세인트스테판 교회(1850년 건축)가 나온다. 센트럴 기차역에서 일직선으로 뻗은 거리를 걸으며 브리즈번의 클래식한 매력을 발견해보자.

ⓘ
지도 P.178
가는 방법 센트럴 기차역에서 도보 10~15분
주소 270 Queen St
요금 24시간
홈페이지 postofficesquare.com.au

⑭ 퀸 스트리트 몰 `추천`
Queen Street Mall

⑮ 브리즈번 스퀘어
Brisbane Square

브리즈번의 중심 쇼핑가

약 500m 길이의 보행자 전용 도로로, 브리즈번에서 가장 번화한 쇼핑가다. 유서 깊은 쇼핑 아케이드 두 곳(브리즈번 아케이드, 태터솔스 아케이드)을 포함해 주요 백화점과 윈터가든 등의 쇼핑센터가 모여 있다. 거리 중앙의 노

천카페와 레스토랑에서 휴식을 취해도 좋다. 화려한 금박 장식이 눈에 띄는 리전트The Regent 극장 안쪽에는 브리즈번 공식 비지터 센터가 있다. 기본 여행 정보는 물론 다양한 할인 혜택을 제공하므로 여행자라면 반드시 방문해야 하는 곳이다.

지도 P.178
가는 방법 브리즈번 시청에서 도보 5분
주소 167 Queen St
운영 비지터 센터 09:00~16:00(주말 10:00부터)

파머스 마켓이 열리는 공용 공간

퀸 스트리트 몰 서쪽 끝에 자리한, 시의회가 입주한 고층 빌딩이다. 건물 일부는 누구나 자유롭게 출입할 수 있는 브리즈번 스퀘어 도서관으로 사용한다. 무료 와이파이를 제공하며 잠시 쉬어 가기 좋은 곳이다. 건물 앞 작은 광장 레더클리프 플레이스Reddacliff Place에서는 매주 수요일에 '브리즈번 시티 마켓'이라 불리는 파머스 마켓 겸 먹거리 장터가 열린다. 빅토리아 브리지를 도보로 건너기 직전에 있어 주변 직장인은 물론이고 사우스뱅크 쪽으로 가는 관광객들에게도 환영받는 곳이다.

> 브리즈번의 마켓 운영 일정은 P.169에서 확인하세요.

지도 P.178 **가는 방법** 브리즈번 시청에서 도보 2분
주소 266 George St
운영 도서관 09:00~18:00(금요일 19:00까지, 토요일 16:00까지), 일요일 10:00~15:00, 마켓 수요일 08:00~18:00
홈페이지 brisbane.qld.gov.au

브리즈번의 예술과 문화가 한자리에!
사우스뱅크 문화 지구

브리즈번강 남쪽인 사우스뱅크는 문화 인프라가 잘 갖춰진 예술의 전당이다. 강변을 따라 나란히
자리한 현대적 디자인의 건축물 중에서 퀸즐랜드 공연예술센터, 퀸즐랜드 주립 도서관, 아트 갤러리,
퀸즐랜드 박물관 네 곳은 브리즈번 출신의 건축가 로빈 깁슨이 설계한 것이다.

● 빅토리아 브리지 Victoria Bridge

브리즈번 CBD와 사우스뱅크를 연결하는 핵심적 위치에 세워진 다리로 걸어서 건널 수 있을 정도로 짧은 거리
다. 원래 이곳에는 1865년부터 임시 가교를 포함해 수차례 다리를 건설했으나 홍수로 붕괴되거나 유실되었
고, 지금의 다리는 1969년에 건설한 것이다. 강변 남쪽에 무너진 교대 일부가 남아 있으며 기념비가 서 있다. 바
로 옆 공원에 설치된 브리즈번 사인은 브리즈번 CBD의 스카이라인을 배경으로 사진 찍기 좋은 포토존이다.

● 퀸즐랜드 박물관 Queensland Museum

아트 갤러리와 같은 건물을 사용하는 자연사박물관이자 연구 기관이다. 호주의 야생동물과 생태에 관한 자료
를 전시한 디스커버리 센터와 어린이를 위한 체험형 전시관 스파크랩으로 이루어졌다. 공룡 화석이나 최신 과
학 연구 동향 등에 관해서는 특별전 형태로 돌아가며 전시한다.
운영 09:30~17:00 **요금** 상설전 무료, 스파크랩 일반 $16, 5~15세 $13 **홈페이지** qm.qld.gov.au

● 퀸즐랜드 미술관 Queensland Art Gallery(QAG)

퀸즐랜드 주립 도서관을 사이에 두고 퀸즐랜드 미술관과 현대미술관이 각각 자리해 있다. 1895년에 설립한 퀸즐랜드 미술관은 1만 7000점 이상의 전통, 모던, 컨템퍼러리 컬렉션을 보유하고 있다. 호주 미술 및 국제 미술 컬렉션을 상설 전시하며 연중 다양한 문화 프로그램을 진행한다.

운영 10:00~17:00 **요금** 상설전 무료, 특별전은 전시마다 다름 **홈페이지** qagoma.qld.gov.au

퀸즐랜드 미술관과
현대미술관을 합쳐서
QAGOMA라고
불러요.

● 현대미술관 Gallery of Modern Art(GOMA)

2006년에 개관한 미술관. 도시와의 연결 고리를 상징하는 구조로 설계했다. 통유리로 이루어진 '퍼블릭 리 빙 룸'과 개방형 테라스에서는 강변이 보인다. 저녁이 되면 제임스 터렐의 설치미술품 〈Night Life〉가 미술관 한쪽 벽면을 장식한다. 거대한 코끼리가 물구나무를 선 채 작은 쿠릴Kuril(근원을 상징하는 작은 유대류)을 바라보는 형상은 마이클 파레코와이의 〈The World Turns〉로 이 작품은 조각 공원에 있다.

운영 10:00~17:00 **요금** 상설전 무료, 특별전은 전시마다 다름 **홈페이지** qagoma.qld.gov.au

스트리트 비치 추천

Streets Beach

지도 P.178
가는 방법 사우스뱅크 페리 터미널
바로 앞, 또는 사우스뱅크 기차역에서
도보 5분
주소 Stanley St Plaza
운영 이른 아침부터 저녁까지
요금 무료
홈페이지 visitsouthbank.com.au

도시에서 즐기는 해수욕

1988년 브리즈번에서 개최한 세계 박람회는 이곳의 문화적 환경을 완전히 바꿔놓았다. 세계 박람회 이후 그 부지를 리모델링해 사우스뱅크 파크랜드South Bank Parklands가 탄생한 것이다. 초대형 대관람차 아래 열대우림 산책로를 조성하고 수영장과 바비큐 시설을 만들어 시민들이 즐겨 찾는 주말 나들이 장소이자 축제 장소가 되었다. 이곳의 하이라이트는 도심 속 오아시스라 불리는 인공 라군이다. 새하얀 바다 모래를 실어 와 해변을 만들고 수영장 주변에 야자수와 열대식물을 심어 해변 분위기를 조성했다. 파도가 들이치는 해수풀에서 수영하다가 고개를 들면 고층 빌딩이 눈에 들어온다. 늦은 시간에도 조명을 밝혀주는 해변에서 수영을 하다 보면 아열대의 더위조차 기분 좋게 느껴질 정도다. 브리즈번시에서 관리하는 인공 해변은 누구나 무료로 이용할 수 있으며, 낮에는 구조 요원이 상주해 안전하다. 바로 옆에는 수심이 얕은 어린이용 수영장도 있다.

> **TIP**
>
> 브리즈번 CBD에서 사우스뱅크 파크랜드로 갈 때는 빅토리아 브리지 교각 아래의 노스 키North Quay 페리 터미널에서 무료 페리를 타고 강을 건널 수 있다. 퀸스 워프 카지노 쪽에서 보행자 전용 다리인 네빌 보너 브리지Neville Bonner Bridge를 건너면 브리즈번 대관람차 바로 앞이다.

FOLLOW UP

스트리트 비치에서
놓치면 아쉬운 장소

● 스탠리 스트리트 플라자 Stanley Street Plaza

스트리트 비치 바로 안쪽에 자리한 작은 광장. 맛집 골목인 리틀 스탠리 스트리트Little Stanley St와 연결되며 사우스뱅크 비지터 센터가 이곳에 있다. 금~일요일에는 컬렉티브 마켓The Collective Markets이라는 작은 장도 선다. 길거리 음식을 먹으면서 기념품과 빈티지 소품을 구경하는 것도 재미있다.

운영 금요일 17:00~21:00, 토요일 10:00~21:00, 일요일 09:00~16:00 **홈페이지** collectivemarkets.com.au

● 브리즈번 대관람차 Wheel of Brisbane

퀸즐랜드 탄생 150주년과 월드 엑스포 20주년을 기념해 2008년 사우스뱅크 파크랜드에 설치했다. 60m 높이에서 시내 전경을 한눈에 내려다볼 수 있는 전망 포인트로 사랑받는다. 한 바퀴를 완전히 회전하는 데 12분가량 소요된다. 예약하지 않아도 탈 수 있지만 온라인으로 미리 예매하면 소정의 할인 혜택이 있다.

운영 10:00~22:00(금·토요일 23:00까지)
요금 성인 $21, 가족 $64.60
홈페이지 thewheelofbrisbane.com.au

● 사우스뱅크 그랜드 아버
South Bank Grand Arbour

사우스뱅크 파크랜드를 가로지르는 1km 길이의 산책로 양옆에 443개의 금속 기둥을 세우고 덩굴성 관목인 부겐빌레아를 심었다. 진분홍색 꽃이 만개하는 봄이면 더없이 화려한 꽃길로 변신한다. 산책로 중간 지점에 있는 에피큐리어스 가든Epicurious Garden은 유기농 채소와 과일, 허브를 재배하는 작은 정원이다. 매주 화~목요일 오전 7~11시 사이에 수확물을 무료로 나눠주는 이벤트도 진행한다.

운영 24시간 **요금** 무료

⑦ 시티 보태닉 가든
City Botanic Gardens

열대식물이 자라는 도심 정원

브리즈번시에서 운영하는 식물원 중 가장 오래
된 도심 정원이다. 1820년대에 브리즈번으로 이
감된 재소자들의 식량 생산을 위한 경작지로 사용
하던 부지를 1855년 이후 생태 공원으로 조성했
다. 밤에 조명을 밝히는 페어리 트리Fairy Trees, 무
화과나무가 터널을 이룬 가로수 길 위핑 피그 애비
뉴Weeping Fig Avenue, 퀸스 워프 앞의 맹그로브 보
드워크Mangrove Boardwalk 등의 산책로는 시민들
의 휴식 공간이다. 정문은 앨리스 스트리트 쪽에 있
으며, 강변 방향에서 공원 안으로 자유롭게 진입할
수 있다. 공원 바깥쪽을 걸어서 한 바퀴 돌아본 다
음 자전거를 타고 스토리 브리지까지 강변 라이딩
을 즐겨도 좋다. 일요일에는 먹거리 축제인 리버사
이드 선데이 마켓Riverside Sunday Market이 열린다.

♀
지도 P.178
가는 방법 정문 쪽은 시티 루프 버스 Botanic Gardens
하차, 또는 QUT 페리 터미널에서 도보 10분
주소 147 Alice St **운영** 식물원 24시간, 리버사이드
선데이 마켓 일요일 08:00~15:00 **요금** 무료
홈페이지 brisbane.qld.gov.au

⑧ 스토리 브리지 〔추천〕
Story Bridge

브리즈번 대표 포토 스폿

브리즈번강을 건너는 다리가 빅토리아 브리지
밖에 없던 시절, 불편을 호소하는 민원을 해결하
기 위해 1940년에 완공한 전장 777m의 캔틸레
버 교량이다. 브리즈번 CBD와 강 건너편의 캥거
루 포인트를 연결하며, 80m 높이의 주탑까지 걸
어 올라가는 브리지 클라임 액티비티 장소로도 유
명하다. 안전 장비를 착용해야 하며 카메라, 휴대
폰 등은 휴대할 수 없다.
교각 바로 아래의 옛 부두인 하워드 스미스 워프
Howard Smith Wharves는 레스토랑과 펍이 들어
선 핫 플레이스로 재탄생했다. 여기서 절벽 위
쪽 주택가에 있는 전망 포인트 윌슨 아웃룩Wilson
Outlook까지 엘리베이터를 타고 올라가도 좋다.
➡ 하워드 스미스 워프 맛집 P.194

♀
지도 P.166
가는 방법 사우스뱅크에서 페리로 20분, 브리지 클라임은
건너편 홀먼 스트리트Holman St 페리 터미널 하차
주소 231 Bowen Terrace **운영** 24시간 **요금** 브리지
클라임 $129~159(얼리버드 할인 있음) ※예약 필수
홈페이지 storybridgeadventureclimb.com.au

09

브리즈번
파워하우스
Brisbane Powerhouse

전력 발전소에서 문화 발전소로!

브리즈번에 트램이 다니던 1900년대 중반까지 도시에 전력을 공급하던 발전소 건물을 개조한 아트 센터. 춤, 영화, 시각예술, 연극 등을 연간 1000회 이상 공연하며, 브리즈번 코미디 페스티벌 같은 축제가 열리는 퀸즐랜드 컨템퍼러리 문화의 중심지다. 평소 건물과 전시 공간 입장은 무료이며, 평화로운 강변 풍경을 바라보며 식사나 커피를 즐길 수 있는 테라스 레스토랑이 있다. 건물 앞 공터에서는 매주 토요일 오전에 파머스 마켓이 열린다. 로컬 식재료는 물론 길거리 음식도 파는데 주말마다 열리는 작은 축제 같은 분위기다. 날씨나 계절에 따른 변동 사항은 인스타그램(@janpowersfarmersmarkets)을 통해 공지한다.

⚐

지도 P.166 **가는 방법** 뉴팜 파크New Farm Park 페리 터미널 바로 앞
주소 119 Lamington St, New Farm **운영** 브리즈번 파워하우스 09:00~저녁,
파머스 마켓 토요일 06:00~12:00 **요금** 무료
홈페이지 brisbanepowerhouse.org

▶ TRAVEL TALK

브리즈번 봄꽃 명소 호주 사람들은 매년 봄이면 핑크색 벚꽃이 아닌 보랏빛 자카란다 꽃놀이를 즐깁니다. 브리즈번 파워하우스 바로 앞쪽의 뉴팜 파크는 평소에는 한적한 동네 공원이지만 자카란다꽃이 만개할 때면 봄꽃 명소로 변신합니다.

마운트 쿠사
룩아웃
Mount Coot-tha
Lookout

브리즈번에서 전망을 즐기려면 이곳으로!

산 위에서 보는 도시 전망은 언제나 최고! 브리즈번에서 가장 높은 지점에 있는, 꼭 가봐야 하는 전망대가 마운트 쿠사 룩아웃이다. 워낙 전망이 좋아 1874년 공공 정원으로 지정되었다. 조지 왕세자(훗날 조지 5세)가 1882년 두 그루의 무화과나무를 식수한 이래로 영국 왕실 일원이 브리즈번을 방문하면 들르는 명소가 되었다. 주변이 탁 트인 전망대에서는 브리즈번 시내 전경과 모어튼 베이 전경이 시원하게 내려다보인다. 정상까지 자동차로 갈 수 있어 편리하며 입장료가 없어서 더욱 반갑다. 전망을 감상하며 식사할 수 있는 카페도 있다. 한편 마운트 쿠사에서는 다양한 레저 활동이 가능하다. 트레킹 코스와 산악자전거 코스가 연결되어 있으며, 시에서 운영하는 보태닉 가든도 있다. 열대식물을 관찰할 수 있는 거대한 돔(Tropical Display Dome)을 포함해 라군, 대나무 숲, 일본 정원 등 다양한 테마의 정원과 플라네타륨(천체 투영관)도 있어서 아이들과 함께라면 더욱 뜻깊은 체험 여행이 될 수 있다.

①
지도 P.166
가는 방법 브리즈번 CBD에서 8.5km, 자동차로 20분, 또는 브리즈번 시청에서 471번 버스로 약 30분(마운트 쿠사 룩아웃 및 보태닉 가든 앞 하차)
주소 1012 Sir Samuel Griffith Dr, Toowong QLD 4066
운영 전망대 24시간, 카페 06:30~20:00

• 보태닉 가든
주소 Mount Coot-Tha Rd **운영** 08:00~18:00(겨울철인 4~8월 17:00까지)

Tropical Display Dome

⑪

론파인 코알라 보호구역
Lone Pine Koala Sanctuary

추천

세계 최초의 코알라 보호구역

1927년 당시 무차별하게 남획하던 코알라 두 마리를 구조한 것이 시초가 되어 코알라를 전문적으로 보호하는 기관으로 발전했다. 《기네스북》에 세계 최초이자 최대의 코알라 보호구역으로 등재되었다. 코알라의 평균수명은 약 15년인데 이곳의 코알라(사라)는 23살까지 살았을 정도로 환경이 좋다. 현재 100여 마리의 코알라가 이곳에 서식하는데, 보통 코알라가 10마리 미만인 다른 지역의 동물원에 비해 상당히 큰 규모다. 그 밖에도 캥거루, 에뮤, 화식조, 오리너구리, 웜뱃 등 호주의 토종 동물을 보호하고 있다. 예약일을 지정한 후 방문할 수 있으며, 동물과 교감을 나누는 유료 체험도 미리 예약하는 것이 좋다.

📍
지도 P.166
가는 방법 시내에서 12km, 자동차로 20분, 또는 430·445번 버스로 45분
주소 708 Jesmond Rd, Fig Tree Pocket QLD 4069 **운영** 09:00~17:00
요금 일반 $54, 가족(성인 2명+어린이 3명) $166, 유료 체험은 예약할 때 추가 신청 **홈페이지** lonepinekoalasanctuary.com

기본 체험

100여 마리의 캥거루와 왈라비가 노니는 캥거루 리저브Kangaroo Reserve 들판은 누구나 방문할 수 있다. 그 외에 하루 두 차례씩 양치기 개가 양몰이하는 모습을 보여주는 '십 도그 쇼Sheep Dog Show', 야생 로리킷(앵무새의 일종)에게 먹이를 주는 '와일드 로리킷 피딩Wild Lorikeet Feeding' 등의 체험 프로그램이 있다.

유료 체험

☑ 코알라 모먼트 Koala Moment 코알라를 만져보고 사진을 찍는 체험 **요금** $35(5분)
☑ 코알라 클로즈업 Koala Close Up 코알라를 좀 더 자세히 보는 체험 **요금** $79(15분)
☑ 딩고 엔카운터 Dingo Encounter 호주의 토종개 딩고를 만져보는 체험 **요금** $50(15분)
※그밖에 목장 체험, 올빼미 먹이주기 체험도 신청 가능하다.

리버 크루즈

브리즈번에서 배를 타고 론파인 코알라 보호구역을 방문하는 유람선 투어가 1930년대부터 운영 중이다. 선착장에 소나무 한 그루가 서 있는데, 여기서 론파인Lone Pine (외로운 소나무)이라는 지명이 유래했다. 크루즈 투어 요금에는 론파인 코알라 보호구역 입장료가 포함되어 있다.
요금 왕복 $110(보호구역 입장료 포함) **홈페이지** mirimarcruises.com.au

브리즈번 맛집

브리즈번은 시드니나 멜버른의 유명 레스토랑이 경쟁적으로 진출하는 지역이다.
강변을 따라 늘어선 레스토랑과 카페, 바가 늦은 시간까지 불을 밝혀 선선한 바람이 불어오는
한여름 밤의 낭만을 즐기기에 안성맞춤! 주말에 찾는다면 흥겨운 푸드 트럭 축제를 놓치지 말 것.
현지인이 즐겨 찾는 핫 플레이스가 궁금하다면 포티튜드밸리로 가자.

이트 스트리트
Eat Street

위치 해밀턴(브리즈번 근교)
유형 스트리트 푸드 축제
주메뉴 길거리 음식

🙂 → 재미있는 야시장 경험
☹ → 매우 혼잡하고 시끄러움

브리즈번의 주말을 책임지는 먹거리 축제이자 대표적인 즐길 거리. 도심에서 약간 떨어진 강변에서 열리는데 평소 한산하던 공터가 주말마다 엄청난 규모의 축제 장소로 변신한다. 입장료를 내고 들어가면 셀 수 없을 정도로 많은 푸드 카트에서 전 세계 음식을 판매하는데 메뉴별로 장소를 구분해 고르기 쉽다. 또 라이브 공연 등 여러 가지 이벤트가 열려 밤이 깊어질수록 더욱 흥미진진하다. 브리즈번 중심가 쪽에서 시티캣(유료 페리)을 타면 1시간 걸리므로 직접 차를 운전해 가거나 택시를 이용하는 편이 낫다. 직접 운전해서 갈 경우 인파가 많이 몰리는 피크 타임(오후 6~8시)은 피할 것. 무려 1400대 주차가 가능한 주차장은 위치를 정확하게 기억하고 있어야 나중에 차를 찾을 수 있다.

ℹ **가는 방법** 브리즈번에서 8km, 자동차로 15분(무료 주차, 우버 이용 추천), 또는 페리로 1시간(Northshore Hamilton Ferry Terminal) **주소** 221D Macarthur Ave, Hamilton **문의** @eatstreet **운영** 금 · 토요일 16:00~22:00, 일요일 16:00~21:00 **예산** 입장료 $6(사전 예약 시 할인), 13세 이하 무료(신용카드 결제만 가능) **홈페이지** eatstreetnorthshore.com.au

퀸 스트리트 몰
Queen Street Mall

위치	브리즈번 CBD
유형	로컬 맛집
주메뉴	다양한 메뉴 옵션

☺ → 지나가다 들를 수 있는 장소
☺ → 주말에는 오히려 조용한 편

브리즈번 CBD의 레스토랑은 최대 번화가인 퀸 스트리트 몰 주변에 모여 있다. 여행자에게는 주요 관광지와 가깝다는 것이 무엇보다 큰 장점이다. 퇴근 후 직장인들이 즐겨 찾는 바와 맛집이 많아서 선택지가 다양하다. 예약 없이도 갈 수 있는 부담 없는 가격대의 맛집을 찾는다면 쇼핑센터의 푸드 코트와 '리틀 코리아타운'으로 불리는 엘리자베스 스트리트Elizabeth St를 기억할 것.

 가는 방법 브리즈번 시청에서 도보 5분

데이비드 존스 푸드 코트 David Jones Food Court

데이비드 존스 백화점 지하 푸드 코트로 10여 개의 음식점이 입점해 있다. 딤섬, 스시, 라멘, 포케 등 아시아 음식이 주를 이룬다. 메뉴를 골라 주문한 뒤 자리에 앉아 먹어도 되고 테이크아웃도 가능하다.
주소 226 Queen St **운영** 09:00~17:30(매장별로 다름)
예산 $10~15 **홈페이지** queensplaza.com.au

브루 카페 & 와인 바 Brew Café & Wine Bar

퀸 스트리트 몰에서 골목으로 접어들면 나오는 힙한 분위기의 지하 카페. 낮에는 토스트, 오믈렛 등 브런치 메뉴를 팔고 저녁 무렵에는 바로 변신한다. 음식이 푸짐하고 맛있다.
주소 Burnett Ln **운영** 평일 07:00부터, 주말 08:00부터
예산 브런치 $18~25 **홈페이지** brewcafewinebar.com.au

지미스 온 더 몰 Jimmy's on the Mall

1982년부터 퀸 스트리트 몰을 지켜온 특별한 곳이다. 산뜻한 분위기의 2층 바에서 거리를 내려다보며 식사할 수 있다. 하루 종일 영업하며 시간대별로 메뉴가 달라지는 것이 특징이다.
주소 Queen Street Mall **운영** 07:00~24:30 **예산** 버거 $25, 요리 $42~60 **홈페이지** jimmysonthemall.com.au

파블로 & 러스티 커피 로스터스
Pablo & Rusty's Coffee Roasters

친환경적 운영으로 비콥B Corp 인증을 획득한 로스터리 카페. 직접 생두를 수입해 로스팅까지 한다. 브리즈번과 시드니 CBD의 플래그십 카페에서 특별한 커피를 맛볼 수 있다.
주소 200 Mary St **운영** 06:30~14:30 **휴무** 주말
예산 플랫 화이트 $5 **홈페이지** pabloandrustys.com.au

리틀 스탠리 스트리트
Little Stanley Street

위치 사우스뱅크
유형 유명 맛집
주메뉴 다양한 메뉴

☺ → 현지인들의 나이트라이프 체험하기
☹ → 업소별로 맛 편차가 심한 편

브리즈번강 남쪽 사우스뱅크의 강변 산책로를 따라 형성된 대표적인 맛집 거리. 도심 해변과 가까운 리틀 스탠리 스트리트 쪽 입구에 야외 테이블이 놓여 있고, 반대편 그레이 스트리트Grey St 쪽에도 입구가 있다. 금요일과 토요일 저녁이면 분위기가 한껏 고조된다. 대관람차에 조명이 켜지고 버스커의 노랫소리가 울려 퍼지며 주말을 즐기러 나온 사람들로 거리가 북적인다. 예약이 필요 없는 레스토랑도 많아 부담 없이 가기 좋다. 산책하다 마음에 드는 곳에 들어가 식사를 즐기면 된다.

가는 방법 사우스뱅크 페리 터미널에서 도보 5분

아메츠 터키시 레스토랑
Ahmet's Turkish Restaurant

경쟁이 치열한 거리에서 변함없이 영업 중인 것을 보면 이곳이 맛집이라는 증거! 방석을 깔고 앉는 좌식 테이블도 있고, 터키식 연회 음식을 여럿이 나눠 먹을 수 있게 서빙한다.
주소 168 Grey St **운영** 11:30~20:30(금·토요일 21:30까지) **예산** 1인 $50~60 **홈페이지** ahmets.com

옐로핀 시푸드 앤드 그릴
Yellowfin Seafood and Grill

지역 특산물인 모어튼 베이 버그Moreton Bay bug(부채새우) 등 싱싱한 해산물을 맛볼 수 있는 곳. 시푸드 플래터, 오이스터, 바라문디(생선) 요리를 주문해 먹어보자.
주소 164 Little Stanley St **운영** 12:00~20:30
예산 1인 $40~60 **홈페이지** yellowfinseafood.com

노도 사우스뱅크 Nodo South Bank

글루텐프리 도넛 전문점으로 시작해 브리즈번 전역에 매장을 둔 브런치 카페로 성장했다. 테이크아웃으로만 운영하는 다른 지점과 달리 사우스뱅크점(@nododonuts)은 야외 테이블도 있다.
주소 114 Grey St **운영** 07:00~16:00
예산 노도 에그 $14.50, 버거 $25.50
홈페이지 nododonuts.com

고마 비스트로 GOMA Bistro 🍳⑮

현대미술관에 자리한 이곳의 테라스에서 즐기는 브런치는 현대미술관을 방문해야 할 또 하나의 이유가 된다. 그래놀라 볼, 샐러드, 버거 등 간단한 호주식 브런치를 판다.

주소 Gallery of Modern Art
운영 09:00~16:00 **예산** 브런치 $15~30
홈페이지 qagoma.qld.gov.au

오토 리스토란테 OTTO Ristorante ⑬

시드니 울루물루에 본점이 있는 이탈리아식 파인 다이닝 레스토랑. 오랫동안 강변 전망의 테라스석으로 인기를 끌었던 스토크하우스 Q 자리에 입점했다. 예약 권장!

주소 River Quay, Sidon St **운영** 12:00~21:00
(월·화요일 17:30부터) **예산** 1인 $80~100
홈페이지 ottoristorante.com.au/Brisbane

맥스 브레너 초콜릿 바
Max Brenner Chocolate Bar

전 세계에 매장이 있는 호주의 대표 디저트 전문점. 초콜릿 디핑에 과일을 찍어 먹는 퐁뒤, 크레이프와 와플 등 달콤한 메뉴로 가득하다.

주소 1, 2 Little Stanley St **운영** 09:00~23:00
예산 초콜릿 피자 $20 **홈페이지** maxbrenner.com.au

포엑스 브루어리
XXXX Brewery

위치	밀턴(브리즈번 근교)
유형	양조장
주메뉴	맥주와 안주류

☺ → 퀸즐랜드 대표 맥주 맛보기
☹ → 양조장 체험 외 다른 시설은 없음

1878년에 탄생한 호주의 국민 맥주 포엑스. 마트는 물론이고 펍 등 어디서나 쉽게 눈에 띄는 황금색 라벨 맥주로 유명하다. 브랜드명은 알코올 도수를 X로 표시하던 영국연방 맥주 표기법에서 비롯된 것으로, 도수가 강할수록 X 개수가 늘어난다. 강한 호프 향을 즐기려면 포엑스 비터XXXX Bitter, 청량감을 원한다면 일반 라거인 포엑스 골드XXXX Gold를 선택하면 된다. 양조장 내부 투어는 예약제로 운영한다. 맥주 역사와 제조 방법을 눈으로 확인하고, 세 종류의 맥주를 시음할 수 있다. 양조장 내에 기념품점도 있으며, 같은 건물에서 운영하던 에일하우스는 코로나19 사태 이후 영업을 중단한 상태다.

🅘
가는 방법 브리즈번 CBD에서 2.5km, 자동차로 5분, 또는 기차 밀턴Milton역에서 도보 5분 **위치** Paten St 쪽에 입구 **운영** 금~일요일 10:00~17:00 ※예약 필수 **요금** $40 (90분, 시음 포함, 18세 이상) **홈페이지** xxxx.com.au

하워드 스미스 워프
Howard Smith Wharves

위치 스토리 브리지 아래
유형 로컬 맛집
주메뉴 다양한 메뉴

😊→ 브리즈번의 떠오르는 핫플
😐→ 중심가에서 동떨어진 위치

오랫동안 조용하던 스토리 브리지 북쪽 강변 산책로가 브리즈번 최고의 핫 플레이스로 거듭나게 된 것은 2019년 이후다. 1930년대에 지은 낡은 부두를 페리 터미널 겸 엔터테인먼트 시설로 개조해 10여 개의 레스토랑, 카페, 펍과 호텔이 들어섰다. 밤낮으로 흥겨운 에너지가 넘치는 이곳은 페리를 타고 지나가다 보면 저절로 눈길이 쏠린다. 강변 테라스에서 시원한 맥주를 즐기거나 근사한 레스토랑에서 식사를 하는 것도 좋다.

가는 방법 하워드 스미스 워프 페리 터미널 하차
주소 5 Boundary St **홈페이지** howardsmithwharves.com

미스터 퍼시벌 Mr Percival's
교각 바로 아래 파빌리온(정자)을 개조한 유럽풍 레스토랑이자 바. 강변 전망이 매우 특별하며 피로연 등 행사 장소로 대관하는 경우도 많다.
운영 11:00~01:00
예산 피자 $24, 버거 $27, 시푸드 $42

스탠리 Stanley ⑬
홍콩 스탠리 해변에서 영감을 받아 이름을 지었다는 레스토랑. 고급스러운 분위기만큼이나 음식 또한 정통 광동식을 표방한다. 일요일에는 일반 런치 대신 차와 딤섬을 즐기는 얌차yum cha로 운영한다.
운영 런치 12:00~15:00, 디너 17:00~22:00
예산 1인 $40~60, 얌차 $60 이상

펠런스 브루잉 컴퍼니 Felons Brewing Co.
강변에 자리 잡은 넓은 비어 홀에서 맥주와 함께 피자, 버거, 치킨 등 펍 음식을 즐길 수 있는 곳이다. 맥주 생산 시설을 구경할 수 있는 브루어리 투어도 진행한다.
운영 11:00~24:00 ※예약 권장
예산 투어 $35, 피자 $28, 치킨 윙 $20

피우메 루프톱 바 Fiume Rooftop Bar

크리스털 브룩 호텔 위층에 자리한 전망 좋은 바 겸 브런치 플레이스. 예약 시 'Riverview Seating'을 선택하면 발코니석에서 스토리 브리지의 야경과 북적이는 페리 터미널을 내려다볼 수 있다.

운영 평일 16:00~21:00(금요일 22:00까지),
주말 12:00~22:00, 선데이 브런치 11:00~13:00
예산 1인 $30~40

리버사이드 센터
Riverside Centre

위치 브리즈번 북쪽 강변
유형 로컬 맛집
주메뉴 다양한 메뉴

 → 깔끔한 하버뷰
😞 → 높은 가격대

브리즈번 강변 북쪽의 스카이라인이 끊임없이 변화하고 있다. 리버사이드 페리 터미널(예전의 이글 스트리트 피어)은 1800년대부터 브리즈번의 물류와 여객 운송을 담당하던 중심 부두였다. 그 안쪽으로 고급 주상 복합 단지인 리버사이드 센터가 조성되어 있으며, 브리즈번에서 손꼽히는 레스토랑이 여러 곳 입점해 있다. 대관람차가 정면으로 보이는 위치에는 초대형 콤플렉스 퀸스 워프가 오픈을 앞두고 있어 앞으로 더욱 발전할 전망이다.

가는 방법 리버사이드 페리 터미널 바로 앞 **주소** 123 Eagle St

블랙버드 바 & 그릴 Blackbird Bar & Grill

스토리 브리지가 바라다보이는 강변에 자리 잡은 스테이크 레스토랑. 특별한 기념일에 어울리는 분위기와 전망으로 오랫동안 인기를 누려왔다.

운영 12:00~22:30 ※예약 필수
예산 1인 $100 **홈페이지** blackbirdbrisbane.com.au

마시모 레스토랑 Massimo Restaurant

파스타와 육류, 해산물 요리를 갖춘 고급 이탈리아식 레스토랑. 금~일요일 점심시간에는 오이스터, 미트볼, 바라문디 요리 등을 만찬 스타일로 차려주는 뱅큇 메뉴가 유명하다.

운영 11:00~21:00(금·토요일 22:00까지)
예산 1인 $110 **홈페이지** massimorestaurant.com.au

브리즈번의 핫 플레이스

포티튜드밸리에서 먹고 마시고 놀기!

브리즈번 CBD가 상업 활동의 중심지라면 보통 줄여서 '밸리The Valley'로 불리는 포티튜드밸리 Fortitude Valley는 브리즈번의 트렌드가 보이는 소비문화의 중심지다. 세련된 쇼핑 거리인 제임스 스트리트 상점가James Street Precinct에는 디자인 소품 숍, 가구점, 패션 부티크, 아트 갤러리 등 110여 개 매장이 있고 그 사이사이에 핫한 레스토랑과 브런치 카페, 바가 들어서 있다. 포티튜드밸리 기차역 방향으로는 유명 호텔과 티볼리 극장, 아시아 음식을 파는 차이나타운이 공존해 다채롭다는 표현이 딱 어울리는 동네다.

가는 방법 브리즈번 CBD에서 2.5km, 자동차로 10분, 또는 포티튜드밸리 기차역에서 도보 10~15분

① 제임스 스트리트 마켓
James Street Market

본격적으로 쇼핑가가 시작되는 지점에 자리한 깔끔한 마켓. 과일과 식료품 코너, 테이크아웃이 가능한 시푸드 마켓과 베이커리도 있다.
주소 22 James St
홈페이지 jamesst.com.au

② 하비스
Harveys

제임스 스트리트의 스타일리시함이 그대로 느껴지는 호주식 레스토랑.
주소 4/31 James St **예산** 1인 $30~40
홈페이지 harveysrestaurantgroup.com.au

③ 티볼리 극장
The Tivoli

브리즈번의 놀이 문화를 선도하는 라이브 공연장이자 레스토랑 겸 클럽이다. 열대의 대도시에서 나이트라이프를 즐기고 싶다면 꼭 기억해두자.
주소 52 Costin St **홈페이지** thetivoli.com.au

④ 시엘로 루프톱
Cielo Rooftop

브리즈번의 스카이라인을 내려다보며 칵테일을 마실 수 있는 루프톱 바.

주소 209 Brunswick St
예산 칵테일 $10~14, 피자 $17, 치즈 플레이트 $28
홈페이지 cielorooftop.com.au

⑤ 차이나타운 Chinatown

앤 스트리트Ann St와 위컴 스트리트Wickham St를 연결하는 보행자 거리 양옆으로 전형적인 차이나타운이 자리해 있다.

주소 33 Duncan St

⑥ 제라드 비스트로 Gerard's Bistro

북아프리카 및 중동식 퓨전 요리로 호주 100대 맛집에 선정된 곳. 방문 시 예약 권장.

주소 14/15 James St **예산** 1인 $40~50
홈페이지 gerardsbistro.com.au

⑦ 선샤인 Sunshine

그리스 전통 요리 무사카, 파이, 각종 샐러드 등 지중해식 메뉴를 골라 담아 먹는 베지테어리언 전문점이다.

주소 39 James St **예산** 100g당 $6
홈페이지 sunshine-eatery.com

⑧ 놈놈 바오 Nom Nom Bao

브런즈윅 스트리트Brunswick St 근처 골목에 숨은 듯 자리한 아시안 퓨전 레스토랑.

주소 4/6 Warner St **예산** 메뉴당 $15~20 **홈페이지** nomnombaoburger.com.au

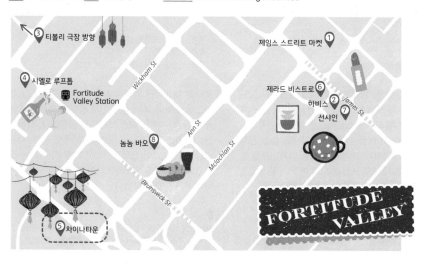

브리즈번 쇼핑

브리즈번을 쇼핑의 도시라고 할 수는 없지만 여행 중 필요한 물건과 호주 현지 생활을 윤택하게 해줄
상품은 충분히 구비되어 있다. 한쪽 거리와 다른 거리를 연결하는 유서 깊은 아케이드는
그 자체로 브리즈번의 자랑거리. 대형 쇼핑센터의 푸드 코트에서 잠시 휴식을 취해도 된다.

브리즈번 아케이드
Brisbane Arcade

위치 퀸 스트리트 몰
유형 쇼핑몰
특징 유럽풍 아케이드

1924년에 개장한 브리즈번 최초의 쇼핑 아케이드
로 시민들에게 특별한 의미가 있는 곳이다. 퀸 스트
리트 몰과 애들레이드 스트리트를 연결하는 통로를
겸하는 3층짜리 벽돌 건물로, 아일랜드 출신 건축
가 리처드 게일리가 18세기 유럽풍 아케이드를 본
떠 설계했다. 대대로 보석과 시계 매장이 많이 입점
하는 곳이며, 하이 티를 마실 만한 카페도 많다.

가는 방법 브리즈번 시청에서 도보 5분
※킹 조지 스퀘어에 유료 주차 가능
주소 160 Queen Street Mall
운영 월~토요일 09:00~17:00, 일요일 10:00~16:00
홈페이지 brisbanearcade.com.au

퀸스 플라자
Queens Plaza

위치 퀸 스트리트 몰
유형 백화점
특징 쇼핑과 식사를 한곳에서 해결

호주의 대표적인 백화점 체인 데이비드 존스의 플
래그십 스토어. 지상층 및 3개 층에는 화장품과 명
품 매장, 하이엔드 패션 브랜드가 입점했다. 지하에
는 대형 마트 콜스Coles 센트럴점과 푸드 코트, 각종
소품 매장이 있어 브리즈번에서 가장 자주 가는 곳
이라고 할 수 있다. 마이어 백화점이 문을 닫으면서
더욱 유용한 곳이 되었다.

가는 방법 브리즈번 시청에서 도보 5분 ※주차장 사전 예약
시 할인 **주소** 226 Queen St **운영** 백화점 월~토요일
09:30~19:00(금요일 21:00까지, 토요일 17:30까지),
일요일 10:00~17:30 / 콜스 07:00~20:00(주말 단축
영업) **홈페이지** queensplaza.com.au

윈터가든
Wintergarden

위치	퀸 스트리트 몰
유형	쇼핑몰
특징	편리한 원스톱 쇼핑센터

예술적인 금속 나비 조형물로 외벽을 장식한 현대식 쇼핑센터. 뷰티 숍 메카 맥시마, 패션 브랜드 큐 Cue., 베로니카 메인, 룰루레몬 등 호주와 뉴질랜드의 로컬 브랜드와 글로벌 브랜드가 다양하게 입점해 있다. 상층부에는 캐주얼 레스토랑, 지하에는 푸드 코트가 있고 힐튼 호텔 브리즈번도 같은 건물에 있다.

가는 방법 브리즈번 시청에서 도보 5분
※주차장 사전 예약 시 할인 **주소** 171-209 Queen St
운영 월~토요일 09:00~17:30(금요일 21:00까지, 토요일 17:00까지), 일요일 10:00~16:00
홈페이지 wgarden.com.au

DFO 브리즈번
DFO Brisbane

위치	브리즈번 공항 부근
유형	아웃렛
특징	실용적인 쇼핑이 가능한 곳

호주 브랜드인 빌라봉, 어그, 나이키 팩토리 스토어 등 아웃도어 의류 브랜드가 눈에 띄는 대형 아웃렛이다. 브리즈번 공항 바로 옆에 있으며 울워스 마트와 푸드 코트도 있어 입국 직후나 귀국 전 쇼핑하기 최적의 장소다. 홈페이지 QR코드를 이용해 사전 등록하면 여행자를 위한 비지터 패스포트를 발급받아 높은 할인율을 적용받을 수 있다.

가는 방법 브리즈번 공항에서 4km, 자동차로 7분
※무료 주차 4시간
주소 18th Ave, Skygate, Brisbane Airport
운영 10:00~18:00
홈페이지 brisbane.dfo.com.au

골드코스트 📍

GOLD COAST

골드코스트

수많은 테마파크와 위락 시설이 한데 모인 엔터테인먼트 시티. 지루할 틈이 없는 즐길 거리를 찾아 모두가 꿈꾸는 최고의 휴가를 떠나보자. 뜨거운 햇살 아래 푸른 해변에서의 일광욕은 기본! 인공 운하와 바다 사이를 요트와 제트보트가 넘나드는 풍경은 '호주의 마이애미'라는 별칭과 더없이 잘 어울린다. 매년 10월 말 골드코스트 카 레이싱 대회Gold Coast 500 기간에는 메인 비치와 서퍼스 파라다이스 사이의 도로가 레이스 트랙으로 변신하며, 도로를 질주하는 슈퍼카의 엔진음과 관중의 환호성이 도시 전체를 뜨겁게 달군다. 산과 숲이 수려한 탬버린 마운틴과 유네스코 세계자연유산인 래밍턴 국립공원도 근거리에 있어 다채로운 경험을 할 수 있다.

카 레이싱

시월드

해변

드림월드

전망대

고래

골드코스트 들어가기 & 여행 방법

들어가기

골드코스트는 브리즈번에서 80km 떨어져 있으며 자동차로 1시간 거리다. 브리즈번 공항에서 바로 에어트레인을 타거나, 브리즈번 센트럴 기차역에서 SEQ 트레인 골드코스트 라인을 타고 헬렌스베일Helensvale역에서 내려 라이트 레일(G:Link, 경전철)로 환승하면 골드코스트 중심가인 서퍼스 파라다이스(카빌 몰)까지 2시간~2시간 30분 정도 걸린다. 비행기로 골드코스트 공항에 도착했다면 공항버스 777번을 타고 라이트 레일이 연결되는 브로드비치 사우스Broadbeach South에 내려 원하는 목적지로 이동한다.

다니는 방법

골드코스트의 주요 대중교통은 라이트 레일(G:link)이다. 대중교통 요금과 결제 방식은 브리즈번과 동일하며, 골드코스트 내에서는 1존 요금, 브리즈번으로 이동할 때는 5존 요금이 적용된다. 고카드, 신용카드 외에 고시큐 및 고익스플로어 카드를 사용할 수도 있다. 브리즈번에서 골드코스트로 이동하는 방법과 교통카드에 관한 자세한 정보 ▶ P.174~175

운행 05:00~24:00(배차 간격 10~15분)
홈페이지 ridetheg.com.au

골드코스트 추천 코스

DAY 1

아침 일찍 브리즈번에서 출발해 골드코스트에서 가장 번화한 서퍼스 파라다이스에 도착한다. 간단히 식사하고 수상 액티비티 또는 인피니티 어트랙션을 즐기거나 스카이포인트 전망대를 간다. 5~11월에 방문했다면 고래 크루즈를 타도 좋다. 수·금·토요일 저녁에는 해변에서 열리는 나이트 마켓에 가보자.

DAY 2

본격적으로 테마파크에 가는 날! 놀이 기구를 타는 게 목적이라면 드림월드, 물놀이까지 원한다면 화이트워터 월드, 웨트앤와일드 등이 있다. 해양 동물에 관심이 있다면 시월드가 괜찮은 선택이다. 차가 있다면 테마파크 대신 래밍턴 국립공원이나 탬버린 마운틴의 자연을 즐겨도 좋다.

Follow Check Point

ⓘ Destination Gold Coast
위치 서퍼스 파라다이스 **주소** 2 Cavill Ave(Cavill Mall), Surfers Paradise Qld 4217
문의 1300 309 440 **운영** 09:00~17:00
홈페이지 destinationgoldcoast.com

라이트 레일 노선도

○ Southport
　(시월드 근처)

○ Southport South

○ Broadwater Parklands

○ Main Beach
　(해변 및 리조트)

○ Sufers Paradise North

○ Cypress Avenue

○ Cavill Avenue
　(메인 쇼핑가)

○ Sufers Paradise
　(스카이포인트 전망대)

○ Northcliffe

○ Florida Gardens

○ Broadbeach North
　(골드코스트 컨벤션 센터)

○ Broadbeach South
　(종점, 공항버스 탑승)

취향대로 골라 즐기자!
골드코스트 테마파크 할인 패스

테마파크와 어트랙션이 밀집한 골드코스트에서는 우선 가고 싶은 곳을 결정한 다음 입장권
가격을 비교해봐야 한다. 골드코스트에서 가장 인기 많은 드림월드와 시월드는 운영사가
서로 달라 자체 판매하는 통합권의 경우 해당 계열 어트랙션만 이용 가능한 것이 단점이다.
따라서 클룩Klook이나 케이케이데이KKDay 같은 온라인 할인 사이트에서 판매하는 패키지
티켓이나 여러 도시를 묶은 할인 패스를 꼼꼼히 비교해봐야 한다.

❶ 아이벤처 카드 iVenture Card

호주 주요 도시의 어트랙션 패스를 한꺼번에 구입할 때 활용도
가 높은 사이트다. 도시별로 입장 가능한 어트랙션 목록을 꼼꼼
하게 확인해야 한다.
홈페이지 iventurecard.com

오스트레일리아 멀티 시티 어트랙션 패스
Australia Multy City Attraction Pass

3개월 내에 시드니 3곳, 멜버른 5곳, 골드코스트 7곳의 어트랙
션을 선택해 이용할 수 있다. 브리즈번은 사용처가 적고 시드니
와 멜버른, 골드코스트를 전부 여행하는 경우 유리하다.

골드코스트 플렉시 패스
Gold Coast Flexi Pass

3개월 내에 골드코스트 내의 어트랙션 3개, 5개, 7개를 각각 선
택해 이용하는 패스. 단, 가장 많이 찾는 드림월드나 시월드는
포함되어 있지 않다. 스카이다이빙, 스노클링, 제트보트 등의
액티비티를 즐길 경우 이용해도 좋다.

❷ 골드코스트 패스 Gold Coast Pass

드림월드, 시월드, 커럼빈 야생동물 보호구역의 계열사별
통합권을 한 페이지에서 확인할 수 있다. 가격은 해당 테마파크
홈페이지를 통해 구입하는 것과 비슷하다. 장소별로 옵션이
다르므로 안내문을 꼼꼼히 확인해야 한다.
홈페이지 GoldCoastPasses.com.au

골드코스트의 주요 어트랙션

운영사	아던트 레저 Ardent Leisure	빌리지 로드쇼 The Village Roadshow	커럼빈 야생동물 보호구역 Currumbin Wildlife Sanctuary
어트랙션	드림월드	시월드	커럼빈 야생동물 보호구역
	스카이포인트 전망대	워너 브라더스 무비월드	
	화이트워터 월드	웨트앤와일드	트리톱 챌린지
	아웃백 스펙태큘러	파라다이스 컨트리	

골드코스트

0　　　　5km

M1　Coomera
드림월드
화이트워터 월드
트리톱 챌린지
95　95
선더버드 파크
로터리 룩아웃
탬버린 레인포레스트 스카이워크
파라다이스 컨트리
i
글로 웜 동굴
탬버린 마운틴 국립공원
무비 월드
4
Helensvale
2
Biggera Waters
시월드
메인 비치
아웃백 스펙태큘러
웨트앤와일드
90　90
Nerang
Southport
2
Canungra
서퍼스 파라다이스
스카이포인트 전망대
골드코스트
브로드비치
Robina
벌리헤즈
Varsity Lakes
Burleigh Heads
2
97
99
커럼빈
커럼빈 야생동물 보호구역
쿨랑가타
주 경 계 기념비
34
래밍턴 국립공원
스프링브룩 국립공원
QLD
NSW
M1
오렐리 산장
Tweed Heads

==== 비포장도로

골드코스트 관광 명소

골드코스트에서 가장 먼저 가야 할 곳은 서퍼스 파라다이스다. 여기서만 하루 종일 지내도 될 만큼 편의 시설과 즐길 거리가 많은 골드코스트의 중심가이자 대표 관광 명소다. 나머지 해변과 테마파크는 취향대로 골라 가면 된다.

ⓞ1
서퍼스 파라다이스
Surfers Paradise
추천

누구나 즐거운 낭만의 리조트 타운

황금빛 해변인 서퍼스 파라다이스 비치와 인공 운하 사이에 초고층 빌딩이 즐비하며, 골드코스트의 쇼핑과 엔터테인먼트가 총집합한 리조트 타운이다. 한때 광활한 습지였던 곳에 이탈리아 베네치아의 9배에 달하는 총연장 446km의 인공 운하를 개발해 세계적 휴양지로 탈바꿈했다. 2km 길이의 해변을 따라 이어진 에스플러네이드에는 산책하는 사람과 자전거 타는 사람, 스케이트보드를 즐기는 보더들로 붐비고, 바다 전망의 레스토랑과 카페가 거리를 가득 메운다. 카빌 몰과 에스플러네이드 주변은 호주 도시의 일반적인 밤 풍경과 다르게 늦은 밤까지 유흥을 즐기는 사람들로 떠들썩하다.

지도 P.203 **가는 방법** 라이트 레일 카빌 애비뉴Cavill Avenue역에서 도보 5분
주소 Cavill Ave, Surfers Paradise **홈페이지** surfersparadise.com

인피니티 어트랙션
허리케인 그릴 & 바
Cavill Avenue
서클 온 카빌 쇼핑센터
Cavill Ave
리플리의 믿거나 말거나
시스케이프
카빌 몰
파라다이스 센터
비치프런트 마켓
벙크 서퍼스 파라다이스
아일랜드 골드코스트
서퍼스 파라다이스 비치
쿠쿠 테판야키
Ferny Ave
Orchid Ave
Esplanade
Beach Rd
Hanlan St

카빌 애비뉴
Cavill Avenue

여행자가 가장 먼저 찾아가야 할 곳은 카빌 애비뉴의 메인 쇼핑가다. 보행자 전용 도로여서 카빌 몰Cavill Mall이라고도 한다. 그중 파라다이스 센터 쇼핑몰 안에 있는 골드코스트 비지터 센터에서는 각종 할인 혜택과 여행 정보를 얻을 수 있다. 레스토랑과 바가 즐비한 카빌 몰 반대편 끝은 해변으로 연결된다.

주소 2 Cavill Ave **운영** 24시간

비치프런트 마켓
Beachfront Markets

매주 수·금·토요일 오후에는 에스플러네이드 산책로에서 수공예품과 먹거리를 파는 비치프런트 마켓이 열린다. 골드코스트의 또 다른 나이트 마켓인 마이애미 마케타보다 규모는 작지만 서퍼스 파라다이스 한복판에 있어 접근성이 좋고, 해변의 정취를 느껴보는 즐거운 경험이 될 것이다.

주소 The Foreshore **운영** 수·금·토요일 16:00~21:00

누구나 즐거운 이색 놀이터
서퍼스 파라다이스 어트랙션 총정리

관광 상품을 모두 모아놓은 서퍼스 파라다이스에서는 밤을 새우고 놀아도 시간이 부족하다.
어트랙션 체험권은 시즌별로 요금이 크게 다르며 보통 온라인 예매 시 더 저렴하다.
여기 소개한 장소와 테마파크를 2~3곳 이상 방문할 계획이라면 개별 입장권보다는
골드코스트 할인 패스를 구매하는 게 더 나을 수 있다. ➡ 할인 패스 정보 P.202

● 호타 홈 오브 디 아츠 HOTA: Home of the Arts

인공 운하로 둘러싸인 곳에 자리한 문화·예술 센터. 상설전과 특별전이 열리는 갤러리, 라이브 공연장, 전망
좋은 루프톱 바 등으로 이루어졌다. 아웃도어 시네마(영화 감상) 같은 다양한 시즌 이벤트가 열린다.

주소 135 Bundall Rd
운영 10:00~16:00
홈페이지 hota.com.au

● 리플리의 믿거나 말거나
Ripley's Believe It or Not!

탐험가 로버트 리플리가 여행하며 발견했다는 진기
한 수집품 300여 점을 전시한 박물관이다. 호기심을
자극하는 기묘하고 기괴한 물건 중에는 실제가 아닌
것도 있다고! 거울 미로, 7D 상영관, 모션 시뮬레이터
같은 체험형 즐길 거리도 많다.

주소 Soul Boardwalk, Cavill Ave **운영** 09:00~22:00
홈페이지 ripleys.com/surfersparadise

● 골드코스트 왁스 박물관 Gold Coast Wax Museum

세계 유명 인사를 닮은 밀랍 인형과 함께 인증샷을 찍으며 즐기는 박물관이다. 제임스 쿡 선장과 영국 왕실의 인물, 정치인, 호주의 역사적 인물은 물론이고 영화 속 주인공과 유명 가수 등의 밀랍 인형 100구 이상이 전시되어 있다.

주소 56 Ferny Ave **운영** 10:00~18:00 **홈페이지** australiagoldcoast.com

● 인피니티 어트랙션
Infinity Attraction

레이저 불빛과 사운드 등 특수 효과를 동원해 시각, 청각, 촉각, 후각을 모두 자극하는 초현실 체험관. 다양한 테마로 꾸민 여러 개의 방을 걸어 다니면서 체험을 즐긴다. 8세 이상 입장 가능하지만 공간이 어두운 편이며 성인들에게 더욱 인기가 많다.

주소 Renaissance Centre, 3240 Surfers Paradise Blvd **운영** 10:00~22:00
홈페이지 infinitygc.com.au

● 아쿠아덕
Aquaduck

수륙양용 차를 타고 1시간 동안 시티 투어를 하는 프로그램. 골드코스트의 주요 장소를 먼저 둘러보고 운하로 들어가 유람선처럼 한 바퀴 돈다. 아이들에게 운전 기회도 주며 가족이 함께 즐기기 좋다.

주소 Circle On Cavill Shopping Centre
운영 08:30~17:00
홈페이지 aquaduck.com.au

● 아이플라이 골드코스트
iFLY Gold Coast

고소공포증이 있는 사람도 안심하고 즐길 수 있는 이색 스포츠인 실내 스카이다이빙 체험장이다. 슈트를 갖춰 입고 강한 바람이 유입되는 윈드 터널에서 무중력 상태를 경험하게 된다. 초보부터 전문가 코스까지 난이도 조절이 가능하다.

주소 3084 Surfers Paradise Blvd
운영 08:30~18:30
홈페이지 goldcoast.iflyworld.com.au

맛집

골드코스트는 선택을 고민해야 할 정도로 맛집이 다양하다. 카빌 몰과 에스플러네이드 쪽에는 야외에 테이블을 내놓고 영업하는 식당들이 있는데 간단하게 한 끼를 해결할 만한 스트리트 푸드부터 최고급 레스토랑까지 모두 있다. 관광 도시인 만큼 친구나 가족과 함께 가기 좋은 대형 레스토랑도 많다. 모터쇼를 보러 온 관람객이 몰리는 시기가 아닐 때는 굳이 예약하지 않고 가도 되는 곳이 대부분이다.

시스케이프 레스토랑 & 바
Seascape Restaurant & Bar

서퍼스 파라다이스 해변 중심 지점에 있다. Level 1은 캐주얼한 비스트로와 바, Level 2는 정식 코스 요리를 내는 고급 시푸드 레스토랑으로 운영한다. 골드코스트가 보이는 바다 전망의 테라스도 있다.

위치 에스플러네이드 **유형** 유명 맛집
가는 방법 카빌 몰에서 도보 5분
주소 1/4 Esplanade **운영** 런치 수~일요일
12:00~21:00, 디너 화~일요일 17:00~21:00
휴무 월요일 **예산** 비스트로 $30~50,
시푸드 레스토랑 $69~89
홈페이지 seascape.com.au

허리케인 그릴 & 바 *Hurricane Grill & Bar*

시드니 본다이 비치에도 매장이 있는 직화구이 그릴 요리 전문점으로 떠들썩한 분위기의 캐주얼 레스토랑이다. 메인 요리는 소스를 발라 구운 바비큐 백립, 남아프리카식 마리네이드 치킨, 스테이크 등의 고기이며, 오이스터와 새우 등 곁들이기 좋은 시푸드 메뉴도 있다.

위치 에스플러네이드 **유형** 유명 맛집
가는 방법 카빌 몰에서 도보 5분
주소 1/4-14 The Esplanade
운영 12:00~22:00(일요일 21:00까지)
예산 BBQ $53~80
홈페이지 hurricanesgrillandbar.com.au

HURRICANE'S GRILL & BAR Surfers Paradise

쿠쿠 테판야키 *KooKoo Teppanyaki*

와규 비프, 모어튼 베이 버그 등을 철판에 구워주는 일본식 테판야키 전문점. 여러 팀이 어울려 테이블에 앉으면 셰프가 쇼맨십을 발휘하며 눈앞에서 차례로 요리를 완성해준다. 저녁이면 취객들로 만석이 되는 인기 맛집이다.

위치 서퍼스 파라다이스 남쪽 **유형** 유명 맛집
가는 방법 카빌 몰에서 도보 10분
주소 3120 Surfers Paradise Blvd
운영 17:00~22:00(금 · 토요일 23:00까지)
요금 세트 $35~55 **홈페이지** kookoogc.com.au

익시비셔니스트 바 *The Exhibitionist Bar*

호타 홈 오브 디 아츠 건물 최상층에 자리한 루프톱 바. 조각 정원과 서퍼스 파라다이스의 스카이라인이 보이는 전망이 인상적이다. 샌드위치와 햄버거, 안주 등 간단한 음식도 판매한다. 공연이 있는 날 저녁에는 사람이 많이 몰리니 미리 예약하거나 그날은 피한다.

위치 HOTA 예술센터 **유형** 전망 맛집
가는 방법 서퍼스 파라다이스에서 우버로 10분
주소 135 Bundall Rd
운영 10:00~22:00(일~화요일 16:00까지)
요금 칵테일 $16~21, 식사류 $20~30
홈페이지 theexhibitionistbar.com.au

숙소

골드코스트에서는 카빌 몰 주변에 숙소를 정하는 것이 여러모로 편리하다. 대중교통을 이용할 때도 편리하고, 주차비를 절약할 수 있기 때문이다. 다만 유흥가라서 밤에도 음악 소리가 들리는 등 소음이 꽤 심하다. 차가 있으면 메인 비치나 브로드비치 지역의 리조트를 선택해도 좋다. 숙소가 많아서 시설 대비 요금이 저렴한 곳이 많다.

페퍼스 소울 *Peppers Soul*

서퍼스 파라다이스에서 가장 눈에 띄는 고층 건물이자 쇼핑센터인 소울에 입주한 고급 호텔이다. 바다가 보이는 인피니티 풀이 있으며, 완벽한 바다 전망 객실을 선택할 수도 있다.

위치 서퍼스 파라다이스 **유형** 4성급 호텔
주소 8 The Esplanade
문의 07 5635 5700
홈페이지 peppers.com.au

만트라 서클 온 카빌 *Mantra Circle on Cavill*

1개 이상의 방과 거실, 부엌을 갖춘 아파트먼트 형태의 숙소. 서퍼스 파라다이스의 대형 쇼핑센터 서클 온 카빌 건물에 있어 편의성과 접근성이 매우 좋다.

위치 서퍼스 파라다이스 **유형** 3성급 아파트먼트
주소 9 Ferny Ave
문의 07 5582 2000
홈페이지 circleoncavill.net.au

아일랜드 골드코스트
The Island Gold Coast

카빌 몰에서 도보 5분 거리의 부티크 호텔. 수영장과 글라스하우스 바가 있어 밤에도 풀파티가 열리는 곳으로 가족보다는 친구들과 놀러 갈 때 적당하다. 넓은 방 대비 비용이 합리적이다.

위치 서퍼스 파라다이스
유형 3성급 호텔
주소 3128 Surfers
Paradise Blvd
문의 07 5538 8000
홈페이지
theislandgoldcoast.com.au

벙크 서퍼스 파라다이스
Bunk Surfers Paradise

아일랜드 골드코스트 호텔과 같은 건물을 사용하지만 비용은 훨씬 저렴한 도미토리 형태의 숙소. 떠들썩한 분위기이지만 위치나 편의성 면에서 보면 괜찮은 선택이다.

위치 서퍼스 파라다이스 **유형** 백패커스
주소 6 Beach Rd **문의** 07 5676 6418
홈페이지 bunksurfersparadise.com.au

쉐라톤 그랜드 미라지 리조트
Sheraton Grand Mirage Resort

멋진 바다 전망의 수영장과 고급 부대시설을 갖춘 대표 리조트. 하루 묵어 가는 곳보다는 휴식을 위해 며칠씩 머무르는 숙소로 적당하다. 시월드나 마리나 미라지 항구와 가깝다.

위치 메인 비치 **유형** 5성급 리조트
주소 71 Seaworld Dr
문의 07 5577 0000
홈페이지 marriott.com

스카이포인트
전망대
SkyPoint
Observation Deck

골드코스트의 파노라마 뷰 포인트

230m 높이의 스카이포인트 전망대는 골드코스트에 왔다면 꼭 올라가 봐야 하는 명소로 360도 파노라마 뷰를 자랑한다. 서퍼스 파라다이스의 인공 운하와 끝없이 펼쳐진 해변, 멀리 래밍턴 국립공원과 탬버린 마운틴의 고원지대까지 한눈에 내려다보인다. 실내 전망대가 있는 77층에는 경치를 감상하며 식사할 수 있는 레스토랑과 카페가 있는데, 특히 오전 브런치 뷔페가 인기 있다. 그 외 시간에는 일반 식사와 음료를 판매한다. 좀 더 짜릿한 경험을 원한다면 스카이포인트 클라임에 도전해보자. 보호 장비를 착용하고 건물 외벽의 사다리를 타고 270m까지 올라가는 익스트림 액티비티. 라이트 레일 카빌 애비뉴역에서 도보 6분 거리로, 보행자는 카빌 애비뉴역 바로 앞 서퍼스 파라다이스 블러바드Surfers Paradise Blvd를 따라 내려가면 된다. 개인 차량으로 갈 경우 지하 주차장은 구글맵상 주소에서 Q1 빌딩으로 진입한다. 스카이포인트 전망대 지정 공간에 주차하고 로비에서 차량 번호를 등록할 것. 스카이포인트 전망대 입장권과 스카이포인트 클라임 티켓은 현장 구매도 가능하지만 온라인 예매가 더 저렴하다.

지도 P.203
가는 방법 라이트 레일 서퍼스 파라다이스Surfers Paradise역 바로 앞
주소 타워 입구 3003 Surfers Paradise Blvd, 지하 주차장 9 Hamilton Ave
운영 07:30~21:00(30분 전 입장 마감) **휴무** 화요일 **요금** 전망대 $36,
스카이포인트 클라임 $92(90분 소요) **홈페이지** skypoint.com.au

스카이포인트 전망대에서 커피 한잔

건물 밖에서 액티비티 즐기기

골드코스트의 인공 운하

스카이포인트 전망대에서 본 브로드비치

⑶ 브로드비치
Broadbeach

골드코스트 남쪽 레저 타운

대형 카지노 리조트를 포함한 엔터테인먼트 시설과 쾌적한 쇼핑센터 퍼시픽 페어Pacific Fair가 있다. 라이트 레일 노선의 종점이기도 해서 골드코스트 공항이나 마이애미 마케타 마켓을 갈 때 이곳에서 환승하면 편리하다. 이름처럼 드넓은 해변은 북쪽으로는 서퍼스 파라다이스, 남쪽으로는 마이애미 해변과 일직선으로 연결된다.

📍
지도 P.203
가는 방법 카빌 몰에서 6km, 라이트 레일 브로드비치 사우스Broadbeach South역 하차
주소 Broadbeach QLD 4218

TRAVEL TALK

골드코스트의 나이트 마켓, 마이애미 마케타

매주 목~일요일(불규칙) 오후 5~10시에 열리는 골드코스트 지역의 스트리트 푸드 축제예요. 브리즈번에서 이트 스트리트(P.190)를 미처 갈 시간이 없었다면 가장 완벽한 대안이 될 수 있어요. 무료 입장이고 맛있는 음식을 즐길 수 있어요. 브로드비치에서 우버를 이용하면 10분 정도 걸려요.
주소 23 Hillcrest Parade Miami **요금** 무료
홈페이지 miamimarketta.com

⑭

메인 비치
Main Beach

지도 P.203
가는 방법 서퍼스 파라다이스
카빌 몰에서 705번 버스로 15분,
Seaworld Dr at Mariners Cove
하차
주소 항구 Marina Mirage, Main
Beach, 파빌리온 카페 Main Beach
Pavilion Café

골드코스트의 중심

해양 테마파크 시월드가 위치한 서핑 빌리지이자 바다에서 골드코스트
내해Gold Coast Broadwater로 진입하는 물길이 만나는 지역이다. 내해의
항구 마리나 미라지는 고래 투어와 각종 크루즈가 출발하는 장소로, 고
급 리조트와 요트 클럽, 쇼핑센터, 식당가가 모여 있다. 그 반대편은 낮
은 관목과 덤불로 뒤덮인 광활한 해변 지대다. 북쪽 끝에는 해안류에 의
해 가늘고 길게 퇴적한 사취가 형성되어 있고, 모래톱 끝까지 걸어갈 수
있게 방파제를 만들어놓았다. 항구에서 사취까지는 5.3km라 걸어가기
에는 상당히 멀다. 자전거를 타고 가도 되고, 차를 가지고 갈 경우 시월
드 드라이브 가장 끝 지점에 주차(구글맵에서 Pathfinder Diving 검색)
하면 걸어서 10분 거리다. 서퍼스 파라다이스에 비해 사람이 적어 쾌적
한 서핑 명소인 메인 비치 해변을 즐기려면 서핑 클럽 옆 파빌리온 카페
쪽으로 가면 된다. 서퍼스 파라다이스에서 메인 비치로 갈 때는 라이트
레일보다는 버스를 타는 게 편리하다.

메인 비치

시월드
Seaworld

골드코스트의 아이콘

북극곰, 펭귄, 돌고래를 포함해 다양한 수중 생물을 관찰할 수 있는 아쿠아리움과 놀이 시설이 결합된 해양 테마파크다. 시속 80km의 우든 롤러코스터인 리바이어던Leviathan, 회전형 트위스터인 보텍스Vortex 등 익스트림 놀이 기구를 즐길 수 있다. 어린이에게는 가오리나 불가사리를 직접 만져보는 코너가 특히 인기다. 시월드 앞에서 출발하는 고래 크루즈, 헬리콥터 투어도 있다. 방문 전 공식 앱(The Village Roadshow)을 다운받아두면 대기 시간 확인, 줄 서기 예약(Virtual Queuing) 등에 편리하게 활용할 수 있다.

📍
지도 P.203
가는 방법 서퍼스 파라다이스 카빌 몰에서 705번 버스로 20분, Sea World 하차
주소 Seaworld Dr, Main Beach **운영** 09:30~17:00
홈페이지 seaworld.com.au

입장권 종류(온라인 예매 시 10% 할인)
- **싱글 데이 패스 Single Day Pass 사용 기간** 1일 **요금** $119 **적용 내역** 시월드 단독 입장
- **이스케이프 패스 Escape Pass 사용 기간** 3일 **요금** $189 **적용 내역** 시월드+무비월드+웨트앤와일드
- **메가 패스 Mega Pass 사용 기간** 7일 **요금** $229 **적용 내역** 시월드+무비월드+웨트앤와일드+파라다이스 컨트리
- **고래 크루즈 Sea World Whale Watch 요금** $90~120 **소요 시간** 2시간 30분(5월 말~11월 초)
- **헬리콥터 투어 Sea World Helicopters 요금** $89부터 **소요 시간** 20분

시월드와 함께 이용 가능한 또 다른 테마파크

테마파크	주요 내용
무비 월드 Movie World	워너 브라더스 영화 팬이라면 더욱 흥미로운 곳! 특수 효과와 스턴트 쇼를 관람하고 원더우먼, 배트맨, 루니툰즈 등 애니메이션 캐릭터도 만나볼 수 있다. **홈페이지** movieworld.com.au
웨트앤와일드 Wet'n'Wild	하루 종일 즐겨도 부족한 호주 최대 규모의 워터파크. 성인용 워터 슬라이드를 포함해 가족 단위 방문객을 위한 시설도 갖췄다. **홈페이지** wetnwild.com.au
파라다이스 컨트리 Paradise Country	호주의 농장처럼 꾸민 테마파크로 쇼를 관람하고 동물에게 먹이를 주는 등 체험형 이벤트가 많다. 오두막에서 1박 하는 팜 스테이도 운영한다. **홈페이지** paradisecountry.com.au
아웃백 스펙태큘러 Outback Spectacular	호주 역사에 관해 설명하고 동물 서커스를 공연하는 디너쇼 형태로 진행한다. **홈페이지** outbackspectacular.com.au

06

드림월드
DreamWorld

신나는 놀이 기구와 동물원이 한곳에

드림웍스 애니메이션의 콘텐츠를 테마로 한 놀이 기구와 대형 동물원, 워터파크를 한곳에 모아놓은 남반구에서 가장 큰 종합 테마파크. 대표 어트랙션은 우리나라 롯데월드 자이로드롭의 1.5배 높이인 119m에서 시속 135km로 고속 낙하하는 자이언트 드롭이다. 그 밖에도 시속 105km로 달리는 롤러코스터 '스틸 타이판', 강력한 회전 스윙 '클로' 등 다양한 익스트림 놀이 기구를 즐길 수 있다. 동물원에서는 양털 깎기 시연 같은 현장 체험을 시간대별로 진행한다. 회전목마나 장난감 등 아이들을 위한 시설도 많고 워터파크인 화이트워터 월드도 있어 어린이와 어른 모두 즐길 수 있는 곳이다.

지도 P.203
가는 방법
① 브리즈번에서 자동차로 1시간, 대중교통으로 2시간, 또는 기차 브리즈번 센트럴역에서 SEQ 트레인 골드코스트 라인Gold Coast Line 승차 후 헬렌스베일 Helensvale역 또는 쿠메라Coomera역에서 순환 버스(Route TX7)로 환승
② 골드코스트에서 자동차로 30분, 대중교통으로 1시간, 또는 서퍼스 파라다이스에서 라이트 레일(G:link) 승차 후 헬렌스베일역에서 테마파크 순환 버스(Route TX7)로 환승
주소 Dreamworld Pkwy, Coomera QLD 4209 **운영** 드림월드 10:00~17:00, 화이트워터 월드 평일 10:00~16:00, 주말 10:00~17:00
요금 1일권 $125, 2일권 $149, 3일권 $159(드림월드+화이트워터 월드+스카이포인트 전망대) **홈페이지** dreamworld.com.au

TIP

입장권 정보

홈페이지에서 예매하면 10% 할인 가격으로 입장권과 체험권을 구매할 수 있다. 또 공식 앱을 다운받으면 실시간 대기 시간과 현재 운영 중인 놀이 기구에 관한 정보를 확인할 수 있다.

- **라이드 익스프레스 Ride Express** 주요 놀이 기구의 대기 시간을 줄여주는 티켓. 정문(Guest Services)에서 선착순 한정 판매한다.
- **코알라 포토 Koala Photo** 코알라를 안고 사진 찍을 수 있다. 단, 키 135cm 이상이어야 하며 온라인 예약 필수.
- **테일휩 360도 스피닝 시트 Tailwhip 360° Spinning Seat** 롤러코스터 스틸 타이판의 회전석에 앉으려면 온라인 예매 필수. 잔여석에 한해 당일 구매도 가능하다.
- **패밀리 밀 딜 Family Meal Deal** 중앙 푸드 코트 식사권 할인 티켓

⑦ 벌리헤즈
Burleigh Heads

뉴사우스웨일스로 가는 길목

해안선 밖으로 약간 돌출된 부분에 자리한 벌리헤즈 지역은 골드코스트의 고층 빌딩과 해변이 겹쳐 보이는 포토 스폿으로 유명하다. 여기서 퀸즐랜드주 경계선까지는 불과 15km 거리다. 커럼빈Currumbin과 쿨랑가타Coolangatta를 통과하면 장장 2700km에 달하는 퀸즐랜드주의 해안선이 끝나고 뉴사우스웨일스주의 레전더리 퍼시픽 코스트가 시작되는 것이다. ▶ P.146

지도 P.203
가는 방법 브로드비치에서 700번 버스로 20분, Burleigh Heads 하차
주소 Burleigh Head National Park Goodwin Terrace, Burleigh Heads QLD 4220
State Border Mark 2-30 Wharf St, Tweed Heads NSW 2485

> 두 주의 경계를 표시한 이정표 앞에서 기념사진을 남겨보세요.

쿨랑가타의 해변

왼쪽에 퀸즐랜드주, 오른쪽에 뉴사우스웨일스주 표시

래밍턴 국립공원으로 들어가는 길

 ⑧

래밍턴 국립공원

Lamington National Park

지도 P.203 **가는 방법** 서퍼스 파라다이스에서 70km, 자동차로 2시간 이상 **주소** O'Reilly's Rainforest Retreat, Lamington National Park Rd, Canungra QLD 4275 **요금** 무료 ※숙박 예약은 필수 **홈페이지** oreillys.com.au

열대우림 속으로 떠나는 힐링 여행

맥퍼슨산맥 자락의 래밍턴 고원지대에 위치하며 열대와 온대의 경계인 난대림성 생태계가 그대로 보존된 국립공원이다. 노란색 깃털의 바우어새regent bowerbird, 앨버트의 금조Albert's lyrebird 등 희귀 조류의 서식지이며, 수령 5000년이 넘는 너도밤나무Antarctic beech와 부용나무Booyong tree가 자란다. 뉴사우스웨일스와 퀸즐랜드 일대를 아우르는 곤드와나 열대우림의 핵심 지역으로 1986년 유네스코 세계자연유산에 등재되었다.

전체 면적 206km² 중 대부분이 개발되지 않은 자연 그대로의 상태이며 1915년부터 이곳에 정착해 살아온 오렐리 가문의 산장이 래밍턴 국립공원 관문 역할을 한다. 현지인은 보통 1박 이상의 일정으로 산장에 머물며 트레킹을 한다. 만약 당일 일정으로 간다면 지상 16m 높이에 설치된 트리톱 워크(왕복 800m)를 걸으며 잠깐이나마 부용나무 숲을 경험해볼 수 있다. 오렐리 산장까지는 험준한 산간 도로를 약 25km 달려야 하는데, 특히 마지막 8km 구간은 좁은 1차선 도로다. 직접 운전하는 경우 산간 도로 입구에 있는 마을 카눈그라Canungra에서 반드시 차량을 점검하고 간단한 비상식량을 챙긴다. 브리즈번이나 골드코스트에서 출발하는 데이 투어를 이용하는 것도 좋은 방법이다.

오렐리 산장의 아이콘, 바우어새

트리톱 워크

육중한 줄기의 부용나무

 09

탬버린 마운틴 국립공원
Tamborine Mountain National Park

자연 속 테마파크

골드코스트 내륙 쪽에 자리한 국립공원으로, 지역 전체를 레크리에이션 타운으로 개발했다. 탬버린이라는 이름은 원주민 언어로 라임 나무를 뜻하는 '잼버린'에서 유래한 것이다. 래밍턴 국립공원보다 접근성이 좋고 숲과 자연을 활용한 즐길 거리가 다양해 가족 여행지로 인기 있다. 관광객이 몰리는 곳이라 로컬 수제 맥주를 만드는 브루어리와 카페, 맛집도 많다.

지도 P.203
ⓘ Visit Tamborine Mountain
가는 방법 브리즈번에서 45km, 서퍼스 파라다이스에서 40km, 자동차로 1시간
주소 Doughty Park, Tamborine Mountain QLD 4272
운영 평일 09:30~15:30, 주말 09:30~16:00
홈페이지 visittamborinemountain.com.au

선더버드 파크
Thunderbird Park

숲속 집라인, 트리톱 워크, 버기 카트, 미니 골프장, 새 먹이 주기 체험과 계곡 물놀이, 캠핑까지 가능한 종합 테마파크. 아이들과 같이 가기 딱 좋은 곳이다. 액티비티는 따로 예매해야 한다.
홈페이지 thunderbirdpark.com

탬버린 레인포레스트 스카이워크
Tamborine Rainforest Skywalk

열대우림 사이를 1.5km의 보드워크로 연결한 산책로. 트리톱 워크 체험만 해보고 싶을 때 가볼 만한 곳이다.
홈페이지 skywalktamborine.com

글로 웜 동굴
Glow Worm Caves

반딧불이처럼 스스로 빛을 발하는 곤충이 살고 있는 동굴을 탐험해 볼 수 있는 곳. 인공으로 만든 동굴이지만 분위기는 환상적이다.
홈페이지 tamborineglowworms.com.au

CAIRNS

케언스

원주민어 기모이 GIMUY

퀸즐랜드의 최북단 지역을 '머나먼 북쪽'이라는 의미를 담아 파 노스퀸즐랜드Far North Queensland라고 한다. 이곳에서 가장 큰 도시가 케언스다. 유네스코 세계자연유산인 그레이트배리어리프Great Barrier Reef와 웨트 트로픽스wet tropics(열대 습윤 지역)를 여행하려면 반드시 거치게 되는 관문이다. 맑고 투명한 바다에서 즐기는 스노클링과 스쿠버다이빙, 열대우림을 누비는 케이블카와 산악 열차, 4000m 상공에서 몸을 날리는 스릴 만점의 스카이다이빙 등 산과 바다를 넘나들며 레포츠를 즐길 수 있는 액티비티의 천국이다.

열대우림

쿠란다

인공 해변

야자수

그레이트 배리어리프

스쿠버다이빙

케언스

Cairns Preview
케언스 미리 보기

케언스는 그레이트디바이딩산맥Great Dividing Range과 코럴 시Coral Sea 중간 지점인 트리니티 인렛Trinity Inlet (좁은 만)에 위치한 인구 16만 명의 소도시다. 동부 해안 쪽으로는 그레이트배리어리프의 산호초, 내륙 쪽으로는 쿠란다Kuranda, 데인트리 국립공원Daintree National Park과 케이프 트리뷸레이션Cape Tribulation의 열대우림, 남쪽으로는 애서턴 고원Atherton Tablelands 지대와 털리 고지 국립공원Tully Gorge National Park으로 둘러싸여 있다.

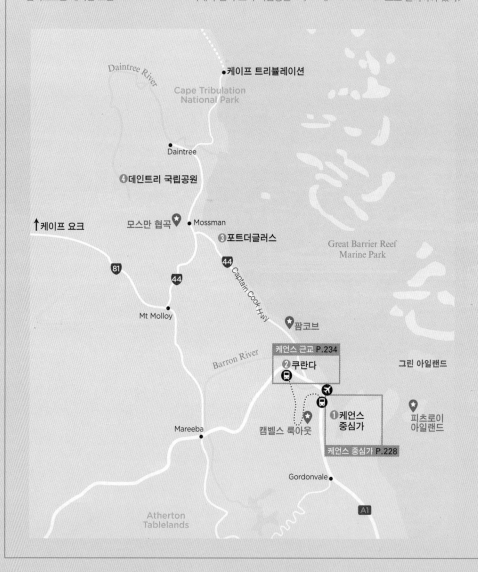

❶ 케언스 중심가 ➡ P.228

케언스 기차역과 항구, 에스플러네이드가 있는 도시의 중심 지역을 현지에서는 케언스시티라고 한다. 그레이트배리어리프행 크루즈가 출발하는 곳이라서 편의 시설의 대부분이 모인 퀸즐랜드 북부 여행의 베이스캠프다.

❷ 쿠란다 ➡ P.235

차가 없어도 다녀오기 편한 케언스 근교의 대표적인 당일 여행지. 스카이 트램과 기차를 타고 산속 깊숙한 원주민 마을로 떠나는 특별한 시간을 즐길 수 있다.

❸ 포트더글러스 ➡ P.239

야자수로 가득한 진짜 해변을 만나고 싶다면 케언스보다 북쪽으로 올라가야 한다. 팜코브와 묶어서 다녀오기 좋은 리조트 타운이다.

❹ 데인트리 국립공원 ➡ P.240

퀸즐랜드 열대우림과 습지로 이루어진 광활한 국립공원이자 유네스코 세계자연유산이다. 모스만 협곡에 가면 계곡 체험이 가능하다.

🔒 **Follow Check Point**

❶ Cairns Tourist Information Centre
위치 케언스 센터에서 도보 10분(공식 센터는 아님) **주소** Cnr Shields St, Cairns City QLD 4870
문의 07 4047 9123 **운영** 10:00~18:00 **홈페이지** tropicalnorthqueensland.org.au

❄ 케언스 날씨
연평균 최고 기온 29℃, 습도는 62%에 달하는 열대몬순기후로, 사계절이 아닌 건기(4~10월)와 우기(11~3월)로 구분한다. 우기에는 한국의 연간 강수량을 훌쩍 뛰어넘는 2000mm의 집중호우가 내리며 사이클론도 발생한다. 또 11~5월에는 바다에 독성 해파리가 많아 맨몸으로는 수영하기 어렵다. 따라서 여행 성수기는 보통 쾌적한 날씨가 계속되는 6~10월, 그리고 산호 산란기인 11월이다. 야외 활동에 대비한 방수 점퍼, 아쿠아 슈즈, 샌드플라이(흡혈파리) 및 모기 기피제는 언제나 필수다.

계절	4~10월(건기)	11~3월(우기)
날씨	☀	⛈ 천둥, 번개, 폭우
평균 최고 기온	26℃	31.4℃
평균 최저 기온	17.5℃	23.6℃

케언스 추천 코스

케언스는 언제나 여름!
액티비티의 천국 케언스를 여행하는 방법

케언스에서는 하루나 이틀 정도 해양 스포츠를 즐기고 그
외에는 근교를 다니는 방식으로 여행한다. 스쿠버다이빙처럼
체력 소모가 많은 활동 후에는 12~24시간 정도 충분한 휴식을
취해야 하기 때문에 개인 체력에 따른 일정 조율이 중요하다.
따라서 케언스에서는 추천 일정을 제안하기가 상당히
까다롭다. 케언스 자체에 특별한 볼거리가 있는 것은 아니므로
투어 다녀오기 전후에 거리를 거닐면서 열대지방 특유의
여유를 만끽해보자.

TRAVEL POINT

➜ **이런 사람 팔로우!** 워터 액티비티를 즐긴다면

➜ **여행 적정 일수** 3~5일

➜ **주요 교통수단** 투어 참여

➜ **여행 준비물과 팁** 여행 가능한 시즌 확인하기,
아쿠아 슈즈와 샌드플라이 기피제

➜ **사전 예약 필수** 스노클링, 스쿠버다이빙 등의
액티비티, 쿠란다 스카이레일

DAY 1	DAY 2-5
도착 후 투어 준비하기	**퀸즐랜드 본격 즐기기**

전일

케언스 중심가
- 에스플러네이드 라군 산책
- 투어 상품 예약하기
- 러스티스 마켓 구경
- 트리니티 인렛에서 저녁 식사

❶ 스쿠버다이빙, 스노클링 투어하기
❷ 원주민 마을 쿠란다까지 스카이레일 타고 가기
❸ 데인트리 국립공원의 정글 탐험하기
❹ 팜코브 & 포트더글러스의 야자수 만나기
❺ 그레이트배리어리프 섬 투어하기

🍴 **케언스에서 식사는 어떻게 할까**
투어 시간에 맞춰 가야 해서 간단하게 끼니를
때워야 할 때가 많기 때문에 일부러 맛집을
찾아 다니는 경우는 드물다. 마켓에서
신선한 재료를 구입해 에스플러네이드
또는 숙소에서 바비큐를 해 먹는 것도 좋은
방법! 전망 좋은 레스토랑은 케언스 항구 쪽
카지노 리조트와 해안가에 모여 있다. 색다른
음식을 먹어보고 싶다면 하틀리 악어 농장의
'악어 버거', 레인포레스테이션 자연공원의
런치 뷔페에서 캥거루 고기나 악어 고기에
도전해보자.

✅ 그레이트배리어리프의 대표 섬 한눈에 비교하기

그레이트배리어리프에는 섬이 무수히 많다. 케언스와 가장 가까운 그린 아일랜드나 피츠로이 아일랜드도 유명하지만 74개의 섬이 모인 휘트선데이 제도도 빼놓을 수 없다. 내 취향에 맞는 섬은 어디일지, 특징은 어떻게 다른지 한눈에 확인해보자.

	그린 아일랜드 Green Island ▶ P.227	피츠로이 아일랜드 Fitzroy Island ▶ P.227	마그네틱 아일랜드 Magnetic Island ▶ P.245	휘트선데이 아일랜드 Whitsunday Island ▶ P.248	프레이저 아일랜드 Fraser Island ▶ P.256
출발 장소	케언스	케언스	타운즈빌	에얼리비치	허비베이
케언스와의 거리	27km	29km	350km	620km	1445km
소요 시간	최소 1일	최소 1일	반나절~1일	최소 1박 2일	최소 1일
특징	산호로 이루어진 아주 작은 섬	육지와 가까운 산악 지형의 큰 섬	울퉁불퉁한 지형의 바위섬	새하얀 모래와 에메랄드빛 바다	세계에서 가장 큰 모래섬

액티비티	• 스노클링
	• 거북 보호 센터
	  방문
		• 해변에서
		  수영, 서핑
		• 악어 생태 공원
		  방문
			• 스노클링과
			  스쿠버다이빙
			• 요트 타기
			• 섬 산책로 걷기
				• 스노클링과
				  스쿠버다이빙
				• 럭셔리 리조트
				  숙박
				• 헬리콥터 투어
					• 사륜구동 차를
					  타고 해변
					  드라이브
					• 맑은 호수에서
					  수영

---◀ ✈ ▶---

케언스 들어가기

케언스는 브리즈번과 같이 퀸즐랜드주에 속해 있지만 두 지역이 무려 1700km나 떨어져 있어
기후도, 문화도, 여행 방식도 많이 다르다. 통상적으로 자동차보다는 비행기를 이용하며
개인 여행보다는 투어 상품을 선호한다.

케언스-주요 도시 간 거리 정보

케언스 기준	거리	자동차	비행기
타운즈빌	350km	4시간	-
브리즈번	1680km	20시간	2시간 30분
시드니	2412km	24시간	3시간

비행기

우리나라에서 케언스로 가는 항공편은 없다. 브리즈번이나 시드니에서 국내선으
로 환승해 들어가는 것이 가장 빠르다. 케언스 공항Cairns Airport(공항 코드 CNS)
은 국제선 18개 노선과 국내선 30개 노선이 연결되는 국제공항이다. 국제선 터미
널(T1)과 국내선 터미널(T2)이 같은 건물에 있어 도보로 이동한다.
주소 Airport Ave, Cairns City QLD 4870 **홈페이지** cairnsairport.com.au

케언스 공항에서 도심 가기

케언스 공항에서 케언스 중심가까지는 7km로 가까운 편이라 자동차로 10~15분
이면 도착한다. 상시 운행하는 대중교통은 없기 때문에 택시나 공유 차량 서비스
우버를 이용해야 한다. 우버는 국제선 터미널 동쪽 끝 또는 국내선 터미널 북쪽 끝
에서 탑승한다. 예약 없이 곧바로 이동하고 싶다면 터미널 앞 공식 탑승장에서 택
시를 탄다. 택시 요금은 거리와 이용 시간에 따라 달라진다. 케언스가 아닌 포트더
글러스로 갈 때는 예약제로 운행하는 셔틀버스(코치 또는 리무진)을 이용한다.

● **택시 Taxi**
요금 $35~40(미터당 요금+공항 이용료 $2.5~5.00) **홈페이지** cairnstaxis.com.au

● **셔틀버스 Exemplar Coaches**
요금 케언스 $21, 포트더글러스 $56 **홈페이지** exemplaronline.com.au

장거리 기차
Queensland Rail

브리즈번에서 케언스까지 스피릿 오브 퀸즐랜드라는 장거리 기차 노선을 운행한
다. 일상적으로 일주일에 4회(월·수·금·토요일) 출발하며 1박 2일(약 25시간)에
걸쳐 케언스에 도착하는 장거리 노선이다. 물론 중간에 타운즈빌 같은 곳에 내려
그레이트배리어리프를 여행하는 것도 가능하다. 케언스 기차역은 케언스 중심가
에 있어 도보 여행자도 쉽게 이용할 수 있다. 특히 근교 여행지인 쿠란다를 왕복하
는 쿠란다 시닉 레일웨이 노선을 주로 이용한다.
▶ 퀸즐랜드 북부 기차 노선도 P.173
케언스역 주소 Cairns Railway, Bunda St **홈페이지** ksr.com.au

케언스 도심 교통

케언스 일대는 총 5개 구역zone으로 나누어 몇 개 구역을 이동하느냐에 따라 요금을 차등 적용한다. 예를 들어 현재 위치가 1존이고 목적지가 2존이면 총 2개 구역을 이동하는 것이므로 2존에 해당하는 요금을 지불한다. 퀸즐랜드 교통국 홈페이지에서 목적지를 검색해 요금을 확인하는 방법이 가장 정확하다.

홈페이지 translink.com.au

> 퀸즐랜드에서는 2024년 8월부터 모든 대중교통 요금을 50센트로 정한 할인 정책을 시행하고 있습니다. 2025년 2월 이후에는 요금이 정상화될 수 있습니다.

교통 요금 체계

구분	기차·메트로			페리
구역	1회권	1일권	주간권	버스·라이트 레일
1존	$2.40	$4.80	$19.20	
2존	$3.00	$6.00	$24.00	2존에서만 이동: 1존 요금 적용
3존	$3.60	$7.20	$28.80	4존에서 2존으로 이동: 3존 요금 적용
4존	$4.20	$8.40	$33.60	
5존	$4.80	$9.60	$38.40	

시내버스 Bus

케언스는 시내버스가 유일한 대중교통이다. 퀸즐랜드의 다른 지역에서 통용되는 교통카드인 고카드GoCard는 사용할 수 없으며, 버스 승차 시 운전기사에게 목적지를 말하고 현금으로 종이 티켓을 구입한다. 케언스 중심가만 다닌다면 1존에 해당하는 티켓을 구입하면 된다.

티켓 종류
1회권 Single Ticket 편도, 2시간 이내 환승 가능
1일권 Daily Ticket 하루 동안 무제한 탑승 가능
주간권 Weekly Ticket 구입한 날로부터 연속 7일간 무제한 탑승 가능

셔틀버스 Shuttle Bus

케언스에서는 숙소에서 픽업해 근교 관광지까지 데려다주는 셔틀버스 시스템이 시내버스보다 활용도가 높다. 숙소가 중심가(케언스시티) 부근인 경우에만 픽업이 가능하고, 반드시 사전 예약을 해야 한다.

주요 셔틀버스 회사

포트더글러스 버스 Port Douglas Bus
케언스-포트더글러스-모스만 협곡-하틀리 악어 농장 등을 방문할 때 이용하기 좋다.
홈페이지 portdouglasbus.com.au

스카이레일 Skyrail
곤돌라와 쿠란다행 기차 패키지 예약 시 추가 요금을 내면 케언스 중심가에서 픽업해 15분 거리의 스카이레일 탑승장에 내려준다.
홈페이지 skyrail.com.au

FOLLOW UP

물놀이부터 익스트림 스포츠까지!
케언스 투어 자세히 알아보기

2~3개의 액티비티를 묶어 며칠 간격으로 하나씩 참가할 수 있도록 구성한 여행사 패키지 투어 상품을 선택하면 편리하게 여러 가지 체험을 할 수 있다. 예약 시 숙소 픽업이 가능한지 꼭 확인할 것. 한국어 소통이 가능한 현지 한인 여행사의 투어를 신청할 수도 있다. 스쿠버다이빙을 마친 후에는 일정 시간 회복기를 거쳐야 하기 때문에 케언스 여행은 여유롭게 계획을 세워야 한다.

> 퀸즐랜드 북부 바다에는 11~5월에 독침을 쏘는 스팅어 (해파리의 일종)가 많아 '스팅어 슈트stinger suit'라는 특수 수영복을 착용해야만 바다에 들어갈 수 있어요.

● 스쿠버다이빙 & 스노클링

스쿠버다이빙을 제대로 즐기려면 케언스 또는 포트더글러스 항구에서 90분가량 배를 타고 나가야 한다. 케언스에는 최고 등급의 다이브 교육기관을 뜻하는 PADI 5 스타 인증을 받은 업체가 여러 곳 있어서 전문적인 교육을 받으려는 사람도 많이 찾아온다. 초보자는 난도가 낮은 데이 투어를 선택하면 된다. 보통 4~5시간 바다를 유영하고 돌아오는데 전문 가이드가 동행한다. 비용은 1일 기준 스노클링 투어는 $250~280, 기초 교육을 포함한 다이빙 투어는 $320~350 정도다. 배에서 숙식하면서 그레이트배리어리프 등 먼 곳까지 다녀오는 2~4일 이상의 프로그램도 있다.

➠ 다이빙 관련 주의 사항 1권 P.048

주요 업체

다이버스 덴 Divers Den
등급 ★PADI 5 스타 CDC **홈페이지** diversden.com.au

프로 다이브 케언스 Pro Dive Cairns
등급 ★PADI 5 스타 CDC **홈페이지** prodivecairns.com

다운 언더 다이브 Down Under Dive
등급 ★PADI 5 스타 IDC **홈페이지** downundercruiseanddive.com.au

● 항공 투어

상공에서 내려다보는 그레이트배리어리프는 황홀할 정도로 아름답다. 스릴 만점의 익스트림 스포츠 스카이다이빙에 도전해도 되고, 헬리콥터나 경비행기 투어를 선택해도 된다. 특히 헬리콥터 투어 중에는 그레이트배리어리프의 섬에 상륙해 스노클링을 즐기는 결합 상품도 있다. 열기구 투어는 차량으로 마리바Mareeba까지 1시간가량 이동해 애서턴 고원지대 위를 날아올라 일출을 감상하게 된다.

주요 업체

케언스 스카이다이버스 Cairns Skydivers **요금** 탠덤 점프 $349 **홈페이지** cairnsskydivers.com.au
스카이다이브 케언스 Skydive Cairns **요금** 탠덤 점프 $369 **홈페이지** skydive.com.au
노틸러스 항공 Nautilus Aviation **요금** 헬리콥터 투어 45분 $515 **홈페이지** nautilusaviation.com.au
핫 에어 벌룬 Hot Air Balloon **요금** 열기구 투어 $440~495 **홈페이지** hotair.com.au/cairns

● 그린 아일랜드 & 피츠로이 아일랜드 투어

본격적인 스쿠버다이빙은 조금 부담스럽고 가벼운 물놀이를 즐기며 열대 섬의 분위기를 느껴보고 싶은 사람이나 가족 여행자에게는 케언스 근교 섬 투어가 적당하다. 케언스 남동쪽 피츠로이 아일랜드Fitzroy Island는 육지와 좀 더 가까운 섬이고, 그린 아일랜드Green Island는 보다 먼 바다에 있는 산호초 섬이다. 케언스에서 두 섬까지는 페리로 각각 40~45분 정도 걸린다. 각 섬의 리조트에서는 케언스에서 오전에 출발했다가 오후에 돌아가는 데이 트립 패키지를 판매한다. 바닥이 투명한 배를 타고 맑은 바닷물을 구경하거나 스노클링을 즐기는 등 시즌별로 적합한 프로그램이 마련되어 있다. 홈페이지나 케언스 현지 여행사에서 예약한다.

그린 아일랜드 Green Island
요금 페리 왕복 $102, 투어 포함 $144
홈페이지 greenislandcairns.com

피츠로이 아일랜드 Fitzroy Island
요금 페리 왕복 $99, 투어 포함 $130
홈페이지 fitzroyisland.com

현지 한인 여행사

케언스로 가는 길
여러 가지 투어 상품을 판매하고 생활 정보를 공유하는 케언스 한인 커뮤니티. 이곳에서 상품을 예약할 수 있다.
문의 호주에서 07 4031 8382,
한국에서 070 8248 3724
홈페이지 cafe.daum.net/Cairns

오키도키 케언즈 투어스
그린 아일랜드, 쿠란다, 데인트리 국립공원 투어 상품을 갖춘 케언스 전문 여행사.
문의 호주에서 04 3505 8968,
한국에서 070 7938 6057
홈페이지 cafe.naver.com/okeydokeycairnstours

케언스 중심가
Cairns City

배낭여행자들이 모여드는 도시의 중심

해안 산책로인 에스플러네이드 일대와 크고 작은 유람선이 드나드는 마린 마리나Marlin Marina,
대형 크루즈가 입항하는 크루즈 라이너 터미널, 그리고 해군 기지가 있는 케언스 하버 주변이 사실상
번화가의 전부다. 에스플러네이드에서 쇼핑센터와 기차역까지 도보로 10~15분 거리라서
이 주변에 숙소를 정하면 차가 없어도 쉽게 여행할 수 있다.

투어업체에서
'케언스시티라면 픽업해주겠다'고
한다면 케언스 중심가 주변 숙소로
데리러 와준다는 뜻이에요.

⑴

케언스
에스플러네이드
Cairns Esplanade

추천

바비큐도 굽고 수영도 즐기는 인공 해변

케언스에서는 언제든지 바다에 뛰어들 수 있다고 생각하기 쉽지만 중심가 쪽은 바다 수영에 적합한 환경이 아니다. 해안이 갯벌로 뒤덮여 있기 때문이다. 이러한 불편함을 해소하고 사계절 수영을 즐길 수 있도록 케언스시에서 만든 것이 인공 해변 라군lagoon이다. 필터링한 바닷물을 공급하는 수심 2m의 성인용 수영장과 좀 더 얕은 어린이 전용 수영장을 갖췄으며 샤워실과 보관함도 있다. 그 옆으로는 2.5km 길이의 해안 산책로 에스플러네이드가 이어진다. 곳곳에 설치된 전기 바비큐 그릴은 누구나 이용할 수 있다. 사용 후에는 철판을 깨끗하게 닦고 뒷정리를 마치는 매너를 지키자. 그 밖에도 배구장, 운동 시설, 놀이터, 야외 공연장 등이 마련되어 있어 다양한 레크리에이션이 가능한 쾌적한 해안 공원이다.

지도 P.228 **가는 방법** 케언스 센트럴(기차역과 연결된 쇼핑센터)에서 도보 15분
주소 52/54 Esplanade **운영** 에스플러네이드 24시간, 라군 06:00~21:00
(수요일 12:00부터), BBQ 그릴 06:00~21:00 **요금** 무료
홈페이지 cairns.qld.gov.au/esplanade

트리니티 인렛까지 이어지는 산책로

에스플러네이드에서 즐기는 바비큐 그릴

싱싱한 해산물부터 호주 전통 요리까지!

케언스에서 뭐 먹지?

전망 좋은 카페나 레스토랑은 에스플러네이드와 마리나 포인트 주변에서 찾아보자.
케언스 하버 쪽에는 대형 쇼핑센터와 호텔, 카지노 리조트가 있고
고급 레스토랑이 많다. 에스플러네이드 라군에서 도보 5~10분 거리다.

솔트 하우스 *Salt House*

전망과 맛을 모두 만족시키는 케언스 최고의 인기 맛집. 트리니티
인렛이 시작되는 지점인 마리나 포인트에 자리한다. 그릴 요리를
파는 레스토랑, 칵테일 바, 피자와 미트볼 등을 파는 피체리아로 나
누어 영업하며 메뉴 선택의 폭이 넓다.

유형 유명 맛집 **주소** Marina Point, 6/2 Pierpoint Rd **운영** 11:30~02:00
예산 런치 $21~25, 디너 $40~50 **홈페이지** salthouse.com.au

프론 스타 *Prawn Star*

항구에 정박한 배 위에서 프론(새우)과 모어튼 베이 버그(퀸즐랜드의 특산물로 부채새우의 일종), 크레이
피시(민물 가재) 등 싱싱한 해산물을 쪄주는 케언스의 명물이다. 합리적인 가격과 재밌는 콘셉트로 인기를
얻으면서 배가 여러 척으로 늘어났다. 웨이팅이 길 수 있으니 홈페이지에서 예약하고 가는 게 좋다.

유형 유명 맛집 **주소** Marlin Marina, E31 Berth, Pier Point Rd **운영** 11:00~21:00 **예산** 2인 기준 $60~90
홈페이지 prawnstarcairns.com

와프 원 카페
Wharf One Café

옛 부둣가 건물을 활용해 만든 카페 겸 레스토랑. 탁 트인 바닷가와 어울리게 꾸민 여유로운 공간이 인상적이다. 트리니티 인렛의 경치를 감상하며 커피를 마셔도 되고 브런치, 피시앤칩스 등 가볍게 식사를 즐겨도 좋다.

유형 전망 카페 **주소** Trinity Wharf **운영** 07:00~02:00
예산 음료 $4~8, 식사 $17~22
홈페이지 wharfonecafe.com.au

오커 레스토랑
Ochre Restaurant

세벨 케언스 호텔에서 운영하는 레스토랑. 점심과 저녁에는 코스 요리와 정식 요리를, 오후 3~5시에는 칵테일과 간단한 타파스 메뉴를 선보인다. 트리니티 인렛이 보이는 테라스석도 있다. 특별한 식사를 하고 싶을 때 가볼 만하다.

유형 전망 맛집 **주소** 1 Marlin Parade
운영 11:30~21:00 **휴무** 일요일
예산 런치 2코스 $44, 디너 3코스 $85
홈페이지 ochrerestaurant.com.au

로코 바이 크리스털브룩
Rocco by Crystalbrook

크리스털브룩 라일리 호텔 12층에 있는 루프톱 바로, 에스플러네이드가 내려다보인다. 칵테일과 함께 여럿이 나눠 먹을 수 있는 안주류(샤퀴테리, 치즈보드, 굴 등)를 주문해 멋진 전망을 감상하며 즐기기 좋다.

유형 루프톱 바 **주소** 131/141 Esplanade
운영 16:00~22:30 **휴무** 수 · 목요일 **예산** $22~42
홈페이지 crystalbrookcollection.com/riley/rocco

던디스 *Dundee's*

1986년부터 영업해온 인기 맛집. 현재는 세벨 케언스 호텔에 입점했다. 푸짐한 시푸드 타워, 피시앤칩스처럼 평범한 메뉴도 있지만 부시 터커Bush tucker라는 호주 전통 요리가 인기 있다. 오스트레일리안 샘플러 플레이트를 주문하면 악어와 캥거루 고기 등 다양하게 맛볼 수 있다.

유형 유명 맛집 **주소** 1 Marlin Parade **운영** 런치 11:30~14:30, 디너 17:00~21:45 ※예약 필수
예산 오스트레일리안 샘플러 플레이트 $59
홈페이지 dundees.com.au

⑫ 케언스 센트럴 쇼핑센터
Cairns Central Shopping Centre

케언스 쇼핑의 모든 것

케언스의 편의 시설이 모인 메인 쇼핑센터. 마이어Myer 백화점을 포함해 대형 마트인 콜스와 울워스Woolworths, 아시아 식재료를 파는 하나로마트, 주류 판매점 BWS, 잡화점 다이소까지 160여 개 매장이 모여 있어 원스톱 쇼핑이 가능하다. 케언스 기차역 바로 옆이라 차 없이 배낭을 메고 케언스를 여행하는 사람이라면 꼭 거쳐 가는 곳이다. 에스플러네이드까지 일직선으로 이어지는 큰 길 방향으로 나가면 백패커스 호텔(YHA)을 비롯해 부담 없는 가격으로 식사를 해결할 수 있는 식당이 줄지어 있다.

📍
지도 P.228
가는 방법 에스플러네이드 라군에서 도보 15분
주소 Cairns Central Shopping Centre
운영 콜스 06:00~22:00(일요일 07:00~21:00),
하나로마트 09:00~20:00(주말 단축 영업)
홈페이지 cairnscentral.com.au

⑬ 케언스 마켓
Cairns Markets

케언스의 재래시장

현지인의 일상 체험이 가능한 장터가 궁금하다면 마켓을 가본다. 일주일에 사흘 열리는 러스티스 마켓Rusty's Markets은 1975년 신선한 과일과 채소를 파는 청과물 시장으로 시작했다. 그러다 규모가 점점 커져 지금은 180여 개 매대에서 육류와 향신료, 로컬 식재료를 파는 시장으로 성장했다. 망고와 잭프루트jackfruit 등 지역 특산품인 열대 과일을 구경하고 시원한 음료를 마실 수 있다. 케언스 나이트 마켓Cairns Night Markets은 저녁에 영업하는 실내 상설 야시장이다. 전통 악기와 공예품, 의류, 액세서리를 파는 매대가 모여 있고 마사지 숍과 푸드 코트도 있다. 기념품을 사거나 간단하게 식사를 해결하기 좋은 곳이다.

📍
지도 P.228
가는 방법 에스플러네이드 라군에서 도보 5~10분
• **러스티스 마켓**
주소 57-89 Grafton St **운영** 금 · 토요일 05:00~18:00, 일요일 05:00~15:00 **홈페이지** rustysmarkets.com.au
• **케언스 나이트 마켓**
주소 54-60 Abbott St **운영** 16:30~22:30
홈페이지 nightmarkets.com.au

⑭ 케언스 아쿠아리움
Cairns Aquarium

⑮ 캠벨스 룩아웃
Campbell's Lookout

그레이트배리어리프 간접 체험하기

퀸즐랜드 북부의 열대우림과 수중 생태계를 테마로 한 수족관. 호주에서 가장 깊은 10m짜리 산호초 수중 탱크가 있는 곳이다. 매일 오전 11시 30분과 오후 12시 30분에 가이드와 동행해 바다거북을 치료하는 보호소를 견학할 수도 있다. 쿠란다로 가는 시닉 레일웨이 및 케이블웨이와 연계해 관람하는 상품을 선택해도 된다.

ⓘ
지도 P.228
가는 방법 에스플러네이드 라군에서 도보 5분 **주소** 5 Florence St
운영 09:30~15:30 **요금** 성인 $62, 3~14세 $35(체험 요금 별도)
홈페이지 cairnsaquarium.com.au

시야가 탁 트인 전망대

케언스 도시 전경과 트리니티 인렛의 물길, 그 너머의 마운트 야라바 Mount Yarrabah, 시야가 좋은 날이면 멀리 그린 아일랜드까지 보이는 야외 전망 포인트. 고층 빌딩 없이 나지막하고 가지런히 자리한 주택들이 마치 미니어처처럼 보인다. 동쪽을 정면으로 바라보고 있어 오전 내내 역광이기 때문에 케언스 전경을 또렷하게 감상하고 싶다면 오후에 방문하는 편이 좋다. 큰길을 벗어나 좁은 2차선 도로를 따라 2km가량 산 위로 올라가면 주차장과 깔끔한 조망 공간이 나타난다. 대중교통은 없으며, 주말이 아닌 이상 인적이 드물어 혼자 방문하는 것은 추천하지 않는다. 야경 명소로도 알려졌으나 해가 진 이후에는 방문을 제한하고 있으니 너무 늦은 시간에 방문하지 말 것.

ⓘ
지도 P.220
가는 방법 케언스 중심가에서 8.8km, 자동차로 15분
주소 Lake Morris Rd, Mooroobool QLD 4870
운영 08:00~20:00
요금 무료

케언스 근교
Around Cairns

퀸즐랜드의 대자연 속으로!

케언스의 근교 여행지는 크게 둘로 나뉜다. 쿠란다, 데인트리 국립공원 등 열대 습윤 지역을
포함한 내륙 지대, 그리고 포트더글러스와 팜코브 등 멋진 야자수를 만날 수 있는 해안가다.
케이프요크반도Cape York Peninsula나 케이프 트리뷸레이션Cape Tribulation처럼 먼 곳도 있지만
여기서는 케언스와 비교적 가까운 당일 여행지 위주로 정리했다.

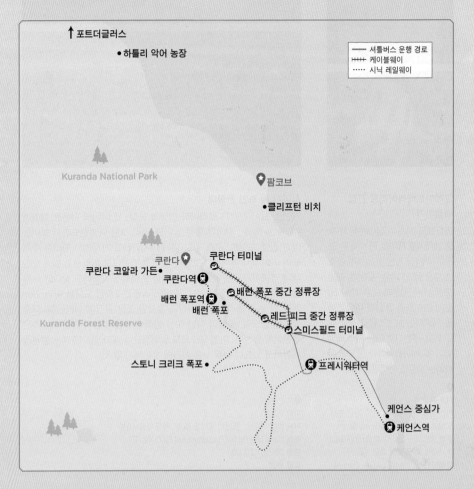

(01)

쿠란다 추천

Kuranda

지도 P.220
가는 방법 케언스에서 30km,
자동차로 40분, 스카이레일 또는
쿠란다 시닉 레일웨이로 편도
1시간 30분

ⓘ Kuranda Visitor Information
주소 Coondoo St &, Therwine St,
Kuranda QLD 4881 **문의** 07
4093 9311 **운영** 10:00~16:00
홈페이지 kuranda.org

1만 년의 역사를 지닌 부족 마을

쿠란다는 배런 고지 국립공원 내에 자리한 마을로 호주 원주민 자부가이Djabugay 부족에게 오랜 세월 삶의 터전이었다. 1960년대 후반 화가, 조각가, 도예가, 공예가가 모여들면서 마을 공동체가 더욱 단단해졌다. 마을 한복판에 있는 상설 시장 오리지널 레인포레스트 마켓Original Rainforest Markets에서 각종 공예품을 구경하고 작업 과정도 볼 수 있다. 로컬 의류와 액세서리, 지역 특산품인 오팔 원석을 가공해 만든 기념품도 다양하다. 마켓 한쪽 끝에서 1959년부터 영업해온 허니 하우스는 퀸즐랜드 지역에서 생산한 꿀을 판매해 인기가 많다. 해발고도 330m에 위치해 평균기온이 26~30℃로 케언스보다 한결 쾌적하다. 케이블카와 기차가 도착하는 오전 11시경부터 막차가 떠나는 오후 3시까지 한창 붐비다가 이후에는 마을이 조용해지고 대부분의 시설이 문을 닫는다. 기차 시간에 구애받지 않고 이 마을에서 시간을 보내고 싶다면 직접 차를 운전해서 간다. 마을을 둘러보는 데는 보통 2~3시간이면 충분하고, 숲속 트레킹을 즐기거나 어트랙션을 모두 즐기려면 더 오래 걸린다.

케언스의 대표 당일 여행지

쿠란다로 가는 길

케언스에서 배런 고지 국립공원Barron Gorge National Park 깊숙한 곳에 자리한
원주민 마을 쿠란다Kuranda로 가려면 구불구불한 산길을 지나야 한다.
이왕이면 스카이레일과 시닉 레일웨이를 번갈아 타고 가면서 열대우림의 비경을 감상해보자.

쿠란다 시닉 레일웨이 *Kuranda Scenic Railway*

숲과 폭포를 지나는 산악 열차

쿠란다의 열대우림을 관통하는 산악 열차다. 1891년에 개통한 연장 37km의 철도를 따라 달리는 동안
초창기 인부들이 수작업으로 뚫은 15개의 터널, 37개의 다리와 해발 328m의 고지대를 지난다. 오가는
길에 스토니 크리크 폭포Stoney Creek Falls와 배런 폭포Barron Falls도 감상할 수 있다. 본격적으로 아름다
운 경치가 펼쳐지기 시작하는 곳은 프레시워터 기차역으로, 차를 운전해서 간다면 기차역에 차를 세워두
고 다녀오면 된다. 차를 가지고 가지 않는 경우에는 스카이레일을 타고 갔다가 케언스행 기차를 타고 돌
아오는 방법을 권한다. 쿠란다 기차역에서 프레시워터 기차역까지는 편도 1시간 30분, 케언스 기차역까
지는 2시간 걸린다. 일반 객실인 헤리티지 클래스에서 음료와 식사를 제공하는 골드 클래스로 업그레이
드하려면 시닉 레일웨이 홈페이지에서 예약해야 한다.

지도 P.234
가는 방법 케언스에서 10km, 자동차로 12분 **주소** Freshwater Railway Station, Barron QLD 4878
운영 케언스 출발 08:30, 09:30, 쿠란다 출발 14:00, 15:30(당일 운행 시간 확인 필수) **홈페이지** ksr.com.au

스카이레일 레인포레스트 케이블웨이
Skyrail Rainforest Cableway

하늘 위에서 보는 열대우림

구간 전체 길이가 7.5km에 달하는 스카이레일을 타면 발아래로 열대우림이 스쳐 지나가는 것을 볼 수 있다. 바닥이 투명한 유리로 된 캐빈을 이용하면 배런 폭포를 더 생생하게 감상할 수 있다. 중간 정류장인 레드 피크 또는 배런 폭포에 내려 잠시 주변을 구경하고 다시 쿠란다까지 올라가는 데 1시간 30분 정도 걸린다. 티켓을 예약할 때는 교통편을 골라야 한다. 버스 트랜스퍼Bus Transfer 옵션을 선택했다면 오전에 케언스 중심가에서 출발하는 셔틀버스를 타고 터미널로 이동하고, 돌아갈 때는 쿠란다에서 케언스행 기차를 탄다. 탑승장에 차를 세워두고 다녀오는 셀프 드라이브Self Drive 옵션을 선택한 여행자를 위해서 셔틀버스가 프레시워터Freshwater 기차역과 스미스필드 터미널Smithfield Terminal 사이를 오간다. 운행 시간이 정해져 있으니 현장에서 정확한 출발 시간을 확인할 것.

지도 P.234
가는 방법 케언스에서 13km, 자동차로 15분 **주소** Smithfield Terminal, Smithfield QLD 4878
운영 스미스필드 출발 08:30~13:00, 쿠란다 출발 12:00~15:15(예매 시 출발 시간 선택) **홈페이지** skyrail.com.au

티켓 정보

티켓 종류	기본요금	업그레이드 옵션(유료)
통합권 **(스카이레일+쿠란다 시닉 레일웨이)**	왕복 $135	**버스 트랜스퍼 Bus Transfers** 케언스 중심가(케언스시티) 숙소에서 픽업해 스카이레일 역에 내려주는 셔틀버스 옵션이다.
스카이레일	편도 $68, 왕복 $99	**다이아몬드 뷰 Diamond View** 일반 캐빈은 바닥이 막혀 있으며, 바닥이 투명한 다이아몬드 뷰 캐빈으로 업그레이드할 수 있다.
시닉 레일웨이	편도 $55, 왕복 $84	**골드 클래스 Gold Class** 기차 특실에서 음료와 식사를 즐기며 쿠란다로 가는 옵션이다. 프레시워터 기차역 쪽에서 오전에 1회 출발한다.

쿠란다의 필수 어트랙션
이것만은 놓치지 말자!

쿠란다 기차역에서 쿠란다 비지터 인포메이션까지는 도보 10분 거리이며,
좀 더 거리가 먼 어트랙션까지는 픽업 차량이 오간다. 입장권은 보통 패키지로 판매하니
가보고 싶은 곳을 선택해 구매한다.

● 쿠란다 코알라 가든 Kuranda Koala Gardens

코알라를 안고 사진을 찍을 수 있는 체험형 동물원. 캥거루와 쿼카, 웜뱃,
파충류도 있다. 쿠란다 코알라 가든과 버드월드 쿠란다, 오스트레일리
아 버터플라이 보호구역 등 세 곳의 입구가 쿠란다 비지터 인포메이션 바
로 앞이라서 가장 쉽게 찾아갈 수 있는 어트랙션이다.
주소 2-4 Rob Veivers Dr **운영** 09:30~16:00
요금 쿠란다 코알라 가든 $21, 통합권 $57.50 **홈페이지** koalagardens.com

● 쿠란다 리버보트 Kuranda Riverboat

지붕 있는 배를 타고 배런Barron강을 누비며 열대우림의 생태계를 관찰하
는 투어로 약 45분간 진행한다. 운이 좋으면 오리너구리나 악어를 만날
수도 있다. 탑승 장소는 쿠란다 기차역 근처 선착장이며 선착장 앞 카페에
서 점심 식사를 할 수도 있다.
주소 Barron River Esplanade **운영** 10:45~14:30
요금 보트 $26.50, 패키지(쿠란다 코알라 가든 & 버드월드 쿠란다 입장권 포함) $63.07
홈페이지 kurandariverboat.com.au

● 레인포레스테이션 자연공원 Rainforestation Nature Park

수륙양용 차량을 타고 열대우림의 강과 숲을 돌아보는 아미덕Army Duck
투어, 코알라 와일드라이프 파크, 파마기리Pamagirri 원주민 문화 체험을
즐길 수 있다. 뷔페 스타일의 푸짐한 BBQ 런치도 인기다. 쿠란다에서 셔
틀버스를 타고 가야 한다.
주소 1030 Kennedy Hwy **운영** 09:00~15:30
요금 통합권 $63, 런치 뷔페 $27, 셔틀버스 왕복 $14 **홈페이지** rainforest.com.au

● 배런 폭포 룩아웃 Barron Falls Lookout

배런 폭포는 125m 높이에서 쏟아져 내리는 웅장한 폭포로 쿠란다의 상
징이다. 스카이레일 배런 폭포 정류장에서 내리면 짧은 산책로를 걸어 엣
지 룩아웃Edge Lookout에서 폭포를 감상할 수 있다. 기차역 바로 앞에 위
치하며, 자동차로 가는 경우는 주차장에서 1km 거리다.
주소 Barron Falls Lookout **요금** 무료

02

포트더글러스
Port Douglas

황금빛 해변이 찬란한 럭셔리 리조트 단지

'열대우림이 그레이트배리어리프와 만나는 곳'이라는 슬로건을 내건 리조트 타운. 데인트리 국립공원, 케이프 트리뷸레이션과 가까우면서 완벽하게 아름다운 해변까지 보유한 최고의 휴양지다. 이곳에 도착하면 곧바로 전망 포인트에 올라 6.5km 길이로 펼쳐진 해변을 감상하자. 황금빛 모래사장은 포트더글러스의 상징이다. 1988년까지 한적한 어촌 마을이었던 이곳에 쉐라톤 그랜드 미라지 리조트가 들어서면서 고급 리조트 타운으로 변모했다. 1996년 미국 대통령 클린턴 부부가 호주 순방길에 들른 휴가지로도 이름을 알렸다. 메인 도로인 매크로산 스트리트Macrossan St 주변에는 보다 저렴한 숙소와 식당, 투어 업체가 모여 있다. 요트가 정박한 선착장 크리스털브룩 슈퍼요트 마리나Crystalbrook Superyacht Marina에서는 그레이트배리어리프행 크루즈가 출항한다. 케언스에서 팜코브와 하틀리 악어 농장까지 묶어서 당일로 여행하기에 적당한 곳이다.

📍 **지도** P.220 **가는 방법** 케언스에서 80km, 자동차로 1시간

ℹ️ **Visit Port Douglas & Daintree**
주소 8/40 Macrossan St, Port Douglas QLD 4877 **문의** 07 4099 4588
운영 08:30~17:00 **휴무** 주말 **홈페이지** visitportdouglasdaintree.com

바다악어를 만나다!
하틀리 악어 농장

포트더글러스로 가는 길목에 하틀리 악어 농장이 있어요. 배 안에서 사육사가 악어에게 먹이를 던져주는 생생한 모습을 관찰할 수 있는 보트 투어의 인기가 높습니다. 코알라, 화식조, 캥거루 등을 볼 수 있는 작은 동물원도 겸하고 있어요.
주소 Hartley's Crocodile Adventures, Captain Cook Hwy, Wangetti QLD 4877 **운영** 08:30~17:00 **요금** $47.45
홈페이지 crocodileadventures.com

03 팜코브
Palm Cove

완벽한 남태평양의 모습

지명 그대로 야자수가 많아 남태평양의 정취가 물씬 풍기는 레저 타운이다. 언덕 위에서 행글라이딩에 도전하거나 카약을 타고 바다를 누벼도 좋다.

매월 첫째 일요일에는 해안 산책로인 윌리엄스 에스플러네이드Williams Esplanade에서 팜코브 마켓이 열린다. 크고 작은 카트 130여 개가 모이는 꽤 큰 규모로, 작은 지역 축제 같다. 케언스와 다르게 천연 모래사장이 있고, 각종 투어 요금과 숙소 비용이 저렴하다는 점도 팜코브를 방문할 좋은 이유가 된다. 팜코브 제티Palm Cove Jetty에서부터 시작되는 해변은 남쪽의 클리프턴 비치Clifton Beach까지 아름다운 곡선을 그리며 이어진다.

📍 **지도** P.220
가는 방법 케언스에서 30km, 자동차로 30분
주소 Williams Esplanade, Palm Cove QLD 4879
홈페이지 tourismpalmcove.com

04 데인트리 국립공원
Daintree National Park

지구에서 가장 오래된 열대우림

데인트리 국립공원 중심에는 장장 140km 길이의 데인트리강이 흐르고 강 유역을 따라 늪지와 습지가 계속된다. 이곳 생태계에서 기원한 호주 유대류는 원시 상태와 가장 가까운 종으로 진화 연구의 중요한 자산이며, 나무타기캥거루 등 희귀 동물과 조류가 많아 유네스코 세계자연유산으로 지정되었다. 인간의 발길이 거의 미치지 못하는 케이프 트리뷸레이션Cape Tribulation 쪽 해변에는 화식조가 자주 출몰한다. 총면적 1200km²의 광활한 국립공원은 대부분 오지라 가기 어려우나 그 중 비교적 찾아가기 쉬운 곳이 데인트리강 남쪽의 모스만 협곡이다. 작은 마을도 있고 여행자를 위한 편의 시설도 갖췄다. 다채로운 빛깔의 야생 앵무새가 반겨주는 밀림의 생태계를 만나보고 싶다면 방문해보자.

📍 **지도** P.220 **가는 방법** 케언스에서 77km, 자동차로 2시간

ℹ️ **Mossman Gorge Cultural Centre**
주소 212r Mossman Gorge Rd, Mossman Gorge QLD 4873 **문의** 07 4099 7000 **운영** 08:00~18:00
요금 셔틀버스 $14.50 ※방문 전 전화 또는 비지터 센터에서 운행 여부 확인 **홈페이지** mossmangorge.com.au

데인트리 국립공원의 오아시스
모스만 협곡 정글 탐험하기

모스만 협곡Mossman Gorge은 9000년 동안 원주민 쿠쿠 얄란지Kuku Yalanji 부족의 근거지였다. 계곡이 흐르는 협곡 중심부로 들어가려면 비지터 센터를 겸하는 문화센터에 차를 주차하고 셔틀버스로 갈아타야 한다. 모스만강으로 흘러가는 렉스 크리크Rex Creek는 물놀이를 즐기는 사람들을 항상 볼 수 있을 정도로 맑고 깨끗한 계곡이다. 다만 갑작스럽게 폭우가 내려 강 수위가 급격하게 상승할 수도 있으니 비지터 센터의 안내를 따르도록 한다. 계곡 주변으로는 270m 남짓의 짧은 구간부터 2.4km의 긴 구간까지 여러 갈래의 트레킹 코스가 있다. 원주민의 환영 의식으로 시작하는 문화 체험 워킹 투어(Dreamtime Walks)에 참여하려면 홈페이지에서 예약하거나 비지터 센터에서 신청하면 된다. 물론 투어를 신청하지 않고 스스로 걸어서 찾아다니며 구경할 수도 있다. 모스만 협곡 진입로에 자리한 모스만 마을에는 마트와 주유소가 있으니 협곡으로 들어가기 전에 주유도 하고 먹거리도 준비하자. 매주 토요일에는 작은 벽돌 건물인 세인트데이비드 교회 Saint David's Church 앞 공터에서 작은 시장이 열린다.

수영이 가능한 렉스 크리크

나무 위에 서식하는 룸홀츠나무타기캥거루

양치식물로 뒤덮인 모스만의 레인트리

토요일에 열리는 모스만 마켓

그레이트배리어리프

▶ 퀸즐랜드 북부 기차 노선도 P.173

Road Trip

어드바이스

아열대기후인 퀸즐랜드에서는 11~4월을 우기로 분류하는데, 특히 12~2월 사이에 집중적인 폭우가 내린다. 바다 수영이 가능한 6~9월이 성수기이며 산호 산란기인 11월과 거북 산란기인 11~3월에는 특별한 경험이 가능하다. 독성 해파리가 출몰하는 10~5월에는 보호 장비를 갖춰야 물에 들어갈 수 있다.

홈페이지 greatbarrierreef.org

가는 방법

케언스에서 브리즈번까지는 약 1700km로 동부 해안을 따라 호주 1번 도로(A1 도로)와 철도가 연결된다. 다만 그레이트배리어리프를 제대로 경험하려면 먼바다로 나가야 한다. 가장 먼저 가보고 싶은 섬을 고른 다음 거점으로 삼을 도시 또는 타운에 2~3일 머물면서 투어에 참여한다. 투어업체에서 숙소 픽업 & 드롭을 해줘 개인 차량이 없어도 다닐 수 있다.

산호초 바다를 만나러 가는 길
그레이트배리어리프
GREAT BARRIER REEF

퀸즐랜드 해안 전역 2300km에 걸쳐 900개 이상의 섬과 3000여 개의 산호초로 이루어진 그레이트배리어리프(대보초大堡礁)를 여행한다는 것은 대자연의 축복을 향유하는 것과 같다. 바닷속으로 뛰어들어 화려한 빛깔의 산호와 열대어, 돌고래, 바다거북 사이를 헤엄치며 평생 잊지 못할 추억을 남길 수 있다. 케언스에서 선샤인코스트까지 가는 동안 다양한 매력을 발산하는 소도시와 해변 마을을 만나고, 아름다운 섬으로 여행을 떠나보자. 록햄프턴을 지나게 된다면 남회귀선 기념비에서 인증샷을 남길 것!

ROUTE

케언스 출발
347km, 4시간 30분

01 타운즈빌

275km, 3시간 30분

02 에얼리비치

480km, 5시간 30분

03 록햄프턴

280km, 3시간 30분

04 번더버그

110km,
1시간 30분

05 허비베이

65km, 1시간

06 선샤인코스트

74km, 1시간

브리즈번 도착

지도 레이블:
Cape York
Cooktown
Kuranda
Cairns
그레이트배리어리프
마그네틱 아일랜드
타운즈빌
휘트선데이 아일랜드
에얼리비치
Mt Isa
Longreach
록햄프턴
프레이저 아일랜드
번더버그
QLD
허비베이
Charleville
선샤인코스트
Brisbane
NSW
Gold Coast
0   400km

TIP

퀸즐랜드의 지역 구분은 남회귀선을 기준으로 한다. 중간 지점인 록햄프턴Rockhampton과 내륙 지대는 센트럴퀸즐랜드, 좀 더 북쪽의 타운즈빌Townsville은 노스퀸즐랜드, 케언스를 포함하며 최북단의 요크곶까지 파 노스퀸즐랜드다. 인구의 절반 이상이 브리즈번과 골드코스트가 있는 사우스퀸즐랜드, 이스트퀸즐랜드에 모여 산다. 그 외 지역은 개발되지 않은 자연 그대로의 상태이거나 광산과 농경지가 많다.

타운즈빌
Townsville

마그네틱 아일랜드로 가는 길목

타운즈빌 일대는 연평균 300일간 맑은 날씨인 사바나기후가 특징이다. 파인애플, 망고 같은 열대 과일 농장이 많아서 워킹홀리데이로 호주를 갈 경우 한 번쯤 눈여겨보게 되는 지역이다. 타운즈빌은 아연, 구리, 니켈 제조업이 발달한 인구 17만 명의 상업 도시다. 마그네틱 아일랜드와 가까워 관광산업이 활발하고 저렴한 백패커스부터 리조트까지 숙소도 충분하다. 메인 도로인 플린더스 스트리트Flinders St에 비지터 센터와 수족관(Reef HQ Aquarium), 쇼핑센터 등 편의 시설이 모여 있다.

가는 방법 케언스에서 350km ※타운즈빌 공항(공항 코드 TSV)도 있음

ⓘ Townsville Visitor Information Centre
주소 340 Flinders St, Townsville City QLD 4810 **문의** 07 4721 3660
운영 09:00~17:00(주말 13:00까지)
홈페이지 townsvillenorthqueensland.com.au

빌라봉 동물 보호구역
Billabong Sanctuary

퀸즐랜드의 생태계를 재현해놓은 동물 보호구역. 시간대별로 동물에게 먹이를 주는 프로그램이 다양하고, 중앙의 큰 연못을 포함해 동물이 서식하는 공간이 상당히 넓다. 보통 오전에는 캥거루·코알라·화식조 먹이 주기, 오후에는 악어 먹이 주기 프로그램을 진행한다.

가는 방법 타운즈빌 남쪽으로 17km **주소** 2 Muntalunga Dr **운영** 09:00~16:00
요금 $50(기념사진 별도) **홈페이지** www.billabongsanctuary.com.au

프로스티 망고
Frosty Mango

1989년부터 케언스와 타운즈빌을 오가는 길인 브루스 하이웨이Bruce Hwy의 휴게소 역할을 해온 카페. 무더운 날씨에 지친 몸과 마음을 열대 과일 아이스크림과 스무디로 달래보자. 식사가 될 만한 간단한 스낵, 망고 잼도 판매한다. 잠시 과수원을 구경할 수도 있다.

가는 방법 타운즈빌 북쪽으로 70km **주소** 1 Bruce Hwy **운영** 09:00~17:00
홈페이지 frostymango.com.au

산과 바다가 어우러진 낙원

마그네틱 아일랜드 Magnetic Island

총면적 52km² 중 70% 이상이 국립공원과 자연 보호구역이며 호스슈Horse Shoe, 아케이디아Arcadia, 피크닉베이Picnic Bay, 넬리베이Nelly Bay 등 4개 마을에 약 2500명이 거주한다. 주변 섬과 달리 유칼립투스가 자라는 산악 지형이라는 점이 독특하다. 1770년 캡틴 쿡이 이 지역을 항해하던 도중 나침반이 자기의 영향을 받았다는 데에서 마그네틱 아일랜드로 불리게 됐다. 타운즈빌에서 마그네틱 아일랜드의 넬리베이까지는 바닷길로 8km 거리다. 페리는 오전 6시부터 오후 6시까지 섬을 왕복하는데, 공휴일이나 기상이 안 좋은 날에는 운항 스케줄이 변경되니 현장에서 확인해야 한다. 자동차를 싣고 갈 수 있는 카 페리와 일반 승객용 페리는 운영 업체가 다르고 출발 장소도 다르다.

일반 승객용 페리
Passenger Ferry

요금 성인 1인 왕복 $39
출발 장소 Breakwater Termina
소요 시간 20분(약 30분 간격 운행)
홈페이지 sealinkqld.com.au

카 페리
Car Ferry

요금 차량 1대 $244.20(피크 타임 기준)
출발 장소 42 Ross St, South Townsville
소요 시간 40분(1일 6~8회 운행)
홈페이지 magneticislandferries.com.au

알아두면 좋은 섬 투어 정보

페리 터미널에서 내려 일반 버스(sunbus.com.au)를 타고 섬을 둘러볼 수도 있지만, 해양 스포츠를 제대로 즐길 만한 해변은 대부분 보트로만 접근 가능해 투어를 이용하는 것이 낫다. 투어 요금은 5시간 기준으로 $150~180 정도다. 이용하는 업체에 따라 출발 장소와 픽업 옵션이 다르니 예약 시 확인한다.

아쿠아신 Aquascene
35년간 영업 중인 현지인 업체. 일반 보트를 타고 섬의 주요 장소에 가서 스노클링과 낚시를 즐긴다.
홈페이지 aquascenemagneticisland.com.au

빅 마마 세일링 Big Mama Sailing
10~12인승 요트를 탈 수 있다는 점이 특별하다. 출발 장소는 호스슈 또는 피크닉베이이며 타운즈빌에서 픽업하는 옵션도 있다.
홈페이지 bigmamasailing.com

에얼리비치
Airlie Beach

추천

휘트선데이 제도 여행의 출발 지점

그레이트배리어리프의 산호초가 파도를 막는 방파제 역할을 해 해역이 유난히 잔잔하고 안전한 천혜의 레저 타운이다. 휘트선데이 제도와 가장 가까운 육지라서 보통 시드니, 멜버른, 브리즈번 등에서 에얼리비치의 인근 공항으로 비행기를 타고 온다. 물론 케언스에서부터 자동차나 기차로도 갈 수 있는 거리이기 때문에 사계절 관광객이 끊이지 않는다. 타운 중심에는 바닷물을 필터링해 수영할 수 있도록 만든 인공 라군이 있고, 그 주변은 도보 관광이 가능하다. 휘트선데이 제도의 섬으로 가는 유람선이나 페리는 보통 에얼리비치 동쪽의 포트 오브 에얼리Port of Airlie 또는 서쪽의 코럴 시 마리나Coral Sea Marina에서 출발한다.

❶ **가는 방법** 케언스에서 622km, 휘트선데이 코스트 공항Whitsunday Coast Airport에서 38km, 프로서핀Proserpine 기차역에서 25km

ⓘ **Airlie Beach Tourism**
주소 277 Shute Harbour Rd, Airlie Beach QLD 4802 **문의** 07 4948 2888
운영 08:00~17:00 **홈페이지** tourismwhitsundays.com.au

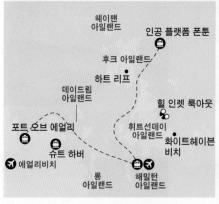

헤이맨 아일랜드

인공 플랫폼 폰툰

후크 아일랜드

하트 리프

데이드림 아일랜드

힐 인렛 룩아웃

포트 오브 에얼리

휘트선데이 아일랜드

슈트 하버

화이트헤이븐 비치

에얼리비치

롱 아일랜드

해밀턴 아일랜드

휘트선데이 제도의 숙소

휘트선데이 제도의 주요 편의 시설은 에얼리비치 또는 해밀턴 아일랜드에 있다. 투어업체의 픽업 서비스를 이용하려면 중심가 근처에 숙소를 정하는 것이 좋다.

해밀턴 아일랜드 리조트
Hamilton Island Resort

에얼리비치에서 페리로 1시간 거리인 해밀턴 아일랜드에 있는 럭셔리 리조트다. 메인 빌딩(리조트 센터)에서 여러 가지 액티비티 상품을 판매하고 전동 카트 버기를 대여해준다. 수영장이 있고 바로 앞 해변(Catseye Beach)에서는 리조트 이용객을 대상으로 다양한 프로그램을 진행한다. 페리 선착장에서 도보 5분 거리이며 무료 셔틀버스도 운행한다. 요금은 기본 객실인 리프 뷰 호텔Reef View Hotel이 $370 정도이고 주방과 발코니를 갖춘 팜 방갈로Palm Bungalow는 $400, 전용 수영장이 딸린 파빌리온Pavillions이나 비치 클럽Beach Club은 이보다 훨씬 비싸다.

유형 5성급 호텔 **주소** Hamilton Island Resort Centre
문의 07 4946 9999 **홈페이지** hamiltonisland.com.au

하버 코브
Harbour Cove

해밀턴 아일랜드행 페리가 출발하는 포트 오브 에얼리 앞의 아파트먼트형 호텔. 인공 라군까지는 도보 15분 거리이며 부대시설과 주변 환경이 깔끔하다.

유형 4성급 호텔 **주소** 28/30 The Cv Rd, Airlie Beach
문의 07 4919 7123 **홈페이지** harbourcove.com.au

더 호스텔 에얼리비치
The Hostel Airlie Beach

숙소 요금이 전반적으로 비싼 에얼리비치에서 가장 저렴하게 이용할 수 있는 도미토리형 숙소다. 인공 라군과 매우 가깝고 주변에 편의 시설이 충분하다.

유형 백패커스 **주소** 394 Shute Harbour Rd
문의 07 4946 6312 **홈페이지** thehostelairliebeach.com.au

휘트선데이 제도 BEST 4

에얼리비치에서 떠나는 환상의 섬 여행

휘트선데이 제도Whitsunday Islands는 퀸즐랜드 해안에서 55km가량 떨어진 곳에 74개의 섬으로 이루어진 군도(群島)다. 그중 리조트 시설이 들어선 섬은 4개뿐이고 공항은 해밀턴 아일랜드에만 있다. 나머지 섬은 인간의 발길이 닿지 않은 자연 그대로의 모습이다. 북반구의 하와이, 타히티와 비슷한 위도에 위치해 연중 기온 차이가 적은 열대기후다. 여름 최고 기온은 30℃, 겨울에도 23℃ 수준인 최고의 휴양지다. 사실상 개별 여행은 불가능하고 에얼리비치에서 출발하는 투어 상품을 이용하는 것이 유일한 방법이다.

#올모스트 파라다이스

휘트선데이 아일랜드 Whitsunday Island

휘트선데이 제도에 속한 74개 섬 중에서 면적(275.08km²)이 가장 넓은 무인도다. 호주 최고의 해변이라 불리는 화이트헤이븐 비치Whitehaven Beach가 있어 대부분의 투어업체가 일정에 필수로 포함시키는 곳이다. 이곳의 모래는 순도 98%의 실리카로 이루어져 눈부시도록 새하얗다. 열기를 가두지 않는 특성 덕분에 더운 날에도 모래 위를 걸으면 시원하게 느껴진다. 무릎 높이로 찰랑대는 투명한 바다에서 스노클링 등 가벼운 물놀이를 즐길 수 있다. 7km에 달하는 해변 북쪽 끝에는 흰 모래와 에메랄드빛 바다가 뒤섞여 오묘한 무늬를 그려내는 힐 인렛Hill Inlet(작은 만)이 있다. 조수 간만의 영향으로 시시각각 달라지는 신비로운 무늬를 보려면 텅 포인트 룩아웃Tongue Point Lookout에 올라간다. 헬리콥터나 경비행기를 타고 하늘 위에서 내려다볼 수도 있다.

홈페이지 hamiltonislandair.com

#남반구의 호놀룰루

해밀턴 아일랜드 Hamilton Island

투어업체를 이용하지 않고 개별 방문이 가능할 만큼 관광 인프라가 잘 갖춰졌다. 휘트선데이 제도의 섬 중에서 유일하게 공항이 있으며 리조트, 골프장, 동물원까지 있다. 섬 안에서는 전동 카트나 셔틀버스를 타고 원 트리 힐One Tree Hill 같은 전망 포인트를 비롯해 이곳저곳을 구경 다닌다. 크루즈 휘트선데이에서 하루 약 10회 에얼리비치에서 출발하는 페리를 운행한다.

홈페이지 cruisewhitsundays.com

#그레이트배리어리프의 보석
하트 리프 Heart Reef

화이트헤븐 비치의 힐 인렛과 더불어 그레이트배리어리프를 상징하는 하트 모양의 산호초. 상공에서 봐야 전체 모습을 볼 수 있기 때문에 헬리콥터 투어를 이용하는 것이 좋다. 바다 위에 띄운 인공 플랫폼 폰툰Pontoon에 잠시 상륙해 스노클링이나 스쿠버다이빙까지 즐기고 돌아오는 투어(Journey to the Heart Reef)는 해밀턴 아일랜드에서 출발한다.

홈페이지 hamiltonislandair.com

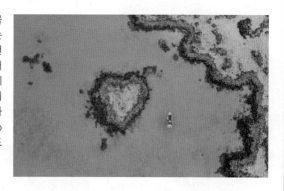

#환상적인 바다 체험
후크 아일랜드 Hook Island

인적이 드문 섬에 가보고 싶다면 그레이트배리어리프의 주요 섬 중에서 가장 북쪽에 있는 무인도 후크 아일랜드를 선택하자. 산호초와 가깝고 바다 색이 유난히 새파라서 스노클링과 스쿠버다이빙의 최적지로 손꼽힌다. 피오르드처럼 안쪽으로 움푹 들어가 있어 요트가 정박하기 좋은 나라 인렛Nara Inlet이나 열대어가 많은 만타레이 베이Mantaray Bay 등에 배를 띄워놓고 스노클링을 즐길 수 있다.

홈페이지 sailing-whitsundays.com

록햄프턴
Rockhampton

남회귀선 기념비에서 인증샷

남회귀선Tropic of Capricorn은 남위 23° 26′의 위선으로, 매년 12월 22일(동지) 무렵 태양이 이 지점에 도달한다. 이를 기준으로 남쪽은 온대, 북쪽은 열대로 나뉜다. 남회귀선의 실제 위치는 1년에 약 15m씩 북쪽으로 이동하는데, 위선에 걸쳐진 약 500km 범위 중간에 록햄프턴이 위치한다. 이 일대의 해안을 캐프리콘 코스트라고 부른다. 내륙 쪽으로 약 40km 지점에 남회귀선 기념비Tropic or Capricorn Marker가 서 있다. 높이 솟은 첨탑 좌우로 각각 온대temperate zone와 열대tropic zone가 표시되어 있다. 그 앞에서 인증샷을 남겨보자.

가는 방법 케언스에서 1070km, 브리즈번에서 639km
※록햄프턴 공항(ROK)과 록햄프턴 기차역 있음

ⓘ Explore Rockhampton Information Centre
주소 176 Gladstone Rd, Allenstown QLD 4700 **문의** 07 4936 8000
운영 09:00~17:00(남회귀선 기념비는 24시간)
홈페이지 explorerockhampton.com.au

남회귀선 열대

남회귀선 온대

번더버그
Bundaberg

호주 명물 탄산음료의 고향

일조량이 풍부해 사탕수수 농장이 많고 호주의 설탕 생산량의 20%를 차지하는 도시다. 자연스럽게 사탕수수를 원료로 하는 럼주와 음료수가 특산품이 되었다. 탄산음료를 예쁜 병에 담아 파는 호주 대표 음료수의 본사가 이곳에 있다. 국내에 수입하는 이 음료수의 브랜드명이 '번더버그'로, 그야말로 음료수 하나로 지역을 세계에 알린 셈이다. 커다란 통 모양을 한 번더버그 배럴에 가면 음료수 제조 공정을 견학하고 갖가지 맛의 음료를 시음할 수 있다. 사탕수수를 원료로 한 증류주 번디 럼Bundy Rum을 생산하는 번더버그 럼 양조장 투어도 가능하다.

번더버그와 가까운 몬 레포스Mon Repos 비치는 바다거북의 산란처로 유명하다. 매년 11~1월 사이에 바다거북이 찾아와 알을 낳고, 3월까지는 부화한 새끼 바다거북이 바다로 돌아간다. 정부에서 관리하는 보호구역이라 관찰 투어는 사전 예약이 필수다. 관찰 투어가 시작되는 오후 6시 30분 이전에 이곳에 도착할 수 있도록 시간을 조율해야 한다.

➡ 바다거북 관찰 투어 정보 1권 P.053

📍

가는 방법 브리즈번에서 351km, 틸트 트레인으로 4시간 30분

ℹ **Bundaberg Visitor Information Centre**
주소 36 Avenue St, Bundaberg East QLD 4670
문의 07 4153 8888 **운영** 09:00~16:00(일요일 단축 운영)
홈페이지 bundabergregion.org

• **번더버그 럼 양조장 Bundaberg Rum Distillery**
주소 Hills St **운영** 평일 09:00~17:00, 주말 10:00~16:00
요금 박물관+양조장 성인 $30(시음 포함), 어린이 $15(시음 제외) ※예약 필수
홈페이지 bundabergrum.com.au

• **번더버그 배럴 Bundaberg Barrel**
주소 147 Bargara Rd **운영** 월~토요일 09:00~16:00, 일요일 10:00~15:00
요금 일반 방문 무료, 투어 $20 ※예약 필수 **홈페이지** bundaberg.com

허비베이
Hervey Bay

고래 투어는 여기서

프레이저 아일랜드Fraser Island로 향하는 관문이며 '세계 고래 관찰의 수도'라 불리는 항구이자 레저 타운. 남회귀선 남쪽에 위치하며 여름에는 평균기온 30℃의 무더운 아열대기후이고, 겨울철에는 평균기온 15℃ 정도로 온화한 편이다. 프레이저 아일랜드가 방파제처럼 길게 바다를 가로막고 있어 허비베이 앞바다의 물결은 매우 잔잔하고 수심이 얕다. 바다 쪽으로 길게 뻗은 우랑간 피어Urangan Pier 주변으로 수많은 업체가 자리해 고래 크루즈와 프레이저 아일랜드행 투어 상품을 판매한다. 매주 수요일과 토요일 오전 7시~오후 1시에는 우랑간 피어 마켓이 열린다.

가는 방법 브리즈번에서 285km, 기차 Maryborough West역에서 하차해 버스(Railbus Coach)로 환승, 또는 장거리 버스로 약 5시간 30분
※허비베이 공항(공항 코드 HVB) 있음

ⓘ **Hervey Bay Visitor Information Centre**
주소 227 Maryborough Hervey Bay Rd, Urraween QLD 4655
문의 1800 811 728 **운영** 09:00~17:00 **홈페이지** visitfrasercoast.com

◀ TRAVEL TALK ▶

혹등고래를 볼 수 있는 기회!

혹등고래가 허비베이 인근을 지나는 시기는 7월 중순부터 11월 중순까지로, 이때가 수많은 관광객이 몰려오는 본격적인 성수기예요. 혹등고래를 목격할 확률이 가장 높은 시기는 8월 말에서 10월 초까지입니다. 투어 상품을 선택할 때는 고래를 못 보고 돌아올 경우 무료 탑승인 옵션이 있는지 확인해보세요. 요금은 보통 $150~180예요. 바다가 잔잔해야 고래의 움직임이 잘 보이고 멀미가 덜하기 때문에 오전 시간대 투어를 선택하는 것이 좋습니다.

투어업체
• **Hervey Bay Whale Watch** 홈페이지 herveybaywhalewatch.com.au
• **Freedom Whale Watch** 홈페이지 freedomwhalewatch.com.au
• **Spirit of Hervey Bay** 홈페이지 www.spiritofherveybay.com

선샤인코스트
Sunshine Coast

추천

햇살 가득한 서핑 명소

브리즈번과 가까운 북쪽 해안 지역인 선샤인코스트에는 주말이면 해수욕과 서핑을 즐기려는 인파가 몰려든다. 가장 유명한 동네는 누사헤즈 Noosa Heads다. 곶 아래쪽은 파워풀한 파도가 쉴 새 없이 밀려오는 세계적인 서핑 명소다. 아이들과 동행한 경우나 초보 서퍼라면 구조 요원이 배치된 누사헤즈 메인 비치를 이용한다. 해변과 가까운 쇼핑가 헤이스팅스 스트리트Hastings St는 스타일리시한 상점과 노천카페, 레스토랑으로 가득하다. 매주 수요일과 토요일에 열리는 유먼디 마켓Eumundi Markets은 1979년부터 이어져온 지역민들의 소통 창구이자 문화 장터다. 200여 개의 천막 아래 각종 공예품과 미술 작품, 가구, 장난감, 로컬 푸드까지 즐길거리가 많다.

가는 방법 브리즈번에서 74km, 브리즈번 센트럴 기차역에서 남보르Nambour역까지 1시간 50분, 또는 트랜스링크TransLink 버스를 이용해 각 도시와 마을 방문 가능

❶ Noosa Visitor Information
주소 61 Hastings St, Noosa Heads QLD 4567
문의 07 5430 5000 **운영** 09:00~17:00 **홈페이지** visitsunshinecoast.com

TIP
선샤인코스트 추천 경로
브리즈번(74km) →
오스트레일리아 동물원(40km) →
진저 팩토리(12km) →
유먼디 마켓(20km) → 누사헤즈

오스트레일리아 동물원 *Australia Zoo*

브리즈번 도심에 있는 론파인 코알라 보호구역이 호주 토종 동물에 특화된 곳이라면, 이곳은 거기에 호랑이와 악어까지 볼 수 있는 선샤인코스트의 대표적인 동물원이다. 이틀짜리 입장권을 별도로 판매할 정도로 면적이 광활하다.

 주소 1638 Steve Irwin Way,Beerwah, QLD 4519 **운영** 09:00~17:00
요금 기본 $72부터 **홈페이지** australiazoo.com.au

진저 팩토리
The Ginger Factory

원래 품질 좋은 생강으로 유명한 농장을 테마파크처럼 아기자기하게 꾸며 인기를 얻었다. 생강으로 만든 각종 제품과 직접 만든 진저 브레드를 맛볼 수 있다. 옛날 사탕수수 농장에서 운행하던 기차도 타볼 수 있어 아이들과 함께하는 가족 여행이라면 추천할 만하다.

 주소 50 Pioneer Rd, Yandina QLD 4561
운영 09:00~17:00
요금 입장 무료, 기차 $11.50(4세 미만 무료)
홈페이지 gingerfactory.com.au

글라스하우스산맥 룩아웃
Glass House Mountains Lookout

브리즈번을 벗어나 A1 도로를 달리다 보면 글라스하우스산맥 룩아웃 방향을 가리키는 표지판이 보인다. 화산활동의 결과로 생성된 글라스하우스산맥의 최고봉 마운트 비어와Mount Beerwah(해발 556m)를 비롯해 10여 개의 산봉우리가 솟아오른 광경이 독특하다.

 주소 Glass House Woodford Rd, Beerburrum QLD 4517
운영 24시간 **요금** 무료

NATURE TRIP

세계에서 가장 큰 천상의 모래섬

프레이저 아일랜드
FRASER ISLAND

그레이트배리어리프 최남단에 있는 세계 최대의 모래섬. 1992년 유네스코 세계자연유산에 등재되었다.
총면적 1840km² 중 약 절반에 해당하는 섬 북쪽 지역은 그레이트 샌디 국립공원의 일부다.
120km의 해변에서 사륜구동 차량을 타고 질주하거나 원시림 속 계곡과 맑은 호수에서 수영을 하는 등
특별한 경험이 가능한 곳이다. 원주민은 이곳을 천국이라는 뜻의 '가리K'Gari'라고 불렀다.
영문 지명은 1836년 이 섬에 표류했다가 극적으로 생환한 난파선 선장의 부인 엘리자 프레이저의 이름에서 유래했다.

프레이저 아일랜드 📍

ℹ️ **K'gari Beach Resort**
위치 유롱(프레이저 아일랜드에서 가장 큰 마을)
주소 Beach Resort, K'gari, Eurong QLD 4581
문의 07 4120 1600 **운영** 24시간
홈페이지 parks.des.qld.gov.au/parks/kgari-fraser

✅ 프레이저 아일랜드의 사구는 뉴사우스웨일스 고원지대의 모래가 해안으로 밀려와 퇴적되었다가 다시 바람에 날리면서 형성되었다. 현재도 퇴적작용이 진행 중이며 가장 높은 것은 244m의 마운트 보와라디Mount Bowarrady다.

프레이저 아일랜드 실전 여행

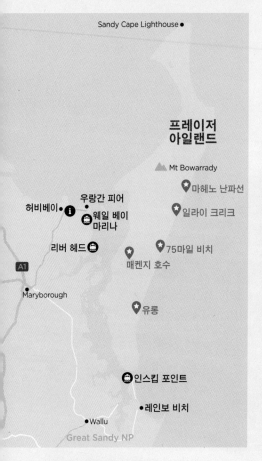

Sandy Cape Lighthouse •

프레이저
아일랜드

Mt Bowarrady

마헤노 난파선

우랑간 피어
웨일 베이 마리나
허비베이 •
일라이 크리크

리버 헤드

A1

75마일 비치
매켄지 호수

Maryborough

유롱

인스킵 포인트

레인보 비치

Wallu

Great Sandy NP

ACCESS

● 허비베이에서 당일 투어로 가기

섬 전체가 모래로 뒤덮여 사륜구동 차량만 다닐 수 있고 위험 지역도 많다. 가장 안전하고 보편적인 방법은 허비베이에서 출발하는 투어업체의 상품을 이용하는 것이다.

스피릿 오브 허비베이 Sprit of Hervey Bay

고래 크루즈와 프레이저 아일랜드 투어를 운영하는 여행사. 두 가지를 하루 단위로 번갈아가며 운영하는 패키지 상품도 있다.
언어 영어 **요금** $273부터
홈페이지 www.spiritofherveybay.com

선로버 Sunrover

브리즈번에서 출발하며 식사와 숙박까지 제공하는 패키지 투어업체.
언어 영어 **요금** $500부터 **홈페이지** www.sunrover.com.au

● 개인 차량으로 가기

사륜구동 차량으로 간다고 해도 철저한 사전 준비가 필요하다. 먼저 퀸즐랜드에서 발급하는 차량 허가증 Vehicle Access Permits(VAP)이 필요하다. 섬에는 편의 시설이 거의 없으니 당일 여행이 아닌 이상 미리 숙소도 정해야 한다. 캠핑장을 이용하려면 캠핑 퍼밋을 받아야 한다. 프레이저 아일랜드행 카 페리는 그레이트 샌디 국립공원과 가까운 인스킵 포인트 또는 허비베이 인근의 리버 헤드에서 출발한다.

차량 허가증 발급처

요금 VAP $57.80(1개월 유효),
Camping Permit 장소 및 사용 장비에 따라 요금 책정
홈페이지 qpws.usedirect.com/qpws

인스킵 포인트 카 페리

위치 레인보 비치(그레이트 샌디 국립공원)에서 14km
주소 Inskip Point
운행 06:00~17:00(현장 매표)
요금 왕복 $140(탑승 인원 포함)
홈페이지 mantarayfraserislandbarge.com.au

리버 헤드 카 페리

위치 허비베이에서 19km **주소** River Heads Ferry Terminal
운행 30~50분 간격 ※예약 필수
요금 왕복 $205~230(운전자 외 인원 추가 요금)
홈페이지 fraserislandferry.com.au

75마일 비치
Seventy Five Mile Beach

스릴 넘치는 해변 드라이브

사륜구동 차량을 타고 질주하는 특별한 드라이브가 가능한 120km의 광활한 해변이다. '호주의 유일한 해변 고속도로'라는 낭만적인 별명이 붙었다. 경비행기가 이착륙하는 활주로로 활용할 정도로 모래사장이 넓고 단단하다. 그러나 해변을 달리다 타이어가 구덩이에 빠지기도 하고, 갑작스럽게 조수가 밀려와 차량이 침수되거나 조난당할 우려가 있다. 아울러 앞바다는 파도가 거세고 상어까지 출몰해 수영에는 적합하지 않다. 이러한 잠재적 위험 요소 때문에 투어업체 이용을 권장한다.

위치 섬 동쪽 해안 전체

마헤노 난파선
Maheno Shipwreck

아이콘이 된 난파선

파도가 밀려오는 해변에 덩그러니 남겨진 녹슨 철골은 프레이저 아일랜드를 소개하는 사진에 자주 등장하는 난파선이다. 전 세계를 누비던 5000톤급 유람선 마헤노호가 수명을 다한 뒤 철강 고물로 팔려 일본으로 예인해 가던 중 1935년 7월 7일 강력한 사이클론을 만나 섬으로부터 80km 지점에서 유실되었다가 7월 10일 이곳에서 발견되었다. 배를 다시 띄우려고 시도했으나 실패하고 그대로 방치한 것이 오늘날 섬을 상징하는 아이콘으로 남았다.

가는 방법 섬 동쪽 해피밸리에서 15km

매켄지 호수
Lake Mckenzie

맑고 투명한 빗물 호수

길이 1200m, 너비 930m 규모의 매켄지 호수는 외부에서 물이 유입되거나 지하수로 생성된 것이 아니라 오직 빗물로만 채워진 민물 호수다. 호수 주변의 모래는 휘트선데이 제도의 해변처럼 순수한 실리카 결정으로 이루어져 매우 부드럽기 때문에 모래 위를 편안하게 걸을 수 있다. 이 고운 모래가 필터 역할을 하면서 부유물과 염분이 전혀 없는 맑고 투명한 호수를 유지하는 것이다. 바닥의 모래와 유기 물질이 막을 형성해 호수가 마르는 것을 방지하며, 물이 지나치게 맑아 일부 생물은 서식하지 못하는 수준이라고 한다. 놀랍도록 파랗고 투명한 호수에서 수영을 할 수 있으니 수영복을 꼭 챙기자.

❶
위치 섬 중심부

◤ TRAVEL TALK ◢

프레이저 아일랜드의 생태계

프레이저 아일랜드는 모래 위에 원시 상태의 열대우림이 존재하는 세계에서 유일한 지역이에요. 약 2만 년 전 해수면의 상승 작용으로 인해 섬으로 변했기 때문에 독특한 생태계를 이루고 있어요. 히스 관목, 늪지대에서 자라는 맹그로브 숲, 퀸즐랜드 남동부 해안에서만 볼 수 있는 월룸wallum 덤불 지대, 유칼립투스 삼림까지 다양한 식물군이 골고루 자생하고 있어요. 그뿐만 아니라 가시두더지, 포섬, 왈라비 등 25종의 포유류가 서식하며, 호주 동부에서는 유일하게 순종 딩고(호주 들개)의 혈통이 보존된 지역으로 알려져 있어요. 섬의 해변이나 우림 지대에 180~220마리 정도의 딩고가 사는데, 사람을 공격하는 경우가 간혹 있어서 산책할 때 주의해야 해요. 또 먹이를 주거나 음식물을 방치하는 행위는 불법이에요.

260

일라이 크리크
Eli Creek

자연이 만든 워터파크

섬 동쪽 해안에서 가장 큰 계곡으로, 시간당 400만 리터의 물을 바다로 흘려보낸다. 75마일 비치에서부터 섬 깊숙한 곳까지 보드워크가 설치되어 있다. 물길을 따라 열대 관목이 우거진 숲길을 산책하거나 계곡에서 수영을 할 수 있다. 그 밖에도 섬에는 왕굴바 크리크Wanggoolba Creek 등 맑은 물이 흐르는 계곡이 많다. 숲속 캠핑장인 센트럴 스테이션Central Station을 기점으로 여러 장소를 둘러보는 투어 상품을 이용하면 편리하다.

위치 75마일 비치 안쪽

유롱
Eurong

평화로운 리조트 타운

'유롱'은 '레인 포레스트'를 뜻하는 원주민 언어다. 1927년 무렵 벌목을 위해 조성한 마을이었으나 현재는 관광업이 주요 산업으로 식료품점, 주유소, 기념품 숍, 베이커리, 리조트 등을 운영한다. 섬 주민은 1600명 남짓인데 대부분 동쪽 해안에 거주한다. 해피밸리를 제외하면 편의 시설이 거의 없기 때문에 섬에서 하루 이상 머무르는 경우는 대부분 섬에서 가장 큰 마을인 유롱 또는 서쪽의 킹피셔 베이 리조트Kingfisher Bay Resort에서 숙박한다.

위치 섬 동쪽

INDEX

☑ 가고 싶은 도시와 관광 명소를 미리 체크해보세요.

팔로우 호주

시드니 · 브리즈번 · 멜버른 · 퍼스

제이민 지음

Travelike

《팔로우 호주》
지도 QR코드 활용법

QR코드를 스캔하세요.
구글맵 앱 '메뉴-저장됨-
지도'로 들어가면 언제든지
열어볼 수 있습니다.

1 스마트폰으로 오른쪽 상단의 QR코드를 스캔합니다. 연결된 페이지에서 원하는 지역을 선택합니다.

2 선택한 지역의 지도로 페이지가 이동됩니다. 화면 우측 상단에 있는 ⊡ 아이콘을 클릭합니다.

3 지도가 구글맵 앱으로 연동되고, 내 구글 계정에 저장됩니다. 본문에 소개된 장소들의 위치를 확인할 수 있습니다.

호주 남부 멜버른을 기준으로 태즈메이니아와 애들레이드를 거쳐
서부 퍼스, 북부 다윈, 대륙 중앙의 울루루까지 시계 방향으로 구성했습니다.

• **주 이름 찾는 법**
페이지 오른쪽 상단에 해당
주의 약어를 표기해 쉽게
찾아볼 수 있게 했습니다.
내비게이션으로 길을
안내할 때 약어를 알아두면
편리합니다.

• **대도시는 존(ZONE)으로 구분**
볼거리가 많은 대도시는 존으로
나눠 핵심 명소와 연계한 주변
볼거리를 한눈에 파악할 수
있게 구성했습니다. 추천 코스
를 참고해 하루 일정을 짜면
효율적인 여행이 가능합니다.

• **놓치지 말아야 할 관광 포인트**
핵심 볼거리는 매력적인
테마 여행법으로 세분화하고
풍부한 읽을거리, 사진, 지도
등과 함께 소개해 더욱 알찬
여행을 할 수 있습니다.

• **믿고 보는 맛집 정보**
상업 스폿의 위치와 유형,
주메뉴, 장·단점을 요약
정리했습니다.
위치 해당 장소와 가까운 지역
유형 유명 맛집, 로컬 맛집,
신규 맛집 등으로 분류
주메뉴 대표 메뉴나 인기 메뉴
☺ ☹ 좋은 점과 아쉬운 점에
대한 작가의 견해

• **NATURE TRIP**
호주 특유의 자연을 경험할
수 있는 국립공원과 섬
여행법을 소개합니다.
주요 볼거리와 꼭 알아야 할
여행 팁을 짚어줍니다.

• **ROAD TRIP**
주요 스폿 간 거리와 이동
시간을 한눈에 파악할 수
있는 개념 지도를 함께
구성했습니다. 자동차 여행에
참고하기 좋은 정보입니다.

지도에 사용한 기호 종류									
관광 명소	공항	기차역	버스 터미널	페리 터미널	케이블카	비지터 센터	산	공원	뷰 포인트

약어 표기				
St ▸ Street	**Ave** ▸ Avenue	**Blvd** ▸ Boulevard	**Ln** ▸ Lane	**Dr** ▸ Drive
Hwy ▸ Highway	**Mt** ▸ Mount	**NP** ▸ National Park	**Nat'l** ▸ National	**St** ▸ Saint

호주 전도

0 ━━━━ 360km

티모르해
Timor Sea

다윈 ✈
Darwin

카카두 국립공원
Kakadu National Par

벙글 벙글(푸눌룰루 국립공원)
Bungle Bungle(Purnululu National Park)

브룸
Broome

닝갈루 리프 ●
Ningaloo Reef

노던
테리토리
NORTHERN
TERRITORY(N

웨스턴오스트레일리아
WESTERN AUSTRALIA(WA)

앨리스
스프링스
Alice Spring

●울루투
Uluru

● 샤크 베이
Shark Bay

인도양
Indian Ocean

● 피너클스(남붕 국립공원)
Pinnacles(Nambung National Park)

사우스
오스트레일
SOUTH AUST
(SA)

● 퍼스 ✈
Perth

● 에스페란스
Esperance

그레이트오스트레일리아만
Great Australian Bight

데인트리 국립공원
Daintree National Park

케언스 ✈
Cairns

에얼리비치 •
Airlie Beach

그레이트배리어리프
Great Barrier Reef

퀸즐랜드
QUEENSLAND(QLD)

브리즈번 ✈
Brisbane

남태평양
Pacific Ocean

래밍턴 국립공원 •
Lamington National Park

골드코스트
Gold Coast

바이런베이
Byron Bay

버 페디
ber Pedy

헌터밸리
Hunter Valley

뉴캐슬
Newcastle

뉴사우스웨일스
NEW SOUTH WALES(NSW)

블루마운틴 •
Blue Mountains

시드니 ✈
Sydney

캔버라
Canberra

저비스베이
Jervis Bay

애들레이드 ✈
Adelaide

캥거루 아일랜드
Kangaroo Island

빅토리아
VICTORIA(VIC)

멜버른 ✈
Melbourne

마운트갬비어 •
Mount Gambier

질롱 •
Geelong

필립 아일랜드
Phillip Island

태즈먼해
Tasman Sea

바스해협
Bass Strait

데번포트
Devonport

태즈메이니아
TASMANIA(TAS)

호바트 ✈
Hobart

007

벤디고
BENDIGO

P.098

비치워스
BEECHWORTH

P.101

P.092

그램피언스 국립공원
GRAMPIANS NATIONAL PARK

P.094

멜버른(주도)
MELBOURNE

P.010

그레이트
알파인 로드
GREAT ALPINE ROAD

P.058

단데농 & 야라밸리
DANDENONG & YARRA VALLEY

그레이트 오션 로드
GREAT OCEAN ROAD

P.076

P.064

P.068

필립 아일랜드
PHILLIP ISLAND

모닝턴반도
MORNINGTON
PENINSULA

시드니
SYDNEY

FOLLOW

빅토리아
VICTORIA

호주 남동부 해안의 빅토리아주는 다른 주에 비해 면적은 작지만 호주에서 가장 풍요롭고 살기 좋은 환경을 갖췄다. 남쪽 해안선을 따라 펼쳐진 그레이트 오션 로드, 고래가 새끼를 낳으러 찾아오는 워남불, 리틀펭귄과 물개가 서식하는 필립 아일랜드, 증기기관차가 협곡을 달리는 단데농 국립공원, 캥거루와 왈라비가 뛰노는 그램피언스 국립공원, 호주의 알프스라 불리는 그레이트 알파인 로드, 대평원 위의 그림 같은 와이너리까지 볼거리가 무궁무진하다. 그 모든 여행의 거점이 되는 멜버른은 패션, 예술, 스포츠, 음식 등 다방면에서 풍부한 문화 인프라를 갖춘 대도시다.

캔버라
NBERRA

INFO ▷

인구	▷ 6,959,200명(호주 2위)
면적	▷ 227,444km²(호주 6위)

시차	▷ 한국 시간+1시간(서머타임 +2시간)
홈페이지	▷ visitvictoria.com(빅토리아주 관광청)

MELBOURNE

멜버른

원주민어 나름 NARRM

빅토리아주의 주도인 멜버른은 시드니와 함께 호주를 대표하는 도시다.
멜버른 중심을 가로지르는 야라강을 따라 20세기 초반에 지은 유럽풍 건물과 21세기의
첨단 빌딩이 조화를 이룬다. 세계적으로 권위를 인정받는 호주 오픈 테니스, F1 자동차 경주,
멜버른 컵 경마 대회 등 대형 스포츠 행사가 개최될 때마다 도시는 축제 분위기에 휩싸인다. 자로
잰 듯 직선으로 교차하는 대로변에서 골목 안으로 한 걸음만 옮기면 노천카페 테이블에 앉아
커피를 즐기는 사람들을 볼 수 있다. 특색 있는 골목은 물론 주민들이 즐겨 찾는 전통 마켓까지
구석구석 구경할 곳이 많다는 게 멜버른에서 보내는 매 순간이 즐거운 이유다. 거기에 하나 더!
자동차나 기차를 타고 조금만 나가면 빅토리아주의 풍요로운 자연에 파묻힐 수 있다.

쇼핑
아케이드

카페 골목

마켓

멜버른 컵

플린더스
스트리트

시티 서클 트램

그레이트
오션 로드

야라강

멜버른

Melbourne Preview
멜버른 미리 보기

멜버른은 천연 항인 포트 필립 베이Port Phillip Bay에서 야라강을 따라 5km 지점에 자리한다.
도시 한복판에 강이 흐르고, 크고 작은 정원이 많아서 자연과 조화로운 환경이다.
멜버른 CBD와 그 건너편 강변 남쪽까지를 중심가, 즉 시티 센터City Centre라 부르고 칼튼,
사우스멜버른, 세인트킬다 등 가까운 교외 지역은 이너 멜버른Inner Melbourne 또는 이너 서버브Inner
Suburbs로 구분한다. 교통 시스템이 서로 연계되어 있어 대중교통으로도 충분히 여행할 수 있다.

❶ 멜버른 CBD ➡ P.024
랜드마크인 플린더스 스트리트 기차역부터 칼튼 가든 사이의 번화가를 말한다. 지도의 노란색 선 안쪽 구역에서는 트램을 무료로 이용할 수 있다.

❷ 칼튼 ➡ P.033
이탈리아 이민자가 많이 거주하는 주택가이자 대학가다. 멜버른의 유명 카페와 맛집 중에는 이 동네에서 탄생한 것이 많다. 유네스코 세계문화유산인 칼튼 가든도 이 동네에 있다.

❸ 사우스뱅크 ➡ P.035
야라강 남쪽에 미술관과 박물관이 밀집한 문화 구역이다. 멜버른 CBD와는 여러 개의 다리로 연결되며 강폭이 좁아 걸어서 건널 수 있다. 강 하류는 사우스 워프South Wharf와 도클랜드Docklands로 이어진다.

❹ 세인트킬다 ➡ P.041
멜버른에서 트램을 타고 놀러 가기 좋은 해변 지역이다. 도시의 스카이라인이 멋지게 보이는 브라이튼 비치와도 가깝다.

❺ 사우스멜버른 & 프라란 ➡ P.042
두 지역 모두 살기 좋은 환경의 주택가로, 관광지는 아니지만 현지인 마켓을 구경하고 싶을 때 방문할 만한 곳이다.

'멜버른'은 외래어표기법에 따른 표기지만 Melbourne의 현지 발음은 '멜번'에 가까워요. 빠르게 발음하세요.

🔒 **Follow Check Point**

ⓘ Melbourne Visitor Hub
위치 페더레이션 스퀘어에서 도보 5분 **주소** 90-130 Swanston St, Melbourne VIC 3000
문의 03 9658 9658 **운영** 09:00~17:00 **홈페이지** kr.visitmelbourne.com

❄ 멜버른 날씨
멜버른은 시드니보다 전반적으로 평균기온이 낮고 비 오는 날이 많은 편이다. 여름에는 낮 기온이 30°C를 넘는 날도 있지만 일교차가 커 아침저녁으로는 선선한 바람이 불며 쾌적하다. 사계절이 뚜렷해 호주의 다른 지역과 달리 가을철에는 단풍이 들기도 하고, 겨울에는 빅토리아주 고지대에서 스키를 즐길 수 있다. 멜버른 도심에 눈이 내리는 일은 거의 없으나 체감온도가 낮아 한국의 초겨울 복장을 준비하는 것이 좋다. 추위를 많이 탄다면 쇼트 패딩이 유용하다.

계절	봄(9~11월)	여름(12~2월)	가을(3~5월)	겨울(6~8월)
날씨	⛅🌧	☀	⛅🌧	⛈
평균 최고 기온	20℃	25.5℃	20℃	14℃
평균 최저 기온	10℃	14℃	11℃	7℃

Melbourne **Best Course**

멜버른 추천 코스

커피 향과 함께 즐기는 낭만적인 도시 여행

멜버른에서는 정해진 여행 방법이 따로 없다. 낮에는 골목을 돌아다니면서 카페 투어를 하고, 저녁에는 강변이나 전망대에서 야경을 감상하다 보면 자연스럽게 일정이 마무리된다. 여행 계획을 세울 때 1일 차 일정은 트램을 무료로 이용할 수 있는 멜버른 CBD 안쪽으로 정해 교통비를 절약하고, 2~3일부터 범위를 넓혀나가는 게 좋다. 적어도 이틀은 호주의 자연을 만날 수 있는 근교로 여행을 떠나보자.

TRAVEL POINT

- **이런 사람 팔로우!** 카페 투어와 골목 여행이 취향이라면
- **여행 적정 일수** 도시 2일+근교 2~3일
- **주요 교통수단** 도보와 트램, 강변에서는 자전거 또는 스쿠터 이용
- **여행 준비물과 팁** 골목을 연결하는 쇼핑 아케이드 꼭 걸어보기
- **사전 예약 필수** 왕립 전시관 돔 투어, 빅토리아 왕립 식물원 펀팅, 필립 아일랜드 펭귄 퍼레이드, 테니스·경마 등 스포츠 경기

TRAVEL TALK

멜버른에서만 볼 수 있는 세기의 대결! 스포츠 빅 이벤트

멜버른 컵 Melbourne Cup

멜버른에서 1861년부터 개최해온 경마 대회 결승전이 매년 11월 첫째 주 화요일에 열려요. 빅토리아주는 이날을 공휴일로 지정할 만큼 중요한 대회입니다. 경기가 있는 날은 드레스코드에 맞춰 의상을 입는 것이 전통이며, 대회 장소인 플레밍턴 경마장은 물론이고 멜버른 전체가 축제 분위기에 휩싸여요. 성대한 퍼레이드와 다양한 행사가 열리는 이 기간은 멜버른 여행 성수기에 해당해요. ▶ 멜버른 컵 상세 정보 1권 P.064

오스트레일리아 오픈 Australia Open

1905년부터 매년 1월 멜버른에서 세계 4대 그랜드슬램 테니스 대회를 개최해요. 2018년에 대한민국 정현 선수가 본선 4강에 진출하면서 국내에서도 관심이 높아졌지요. 경기는 멜버른 파크Melbourne Park에서 열리며, 페더레이션 스퀘어 계단 앞에 대형 화면을 설치해 거리 응원도 펼쳐요.

홈페이지 ausopen.com

오스트레일리아 풋볼 리그 Australia Football League

매년 9월 호주의 겨울을 뜨겁게 달구는 풋볼 대회로, 결승전이 열리는 장소는 멜버른 크리켓 그라운드Melbourne Cricket Ground예요. 호주 최대 스타디움이자 크리켓 구장으로는 세계 최대 규모를 자랑해요. 1956년 멜버른 올림픽 주경기장으로도 사용했고요. 'The G'라는 애칭으로도 불려요.

홈페이지 afl.com.au

	DAY 1	DAY 2	DAY 3
	멜버른 중심가 둘러보기	**멜버니안의 일상 속으로!**	**가까운 바닷가 다녀오기**
오전	**페더레이션 스퀘어** • 세인트폴 대성당 • 호지어 레인(미사 골목) ▼ 도보 5분 🍴 영 & 잭슨 ▼ 트램 10분 **퀸 빅토리아 마켓** • 재래시장 구경 🍴 마켓 레인 커피	**칼튼 가든** • 왕립 전시관 돔 투어 • 멜버른 박물관 ▼ 도보 15분 🍴 DOC 피자	**멜버른 근교** **Option 1** 세인트킬다 ▼ 트램 40분 • 해변 산책 • 루나 파크 놀이공원 **Option 2** 필립 아일랜드 ▼ 자동차로 1시간 30분 • 펭귄 퍼레이드 • 물개 크루즈
오후	▼ 트램 7분 **버크 스트리트 몰** • 멜버른 GPO ▼ 도보 5~20분 **골목 산책** • 로열 아케이드 • 블록 아케이드 • 디그레이브스 스트리트 🍴 피다피포	▼ 트램 20분 **전쟁 기념관** ▼ 도보 15분 **빅토리아 왕립 식물원** • 펀팅 또는 애프터눈 티 ▼ 자전거 15분 **프린스 브리지**	**DAY 4~5** **해안 도로 따라 본격적인 로드 트립** **그레이트 오션 로드** • 12사도 바위 • 로크 아드 협곡
저녁	▼ 도보 15분 **멜버른 스카이데크** ▼ 도보 10분 🍴 트랜짓 루프톱 바	▼ 트램+도보 15분 **차이나타운** 🍴 마막	
기억할 것!	수요일이라면 퀸 빅토리아 마켓은 저녁에 방문할 것	빅토리아 국립 미술관이나 룸 멜버른 미술관도 있음	직접 운전해서 갈 경우 필립 아일랜드와 그레이트 오션 로드는 1박 2일 추천

➡ 맛집 · 쇼핑 정보 P.044

멜버른 들어가기

멜버른은 시드니를 경유해 가는 것이 일반적이다. 여행 일정이 충분하다면 시드니, 캔버라,
멜버른 등 호주 대표 도시를 자동차로 둘러보는 것도 좋다. 다만 거리가 상당하기 때문에
멜버른까지는 비행기를 이용하고 자동차로 근교를 여행하는 것이 시간을 절약하는 방법이다.

멜버른-주요 도시 간 거리 정보

멜버른 기준	거리	자동차	비행기
그레이트 오션 로드	226km	3시간	–
애들레이드	732km	9시간	1시간 25분
호바트	780km	16시간(페리 탑승)	1시간 15분
시드니	872km	9시간	1시간 30분

비행기

인천국제공항에서 멜버른 공항Melbourne Airport(공항 코드 MEL, 툴라마린 공항
Tullamarine Airport이라고도 함)으로 가는 직항편은 여름 시즌에 한해 비정기적으
로 운항한다. 따라서 다른 아시아 국가를 경유하는 항공편을 이용하거나, 시드니
로 입국해 호주 국내선으로 환승해야 한다.
공항 내 터미널은 총 4개로 국제선 터미널은 T2, 국내선 터미널은 T1(콴타스항공, 젯
스타항공), T3(버진 오스트레일리아), T4(기타 항공사)로 나뉜다. 도착층은 Level 1,
출발층은 Level 2이며 각 터미널이 연결되어 있어 도보로 이동 가능하다.
주소 Departure Dr, Melbourne Airport VIC 3045 **홈페이지** melbourneairport.com.au

---
TIP

애벌론 공항(공항 코드 AVV)도 있어요!
호주 국내선을 탈 때 가끔 이용하게 되는 애벌론 공항Avalon Airport은 멜버른 중심부에서
서남쪽으로 약 57km 떨어져 있다. 이용 빈도는 낮은 편이지만 질롱(P.078)과 가까워
그레이트 오션 로드로 곧바로 이동하거나 태즈메이니아행 페리를 탈 예정이라면 오히려
편리할 수 있다. 멜버른 시내까지는 스카이버스로 1시간 정도 소요된다.
주소 80 Beach Rd, Lara VIC 3212 **홈페이지** avalonairport.com.au

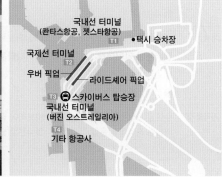

국내선 터미널
(콴타스항공, 젯스타항공)
T1 •택시 승차장
국제선 터미널
T2
우버 픽업 ─── 라이드쉐어 픽업
T3 🚌 스카이버스 탑승장
국내선 터미널
(버진 오스트레일리아)
T4
기타 항공사

멜버른 공항에서 도심 들어가기

멜버른 공항은 도심에서 북쪽으로 25km 떨어져 있다. 기차, 지하철은 없고 버스나 택시, 렌터카를 이용해야 한다. 교통 정체가 아닐 때는 30분 이내로 갈 수 있지만 통상 40분~1시간 정도 걸린다. 거리가 꽤 멀어 일반 택시나 우버를 이용할 경우 요금이 많이 나오니 스카이버스 이용을 추천한다.

● 스카이버스 SkyBus

가장 편리한 교통수단으로 멜버른 공항에서 출발해 멜버른 중심가의 서던크로스 기차역까지 직행한다. 배차 간격은 10~15분이며 예약할 필요는 없다. 서던크로스행 외에 세인트킬다와 근교 지역으로 운행하는 버스도 있다. 티켓은 온라인으로 미리 구입해 스마트폰의 QR코드를 제시하거나, 각 터미널 앞 탑승장 단말기에서 출력한다. 왕복 티켓을 구입했다면 분실에 대비해 QR코드 사진을 찍어두자.
운행 04:00~01:00 **요금** 편도 $24, 왕복 $40(온라인 예약 권장)
소요 시간 30분(서던크로스 기차역 기준) **홈페이지** skybus.com.au

● 버스 Bus

짐이 많지 않은데 요금을 절약하고 싶을 때는 멜버른 공항에서 901번 버스를 타고 약 15분 거리의 브로드메도Broadmeadows 기차역으로 간다. 여기서 광역 전철인 메트로 트레인(Craigieburn Line)으로 환승하면 중심가 주요 기차역(서던크로스역 또는 플린더스 스트리트역)까지 갈 수 있다. 공항에서 버스를 타기 전에 터미널 2·3·4에 위치한 스카이버스 탑승장에서 마이키 교통카드를 구입해야 한다. 이용 전에 버스와 기차가 정상적인 스케줄로 운행하는지 홈페이지(Journey Planner)에서 확인하는 것도 필요하다. ➧ 마이키 카드 정보 P.019
운행 05:00~00:10 **요금** $5~7
소요 시간 1시간 이상(플린더스 스트리트 기차역 기준)
홈페이지 ptv.vic.gov.au/journey

● 택시 Taxi

공항에서 택시를 타면 주행 요금에 공항 사용료airport access fee($4.78)와 톨게이트 비용이 추가로 청구된다. 공휴일과 피크 타임에는 할증 요금이 적용되고, 주행 시간에 따라 요금이 달라져 계산이 상당히 복잡하다. 탑승 전 운전기사에게 예상 요금을 문의하는 것이 좋으며, 내릴 때 상세 내역이 기재된 영수증을 받을 수 있다. 참고로 시내에서 공항으로 갈 때는 공항 사용료가 청구되지 않는다.
운행 24시간 **요금** $60~75
소요 시간 20~30분
홈페이지 taxi.vic.gov.au/passengers/taxi-fares

● 라이드셰어 Rideshare

공항에서 우버를 이용할 경우 라이드셰어 사용료rideshare charge($4.82)와 톨게이트 비용이 별도 청구된다. 총비용은 택시보다 약간 저렴한 편이다. 차량을 호출하려면 T2 도착층(Level 1) 출구로 나가 지정된 구역에서 호출해야 한다. 우버 존과 그 밖의 업체(Ola, Didi, GoCatch, Shebah)가 이용하는 라이드셰어 존으로 구분해놓았다.

● 렌터카 Rent a Car

대부분의 렌터카업체가 멜버른 국제공항과 멜버른 중심가(서던크로스역과 플린더스 스트리트역 부근)에 사무소를 운영한다. 우리나라와 반대인 좌측 주행에 익숙해지기 전에 급하게 차를 운전해 시내로 진입하는 것은 위험하다. 주행 방향과 신호등이 낯설고 트램까지 운행할 때는 상당히 혼잡하기 때문이다. 한편 멜버른 주변에 있는 두 곳의 유료 도로(시티 링크City Link, 이스트 링크East Link)는 번호판을 인식해 통행료를 청구하는 무인 톨게이트다. 차량 번호를 미리 등록해두지 않으면 수수료가 더 많이 청구되기 때문에 톨게이트 요금 정산 홈페이지에서 미리 패스를 발급받는 것이 좋다. 회사별로 통행료 정책이 다르니 렌터카를 대여할 때 지불 방법을 문의할 것. ▶ 통행료 상세 정보 P.133
홈페이지 linkt.com.au/Melbourne

비지터 패스 Visitor's Pass	24시간 패스 24 Hour Pass
• 최초 등록(비용 $3.50) 후 30일간 이용할 때마다 거리에 따른 통행료($7~20) 지불 • 유료 도로 두 곳 모두 이용 가능	• 이용료($22.55) 지불 후 24시간 동안 무제한 사용 • 멜버른 중심가를 지나는 시티 링크 톨게이트에서만 이용 가능

FOLLOW
UP

멜버른 교통 요금
자세히 알아보고 선택하기

멜버른은 대중교통 종류와 관계없이 요금 체계가 동일하다. 멜버른 도심 및 가까운 교외 지역을
메트로폴리탄metropolitan이라고 하며 1~2존으로 구분한다. 보다 범위가 넓은 리저널regional은
3~13존으로 구분하며 거리에 따라 요금을 적용한다. 리저널 요금은 교통국 홈페이지에서 목적지를
입력해 확인할 수 있다.

메트로폴리탄 요금표

멜버른 기준	요금	1+2존	2존
마이키 머니 myki Money(충전식)	1회권(2시간 유효)	$5.30	$3.30
	1일 최대 요금(평일 유효)	$10.60	$6.60
	1일 최대 요금(주말 및 공휴일 유효)	$7.20	
마이키 패스 myki Pass(정기권)	일주일	$53.00	$33.00
	28~365일	기간에 따른 요금	

● 교통카드 이용 방법

트램, 트레인, 버스 등 대중교통에서 사용하는 선불 교통카드를 마이키
카드Myki Card라고 한다. 금액을 충전해두고 대중교통을 이용할 때마다
차감하는 방식의 '마이키 머니', 기간을 정해 사용하는 정기권인 '마이키
패스'로 나뉜다. 향후 일반 신용카드로 결제 가능한 단말기를 도입할
예정인데, 전 노선에 적용되기까지는 시간이 걸릴 전망이다.

● 승하차 시 단말기에 무조건 태그!

트레인과 버스는 탈 때와 내릴 때 모두 카드를 태그해야 추가 요금이
발생하지 않는다. 트램은 조금 복잡한데, 1+2존에서는 탈 때만 태그하면
되고 2존 내에서는 타고 내릴 때 모두 태그해야 할인된다. 기본적으로
2시간 이내 환승은 무료이고, 1일 최대 요금에 도달한 후에는 카드를
태그하더라도 추가 요금이 발생하지 않는다.

● 마이키 카드($6) 구입 방법

주요 기차역 매표소나 자동 판매기에서 실물 카드를 구입한 다음
모바일 앱Public Transport Victoria과 연동하면 충전과 사용 내역 확인이
가능하다. 안드로이드 폰은 구글 월렛을 연동시켜 모바일 카드로 이용할
수 있고, 아이폰은 직접 태그하는 것은 불가능하지만 애플페이를 연동해
충전하는 것까지는 가능하다. 하지만 모바일 카드는 충전한 금액이
실시간으로 연동되지 않을 수 있어 되도록 실물 카드 이용을 추천한다.

● 환불 방법

마이키 카드 유효 기간은 4년이며 구입비는 환불되지 않는다. 카드
잔액이 남으면 환불이 가능하나 절차가 까다롭다. 호주 계좌가 없는
해외여행자는 서던크로스 기차역의 PTV 허브PTV Hub를 직접 방문해야
한다. 따라서 필요한 금액만큼만 충전해서 쓰는 것이 좋다.

멜버른 도심 교통

멜버른은 대중교통 노선이 매우 촘촘하게 연결되어 개인 차량 없이도 편하게 여행할 수 있는 도시다.
대중교통은 크게 트램, 트레인(선로를 따라 운행하는 열차), 버스 세 종류로 나뉘며 편의에 따라 골라서
이용하면 된다. 빅토리아주 교통국 홈페이지의 '여행 플래너Journey Planner'에서 출발지(starting point)와
목적지(destination)를 입력하면 최적의 교통수단과 이동 경로, 요금 정보를 제공한다.
홈페이지 ptv.vic.gov.au/journey

트램
Tram

도로에 설치된 레일을 따라 움직이는 노면 전차를 말한다. 여러 개의 노선이 주요
도로를 가로와 세로로 연결해 버스보다 훨씬 자주 이용하는 편리한 교통수단이
다. 멜버른 중심가의 프리 트램 존Free Tram Zone(FTZ) 안에서는 무료지만, 유료
구간인 1+2존에서는 버스나 트레인을 탈 때와 마찬가지로 마이키 카드를 태그하
고 탑승해야 한다. 무임승차로 적발되면 과태료가 부과된다.
주의 교통카드 단말기는 정류장과 트램 안에 있다.
운행 24시간(나이트 트램은 배차 간격 30분)

TRAVEL TALK

프리 트램 존
이용은 이렇게!

멜버른 중심가의 프리 트램 존은 말 그대로 무료로 트램을 이용할 수 있는 구역을 뜻해요. P.024 지도의
노란색 선 안쪽에서는 노선 번호와 관계없이 트램을 무료로 자유롭게 이용할 수 있어요. 다음 세 가지
방법을 기억하세요.

① 프리 트램 존 안에서만 이동한다면: 교통카드를 태그하지 마세요!
일단 트램 정류장에 프리 트램 존 표시가 있는지 확인하세요. 승차 지점과 하차 지점 모두 프리 트램
존에 속하면 마이키 카드가 없어도 트램을 이용할 수 있다는 뜻이에요. 단, 프리 트램 존 안에서 마이키
카드를 태그하면 1회 요금이 차감되니 주의하세요.

② 프리 트램 존에서 유료 구간으로 이동한다면: 교통카드를 꼭 태그하세요!
프리 트램 존 안에서 승차했더라도 하차 지점이 프리 트램 존 밖이라면 탑승할 때 마이키 카드를
태그하는 것이 마음 편해요. 승차 시 미처 태그하지 못했더라도 프리 트램 존을 벗어나기 전(안내
방송이 나옴)까지 트램 내부에 설치된 단말기에 마이키 카드를 태그하면 돼요.

③ 시티 서클 트램은 교통카드와 무관하게 이용할 수 있어요!
플린더스 스트리트 기차역 앞에 서 있으면 35번 번호판을 붙인 녹색 또는 버건디색 빈티지 트램이
지나갈 거예요. 이게 바로 시티 서클 트램city circle tram이라는 관광 전용 트램입니다. 일반 트램과
달리 프리 트램 존의 노란색 경계선을 따라 순환하는 노선이라 아예 교통카드 단말기가 없어요.
속도는 상당히 느려서 멜버른 CBD를 한 바퀴 도는 데 1시간 걸려요. 중간중간 원하는 곳에 내렸다가
다시 타도 되는 편리한 교통수단입니다.
운행 09:40~18:50(배차 간격 15~30분)

메트로 트레인 &
메트로 버스
Metro Train &
Metro Bus

총 여섯 가지 색상으로 구분된 메트로 트레인은 광역 전철 개념의 열차다. 중심가의 주요 기차역(서던크로스, 플린더스 스트리트, 팔러먼트, 멜버른 센트럴, 플래그스태프)을 순환한 다음 메트로폴리탄(1+2존)의 여러 지역을 연결한다. 메트로 버스는 일반 시내버스처럼 이용하는 광역 버스라고 생각하면 된다. 트레인과 버스 요금 모두 마이키 카드로 결제한다.

주의 야간에는 기차역 주변의 치안에 유의할 것
홈페이지 metrotrains.com.au

TIP

현재 멜버른 중심가와 사우스 야라(남동쪽)를 연결하는 지하철(메트로 터널) 공사가 한창이다. 2025년 중으로 5개 지하철역이 개통 예정이며, 그중 주립 도서관(State Library)역과 타운 홀(Town Hall)역을 통해 메트로 트레인과 환승할 수 있다.

메트로 버스 정류장 표지판

브이 라인 트레인
& 브이 라인 버스
V/Line Train &
V/Line Bus

노선도에서 보라색으로 표시된 브이 라인 트레인은 근교 여행을 할 때 편리한 중·장거리 교통수단이다. 빅토리아주 전역과 남호주 일부 지역(애들레이드)을 운행하며 철도가 없는 곳에서는 브이 라인 버스가 운행한다. 비교적 근거리인 질롱Geelong, 밸러랫Ballarat, 벤디고Bendigo, 트라랄곤Traralgon, 시모어Seymour까지는 마이키 머니를 사용할 수 있다. 열차가 출발하기 전 단말기에 교통카드를 태그하고, 탑승 후 차장이 기차표 검사를 할 때 마이키 카드를 보여준다.
좀 더 장거리(P.022 노선도의 보라색 점선 구간)를 간다면 마이키 카드를 사용할 수 없으며, 온라인 좌석 예약을 하고 매표소에서 실물 기차표로 교환해야 한다.
주의 브이 라인 트레인의 중앙역은 서던크로스역이다. 플린더스 스트리트역에는 1개 노선만 정차한다. **홈페이지** vline.com.au

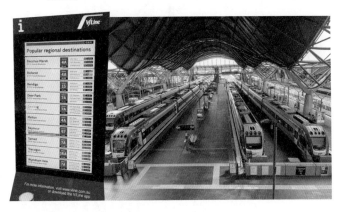

빅토리아 기차 노선도

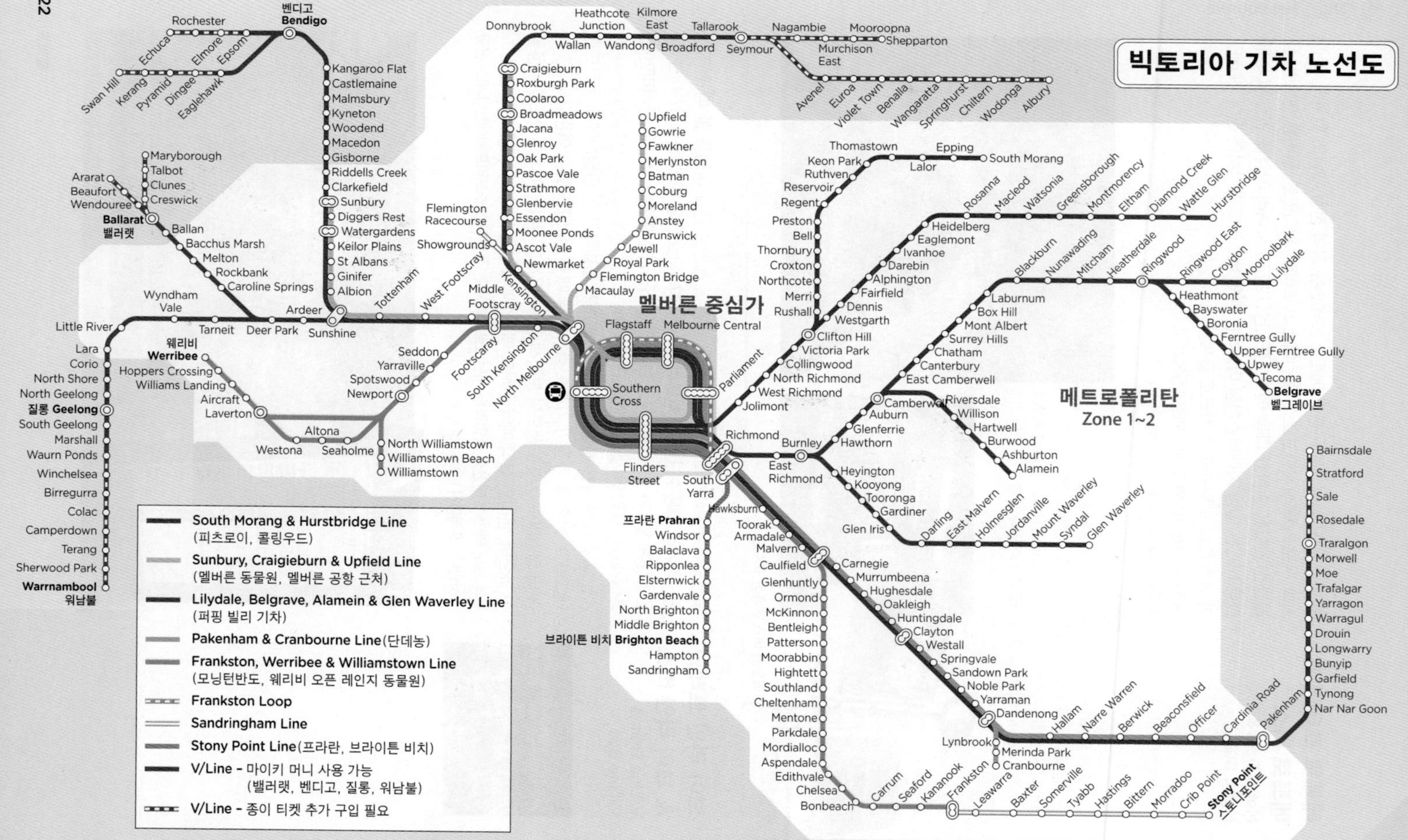

멜버른 중심가
메트로폴리탄
Zone 1~2
벤디고 Bendigo
Rochester
Echuca
Swan Hill
Kerang
Pyramid
Dingee
Eaglehawk
Elmore
Epsom
Kangaroo Flat
Castlemaine
Malmsbury
Kyneton
Woodend
Macedon
Gisborne
Riddells Creek
Clarkefield
Sunbury
Diggers Rest
Watergardens
Keilor Plains
St Albans
Ginifer
Albion
Maryborough
Talbot
Clunes
Creswick
Ararat
Beaufort
Wendouree
Ballarat 밸러랫
Ballan
Bacchus Marsh
Melton
Rockbank
Caroline Springs
Ardeer
Deer Park
Tarneit
Wyndham Vale
Sunshine
Tottenham
West Footscray
Middle Footscray
Little River
Lara
Corio
North Shore
North Geelong
질롱 Geelong
South Geelong
Marshall
Waurn Ponds
Winchelsea
Birregurra
Colac
Camperdown
Terang
Sherwood Park
Warrnambool 워남불
웨리비 Werribee
Hoppers Crossing
Williams Landing
Aircraft
Laverton
Westona
Altona
Seaholme
Newport
Spotswood
Yarraville
Seddon
Footscray
South Kensington
North Melbourne
North Williamstown
Williamstown Beach
Williamstown
Donnybrook
Wallan
Heathcote Junction
Wandong
Kilmore East
Broadford
Tallarook
Seymour
Nagambie
Murchison East
Mooroopna
Shepparton
Avenel
Euroa
Violet Town
Benalla
Wangaratta
Springhurst
Chiltern
Wodonga
Albury
Craigieburn
Roxburgh Park
Coolaroo
Broadmeadows
Jacana
Glenroy
Oak Park
Pascoe Vale
Strathmore
Glenbervie
Essendon
Moonee Ponds
Ascot Vale
Newmarket
Kensington
Flemington Racecourse
Showgrounds
Upfield
Gowrie
Fawkner
Merlynston
Batman
Coburg
Moreland
Anstey
Brunswick
Jewell
Royal Park
Flemington Bridge
Macaulay
Flagstaff
Melbourne Central
Parliament
Southern Cross
Flinders Street
Richmond
South Yarra
Thomastown
Epping
South Morang
Keon Park
Lalor
Ruthven
Reservoir
Regent
Preston
Bell
Thornbury
Croxton
Northcote
Merri
Rushall
Clifton Hill
Victoria Park
Collingwood
North Richmond
West Richmond
Jolimont
Dennis
Westgarth
Fairfield
Alphington
Darebin
Ivanhoe
Eaglemont
Heidelberg
Rosanna
Macleod
Watsonia
Greensborough
Montmorency
Eltham
Diamond Creek
Wattle Glen
Hurstbridge
Blackburn
Nunawading
Mitcham
Heatherdale
Ringwood
Ringwood East
Croydon
Mooroolbark
Lilydale
Heathmont
Bayswater
Boronia
Ferntree Gully
Upper Ferntree Gully
Upwey
Tecoma
Belgrave 벨그레이브
Laburnum
Box Hill
Mont Albert
Surrey Hills
Chatham
Canterbury
East Camberwell
Camberwell
Riversdale
Willison
Hartwell
Burwood
Ashburton
Alamein
Auburn
Glenferrie
Hawthorn
Burnley
East Richmond
Heyington
Kooyong
Tooronga
Gardiner
Glen Iris
Darling
East Malvern
Holmesglen
Jordanville
Mount Waverley
Syndal
Glen Waverley
Hawksburn
Toorak
Armadale
Malvern
Caulfield
Carnegie
Murrumbeena
Hughesdale
Oakleigh
Huntingdale
Clayton
Westall
Springvale
Sandown Park
Noble Park
Yarraman
Dandenong
Hallam
Narre Warren
Berwick
Beaconsfield
Officer
Cardinia Road
Pakenham
Lynbrook
Merinda Park
Cranbourne
Bairnsdale
Stratford
Sale
Rosedale
Traralgon
Morwell
Moe
Trafalgar
Yarragon
Warragul
Drouin
Longwarry
Bunyip
Garfield
Tynong
Nar Nar Goon
프라란 Prahran
Windsor
Balaclava
Ripponlea
Elsternwick
Gardenvale
North Brighton
Middle Brighton
브라이튼 비치 Brighton Beach
Hampton
Sandringham
Glenhuntly
Ormond
McKinnon
Bentleigh
Patterson
Moorabbin
Highett
Southland
Cheltenham
Mentone
Parkdale
Mordialloc
Aspendale
Edithvale
Chelsea
Bonbeach
Carrum
Seaford
Kananook
Frankston
Leawarra
Baxter
Somerville
Tyabb
Hastings
Bittern
Morradoo
Crib Point
Stony Point 스토니포인트
South Morang & Hurstbridge Line
(피츠로이, 콜링우드)
Sunbury, Craigieburn & Upfield Line
(멜버른 동물원, 멜버른 공항 근처)
Lilydale, Belgrave, Alamein & Glen Waverley Line
(퍼핑 빌리 기차)
Pakenham & Cranbourne Line(단데농)
Frankston, Werribee & Williamstown Line
(모닝턴반도, 웨리비 오픈 레인지 동물원)
Frankston Loop
Sandringham Line
Stony Point Line(프라란, 브라이튼 비치)
V/Line - 마이키 머니 사용 가능
(밸러랫, 벤디고, 질롱, 워남불)
V/Line - 종이 티켓 추가 구입 필요

공유 자전거
Bike Share

공원과 강으로 둘러싸인 멜버른은 자전거를 타기 좋은 환경이다. 복잡한 중심가에서는 무료 트램을 타고 한적한 곳에서는 자전거를 이용하면 마이키 카드를 구입하지 않아도 시내 여행이 가능할 정도다. 멜버른에서 운영하는 업체로는 라임Lime과 뉴런Neuron이 있다. 둘 중 한 곳에서 회원 가입을 하면 모바일 앱으로 위치 정보를 파악할 수 있다. 이용 시간만큼 요금을 결제하는 방식보다는 하루 총 사용 시간을 정해두고 1~3일권을 구입하는 것이 경제적이다. 참고로 E-스쿠터(전동 킥보드)는 16세 이상만 이용 가능하며, 인도로 주행하거나 운행 중 휴대폰을 사용하는 것은 불법이다. 멜버른 중심가를 포함하여 스쿠터 주행이 금지된 구역도 앱을 통해 잘 파악해야 한다. 자전거나 스쿠터에 부착된 헬멧을 착용하지 않으면 수십 만원의 벌금이 부과될 수 있다.

 멜버른에서 즐기는 투어 프로그램

● 유람선 Cruise

강 위에서 여유롭게 도시 풍경을 감상할 수 있는 유람선은 한 번쯤 경험할 만하다. 프린스 브리지를 기준으로 강 하류를 다니는 크루즈 A(Down River), 상류를 다니는 크루즈 B(Up River)로 나뉘는데, 야라강의 주요 다리를 지나 항구까지 다녀오는 크루즈 A를 추천한다. 여름에는 노을과 야경을 감상하는 선셋 크루즈도 있어 선택의 폭이 넓다. 강변 양쪽에 각각 다른 업체가 운영하는 티켓 부스와 선착장이 있다. 프로그램이나 가격은 비슷하니 편한 곳으로 선택하면 된다.

멜버른 리버 크루즈 Melbourne River Cruises
요금 1시간 $38, 2시간 $62, 선셋 크루즈 $69
탑승 장소 강 남쪽 사우스게이트 쇼핑센터 앞
(Southbank Promenade, Berth 2)
운영 10:00~15:30(노선별 출발 시간은 현장 확인)
홈페이지 melbcruises.com.au

야리강 크루즈 Yarra River Cruises
요금 1시간 $35
탑승 장소 강 북쪽 페더레이션 스퀘어 아래쪽 강변 산책로(Federation Wharf, Berth 2)
운영 불규칙하게 운행(홈페이지 확인) **홈페이지** yarrarivercruises.com.au

● 근교 투어

멜버른에서 가기 좋은 대표적인 근교 여행지로는 그레이트 오션 로드의 12사도 바위Twelve Apostles와 퍼핑 빌리 기차를 탈 수 있는 단데농, 빅토리아의 대표 와인 산지 야라밸리, 필립 아일랜드의 펭귄 퍼레이드 등이 있다. 운전이 가능하면 1박 2일 이상 여유롭게 여행하는 게 좋지만, 그렇지 않을 경우 멜버른 중심가에서 출발하는 당일 투어를 이용한다. 영어로 진행하는 현지인 투어는 물론이고, 네이버에서 '멜버른 투어'를 검색하면 한국인을 대상으로 하는 다양한 투어 상품 중 선택할 수 있다.

그레이트 오션 로드 소요 시간 12~14시간 **요금** $120~155
야라밸리 와이너리 소요 시간 5시간 **요금** $120~150
필립 아일랜드 소요 시간 9시간 **요금** $150~200

멜버른 중심가
City Centre

첨단 빌딩과 유럽풍 건물이 조화를 이루는 곳

멜버른 중심가에서는 플린더스 스트리트 기차역을 기준으로 삼고 여행하면 편리하다.
스완스톤 스트리트Swanston St는 북쪽의 멜버른 센트럴 기차역까지 일직선으로 이어지는
약 1km의 번화가로, 꼭 기억해둬야 할 이름이다. 버크 스트리트 몰과 차이나타운,
주요 쇼핑가와 교차하며 대부분의 트램 노선이 통과한다. 멜버른 부흥기에 지은 3대 건물인
타운 홀, 빅토리아주 국회의사당, 칼튼 가든을 포함해 큰길 사이에 숨은 골목과
쇼핑 아케이드를 구경하고 저녁에는 야라강의 낭만적인 분위기를 즐겨보자.

● 왕립 전시관

● 칼튼 가든

──── 프리 트램 존

Nicholson St

● 퀸 빅토리아 마켓

멜버른 교도소 ●

스완스톤 스트리트 ───

La Trobe St

● 빅토리아 주립 도서관

세인트패트릭 대성당 ●

Melbourne Central

Exhibition St

● 빅토리아주 국회의사당

윈저 호텔 ●

Parliament

Flagstaff
하드웨어 레인

Lonsdale St

차이나타운

Russell St

Bourke St

피츠로이 가든

● 구 재무성 건물

멜버른 GPO

Queen St

Elizabeth St

버크 스트리트 몰

Little Collins

▲ 캡틴 쿡 오두막 ●
트레저리 가든

● 로열 아케이드

타운 홀

● 블록 아케이드

센터 플레이스 ●
무료 트램 탑승장

● 호지어 레인

● 세인트폴 대성당

Collins St

디그레이브스 스트리트

● 이안 포터 센터

● 페더레이션 스퀘어

● 플린더스 워크

플린더스 스트리트 기차역

야라강 Yarra River

에반 워커 브리지 ●

프린스 브리지

사우스뱅크 프로미나드

● 사우스게이트

해머 홀

멜버른 수족관 ●

● 킹 스트리트 브리지

아트 센터 멜버른

퀸 빅토리아 가든

01

플린더스 스트리트 기차역

Flinders Street Railway Station

왼쪽 지도 속 노란색 선 안쪽은 트램을 무료로 탈 수 있는 프리 트램 존Free Tram Zone이에요. 플린더스 스트리트역 앞에서 출발하는 35번 시티 서클 트램을 타고 멜버른 중심가를 한 바퀴 돌아봐도 좋아요.

멜버른의 상징이자 포토 스폿

밝은 브라운 톤 석조 건물 위로 웅장한 청동 돔이 조화를 이루는 고색 창연한 건물. 1851년에 빅토리아주 벤디고 일대에서 금광이 발견된 이후 점점 늘어나는 노동자와 금을 실어 나르기 위해 1854년 9월 12일 이곳에 호주 최초의 기차역을 만들었다. 멜버른이 호주연방 초창기 수도였던 1926년 즈음에는 파리의 생라자르역이나 뉴욕의 그랜드 센트럴역보다 유동 인구가 많은 기차역이었다는 기록이 남아 있다. 정문에는 세계 곳곳의 시간을 나타내는 시계가 걸려 있는데, 1860년 설치 당시에는 역무원이 일일이 수동으로 시간을 맞췄다고 한다. 이곳은 지금도 멜버른의 중앙역으로서 질롱, 밸러랫 등 인근 도시와 시드니 등 주요 도시를 연결하는 교통 허브 역할을 한다. 기차역 앞은 클래식한 트램이 지나가는 장면을 찍을 수 있는 멜버른의 대표 포토 스폿이다. 멜버른 컵이나 오스트레일리안 데이 등의 중요한 퍼레이드도 이 앞을 지나간다. 트램과 자동차, 사람이 뒤섞인 물결 속에서 기차역을 배경으로 기념사진을 찍고 멜버른 여행의 첫걸음을 내딛어보자.

지도 P.024

가는 방법 프리트램존 페더레이션 스퀘어 바로 건너편 **주소** 207-361 Flinders St

호지어 레인
세인트폴 대성당
이안 포터 센터
호주 영상 센터
플린더스 스트리트 기차역
루프톱 바
페더레이션 스퀘어

페더레이션 스퀘어
Federation Square

추천

TIP

페더레이션 스퀘어 일대에 메트로 터널 공사가 진행 중이다. 2025년 1월에 개방되는 지하도를 이용하면 타운 홀 앞 시티 스퀘어City Square까지 걸어갈 수 있다.

지도 P.024
가는 방법 프리트램존 플린더스 스트리트 기차역 바로 건너편
주소 Swanston St & Flinders St
홈페이지 federationsquare.com.au

멜버른 시민들의 만남의 광장

시민들이 모일 만한 장소가 필요하다는 의견에 따라 호주연방 100주년을 기념해 2001년에 완공한 광장이다.디자인 공모전에서 파격적인 해체주의 양식의 디자인을 채택했다. 공연장, 갤러리, 박물관을 포함한 건물들이 광장을 U자 형태로 둘러싼 복잡한 구조다. 이 건물 중에는 디지털 미디어, 설치미술, 영화 관련 자료를 전시하는 호주 영상 센터(ACMI)와 원주민 공예품과 호주 예술가들의 작품을 전시하는 이안 포터 센터Ian Potter Centre가 있다. 건물과 건물 사이의 공간은 멜버른 컵, 오스트레일리아 오픈 등 대형 스포츠 대회가 열릴 때마다 전광판을 설치해 응원 장소로 활용한다. 계단 위에서 보면 길 건너편 플린더스 스트리트 기차역과 1891년에 완공한 네오 고딕 양식의 세인트폴 대성당 St Paul's Cathedral이 눈에 들어온다.

미래 도시에나 어울릴 듯한 페더레이션 스퀘어의 현대 건축물과 19세기 유럽풍 건물의 기묘한 조화가 어느 정도 눈에 익숙해졌다면 멜버른에 1차 적응을 마친 셈이다. 이제 진짜 멜버른을 발견하려면 골목 구석구석을 걸어봐야 한다. 다채로운 볼거리와 즐길 거리가 가득한 골목 중 페더레이션 스퀘어에서 제일 가까운 곳은 호지어 레인이고, 커피를 즐기기 좋은 곳은 디그레이브스 스트리트다.

그라피티 골목부터 다양한 즐길 거리와 쇼핑까지!

멜버른의 보석 같은 골목 & 아케이드 여행

트램이 지나다니는 큰길을 다니는 것만으로는 멜버른을 제대로 여행했다고 할 수 없다.
서로 다른 매력을 품은 골목골목을 걷는 것이야말로 멜버른의 진짜 모습을 구경하는 방법이니까!
낮에는 빌딩 사이에 자리한 쇼핑 아케이드를 따라 특색 있는 상점을 구경하고, 밤에는 늦은 시간까지
조명을 밝히는 카페 골목의 야외 테이블에 앉아 커피를 마시며 낮과는 또 다른 매력에 빠져보자.

MELBOURNE ARCADE

● 엠포리엄 멜버른
Little Bourke St

하드웨어 레인
유명 카페와 레스토랑 밀집

차이나타운
아시아 음식 천국

멜버른 GPO ●
Bourke St

로열 아케이드
호주에서 가장 오래된 아케이드

The BLOCK *arcade*

Little Collins St

블록 아케이드
밀라노 비토리아 에마누엘레 2세
갤러리를 본뜬 아케이드

ⓘ ● 멜버른 타운 홀

Collins St

CENTRE PLACES

센터 플레이스
멜버른의 맛집 골목

Flinders Ln

The GRAFFITY

디그레이브스 스트리트
분위기 만점 카페 골목

호지어 레인
그라피티로 채워진 포토 스팟

● 세인트폴 대성당

Flinders St

Flinders Street
Railway Station

● 페더레이션 스퀘어

Queen St

Elizabeth St

Swanston St

▶ TRAVEL TALK

**레인과 앨리?
쇼핑 아케이드?**

레인lane과 앨리alley 둘 다 골목을 뜻하는데, 굳이 구분하자면 레인은 담장이나 벽 사이
로 난 길, 앨리는 여러 건물 사이에 난 보행로입니다. 또 아케이드arcade는 보행로 위에
천장을 덮어 아치형 기둥으로 연결한 통로를 뜻해요. 유럽에서는 1786~1935년에 아케
이드에 상점을 입점시키는 쇼핑가를 많이 건축하면서 '아케이드의 시대'라 불리기도 했
어요. 영국의 영향을 받은 호주에도 19세기 무렵 이러한 형태의 쇼핑 아케이드가 생겨났
죠. 한쪽 출입구가 다음 거리로 이어지는 구조가 전형적인 특징이에요.

01 호주에서 가장 오래된 아케이드
로열 아케이드 *Royal Arcade*

현존하는 호주의 쇼핑 아케이드 중에서 가장 오랜 역사를 간직하고 있다. 남쪽 출구 위에 설치된 웅장한 시계(Gaunt's Clock) 양옆으로, 전설 속의 거인 고그 & 마고그Gog & Magog상이 매시 정각에 종을 친다. 길게 이어진 반원형 유리 지붕과 아치형 창문으로 장식한 각 매장 입구 또한 1870년 오픈 당시 모습 그대로다. 멜버른에서 뜻밖의 영국 여행을 즐길 수 있는 곳이다.

가는 방법 버크 스트리트 몰과 리틀 콜린스 스트리트 사이
주소 335 Bourke Street Mall(정문)
운영 07:00~19:00(주말 09:00부터)
홈페이지 royalarcade.com.au

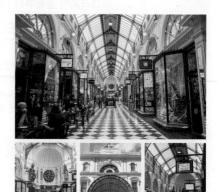

02 이탈리아 감성을 담았다
블록 아케이드 *Block Arcade*

이탈리아 밀라노의 비토리오 에마누엘레 2세 갤러리아를 본떠 1892년에 완공했다. 19세기 아케이드의 진수를 보여주는 걸작으로, 정교한 모자이크 타일로 장식한 바닥과 대리석 기둥을 따라 길게 이어진 반원형 지붕이 아름답다. 130년 역사의 티룸 등 고급스러운 매장이 입점했다. 분위기 있는 카페 골목인 블록 플레이스 쪽으로 나가면 로열 아케이드 입구로 이어진다.

가는 방법 콜린스 스트리트와 리틀 콜린스 스트리트 사이
주소 282 Collins St(정문) **운영** 08:00~18:00(주말 17:00까지) **홈페이지** theblock.com.au

03 a.k.a. 미사 골목
호지어 레인 *Hosier Lane*

드라마 〈미안하다, 사랑한다〉 촬영지로 한국인에게도 잘 알려진 곳이다. 벽에 그려진 현란한 색채의 그라피티를 배경으로 인증샷을 남기기 좋으며 거리 미술관 같은 느낌도 든다. 큰길에서 가까워 찾아가기 어렵지 않다. 다만 깊숙한 골목은 피하고, 밤보다는 낮에 방문할 것을 권한다.

가는 방법 페더레이션 스퀘어의 호주 영상 센터(AMCI) 건너편 **운영** 24시간

04 분위기 만점 카페 골목
디그레이브스 스트리트
Degraves Street

이른 시간부터 저녁까지 근처 직장인과 관광객이 뒤섞여 커피를 마시는 낭만적인 골목이다. 가지런히 내걸린 간판과 상점 앞에 펼쳐놓은 파라솔과 테이블이 일체감을 이루는 카페 거리로 특화되어 있다. 많은 카페 중 디그레이브스 에스프레소, 브루네티, 둑스 커피가 유명하지만, 걷다가 마음에 드는 카페를 발견하거나 친절하게 웃어주는 직원과 눈이 마주친다면 부담 없이 자리를 잡고 앉아도 좋다.

가는 방법 플린더스 스트리트 기차역 바로 건너편
주소 Degraves St **운영** 가게마다 다름

05 시장 느낌의 맛집 골목
센터 플레이스 *Centre Place*

원래 '커밍스 앨리Cummings Alley'라 불리던 창고 뒤쪽의 후미진 거리였으나 1980년대부터 골목길 보존 정책을 펼치면서 활기를 되찾았다. 디그레이브스 스트리트가 카페 거리라면 이곳은 맛집 골목에 가깝다. 좁은 골목 안에 테이블이 빼곡하게 들어차 있고 밤늦게까지 문을 여는 가게도 많다. 거리 끝은 센터웨이 아케이드Centreway Arcade와 연결되고, 그 반대편은 콜린스 스트리트다. 이런 형태로 멜버른의 골목은 끝없이 이어진다.

가는 방법 플린더스 레인과 콜린스 스트리트 사이
주소 258 Flinders Ln **운영** 24시간

06 이름처럼 힙한 핫플
하드웨어 레인 *Hardware Lane*

버크 스트리트Bourke St에서 리틀 론스데일 스트리트Little Lonsdale St까지 큰길 사이로 이어지는 멜버른 감성의 보행자 도로. 하드웨어 소사이어티, 맥스 온 하드웨어 등 현지인이 즐겨 찾는 유명 카페와 레스토랑이 모여 있다. 대로변에서 보이지 않는 안쪽 골목이지만 일단 골목 안으로 들어가면 가게 밖에 내놓은 테이블마다 손님으로 가득 차 있어 깜짝 놀라게 되는 핫 플레이스다.

가는 방법 리틀 론스데일 스트리트에서 진입
주소 54-58 Hardware Ln

③ 타운 홀
Town Hall

비지터 센터와 문화 공간

스완스톤 스트리트 코너에 자리한 눈에 띄는 유럽풍 건물이다. 1870년에 처음 지은 건물은 화재로 소실되었으며 이후 복원해 국제 코미디 페스티벌 같은 행사를 여는 공간으로 활용하고 있다. 1964년 멜버른에 비틀스가 방문했을 때 이 건물 발코니에서 수많은 팬을 향해 손을 흔들었다는 일화가 있다. 대회의실 메인 홀에는 9568개의 파이프로 이루어진 대형 파이프오르간이 설치되어 있다. 이를 보려면 타운 홀의 역사와 건축학적 의미를 설명하는 투어에 참가해야 한다. 건물 한쪽에는 멜버른 공식 비지터 센터가 있으니 여행 정보가 필요할 때 이용할 것.

지도 P.024
가는 방법 프리트램존 페더레이션 스퀘어에서 도보 5분 (플린더스 스트리트 기차역과 연결된 지하철역 개통 예정)
주소 90~130 Swanston St **운영** 비지터 센터 09:00~17:00, 투어 월·수·목·금요일 11:00, 13:00
※예약 필수 **홈페이지** whatson.melbourne.vic.gov.au

④ 빅토리아 주립 도서관 〔추천〕
State Library of Victoria

호주 최초의 공공 도서관

1856년에 설립했으며 200만 권의 장서를 보유한 호주 최초의 공공 도서관이다. 원주민으로부터 야라강 일대의 토지를 매입해 멜버른의 토대를 세운 존 베이트먼과 존 포크너에 관한 기록을 전시하는 박물관이기도 하다. 지상층에서 엘리베이터를 타고 맨 위층(Level 5)으로 올라가면 둥근 천장 아래로 메인 독서실인 라 트로브 리딩 룸La Trobe Reading Room을 내려다볼 수 있고, 한 층씩 걸어 내려오면서 전시물을 관람한다. 대리석 기둥으로 둘러싸인 독서실 이안 포터 퀸스 홀Ian Potter Queen's Hall도 구경해보자. 도서관 앞 잔디밭은 현지인과 관광객이 뒤섞여 여유로운 시간을 보내는 열린 공간이다. 바로 건너편에는 멜버른 센트럴 기차역과 쇼핑센터인 멜버른 센트럴이 있다.

지도 P.024
가는 방법 프리트램존 타운 홀에서 도보 10분(메트로 트레인 센트럴역과 연결된 지하철역 개통 예정)
주소 328 Swanston St **운영** 10:00~18:00
요금 무료 **홈페이지** slv.vic.gov.au

▶ TRAVEL TALK ◀

도시 한복판에서 교도소 체험

멜버른 센트럴 기차역 근처에는 1845~1924년에 수감 시설로 사용한 옛 멜버른 교도소Old Melbourne Gaol가 있어요. 호주의 악명 높은 범죄자들을 가두었던 교도소로, 호주의 의적으로 불리던 네드 켈리의 사형이 집행된 장소이기도 해요. 낮에는 교도소 내부 관람이 가능하고 밤에는 으스스한 분위기에서 나이트 투어도 진행해요. 뜰에서는 멜버른의 스카이라인을 구경할 수 있어요. ▶ 네드 켈리는 누구? P.100

주소 377 Russell St
운영 10:00~17:00 ※나이트 투어는 예약 필수
요금 $38 **홈페이지** oldmelbournegaol.com.au

05 빅토리아주 국회의사당
Parliament House

돌계단에 앉아 트램 구경

1854년에 완공한 최초의 호주연방 국회의사당이다. 수도를 캔버라로 이전하면서 빅토리아주 국회의사당으로 바뀌었다. 골드러시 시대에 이룩한 빅토리아주의 번영과 부를 증명하는 듯한 코린트 양식 돌기둥이 아름답다. 국회의사당 앞 계단에서는 트램이 오가는 버크 스트리트가 정면으로 내려다보인다. 그랜드 홀에는 빅토리아 여왕 초상화가 걸려 있는데 이를 보려면 내부 투어를 신청해야한다. 모바일 앱(izi.TRAVEL)을 통해 한국어 오디오 가이드를 들을 수 있다. 정원이나 건축에 관한 투어도 있으니 관심 있다면 홈페이지에서 일정을 확인하고 참여하자.

TIP

빅토리아주 국회의사당 트램 정류장은 프리 트램 존동쪽 경계선에 있다. 여기서부터 피츠로이 가든과세인트패트릭 대성당 방향으로 1존에 해당한다.

📍
지도 P.024
가는 방법 세인트패트릭 대성당에서 도보 5분
주소 Parliament House, Spring St **운영** 내부 투어
09:30, 12:00, 13:00, 15:00, 16:00(평일에만 진행)
※비회기 중에 한해 선착순 현장 접수, 영어 가이드 진행
요금 무료 **홈페이지** parliament.vic.gov.au

06 세인트패트릭 대성당
St Patrick's Cathedral

호주 최대 규모의 가톨릭 성당

빅토리아주 국회의사당 뒤편 한산한 길가에 세워진 고딕 복고 양식의 웅장한 성당. 80년이라는 긴 공사 기간 끝에 1868년에 완성한 멜버른 가톨릭 대교구 본당이다. 시드니의 세인트메리 대성당과 총독관저, 멜버른 GPO 등을 남긴 윌리엄 워델이 설계했다. 호주 최대 규모인 만큼 건축자재 또한 남다르다. 외벽은 빅토리아산 청회색 사암(실제로는 검은색처럼 보임), 기둥은 태즈메이니아산 석재, 지붕의 슬레이트와 바닥의 타일은 영국산으로 마감했다. 중앙의 신도석은 초기 영국식, 안쪽의 통로와 예배당은 프랑스식으로 지었으며 제단의 모자이크는 워델이 직접 디자인하고 베네치아에서 제작했다. 3개의 첨탑 중 가장 높은 첨탑에 달린 십자가는 아일랜드에서 보낸 선물이다.

📍
지도 P.024
가는 방법 빅토리아주 국회의사당에서 도보 5분
주소 1 Cathedral Pl
운영 평일 07:00~16:00, 주말 09:00~17:30
홈페이지 melbournecatholic.org

⑦ 캡틴 쿡 오두막 &
피츠로이 가든
Cook's Cottage & Fitzroy Gardens

⑧ 피츠로이
Fitzroy

영국에서 옮겨온 쿡 선장의 생가

150년 된 느릅나무 가로수 길이 아름다운 피츠로이 가든에 들어서면 작은 집 한 채가 눈에 들어온다. 호주 동부 해안을 뉴사우스웨일스주로 명명하고 영국령으로 선포한 제임스 쿡 선장이 유년 시절인 1736~1745년에 살았다는 오두막이다. 빅토리아주 100주년(1934년 10월 14일)을 기념해 자산가 러셀 그림웨이드가 멜버른시에 기증했다. 원래는 영국 요크셔 그레이트에이튼Great Ayton 마을에 오두막이 있었는데 소유주가 영국 밖으로 이전하는 것에 반대했으나 호주도 영국 연방이라고 설득한 끝에 옮겨올 수 있었다고 한다. 벽돌에 일일이 번호를 매겨 분해하고 담쟁이 덩굴까지 그대로 가져와 18세기 원형 그대로 복원한 것이다.

📍
지도 P.024
가는 방법 빅토리아주 국회의사당에서 도보 10분
주소 Fitzroy Gardens, Wellington Parade
운영 가든 24시간, 오두막 10:00~16:00
요금 가든 무료, 오두막 $7.40
홈페이지 fitzroygardens.com

거리 예술과 나이트라이프 경험

칼튼 가든 동쪽에 위치한 주택가 피츠로이는 거리 예술과 음악, 보헤미안 문화의 근거지다. 호주의 대표 코스메틱 브랜드 이솝, 인기 티 브랜드 T2, 멜버른 최고의 핫 플레이스 룬 크루아상테리의 탄생지라는 수식어로 이 동네의 느낌을 전달할 수 있을까? 평일에 방문한다면 거리 양쪽으로 줄지어 늘어선 빅토리아 양식의 낡은 건물, 빈티지 의류 매장과 중고 서점이 다소 썰렁하게 느껴질 수도 있다. 그러나 거리를 자세히 들여다보면 제2의 이솝을 꿈꾸는 독창적인 매장들이 곳곳에 숨어 있다. 로즈 스트리트 아티스트 마켓The Rose Street Artists' Market이나 피츠로이 마켓이 열리는 주말에 방문하면 좀 더 재미있는 경험을 할 수 있다. 트램이 오가는 큰길 브룬스윅 스트리트Brunswick St를 기준 삼아 돌아본다. 브런치 카페와 일반 카페가 밀집해 있는 번화가라 현지인과 관광객 모두에게 사랑받는 곳이니 꼭 방문해볼 것.

📍
지도 P.012 **가는 방법** 칼튼 가든에서 도보 15분, 트램 11번 Leicester St/Brunswick St 하차
주소 Leicester St & Brunswick St

⑨ 칼튼 가든 추천
Carlton Gardens

지도 P.024
가는 방법 트램 86 · 96번 Melbourne Museum 하차 **주소** 11 Nicholson St
운영 칼튼 가든 24시간, 멜버른 박물관 09:00~17:00 **요금** 칼튼 가든 무료, 돔 프로미나드 투어 $29(왕립 전시관 입장료 포함, 예약 권장)
홈페이지 museumsvictoria.com.au

멜버른의 위용이 느껴지는 왕립 전시관

칼튼 지역은 멜버른 대학교와 로열 멜버른 공과대학교(RMIT)가 있으며 1864~1927년에 건축한 빅토리아 양식의 건물이 많은 주택가다. 그 중심에 유네스코 세계문화유산에 등재된 칼튼 가든이 있다. 세계에 얼마 남지 않았다는 희귀한 느릅나무 가로수 길 사이로 왕립 전시관Royal Exhibition Building이 보인다. 1880년에 멜버른 만국 박람회 개최를 목적으로 건립했으며 1901년에 호주연방 의회 개원을 알린 역사적 장소다. 지금은 다양한 전시와 문화 이벤트가 열리는 컨벤션 센터로 사용한다. 왕립 전시관의 웅장한 돔 위로 올라가려면 맞은편 멜버른 박물관 로비에서 출발하는 1시간짜리 돔 프로미나드Dome Promenade 투어에 참여해야 한다.

멜버른 박물관은 남반구 최대 규모의 자연 및 문화 · 역사 박물관이다. 다큐멘터리를 상영하는 아이맥스 영화관 요금은 별도다.

> **TRAVEL TALK**
>
> **이탈리아 소울로 가득한 라이곤 스트리트**
>
> 칼튼 지역의 메인 도로인 라이곤 스트리트Lygon St는 멜버른 속 리틀 이탈리아예요. 멜버린 CBD에도 매장이 있는 젤라토 맛집 피다피포, 디저트 카페 브루네티 본점까지 있어 이탈리아 감성을 듬뿍 느낄 수 있어요. 멜버른의 인디 예술 · 문화를 발전시킨 주역인 라 마마 극장La Mama HQ(1967년 설립)과 서점 리딩스 칼튼Readings Carlton(1969년 설립)도 방문해보세요.

야라강 남쪽
South of Yarra River

유람선이 다니는 낭만의 강변

멜버른 중심가를 지나 포트 필립 베이까지 흘러가는 야라강은 강폭이 좁아 프랑스 파리의 센강을
연상시킨다. 실제로 센강의 바토무슈를 닮은 유람선이 유유히 다리 밑을 지나가기도 한다. 강변을 따라
길게 늘어선 카페와 바에 조명이 켜지는 저녁에는 흥겹고 로맨틱한 분위기가 무르익는다. 야라강
남쪽에는 멜버른의 스카이라인을 형성하는 전쟁 기념관, 빅토리아 왕립 식물원, 사우스멜버른 마켓과
프라란 마켓이 모여 있다. 멜버니안의 주말 나들이 장소인 세인트킬다에는 멋진 해변이 있다.

⑴ 플린더스 워크
Flinders Walk

⑵ 사우스뱅크 추천
Southbank

녹지가 많은 강변 산책로

페더레이션 스퀘어의 건물들 사이로 난 통로로 내려가면 걷기 좋은 강변 산책로가 나온다. 아침에는 조깅하는 사람들, 한낮에는 관광객, 저녁 무렵에는 퇴근 후 여흥을 즐기러 온 직장인까지 다양한 모습을 마주하게 되는 생동감 넘치는 곳이다. 프린스 브리지를 기준으로 강 상류 쪽은 넓은 공원 지대다. 각종 축제 장소로 사용하는 공원인 비라룽 마르Birrarung Marr, 호주 스포츠 박물관 Australian Sports Museum, AAMI 파크(공연장) 등 1956년 멜버른 올림픽 당시 조성한 다양한 시설이 있다. 멜버른 출신 아티스트 데보라 할편의 작품 〈엔젤Angel〉이 있는 곳까지 걸어서 가도 되지만 전체적으로 범위가 상당히 넓으니 자전거 이용을 추천한다.

지도 P.024
가는 방법 플린더스 스트리트 기차역에서 도보 5분
주소 Berth 2, Federation Wharf **운영** 24시간

문화 · 예술과 여가 활동이 어우러진 곳

말 그대로 야라강 남쪽 지역을 뜻한다. 아트 센터 멜버른과 빅토리아 국립 미술관, 각종 문화 · 예술 시설이 밀집한 강변 지역이다. 프린스 브리지를 건넌 뒤 제일 먼저 멈춰 설 곳은 해머 홀Hamer Hall 앞이다. 이곳에서는 프린스 브리지와 플린더스 스트리트 기차역, 멜버른 CBD의 스카이라인이 겹쳐 보인다. 프로미나드를 따라 좀 더 아래쪽으로 내려가면 쇼핑센터 사우스게이트Southgate가 나온다. 그 앞에 설치된 데보라 할편의 〈오필리아Ophelia〉(슬픔과 기쁨을 동시에 재구성한 세라믹 모자이크 작품)는 '멜버른의 얼굴'로 불리는 포토 스폿이다. 여기서부터 강 하류의 룸 멜버른 미술관(멜버른 컨벤션 센터)까지는 2km로, 천천히 산책하기 좋은 거리다. 강변 레스토랑과 카페에서 여유로운 시간을 보내거나 유람선을 타고 구경해도 좋다.

지도 P.034
가는 방법 플린더스 스트리트 기차역에서 도보 5분
주소 Southbank Promenade **운영** 24시간

멜버니안처럼 여유롭게!

야라강의 낭만 즐기기

강변 북쪽 산책로를 플린더스 워크, 남쪽 산책로를 사우스뱅크 프로미나드라고 부른다.
강 하류 쪽에는 걸어서 건너기 좋은 다리가 여럿 있고 그 사이사이에
미술관, 수족관, 박물관 등 볼거리가 가득하다.

#걸어서 다리 건너기

프린스 브리지
Princes Bridge

1888년에 완공한 고풍스러운 아치교. 당시 영국 황태자 앨버트 공(에드워드 7세)에게 헌정하는 의미로 지은 이름이다. 플린더스 스트리트 기차역과 사우스뱅크를 연결하는 가장 핵심적인 곳이며, 그 위로 트램과 자동차, 사람이 지나다닌다. 강변에서 열리는 각종 행사와 불꽃놀이를 구경하기에도 좋은 입지다.
지도 P.034

에반 워커 브리지
Evan Walker Bridge

프린스 브리지에서 내려다보이는 첫 번째 다리. 쇼핑센터 사우스게이트 바로 앞까지 연결된 보행자 전용 다리다. 저녁에는 반원형 조형물이 화려한 무지개 조명이 되어 빛난다. 교각 아래에 술집이 있는데 이곳에서는 유람선을 타고 물 위에 떠 있는 듯한 기분을 즐길 수 있다.
지도 P.034

웹 브리지 Webb Bridge

강 하류 지역인 도클랜드와 사우스워프를 잇는 보행자 & 자전거 전용 다리. 호주 원주민의 전통 낚시 도구를 모티프로 통발을 걸어서 빠져나오는 듯한 구조로 설계했다. 멜버른 공공 미술 프로젝트에 참여한 아티스트 로버트 오언과 건축가 마셜의 작품이다.
지도 P.034

불기둥 쇼를 놓치지 마세요! 밤에 강변을 산책한다면 사우스뱅크의 크라운 멜버른Crown Melbourne 리조트에서 불기둥을 뿜어내는 장면을 볼 수 있어요! 여름에는 밤 9시, 봄·가을에는 8시, 겨울에는 6시부터 1시간 간격으로 불기둥 쇼를 펼쳐요.

#사우스뱅크 박물관 · 미술관 산책

아트 센터 멜버른 Art Centre Melbourne

실내 공연장 해머 홀Hamer Hall과 야외 공연장 시드니 마이어 뮤직 볼Sydney Myer Music Bowl 그리고 3개의 극장(State Theatre, Playhouse, Fairfax Studio)이 합쳐진 문화의 중심 건물이다. 호주 국립 오페라단, 호주 국립 발레단, 멜버른 극단의 작품이 일 년 내내 상연된다. 뾰족하게 솟아오른 상단부의 첨탑은 파리 에펠탑에서, 넓게 퍼진 하단부는 발레리나의 튀튀(발레복)에서 영감을 얻어 설계했다. 조명이 빛나는 밤에 더욱 돋보인다.

지도 P.034 **주소** 100 St Kilda Rd **홈페이지** artscentremelbourne.com.au

빅토리아 국립 미술관
National Gallery of Victoria(NGV)

유럽, 아시아, 오세아니아, 미국의 미술 작품을 종합 전시한 본관(NGV International)과 호주에 특화된 작품을 전시한 페더레이션 스퀘어의 이안 포터 센터 분관(NGV Australia)으로 구분된다. 본관의 그레이트 홀 천장은 세계 최대의 스테인드글라스로 장식했다. 여름 시즌에 한해 금요일 저녁에는 라이브 음악과 함께 전시를 감상하는 특별전이 열린다.

지도 P.034
주소 180 St Kilda Rd **운영** 10:00~17:00
요금 무료(특별전 별도) **홈페이지** ngv.vic.gov.au

룸 멜버른 미술관
THE LUME Melbourne

호주에서도 미술 작품을 빛으로 구현하는 디지털 미디어 아트가 큰 인기를 얻고 있다. 호주 최초로 멜버른 컨벤션 센터(MCEC)에 초대형 전시관을 만들고 꾸준히 전시를 열고 있다. 세계적 거장의 작품으로 가득 채워진 넓은 공간에서 황홀한 시간을 경험하자.

지도 P.034
주소 5 Convention Centre Pl
운영 10:00~18:30(목~토요일 20:00까지)
요금 $54(모바일로 구매 후 입장권 다운로드)
홈페이지 thelumemelbourne.com

멜버른 스카이데크
Melbourne Skydeck

📍
지도 P.034
가는 방법 페더레이션 스퀘어에서
도보 10분 **주소** 7 Riverside Quay,
Southbank **운영** 12:00~22:00
요금 입장 $36, 엣지 포함 $50
홈페이지 eurekaskydeck.com.au

멜버른 풍경을 한눈에!

유레카 빌딩에 자리한 전망대로, 건물 이름은 호주의 역사적인 사건 유
레카 스토케이드Eureka Stockade에서 따왔다고 한다. 꼭대기 10개 층
의 외벽을 장식한 24캐럿 금은 골드러시를, 빨간색 줄은 당시의 희생
을, 건물 전체의 푸른색은 서던크로스 깃발을 각각 상징한다. 빌딩 높
이는 297m로 멜버른에서 두 번째로 높다. 88층 전망대로 올라가면 중
심가의 빌딩 숲과 빅토리아 왕립 식물원, 멀리 세인트킬다와 포트 필립
베이까지 360도로 펼쳐지는 탁 트인 전망을 볼 수 있다. 야라강 남북을
잇는 여러 개의 다리와 잘 정돈된 현대식 빌딩, 그리고 플린더스 스트리
트 기차역을 쉴 새 없이 드나드는 열차까지 평지에서는 가늠하기 어려
운 멜버른 전경이 한눈에 담긴다. 그 밖에도 건물 밖으로 돌출된 유리
큐브에서 스릴을 만끽하는 엣지The Edge, VR 체험, 전망 레스토랑 등을
이용할 수 있다. 특히 저녁 노을로 붉게 물든 야라강과 도심 풍경의 조
화가 아름다워 일몰 무렵에 갈 것을 추천한다. 다만 오후 시간대는 입장
객이 많아지니 일찌감치 입장하는 것이 좋다. 홈페이지에서 날짜를 정
하고 방문하면 요금을 할인받을 수 있다. ▶ 유레카 스토케이드 P.096

◤ TRAVEL TALK

**공중에서 띄우는
엽서**

전망대에 올라가면 '호주에서 가장
높은 곳에 있는 우체통'이라는 설명
이 붙은 빨간색 우체통이 눈에 띌 거
예요. 기념품 매장에서 엽서와 우표
를 구입해 가까운 지인들에게 엽서
한 장 써보는 것은 어떨까요?

펀팅 온 더 레이크

빅토리아 총독 관저

모렐 브리지 전망

 04

빅토리아
왕립 식물원
Royal Botanic
Gardens Victoria

호수에서 즐기는 영국식 펀팅

찰스 라 트로브 부총독의 지휘로 1846년에 조성한 식물원 겸 대공원이다. 1958년 엘리자베스 2세 여왕이 '왕립royal'이라는 칭호를 내렸다. 5만여 그루의 나무가 자라는 36만 m²의 광활한 면적에 킹스 도메인, 퀸 빅토리아 가든, 빅토리아 총독 관저, 멜버른 천문대 등 다양한 시설이 들어서 있다. 빅토리아 왕립 식물원 비지터 센터 앞에서 출발하는 미니버스(The Explorer)나 자전거를 이용하면 편하게 돌아볼 수 있다. 이곳의 하이라이트는 오너멘탈 호수Ornamental Lake에서 즐기는 펀팅 온 더 레이크Punting on the Lake다. 바닥이 납작한 배, 펀트punt를 긴 장대로 밀어서 움직이는 영국식 뱃놀이 펀팅을 체험하려면 예약은 필수! 호수 전망이 보이는 카페 테라스The Terrace에서 시간을 보내는 것도 좋다. 빅토리아 왕립 식물원은 보통 저녁에 문을 닫지만 정원 곳곳에 조명을 밝히는 '라이트스케이프Lightscape'나 잔디밭에서 야외 영화를 상영하는 '문라이트 시네마Moonlight Cinema' 같은 행사를 진행할 때도 있으니 방문 전 홈페이지를 확인해보자.

지도 P.034
가는 방법 전쟁 기념관에서 도보 15분, 또는 버스 605번을 타고 Melbourne Observatory/Birdwood Avenue 하차 후 빅토리아 왕립 식물원 비지터 센터까지 200m **주소** 100 Birdwood Ave **운영** 10~3월 07:30~19:30, 4~9월 07:30~17:30 **요금** 무료 **홈페이지** rbg.vic.gov.au

- **미니버스 운영** 11:00~17:00 **요금** $15
- **펀팅 온 더 레이크 운영** 11:00~17:00(6~8월 휴무) ※예약 필수
  요금 30분 1인 $30, 가족 $90(최소 3~6인) **홈페이지** puntingonthelake.com.au
- **테라스 운영** 08:00~17:00 **홈페이지** theterrace.melbourne

 05

전쟁 기념관
Shrine of Remembrance

지도 P.034
가는 방법 빅토리아 왕립 식물원에서
도보 15분, 또는 트램 Stop 19 하차
주소 Shrine of Remembrance/St
Kilda Rd **운영** 10:00~17:00
요금 무료 **홈페이지** shrine.org.au

멜버른 도심 전망이 멋진 추모 공간

제1차 세계대전에 참전한 빅토리아주 참전 용사 11만 4000명을 기리
는 경건한 추모 공간. 그리스 아테네 판테온 신전과 소아시아 서남부의
고대 도시 할리카르나소스에 있던 마우솔로스의 영묘를 본떠 만든 건축
물이다. 호주의 현충일 Remembrance Day인 11월 11일 오전 11시에는
자연적으로 천장에서 빛줄기가 들어와 중앙의 기념비에 새겨진 'Love'
라는 글자를 비추도록 설계했다. 전쟁 기념관이 인기인 또 다른 이유
는 정문과 지붕 위에서 멜버른 도심 전망을 한눈에 담을 수 있기 때문이
다. 아쉽게도 전쟁 기념관은 낮에만 개방하기 때문에 이 주변을 관광할
때는 전쟁 기념관을 먼저 관람한 뒤 빅토리아 왕립 식물원 방향으로 이
동하는 것이 좋다. 오너멘탈 호수까지 구경하고 야라강 쪽으로 나가면
모렐 브리지 Morell Bridge 위에서 다시 한번 도심의 스카이라인을 감상
할 수 있다.

세인트킬다 비치
St Kilda Beach

추천

멜버니안이 사랑한 해변

시드니에 본다이 비치가 있다면 멜버른에는 세인트킬다 비치가 있다. 도심에서 가까운 만큼 20세기 초반까지 별장이 우후죽순으로 들어서며 최고급 휴양지로 번성하다가 한동안 쇠락기를 겪었다. 그러다 최근 들어 제2의 전성기를 맞이하고 있다. 트램을 타고 쉽게 갈 수 있다는 점과 빈티지한 건물이 많다는 것이 인기 요인이다. 루나 파크 Luna Park(1912년)와 해수탕 건물 Sea Bath(1910년), 팔레 극장 Palais Theatre(1927년)이 과거의 화려함을 입증하는 랜드마크 역할을 한다. 낮에는 서핑과 해수욕을 즐기는 인파로, 밤에는 피츠로이 스트리트의 취객들로 온종일 거리가 붐빈다. 야자수가 늘어선 에스플러네이드에서는 매주 일요일 수공예품을 전문으로 하는 주말 마켓이 열린다.

📍
지도 P.034
위치 플린더스 스트리트 기차역에서 8km, 또는 트램 The Esplanade 하차
주소 St Kilda Beach, St Kilda **홈페이지** stkildamelbourne.com.au

TRAVEL TALK

세인트킬다에서 펭귄을 본다고?

운이 좋으면 해 질 무렵 방파제(St Kilda Pier) 부근에서 리틀펭귄을 만날 수 있어요. 사냥을 마치고 둥지로 돌아가는 작고 귀여운 펭귄들이 무리 지어 움직이거든요. 단, 야행성인 펭귄의 시력 보호를 위해 플래시를 터뜨리는 사진 촬영은 금물입니다.

⑺ 루나 파크
Luna Park

⑻ 브라이튼 비치
Brighton Beach

빈티지한 테마파크

1912년 12월 13일에 개장한 이래 지금까지 계속해서 운영해온 호주 최초의 테마파크. 어릿광대의 입속으로 들어가면 삐걱거리는 놀이 기구가 있는 추억의 장소를 만나게 된다. 최신 시설은 아니지만 세인트킬다 비치가 내려다보이는 위치에 자리해 있다는 점이 특별하다. 약간의 스릴과 함께 멋진 바다 풍경을 즐길 수 있는 롤러코스터 시닉 레일웨이, 느릿느릿 돌아가는 대관람차 스카이라이더도 있다. 평일에는 방문객이 많지 않아 여름 시즌이나 주말 위주로 영업한다. 또 공원 규모가 크지 않기 때문에 예약제로 입장 인원을 제한한다는 점이 다소 아쉽다. 기본 입장권에 놀이 기구 1개 탑승권이 포함되어 있다.

ⓞ
지도 P.034 **가는 방법** 세인트킬다 비치 바로 앞
주소 18 Lower Esplanade, St Kilda
운영 주말 및 공휴일 11:00~18:00 ※예약 필수
요금 입장권+싱글라이드 $25, 자유이용권 $55
홈페이지 lunapark.com.au

알록달록 예쁜 오두막 앞에서 찰칵!

1900년대 초반에 지은 82채의 베이딩 박스bathing box가 원형 그대로 보존되어 있는 해변이다. 해수욕을 즐기러 온 사람들이 옷을 갈아입을 수 있게 대여해주던 곳으로 지금은 사용하지 않는다. 사람들이 예쁜 색으로 채색된 오두막 앞에서 사진을 찍어 SNS에 올리면서 핫 스폿이 되었다.
맑은 날에는 또렷하게, 흐린 날에는 신기루처럼 보이는 고층 빌딩을 배경으로 해수욕을 즐겨 보자.
자동차로는 세인트킬다 비치에서 불과 10분 거리이고, 대중교통으로는 멜버른 플린더스 스트리트 기차역에서 메트로 트레인을 이용하는 것이 가장 빠르다.

ⓞ
가는 방법 브라이튼 비치 기차역(Sandringham Line)에서 도보 15분
주소 Brighton Bathing Boxes, Esplanade, Brighton

아이와 함께라면

멜버른 동물원 여행

빅토리아를 여행하다 보면 들판에서 풀을 뜯는 캥거루, 하늘을 날아다니는 앵무새, 바닷가의 물개나 리틀펭귄을 동물원이 아닌 야생에서도 어렵지 않게 볼 수 있다. 필립 아일랜드나 그레이트 오션 로드로 여행을 다녀올 시간이 부족하다면 다음 장소를 확인해보자.

● 멜버른 동물원 Melbourne Zoo

1862년에 런던 동물원을 본떠 만든 호주 최초의 동물원이다. 코알라, 캥거루, 코끼리, 호랑이 등 320여 종의 동물이 서식한다. 시내에서 4km 거리로 가까운 것이 장점이다.
가는 방법 기차 로열 파크Royal Park역 또는 트램 58번 Melbourne Zoo 하차 **주소** Elliott Ave, Parkville VIC 3052

TIP
시 라이프 멜버른 수족관을 제외한 나머지 동물원은 비영리단체(Zoos Victoria)에서 운영한다. 운영 시간 및 요금이 동일하며 연간 회원권이 있으면 모두 이용할 수 있다.
운영 09:00~17:00(웨리비 오픈 레인지 동물원은 15:30 마지막 입장) **요금** 성인 $53, 4~15세 $26.50(주말 및 공휴일 무료) **홈페이지** zoo.org.au

● 웨리비 오픈 레인지 동물원
Werribee Open Range Zoo

기린, 얼룩말, 하마 같은 아프리카 대륙의 동물을 투어 버스를 타고 다니며 관람하는 광활한 사파리형 동물원이다. 그레이트 오션 로드의 질롱으로 가는 길에 방문하면 좋다.
가는 방법 멜버른 중심에서 32km, 자동차로 30분, 대중교통으로 1시간, 또는 기차 웨리비Werribee역에서 439번 버스로 환승
주소 K Rd, Werribee South VIC 3030

● 힐스빌 보호구역 Healsville Sanctuary

코알라, 캥거루, 왈라비, 딩고 등 호주 야생동물 보호구역으로 야라밸리 와이너리와 가깝다.
가는 방법 멜버른 중심에서 80km, 자동차로 1시간
주소 Glen Eadie Ave, Healesville VIC 3777

● 시 라이프 멜버른 수족관
Sea Life Melbourne Aquarium

상어, 돌고래 등 500여 종의 해양 생물을 보유한 수족관. 규모 면에서는 시드니 달링하버의 수족관을 능가한다. 중심가에 있어 쉽게 갈 수 있다.
가는 방법 서던크로스 기차역에서 도보 10분
주소 King St
운영 평일 10:00~17:00, 주말 09:30~17:00
요금 $50~(온라인 예매 시 할인)
홈페이지 melbourneaquarium.com.au

멜버른 맛집

강변의 전망 레스토랑, 골목 안 로컬 맛집에서 멜버른 여행이 두 배 더 행복해지는 시간!
멜버니안의 커피 사랑은 유별나서 어디를 가든 커피가 수준급이다. 이탈리아 이민자의 손맛이 담긴 피자와
에스프레소, 젤라토도 빼놓을 수 없다. 아시아계 인구가 굉장히 많아 아시아 요리도 다양하게 만날 수 있다.

하이어 그라운드
Higher Ground

> 1권 P.068~069의 멜버른 핫플
> 정보도 함께 확인해보세요!

위치 서던크로스역 주변
유형 유명 맛집
주메뉴 호주식 브런치

😊 → 브레이크 타임이 없음
😒 → 웨이팅 필수(예약 가능)

센스 넘치는 플레이팅에 반해 저절로 사진을 찍게 되는 브런치 카페. 시그너처 메뉴인 블루베리 & 리코타 핫케이크는 폭신한 팬케이크 위에 블루베리와 각종 씨앗을 얹고 꽃으로 장식한다. 먹을 때는 크림처럼 부드러운 리코타 치즈를 곁들인다. 멜버른의 외식업체 달링 그룹이 운영하는 브랜드로, 또 다른 핫플 톱 페독Top Paddock, 케틀 블랙Kettle Black과 비슷한 콘셉트다. 중심가와 다소 떨어져 있어 찾아가기 쉽지 않은 두 곳과 달리 서던크로스 기차역 앞에 자리해 쉽게 찾아갈 수 있다. 옛 발전소 건물을 사용하는 덕분에 공간이 넉넉하다. 15m나 되는 높은 천장의 실내에는 환하게 햇빛이 쏟아져 들어온다. 브레이크 타임이 없다는 것도 장점. 다만 식사 시간이나 주말에는 웨이팅이 상당히 긴 편이다. 홈페이지에서 예약 후 방문할 것을 권한다.

가는 방법 서던크로스 기차역에서 도보 5분
주소 650 Little Bourke St
운영 평일 07:00~17:00, 주말 08:00~17:00
예산 블루베리 & 리코타 핫케이크, 에그 베네딕트 $30~34
홈페이지
higailergroundmelbourne.com.au

영 & 잭슨
Young & Jacksons

위치	플린더스 스트리트역 주변
유형	유명 맛집
주메뉴	펍 메뉴

☺ → 상징적인 장소에서 식사
☹ → 사람이 많아 혼잡

창밖으로 멜버른의 상징인 플린더스 스트리트 기차역이 보이는 전망을 자랑한다. 멜버른 초창기인 1861년에 지은 유서 깊은 호텔 건물 1층에 자리한 레스토랑 겸 펍이다. 다이닝 룸에 앉아서 정식으로 식사를 하는 것도 좋지만 간단하게 분위기를 즐기려면 펍이 제격이다. 수제 맥주와 함께 버거, 슈니첼, 피시앤칩스를 주문해보자.

📍 **가는 방법** 플린더스 스트리트 기차역 바로 맞은편
주소 Cnr Swanston & Flinders St
운영 10:00~밤 늦게
예산 버거 · 샌드위치 $22~25
홈페이지
youngandjacksons.com.au

트랜짓 루프톱 바
Transit Rooftop Bar

위치	페더레이션 스퀘어
유형	루프톱 바
주메뉴	펍 메뉴

☺ → 완벽한 전망 맛집
☹ → 아이 동반 불가능

페더레이션 스퀘어의 호텔 건물 루프톱에 앉아 탁 트인 전망을 감상할 수 있는 곳이다. 저녁 시간에는 사람들이 잔뜩 모여드는 핫 플레이스인 데다 라이브 음악까지 들려주는 낭만적인 장소다. 워크인도 가능하지만 불꽃놀이 등 이벤트가 있는 날에는 꼭 예약하고 방문할 것. 단, 18세 이상 입장 가능하다.

📍 **가는 방법** 페더레이션 스퀘어 내
주소 Level 2, Transport Hotel
운영 12:00~23:00(금 · 토요일 01:00까지, 일요일 21:00까지)
예산 맥주 $15, 칵테일 $26
홈페이지 transporthotel.com.au/transitbar

뮌헨 브로이하우스
Munich Brauhaus

위치	야라강 남쪽
유형	대중 레스토랑
주메뉴	맥주, 독일식

☺ → 쾌적한 실내와 넉넉한 테이블
☹ → 음식 맛은 평범한 편

공간이 깔끔하고 테이블이 많아서 아이가 있는 가족 여행자가 방문하기 좋은 독일식 호프집이다. 여럿이 나눠 먹기 좋은 메뉴가 많고, 주요 스포츠 경기가 열릴 때면 사람들이 모여서 관람하는 이벤트도 열린다. 근처에 비슷한 분위기의 레스토랑이 많다. DFO 사우스워프 아웃렛에서 쇼핑하거나 룸 멜버른 미술 관람 시 함께 가기 좋다.

📍 **가는 방법** 페더레이션 스퀘어에서 자전거로 10분
주소 45 S Wharf Promenade
운영 월~목요일 12:00~22:00, 금 · 토요일 11:00~23:00, 일요일 11:00~21:00 **예산** 슈니첼 $30, 테이스팅 플래터 $40 **홈페이지** munichbrauhaus.com.au

하드웨어 소사이어티
Hardware Société

위치	버크 스트리트 몰 주변
유형	유명 맛집
주메뉴	프랑스 가정식

😊→ 분위기와 예쁜 디스플레이
☹→ 짧은 영업시간과 긴 웨이팅

카푸치노 한잔과 프렌치 요리로 멜버른에서의 아침을 열기 좋은 곳. 좁은 골목 안에 자리한 본점이 줄서는 맛집으로 입소문 난 지는 이미 오래되었다. 이후 프랑스 파리와 스페인 바르셀로나에도 지점을 오픈했고, 멜버른에서는 플린더스 스트리트 기차역 근처에 매장을 하나 더 냈다. 메뉴는 시즌별로 조금씩 바뀌지만 주메뉴는 달걀을 사용한 다양한 프랑스 요리다. 다른 브런치 카페에 비해 가격대가 조금 높은 편이다.

맥스 온 하드웨어
Max on Hardware

위치	버크 스트리트 몰 주변
유형	로컬 맛집
주메뉴	이탈리아식

😊→ 분위기와 맛 겸비
☹→ 테이블 간격이 매우 좁음

가장 멜버른다우면서 특별한 골목인 하드웨어 레인에 자리 잡고 있다. 환한 햇살이 비추는 낮이든 불 밝힌 저녁이든, 바깥 테이블에 자리를 잡고 앉아 다이닝을 즐기기에 가장 좋은 곳이 아닐까 싶다. 영업을 시작하는 정오부터 밤늦게까지 발 디딜 틈이 없을 만큼 로컬들에게 인기 만점이다. 화덕 피자와 미트볼, 아란치니, 파스타 등 이탈리아 음식이 주메뉴이고 버거나 스테이크도 판매한다. 특히 캥거루 고기 그릴 요리를 파는 곳으로도 알려져 있다. 맛과 분위기는 물론 여러 면에서 추천할 만한 맛집이다.

📍
가는 방법 멜버른 GPO에서 도보 5분
주소 123 Hardware St
운영 08:00~14:30
예산 브런치 $30~35
홈페이지 hardwaresociete.com

📍
가는 방법 멜버른 GPO에서 도보 5분
주소 54~58 Hardware Lane
운영 11:15~21:00
예산 피자 $22~25, 캥거루 고기 그릴 $35
홈페이지 maxonhardware.com.au

맨체스터 프레스
Manchester Press

위치 버크 스트리트 몰 주변
유형 로컬 카페
주메뉴 커피, 베이글

😊→ 골목 안 숨은 명소
😑→ 베이글 맛은 평범함

골목 안쪽 후미진 인쇄소 건물에 자리하고 있다. 벽돌 건물, 인테리어, 친절하게 말을 건네는 서버까지 여러 가지 면에서 인기를 끄는 요인이 많다. 커피와 함께 베이글을 파는데, 간단하게 발라 먹는 스프레드(버터, 크림치즈, 베지마이트)만 선택하거나 연어(NY Lox), 아보카도(Avo Smash) 같은 토핑 옵션을 취향껏 추가해도 된다. 골목 자체가 멜버른의 명소라 방문할 가치가 있다.

📍
가는 방법 멜버른 GPO에서 도보 5분
주소 8 Rankins Ln, Melbourne
운영 평일 07:30~15:30,
주말 08:30~16:00
요금 베이글 $10, 토핑 포함 $24~25
페이스북 @manchesterpress

브릭 레인 멜버른
Brick Lane Melbourne

위치 버크 스트리트 몰 주변
유형 로컬 카페
주메뉴 커피, 브런치

😊→ 맛있는 음식과 분위기
😑→ 오전부터 낮까지만 영업

커피뿐 아니라 호주식 브런치 메뉴로도 유명한 예쁜 베이커리 카페다. 태즈메이니아산 연어에 수란을 얹은 에그 베네딕트, 구운 베이컨에 스크램블드에그를 얹고 매콤한 레드 페퍼로 마무리한 토스트, 과일을 듬뿍 곁들여 먹는 와플이 인기 메뉴다. 평일에는 예약할 수 있지만 주말에는 워크인만 가능하다. 사람이 많을 때는 합석을 권하는 등 조용한 식사가 어렵다는 것이 단점이다.

📍
가는 방법 멜버른 GPO에서 도보 6분
주소 33 Guildford Ln
운영 평일 07:30~14:30,
주말 08:00~14:30
예산 와플 $24, 에그 베네딕트 $25
홈페이지 thebricklane.com.au

둑스 커피 로스터스
Dukes Coffee Roasters

위치 페더레이션 스퀘어 주변
유형 로컬 카페
주메뉴 스페셜티 커피

😊→ 플랫 화이트 맛이 일품
😑→ 매장이 협소함

빅토리아주 리치먼드에서 직접 로스팅하는 멜버른의 로컬 로스터리다. 플린더스 레인의 유서 깊은 건물인 로스 하우스에서 플래그십 카페를 운영한다. 다크한 로스팅이 플랫 화이트의 부드러운 거품과 잘 어우러진다. 매장은 협소하지만 맛있는 커피를 찾아서 일부러 찾아오는 손님이 많다. 국내에도 정식으로 수입하는 원두 브랜드로, 심플한 패키징이 눈에 띈다.

📍
가는 방법 플린더스 스트리트 기차역에서 도보 5분
주소 247 Flinders Lane
운영 월~금요일 07:00~16:30,
토요일 08:00~17:00
휴무 일요일 **예산** 커피 $5
홈페이지 dukescoffee.com.au

피다피포
Pidapipò

위치 중심가 & 칼튼
유형 인기 카페
주메뉴 젤라토

😊→ 멜버른 최고의 젤라토 맛
🙁→ 테이크아웃만 가능

멜버른의 대표 젤라토 맛집. 칼튼 본점뿐 아니라 멜버른 CBD점도 인기가 많다. 우유 베이스의 크리미한 젤라토 중에서는 솔리드 캐러멜, 누텔라, 헤이즐넛, 피스타치오가 기본이고, '망고-마스카포네-마카다미아'처럼 특별한 조합도 있다. 메뉴는 계속 바뀌는데 마스카포네 치즈가 들어간 종류는 꼭 먹어보자. 우유가 들어가지 않은 과일 맛과 비건 메뉴도 있다.

📍 **가는 방법** 플린더스 스트리트 기차역에서 CBD점까지 도보 5분, 칼튼 본점까지 트램으로 30분
주소 CBD점 8 Degraves St, 칼튼 본점 299 Lygon St
운영 12:00~23:00
예산 1스쿱 $7, 2스쿱 $8
홈페이지 pidapipo.com.au

브루네티
Brunetti

위치 중심가 & 칼튼
유형 인기 카페
주메뉴 커피, 디저트

😊→ 멜버른 대표 케이크 맛집
🙁→ 지나치게 모던한 분위기

1956년부터 케이크로 소문난 이탈리아식 디저트 전문점. 깔끔한 공간에 진열된 화려한 디저트가 눈길을 사로잡는다. 멜버른 CBD의 플린더스 레인에 있는 브루네티 오로Brunetti Oro는 주변 다른 카페에 비해 공간이 넓어 쉬어 가기 좋다. 칼튼에 있는 브루네티 클라시코Brunetti Classico는 로컬들이 하루 종일 자리를 잡고 앉아 수다를 떠는 동네 사랑방 같은 곳이다.

📍 **가는 방법** 플린더스 스트리트 기차역에서 CBD점까지 도보 5분, 칼튼점까지 트램으로 30분
주소 CBD점 250 Flinders Ln, 칼튼점 380 Lygon St
운영 12:00~23:00
예산 에스프레소 $4, 케이크 $10
홈페이지 brunettioro.com.au

카페 안디아모
Café Andiamo

위치 디그레이브스 스트리트
유형 로컬 카페
주메뉴 커피, 식사

😊→ 골목 카페다운 분위기
🙁→ 비주얼에 비해 맛은 평범

디그레이브스 스트리트 한복판에 있는 이탈리아식 카페. 이른 아침에는 주변 직장인들이 에스프레소와 카푸치노를 마시러 오고 오전에는 브런치, 점심에는 버거와 파스타를 즐기러 온다. 거리에 내놓은 야외 테이블은 빈자리가 생기자마자 곧 채워질 만큼 항상 붐빈다. 멜버른 여행 중 노천카페에서 유럽 카페 골목 느낌을 즐기고 싶다면 이곳을 찾아 가자.

📍 **가는 방법** 플린더스 스트리트 기차역에서 도보 5분
주소 36-38 Degraves St
운영 월~목요일 06:00~21:00, 금요일 06:30~22:00, 토요일 07:00~22:00, 일요일 08:00~17:00
예산 카푸치노 $5, 포카치아 $18
인스타그램 @cafe_andiamo

티룸 1892
The Tearooms 1892

위치	블록 아케이드 내부
유형	대표 티하우스
주메뉴	영국식 차와 케이크

☺→ 전통 있는 티룸 경험
☹→ 최근 주인이 바뀌면서 평판이 낮아짐

블록 아케이드 안으로 들어서면 화려한 케이크가 진열된 쇼윈도가 보인다. 1892년 개업 당시 빅토리아 총독 부인 레이디 호프턴이 사교계 모임을 주도하던 멜버른 최초의 티하우스다. 역사적 의미를 인정받아 진녹색으로 장식한 티룸 자체가 빅토리아 문화유산 및 호주 내셔널트러스트 보존 대상지로 등록되었다. 영국식 하이 티는 예약이 필수이고 그 외에는 줄을 서서 들어간다. 앞쪽 진열장에서 케이크를 골라 주문해도 된다. 웨이팅이 긴 데다 오래 앉아 있을 만한 분위기는 아니다.

🏠 **가는 방법** 플린더스 스트리트 기차역에서 도보 10분
주소 Block Arcade
운영 08:00~17:00(일요일 09:00부터)
요금 음료 $7, 하이 티 $65
홈페이지 thetearooms1892.com.au

룬 크루아상테리
Lune Croissanterie

위치	중심가 & 피츠로이
유형	인기 베이커리
주메뉴	크루아상

☺→ 최고의 크루아상을 맛볼 기회
☹→ 좌석 없음, 최소 1시간 웨이팅

멜버른에서 오픈 런을 해야 한다면 바로 여기! 항공우주 분야 엔지니어 출신인 케이트 리드가 정밀한 계량과 레시피로 완벽한 크루아상을 만들어내는 베이커리. 정통 크루아상은 물론이고 머핀과 크루아상을 합친 크러핀 등을 즉석에서 구워낸다. 멜버른 CBD에도 매장이 있지만, 좀 더 넓은 피츠로이 본점에서는 쇼룸 형태의 키친에서 제빵사들이 반죽하고 빵 굽는 장면을 구경할 수 있다. 평일에도 대기 시간이 길고 하루에 정해진 수량만 판매하기 때문에 오전에 방문해야 한다.

🏠 **가는 방법** 페더레이션 스퀘어에서 멜버른 CBD점까지 도보 5분, 피츠로이 본점까지 트램으로 20분 **주소** CBD점 161 Collins St, 피츠로이 본점 119 Rose St, Fitzroy
운영 평일 07:00~15:00, 주말 08:00~15:00
예산 크루아상 $8~11 **홈페이지** lunecroissanterie.com

세븐 시드 커피 로스터스
Seven Seeds Coffee Roasters

위치 칼튼 대학가
유형 로컬 카페
주메뉴 스페셜티 커피

☺→ 쾌적하고 넓은 매장
☹→ 찾아가기 애매한 위치

멜버른의 대표 커피 브랜드로, 17세기 승려 바바 부단이 예멘에서 7알의 커피 생두를 인도에 몰래 반입해 전 세계로 커피를 전파했다는 것에서 이름을 따왔다. 2007년부터 자체 로스터리를 갖추고 싱글 오리진 원두와 블렌드를 직접 수입하며, 미디엄이나 다크 로스트 원두에 특화되어 있다. 오픈 키친 형태의 칼튼 본점은 대학가다운 분위기가 느껴진다.

🅟
가는 방법 퀸 빅토리아 마켓에서 도보 10분
주소 114 Berkeley St, Carlton
운영 평일 07:00~17:00, 주말 08:00~17:00
요금 커피 $5.5~7
홈페이지 sevenseeds.com.au

브라더 바바 부단
Brother Baba Budan

위치 버크 스트리트 몰 주변
유형 로컬 카페
주메뉴 스페셜티 커피

☺→ 맛있는 멜버른 커피
☹→ 공간이 협소함

카페 이름에서 짐작할 수 있듯 세븐 시드 커피 로스터스의 직영점이다. 천장에 의자가 매달려 있는 독특한 인테리어가 눈길을 끈다. 공간이 매우 협소해 앉을 자리는 거의 없지만 커피 한잔과 원두를 사러 오는 손님이 끊이지 않는다. 이곳에서 판매하는 디저트와 토스트 종류는 매일 바뀐다.

🅟
가는 방법 멜버른 GPO에서 도보 5분
주소 359 Little Bourke St
운영 평일 07:00~17:00, 주말 08:00~17:00
요금 커피 $5~7
홈페이지 sevenseeds.com.au

마켓 레인 커피
Market Lane Coffee

위치 멜버른 전역
유형 로컬 카페
주메뉴 스페셜티 커피

☺→ 산미가 풍부한 스페셜티 커피
☹→ 테이크아웃 위주로 운영

멜버른에만 8개 매장을 운영하는 스페셜티 커피 전문점이다. 2009년에 오픈한 프라란 마켓점에는 마이크로 로스터리가 아직 남아 있고, 브룬스윅점에 메인 로스터리를 추가했다. 자리에 앉아서 커피를 마시고 싶다면 퀸 빅토리아 마켓점과 콜린스 스트리트점이 적당하다. 건물이 예쁘기로 유명한 칼튼점은 테이크아웃 전문점이다.

🅟
퀸 빅토리아 마켓점 주소 83~85 Victoria St **운영** 평일 07:00~15:00, 주말 07:00~16:00
콜린스 스트리트점 주소 8 Collins St **운영** 07:00~16:00 **휴무** 토·일요일
칼튼점 주소 176 Faraday St, Carlton **운영** 07:00~16:00(일요일 08:00부터) **요금** 커피 $5~7
홈페이지 marketlane.com.au

DOC 피자
DOC Pizza

위치	칼튼 가든 주변
유형	로컬 맛집
주메뉴	이탈리아식

☺ → 멜버른 대표 피자 맛집

☹ → 일부러 찾아가야 하는 위치

브룬스윅의 400 그라디와 함께 멜버른의 양대 피자집으로 꼽히는 곳이다. 화덕에서 90초간 구워주는 시그너처 메뉴 '피자 DOC'는 산마르자노 토마토와 일반 모차렐라, 생버팔로 모차렐라를 얹은, 기본에 충실한 피자다. 와인과 어울리는 살루미, 치즈보드 메뉴도 다양하게 갖추고 있다. 칼튼점에서는 이 외에도 DOC 델리카트슨(샌드위치 전문점), DOC 에스프레소를 운영한다.

🚩 **가는 방법** 칼튼 가든(멜버른 박물관) 쪽에서 도보 10분
주소 295 Drummond St
운영 월~목요일 17:00~21:00, 금요일 12:00~22:00, 토 · 일요일 14:00~22:00
예산 피자 $25~31
홈페이지 docgroup.net

피츠 카페 & 루프톱
The Fitz Cafe & Rooftop

위치	피츠로이 쇼핑가
유형	로컬 맛집
주메뉴	호주식

☺ → 적당한 가격과 전망

☹ → 음식은 평범한 편

브룬스윅 스트리트 한복판에 있는 바 겸 레스토랑. 1층은 펍 분위기이고, 거리가 내려다보이는 루프톱도 있어 주말이면 무척 붐비는 핫 플레이스다. 시간대별로 메뉴 구성이 다양한데 가볍게 즐기는 브런치는 물론 그릴에 구워낸 스테이크도 만족스러운 맛이다. 다만 굳이 예약하고 방문할 정도는 아니다. 피츠로이의 핫 플레이스가 근처에 모여 있으니 자리가 없다면 주변의 다른 맛집을 찾아보자.

🚩 **가는 방법** 트램 96번 Johnston St/Brunswick St 하차 후 도보 5분
주소 347 Brunswick St
운영 평일 10:00~21:00, 주말 10:00~24:00
예산 브런치 $20~28, 버거 $24, 스테이크 $28
홈페이지 thefitzcafe.com

마막
Mamak

위치	차이나타운
유형	유명 맛집
주메뉴	말레이시아식

☺ → 아시아 음식을 즐기기 좋은곳

☹ → 긴 웨이팅과 좁은 공간

시드니 본점 못지않게 붐비는 멜버른의 대표 핫 플레이스. 그런데 호주까지 와서 말레이시아 음식을 먹을 필요가 있을까? 먹고 나면 그런 의문이 한 방에 해소된다. 철판 위에 종잇장처럼 얇게 펴서 굽는 빵 로티는 커리나 삼발 소스에 찍어 먹는 애피타이저로 일품이다. 사테(꼬치구이), 나시고렝, 미고렝도 추천 메뉴. 느끼한 음식에 질렸거나 간편하고 든든한 한 끼를 원할 때 방문하자.

🚩 **가는 방법** 버크 스트리트 몰에서 도보 7분
주소 366 Lonsdale St
운영 런치 11:30~14:00, 디너 17:30~21:30
예산 로티 $10, 메인 요리 $18~24
홈페이지 mamak.com.au

⟨ 🛍 ⟩

멜버른 쇼핑

스완스톤 스트리트와 교차하는 큰길을 따라 멜버른의 주요 쇼핑가와 쇼핑센터가 계속 이어진다.
그중에서 버크 스트리트에는 호주의 대표 백화점 마이어, 데이비드 존스가 입점해 있다.
트램만 다닐 수 있는 차 없는 거리로 운영하는 '버크 스트리트 몰'이 핵심 구간으로,
유동 인구가 많고 복잡한 분위기 속에서 간간이 버스커의 연주가 들려오는 낭만적인 곳이다.
먼저 랜드마크인 멜버른 GPO와 로열 아케이드를 구경한 뒤 골목을 따라 블록 아케이드로 걸어가면 된다.

여긴 꼭 가봐야 해!

쇼핑 아케이드를 따라 골목 여행하기 ➡ P.027
호주 최대 규모의 채드스톤 쇼핑센터 ➡ 1권 P.090

멜버른 GPO
Melbourne's GPO

위치 버크 스트리트 몰 주변
유형 쇼핑센터
특징 버크 스트리트 몰의 랜드마크 겸 포토 스폿

1860년에 지은 옛 우체국 건물에 들어선 쇼핑센터. 버크 스트리트 몰에서 가장 눈에 띄는 랜드마크다. 마치 박물관 같은 모습이지만 대중적인 의류 브랜드 H&M의 플래그십 스토어와 레스토랑, 갤러리 등이 자리해 있다. 시계탑 앞을 지나는 트램을 구경하고, 지갑 모양의 조형물(Public Purse)도 찾아보자. 편하게 이용 가능한 공중 화장실도 있다.

📍
가는 방법 프리트램존 페더레이션 스퀘어에서 도보 10분, 또는 트램 Bourke Street Mall 하차 **주소** 350 Bourke St
운영 월~토요일 09:30~20:00(목 · 금요일 21:00까지), 일요일 10:00~19:00
홈페이지 melbournesgpo.com

엠포리엄 멜버른
Emporium Melbourne

위치 버크 스트리트 몰 주변
유형 쇼핑센터
특징 모던한 백화점 스타일

마이어 백화점과 데이비드 존스 백화점이 연결된 8층 건물의 럭셔리 쇼핑센터. 샤넬 프래그런스, 메카 코스메티카, 샬롯 틸버리, 이솝 등 코스메틱 브랜드를 비롯해 220여 개 매장이 입점해 있다. 푸드 코트가 있어 간단히 식사하고 싶을 때 들러도 좋다.

📍
가는 방법 프리트램존 리틀 버크 스트리트와 론스데일 스트리트에서 진입
주소 287 Lonsdale St
운영 10:00~19:00(목 · 금요일 21:00까지)
홈페이지 emporiummelbourne.com.au

세인트 콜린스 레인
St. Colins Lane

위치	블록 아케이드 주변
유형	쇼핑센터
특징	멜버른 쇼핑의 핵심 위치

명품 매장이 많은 멜버른 최고급 쇼핑가 콜린스 스트리트에 자리한 대형 쇼핑센터다. 한때 영국의 데번햄스 백화점이 입점하기도 했으나 현재는 공실이 많다. 하지만 편하게 식사할 수 있는 푸드 홀(Level 2)이 있어서 편리하다. 주변에도 볼거리가 많으니 세인트 콜린스 레인 정문을 기준으로 삼아 돌아보자. 블록 아케이드, 디목스와 가깝다.

🚲 **가는 방법** 프리트램존 플린더스 스트리트 기차역에서 도보 10분 (디그레이브스 스트리트를 통과해 가는 것이 지름길) **주소** 260 Collins St **운영** 쇼핑센터 10:00~저녁, 푸드 홀 11:00~21:00 **홈페이지** stcollinslane.com.au

멜버른 센트럴
Melbourne Central

위치	빅토리아 주립 도서관 주변
유형	쇼핑센터
특징	구경 삼아 가도 좋은 곳

빅토리아 주립 도서관 맞은편의 멜버른 센트럴 기차역과 연결된 쇼핑센터. 안으로 들어서면 유리 천장 아래로 거대한 '쿱스 타워Coop's Shot Tower'가 보인다. 1888년에 지은 벽돌 건물 타워 위로 유리 콘glass cone을 씌워 쇼핑센터로 리모델링한 것이다. 화장품 매장 메카 막시마, 어린이용품점 스미글 등 300여 개 매장이 입점했다.

🚲 **가는 방법** 프리트램존 트램 Melbourne Central 하차 **주소** LaTrobe & Swanston St **운영** 10:00~19:00(목·금요일 21:00까지) **홈페이지** www.melbournecentral.com.au

DFO 사우스워프
DFO South Wharf

위치	룸 멜버른 미술관 주변
유형	쇼핑센터
특징	강변 전망 즐기며 쇼핑하기

스포츠와 아웃도어 브랜드가 주류로 180여 개 매장이 들어섰다. 시내 중심가에 있어 할인율은 크지 않은 편이나 호주의 다양한 브랜드를 구경하는 재미가 있다. 멜버른 컨벤션 센터, 룸Lume 미술관과 가까워 주변에 볼거리가 풍성하다. 프린스 브리지에서 강변 산책로인 사우스워프 프로미나드를 따라 걸어 내려가거나 자전거로 방문하기 좋다.

🚲 **가는 방법** 페더레이션 스퀘어에서 자전거로 10분 **주소** 20 Convention Centre Pl **운영** 10:00~18:00 (금요일 21:00까지) **홈페이지** www.dfo.com.au/south-wharf

이것만은 놓치지 말자!
멜버른에서 탄생한 특별한 브랜드

멜버른에서 탄생한 소비재 브랜드의 본점과 본사를 방문해보는 것도 즐거운 경험이다.
수가 많지는 않지만 각각의 분야에서 최고의 가치를 담고 있어 세계적 명성을 자랑하는 브랜드를
선호하는 사람이라면 뜻깊은 여행이 될 것이다.

....

● T2

원색의 패키징과 톡톡 튀는 블렌딩으로 세계로 진출한 대표적인 티 브랜드
T2(티투)는 1996년 멜버른 피츠로이에서 탄생했다. 아직도 브룬스윅 스트리
트에는 특유의 핑크색 천장이 돋보이는 오리지널 매장이 그대로 남아 있
다. 바닐라 향이 첨가된 멜버른 브렉퍼스트, 베르가모트 향이 나는
시드니 브렉퍼스트처럼 도시 이름을 붙인 블렌딩은 선물용으로도
제격이다.

주소 340 Brunswick St, Fitzroy **운영** 10:00~17:30(일요일 17:00까지)
홈페이지 t2tea.com

● 에센서리 Essensorie

블록 아케이드의 아름다운 복도를 지나다 보면 청동으로 만든 증류기가 향기
로운 수증기를 뿜어내는 가게가 나온다. 이름처럼 온갖 향기 관련 제품이 매
장 안을 가득 메우고 있다. 핸드 블렌딩으로 천연 재료에서 섬세한 향을 추출
해 만든 제품은 공장에서 만드는 것과는 차원이 다르다. 개인의 기호에 맞춘
커스텀 조향도 가능하며 에센셜 오일, 디퓨저, 핸드크림, 향수 등 다양한 가격
대의 제품을 판매한다.

주소 282 Collins St **운영** 평일 10:00~18:00, 주말 10:00~17:00 **홈페이지** essensorie.com

● 이솝 Aēsop

1987년 멜버른에서 탄생한 미니멀리스트 코스메틱 브랜드. 전 세계 25개국에
매장이 있는데 본사는 여전히 피츠로이에 있다. 가격은 한국과 크게 다르지 않
지만 어쩐지 멜버른 여행 기념으로 한 개쯤 구입해야 할 것 같은 기분이 든다. 매장
별로 인테리어가 특화되어 있어 각 매장을 다니며 구경하는 재미도 있다.

주소 콜린스 스트리트점 87 Collins St, 플린더스 레인점 268 Flinders Lane

● 클레멘타인 Clementine

빅토리아에서 생산한 제품을 큐레이팅하는 기념품 숍. 디자이너 소품을 비롯
해 과일 잼, 꿀, 버터 같은 먹거리, 핸드크림류의 화장품, 엽서와 각종 문구류
까지 소소하지만 특별한 멜버른만의 기념품을 구경하기 좋다.

주소 7 Degraves St **운영** 평일 07:30~15:00, 주말 08:00~15:00
홈페이지 www.clementines.com.au

오랜 전통과 핫플의 공존!

멜버른 마켓 한눈에 보기

멜버른 현지인들은 대형 마트를 찾기보다 로컬 마켓에서 생필품을 구입하는 편이다.
덕분에 주말에 거리나 공원에서 열리는 파머스 마켓뿐만 아니라 상설 재래시장 규모가 상당하다.
멜버른 3대 마켓은 보통 이른 아침부터 문을 열기 때문에 너무 늦게 가면
파장 분위기일 수 있으니 적어도 오후 1~2시에는 가는 것이 좋다.
주말에는 사람이 많이 모여 떠들썩한 축제 분위기가 된다.

멜버른 3대 마켓 정보

	월요일	화요일	수요일	목요일	금요일	토요일	일요일
퀸 빅토리아 마켓	×	○	○*	○	○	○	○
사우스멜버른 마켓	×	×	○	×	○	○	○
프라란 마켓	×	○	×	○	○	○	○

*수요일에는 낮이 아닌 오후에 나이트 마켓으로 운영한다.

 ## 그 밖의 마켓

● **로즈 스트리트 아티스트 마켓** The Rose Street Artists' Market
피츠로이 지역의 힙한 분위기가 느껴지는 플리 마켓.
장소 피츠로이 **운영** 주말 10:00~16:00 **홈페이지** rosestmarket.com.au

● **선데이 마켓** Sunday Market
멜버른 아트 센터에서 주관하며 지역 아티스트들의 수공예품을 구경할 수 있다.
장소 사우스뱅크 **운영** 일요일 10:00~16:00
홈페이지 artscentremelbourne.com.au/visit/sunday-market

● **에스플러네이드 마켓** Esplanade Market
해변 옆 산책로에서 열리는 낭만적인 주말 마켓.
장소 세인트킬다 **운영** 일요일 10:00~16:00 **홈페이지** stkildaesplanademarket.com.au

퀸 빅토리아 마켓 Queen Victoria Market

145년 전통의 핫 플레이스

1878년에 처음 문을 연, 멜버른에서 가장 역사가 길고 규모가 큰 재래시장이다. 거대한 건물 안에 식료품, 청과물, 정육·축산품, 해산물, 와인 매장이 코너별로 있고 노점처럼 운영하는 실외 마켓도 있다. 싱싱한 굴이나 피시앤칩스, 버거 같은 것을 구입해 한쪽에 마련된 테이블에 앉아 먹을 수도 있다. 수요일에는 낮에 장이 서지 않는 대신 늦은 오후부터 멜버른 명물 푸드 트럭이 모이는 나이트 마켓이 열린다. 메뉴가 놀랍도록 다양하고 유쾌한 이벤트도 많이 열리는 먹거리 축제다. 낮과 밤의 분위기가 전혀 다르기 때문에 두 번 방문하더라도 시간이 아깝지 않다.

가는 방법 프리트램존 플린더스 스트리트역(Elizabeth St 방향에서 탑승)에서 트램(19·57·59번)으로 8분, Queen Victoria Market 하차 **주소** 정문 Elizabeth St & Victoria St
운영 화·목·금요일 06:00~15:00, 토요일 06:00~16:00, 일요일 09:00~16:00, 수요일 나이트 마켓 17:00~22:00
휴무 월요일 **홈페이지** 재래시장 qvm.com.au, 나이트 마켓 thenightmarket.com.au

사우스멜버른 마켓
South Melbourne Market

가는 방법 버크 스트리트 몰에서
트램(96번)으로 20분, South
Melbourne 하차
※수·금요일은 2시간 무료 주차
주소 Coventry St & Cecil St,
South Melbourne
운영 수·토·일요일 08:00~16:00,
금요일 08:00~17:00
휴무 월·화·목요일 **홈페이지**
southmelbournemarket.com.au

활기 넘치는 먹거리 장터

1867년에 개장한 이래 오랫동안 사랑받아온 사우스멜버른 주민
들의 장터. 현지인들이 주로 이용하며 특정 요일만 영업한다. 능숙
하게 고기를 다루는 정육점, 손님과 흥정하는 청과물 가게의 활기
찬 분위기가 우리나라 재래시장과 꽤 닮아 있다. 장이 열리는 날에
는 요크 스트리트York St의 레스토랑들이 노천 그릴에서 고기를 굽
고 즉석에서 파에야를 만들어 판다. 해산물 코너에서 랍스터와 굴
을 저렴하게 구입해 간이 테이블에 앉아 먹어도 좋다. 먼저 시장 안
을 한 바퀴 돌아보고 마음에 드는 메뉴를 고른다. 재래시장답게 다
른 곳에 비해 부담 없는 가격도 장점이다.

프라란 마켓
Prahran Market

가는 방법 페더레이션 스퀘어에서
트램(72번)으로 20분, Prahan
Market 하차 **주소** 163 Commercial
Rd, South Yarra
운영 화·목~토요일 07:00~17:00,
일요일 10:00~15:00
휴무 월·수요일
홈페이지 prahranmarket.com.au

산뜻하게 정비된 재래시장

1864년에 문을 연 실내 재래시장. 과일, 채소, 치즈, 빵, 신선한 육
류와 해산물 등 식재료를 취급해 지역 주민들이 애용한다. 프라란
이라는 지명은 애버리지니의 언어 푸라란pur-ra-ran(물에 둘러싸인
땅)에서 유래했다. 현지의 생생한 느낌이 물씬 풍기는 곳이다. 마켓
이 위치한 사우스야라 지역은 야라강 남쪽에 있으며, 1840년대에 고
급 맨션을 많이 건축한 주거 지역이다. 프라란 마켓에서 북쪽으로 10
분 정도 걸어가면 사우스야라 기차역 주변으로 형성된 세련된 쇼핑
가 채플 스트리트Chapel St가 나온다. 프라란 마켓과 채플 스트리트
를 함께 여행하기 알맞다.

증기기관차 타고 떠나는 여행

단데농 & 야라밸리
Dandenong & Yarra Valley

멜버른 동쪽의 단데농(원주민어로 '높은 곳'이라는 뜻)은 유칼립투스 삼림과 온대림이 공존하는 산악
지대다. 우거진 숲과 협곡, 평화로운 마을 사이를 누비는 오래된 증기기관차는 어른과 어린이 모두에게 즐거운
모험을 선사한다. 여기서 멀지 않은 곳에 빅토리아의 대표 와인 산지인 야라밸리가 있다. 향긋한 와인과 최고급
음식을 맛볼 수 있는 것은 물론, 구릉지대 전망이 매우 아름다운 곳이다. 오전에 단데농에서 증기기관차를 타고
오후에 야라밸리의 와이너리를 다녀오는 것이 멜버른에서의 대표적인 근교 여행 1일 코스다.

가는 방법

🚗 단데농 & 야라밸리는 멜버른 중심에서
약 40km 떨어져 있으며 렌터카나 메트로
트레인으로 1시간 정도 걸린다. 렌터카 이
용 시 유료 도로인 이스트링크Eastlink를 지
나게 되니 미리 요금을 정산하거나 렌터카
업체에 문의한다.

🚆 대중교통으로는 퍼핑 빌리 기차를 타고
다녀올 수 있지만 단데농 국립공원의 깊숙
한 장소나 야라밸리까지 가보려면 렌터카
나 투어업체를 이용해야 한다. 한국어 투어
를 원할 경우는 네이버에서 '퍼핑 빌리 투
어' 입력 후 적당한 업체를 선택한다.

📍 야라밸

타라와라 미술관
야라밸리 초콜릿 공장
야라밸리 치즈 가게

M2

멜버른
시티
●세인트킬다

단데농산맥 식물원
스카이하이 마운트 단

📍 단데농산
국립공원

🚉 벨그레이브역
(퍼핑 빌리 기차 출발역

M1

비지터 센터

ℹ **Lakeside Visitor Centre**
주소 Emerald Lake Road, Emerald VIC 3782
문의 03 9757 0700
홈페이지 visitdandenongranges.com.au

· TRIP · 01

증기기관차 타고 숲속을 달리는 낭만
퍼핑 빌리 기차 *Puffing Billy Railway*

애니메이션 〈토마스와 친구들〉의 모델이 된 증기기관차다. 1900년대 초부터 단데농 남부의 외딴 마을을 연결하는 교통수단이었으나 도로가 건설되고 철도 이용객이 줄면서 1953년에 폐쇄했다. 그러다 전통을 이어가려는 주민들의 노력으로 1970년대 이후 복원해 현재는 멜버른 근교에서 관광 열차로 사랑받게 된 것이다. 현재 퍼핑 빌리 기차는 비영리 사업으로 운영하며, 900여 명의 자원봉사자가 정비와 운행 업무 모두 담당한다. 벨그레이브Belgrave에서 레이크사이드Lakeside까지 다녀오는 기본 코스는 왕복 4시간 정도 소요되며, 이용하려면 예매는 필수다. 탑승할 객차는 현장에서 배정되는데, 일행과 같은 칸에 타고 싶다면 예매 시 'Notes'란에 '가족'이라고 표시한다. 기차가 출발하는 장소는 벨그레이브역이지만 대표 비지터 센터는 레이크사이드역에 있다. 에메랄드 호수에서 보트를 탈 수 있고 레스토랑과 카페, 대형 주차장도 있어서 퍼핑 빌리 기차를 타지 않더라도 방문할 만하다.

홈페이지 puffingbilly.com.au
가는 방법
① 개인 차량 이용: 멜버른 중심부에서 40km, 45분 소요
※벨그레이브역 앞에는 주차 공간이 없으니 벨그레이브 마을 주차장 이용
② 대중교통 이용: 멜버른 플린더스 스트리트 기차역에서 메트로 트레인을 타고
벨그레이브 기차역(Belgrave Railway Station, Belgrave Line)에서 내려
퍼핑 빌리 기차 탑승장까지 도보 2분, 편도 1시간 소요

출발역 ▸ 벨그레이브역
주소 1 Old Monbulk Rd, Belgrave
운영 기차 출발 시간에 맞춤

종착역 ▸ 레이크사이드역
주소 Emerald Lake Rd, Emerald
운영 월~목요일 09:00~15:00, 금~일요일 09:00~16:00

퍼핑 빌리 기차를
즐기는 방법

퍼핑 빌리 기차는 출발 지점인 ①벨그레이브역에서 22.6km 떨어진 ⑤젬브룩까지 연결된다. 가장 재미있는 순간은 ①~② 사이에 있는 몬벌크 크리크 트레슬 브리지Monbulk Creek Trestle Bridge를 지날 때다. 협곡에 걸쳐진 높이 12.9m의 삐걱거리는 나무 다리(구각교)를 통과하는 순간, 맨 앞 칸에서 '칙칙폭폭 꽉~' 하는 기적 소리와 함께 증기가 뿜어져 나온다. 실제 석탄을 동력으로 하는 옛날 기관차라 오픈형 객차에 앉아 있으면 가끔 새카만 석탄 가루가 날아들기도 하는데 이 또한 즐거운 경험이다. 예전에는 난간에 기대어 앉아 차창 밖으로 다리를 내놓고 가는 것이 인기였지만 현재는 안전상 이유로 금지하고 있다.

기차 운행 정보

벨그레이브역과 레이크사이드역을 왕복하는 코스가 가장 인기 있다. 1시간 거리의 레이크사이드역에 도착해 호수에서 보트를 타거나 식사를 하고 나서 다시 퍼핑 빌리 기차를 타고 벨그레이브로 돌아오는데 총 4시간 정도 걸린다. 여유 있게 체크인할 수 있도록 기차 출발 1시간 전에 도착하는 게 좋다.

운행 경로	운행	소요 시간	요금(왕복만 판매)
벨그레이브Belgrave ↔ 레이크사이드Lakeside	매일	4시간	$62
벨그레이브Belgrave ↔ 멘지스 크리크Menzies Creek	주말	2시간	$41
벨그레이브Belgrave ↔ 젬브룩Gembrook	주말	5시간 30분	$80
레이크사이드Lakeside ↔ 젬브룩Gembrook	주말	3시간	$62

도시가 보이는 전망대
스카이하이 마운트 단데농
SkyHigh Mount Dandenong

단데농산맥에서 가장 높은 곳에 자리한, 구릉지대 전경이 내려다보이는 전망대 겸 레스토랑이다. 날씨가 좋으면 멀리 멜버른의 스카이라인이 희미하게 보인다. 자동차로 전망대까지 올라가는 것이 가능해 어렵지 않게 갈 수 있다. 영국풍 정원과 아이들이 놀기 좋은 미로 체험장(SkyHigh Maze)도 있다. 낮에는 스낵바를 운영하며 레스토랑에서의 저녁 식사는 예약해야 한다.

가는 방법 벨그레이브역에서 14km, 자동차로 20분
주소 26 Observatory Rd, Mount Dandenong
운영 월~목요일 10:00~20:00, 금~일요일 10:00~21:00
요금 주차장 평일 $5, 주말 $10 / 미로 체험 $8
홈페이지 skyhighmtdandenong.com.au

철쭉이 만발하는 정원
단데농산맥 식물원
Dandenong Ranges Botanic Garden

10월과 11월 사이에 피는 철쭉으로 유명해 '국립철쭉공원'이라고도 불린다. 깊은 숲속에 자리해 조용하게 산책을 즐기기 좋은 곳이다. 인근에는 호주 도예가 윌리엄 리켓이 평생을 바쳐 조성한 조각 공원(William Ricketts Sanctuary)이 있는데 현재 태풍 피해로 복구 작업 중이며 재오픈할 예정이다.

가는 방법 스카이하이 마운트 단데농에서 5km, 자동차로 10분
주소 The Georgian Rd, Olinda
운영 10:00~17:00 **요금** 무료
홈페이지 parkweb.vic.gov.au

트레킹과 피크닉 명소
단데농산맥 국립공원
Dandenong Ranges National Park

호주 아온대 우림 지역에 속하는 단데농산맥에는 다양한 양치식물과 크고 작은 관목이 뒤엉켜 자란다. 그중 유칼립투스의 일종인 마운틴 애시mountain ash와 메스메이트messmate 수종의 자생지로 주목받으면서 대부분의 구역이 국립공원으로 지정되었다. 다양한 난이도의 트레킹 코스 가운데 셔브룩 피크닉 그라운드Sherbrooke Picnic Ground에서 셔브룩 폭포Sherbrooke Falls 사이를 왕복하는 2.4km 경로가 무난하다.

가는 방법 벨그레이브역에서 5.1km, 자동차로 10분
주소 Sherbrooke Picnic Ground, Sassafras

• TRIP • 02

포도가 무르익는 전원 풍경

야라밸리 *Yarra Valley*

상쾌한 바람이 불어오는 푸른 초원과 구릉지대에 자리 잡은 빅토리아의 대표 와인 산지. 일조량이 풍부해 땅이 비옥하며 평균기온이 하절기 26.6℃, 동절기 14.1℃로 온화한 기후라 샤르도네, 피노 누아 품종을 재배하기에 적합한 환경이다. 이곳에 자리한 80여 곳의 와이너리는 시음이 가능한 셀러 도어와 함께 고급 레스토랑도 운영한다. 포도 수확 시즌에 열리는 각종 축제와 지역 음식 축제, 열기구 투어, 호주 토종 야생동물을 볼 수 있는 힐스빌 보호구역 등 즐길 거리가 다양해 아이를 동반한 가족 여행지로도 부족함이 없다. 또 호주에서는 드물게 단풍이 물드는 지역이니 가을에 멜버른을 여행한다면 야라밸리를 꼭 방문하자.

가는 방법 멜버른에서 50km, 자동차로 1시간~1시간 30분

▶ 야라밸리 대표 와이너리 ◀

프랑스 모엣 & 샹동의 주조지인 샹동, 이탈리아 이민자 가족이 1920년부터 4대째 운영하는 드 보르톨리 와인, 빅토리아 초창기 와이너리인 예링 스테이션은 세계적 명성을 얻고 있다. 그 밖에도 비교적 규모가 작은 도미니크 포르테 등 예약 없이 가도 시음 가능한 곳이 많으니 마음에 드는 곳을 발견한다면 문을 두드려보자.

- **샹동 Chandon Australia 주소** 727 Maroondah Hwy, Coldstream
  문의 03 9738 9200 **운영** 테이스팅 바, 레스토랑 예약제 **홈페이지** chandon.com.au
- **예링 스테이션 Yering Station Winery 주소** 38 Melba Hwy, Yering
  문의 03 9730 0100 **운영** 평일 10:00~17:00, 주말 10:00~18:00 ※워크인 가능
  홈페이지 yering.com
- **드 보르톨리 와인 De Bortoli Wines 주소** 58 Pinnacle Lane, Dixons Creek
  문의 03 5965 2271 **운영** 09:00~17:00 ※워크인 가능 **홈페이지** debortoli.com.au
- **도미니크 포르테 Dominique Portet Winery 주소** 870 Maroondah Hwy, Coldstream
  문의 03 5692 5760 **운영** 10:30~17:00 ※워크인 가능
  홈페이지 dominiqueportet.com

타라와라 미술관
TarraWarra Museum of Art

1950년대부터 호주 미술품을 수집해온 베센 부부의 컬렉션을 전시한 미술관이자 호주 최초의 공공미술관이다. 현대적인 미술관 건물 아래쪽으로 펼쳐진 타라와라 에스테이트TarraWarra Estate 와이너리의 풍경을 감상하며 산책하기도 좋은 곳이다. 시음이 가능한 셀러 도어와 고급 레스토랑을 운영한다. 미술관 관람을 하지 않고 주변 정원만 둘러볼 수도 있다.
주소 313 Healesville Yarra Glen Rd, Healesville
운영 11:00~17:00 ※워크인 가능
휴무 월요일
요금 미술관 $15, 셀러 도어 $20
홈페이지 twma.com.au

야라밸리 초콜릿 공장
Yarra Valley Chocolaterie

와이너리가 지루할 아이들을 행복하게 해주는 초콜릿과 아이스크림 공장. 초콜릿 제조 과정도 구경하고 넓은 초원 위 과수원 카페에서 여유로운 시간을 즐겨도 좋다. 큰길인 C726번 도로보다는 언덕과 언덕 사이를 연결하는 구불구불한 자동차 도로(Old Healesville Rd)를 따라가는 경로를 추천한다.
주소 35 Old Healesville Rd, Yarra Glen
운영 09:00~17:00
홈페이지 yvci.com.au

야라밸리 치즈 가게
Yarra Valley Dairy

1994년부터 품질 좋은 치즈를 생산해온 유제품 전문점이다. 야라밸리의 축산 농장에서 생산한 우유를 직접 가공해 와인과 가장 잘 어울리는 제품을 만든다. 외양간을 개조한 카페에서 치즈 플래터를 주문하면 다양한 맛의 치즈를 맛볼 수 있다. 함께 즐길 수 있는 와인과 빵도 준비되어 있다.
주소 70-80 Mcmeikans Rd, Yering
운영 10:30~17:00
홈페이지 yvd.com.au

호주의 지중해를 만나다

모닝턴반도 Mornington Peninsula

서쪽으로는 포트 필립 베이, 동쪽으로는 필립 아일랜드와 웨스턴 포트 베이 사이에 위치한
모닝턴반도는 멜버른 세인트킬다 해안 남쪽으로 길게 뻗은 반도 지형이다. 이탈리아반도를
닮았다고 해서 '호주의 지중해'로 불린다. 190km의 해안선을 따라 파도가 잔잔하고 수영하기
좋은 해변이 많고, 소렌토라는 예쁜 이름의 바닷가 마을과 온천 리조트도 있다. 또 태즈메이니아를
바라보는 바스해협 방향으로는 아찔한 해안 절벽 국립공원이 있다.

비지터 센터

❶ Mornington Peninsula Visitor Information
주소 359B Point Nepean Rd, Dromana VIC 3936
문의 03 5950 1579 **운영** 09:00~16:00
홈페이지 visitmorningtonpeninsula.org

가는 방법

모닝턴반도는 멜버른에서 약 90km 떨어져 있으며 해안
도로를 따라 드라이브하기 좋은 곳이다. 빠른 길로만
안내하는 내비게이션에 의존하기보다는 중간중간 해변을
구경하면서 가자. 메트로 트레인이 프랭크스턴Frankston과
스토니포인트Stony Point까지 운행하지만 대중교통만으로
주요 명소를 다니기는 힘들다.

추천 루트

멜버른 세인트킬다 남쪽으로 잔잔한 내해를 따라 브라이튼 비치Brighton Beach,
첼시 비치Chelsea Beach 등 수영하기 좋은 해변이 이어진다. ❶페닌슐라 핫 스프링스에서
야외 온천을 즐긴 뒤 ❷아서스시트에 올라 모닝턴반도 전경을 보고 돌아오는 데 하루가 걸린다.
모닝턴반도 끄트머리, 거친 자연이 인상적인 ❸포인트 네핀 국립공원까지 제대로 보려면
1박 2일 일정은 잡아야 한다. ❹소렌토 마을에 아기자기한 맛집 거리와 편의 시설이 많다.
모닝턴반도를 보고 난 다음에는 페리를 타고 주변 지역으로 이동한다.

소렌토 프런트 비치에서 출발하는 시로드 페리

페리를 타고 여행 이어가기

● 소렌토 → 그레이트 오션 로드
모닝턴반도 끝 소렌토에서는 페리에 차를 싣고 40분 정도면 그레이트 오션 로드의 시작점인 퀸스클리프로
건너갈 수 있다. 잔잔한 내해를 운항하는 페리이므로 대부분의 렌터카 회사에서 자동차의 승선을 허용한다.
주소 소렌토 페리 터미널 Searoad Ferry Terminal Esplanade, Sorrento
운영 07:00~18:00(운항 간격 1시간, 최소 40분 전 체크인)
요금 편도 $85(차량 1대, 운전자 포함), 추가 1인당 $18
홈페이지 searoad.com.au

● 스토니포인트 → 필립 아일랜드, 프렌치 아일랜드
모닝턴반도 동쪽의 스토니포인트에서는 필립 아일랜드의 카우스(P.075)와 프렌치 아일랜드를 연결하는
승객 전용 페리가 출발한다. 15분이면 건너갈 수 있어서 유람선처럼 잠깐 타보기 좋다.
주소 스토니포인트 제티 Stony Point Jetty 1 Stony Point Rd, Crib Point VIC 3919
운영 1일 5~10회 내외
요금 1인 편도 $16.10, 왕복 $32.20
홈페이지 westernportferries.com.au

TRIP 01

모닝턴반도를 한눈에
아서스시트 *Arthurs Seat*

주변 풍경이 한눈에 들어오는 이곳은 해발 305m로 모닝턴반도에서 가장 높은 지점이다. 1802년 매슈 플린더스 선장이 이끈 최초의 영국 탐험대가 이곳을 발견하고 스코틀랜드 에든버러의 언덕인 아서스시트가 연상된다고 하여 똑같은 지명을 붙였다. 산 아래 해안 마을 드로마나Dromana에서 산 정상까지 '아서스시트 이글' 곤돌라(편도 15분)를 타고 올라가면서 멋진 경치를 감상해보자. 정상의 전망대는 카페테리아를 겸하며 자동차로도 쉽게 올라갈 수 있다.

가는 방법 멜버른에서 75km, 자동차로 1시간 **주소 곤돌라 탑승장** Base Station 1085 Arthurs Seat Rd, Dromana **산 정상 Summit Station** 795 Arthurs Seat Rd, Arthurs Seat **운영** 여름철 09:00~18:00, 겨울철 10:00~16:00 **요금** 왕복 $31, 편도 $23(온라인 예매 시 12개월간 유효) **홈페이지** aseagle.com.au

TRIP 02

온천도 즐기고 인증샷도 찍고
페닌슐라 핫 스프링스 *Peninsula Hot Springs*

모닝턴반도 풍경을 바라보며 온천욕을 즐길 수 있는 야외 온천. 지하 637m의 대수층에서 50℃의 미네랄 온천수가 올라오는 천연 온천이다. 공중목욕탕 배스 하우스, 전망 좋은 힐톱 풀, 동굴 형태의 케이브 풀 등 다양한 시설을 갖췄다. 1~2명이 이용하는 프라이빗 풀과 달빛 아래서 즐기는 온천, 스파 등의 프로그램도 있다. 가운과 수건은 대여 가능하지만 수영복과 슬리퍼는 각자 챙겨 가야 한다. 시간대별로 입장 인원을 조절하니 꼭 온천을 즐길 생각이라면 예약하고 가는 게 좋다. 취소는 24시간 전까지만 가능하고 당일 예약 시 10% 추가 요금이 발생한다.

가는 방법 멜버른에서 100km, 자동차로 1시간 30분
주소 140 Springs Lane, Fingal
운영 배스 하우스 05:00~23:00(시설별로 다름)
요금 배스 하우스 Revitalize $75(시간 제한 없는 기본 프로그램),
스파 드리밍 센터 $130~300(16세 이상 이용 가능)
※보관함 · 수건 · 가운 대여비 별도
홈페이지 peninsulahotsprings.com

TRIP 03
내해와 외해가 만나는 지점
포인트 네핀 국립공원 *Point Nepean National Park*

입구를 통과하면 제일 먼저 옛 검역소Quarantine Station 건물이 눈에 들어온다. 19세기 후반에 건립한 병원과 50여 개 동의 부대시설이 유적지처럼 남아 있고, 그중 한 채를 비지터 센터로 사용한다. 국립공원이 상당히 넓어서 자동차로 다니며 구경하는 것이 좋으며, 주말이나 성수기에는 비지터 센터에 주차 후 셔틀버스를 이용한다. 모닝턴반도 맨 끝에 자리한 포트 네핀Fort Nepean은 멜버른 도심으로 진입하는 모든 선박을 육안으로 관찰했던 천연 요새다. 1880년부터 1945년 사이에 군사 기지 역할을 했으나 지금은 빈 건물로 남아 있다. 요새를 보려면 포인트 네핀 주차장부터 왕복 5km를 걸어가야 한다. '립The Rip'이라 불리는 좁은 해협 한쪽으로는 잔잔한 내해가, 반대쪽으로는 바스해협의 거친 바다가 대비를 이루는 멋진 트레킹 코스다.

가는 방법 멜버른에서 110km, 자동차로 2시간 **주소** Ochiltree Rd, Portsea
운영 자동차 06:00~18:00, 도보 24시간, 비지터 센터 10:00~16:00
요금 입장 무료, 셔틀버스 $12
홈페이지 parkweb.vic.gov.au

TRIP 04
모닝턴반도의 땅끝 마을
소렌토 *Sorrento*

퀸스클리프행 페리를 비롯한 돌고래와 물개 크루즈, 유람선이 출발하는 번화한 바닷가 마을이다. 관광객이 찾아오는 휴양지답게 항구 주변에 아기자기한 상점과 카페가 늘어서 있고, 평소에는 조용하다가 주말이 되면 활기찬 분위기로 바뀐다. 물살이 잔잔한 포트 필립 베이를 향해 있는 마을 앞쪽 해변 프런트 비치Front Beach는 수심이 무릎 높이에 불과해 아이들이 물놀이를 즐기는 모습도 종종 볼 수 있다. 관목이 무성한 언덕 길을 따라 일명 '백 비치Back Beach'라고 하는 마을 뒤편의 해안가로 가면 180도 다른 풍경이 펼쳐진다. 바스해협에서 거친 파도가 밀려와 서핑하기 좋은 해변이 있고 '런던 브리지'라는 이름의 천연 아치도 볼 수 있다. 해수욕을 하기에는 적합하지 않으니 전망대 위쪽에서 풍경만 감상하는 게 좋다.

가는 방법 멜버른에서 106km, 자동차로 1시간 30분 **주소** Sorrento Front Beach, Sorrento **홈페이지** sorrento.org.au

백 비치의 거친 파도

호주 최대의 리틀펭귄 서식지

필립 아일랜드
PHILLIP ISLAND

동틀 무렵 먹이를 구하러 바다로 나간 펭귄들이 밤이면 수풀로 뒤덮인 둥지를 찾아 줄지어 간다는 동화 같은
이야기가 필립 아일랜드에서 현실이 된다. 1920년대 초반에는 이곳에 리조트 타운을 개발하면서 펭귄과
물개 서식지가 파괴될 위험에 처하기도 했다. 그러나 정부가 토지를 매입해 적극적인 보호 정책을 펼쳐
4만 마리의 펭귄, 2만 마리의 물개, 346종의 조류 등 수많은 희귀 동물이 살아가는 지상낙원이 되었다.
섬 남쪽은 바위로 뒤덮인 해안 절벽이고 북쪽은 완만한 해변으로 이루어져 다양한 액티비티를 즐길 수 있다.

필립 아일랜드

ℹ️ **Phillip Island Visitor Information Centre**

가는 방법 섬 진입로 지나자마자 왼쪽
주소 895 Phillip Island Rd, Newhaven 3925
문의 1300 366 422
운영 10:00~16:00(여름철과 방학 기간 시간 연장)
홈페이지 visitphillipisland.com

필립 아일랜드 실전 여행

ACCESS

필립 아일랜드는 멜버른에서 남동쪽으로 140km 거리이며 자동차로 1시간 30분 정도 걸린다. 섬 입구에서 펭귄 퍼레이드 센터까지는 자동차로 20분 이상 더 가야 하니 시간을 넉넉하게 잡도록 한다. 멜버른 서던크로스역에서 브이 라인 버스를 타면 카우스Cowes까지 갈 수 있으나 섬 안을 다니는 대중교통은 없다. 펭귄 퍼레이드를 보려면 직접 운전해 가거나 멜버른에서 당일 투어 상품을 이용한다. 한국어 투어를 원하면 네이버에서 '필립 아일랜드'로 검색 후 원하는 업체를 선택한다.

PLANNING

● DAY 1

낮에 필립 아일랜드에 도착한다면 먼저 ①노비스 센터에서 섬 경치를 감상한다. 일몰 시간에 맞춰 ②펭귄 퍼레이드 센터 전망대에서 야생 펭귄 무리가 귀소하는 모습을 관찰한다. 펭귄 퍼레이드를 보고 필립 아일랜드에서 하루 숙박하는 일정을 추천한다.

● DAY 2

③케이프 울라마이는 호주에서 손꼽히는 서핑 명소이며 해안 절벽 트레킹을 즐기기에도 좋다. ④아이와 함께하는 가족 여행이라면 처칠 아일랜드 농장에 가보자. 필립 아일랜드 북쪽 ⑤카우스에 대부분의 편의 시설이 모여 있어서 이 근처 해변에서 해수욕을 하거나 물개섬으로 떠나는 보트 투어에 참가하게 된다.

EAT & SLEEP

필립 아일랜드 북쪽 마을 카우스에는 고급 리조트, 저가형 모텔, 편의 시설이 많다. 입구 쪽 마을 뉴헤이븐Newhaven은 보다 조용한 분위기이며 숙소 비용이 좀 비싼 편이다. 가장 저렴한 숙소를 찾는다면 필립 아일랜드로 건너가기 직전에 있는 마을 샌리모San Remo 쪽을 알아보자. 섬 전체에 편의 시설이 충분하며, 식사는 카우스의 해안 산책로 앞에 모인 레스토랑이나 카페, 펭귄 퍼레이드 센터, 노비스 센터 카페테리아 등에서 해결할 수 있다.

노비스 센터
Nobbies Centre

해변 전망대와 남극 가상 체험

필립 아일랜드는 5000만 년 전 화산 분출로 생성된 화산섬이다. 검은 현무암과 붉은 응회암 위로 흰 파도가 부서지고, 10월이면 해안 절벽을 따라 키 작은 송엽국의 자홍색 꽃이 지천으로 피어난다. 섬 서쪽 끝, 포인트그랜트Point Grant에는 보드워크가 설치되어 있어 해안 절벽을 따라 안전하게 산책할 수 있다. 수시로 갈매기가 날아오르고, 회색빛 감도는 덩치 큰 케이프배런기러기가 경계심 없이 느릿느릿 풀을 뜯는 모습이 마냥 신기하다. 전망대를 겸하는 노비스 센터에 들어서면 거대한 통유리창 너머로 멋진 경관이 영화 스크린처럼 펼쳐진다. 정면으로 멀리 보이는 평평한 바위섬은 호주 최대의 물개 서식지인 실록Seal Rock이다. 1km 거리에 있어 육안으로는 물개를 확인하기 어렵고, 카우스에서 출발하는 투어 보트를 이용하면 물개를 가까운 거리에서 관찰할 수 있다.

지도 P.070 **가는 방법** 펭귄 퍼레이드에서 3.5km
주소 1320 Ventnor Rd, Summerlands **운영** 10:00~해 지기 1시간 전
요금 무료입장, 카페 이용료 별도 **홈페이지** penguins.org.au

02

펭귄 퍼레이드
Penguin Parade

TIP

해 지기 전에는 사진 촬영이 허용되나 플래시 사용은 금물. 해가 진 후에는 휴대폰 촬영을 포함해 허가받지 않은 촬영은 금지된다. 야행성인 펭귄이 갑작스러운 불빛에 노출되면 실명할 위험이 있으니 반드시 통제에 따라야 한다.

야생 펭귄을 관찰하는 최고의 순간

필립 아일랜드는 무려 4만여 마리의 리틀펭귄little penguin이 서식해 호주에서도 손꼽히는 펭귄 번식지다. 매일 해 질 녘이면 펭귄 무리가 육지로 돌아오는데, 귀소하는 행렬을 관찰할 수 있도록 해변에 '펭귄 퍼레이드'라는 관찰 센터를 마련했다. 전시관에서 전망대로 가는 길은 개방되어 있다. 펭귄은 습성이 성실하기 때문에 해가 길어질수록 먹이 활동 시간이 늘어나고 그만큼 귀소 시간도 늦어진다. 전망대에 앉아 기다리다 보면 해가 완전히 저물어 어둑해진 뒤에야 펭귄들이 한 마리씩 모습을 드러낸다. 행여 천적이 있을까 한참을 망설이다 점차 무리 지어 뭍으로 나오는 조심성 있는 모습이 귀여우면서도 안쓰럽다. 하지만 사람에게는 경계심이 없어 보드워크 주변을 무심하게 지나쳐 둥지로 가기 때문에 수백 마리의 펭귄 떼가 연출하는 장관을 생생하게 목격할 수 있다. 펭귄 퍼레이드 입장 수익은 전액 필립 아일랜드 복원 사업에 쓴다. 바닷바람이 꽤 쌀쌀하니 따뜻한 옷과 담요를 준비해 갈 것. 망원경을 챙기면 더 좋다.

📍 **지도** P.070 **가는 방법** 비지터 센터에서 22km **주소** 1019 Ventnor Rd, Summerlands **운영** 펭귄 퍼레이드 16:00~일몰시 **홈페이지** penguins.org.au

©Phillip Island Nature Parks

FOLLOW UP

세계에서 가장 작은
리틀펭귄을 만나는 방법

호주 남부 해안과 뉴질랜드에 주로 서식하는 리틀펭귄은 펭귄 중에서 몸집이 가장 작은 종으로 평균 키 33cm, 몸무게 1.5kg이며 날렵하다. 털에 푸른빛이 감돌아 블루 펭귄blue penguin, 요정처럼 작아서 페어리 펭귄fairy penguin이라고도 부른다. 펭귄 무리는 동틀 무렵 바다로 나가 하루 50km를 수영하며 먹이를 잡아먹고, 해 질 녘 해변으로 올라와 수풀 속 둥지를 향해 뒤뚱뒤뚱 걸어간다.

계절별로 달라지는 펭귄 귀소 시간

짝짓기		산란기		부화기		털갈이		둥지 짓기	
봄			여름			가을			겨울
8월	9월	10월	11월	12월	1월	2월	3월	4월	5월	6월	7월
PM 06:00	PM 06:15	PM 07:45	PM 08:15	PM 08:30	PM 08:45	PM 08:30	PM 08:00	PM 06:00	PM 05:30	PM 05:15	PM 05:45

● 펭귄 퍼레이드 입장권 종류

홈페이지에서 펭귄 퍼레이드, 에코보트, 코알라 보호구역, 처칠 아일랜드, 남극 탐험 티켓을 예약할 수 있다. 패키지로 구입하면 할인된다.

일반 전망대 General Viewing $32
넓은 해안에 설치된 전망대. 한 마리씩 보이던 펭귄이 점차 무리 지어 육지로 올라오는데 조심성이 많아 한참을 망설이다 둥지로 향한다. 펭귄이 처음 뭍으로 올라올 때는 육안으로 확인이 어렵지만 본격적으로 펭귄 무리의 행진이 시작되면 이곳에서도 관찰할 수 있다. 모두 사라지기 30분 전에는 보드워크 주변으로 수백 마리의 펭귄이 지나간다.

펭귄 플러스 Penguin Plus $80
펭귄이 올라오는 해안에 좀 더 가까이 설치한 전망대의 지상석이다. 펭귄이 바다에서 올라오는 순간부터 관찰이 가능하다.

언더그라운드 뷰잉 Underground Viewing $90
펭귄 플러스 구역 반지하에 마련한 공간으로, 유리를 통해 펭귄이 걸어가는 장면을 볼 수 있다. 펭귄과 눈높이를 맞출 수 있는 건 좋지만 다소 답답할 수 있다.

얼티밋 어드벤처 Ultimate Adventure $120
일반 관람석이 아닌, 좀 더 한적한 해변에서 레인저의 안내에 따라 가까이서 펭귄을 볼 수 있는 특별한 투어다.

펭귄 퍼레이드

일반 전망대

펭귄 플러스 (지상석)

언더그라운드 뷰잉

펭귄이 바다에서 올라오는 해변

주요 이동 경로

언더그라운드 뷰잉

03

케이프 울라마이
Cape Woolamai

크리스 헴스워스가 추천하는 서핑 명당

섬 동쪽 끝은 먼바다를 향해 열려 있는 거친 해안 지대다. 매년 새끼를 낳기 위해 알래스카에서 필립 아일랜드까지 1만 6000km를 비행해 오는 쇠부리슴새 군락지로, 대부분의 지역은 철새 보호구역이라 자동차로는 울라마이 서프 비치Woolamai Surf Beach까지만 갈 수 있다. 멜버른에서 태어나고 필립 아일랜드에서 성장한 크리스 헴스워스가 이곳을 최고의 서핑 비치로 추천하면서 세계적으로 유명해졌다. 왕복 8.5km의 해안 트레일을 완주하거나 서핑을 즐기는 것도 좋지만, 잠시 차를 세워두고 주변을 산책하는 것만으로도 필립 아일랜드의 아름다움을 충분히 느낄 수 있다.

지도 P.070 **가는 방법** 비지터 센터에서 4.4km
주소 Club House Woolamai Beach Rd, Cape Woolamai

04

처칠 아일랜드
Churchill Island

어린이를 위한 농장 체험

필립 아일랜드와 다리로 연결된 부속 섬이다. 1801년 제임스 그랜트 중위가 이곳에 정착해 농지를 일구면서 빅토리아 최초의 농장으로 기록되었다. 1872년 멜버른 전 시장인 새뮤얼 에임스가 섬을 매입해 휴양지로 개발했고 지금은 빅토리아주 정부 소유다. 초기 호주 정착민의 삶과 옛 농업 생활상을 경험할 수 있도록 복원해놓아 어린이를 동반한 가족 여행자에게 특히 인기가 많다. 오전에는 대장간 체험, 오후에는 우유 짜기, 양털 깎기, 양 떼 몰이 등 농장 체험 프로그램을 운영한다. 섬을 한 바퀴 돌아보는 데는 4.5km로 2시간 정도 걸린다. 토요일에는 파머스 마켓도 열린다.

지도 P.070 **가는 방법** 비지터 센터에서 3km **주소** 246 Samuel Amess Dr, Churchill Island, Newhaven **운영** 평일 10:00~17:00, 주말 09:00~17:00 **요금** $16 **홈페이지** penguins.org.au

 05

카우스
Cowes

필립 아일랜드의 중심지

내해를 향해 있는 섬 북쪽은 파도가 잔잔해 배가 정박하기에 더없이 좋은 환경이다. 필립 아일랜드의 중심 타운인 카우스가 바로 여기에 있다. 한참을 걸어 들어가도 바닷물이 무릎 높이에서 찰랑대는 카우스 비치는 어린이도 안전하게 놀 수 있는 해변이며, 한가롭게 노를 저어 카약을 타거나 스노클링 같은 액티비티도 즐길 수 있다. 작은 제티(부두)에서는 섬 주변을 탐험하는 유람선이 출발한다. 해변 산책로 에스플러네이드와 메인 도로인 톰슨 애비뉴에 각종 편의 시설이 밀집해 있다.

지도 P.070 **가는 방법** 섬 입구에서 15km
주소 91-97 Thompson Ave, Cowes

물개 크루즈
Seal Cruise

수천 마리의 물개가 서식하는 섬에 가까이 다가가는 2시간짜리 보트 투어. 먼바다로 나갈수록 물살이 제법 출렁거려 스릴 만점이다. 펭귄 퍼레이드와 함께 패키지로 예약할 수 있다. 카우스 부두에서 하루 1~3회 출발한다.

요금 $102 **홈페이지** penguins.org.au

코알라 보호구역
Koala Conservation Reserve

야생 코알라 서식지를 보호구역으로 지정한 곳. 유칼립투스 나무 높은 곳에 매달린 코알라를 관찰할 수 있도록 높은 위치에 산책로를 설치했다. 물론 코알라를 귀찮게 하는 행위는 금물이다. 카우스로 가는 길목에 있다.

요금 $16 **홈페이지** penguins.org.au

Road Trip

ℹ️ Port Campbell Visitor Information Centre

가는 방법 포트캠벨 국립공원 내(12사도 바위에서 11km)
주소 26 Morris St, Port Campbell VIC 3269
문의 1300 137 255 **운영** 09:00~17:00 **홈페이지** visit12apostles.com.au

📍 가는 방법

당일 일정이라면 질롱Geelong을 지나 토키Torquay에서 시작되는 그레이트 오션 로드(280km, 5시간 이상)를 구경하며 천천히 내려갔다가 포트캠벨 국립공원의 12사도 전망대에서 저녁 노을을 보고 A1 도로로 돌아오는 것이 일반적이다(230km, 3시간). 대중교통으로는 멜버른 서던크로스역에서 브이 라인 트레인을 타고 질롱 기차역에 내린 다음, 브이 라인 버스로 갈아타 아폴로베이Apollo Bay 쪽에서 숙박하며 12사도 바위를 다녀오기도 한다. 하지만 개인 차량이 없다면 멜버른에서 출발하는 데이 투어를 이용하는 것이 가장 간편하고 효율적이다.

모두가 꿈꾸는 자동차 여행

그레이트 오션 로드
GREAT OCEAN ROAD

자동차 여행을 좋아하는 사람이라면 누구나 달려보고 싶어 하는 세계적인 해안 도로다. 가장 유명한 12사도 바위Twelve Apostles와 로크 아드 협곡Loch Ard Gorge, 해안 절벽 깁슨 스텝Gibson Steps 등 해안을 따라 달리는 내내 차를 세우고 싶어지는 곳이 수없이 많다. 야생 코알라와 캥거루가 서식하는 경이로운 자연도 놓칠 수 없다. 멀리 남극에서부터 새끼를 낳기 위해 이동해온 혹등고래는 워남불 부근 해역에서 관찰된다. 책에 소개한 명소를 다 둘러보려면 3~4일로도 부족하므로 취향에 맞는 선택과 집중이 무엇보다 중요하다.

주요 지명과 관광 포인트

그레이트 오션 로드 ❷~❿
토키Torquay에서 앨런스포드Allansford까지 이어지는 243km의 해안 드라이브 코스(B100번 도로)

그레이트 오션 워크 ❼~❿
해안 절벽과 해변을 따라 걷는 104km의 하이킹 트랙

포트캠벨 국립공원 ❾
필수 코스인 12사도 바위와 로크 아드 협곡이 포함된 국립공원

심렉 코스트Shipwreck Coast ❽~⓫
수백 척의 배가 침몰해 '난파선 해안'으로 알려진 130km의 해안선

로드 트립 노하우!

- 내비게이션은 해안 도로가 아닌 고속도로로 안내할 확률이 높다. 그레이트 오션 로드임을 알리는 B100 표지판을 확인하며 주행할 것.
- 도로 사정은 좋은 편이지만 통신이 원활하지 않고 편의 시설이 부족하다. 마을을 만나면 주유를 하고 먹거리도 준비할 것.
- ❼번 아폴로베이에서부터 ❾번 포트캠벨 국립공원까지는 산길이므로 야간 운전이 어렵다. 따라서 12사도 바위에서 일몰을 감상할 계획이라면 포트캠벨 국립공원과 가까운 곳에 숙소를 정하는 것이 좋다. 아폴로베이와 론이 가장 무난하다. 캠핑장이 궁금하다면 앵글시, 포트캠벨 국립공원, 케넷리버 지역 정보를 확인할 것.

이스턴 비치와 보드워크

 01

질롱
Geelong

그레이트 오션 로드로 가는 길

빅토리아 제2의 항구도시로, 한국인 선수로 구성된 호주 프로야구팀 질롱코리아 연고지로 우리에게 익숙한 이름이다. 태즈메이니아행 페리 터미널, 소렌토행 시로드 페리 터미널이 가깝고, 애벌론 공항까지 있는 교통의 요지다. 멜버른에서 질롱까지 브이 라인 트레인으로 쉽게 갈 수 있으며, 본격적인 그레이트 오션 로드 여행을 떠나기 전 주유하고 생필품을 구입하기에 적당한 위치다. 질롱의 주요 볼거리는 비지터 센터와 가까운 해안가에 모여 있다. 특히 1930년대에 코리오 베이Corio Bay 해안선을 정비해 수영이 가능하도록 만든 이스턴 비치Eastern Beach는 질롱의 자랑이다. 인공 해수풀 바깥쪽으로는 바다 깊숙한 곳까지 걸어 들어갈 수 있도록 둥근 형태의 보드워크를 설치했다. 예전에 부두였던 커닝햄 피어에서 회전목마와 대관람차가 있는 해변 공원까지는 1.5km 내외라 걸어 다니면서 구경하기 좋다.

가는 방법 멜버른에서 75km, 자동차로 1시간, 또는 멜버른 서던크로스 기차역에서 브이 라인 트레인으로 질롱 기차역Geelong Railway Station (교통카드로 4존 요금)까지 1시간

ⓘ **Geelong Visitor Information Centre**
(비지터 센터 겸 국립 양털 박물관)
주소 26 Moorabool St, Geelong VIC 3220 **문의** 1800 755 611
운영 09:00~17:00 **홈페이지** visitgeelongbellarine.com.au

여기저기 보이는 목각 인형의 정체는?

'베이워크 볼라드Baywalk Bollard'로 불리는 나무 말뚝은 옛날 항구 시설을 철거하고 남은 목재를 이용해 만든 작품이에요. 지역 아티스트 얀 미첼이 질롱과 관련된 역사적 인물이나 유명 캐릭터를 일일이 채색해 만든 것으로, 해안 산책로 곳곳에 100여 개가 있어 찾아보는 재미가 쏠쏠해요.

빈티지한 회전목마

모닝턴반도로 향하는 시로드 페리 터미널

커닝햄 피어에 있는 베이워크 볼라드

질롱 맛집

파빌리온 Pavilion

이스턴 비치 한복판, 예전에 공중목욕탕으로 쓰던 건물에 입점한 레스토랑이다. 질롱의 상징적인 장소에서 전망을 감상하며 식사할 수 있다. 토스트, 버거, 에그 베네딕트 등 간편한 메뉴 위주다.

유형 전망 맛집 **주소** 95 Eastern Beach Rd
운영 06:30~16:00, 17:00~22:00 **예산** 단품 $20~24
홈페이지 paviliongeelong.com.au

커닝햄 피어 Cunningham Pier

1850년대에 화물선이 정박하던 낡은 부두의 화사한 변신! 완전히 리모델링한 선착장 맨 끝 건물에 레스토랑이 들어섰고 결혼식 장소로도 사용한다. 낮에는 포케나 한국식 치킨 등 간단한 아시아 음식을 취급하며 저녁에는 칵테일 바로 변신한다.

유형 전망 맛집 **주소** Cunningham Pier 10 Western Beach **운영** 런치 12:00~14:30, 디너 17:30~22:00 **예산** 단품 $19~28 **홈페이지** wahwahgee.com.au

02

토키
Torquay

세계적 서핑 성지

그레이트 오션 로드의 공식 출발점이자 세계에서 가장 오래된 서핑 대회(Rip Curl Pro Easter Classic)가 열리는 바닷가 레저 타운이다. 비지터 센터가 '호주 국립 서핑 박물관'을 겸하며 서핑 역사 자료를 비롯해 150여 개의 서프보드, 대회 트로피 등을 전시하고 있다. 쇼핑가에는 퀵실버, 립컬 같은 유명 스포츠용품 매장도 모여 있다. 서핑에 특화된 환경이다 보니 여름 시즌에 이곳을 찾는 사람이 폭발적으로 증가하고, 매년 부활절 기간이면 대회에 참가하기 위해 전 세계에서 서퍼들이 몰려온다. 하지만 그 외에는 조용한 편이다. 대회가 열리는 벨스 비치 Bells Beach로 가려면 그레이트 오션 로드를 잠시 벗어나 C132 도로를 따라 4km를 달려야 하는데, 그 길이 아름다운 드라이브 코스다.

가는 방법 멜버른에서 105km, 자동차로 1시간 30분

ⓘ Australian National Surfing Museum
주소 77 Beach Rd, Torquay, VIC 3228
문의 03 5261 4606 **운영** 09:00~17:00 **요금** $12
홈페이지 australiannationalsurfingmuseum.com.au

TIP
서핑 초보라면 토키 서핑 아카데미를 찾아가보자. 강습은 토키 서프 비치에서 하며 다양한 장비를 하루 종일 대여해준다.
요금 Surf Pass $70~100
(장비 1일 대여+강습 2시간)
홈페이지 torquaysurf.com.au

©Torquay Surf Academy

⓷ 앵글시
Anglesea

여유로운 레저 타운

앵글시강이 바다로 흘러드는 강어귀에 습지와 경사가 완만한 해변이 있어 놀기 좋은 환경이다. 주로 현지인들이 낚시와 수상 스포츠, 골프를 즐기러 찾아온다. 해변과 곧바로 연결된 캠핑장이 굉장히 넓은 편으로, 캐빈(오두막)도 여러 채 있어 캠핑카나 텐트가 없어도 숙박이 가능하다. 이른 아침이나 늦은 오후에는 토끼나 캥거루가 풀을 뜯으러 오는 평화로운 분위기다.

 앵글시 패밀리 캐러밴 파크
Anglesea Family Caravan Park
가는 방법 멜버른에서 114km, 자동차로 2시간
주소 35 Cameron Rd, Anglesea VIC 3230
문의 03 5295 1990
홈페이지 angleseafamilycaravanpark.com.au

⓸ 에어리스 인렛
Aireys Inlet

예쁜 등대가 있는 풍경

유난히 조난 사고가 자주 발생하던 해역이라 1891년에 높이 34m의 스플릿 포인트 등대Split Point Lighthouse를 지어 선박의 안전 운항을 유도했다. 큰길과 가까운 위치에 있으니 시간이 맞으면 등대에 올라가 그레이트 오션 로드의 경치를 감상해보자. 작은 레스토랑과 카페도 있어서 여행 중 잠시 쉬어 가기 좋다.

 가는 방법 멜버른에서 124km, 자동차로 2시간
주소 13 Federal St, Aireys Inlet VIC 3231
운영 10:00~15:00(주말 16:00까지) ※매시 정각 가이드 안내, 예약 가능
요금 $12.50
홈페이지 splitpointlighthouse.com.au

▶ TRAVEL TALK

그레이트 오션 로드를 만든 사람들

에어리스 인렛에서 론 방향으로 5km 정도 가다 보면 도로 건설에 참여한 인부들을 기리는 메모리얼 아치Memorial Arch를 통과하게 돼요. 그들 중 상당수가 제1차 세계대전 참전 용사였으며 귀향 후 1918~1932년 사이에 공사 인력으로 투입되어 그레이트 오션 로드를 건설했다고 해요. 나무 아치 옆 도로변에 작은 기념비도 있어요.

⑤ 론
Lorne

해수욕이 가능한 휴양지

아폴로베이와 함께 그레이트 오션 로드를 대표하는 레저 타운. 중심 도로인 마운트조이 퍼레이드Mountjoy Parade 주변에 깔끔한 레스토랑과 숙소가 많다. 마을 앞에 펼쳐진 론 비치에 여름 시즌에는 안전 요원이 배치되어 마음 놓고 수영할 수 있다. 론에서 그레이트 오트웨이 국립공원Great Otway National Park으로 트레킹을 다녀오기도 하는데, 주차장에서 700m 거리의 시오크 폭포Sheoak Falls까지 갔다가 돌아오는 게 무난한 코스다. 그 밖의 장소를 가려면 시간 여유를 두고 비지터 센터에서 관련 정보를 얻도록 하자. 마을을 지나 자동차로 5분 정도 가다 보면 나오는 테디스 룩아웃Teddy's Lookout에서는 앞으로 본격적으로 달리게 될 해안 절벽 도로를 눈으로 직접 확인할 수 있다.

❶ Lorne Information Centre
가는 방법 질롱에서 72km, 자동차로 1시간 15분,
또는 질롱 기차역에서 브이 라인 버스로 1시간 30분
주소 15 Mountjoy Parade Lorne VIC 3232
문의 03 5289 1152 **운영** 09:00~17:00
홈페이지 lovelorne.com.au

⑥ 케넷리버
Kennett River

야생 코알라가 사는 곳

카페 하나, 캠핑장 하나가 전부인 이 마을이 유명해진 까닭은 일대에 야생 코알라가 여러 마리 서식하기 때문이다. 캠핑장 진입로 옆길인 그레이 리버 로드Grey River Rd에 있는 '코알라 슬리핑 트리'라는 이름의 나무 앞에는 코알라를 찾아보려고 차들이 많이 멈춰 서 있다. 캠핑장은 매우 소박하지만 코알라는 물론 캥거루, 앵무새도 볼 수 있어 꽤 인기가 많다. 야생동물이 도로를 지날 수 있으니 운전에 특히 조심할 것.

케넷 리버 패밀리 캐러밴 파크 Kennett River Family Caravan Park
가는 방법 멜버른에서 165km, 자동차로 2시간 40분
주소 1-13 Great Ocean Rd, Kennett River, VIC 3234
문의 03 5289 0272
홈페이지 greatoceanroadparks.com.aus

--- TIP ---
그레이트 오트웨이 국립공원과 포트캠벨 국립공원 쪽에는
주유소가 드물고 기름값이 비싸다. 산간 도로로 진입하기 전
론이나 아폴로베이의 주유소를 이용하는 게 좋다.

07

아폴로베이
Apollo Bay

추천

해변이 아름다운 휴양 도시

그레이트 오트웨이 국립공원으로 진입하기 직전에 번화한 휴양 도시를 만나게 된다. 호주에서 가장 아름다운 해변으로 손꼽히는 3km의 해변을 따라 이어지는 소나무 방풍림이 무척 인상적인 곳이다. 아울러 이 지역은 도보 여행자들이 열광하는 그레이트 오션 워크의 시작점으로 유명하다. 중간중간 캠핑을 하며 가는 험난한 여정이지만 104km 코스를 완주하기 위해 찾아오는 도보 여행자가 상당히 많다. 멜버른에서 대중교통으로 오는 배낭여행자들은 이곳에 숙소를 정하는 경우가 대부분이다. 걸어 다닐 수 있는 범위 안에 저렴한 맛집과 숙소, 그리고 12사도 바위로 떠나는 헬리콥터 등 투어업체가 모여 있다. 카약이나 보트를 타고 근처 마렝고 머린 보호구역Marengo Marine Sanctuary에서 200여 마리의 물개를 관찰하는 액티비티도 인기다.

ⓘ Great Ocean Road Visitor Information Centre
가는 방법 멜버른에서 187km, 자동차로 3시간, 또는 질롱 기차역에서 브이 라인 버스로 2시간 30분 **주소** 100 Great Ocean Rd, Apollo Bay VIC 3233
문의 1300 689 297 **운영** 09:00~17:00 **홈페이지** visitapollobay.com

TRAVEL TALK

아폴로베이에서 피시앤칩스 맛보기

아폴로베이 한쪽 끝에는 마을 어민들이 1948년부터 운영해온 간이 식당(Apollo Bay Fishermen's Co-Op)이 있어요. 갓 잡아 올린 싱싱한 해산물을 튀기거나 삶는 방식으로 조리해줘요. 테이크아웃을 하거나 항구가 보이는 테라스석에서 간단한 식사로 즐겨보세요.
주소 2 Breakwater Rd, Apollo Bay **운영** 11:00~19:00
휴무 월요일 **홈페이지** apollobayfishcoop.com.au

케이프 오트웨이 등대
Cape Otway Lightstation

📍 **가는 방법** 아폴로베이와 포트캠벨 국립공원 사이의 라이트하우스 로드 (C157번)로 진입한 뒤 남쪽으로 12km
주소 Otway Lighthouse Rd, Cape Otway VIC 3233
운영 10:00~17:00
요금 $20
홈페이지 www.lightstation.com

등대와 코알라를 만나러 가는 길

아폴로베이를 지나면 그레이트 오션 로드(B100번)가 산속으로 접어든다. 여유 있는 일정이라면 중간 지점에 있는 라이트하우스 로드(C157번)로 들어가보자. 길 끝에 한 폭의 그림 같은 등대가 있다. 도로 맨 끝 지점인 케이프 오트웨이 등대 매표소를 지나 안쪽으로 걸어 들어가야 등대가 보인다. 1848년에 지은, 호주에서 가장 오래된 이 등대는 조난 사고가 많은 근처 해역을 밝혀줘 '희망의 빛'으로 불렸다. 나선형 계단을 따라 91m 높이의 등대 맨 꼭대기까지 올라가면 오트웨이곶과 울창한 숲이 한눈에 들어온다. 등대 주변에는 등대지기의 집과 옛 전신소 등 일부 건물이 보존되어 있다.

등대만큼 중요한 정보 한 가지! 라이트하우스 로드 초입에서 사람들이 무언가를 열심히 찾는 모습이 보인다면 아마도 근처에 코알라가 있다는 뜻이다. 꼭꼭 숨어 있어서 상당한 관찰력이 필요하지만 유칼립투스가 자라는 숲속에서 야생 코알라를 목격할 확률은 매우 높다. 높다란 나무 꼭대기에서 몸통을 둥글게 움츠린 채 잠든 코알라를 발견하는 순간은 경이로움 그 자체라 할 수 있다. 숲속 캠핑장 빔비 파크Bimbi Park도 코알라와 캥거루가 많이 출몰하는 장소로 알려져 있다. 이곳을 지나는 차량은 코알라를 찾느라 갑자기 정차하는 경우가 많으니 전방을 주시하는 방어 운전이 필요하다.

09

포트캠벨 국립공원

*Port Campbell
National Park*

추천

호주를 상징하는 대표 관광지

이곳을 보기 위해 호주를 방문한다 해도 과언이 아닐 만큼 세계적인 명소다. 오랜 침식작용으로 물러진 석회암반이 무너져 내리며 형성된 해안 절벽과 기암괴석 30여 개가 장관을 이룬다. 독특한 모양의 바위에는 각각 12사도 바위, 런던 브리지, 로크 아드 협곡, 깁슨 스텝 같은 이름이 붙어 있다. 국립공원 내에는 별다른 편의 시설이 없고 통신도 원활하지 않지만 길이 하나뿐이라서 찾아다니는 데 큰 어려움은 없다. 볼거리가 30km 반경 이내에 모여 있어 차례대로 다니면 된다. 주요 지점마다 표지판과 주차장이 있으며, 전망 포인트까지 걸어서 다녀오는 데 짧게는 10분, 길게는 30분가량 걸린다. 전체적으로 지반이 약한 지대이므로 정해진 보드워크를 벗어나지 않도록 주의한다. 해변에서 물놀이나 해수욕은 할 수 없으며, 갑작스러운 기상 악화로 인한 조난 사고 위험이 있으니 방문 전 날씨 확인은 필수! 식사할 만한 곳이 마땅치 않으니 간식을 준비해 가는 것이 좋다.

 Twelve Apostles

가는 방법 멜버른에서 고속도로 이용 시 230km, 자동차로 3시간 /
아폴로베이에서 100km, 자동차로 1시간 30분
주소 Great Ocean Rd & Booringa Rd, Princetown VIC 3269
문의 03 5237 6529 **운영** 전망대 24시간, 비지터 센터 09:00~17:00
요금 무료(전 지역 자유 관람) **홈페이지** visitvictoria.com/GOR

포트캠벨 국립공원의 자동차 도로

명소 입구를 알리는 표지판

주차장에서 12사도 바위로 가는 길

포트캠벨 국립공원의 핵심 명소
자세히 알아보기

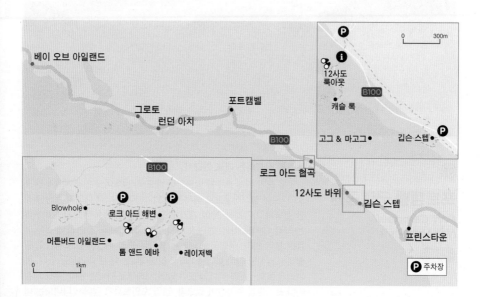

● 포트캠벨 Port Campbell

국립공원과 같은 이름의 평화로운 바닷가 마을로, 12사도 바위에서 자동차로 10분 거리다(11.4km). 카페, 레스토랑, 편의 시설이 충분하고 비교적 깔끔한 모텔급 숙소도 많다. 공식 비지터 센터에서 여행 정보를 얻을 수 있다.

❶ Port Campbell Visitor Information Centre
주소 26 Morris St, Port Campbell **문의** 1300 137 255 **운영** 09:00~17:00
홈페이지 visit12apostles.com.au

● 프린스타운 Princetown

배낭여행자를 위한 백패커스 숙소와 캠핑장, 캐빈 형태의 빌라가 모여 있는 동네다. 시설은 전반적으로 낙후했으나 12사도 바위에서 불과 6km 거리라 은근히 찾아오는 사람이 많다.

The 13th Apostle Backpackers
등급 백패커스 **주소** 28 Old Post Office Rd, Princetown
문의 0437 000 751 ※예약 필수
홈페이지 13th-apostle-backpackers.hotelsinvictoria.net

Princetown Camping Reserve
등급 캠핑장 **주소** Princetown Recreation Reserve, Princetown
문의 045 719 8662 ※전화 예약만 가능 **홈페이지** princetownrecreationreserve.com

---

TRAVEL TALK

하늘에서 보는 그레이트 오션 로드

포트캠벨 국립공원 상공을 비행하는 헬기 투어는 12사도 바위 바로 근처에서 출발하는 것이 거리상 제일 가깝다. 너무 짧은 투어는 조금 아쉽고, 베이 오브 아일랜드까지 다녀오는 30분짜리가 적당하다. 보통 2인 이상이어야 신청받는다.

12 Apostles Helicopters
위치 12사도 바위 주차장
요금 런던 브리지까지 $175(16분), 베이 오브 아일랜드까지 $265(25분)
홈페이지 12apostleshelicopters.com.au

● 12사도 바위 Twelve Apostles

강한 파도가 밀어닥치는 해안가에 우뚝 서 있는 석회암 기둥에 예수 그리스도의 열두 제자를 뜻하는 이름이 붙었다. 원래는 바위가 9개였는데 2012년에 하나가 무너져 내려 현재는 8개다. 파도가 강한 위험 지역이라 바위 아래 해변으로는 내려갈 수 없으며, 전경을 바라볼 수 있는 전망대가 있다. 석양 명소라 늦은 오후에 찾아가는 사람도 많은데, 주변에 숙소가 부족하기 때문에 석양을 감상한 후 어디서 숙박할지 미리 계획을 세워야 한다. 비지터 센터를 증축하는 공사가 진행 중이나 주요 산책로는 항상 개방한다.

● 깁슨 스텝 Gibson Steps

12사도 바위 전망대에서 남쪽으로 보이는 해변이다. 절벽 아래 해변까지 걸어 내려갈 수 있도록 바위를 깎아 계단을 만들었는데 상당히 가파르고 물에 젖으면 미끄러지기 쉬워 주의해야 한다. 계단 아래쪽 해변을 따라 전설 속 거인인 고그Gog와 마고그Magog라 이름 붙은 2개의 바위 근처까지 다가갈 수 있다. 파도가 바위에 부딪힐 때마다 세찬 물보라가 튀어 오르니 주의할 것. 주차장이 있어 개인 차량으로 찾아가면 된다.

● 로크 아드 협곡 Loch Ard Gorge

12사도 바위와 함께 포트캠벨 국립공원을 대표하는 명소다. 해안 절벽 중간 부분이 침식으로 무너지면서 만들어진 협곡 안쪽은 1878년 6월 1일, 영국에서 멜버른을 향해 오다가 난파된 로크 아드호의 생존자 2명이 발견된 장소로 알려져 있다. 잔잔한 물결이 밀려 들어오는 해변까지 계단으로 내려갈 수 있다. 날카로운 면도 날처럼 생긴 바위에는 '레이저백The Razorback', 2009년에 아치형 기암이 무너지면서 2개로 갈라진 바위 기둥에는 로크 아드호의 생존자인 '톰 앤드 에바Tom and Eva'라는 이름이 붙었다. 이보다 서쪽에는 쇠부리슴새 muttonbird를 비롯해 여러 종의 조류가 서식하는 머튼버드 아일랜드가 있다. 각 장소마다 전망 포인트가 있다.

레이저백

톰 앤드 에바

머튼버드 아일랜드

TRAVEL TALK

계속 후퇴하는 해안선

포트캠벨의 무른 석회암반은 1000만~2000만 년 전, 이곳의 해안이 바다에 잠겨 있던 시기에 형성되기 시작했어요. 주로 조개껍데기나 칼슘이 풍부한 조류의 파편이 퇴적되어 생성된 암반층은 그 무게와 밀도에 따라 강도가 달라요. 이후 해수면이 상승하면서 수만 년 동안 거듭된 침식작용으로 인해 상대적으로 무른 암석이 먼저 무너져 내리고 현재의 유명한 바위와 절벽이 생성되었다고 해요. 그레이트 오션 로드의 해안선은 1년에 약 2cm씩 내륙 쪽으로 후퇴한답니다.

● 런던 아치 London Arch

원래는 다리 교각처럼 두 쌍의 아치가 서로 연결되어 '런던 브리지'로 불렸으나 1990년 육지와 가까운 쪽 아치가 무너지면서 한 개만 남아 '런던 아치'로 이름이 바뀌었다. 볼거리는 별로 없으나 상징적인 장소이니 잠깐 들러볼 만하다.

● 그로토 The Grotto

절벽 일부가 침식되면서 생겨난 초기 싱크홀. 이탈리아어로 '작은 동굴'이라는 뜻의 이름이 붙었다. 세월이 흐를수록 동굴 직경이 점점 커지면서 완전한 아치 형태로 침식하게 될 것이다. 계단을 따라 맨 아래로 내려가면 독특한 동굴 풍경을 찍을 수 있는 포토 스폿이 나온다.

● 베이 오브 아일랜드 Bay of Islands

워남불 방향으로 20분 정도 더 가야 해서 방문객은 적은 편이지만, 그레이트 오션 로드의 축소판이라 해도 좋을 만큼 다양한 암석을 볼 수 있는 곳이다. 홀로 서 있는 석회암 기둥과 아치, 침식이 진행 중인 해안 절벽까지 해안선의 변화를 한눈에 관찰할 수 있는 교과서 같은 장소다.

⑩ 워남불
Warrnambool

남극 고래의 겨울 서식지

그레이트 오션 로드가 끝나는 지점의 항구도시. 1870년대 모습을 재현한 플래그스태프 힐 해양 마을Flagstaff Hill Maritime Village이 볼만하다. 수백 척의 선박이 난파당한 십렉 코스트의 역사와 선원들의 이야기에 관해 전시하고 있다. 로건스 비치Logans Beach는 멸종 위기종인 남방긴수염고래 번식지로 알려져 있는데, 매년 6월에서 9월 사이 새끼를 낳기 위해 암컷 남방긴수염고래들이 해변 근처까지 헤엄쳐 온다. 바다가 보이는 위치에 전망 플랫폼이 있다. 점점 개체수가 증가한다고는 하지만 실제로 남방긴수염고래를 만나는 일은 매우 드물다. 남방긴수염고래가 나타나는 시기에는 비지터 센터에 깃발을 걸어둔다. 페이스북(@GreatOceanRoadWhales)에 공지하니 방문 전 확인할 것!

ⓘ Warrnambool Visitor Information Centre
가는 방법 포트캠벨에서 62km, 자동차로 1시간 /
멜버른에서 빠른 길로 257km, 자동차로 3시간 30분
주소 89 Merri St, Warrnambool VIC 3280 **문의** 03 5559 4620
운영 10:00~17:00 **홈페이지** visitwarrnambool.com.au

로건스 비치의 전망 플랫폼

플래그스태프 힐 해양 마을

1855년에 침몰한 어느 난파선의 유물

⑪ 포트페어리
Port Fairy

작은 섬이 있는 역사 마을

1830~1849년에 포경선의 거점이었던 옛 어촌으로, 중심가에는 호주 내셔널트러스트에서 문화재로 지정한 건물 50여 채가 남아 있다. 바다를 품은 어촌이면서도 호수와 강이 흘러 전원주택이 많은 휴양지로 변모했다. 곳곳에서 수상 레저를 즐기는 풍경이 평화롭다. 강어귀에는 쇠부리슴새를 비롯한 다양한 조류와 야생동물이 서식하는 그리피스 아일랜드Griffiths Island가 있다. 자동차는 진입하지 못하고 섬 전체를 걸어다닐 수 있을 정도로 작은 섬이다. 둑길을 따라 15분쯤 걸어가면 섬 한쪽 끝에, 포경선에 신호를 보내던 등대가 남아 있다.

ⓘ The Port Fairy
가는 방법 포트캠벨 마을에서 88.5km, 자동차로 1시간
주소 Railway Pl & Bank St, Port Fairy VIC 3284
문의 03 5568 2682 **운영** 09:00~17:00
홈페이지 portfairyaustralia.com.au

⑫ 포틀랜드
Portland

새로운 로드 트립의 시작

그레이트 오션 로드가 끝나는 지점이면서 남호주의 포트맥도넬Port MacDonnell까지 이어지는 70km의 해안 지대이며, 디스커버리 베이의 시작점이기도 하다. 도심에서 자동차로 20분 거리의 케이프브리지워터Cape Bridgewater에서는 바닷물이 솟구쳐 오르는 블로 홀Blow Hole과 주상절리처럼 뭉쳐진 페트리파이드 포레스트Petrified Forest 사이를 걸어보자. 그런데 '페트리파이드 포레스트'는 화석림으로 오해해 잘못 붙은 이름이고, 실제로는 수만 년 동안 강수에 의해 공동화된 석회석 기둥인 것으로 밝혀졌다. 융기한 화산 지대의 가파른 절벽과 곶, 모래언덕, 습지로 이뤄진 디스커버리 베이는 호주 정부가 빅토리아주에서 두 번째로 중요한 해안으로 지정했다. 인구 1만 명의 도시 포틀랜드에는 편의 시설이 충분하니 남호주 방향으로 여정을 이어갈 계획이라면 이곳에서 재정비하도록 하자.

ⓘ Portland Maritime Discovery Centre
가는 방법 멜버른에서 빠른 길로 358km, 애들레이드까지는 541km
주소 98 Lee Breakwater Rd, Portland VIC 3305
문의 1800 035 567
운영 09:00~17:00
홈페이지 visitportland.com.au

Road Trip

🧭 **어드바이스**

모든 장소를 하루나 이틀 만에 방문할 수는 없으며 충분한 시간을 두고 여행해야 한다. 이 중 밸러랫과 벤디고는 멜버른에서 기차로 다녀올 만한 근교 여행지이며 나머지는 개인 차량으로 방문해야 한다. 자세한 이동 방법은 세부 항목을 참고할 것.
홈페이지 visitvictoria.com/Regions/Goldfields

황금의 땅 빅토리아로!

골드필드 &
그레이트 알파인 로드
GOLDFIELDS &
GREAT ALPINE ROAD

서쪽의 그램피언스산맥과 동쪽의 빅토리안 알프스 사이의 내륙에는 19세기 중반에 금광 산업으로 축적한 부를 바탕으로 번성한 장소가 많다. 호주 최대의 금광 도시 벤디고Bendigo, 역사적 자부심이 강한 밸러랫Ballarat, 온천 지대인 데일스포드Daylesford와 헵번 스프링스Hepburn Springs 등은 멜버른에서 가까운 당일 여행지로 인기가 높다. 그레이트 알파인 로드가 지나가는 지역은 눈이 내리는 고산지대로 호주에서는 드물게 겨울에 스키를 탈 수 있다. 멜버른과 시드니를 연결하는 내륙 고속도로(M31)에서 잠시 우회해 방문하는 것도 좋다.

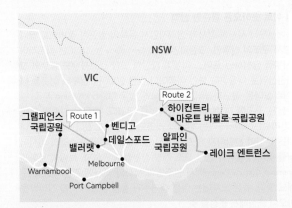

주요 지명과 관광 포인트

그램피언스 ❶
평원 위로 솟아오른 산악 지대

골드필드 ❷~❹
골드러시에 번성한 소도시와 온천 마을

하이컨트리 ❺~❼
'빅토리아의 알프스'로 불리는 고원지대

깁슬랜드 ❽
호수가 많은 남동부 해안 지역

ROUTE 1 골드필드

일정에 여유가 있고 자동차 여행을 할 수 있다면 그레이트 오션 로드를 돌아본 뒤 워남불 쪽에서 그램피언스 국립공원으로 올라간다. 하루 머무르며 트레킹을 즐기고 나서 밸러랫과 데일스포드, 벤디고를 차례로 들른 뒤 멜버른으로 돌아오거나 내륙 고속도로를 따라 하이컨트리 쪽으로 이동한다.

벤디고
75km, 1시간
154km, 2시간
04
데일스포드 03
멜버른 도착
45km, 40분
02
157km, 2시간
140km, 1시간 30분
그램피언스 국립공원
01
밸러랫
워남불 출발

ROUTE 2 그레이트 알파인 로드

하이컨트리에서 뉴사우스웨일스주로 넘어가기 전에 남쪽으로 방향을 꺾으면 호주에서 가장 고도가 높은 자동차 도로 그레이트 알파인 로드를 통과하게 된다. 그다음에는 해안 도로(A1 도로)를 따라 다시 멜버른으로 돌아오거나 사파이어코스트를 지나 시드니 방향으로 갈 수도 있다. 거리가 멀어서 일반적으로 택하는 경로는 아니지만 호주의 또 다른 풍경을 만날 수 있는 여정이 될 것이다.

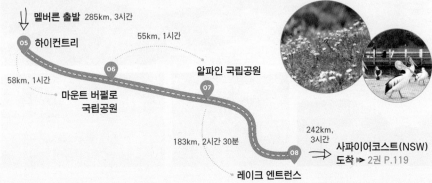

멜버른 출발 285km, 3시간
05 하이컨트리
55km, 1시간
58km, 1시간
06
알파인 국립공원
마운트 버펄로 국립공원
07
183km, 2시간 30분
242km, 3시간
08
사파이어코스트(NSW)
도착 ▶ 2권 P.119
레이크 엔트런스

그램피언스
국립공원
*Grampians
National Park*

초원 위로 솟아오른 험준한 산맥

서쪽에서부터 서서히 경사가 심해지면서 동쪽의 험준한 절벽으로 끝나는 단사 구조의 산맥인 '그램피언스The Grampians'는 1836년 빅토리아주 서부를 탐험하던 토머스 미첼이 자신의 고향 스코틀랜드 중부의 그램피언산맥을 떠올리며 붙인 이름이다. 2만 2000년 전부터 이곳을 터전으로 살아온 야드와잘리Jardwadjali와 잡우룽Djab Wurrung 부족 원주민들은 곳곳에 60개 이상의 암각화를 남겼다. 지금은 원주민 언어로 '가리워드Gariwerd'라는 원래의 지명도 병기하고 있다. 국립공원 내에서는 통신이 원활하지 않으니 우선 산 아래쪽 마을 홀스갭의 비지터센터를 찾아가 날씨와 등산 코스 개방 상황을 확인하자. 브람북 문화센터Brambuk Cultural Centre에서 원주민의 문화와 역사에 관한 자료를 구경해도 좋다. 늦은 오후에는 야생 캥거루가 풀을 뜯으러 마을 잔디밭을 찾아오니 조심해서 운전할 것.

❶ Halls Gap Visitor Information Centre
가는 방법 멜버른에서 260km, 워남불까지 157km ※대중교통으로는 여행 불가능
주소 117~119 Grampians Rd, Halls Gap VIC 3381
문의 1800 065 599 **운영** 09:00~17:00 **홈페이지** visitgrampians.com.au

멋진 경치를 온몸으로 느끼는 시간!
그램피언스 국립공원 트레킹 코스

독특한 돌기둥이 많고 경치가 뛰어난 그램피언스 국립공원은 트레킹 명소다. 마을에서 산길을 따라 자동차로 30분 정도 올라가면 산 정상 쪽 전망 포인트가 나온다. 등산로 입구는 자동차로 각각 10~20분 정도 떨어져 있으며, 한 곳을 보고 난 다음 다시 차를 타고 다음 장소로 이동한다. 입장료는 없다.

독특한 산맥을 한눈에
발코니 The Balconies

가장 쉽게 다녀올 수 있는 코스다. 주차장과 가까운 리드 룩아웃을 먼저 보고, 발코니 룩아웃까지 차례로 다녀온다. 단사 구조의 산맥을 직접 눈으로 확인할 수 있는 전망 포인트.

주차 Reeds Lookout Carpark **거리** 왕복 2.2km
소요 시간 40분 **난이도** 하

아름다운 층층 폭포
매켄지 폭포 워크 MacKenzie Falls Walk

바위를 타고 여러 겹으로 물이 흘러내리는 폭포 맨 아래쪽 계곡까지 내려가는 코스다. 아주 어려운 코스는 아니지만 가파른 돌계단이 있기도 하고 비가 내린 직후에는 물이 불어날 수 있으니 주의해야 한다.

주차 MacKenzie Falls Carpark
거리 왕복 2km **소요 시간** 1시간 20분 **난이도** 중하

탁 트인 풍경
피너클 룩아웃 Pinnacle Lookout

홀스갭 마을이 내려다보이는 유명한 전망 포인트. 가는 방법은 여러 가지인데, 선다이얼 주차장에서 가는 길이 비교적 쉽다. '그램피언스의 그랜드캐니언'으로 불리는 협곡을 지나가는 길은 난이도가 상당히 높으니 주의할 것.

주차 Sundial Carpark **거리** 왕복 4.2km
소요 시간 2시간 **난이도** 중하

밸러랫 추천
Ballarat

가는 방법 멜버른에서 115km, 자동차로 1시간 30분, 또는 멜버른 서던크로스 기차역에서 브이 라인 트레인으로 밸러랫역(Ballarat Station, Ballarat Line)까지 1시간 30분, 하차 후 소버린 힐까지는 무료 셔틀버스 이용
주소 Bradshaw St, Golden Point VIC 3350 **운영** 10:00~17:00 **휴무** 월요일
요금 $49(현장 체험 요금 별도)
홈페이지 sovereignhill.com.au

〈런닝맨〉에 나온 금광 민속촌

골드러시가 한창일 때 눈부신 발전을 이룩한 금광 도시. 1869년 세계에서 가장 큰 금덩어리로 기록된 웰컴 스트레인저 너깃Welcome Stranger Nugget(3123트로이온스, 97.14kg)이 발굴된 곳도 밸러랫 근처다. 기차역과 가까운 스터트 스트리트Sturt St 쪽에서 타운 홀(비지터 센터)과 미술관 등 빅토리아 시대의 건축물을 볼 수 있다. 한국인 여행자는 TV 예능 프로그램 〈런닝맨〉에 등장해 알려진 놀이공원 소버린 힐Sovereign Hill을 주로 방문한다. 옛 거리와 마차, 가축까지 1850~1860년대 골드러시 당시의 밸러랫 풍경을 완벽하게 재현해놓았다. 코스튬을 입고 돌아다니는 사람은 대부분 자원봉사자이며, 여기서 얻는 수익금은 소버린 힐 운영과 개선에 사용한다고 한다. 사금 채취 체험도 하고 금광 박물관도 구경하면서 그 시절의 생활상을 엿볼 수 있어 현지인들도 가족 단위로 많이 찾는 곳이다. 크리스마스 시즌이나 겨울철에는 화려한 음향과 조명이 함께하는 사운드 & 라이트 쇼가 펼쳐진다.

데일스포드
Daylesford

천연 온천을 즐기는 웰니스 관광지

사화산인 마운트 프랭클린과 웜뱃 힐 산기슭에 자리 잡은 데일스포드에는 호주 온천의 80%에 달하는 70여 개의 천연 온천이 모여 있다. 1800년대부터 이름을 알린 고급 휴양지다운 분위기를 잘 보여주는 장소로는 콘벤트 데일스포드가 있다. 1880~1973년에 수녀원이었던 건물을 도예가 티나 바니츠카가 인수해 갤러리로 리모델링한 것으로 갤러리를 구경하고 카페에서 하이 티를 즐길 수 있다. 온천 관광지라고 해서 한국의 대형 스파랜드처럼 화려하고 큰 시설이 있는 것은 아니고, 이곳저곳의 저택에 투숙하며 느긋하게 프라이빗 스파를 즐기는 프로그램이 발달했다. 보다 친근한 온천 문화를 경험하고 싶다면 인근 마을에 있는 헵번 배스 하우스 & 스파가 대안이다. 대중목욕탕Bathhouse과 광천수를 사용하는 고급 시설 생크추어리Sanctuary로 나뉘며, 약수원 보호구역 안에 있어서 자연환경도 뛰어나다.

가는 방법 멜버른에서 114km, 자동차로 1시간 30분

- **콘벤트 데일스포드 The Convent Daylesford**
  주소 7 Daly St, Daylesford VIC 3460 **운영** 10:00~16:00
  휴무 화 · 수요일 **요금** 갤러리 $10, 카페 $14~30 ※하이 티 예약은 1권 P.078 참고
  홈페이지 conventgallery.com.au

- **헵번 배스 하우스 & 스파 Hepburn Bathhouse & Spa**
  주소 Mineral Springs Reserve Rd, Hepburn Springs VIC 3461
  운영 09:00~18:30(금 · 토요일 21:00까지)
  요금 대중목욕탕 $58(90분 이용, 수영복 지참), 생크추어리 $140(16세 이상, 90분 이용, 가운 · 수건 제공) **홈페이지** hepburnbathhouse.com

벤디고
Bendigo

골드러시의 영광을 간직한 도시

1851년 벤디고강 변에서 사금이 발견된 것을 계기로 호주의 골드러시가 시작되었다. 1년이 채 되지 않아 전 세계에서 채굴꾼이 모여들었다고 한다. 1851~1900년에 780톤의 금이 채굴되었을 만큼 사금이 풍부했던 벤디고는 호주 동부 최대의 금광 도시로 성장했다. '남반구의 빈'을 건설하겠다는 목표 아래 타운 홀과 법원, 대성당 등 위풍당당한 빅토리아 양식의 건물을 연이어 건축했다. 오늘날 인구는 10만 명 정도에 불과하지만 빅토리아주 지방은행인 벤디고 뱅크의 본사가 있는 도시인 만큼 여전히 탄탄한 경제력을 자랑한다. 중심가의 차링 크로스Charing Cross 교차로에 서서 당시의 영화를 고스란히 간직한 벤디고의 멋진 건물들을 눈으로 확인해보자. 웅장한 우체국 건물 안에는 비지터 센터가 있다.

가는 방법 멜버른에서 154km, 자동차로 2시간, 또는 멜버른 서던크로스 기차역에서 브이 라인 트레인으로 벤디고 기차역(Bendigo Railway Station, Bendigo Line)까지 1시간 50분
※주요 명소를 다닐 때는 관광용 트램 이용하면 편리

ⓘ Bendigo Visitor Centre
주소 51-67 Pall Mall, Bendigo VIC 3550
운영 09:00~17:30 **문의** 1800 813 153 **홈페이지** bendigoregion.com.au

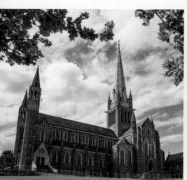

센트럴 데보라 골드 마인
Central Deborah Gold Mine

1939~1954년에 실제 벤디고의 주요 금광이었던 곳이다. 감시탑 역할을 하던 22m 높이의 하이 포펫 헤드High Poppet Head가 멀리서도 눈에 띈다. 전시관에는 광부들이 사용하던 장비를 그대로 보존해두었으며, 벤디고 근교에서 발견된 거대한 금덩어리 '믿음의 손Hand of Faith' (875트로이온스, 27.21kg) 복제품도 구경할 수 있다. 내부 투어를 신청하면 지하 2층(61m)까지 헬멧을 쓰고 갱도를 따라 내려갔다 오는 광산 체험을 할 수 있다. 중심가에서 1.5km 떨어져 있다.

주소 76 Violet St **운영** 09:30~16:30 **요금** 일반 전시관 $7.50(당일 방문 가능), 광산 투어 $39(75분 소요, 예약 필수)
홈페이지 central-deborah.com

벤디고 트램웨이
Bendigo Tramways

1890년부터 벤디고 시내의 대중교통을 담당하던 빈티지 트램으로, 황태자 시절 벤디고를 방문한 찰스 3세가 직접 시운전했을 정도로 중요한 벤디고의 자랑거리다. 잠시 운행을 중단했다가 1972년 이후 관광용으로 운행하고 있다. 트램은 센트럴 데보라 골드 마인에서 출발해 중심가의 차링 크로스에 정차하고, 도시를 한 바퀴 돈다. 운전사의 설명을 들으며 그냥 앉아 있어도 되고, 중간에 내렸다 타는 교통수단으로 이용해도 된다.

주소 76 Violet St(센트럴 데보라 골드 마인 출발)
운영 10:00~15:30(10분 간격 운행) **요금** $15(1일권)
홈페이지 bendigotramways.com

하이컨트리
High Country

📍 **가는 방법** 멜버른에서 287km, 자동차로 3시간 30분 **홈페이지** victoriashighcountry.com.au

네드 켈리의 발자취를 따라 떠나는 여행

멜버른과 캔버라, 시드니를 연결하는 내륙 고속도로(M31)는 빅토리아 주와 뉴사우스웨일스주 경계선 즈음에서 고원지대를 통과한다. 도로 양 옆으로는 그림 같은 풍경이 스쳐가지만 수백 km를 운전하다 보면 조금 은 지루해지기 마련이다. 마을과 소도시마다 전해져오는 전설적인 인 물 네드 켈리의 발자취를 따라가면서 여행의 재미를 더해보자. 베날라, 글렌로완, 비치워스를 차례로 들러도 되고, 그중 하나만 골라서 잠깐 쉬 어 가도 좋다. 5월의 수확기에는 하이컨트리 일대에서 음식과 와인 축 제 등 다양한 이벤트가 펼쳐진다.

🚃 TRAVEL TALK

전설 속 도적의 흔적을 찾아서!

네드 켈리(본명 에드워드 켈리Edward Kelly, 1855~1880)는 골드러시 시기에 하이컨트리 일대를 휩쓸었던 도적이에요. 갱단을 조직해 강도 행각을 벌이고 영국 경찰을 농락하던 이들을 잡기 위해 당시 빅토리아주 정부에서 많은 현상금까지 내걸 정도였어요. 결국 그는 글렌로완에서 검거되어 멜버른 교도소에서 사형당했지만, 호주인에게는 영국에 저항하고 피지배 계층을 대변한 식민지 시대의 상징적 인물이라 할 수 있어요. 네드 켈리와 관련된 지역(Avenel, Beechworth, Benalla, Euroa, Glenrowan)을 묶어 여행하는 '네드 켈리 투어링 루트'가 있을 정도지요. 히스 레저, 올랜도 블룸이 출연한 〈켈리 갱〉(2004년)이 그에 관한 영화랍니다.
홈페이지 nedkellytouringroute.com.au

베날라
Benalla

네드 켈리 갱단의 본거지와 가까워 경찰이 수사 본부를 설치했던 작은 마을이다. 네드 켈리 가족이 묻힌 묘지, 법원으로 호송하던 중 탈출했던 장소를 찾아가보자. 비지터 센터에서 관련 브로슈어를 얻을 수 있다.

📍
ℹ️ **Benalla Visitor Information Centre**
주소 14 Mair St, Benalla VIC 3672
운영 평일 09:00~17:00, 주말 10:00~16:00

글렌로완
Glenrowan

1880년에 네드 켈리가 체포된 장소를 관광지로 조성했으며, 6m 높이의 네드 켈리 동상이 마을 어귀를 지킨다. 당시 사용한 갑옷과 투구를 전시한 네드 켈리 박물관Ned Kelly Museum, 동생 케이트의 집, 켈리 가족의 집을 재현한 장소도 가볼 수 있다. 그레이트 알파인 로드로 내려가는 관문인 왕가라타Wangaratta와 가깝다.

네드 켈리 박물관
주소 35 Gladstone St, Glenrowan VIC 3675 **운영** 09:00~16:00 **요금** $12
홈페이지 katescottageglenrowan.com.au

비치워스
Beechworth

골드러시 시대에는 인구가 9000명까지 늘어나기도 했으나 현재는 인구 3000명의 소도시다. 옛 모습이 잘 보존되어 있어 포드 스트리트를 중심으로 고풍스러운 건물 32채가 내셔널트러스트 역사문화지구로 지정되었다. 네드 켈리가 체포된 후 예비심리를 실시한 옛 법원 건물, 네드 켈리의 데스마스크가 보관된 박물관, 모스부호 전보를 이용해 전 세계로 우편을 보내주는 텔레그래프 스테이션을 방문해보자. 시계탑 바로 맞은편의 비치워스 베이커리는 입소문이 자자한 동네 맛집이다.

❶ Beechworth Visitor Information Centre
주소 103 Ford St, Beechworth VIC 3747 **문의** 1300 366 321
운영 09:30~16:30 **홈페이지** beechworth.com

마운트 버펄로 국립공원
Mount Buffalo National Park

빅토리아 알프스의 시작

왕가라타에서부터 베언즈데일까지 빅토리아주에서 가장 높은 지대를 관통하는 303km의 산간 도로를 '그레이트 알파인 로드(B500번 도로)'라고 한다. 정식 국도라 아스팔트로 포장되었으며 사계절 개방하지만, 기상 변화에 따라 가장 높은 구간인 마운트 호섬Mount Hotham 쪽은 통제될 수 있다. 또 겨울에 이곳을 지나려면 차량에 스노 체인을 장착해야 한다. 진입 전 비지터 센터에서 도로 상황을 확인할 것.

1898년 국립공원으로 지정된 마운트 버펄로 정상(The Horn, 해발 1723m)의 전망 포인트로 올라가려면 포레펀카에서 잠시 C535 도로로 접어들면 된다. 여름에는 카타니 호수Lake Catani에서 캠핑도 하고 카누를 타기 위해 찾는 피서지이며, 겨울에는 크로스컨트리 스키어들이 주로 찾는 스키장이다.

❶ Alpine Shire Council Visitor Information Centre
가는 방법 왕가라타에서 79km, 자동차로 1시간
주소 119 Gavan St, Bright VIC 3741
문의 1800 111 885
운영 09:00~17:00
홈페이지 visitmountbuffalo.com.au

알파인 국립공원
Alpine National Park

마운트 호섬 알파인 리조트는 파우더 스노로 유명한 스키장이에요. 완만한 구릉지대이나 초보자용 슬로프는 거의 없고 크로스컨트리 스키에 익숙한 상급자에게 적합한 고난도 코스가 대부분입니다.

스키장 한복판을 지나는 산간 도로

빅토리아 알프스 중심부에서 뉴사우스웨일스주의 접경 지역까지 이어지는 빅토리아주 최대의 국립공원이다. 그레이트 알파인 로드(B500번 도로)를 따라 마운트 호섬Mount Hotham 쪽으로 계속 가다 보면 자동차로 올라갈 수 있는 가장 높은 지점인 더 크로스The Cross(해발 1845m)에 도달한다. 여기가 바로 스키장 한복판이다. 겨울에는 눈으로 뒤덮여 있지만 다른 계절에 방문하면 알파인 식물이 자라는 고산지대의 아름다움을 만끽할 수 있다. 편의 시설은 거의 없으니 언제나 충분한 식수와 먹거리를 준비하고 다녀야 한다.

하룻밤 묵을 경우에는 마운트뷰티Mount Beauty 쪽으로 이동한다. 이곳은 빅토리아주 최고봉인 마운트 보공(해발 1986m) 산기슭에 있으며, 골프장과 공항까지 갖춘 규모가 큰 레저 타운이다.

가는 방법 마운트뷰티에서 마운트 호섬 알파인 리조트까지 76km, 자동차로 1시간 30분

❶ Mount Hotham Alpine Resort
주소 The Cross, Great Alpine Rd, Hotham Heights VIC 3741
운영 겨울에만 운영 **홈페이지** mthotham.com.au

❶ Mount Beauty Visitor Information Centre
주소 31 Bogong High Plains Rd,
Mount Beauty VIC 3699 **운영** 10:00~16:00
홈페이지 visitmountbeauty.com.au

VIC

평온한 마을, 마운트뷰티

08

레이크 엔트런스
Lakes Entrance

바다와 맞닿은 호수 지대

그레이트 알파인 로드는 뉴사우스웨일스주와 경계를 맞댄 빅토리아주 남동부의 베언즈데일Bairnsdale에서 끝나고, 멜버른과 시드니를 해안 방향으로 이어주는 국도인 프린스 하이웨이(A1 도로)와 만난다. 깁슬랜드Gippsland라고 불리는 이곳은 호주 최대의 내륙 호수 지대다. 주요 경로에서 한참 벗어나 있어 인적이 드물며 2만여 마리의 물새가 서식하는 새들의 천국이다. 호수 지대 입구에 해당하는 작은 마을인 레이크 엔트런스를 지나면서부터 모래톱에 의해 바다와 분리된 석호와 습지가 계속 나타난다. 타이어스 호수Lake Tyers, 90마일 비치Ninety Mile Beach 등을 지나 뉴사우스웨일스주의 사파이어코스트(에덴)로 넘어갈 수 있다.

ⓘ Lakes Entrance Visitor Information Centre
가는 방법 멜버른에서 320km, 시드니까지 717km
주소 2 Marine Parade, Lakes Entrance VIC 3909
문의 1800 637 060
홈페이지 visitgippsland.com.au

레이크 엔트런스 풍경

호수와 강어귀에 사는 펠리컨

호수와 바다의 모호한 경계

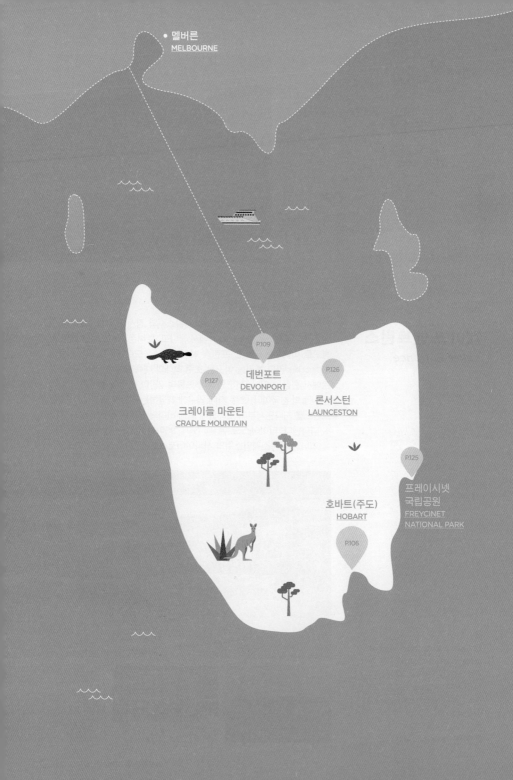

멜버른
MELBOURNE

P.109

P.127

데번포트
DEVONPORT

P.126

론서스턴
LAUNCESTON

크레이들 마운틴
CRADLE MOUNTAIN

P.125

프레이시넷
국립공원
FREYCINET
NATIONAL PARK

호바트(주도)
HOBART

P.106

태즈메이니아
TASMANIA

호바트를 주도로 하는 태즈메이니아주는 호주에서 가장 큰 섬이다.
호주 본토와는 바스해협Bass Strait을 사이에 두고 240km 떨어져 있다.
동인도 총독(네덜란드령) 안토니 반디멘이 파견한 탐험가 아벨 타스만이 1642년에
발견해 반디멘스랜드로 불리다가 1856년 이후 태즈메이니아로 공식 명명했다.
호주인 사이에서는 '태지Tassie'라는 애칭으로 더 익숙하다.
섬 전체 면적이 남한의 2/3에 해당하는데 그중 절반이 자연 보호구역일 만큼
태고의 신비를 간직한 땅이다. 태즈메이니아데빌과 웜뱃, 오리너구리 등 희귀한 동물의
서식지로 유명한 이곳은 산과 호수를 여행하기 위해 주로 찾는다.

INFO ❯

인구	575,700명(호주 6위)	시차	한국 시간+1시간(서머타임 +2시간)
면적	6만 8,401km²(호주 7위)	홈페이지	discovertasmania.com.au(태즈메이니아주 관광청)

HOBART

호바트

원주민어 니팔루나 NIPALUNA

태즈메이니아주의 주도 호바트는 풍부한 역사 · 문화 유산을 관광자원으로 활용해
여행자를 매료시키는 도시다. 1804년 호주의 두 번째 영국 식민지로 선포됐으며,
19세기 중반 자유 거주지로 전환되기 전까지는 범죄자를 수용하는 유형지였다.
이후 고래 사냥과 목재 산업이 한창이던 시기에 중요한 무역항이 되면서 크게 발전했다.
보존 상태가 좋은 옛 건물이 많이 남아 있는데 그중 상당수는 리모델링해 레스토랑이나
펍 등으로 활용하고 있다. 시드니에서 호바트까지 1170km를 항해하는 시드니-호바트 요트
대회가 열리는 연말에는 도시 전체가 축제 분위기에 휩싸인다.

골목 산책

항구도시

요트 대회

청정 자연

크레이들
마운틴

태즈메이니아
데빌

호바트

Tasmania Preview
태즈메이니아 미리 보기

태즈메이니아는 비행기나 페리로만 갈 수 있는 섬이기 때문에 보통 호바트 공항으로
들어간다. 호바트는 섬 동남부 더웬트강Derwent River과 바다가 만나는 지점에
위치하며, 뒤쪽으로는 해발고도 1270m의 마운트 웰링턴이 도시를 감싸고 있다.
여기서부터 태즈먼반도와 크레이들 마운틴 등 섬의 다른 지역으로 힐링 여행을 떠나보자.

❶ 호바트 ➡ P.116
19세기 영국풍 건축물로 가득해 타임슬립한 듯한 기분이 드는 대표 도시다. 호바트 중심가 관광은 짧게는 2~3시간, 길어야 반나절 정도면 가능하지만 알면 알수록 다채로운 이야기가 숨어 있다.

❷ 데번포트 ➡ P.108
멜버른에서 페리를 타고 가는 태즈메이니아 북부 항구도시로 호바트까지는 282km 떨어져 있다.

❸ 태즈먼반도 ➡ P.122
유네스코 세계문화유산인 포트 아서 역사 유적, 프레이시넷 국립공원의 와인글라스 베이와 해안 절벽이 있다. 호바트에서 당일 또는 1박 2일로 다녀오기 좋다.

❹ 론서스턴 ➡ P.126
태즈메이니아 북부의 베이스캠프가 되는 도시. 편의시설과 볼거리가 충분하며 크레이들 마운틴과 비교적 가까운 편이다.

❺ 크레이들 마운틴 ➡ P.127
태즈메이니아를 대표하는 산이자 국립공원으로 세계 10대 트레킹 코스로 불리는 '오버랜드 트랙'으로 유명하다. 방문 전 확실한 준비가 필수다.

TIP
태즈메이니아 전역을 커버하는 이동통신사는 텔스트라Telstra뿐이다. 보다폰Vadafone, 옵터스Optus 등은 주요 도심에서만 작동하니 태즈메이니아에서는 텔스트라 선불 유심을 사서 이용하는 것이 편리하다.

🔒 **Follow Check Point**

ⓘ Tasmanian Travel & Information Centre
위치 워터프런트 **주소** 20 Davey St, Hobart TAS 7000
문의 03 6238 4222 **운영** 09:00~17:00(주말 단축 운영) **홈페이지** hobarttravelcentre.com.au

✳ 태즈메이니아 날씨
온대 해양성기후이지만 일교차가 심하고 사계절이 비교적 뚜렷하다. 어느 계절에 가든 갑작스러운 기상악화에 대비해 경량 패딩과 우비는 기본으로 챙긴다. 1~2월에는 해수 온도가 15.6~16.5℃ 정도로 수영이 가능할 만큼 따뜻하다. 호바트 쪽은 겨울 기온이 영하로 떨어지는 일은 드물지만 산간 지대에는 눈이 내리기도 하며, 남극에서 남풍이 불어와 상당한 추위가 계속된다. 비가 덜 내리는 1~5월이 여행 적기라고 볼 수 있다.

계절	봄(9~11월)	여름(12~2월)	가을(3~5월)	겨울(6~8월)
날씨	⛅	☀	☀🌧	☁❄
평균 최고 기온	17℃	17~22℃	18℃	11℃
평균 최저 기온	8℃	12℃	9℃	3℃

Tasmania **Best Course**
태즈메이니아 추천 코스

태즈메이니아 섬으로 떠나는
힐링 여행

태즈메이니아는 호주의 다른 주에 비하면 면적이 작지만 남한의 2/3 정도이며 아일랜드와 비슷한 크기다.
하루나 이틀 일정으로 가볍게 다녀올 만한 곳은 아니라는 뜻이다. 이 머나먼 곳까지 굳이 찾아가는 사람은
장기 여행자이거나 호주에 체류 중인 사람일 확률이 높다는 것을 감안해 추천 일정을 일주일로 구성했다.
직접 차를 운전해서 여행하고 캠핑장 등을 이용하는 자유 여행을 전제로 구성한 일정이다.
이 외에도 동쪽의 평온한 해변부터 서부의 험준한 산악 지대에 이르기까지 태즈메이니아를 한 바퀴 돌아보는
서클 태즈메이니아, 호바트를 중심으로 동부 해안을 돌아보는 그레이트 이스턴 드라이브 등
호주 관광청에서 추천하는 경로를 참고하면 좋다. 살라만카 마켓이 열리는 토요일에 맞춰
호바트에 머무를 수 있도록 일정을 조정해보자.

DAY 1

전일

호바트
- 엘리자베스 몰
- 워터프런트
- 살라만카 마켓(토요일)

▼ 자동차 4km
- 캐스케이드 여성 공장 유적
- 캐스케이드 브루어리

▼ 자동차 18km
- 마운트 웰링턴 전망대

▼ 자동차 20km
- 배터리 포인트

DAY 2

▼ 자동차 12km 또는 페리
- 모나 미술관

▼ 자동차 24km
리치먼드 역사 마을
- 올드 호바트 타운
- 리치먼드 베이커리

▼ 자동차 90km
🏨 포트 아서로 가는 길에 숙박

DAY 3

태즈먼반도
- 포트 아서 역사 유적

▼ 자동차 24km
프레이시넷 국립공원
- 콜스 베이
- 허니문 베이
- 와인글라스 베이

▼ 자동차 36km
🏨 비체노 숙박

DAY 4

전일

▼ 자동차 165km
론서스턴
- 킹 브리지, 시티 파크
- 캐터랙트 협곡
- 타마 크루즈

🏨 론서스턴 중심가 숙박

DAY 5

▼ 자동차 150km
크레이들 마운틴
- 비지터 센터 방문
- 도브 레이크 트레킹

🏨 론서스턴 중심가 숙박

DAY 6

▼ 자동차 180km
퀸스타운 · 스트라한
- 레가타 포인트
- 옛 광산 마을
- 프랭클린–고든 국립공원

▼ 자동차 60km
호바트 복귀

태즈메이니아 들어가기

태즈메이니아 섬은 호주 본토에서 비행기나 페리로만 갈 수 있다. 그나마 거리가 가까운 멜버른 근교에서 태즈메이니아 북쪽 데번포트까지 페리를 운행하며, 시드니 등 호주의 다른 도시에서는 호바트로 가는 비행기를 이용해야 한다. 섬에 도착한 후에는 자동차를 렌트하거나 투어 버스를 이용해 관광한다.

호바트-주요 도시 간 거리 정보

호바트 기준	거리	자동차	비행기
데번포트	258km	3시간 30분	–
멜버른	780km	16시간	1시간 15분
시드니	1170km	–	2시간

비행기

인천국제공항에서 호바트 공항Hobart Airport(공항 코드 HBA)으로 가는 직항편은 없으므로 호주 멜버른, 시드니, 브리즈번, 캔버라에서 출발하는 국내선 항공편이나 뉴질랜드 오클랜드에서 출발하는 국제선 항공편을 이용해야 한다. 호바트 공항에 취항하는 항공사는 버진 오스트레일리아, 콴타스항공, 젯스타항공, 에어 뉴질랜드 등이다. 공항은 도심에서 18km 떨어져 있어 일반 자동차로 20분, 공항버스인 스카이버스SkyBus로 30분 걸린다. 공항에서 택시나 우버를 이용할 경우 $3.85의 공항 이용료가 추가되며, 비용은 $42~50 정도다.
호바트 공항 주소 Strachan St, Cambridge TAS 7170 **홈페이지** hobartairport.com.au

● 스카이버스 SkyBus

정류장 호바트 중심가 ①Grand Chancellor Hotel, ②Brooke Street Pier, ③비지터 센터 등 6곳 정차
운행 04:00~01:00(배차 간격 30분) **요금** 편도 $22, 왕복 $38(현장 $44)
홈페이지 skybus.com.au/hobart-express

페리

호주 본토와 태즈메이니아 사이의 바스해협을 건너는 정기적인 교통수단은 '스피릿 오브 태즈메이니아Spirit of Tasmania'라는 페리가 유일하다. 비수기에는 1일 1회(오후), 성수기인 9~4월에는 1일 2회(오전, 오후 각각 1회) 출발한다. 해협을 건너는 데 9~11시간, 승선 준비와 이동 시간까지 합치면 12시간 이상 걸리기 때문에 보통 저녁에 출발해 배에서 하룻밤 자고 아침에 도착하는 일정을 선택한다. 빅토리아주에서 출발하는 페리는 원래 멜버른 항구에서 출발했으나 근교 도시인 질롱에 새 터미널이 생기면서 2022년 10월 이후 항로가 변경됐다.
홈페이지 spiritoftasmania.com.au

● 스피릿 오브 태즈메이니아 터미널 정보

빅토리아주 질롱 출발 → Geelong Terminal
주소 Spirit of Tasmania Quay, 136 Corio Quay Road, North Geelong VIC 3215
태즈메이니아주 데번포트 출발 → Devonport Terminal
주소 Esplanade, East Devonport, TAS 7310

● 페리 이용 시 주의 사항

본인 소유 차량은 페리에 선적할 수 있지만 대부분의 메이저 렌터카업체는 약관 (위험 항목)에 태즈메이니아행 카 페리 이용을 금지한다. 따라서 멜버른에서 렌 터카를 반납하고 데번포트에서 다시 렌트하거나 호바트까지 버스를 타고 가서 렌트해야 하는 번거로움이 있다.

● 페리 요금 및 객실 등급

페리 요금은 탑승 시기(평일, 주말, 성수기)와 차량 타입에 따라 편차가 크 다. SUV 차량 1대 $180~300, 1인 $80~200를 기준으로 삼고 정확한 요금 은 예약하면서 확인한다. 선표를 예약할 때는 기본적으로 포함된 리클라이너 (recliner)에 앉아서 갈지, 추가 요금을 내고 침대칸(cabin)을 이용할지 결정해 야 한다. 차량이나 자전거를 선적하지 않고 사람만 탑승하는 것도 가능하다.

● 객실 종류

Deluxe Cabin
▶ 퀸베드를 갖춘 2인용 고급 객실(샤워실, 창문 있음)

Porthole Cabin
▶ 2인용 싱글베드 또는 4인용 2층 침대를 갖춘 객실(샤워실, 창문 있음)

Four Bed
▶ 2층 침대 2개로 구성된 가족실(샤워실 있음, 창문 없음)

● 페리 타는 방법

❶ 홈페이지에서 스케줄 확인 후 선표 예약
▶ 승선자(passenger), 차량(vehicle) 등 선적 정보 입력
▶ 객실 등급(accommodation) 선택 후 결제

❷ 당일 체크인과 검역
▶ 출항 2시간 30분 전부터 탑승 절차 시작
▶ 보딩 패스 발급(여권 또는 사진이 있는 신분증 제시)
▶ 출항 45분 전 승선 마감

❸ 운항
▶ 안내에 따라 주차 후 선실로 이동(데크 번호를 메모해둘 것)
▶ 항해 중에는 차량으로 돌아올 수 없으니 알람, 시동 등은 완전히 끄고 소지품 지참
▶ 라운지, 식당 등은 자유롭게 이용할 수 있으며 갑판에서 뷰를 즐기는 것도 가능

❹ 하선
▶ 도착 예정 시간 45분 전부터 데크 번호에 따라 하선 준비 시작
▶ 차량에 탑승 후 별도 안내 전까지 시동을 걸지 않은 채 대기

태즈메이니아 교통

태즈메이니아의 대중교통은 메트로 태즈메이니아에서 총괄한다. 주요 도시 주변은 '어번'으로 분류해 호바트는 5개, 론서스턴은 2개, 버니는 1개 권역으로 나눈다. 그 외 지역은 비도시권으로 분류해 이동 거리에 따라 차등 요금을 부과한다. **홈페이지** metrotas.com.au

> 태즈메이니아에서는 현재 대중교통 요금 50% 감면 정책을 시행 중입니다. 2025년 6월까지 아래 표의 절반 가격으로 계산하세요.

교통 요금 체계

호바트 기준	요금 권역 Fare Zone	현금 Cash	그린카드 Greencard *교통카드 $5
어번 요금 Urban Fare	1존	$3.50	$2.80
	2존	$4.80	$3.84
	2권역 이상 이동 시	$7.20	$5.76
비도시권 요금 Non-Urban Fares	Local~3존	$3.80~11.20	$3.04~8.96

시내버스

시내버스 승차 시 목적지를 말하고 요금을 결제한다. 현금으로 내도 되지만 교통카드를 사용하면 환승 및 최대 요금(daily cap) 할인을 받을 수 있다. 특히 평일 오전 9시 이후 탑승을 개시한 경우나 주말에는 버스를 여러 차례 이용해도 $4.80 이상 결제되지 않는다.
주의 운행이 취소되는 일이 잦으니 항상 홈페이지 공지를 확인할 것
운행 평일 위주로 운행하며 배차 간격이 30분~1시간 이상인 노선이 많다.

장거리 버스

태즈메이니아의 주요 도시와 관광지를 연결하는 장거리 버스는 팬데믹의 영향으로 노선이 단축된 상황이다. 만약 개인 차량을 이용하지 않는 자유 여행을 계획하고 있다면 현지에서 적당한 교통수단을 추천받아 이용하는 것이 좋다. 태지링크Tassielink가 대표적인 업체였는데 지금은 호바트를 기점으로 근교를 오가는 노선만 있다. 관광객이 이용할 만한 노선은 태즈먼반도로 향하는 734번 노선이다. 그 밖에 호바트-론서스턴-데번포트를 연결하는 키네틱Kinetic(레드 라인Red Line에서 바뀐 이름)이라는 버스업체도 있다.
주의 운행 시간이 불규칙하니 예약 후 이용할 것
홈페이지 tassielink.com.au, tasredline.com.au

렌터카

호바트와 태즈메이니아를 여행할 때는 캠핑카를 비롯해 개인 차량을 이용하는 것이 가장 편리하다. 여행자 대다수가 호바트 공항에서 차량을 렌트하며, 데번포트의 페리 터미널에서 차를 렌트해 호바트로 들어가기도 한다. 단, 호바트 중심가에서는 주차 비용이 발생할 수 있으니 그 외 지역으로 이동하는 날짜에 맞춰 차를 빌리는 것도 방법이다.
주의 섬 내 차량 숫자가 제한적이니 렌터카를 사용하려면 반드시 미리 예약할 것

태즈메이니아에서 즐기는 투어 프로그램

변수가 많은 태즈메이니아에서는 투어를 이용하면 운전이 힘든 지역까지 안전하게 다닐 수 있다. 여러 가지 조건을 고려해서 선택한다.

● 레드 데커 Red Decker

런던에서 수입한 빨간색 2층 버스인 더블 데커Double Decker를 개조한 관광버스다. 관광지마다 내리고 탈 수 있는 홉온홉오프hop-on-hop-off 방식으로 운행한다. 호바트 도심을 다니는 시티 루프 노선이 기본이고, 대중교통으로 가기 힘든 마운트 웰링턴이나 리치먼드 빌리지 등의 목적지를 추가해도 된다. 잘 활용하면 매우 유용하다.

요금 시티 루프 $40(24시간권), $75(리치먼드가 포함된 48시간권)
홈페이지 reddecker.com.au

● 펀 태지 투어 Fun Tassie Tours

5일에서 2주까지 장기 투어 프로그램으로 유명한 여행사. 최대 15명까지 그룹으로 미니버스를 타고 이동한다. 1인 예약도 가능하고 '싱글single' 옵션을 선택하면 1인실을 사용할 수 있다. 투어는 영어로 진행한다. 비용은 꽤 들지만 교통과 숙박, 아침·점심 식사가 포함되어 태즈메이니아의 주요 관광지를 편하게 다닐 수 있다.

요금 6박 7일 Circle Tour $2895부터
홈페이지 funtassietours.com

TRAVEL TALK

태즈메이니아의 국립공원은 유료

태즈메이니아에는 가장 대표적인 프레이시넷 국립공원과 크레이들 마운틴을 포함해 무려 19곳의 국립공원이 있어요. 국립공원을 가려면 국립공원 패스national parks pass를 구입해야 하는데, 가장 기본적인 데일리 패스로는 크레이들 마운틴을 갈 수 없으니 주의해야 해요. 패스는 보통 차량 1대(탑승 인원 최대 8명)를 기준으로 하는데, 국립공원 내에서는 항상 차량 앞 유리의 잘 보이는 위치에 패스를 부착해야 합니다. 온라인으로 구입하고 집에서 미리 프린트하는 방법을 추천해요.
홈페이지 passes.parks.tas.gov.au

주요 패스

패스 종류	데일리 패스 Daily Pass	아이콘 데일리 패스 Icon Daily Pass	홀리데이 패스 Holiday Pass	애뉴얼 패스 Annual Pass
요금	차량 1대 $46.60	성인 1인 $29.10, 패밀리 (성인 2인, 5~17세 3인) $69.85	차량 1대 $93.15	차량 1대 $99.20
유효기간	24시간	24시간	8주	1년
크레이들 마운틴 포함 여부	미포함	포함	포함	포함

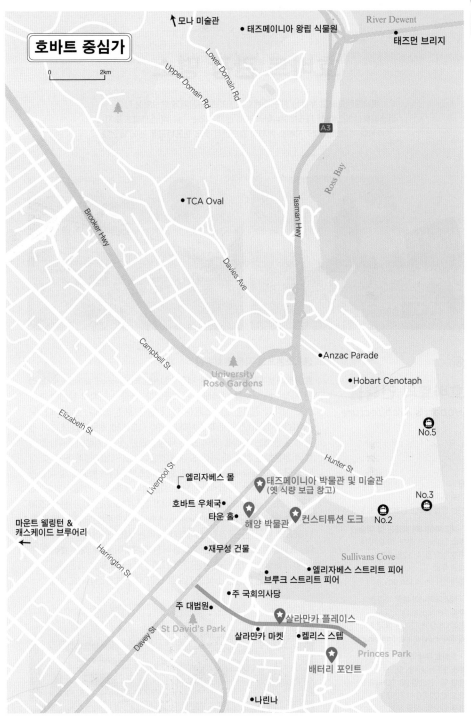

모나 미술관

● 태즈메이니아 왕립 식물원

River Dewent

● 태즈먼 브리지

호바트 중심가

0   2km

Lower Domain Rd

Upper Domain Rd

A3

Brooker Hwy

● TCA Oval

Davies Ave

Tasman Hwy

Ross Bay

Campbell St

University
Rose Gardens

● Anzac Parade

● Hobart Cenotaph

Elizabeth St

No.5

Hunter St

Liverpool St

● 엘리자베스 몰

★ 태즈메이니아 박물관 및 미술관
(옛 식량 보급 창고)

No.3

호바트 우체국 ●

타운 홀 ●

★ 해양 박물관

★ 컨스티튜션 도크

No.2

마운트 웰링턴 &
캐스케이드 브루어리
←

Harrington St

● 재무성 건물

Sullivans Cove

● 엘리자베스 스트리트 피어

● 브루크 스트리트 피어

● 주 국회의사당

주 대법원 ●

St David's Park

Davey St

★ 살라만카 플레이스

● 살라만카 마켓

● 켈리스 스텝

★ 배터리 포인트

Princes Park

● 나린나

호바트 관광 명소

워터프런트라고 부르는 항구 주변으로 호바트 중심가가 형성되어 있다.
컨스티튜션 도크에서 태즈메이니아 비지터 센터가 있는 데이비 스트리트를 지나
우체국을 기점으로 엘리자베스 몰까지 걸으면서 주요 랜드마크를 눈에 담는다.

호바트 우체국(GPO)

태즈메이니아주 국회의사당

01

호바트의 건축물
Hobart's Architecture

📍
지도 P.115
가는 방법 워터프런트에서 도보 5분

• **태즈메이니아 박물관 및 미술관**
주소 Dunn Pl **운영** 10:00~16:00
휴무 월요일(4~12월 한정)
요금 무료
홈페이지 tmag.tas.gov.au

• **태즈메이니아 해양 박물관**
주소 16 Argyle St
운영 09:00~17:00 **요금** $15
홈페이지 www.maritimetas.org

• **호바트 우체국**
주소 9 Elizabeth St
운영 월~금요일 08:30~18:00,
토요일 09:00~12:30
휴무 일요일 **요금** 무료

샌드스톤으로 지은 문화유산

호바트에서 단연 눈에 띄는 것은 '호바트 타운Hobart Town'으로 불리
던 시절부터 역사를 함께해온 건축물이다. 영국 식민지의 유산인 조지
왕조 시대의 견고한 샌드스톤(사암) 건물은 보존 상태가 우수하다. 특
히 1830~1910년 빅토리아 시대, 1890~1915년 호주연방 초창기 건
물이 공존하는 거리를 걷다 보면 타임슬립한 듯한 기분이 든다. 호바
트의 현존하는 건물 중 가장 오래된 것은 1808~1810년에 지은 옛 식
량 보급 창고Commissariat Store다. 현재 태즈메이니아 박물관 및 미술관
Tasmanian Museum & Art Gallery으로 사용하며 1층에는 카페가 있다. 호
바트 최초의 공공 도서관이었던 카네기 빌딩(1860년 완공)은 태즈메
이니아 해양 박물관Maritime Museum of Tasmania으로 변모했고, 타운 홀
(1866년 완공)은 공연과 전시회가 열리는 시민 센터로 이용하고 있
다. 프랭클린 스퀘어 건너편의 멋들어진 시계탑이 눈에 띄는 호바트 우
체국Hobart GPO(1905년 완공)은 1912년 3월 8일 로알 아문센이 남극
점 탐험에 성공했다는 소식을 전보로 알린 역사적 장소이기도 하다.

재무성 건물

태즈메이니아 박물관 및 미술관

02

컨스티튜션 도크
Constitution Dock

지도 P.115
가는 방법 비지터 센터에서 도보 3분
주소 1 Franklin Wharf

시드니-호바트 요트 대회의 결승점

워터프런트의 컨스티튜션 도크는 시드니-호바트 요트 대회Sydney Hobart Yacht Race 결승선으로 유명하다. 매년 12월 26일 시드니에서 출발한 100여 척의 요트가 장장 1170km 거리의 호바트를 향해 항해 하는 대회다. 가장 빠른 요트는 1~2일 만에 도착하기도 하지만 대회에 참여하는 것 자체에 의의를 두는 참가자도 많다. 거친 파도와 싸우며 도착한 선수들을 맞이하는 군중으로 인해 연말 내내 이곳은 생동감이 넘친다. 주변에는 중심가로 이어지는 거리 이름을 따서 브루크 스트리트 피어Brooke Street Pier, 엘리자베스 스트리트 피어Elizabeth Street Pier 등으로 불리는 부두가 여럿 있다. 건물마다 레스토랑과 카페가 있어 맛 있는 해산물이나 커피를 즐기기에 좋다.

관광 상품이 된 호바트의 역사

호바트를 설명할 때 컨빅트 콜로니convict colony, 즉 영국 식민지이자 유형 지였던 시절의 역사를 빼놓을 수 없어요. 1804년 영국이 호바트를 호주 제 2의 식민지로 선포한 초기 목적은 프랑스의 영토 확장을 방어하기 위한 전 략적 요충지로 이용하는 것이었죠. 또한 이곳이 이후 죄수들을 수감하기에 최적의 위치였기에 영국 본토와 시드니의 범죄자를 격리하는 유배지로 삼 았어요. 1804~1853년에 7만 명 이상의 죄수들이 당시 반디멘스랜드Van Diemen's Land로 불리던 태즈메이니아로 호송되어 왔어요. 강제 노역을 선고 받은 재소자들의 노동력은 섬의 인프라를 건설하고 경제 발전을 이루는 데 결정적 역할을 했죠. 그중 1만 3500명 정도는 여성이었는데, 호바트에 수용

공간이 부족해지자 1828년에 웰링턴 산기슭에 캐스케이드 여성 공장을 추가로 건설할 정도로 재소자를 이용한 산업이 활발했어요. 그 시절의 잔혹한 역사는 맨부커상 수상 작가인 리처드 플래너건의 소설《굴 드의 물고기 책》에 상세히 기록되어 있어요. 유네스코에서는 2010년 호주 전역의 유적지 11곳을 '호주 교도소 유적지Australian Convict Sites'로 지정했는데, 옛 수감 시설인 '포트 아서'와 '캐스케이드 여성 공 장'을 포함한 5곳이 태즈메이니아에 있을 정도로 섬 전체가 교도소였던 셈이에요. 이러한 어두운 과거는 일종의 '사회적 낙인'처럼 여겨지며 호바트의 보수적인 사회적 분위기를 만드는 데 일조했지요.
하지만 오늘날의 호바트는 힐링 여행지로 각광받고 있어요. 여행자들은 잘 보존된 19세기의 골목길에서 축제를 즐기다가 자연 속으로 여행을 떠나곤 해요. 호바트 중심의 올드 타운을 걸어다니며 주요 건물과 명소를 소개하는 히스토릭 워킹 투어라든지, 골목길에 숨은 펍을 찾아다니면서 맥주를 마시는 펍 투어에 참여해보는 것도 재미있는 경험이 될 거예요.

03 살라만카 플레이스 추천
Salamanca Place

04 배터리 포인트
Battery Point

주말 마켓이 열리는 옛 골목

항구 바로 옆, 설리반스 코브Sullivans Cove의 부둣가에는 물건을 선적하는 창고로 쓰던 건물이 줄지어 있다. 미로처럼 얽힌 골목 안쪽은 과거 선원과 블루칼라 노동자들이 드나들던 유흥가였지만 현재는 분위기가 완전히 달라졌다. 배터리 포인트 절벽에서 밝은색 사암을 가져와 만든 옛 건물마다 힙한 레스토랑과 바, 나이트클럽이 들어서 있다. 매주 토요일에는 현지인과 관광객이 함께 어울리는 살라만카 마켓이 열린다. 지역 소상공인 300여 팀이 참여하며 태즈메이니아 특산품과 공예품, 스트리트 푸드를 한자리에서 만날 수 있는 축제의 장이다. 켈리스 스텝Kelly's Steps이라는 계단을 통해 배터리 포인트와 연결된다.

🔎 **지도** P.115
가는 방법 비지터 센터에서 도보 8분 **주소** Salamanca Pl, Battery Point **운영** 마켓 토요일 08:30~15:00
홈페이지 salamancamarket.com.au

19세기 정착촌

항구가 내려다보이는 지대의 주택가이자 관광 명소. 유럽인 최초의 정착촌이기도 했으며, 1818년 해안 방어를 위한 포대를 설치하면서 배터리 포인트로 불리게 되었다. 옛 요새인 멀그레이브 배터리Mulgrave Battery의 흔적은 프린스 파크 Prince Park에서 찾아볼 수 있다. 주요 건축물로는 수비대 장교들을 위해 지은 아서 서커스Arthur Circus(1840년대), 옛 상인의 저택이었으며 지금은 민속박물관이 된 나린나Narryna(1830년대), 호주 헌법 제정자 중 한 명인 앤드루 잉글리스 클라크의 저택 로즈뱅크Rosebank(1856년)가 있다. 메인 도로인 햄던 로드에는 레스토랑과 카페가 많아서 길을 걷다 쉬어 가기에도 좋다.

🔎 **지도** P.115
가는 방법 살라만카 플레이스에서 도보 5분, 비지터 센터에서 도보 15분
주소 Hampden Rd, Battery Point

05

모나 미술관
MONA(Museum of Old and New Art)

지도 P.122
가는 방법 호바트 중심가에서 12km, 자동차로 15분, 페리로 25분
주소 655 Main Rd, Berriedale
운영 금~월요일 10:00~17:00
요금 입장료 $39, 페리 왕복 $28
홈페이지 mona.net.au

그림 같은 강변 미술관

더웬트강 변의 와이너리 부지에 지은 미술관으로 건축물 자체가 세련된 예술 작품과 같다. 단순한 미술관이라기보다는 레스토랑, 와이너리, 브루어리와 호텔까지 갖춘 복합 시설이다. 외부에서 볼 때는 지상 1층의 나지막한 건물처럼 보이지만, 안으로 들어가면 나선형 계단을 따라 지하로 확장된 넓은 공간이 드러난다. 미술관 이름처럼 과거와 현재의 예술을 함께 선보이며, 전통적 관념에 도전하고 혁신을 이끌어내는 인터랙티브 전시에 중점을 둔다. 미술관을 방문하기 전 'The O' 앱을 다운받으면 GPS 기술을 활용해 작품을 감상하면서 위치에 따른 정보를 제공받을 수 있다. 입장권은 반드시 예약해야 하며, 이때 호바트 중심가의 항구에서 출발하는 미술관 전용 페리를 추가해도 된다. 배를 타고 가는 길에 호바트 동쪽과 서쪽을 연결하는 랜드마크 태즈먼 브리지 Tasman Bridge를 지나게 되며, 아름다운 강변 풍경도 만끽할 수 있다.

06 마운트 웰링턴 추천
Mount Wellington(Kunanyi)

호바트 전체가 바라보이는 전망대

호바트를 호위하듯 우뚝 솟은 해발 1271m 산 정
상에 오르면 도시 전체를 관망할 수 있다. 영국의
생물학자 찰스 다윈은 《비글호 항해기》에 1836
년 2월에 이곳을 방문했다는 기록을 남겼다. 그는
"유칼립투스가 우아한 숲을 이루었으며, 협곡 사
이로 나무고사리가 멋지게 자란다. 평평한 정상에
는 각진 암석이 펼쳐져 있다"라고 묘사했는데, 지
금의 풍경도 이와 크게 다르지 않을 만큼 잘 보존
되어 있다. 2시간 정도의 트레킹 코스도 있고 차를
타고 전망대까지 올라가도 된다.

지도 P.122 **가는 방법** 호바트 중심가에서 20km,
자동차로 30분 **주소** Wellington Pinnacle Carpark,
Pinnacle Rd, Wellington Park **운영** 9~4월
08:00~22:00, 5~8월 08:00~16:30 **요금** 무료
홈페이지 www.wellingtonpark.org.au

> 마운트 웰링턴을 다녀가는 길에
> 캐스케이드 여성 공장 유적과
> 캐스케이드 브루어리도 방문해보세요.

07 캐스케이드 브루어리
Cascade Brewery

200년 역사의 전통 맥주

1824년에 태즈메이니아에 온 재소자로 기업가였
던 피터 디그레이브스가 설립한 호주에서 가장 오
래된 양조장이다. 1832년부터 생산해온 캐스케
이드 페일 에일은 현재 호주에서 판매하는 주류
중 가장 오랫동안 생산하는 주류라는 기록을 보
유하고 있다. 웰링턴 산기슭에 자리한 만큼 경치
가 아름다우며, 마운트 웰링턴의 맑은 물을 이용
해 태즈메이니아산 홉과 보리로 담근 맥주를 맛보
고 정원을 산책하기에도 좋다. 양조장 역사를 살
펴보는 히스토릭 투어에는 누구나 참여할 수 있으
며, 맥주 시음을 포함한 브루어리 투어는 18세 이
상 참여 가능하다. 식사 공간인 브루어리 바는 매
일 오픈한다.

지도 P.122
가는 방법 호바트 중심가에서 4km, 자동차로 10분
주소 140 Cascade Rd, South Hobart
운영 브루어리 바 12:00~17:00(수~토요일
21:00까지), 투어와 시음 수~일요일 11:00~17:00
요금 히스토릭 투어 $23, 브루어리 투어 $38(18세 이상)
홈페이지 cascadebreweryco.com.au

⟨ 호바트 맛집 ⟩

호프 & 앵커 태번 Hope & Anchor Tavern

1807년부터 지금까지 영업하는 호주에서 가장 오래된 펍으로 매우 고풍스럽다. 토요일 저녁에는 흥겨운 분위기가 최고조에 달한다.

주소 65 Macquarie St, Hobart **운영** 12:00~21:00
예산 피시앤칩스 $29, 비프 웰링턴 $35
홈페이지 hopeandanchortavernhobart.com

드렁큰 애드미럴 Drunken Admiral

워터프런트 북쪽인 올드 워프 쪽에서 1979년부터 영업해온 캐주얼 시푸드 전문점. 옛날 펍 분위기로 꾸민 인테리어도 재미있고 푸짐한 요리가 맛깔스럽다.

주소 17/19 Hunter St **운영** 17:00~22:00
예산 타이거 새우 $31~45, 연어 요리 $40
홈페이지 drunkenadmiral.net

얼로프트 레스토랑 Aloft Restaurant

브루크 스트리트 피어에 자리해 멋진 항구 전망을 보며 코스 요리를 즐길 수 있는 고급 시푸드 레스토랑. 현지 어민으로부터 최고급 해산물만 공급받아 사용한다.

주소 Pier one, Brooke St
운영 17:30~22:00 **휴무** 주말 **예산** 1인 $110
홈페이지 aloftrestaurant.com

피시 프렌지 Fish Frenzy

항구를 산책하다 간단히 식사하러 들르기 좋은 피시앤칩스 전문점. 실내 좌석도 있고 엘리자베스 스트리트 피어의 야외 테이블에 앉아도 된다.

주소 Elizabeth Street Pier, Hobart
운영 11:00~20:00 **예산** 피시앤칩스 $27,
칼라마리 $19 **홈페이지** fishfrenzy.com.au

다치 & 다치 베이커스 Daci & Daci Bakers

맛있는 페이스트리와 달콤한 디저트로 진열장을 채운 아르티장 베이커리. 크루아상 달걀 요리로 아침을, 따끈한 샌드위치로 점심을, 늦은 오후에는 애프터눈 티를 즐길 수 있는 유러피언 카페.

주소 9-11 Murray St **운영** 07:00~17:00
요금 음료 $4~6, 식사 메뉴 $12~18
홈페이지 dacidaci.com.au

데빌스 키친 카페 Devils Kitchen Café

이른 아침부터 문을 열어 아무 때나 부담 없이 가기 좋은 브런치 카페. 버거와 함께 한국식 치킨도 파는 맛집이다. 배터리 포인트 남쪽에 있다.

주소 58 Sandy Bay Rd, Sandy Bay
운영 07:00~15:00 **휴무** 주말 **요금** 브런치 $13~18,
버거 $15~20 **홈페이지** devilskitchencafe.com

필그림 커피 Pilgrim Coffee

현지인들에게 꾸준히 사랑받는 스페셜티 커피 전문점. 토스트 등 간단한 브런치 메뉴도 주문 가능하다. 호바트 중심가에 있는 로열 호바트 병원 앞에 있다.

주소 54 Liverpool St **운영** 평일 06:30~15:00,
주말 07:30~13:00 **예산** 커피 $5, 브런치 $15~20
인스타그램 @pilgrimcoffee

소스 레스토랑 The Source Restaurant

모나 미술관에 입점한 스타일리시한 프렌치 레스토랑. 강변 전망이며 허브와 이끼로 뒤덮인 '리빙 테이블' 콘셉트로 유명해졌다.

주소 Ether Building, 655 Main Rd, Hobart
운영 10:00~17:00 ※예약 필수 **휴무** 화~목요일
예산 1인 기준 $40~50 이상
홈페이지 mona.net.au

태즈메이니아로 떠나는

신비로운 탐험 여행

도시를 벗어나 본격적으로 태즈메이니아를 여행할 시간. 태즈먼반도에서 와인글라스 베이의
유리알처럼 맑은 바다를 즐기고 포트 아서 역사 유적을 방문해보자. 리치먼드나 론서스턴,
호바트를 거점으로 삼아 가볼 만한 국립공원이 수없이 많다. 출발 전에는 통신이 원활하지 않은
상황에 대비해 숙박 장소를 미리 확인할 것. 유명 관광지 주변에는 레스토랑이나
카페가 있지만 일찍 문을 닫는 편이니 저녁 식사와 비상식량은 늘 챙기도록 한다.

▶ 국립공원 패스 정보 P.114

태즈메이니아에서 운전 시 주의 사항
태즈메이니아는 자연 그대로인 곳이 많은 만큼 편의 시설은 매우 부족해요. 특히 오후 5시
이후에는 주유소도 문을 닫으니 장거리 이동 시 주유 상황을 꾸준히 체크해야 합니다. 구글맵에서
알려주는 이동 시간보다 더 오래 걸린다는 점을 감안해 이동 계획을 세우세요. 또 렌터카 약관에서
문제가 발생했을 때 보상해주지 않는 비포장도로를 지나지 않도록 주의를 기울이세요.

호바트 근교

0   10km

📍마운트 필드 국립공원

세인트존 교회
리치먼드 브리지
리치먼드 교도소
올드 호바트 타운
리치먼드 베이커리

●Westerway

★리치먼드

●Sorell

📍모나 미술관

Glenorchy ●

✈호바트 공항

캐스케이드 브루어리
캐스케이드 여성 공장

📍호바트

●Dunalley

마운트 웰링턴📍

A3

A9

Kingston ●

River Derwent

●Huonville

Eaglehawk Neck●

●Dennes Pt

태즈메이니아 데빌 보호구역●

A6

Storm Bay

Nubeena●

태즈먼반도

★

B37

●Geeveston

●Kettering

B66

포트 아서 역사 유적

Tasman National Park

Hartz Mountains
National Park

·TRIP· 01

아기자기한 역사 마을
리치먼드 *Richmond*

아치교 아래로 강물이 흐르는 그림 같은 풍경이 펼쳐지는 마을. 옛 모습을 간 직한 역사적인 장소가 많다. 호주에서 가장 오래된 가톨릭 교회인 세인트존 교 회St John's Church(1836년), 호주에서 가장 오래된 돌다리 리치먼드 브리지 Richmond Bridge(1825년), 태즈메이니아의 교도소 환경을 보여주는 리치먼드 교도소Richmond Gaol는 죄수들의 노동력으로 지은 대표적인 유적이다. 1820 년대 개척 마을을 재현한 민속촌 올드 호바트 타운Old Hobart Town과 호주식 미 트 파이로 유명한 리치먼드 베이커리Richmond Bakery도 놓치지 말 것!

가는 방법 호바트에서 25km, 자동차로 25분 **홈페이지** richmondvillage.com.au

리치먼드 교도소
주소 37 Bathurst St, Richmond **운영** 09:00~17:00 **요금** $10
홈페이지 www.richmondgaol.com.au

올드 호바트 타운
주소 21A Bridge St, Richmond **운영** 09:00~17:00 **요금** $17.50
홈페이지 oldhobarttown.com

리치먼드 베이커리
주소 6/50 Bridge St, Richmond **운영** 07:00~17:00
인스타그램 @therichmondbakery

·TRIP· 02

3단 폭포와 우림을 만나는 짧은 산책
마운트 필드 국립공원 *Mount Field National Park*

호바트 북쪽 산악 지대에 자리한 태즈메이니아 최초의 국립공원이다. 비교적 쉽게 태즈메이니아의 우림 과 폭포를 관찰할 수 있어 시간이 부족한 사람도 방문하기 좋다. 이곳의 하이라이트는 3단으로 이루어진 웅 장한 러셀 폭포Russell Falls. 주차장에서 왕복 1.4km로 걸어서 30분이면 다녀올 수 있다. 키큰검트리gum tree(유칼립투스의 일종)와 나무고사리 자생지 사이를 걷는 트레킹 코스도 다양하다. 좀 더 고지대에 위치한 레이크 돕슨Lake Dobson 쪽은 오리너구리를 볼 수 있는 장소로 알려져 있는데, 16km가량 비포장도로를 지 나가야 하니 안전에 주의할 것. 눈 내리는 겨울철에는 크로스컨트리 스키를 탈 수 있어 사계절 내내 관광객이 많이 찾는다.

가는 방법 호바트에서 72km, 자동차로 1시간
주소 66 Lake Dobson Rd, Mt Field TAS 7140 **운영** 24시간 **요금** 국립공원 패스 이용

관광지가 된 교도소

· TRIP · 03

포트 아서 역사 유적 *Port Arthur Historic Site*

태즈먼반도는 불과 92m 너비의 좁은 지협(이글호크 넥Eaglehawk Neck)에 의해 갈라진 육지 같은 섬이다. 깎아지른 듯한 해안 절벽과 곳곳의 해식 동굴이 매우 아름답지만, 특유의 반도 지형은 범죄자를 격리하기 위한 완벽한 조건이 되기도 했다. 1830년에 영국연방의 악질 범죄자를 수용하는 교도소를 완공했고 1832~1877년에 약 1만 2000명의 범죄자가 이곳으로 이송되었다. 하지만 호주로 이감되는 범죄자 숫자가 점차 줄어들면서 교도소는 쇠퇴기에 접어들었다. 그러다 결정적으로 빛도 들어오지 않는 공간에 하루 24시간 갇혀 사는 이곳의 실상을 마커스 클락이 소설《그의 일생His Natural Life》을 통해 폭로한 것을 계기로 폐쇄가 결정되었다. 현재 남아 있는 건물들은 1890년대에 화재로 상당 부분 소실되었다가 1970년대에 복원한 것이다. 2010년에 유네스코 세계문화유산으로 등재되면서 한 해 약 20만 명의 관광객이 찾아오는 대표 관광지로 변모했다. 투어는 교도소, 병원, 교회와 주거용 건물 등 넓은 면적에 흩어진 30여 곳의 유적을 돌아보며, 25분 코스의 크루즈까지 탑승해 3~4시간 정도 걸린다. 일반 관람이 끝나고 날이 어두워지면 공포 체험을 겸하는 고스트 투어를 진행한다.

가는 방법 호바트에서 95km, 자동차로 90분 **주소** Arthur Highway, Port Arthur
운영 일반 관람 09:00~17:00 ※고스트 투어는 예약 필수
요금 데이 투어 $47, 고스트 투어 $35 **홈페이지** portarthur.org.au

와인 잔을 닮은 해변
프레이시넷 국립공원 *Freycinet National Park*

태즈메이니아 동부 해안 끝자락, 가늘고 길게 이어진 프레이시넷반도는 청정 자연을 자랑한다. 분홍빛 대리석 암벽 지대로 이루어진 해저드산맥 정상에서 내려다보는 에메랄드빛 해변이 하이라이트. 낮에는 국립공원에서 가볍게 트레킹하고 저녁에는 스완시Swansea, 비체노Bicheno 등 주변 마을에서 휴식을 취하자.

❶ Freycinet National Park Visitor Centre
가는 방법 호바트에서 200km **주소** 138 Freycinet Dr, Freycinet TAS 7215 **문의** 03 6256 7000
운영 09:00~16:00 ※국립공원 24시간 **요금** 국립공원 패스 이용

와인글라스 베이 *Wineglass Bay*

프레이시넷 국립공원의 대표적인 명소로, 손으로 그린 듯한 반원형 만에서 바닷물이 찰랑대는 해변이다. 룩아웃을 한 바퀴 돌아보는 코스는 약 3km이고, 해변까지 왕복하려면 적어도 6km를 걸어야 한다. 트레킹이 부담스럽다면 케이프 투어빌 등대에서 태즈메이니아 동쪽 해안 풍경을 감상하는 것도 괜찮다.

허니문 베이 *Honeymoon Bay*

비지터 센터에서 5분 거리로, 국립공원이 시작되는 지점에 있어 접근이 쉽다. 해변 전체가 모래가 아닌 프레이시넷반도의 암반으로 이루어져 있어 반들거리는 분홍빛 대리석을 밟으며 바다로 들어간다. 본격적인 물놀이를 원한다면 콜스베이Coles Bay 마을에서 스노클링이나 낚시 등 액티비티에 참여한다.

• TRIP •
05

풍요로운 강변 도시
론서스턴 *Launceston*

태즈메이니아 제2의 도시. 아름다운 자연을 품고 있는 곳으로, 에스크강Esk River과 타마강Tamar River이 교차하는 풍요로운 강변에 위치한다. 1806년 무렵 도시가 태동하기 시작해 19세기에 지은 역사적인 건축물이 중심가에 다수 남아 있다. 도시의 원형을 보존하기 위해 새로 짓는 건물은 5층을 넘지 않도록 규제한다. 도시 북쪽의 강변을 따라 타마 밸리의 와이너리가 펼쳐진다. 핵심 관광지인 크레이들 마운틴 비지터 센터까지 2시간 거리라 크레이들 마운틴 당일 투어가 이곳에서 출발한다.

가는 방법 호바트에서 200km, 크레이들 마운틴 비지터 센터에서 140km

❶ City of Launceston Visitor Information Centre
주소 68~72 Cameron St, Launceston TAS 7250 **문의** 1800 651 827
운영 평일 09:00~17:00, 주말 10:00~14:00 **홈페이지** destinationlaunceston.com.au

캐터랙트 협곡 | 앨버트 홀

캐터랙트 협곡 보호구역 *Cataract Gorge Reserve*

론서스턴으로 흘러가는 에스크강의 침식작용이 만들어낸 거대한 분지 지형의 협곡지대다. '첫 번째 분지First Basin'라고 불리는 물웅덩이의 깊이는 약 20m. 그 위로 놓인 알렉산드라 현수교는 걸어서 건널 수 있다. 리프트를 타면 웅덩이 북쪽의 클리프그라운드Cliffgrounds로 넘어가는데, 이곳에는 빅토리아 시대의 정원을 걸을 수 있는 산책로와 레스토랑이 있다. 잔디밭에는 수영장과 바비큐장 등 다양한 시설이 있어서 자칫 지루할 수 있는 협곡 투어를 재미있게 만들어준다. 큰마음 먹고 방문해야 하는 국립공원과는 달리 시 당국에서 관리하는 접근성 좋은 공원이라 주말 나들이 장소로 최적이다.

론서스턴 구 체육

프린스 스퀘어

가는 방법 론서스턴에서 1.5km, 자동차로 10분 또는 강변 따라 도보 15분

❶ Cataract Gorge Visitor Information Centre
주소 74~90 Basin Road, West Launceston 7250 **문의** 03 6323 3468
운영 09:00~17:00(여름철 18:00까지) **요금** 입장 무료, 리프트 왕복 $20
홈페이지 launcestoncataractgorge.com.au

타마 아일랜드 습지

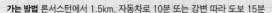

·TRIP·
06

태즈메이니아의 지붕
크레이들 마운틴 *Cradle Mountain*

태즈메이니아는 수만 년 전에는 호주 대륙과 연결된 육지였으나 빙하기가 끝나면서 해수면이 서서히 상승했고 약 1만 2000년 전 대륙과 분리되면서 섬으로 변했다. 완전하게 고립된 환경 덕분에 지질학적·생태학적 다양성이 그대로 보존되었으며 섬 면적의 25%는 '태즈메이니아 야생 지대Tasmanian Wilderness'라는 이름으로 유네스코 세계자연유산에 등재되었다. 빙하가 휩쓸고 가며 깎아낸 태즈메이니아의 험준한 산맥의 대표격이 해발 1545m의 크레이들 마운틴이다. 높이로는 태즈메니아에서 다섯 번째지만 산봉우리가 인상적이라서 태즈메이니아의 상징처럼 여겨진다. 총면적 45km², 깊이 160m의 빙하호 레이크 세인트 클레어Lake Saint Clair와 함께 국립공원으로 지정되었으며 정식 명칭은 '크레이들 마운틴-세인트 클레어 국립공원'이다.

가는 방법 북쪽 입구 Cradle Mountain Visitor Centre 론서스턴에서 140km, 자동차로 2시간,
남쪽 입구 Lake St Clair Visitor Centre 호바트에서 180km, 자동차로 2시간 30분
요금 1일권(Icon Daily Pass) $29.10 또는 국립공원 홀리데이 패스나 애뉴얼 패스 사용
홈페이지 parks.tas.gov.au

국립공원 이용 정보

세계 10대 트레킹 루트
오버랜드 트랙 자세히 보기

오버랜드 트랙Overland Track은 북쪽의 크레이들 마운틴에서 출발해 남쪽의 세인트 클레어 호수까지 전체 65km(비지터 센터 포함 80km)를 종주하는 세계적인 트레킹 코스다. 약 6일 동안 깊은 협곡과 험준한 산봉우리, 빙하 호수, 알파인 히스 덤불로 뒤덮인 들판을 지나야 하기 때문에 전문가와 함께 그룹을 이루어 출발하는 것이 일반적이다. 본격적인 트레킹 시즌은 10월 1일부터 5월 31일 사이로, 국립공원 입장료와 별개로 오버랜드 트랙 패스($295)를 구입해야 한다. 겨울에도 트레킹은 가능하나 별도의 허가 절차가 필요하다. 체크인 포인트는 북쪽의 크레이들 마운틴 비지터 센터이며, 보통 출발 지점인 로니 크리크Ronny Creek까지 셔틀버스를 타고 가서 트레킹을 시작한다.

크레킹 코스의 출발 지점인 크레이들 마운틴

오버랜드 트랙 패스를 발급해주는 비지터 센터

출발 지점
❶ Cradle Mountain Visitor Centre
주소 Cradle Mountain Rd, Cradle Mountain TAS 7306
운영 08:30~16:30 ※오버랜드 트랙 패스는 출발 전일 오후 3시 이후부터 당일 오후 2시 사이에 수령

도착 지점
❶ Lake St Clair Visitor Centre
주소 520 Lake St Clair Rd, Lake St Clair TAS 7140
운영 09:00~16:00

도착 지점인 세인트 클레어 호수

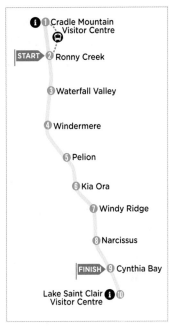

- ℹ❶ Cradle Mountain Visitor Centre
- START ❷ Ronny Creek
- ❸ Waterfall Valley
- ❹ Windermere
- ❺ Pelion
- ❻ Kia Ora
- ❼ Windy Ridge
- ❽ Narcissus
- FINISH ❾ Cynthia Bay
- Lake Saint Clair ℹ❿ Visitor Centre

TRAVEL TALK

**당일 여행자도
갈 수 있는
트레킹 코스**

도브 레이크Dove Lake는 맑은 날이면 크레이들 마운틴 산봉우리가 수면 위로 반영되는 포토존이에요.
호수 주변을 따라 가볍게 걸을 수 있는 루트가 다양하게 조성되어 있어요. 오버랜드 트랙 패스가
없어도 갈 수 있어서 일반 여행자도 많이 찾는 곳입니다. 비수기에는 개인 차량을 이용할 수 있으며,
성수기에는 셔틀버스를 이용하면 돼요. 비지터 센터에서 국립공원 패스를 제시하고 셔틀버스 티켓을
받아 가세요.

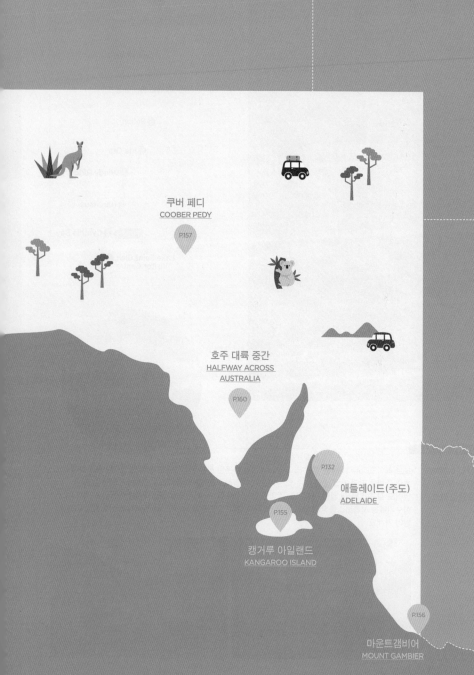

쿠버 페디
COOBER PEDY
P.157

호주 대륙 중간
HALFWAY ACROSS
AUSTRALIA
P.160

P.132

애들레이드(주도)
ADELAIDE

P.155

캥거루 아일랜드
KANGAROO ISLAND

P.156

마운트갬비어
MOUNT GAMBIER

사우스오스트레일리아
SOUTH AUSTRALIA

사우스오스트레일리아주(이하 남호주)는 대부분이 건조한 사막지대이며
인구의 75%가 주도인 애들레이드에 거주한다. 19세기 후반에 상인들이
중동의 낙타를 들여와 멜버른에서 애들레이드를 거쳐 북부의 울루루까지
내륙 교통로를 개척했지만 인간의 발길이 닿지 않은 미개척의 광활한 대지가
여전히 남아 있다. 기차와 버스 안에서 며칠씩 고생하거나 캠핑 장비를 갖추고
떠나지 않는 이상 찾아가기 어려운 장소가 많다.

INFO

인구	1,873,800명 (호주 5위)
면적	98만 4321km² (호주 4위)

시차	한국 시간+30분(서머타임 +2시간)
홈페이지	southaustralia.com (사우스오스트레일리아주 관광청)

ADELAIDE

애들레이드

원주민어 탄탄야 TARNTANYA

남호주의 주도 애들레이드는 정교하게 다듬은 계획도시다. 호주에서 시드니,
멜버른, 브리즈번, 퍼스에 이어 다섯 번째로 큰 도시로 인구는 150만 명이다.
푸른 공원으로 둘러싸인 도시 탄생의 배경에는 윌리엄 라이트William Light 대령의 노력이 있다.
남호주 초대 측량국 장관으로 부임한 그는 1837년 1월 11일 현재의 노스 테라스와
웨스트 테라스의 중간 지점을 새로운 수도 부지로 선정하면서 도시의 근간을 설계했다.
애들레이드라는 도시명은 당시 영국 국왕 윌리엄 4세의 왕비 애들레이드의 이름에서 따온 것이다.
호주 최대 와인 산지인 바로사밸리와 가까워 미식 문화가 발달했으며 연중 다양한
스포츠 경기와 축제가 열린다. 남반구 최대 규모의 공연 예술 축제인 애들레이드
프린지The Adelaide Fringe가 열리는 2~3월에는 전 세계에서 수천 명의 예술가들이 찾아온다.

애들레이드 오벌

캥거루 아일랜드

노스 테라스

남호주의 주도

헤이그 초콜릿 (런들 몰)

바로사밸리

파크 랜즈

Adelaide Preview
애들레이드 미리 보기

애들레이드시City of Adelaide는 그레이트오스트레일리아만으로부터
약 20km 떨어진 내륙에 자리 잡고 있다. 파크 랜즈Park Lands라는 공원이 중심가
(면적 약 2.58km²)를 완전히 감싸 안은 형태이며, 정중앙에는 빅토리아 스퀘어를 포함해
6개 광장을 기하학적 구조로 배치했다. 보통 그 바깥쪽 주택가와 교외 지역을 포함해
애들레이드 광역 대도시권(Adelaide Metropolitan Area)으로 부른다.

돌고래 보호구역

↗❹ 바로사밸리

●Semaphore Beach

포트 애들레이드
Port Adelaide

A11

A1

West Lakes

A7

●Grange Beach

❸ 파크 랜즈

❷ 노스 테라스 애들레이드 중심가 P.142

●런들 몰
❶ 시티

🚌 파크 랜즈 터미널
(케스윅 터미널)

애들레이드 공항 ✈

애들레이드힐
Adelaide Hill

Cleland
Conservation
Park

❹ 글레넬그
글레넬그 제티●
●모슬리 스퀘어

●마운트 로프티

M1

A2

↓❹ 캥거루 아일랜드

한도르프 ❹ ↘

❶ 시티 ➡ P.143

로컬들이 '시티'라고 부르는 애들레이드 중심가. 중심 광장인 빅토리아 스퀘어와 번화가 런들 몰 사이에 고풍스러운 건물이 즐비하다.

❷ 노스 테라스 ➡ P.148

시티와 주택가를 구분하는 경계선 역할을 하는 길을 테라스라고 한다. 도시를 둘러싼 4개의 테라스 중에서 노스 테라스는 박물관과 미술관, 애들레이드 대학교가 있는 문화 공간이다.

❸ 파크 랜즈 ➡ P.151

시티를 둘러싼 녹지 공간을 총 29개 구역으로 나누어 토렌스강이 가로질러 흐르는 북쪽에서부터 1~29번의 번호를 붙여 호칭한다. 애들레이드가 자랑하는 오벌 경기장, 애들레이드 동물원과 식물원 등 수많은 명소가 이곳에 있다.

❹ 애들레이드 근교 ➡ P.152

해수욕이 가능한 글레넬그Glenelg 해변은 대중교통으로 갈 수 있는 인기 여행지이고, 내륙 방향으로는 호주 속 독일 마을 한도르프Hahndorf, 호주 최대의 와인 산지 바로사밸리Barossa Valley가 있다. 남쪽으로는 캥거루 아일랜드행 페리가 출항하는 플루리우반도Fleurieu Peninsula와 가까워 어느 방향으로 가든 남호주의 광활한 자연 속 힐링 여행지와 마주하게 된다.

🔒 **Follow Check Point**

ⓘ Adelaide Visitor Information Centre

위치 빅토리아 스퀘어에서 도보 5분
주소 25 Pirie St, Adelaide SA 5000 **문의** 1300 588 140
운영 09:00~17:00 **휴무** 주말
홈페이지 experienceadelaide.com.au

✺ 애들레이드 날씨

애들레이드는 호주 대도시 중 날씨가 가장 건조한 곳이며, 애들레이드를 제외한 남호주 다른 지역에서는 물 부족 현상이 심각해 제한 급수를 실시하기도 한다. 여름에 폭염이 발생하면 기온이 40℃ 가까이 치솟는 날이 많은데, 그럼에도 평균기온이 낮은 까닭은 심한 일교차 때문이다. 아침저녁으로는 상당히 쌀쌀해서 여름에도 얇은 재킷이 필요하고, 겨울철에 비가 내리면 체감 온도가 훨씬 낮아진다. 최남단에 위치한 도시라는 점을 감안해 코트를 준비해 가자.

계절	봄(9~11월)	여름(12~2월)	가을(3~5월)	겨울(6~8월)
날씨	☀	☀ 폭염	☀	☀🌧
평균 최고 기온	22℃	29℃	22.7℃	14℃
평균 최저 기온	11.8℃	16.7℃	12.7℃	7℃

애들레이드 추천 코스

깔끔한 계획도시
애들레이드 힐링 여행

애들레이드 중심가인 시티는 남쪽에서부터 북쪽까지 거리가
약 2.5km에 불과해 마음만 먹으면 반나절 안에 주요 명소를 모두
돌아볼 수 있다. 스케줄을 촘촘하게 짜서 바쁘게 다니기보다는
고풍스러운 건물을 눈에 담고, 여유롭게 강변 산책로를 걸으며
애들레이드의 매력에 빠져보는 것도 좋다. 둘째 날에는 개인 취향에
따라 코스를 선택하는데, 바로사밸리나 한도르프 등 근교 여행지는
직접 운전해서 가거나 현지 투어업체를 이용한다.

TRAVEL POINT

➦ **이런 사람 팔로우!** 와인과 자연을
   사랑한다면
➦ **여행 적정 일수** 시티 1일+근교 1~3일
➦ **주요 교통수단** 도보, 트램(근교는
   투어나 렌터카)
➦ **여행 준비물과 팁** 편한 운동화, 교통카드
➦ **사전 예약 필수** 루프클라임, 글레넬그
   돌고래 투어, 근교 투어

DAY 1	DAY 2
무료 트램 타고 애들레이드 시티 투어	**남호주의 아름다운 자연 속으로!**

	DAY 1	DAY 2
오전	**빅토리아 스퀘어** ▼ 도보 3분 Ⓜ 센트럴 마켓 ▼ 트램 7분 **런들 몰** • 애들레이드 아케이드 • 헤이그 초콜릿 본점 방문 • 청동 돼지와 인증샷 남기기	**Option 1 글레넬그** ▼ 트램 타고 셀프 투어, 반나절 소요 • 야자수와 시계탑이 아름다운 해변 • 돌고래 크루즈 타기 **Option 2 바로사밸리 + 한도르프** ▼ 자동차, 하루 소요 • 남호주 최고의 와인 산지 투어 • 돌아오는 길에 애들레이드 힐의 독일 마을 한도르프 방문
오후	Ⓜ 쇼핑센터 푸드 코트 ▼ 도보 5분 **노스 테라스** • 유럽풍 건축물과 박물관 관람 ▼ 도보 15분 **애들레이드 오벌** • 루프클라임 도전 ▼ 도보 10분 **파크 랜즈** • 토렌스강 변 산책	**Option 3 남호주의 아웃백** ▼ 자동차, 최소 1박 2일 • 신비로운 핑크 호수, 세계 최대의 오팔 광산 등 **Option 4 캥거루 아일랜드** ▼ 투어, 최소 1일 • 캥거루와 바다사자의 섬, 샌드보딩 즐기기

기억할 것!	• 센트럴 마켓 휴무인 일·월요일은 피할 것
	• 어린이와 함께라면 애들레이드 오벌 대신
	  애들레이드 동물원 추천
		• 개인 취향과 여유 시간 고려해 적절한
		  코스 선택
		• 글레넬그로 갈 때는 트램 왕복 요금 발생

애들레이드 들어가기

애들레이드는 주로 비행기를 타고 가는 호주 최남단에 위치해 있다. 호주 대륙의 동서 중간 지점이라는 특성상 대륙 종단 및 횡단 기차가 모두 통과하며, 울루루 등 호주의 아웃백으로 향하는 관문이기도 하다. 애들레이드 중심가(시티)와 글레넬그처럼 가까운 곳은 트램이나 버스로 다녀올 수 있으나 보통 개인 차량이나 투어업체를 이용한다.

애들레이드-주요 도시 간 거리 정보

애들레이드 기준	거리	자동차	비행기
멜버른	732km	9시간	1시간 25분
시드니	1400km	15시간	2시간
다윈	3030km	47시간	3시간 30분
퍼스	2700km	44시간	3시간 30분

비행기

우리나라에서 여행 목적으로 애들레이드를 가는 경우는 극히 드물고 직항편도 없다. 호주 동부 시드니로 입국해 국내선 비행기로 환승하는 방법이 있는데 거리 상으로는 홍콩이나 싱가포르를 경유하는 것이 오히려 가깝다. 국내선으로는 멜버른, 시드니, 다윈, 퍼스 등과 연결된다. 애들레이드 공항Adelaide Airport(ADL)은 국제선과 국내선 터미널이 한 건물 안에 있는 중형 공항이다.

주소 1 James Schofield Dr, Adelaide Airport SA 5950
홈페이지 adelaideairport.com.au

애들레이드 공항에서 도심 들어가기(런들 몰 기준)

애들레이드 공항은 글레넬그Glenelg와 시티City 중간 지점에 있다. 시티까지는 8km, 자동차로 약 15~20분 거리다.

10
South East Side

● 버스 Bus

공항 터미널 앞 광장 버스 정류장(Stop 10)에서 시내버스인 메트로 버스가 정차한다. 시티로 가는 버스와 그 반대쪽 글레넬그로 가는 버스 여러 종류가 같은 정류장을 이용하므로 탑승 시 버스 번호와 이동 방향을 반드시 확인해야 한다. 애들레이드 공항에서는 J1번, J2번 버스에 승차한 뒤 승차한 뒤 시티의 그렌펠 스트리트(Stop F2 Grenfell St)에서 내리면 런들 몰과 가깝다. 공항으로 갈 때는 반대편 정류장(Stop U1 Grenfell St – South Side)에서 탄다.
운행 05:00~23:30(배차 간격 15~30분) **소요 시간** 20분 **요금** 일반 요금과 동일 ▶ P.139

● 택시 Taxi

애들레이드 공항에서 시티는 거리가 멀지 않아 택시 또는 라이드셰어 서비스(우버, 올라, 디디)를 이용해도 큰 부담이 없다. 택시는 터미널 앞 서쪽, 택시 대기 라인에서 승차한다. 라이드셰어는 표지판을 따라 주차장 옆 지정 장소Rideshare Pick up Area까지 7분 정도 걸어가서 호출한다. 라이드셰어 이용 시 공항세 $3가 추가된다.
운행 24시간 **소요 시간** 15분 **요금** 택시 $30~35

장거리 열차
Rail

애들레이드는 호주 대륙을 연결하는 철도의 허브 역할을 한다. 동부 시드니와 서부 퍼스를 연결하는 대륙 횡단 열차 '인디언 퍼시픽Indian Pacific', 남부 애들레이드에서 울루루를 거쳐 북부 다윈까지 올라가는 대륙 종단 열차 '간The Gahn,' 애들레이드에서 동부 해안을 거쳐 브리즈번까지 연결하는 '그레이트 서던Great Southern', 애들레이드와 멜버른을 오가는 '오버랜드The Overland'까지 4개 노선 전부 애들레이드를 관통한다. 교통수단이 아닌 관광 열차 개념으로 운행하는 것이라 요금이 상당히 비싸지만 수요는 꾸준하다. 장거리 기차역은 시티 남쪽에 위치한 애들레이드 파크 랜즈 터미널Adelaide Parklands Terminal(일명 케스윅Keswick 터미널)로, 시민들이 일상적으로 이용하는 런들 몰의 애들레이드 기차역과는 다른 곳이다. ➡ 호주 대륙 기차 여행 정보 1권 P.122

주소 Richmond Rd, Keswick SA 5035
홈페이지 journeybeyondrail.com.au

오버랜드 노선 정보

출발지	목적지	운행 정보	요금
애들레이드	멜버른	일 · 목요일 오전 출발	기본 요금 $135부터
멜버른	애들레이드	월 · 화요일 오전 출발	

장거리 버스
Coach

장거리 버스는 열차보다 운행 횟수가 많고 요금이 저렴하다. 다른 대도시까지는 거리가 너무 멀어 이용이 어렵지만, 멜버른은 12시간이면 갈 수 있어 심야 버스를 이용하는 경우도 꽤 많다. 여러 버스업체 중에서 직행버스인 파이어플라이FireFly 익스프레스가 가장 편리하고, 브이 라인V/Line은 멜버른에서 벤디고까지 열차로 이동한 다음 버스로 환승해야 한다. 그 밖에 남호주 지역 위주로 운행하는 프리미어 스테이트라이너Premier Stateliner 버스가 있다. 애들레이드 장거리 버스 터미널Adelaide Central Bus Station은 빅토리아 스퀘어에서 도보 5분 거리다.

주소 85 Franklin St

주요 버스업체

버스업체	운행 지역	운행 정보
파이어 플라이	시드니-멜버른-애들레이드	**운행** 매일 오전, 저녁 **요금** $65~85 **홈페이지** fireflyexpress.com.au
브이 라인	멜버른-벤디고-애들레이드 (일요일에만 직행버스로 운행)	**운행** 매일 오전 **요금** $30~35 **홈페이지** vline.com.au
프리미어 스테이트 라이너	애들레이드 서쪽(Eyre Flinders/Mid North), 애들레이드 남동쪽(Mount Gambier), 내륙 지대(Riverland Region)	**운행** 노선별로 다름 **홈페이지** premierstateliner.com.au

애들레이드 교통 요금
자세히 알아보고 선택하기

대중교통 요금은 버스, 열차, 트램 모두 동일하다. 다른 대도시와 다르게 이동 거리와 상관없이 요금을 지불하는 단순한 방식이다. 교통카드는 승차할 때 한 번만 태그(tap)하면 2시간 동안 자유롭게 환승할 수 있다.

카드 종류와 요금

카드 종류	메트로카드 metroCARD		신용카드 · 모바일 결제 Tap and Pay	
요금 구분	피크[1]	오프피크[2]	피크	오프피크
싱글트립 Singletrip (1회 요금, 2시간 이내 환승 가능)	$4.40	$2.50	$4.40	$2.50
데이트립 Daytrip (하루 종일 자유롭게 타는 1일권)	$12.20(구입한 다음 날 새벽 4시에 리셋)			

[1] 피크Peak 요금 적용 시간: 평일 오전 9시 이전과 오후 3시 이후, 토요일 전일
[2] 오프피크Off-Peak 요금 적용 시간: 평일 오전 9시~오후 3시, 일요일 · 공휴일 전일

● 어떤 결제 수단이 좋을까?

애들레이드 공식 교통카드인 메트로카드Metrocard는 도심 인포메이션 센터 등에서 카드 구입비 $5를 내고 충전하거나, 모바일 앱(Adelaide Metro Buy & Go)으로 이용한다. 기존 종이 티켓은 2023년 7월 이후 사용이 대부분 중단되었으며 버스에서도 더 이상 현금을 받지 않는다. 따라서 대중교통을 두세 번 정도만 이용한다면 공항이나 글레넬그를 오갈 때 해외 비접촉 결제 방식을 지원하는 해외 신용카드 또는 모바일 결제가 간편하다. 또한 시티 중심부의 무료 버스와 트램을 잘 활용하면 교통비가 생각보다 적게 든다.

● 탭 앤 페이Tap and Pay(신용카드, 모바일 결제) 주의사항

탭 앤 페이 방식은 신형 단말기가 아직 설치되지 않은 일부 버스 노선과 애들레이드 기차역에서 출발하는 열차에서는 사용할 수 없다. 따라서 숙소가 무료 구역 밖이거나 시티 밖으로 이동해야 한다면 실물 메트로카드 구입을 추천한다.

● 여행자를 위한 3일 이용권

여행자를 대상으로 판매하는 비지터 메트로카드Visitor Metrocard ($28)는 애들레이드 기차역 인포센터에서 구입할 수 있다. 사흘간 모든 대중교통을 자유롭게 이용할 수 있고 그 후에는 일반 메트로카드처럼 금액을 충전해서 쓰면 된다. 모바일 앱에서 구입해 쓰는 경우, 실물 카드는 제공하지 않는다.

❶ 애들레이드 기차역 인포센터 Adelaide Railway Station InfoCentre
가는 방법 런들 몰에서 도보 5분 문의 1300 311 108 운영 07:00~20:00

애들레이드 도심 교통

사우스오스트레일리아 교통국은 '애들레이드 메트로'라는 이름으로 시티 및 교외 지역에서
버스, 기차, 트램 세 종류의 교통수단을 운영한다. 공식 홈페이지의 저니 플래너 메뉴에서
출발지(from)와 목적지(to)를 입력하면 구글맵과 연동된 최적의 경로를 알려준다.
홈페이지 adelaidemetro.com.au

트램 Tram

지상으로 다니는 경전철이다. 총 3개 노선을 색상과 종점의 약자(알파벳)로 구분한다. 시티와 글레넬그에서는 무료로 운행해 여행할 때 매우
편리하다. 트램 노선도에서 하늘색으로 표시된 부분이 무료 탑승 구간이다. 무료 운행 구역을 벗어나면 단말기에 교통카드를 미리 태그(tap)해야 하는 것을 잊지 말 것.
주의 타고 내릴 때 버튼을 눌러야 문이 열린다.
운행 07:00~24:00(노선 및 요일별로 조금씩 다름)

애들레이드 트램 노선도

Festival Plaza
Entertainment Centre
Adelaide Railway Station
Bonython Park
Art Gallery
City West
University
Thebarton
Royal Adelaide Hospital
Botanic Gardens
Rundle Mall
Pirie Street
시티
Victoria Square
City South
South Terrace
Wayville
Greenhill Road
Goodwood Road
Forestville
South Road
Glandore
Beckman Street
Moseley Square
South Plympton
Black Forest
Marion Road
Glenelg East
Brighton Road
Morphett Road
Plympton Park
Morphettville Racecourse
Jetty Road 글레넬그
Glengowrie

Free Tram Travel Zone(프리 트램 존)
Limited Tram Services
Glenelg to Royal Adelaide Hospital Line
Glenelg to Festival Plaza Line
Botanic Gardens to Enterainment Centre Line
환승 가능 역
기차 · 버스 · 트램 환승역

140

버스 Bus

애들레이드의 버스는 자동차 도로에서는 일반 버스처럼 움직이고, 일정 구간에서는 트램처럼 선로를 따라 달리는 특수한 오반 버스O-Bahn Bus다. 버스 정류장은 보통 숫자나 알파벳으로 표기되어 있다. 버스가 오면 손을 흔들어 탑승할 의사를 표시하고, 앞문이나 중간 문으로 승차해 요금을 결제한다. 내릴 때는 중간 문을 이용한다. 여행자에게 유용한 노선은 '시티 커넥터City Connector'라고 하는 2개의 무료 노선이다. 운행 경로는 애들레이드 전도에 표시되어 있다.

➡ 버스 운행 경로 P.142

시티 커넥터 버스 노선
99A · 99C ▶ 평일에만 애들레이드 중심가 순환
98A · 98C ▶ 매일 중심가 순환 후 북쪽의 노스 애들레이드까지 운행
주의 2023년 7월부터 일반 버스에서 종이 티켓을 사용할 수 없다.
운행 07:00~19:15(금요일 21:15까지)

기차 Train

총 11개 기차 노선은 트램이 닿지 않는 근교 지역을 연결하며 애들레이드 시민들의 통근 기차 역할을 한다. 중앙역은 노스 테라스에 있는 애들레이드 기차역이고 비지터 패스 등을 판매하는 인포센터가 역 안에 있다. 주로 시티에 머무르는 여행자라면 이용할 일이 많지 않다.

주의 애들레이드 기차역에서 출발하는 기차를 타려면 메트로카드가 필요하다.
운행 시간 노선별로 다름

공유 자전거 Shared Bikes

공원으로 둘러싸인 애들레이드는 여러모로 자전거 친화적 도시다. 한때 자전거를 무료로 대여하는 프로젝트도 운영했으나 규모가 많이 축소되었다. 지금은 유료 자전거 대여 업체인 에어바이크Airbike와 전동 스쿠터업체 뉴런Neuron이 그 자리를 거의 대체했다.

주의 자전거나 전동 스쿠터 탈 때 헬멧 착용 필수
운행 24시간

◤ TRAVEL TALK ▸

애들레이드가 선사하는 달콤함, 헤이그 초콜릿

호주의 면세점이나 다른 대도시의 고급 쇼핑센터에서 헤이그 초콜릿Haigh's Chocolate을 본 적 있나요? 바로사밸리의 펜폴즈 와인과 함께 애들레이드의 자랑거리로 손꼽히는 프리미엄 초콜릿입니다. 1915년 5월 1일 런들 몰의 비하이브 코너에 오픈한 첫 번째 매장은 애들레이드의 랜드마크 역할을 하고 있어요. 또 파크 랜즈 남쪽에는 헤이그 가족이 거주하던 주택과 초콜릿 공장이 보존되어 있어요. 투어를 신청하면 수입한 코코아빈을 로스팅하고 가공하는 공정까지 둘러볼 수 있답니다.
가는 방법 트램 그린힐 로드Greenhill Road역에서 도보 5분 **주소** 154 Greenhill Rd, Parkside
운영 월~토요일 09:00~17:30, 일요일 10:00~16:00 **홈페이지** haighschocolates.com.au

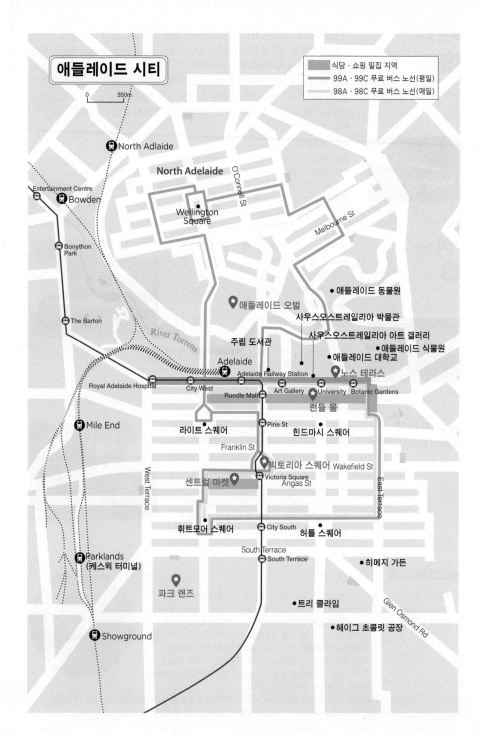

애들레이드 시티

0 ——— 350m

애들레이드 관광 명소

계획도시답게 바둑판처럼 도로가 구획되어 있어 길 찾기가 쉽고 시티의 중심 광장
빅토리아 스퀘어, 쇼핑가인 런들 몰, 문화의 거리 노스 테라스까지 대부분 걸어 다닐 수 있는 범위에 있다.
여기에 시티를 순환하는 무료 버스와 무료 트램을 적절히 활용하면 한층 편리하게 여행할 수 있다.

사우스오스트레일리아주 국회의사당

애들레이드 타운 홀

애들레이드 중앙 우체국

(01)

빅토리아 스퀘어
*Victoria Square/
Tarntanyangga*

애들레이드의 중심 광장

애들레이드 도시 설계자 윌리엄 라이트 대령은 도시 중앙의 빅토리아 스퀘어를 빅토리아 공주(훗날의 빅토리아 영국 여왕)에게 헌정했다. 광장이 위치한 곳은 원래 원주민들의 만남의 장소였으며, 현재 카우르나Kaurna 부족 언어로 '붉은 캥거루의 땅'이라는 의미의 '탄타냥가Tarntanyangga'를 공식 명칭으로 병기한다. 탁 트인 넓은 광장에 잔디밭과 분수가 있고, 빅토리아 여왕 동상 좌우에는 호주 국기와 호주 원주민 기를 함께 게양한다. 광장을 남북으로 가로지르는 메인 도로 킹 윌리엄 스트리트를 따라 런들 몰까지 걸으며 타운 홀을 비롯한 주요 건물을 하나씩 눈에 담아보자. 도시 북서쪽 코너의 라이트 스퀘어Light Square에는 윌리엄 라이트 대령의 묘소와 기념비가 있다.

♀
지도 P.142
가는 방법 트램 빅토리아 스퀘어Victoria Square역 하차, 런들 몰까지 도보 10분
주소 Grote St **운영** 24시간

센트럴 마켓
Central Market

먹거리 많은 전통 시장

1869년에 '시티 마켓'이라는 이름으로 시작한 이래 애들레이드의 중심 마켓으로 성장한 실내 재래시장이다. 활기찬 분위기 덕분에 현지인은 물론 관광객들에게도 많은 사랑을 받고 있다. 넓은 건물 중심부에서는 청과류와 해산물, 육류 등 신선한 식료품을 팔고 주변에는 여러 가게가 입점해 있다. 마켓에서 구입한 음식을 먹을 수 있도록 곳곳에 테이블이 놓여 있으며 카페와 작은 식당도 있어 여행 중 간단하게 끼니를 때우기 좋다. 치즈, 요구르트 같은 유제품과 수제 초콜릿 등 남호주 지역에서 생산한 먹거리와 지역 특산품을 찾아보는 재미도 있다. 운영 시간이 복잡하다고 생각할 수 있는데, 입점한 70여 개 업체의 휴무일을 제외한 날 오전과 오후 사이에 가면 언제든 구경할 수 있다. 참고로 빅토리아 스퀘어 반대 방향인 <u>그로트 스트리트</u>Grote St 쪽으로 나가면 차이나타운이 나온다. 한인 식료품점(코리아나 마트)도 가깝다.

지도 P.142 **가는 방법** 빅토리아 스퀘어 서쪽으로 도보 2분 ※유료 주차장 있음
주소 44-60 Gouger St **운영** 화요일 07:00~17:30,
수 · 목요일 09:00~17:30, 금요일 07:00~21:00, 토요일 07:00~15:00
휴무 월 · 일요일 **홈페이지** adelaidecentralmarket.com.au

TRAVEL TALK

파머스 마켓이 궁금하다면 일요일에 애들레이드 쇼그라운드로!
Adelaide Showground Farmers' Market

센트럴 마켓보다 훨씬 자유분방한 분위기의 마켓을 구경하고 싶다면 시티 밖에 있는 애들레이드 쇼그라운드를 가보세요. 지역 농민과 소상공인이 생산한 식료품을 판매하는 직거래 장터로, 남호주 최대 규모의 시장이랍니다.
가는 방법 빅토리아 스퀘어에서 3km, 기차 애들레이드 쇼그라운드역 하차
영업 매주 일요일 08:30~12:30
홈페이지 adelaidefarmersmarket.com.au

03

런들 몰
Rundle Mall

추천

📍
지도 P.142
가는 방법 트램 런들 몰역 또는
기차 애들레이드역 하차
주소 Rundle Mall
홈페이지 rundlemall.com

볼거리 많은 핵심 번화가

동쪽의 킹 윌리엄 스트리트King William St에서 서쪽의 풀트니 스트리트Pulteney St까지 약 500m 길이로 뻗어 있는 애들레이드 최대 번화가. 런들 스트리트에 고급 패션 부티크와 백화점, 카지노 등 상업 시설이 들어서면서 교통 정체가 심해지자 1976년부터 도로 일부를 보행자 전용 도로로 바꾸어 '런들 몰'이라 부르게 되었다. 런들 몰에는 거리와 거리를 통로처럼 연결한 전통 쇼핑몰인 아케이드가 여럿 있다. 그중에서 그렌펠 스트리트로 통하는 애들레이드 아케이드Adelaide Arcade는 꼭 가볼 것. 주철과 유리로 장식한 빈티지한 건축물은 1880년대 도시의 번성기를 상징한다. 완공 당시에는 호주에서 처음으로 전기 조명을 설치한 첨단 빌딩으로 명성이 높았다. 밴드가 음악을 연주할 수 있도록 설계한 발코니도 있으며, 같은 시기에 건축한 게이스 아케이드Gays Arcade와 연결된 공간을 무도회장으로 이용하기도 했다고 한다.

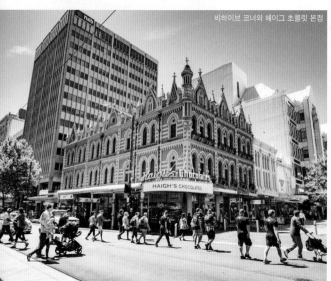
비하이브 코너와 헤이그 초콜릿 본점

애들레이드 아케이드와 런들 몰 분수

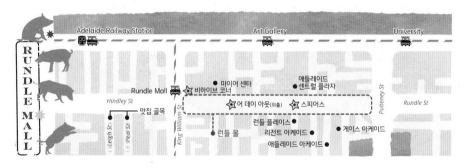

알고 보면 더 재미있다!
런들 몰 즐길 거리

편의 시설을 한데 모아놓은 런들 몰은 애들레이드 여행 중 꼭 한번은 들르게 되는 곳이다. 평범한 쇼핑가로 여겨 무심코 지나칠 수 있지만, 알고 보면 관광객이 가볼 만한 매장이 많다. 현지인들도 약속 장소로 즐겨 찾는 핫 플레이스라 늘 북적인다. 역사가 오래된 쇼핑 아케이드와 모던한 쇼핑센터, 푸드 코트까지 있어 여러 이유로 가볼 만한 쇼핑 거리다.

01 비하이브 코너 Beehive Corner

킹 윌리엄 스트리트King William St와 런들 몰의 교차 지점에 세워진 건물을 비하이브 코너라고 한다. 1850년대에 이 자리에 있던 가게(포목점) 출입문에 금박의 육각형 무늬가 그려져 있었는데, 직원들이 바쁘게 들락거리는 모습이 마치 벌집에 날아드는 꿀벌 같다고 해서 사람들이 '벌집 코너'라는 뜻의 별명으로 부르던 것이 시초. "우리 비하이브 코너에서 만납시다"라는 글귀가 신문에 실릴 만큼 예전부터 유동 인구가 많은 장소였다. 1895년에 건물을 신축하면서 아예 비하이브 코너라는 글씨를 새겨 넣었으며, 1층에는 호주의 프리미엄 초콜릿 브랜드 헤이그 초콜릿Haigh's Chocolate 1호점이 입점했다. 매장에 들어가면 옛날 초콜릿 가게 분위기가 그대로 느껴진다.

02 어 데이 아웃(외출) A Day Out

런들 몰의 마스코트. 1999년 7월 3일에 열린 공모전에서 선정된 작품이다. 장난스레 산책을 즐기는 듯한 청동 돼지 네 마리의 익살맞은 표정이 미소 짓게 한다.

호레이쇼 / 아우구스타 / 올리버 / 트러플

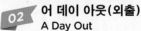

03 스피어스 Spheres

2개의 스테인리스 스틸 구슬을 아래위로 얹은 형태로, 조각가 버트 플루겔만이 '구체'라는 의미의 이름을 붙였지만 '몰스 볼스Mall's Balls'라는 별명으로 더 많이 불린다. 한눈에 찾기 쉬운 생김새 덕분에 약속 장소로도 인기가 많다.

04 쇼핑센터와 푸드 코트

런들 몰에는 전통적인 아케이드와 함께 대형 쇼핑센터도 모여 있다. 보통 지하에 푸드 코트가 있어서 점심시간이면 주변 직장인들이 많이 찾는다. 운영 시간은 오전 9시~오후 6시이며 금요일에는 저녁 9시까지 연장 운영한다.

● 마이어 센터 Myer Centre

호주 대표 백화점 마이어에서 운영하는 쇼핑센터.
맥도날드, KFC, 서브웨이 같은 익숙한 브랜드를 만날 수 있다.
주소 14-38 Rundle Mall
홈페이지 myercentreadelaideshopping.com.au

● 런들 플레이스 Rundle Place

애들레이드 센트럴 플라자 맞은편에 있는 현대적 쇼핑센터로 애플 스토어가 입점해 있다. 지하에 푸드 코트뿐 아니라 대형 마트 콜스가 입점해 있어 알아두면 편리하다.
주소 77-91 Rundle Mall **홈페이지** rundleplace.com.au

● 애들레이드 센트럴 플라자
Adelaide Central Plaza

데이비드 존스 백화점과 티파니앤코, 태그호이어 등이 입점한 고급 쇼핑센터. 지하 푸드 코트가 매우 깔끔하다. 스피어 바로 앞에 입구가 있다.
주소 100 Rundle Mall **홈페이지** adelaidecentralplaza.com.au

TIP

맛집 골목 찾아가기
애들레이드 기차역 건너편에 나란히 자리한 좁은 골목 필 스트리트Peel St와 리 스트리트Leigh St는 현지인들이 선호하는 맛집으로 가득하다. 아래 홈페이지에서 다양한 애들레이드 맛집 정보를 확인할 수 있다.
홈페이지 eatlocalsa.com.au

④ 노스 테라스
North Terrace
추천

문화와 예술의 거리

'문화의 대로Cultural Blvd'로 불리는 노스 테라스에는 신고전주의 건물이 많아 마치 19세기 유럽을 여행하는 듯한 착각이 들 정도다. 남호주의 주도인 애들레이드의 대표적인 문화 공간을 차례대로 둘러보자.

지도 P.142
가는 방법 런들 몰 북쪽으로 도보 5분, 또는 트램 아트 갤러리Art Gallery역 하차

사우스오스트레일리아 아트 갤러리
Art Gallery of South Australia

1881년에 설립한 주립 미술관으로 4만 7000점 이상의 작품을 소장하고 있다. 특히 현대 원주민과 인근 토레스 해협 섬 주민들의 예술을 조명하는 타난티Tarnanthi 프로젝트가 주목할 만하다. 트램에서 내리는 순간 가장 먼저 눈에 띄는 그리스·로마풍 건물이 엘더 윙Elder Wing이라는 미술관 본관이다. 1900년에 정식 개관한 이후 확장 공사를 거쳐 완성한 도리아식 기둥과 개방형 포르티코(건물 입구 열주)가 건물의 위용을 한층 높여준다. 미술관 앞 광장에서는 크고 작은 이벤트와 함께 거리 공연도 펼쳐진다.

주소 North Terrace **운영** 10:00~17:00 **요금** 무료
홈페이지 agsa.sa.gov.au

©Sia Duff

©Sia Duff

사우스오스트레일리아 박물관
South Australian Museum

남호주 지역에 특화된 지질학과 생물학 자료를 전시한 자연사박물관으로, 오팔 보석이 된 플레시오사우루스의 화석이 핵심 소장품이다. 또한 수천 년에 걸친 호주 원주민의 생활상과 공예품 관련 자료를 1856년 설립 당시부터 꾸준히 수집해 현재는 최대 규모의 원주민 문화센터로 자리매김했다. 파크 랜즈에도 여러 동의 분관을 운영 중이며, 노스 테라스에 위치한 구 왕립 애들레이드 병원 부지(Lot Fourteen)에는 원주민 문화센터 타카리Tarrkarri 개관을 추진하고 있다.

주소 North Terrace **운영** 10:00~17:00 **요금** 무료
홈페이지 samuseum.sa.gov.au

사우스오스트레일리아 주립 도서관
State Library of South Australia

총 3개 건물이 연결된 형태로 이루어져 있다. 그중 1884년에 건축한 모틀록 윙Mortlock Wing에 빅토리아 왕조 후기의 고전미가 묻어나는 복층 구조 서재가 있다. 유리 돔 지붕을 통해 자연 채광이 되고 금과 주철로 장식한 발코니가 인상적이다. 도서관 아래층은 남호주 역사와 관련된 작은 박물관으로 꾸몄다. 평소 일반 관람이 가능하며 도서관 카페를 이용할 수도 있으니 잠시 시간을 내 가보자.

주소 North Terrace **운영** 평일 09:00~17:00(화요일 19:00까지), 주말 12:00~17:00
요금 무료 **홈페이지** slsa.sa.gov.au

애들레이드 대학교
University of Adelaide

1874년에 설립해 호주에서 세 번째로 오래된 대학이자 호주 명문 대학 그룹인 G8에 속한다. 2만 4000여 명의 재학생 가운데 30%는 유학생으로, 대한민국 졸업생도 꾸준히 배출되고 있다. 사우스오스트레일리아 아트 갤러리 바로 옆에 메인 캠퍼스가 있기 때문에 자연스레 발걸음이 닿게 된다. 고풍스러운 사암 건물로 가득한 아름다운 캠퍼스를 잠시 걸어보는 것도 좋다. 노스 테라스에서 교내로 들어가자마자 거액을 기증해 음대를 설립한 토머스 엘더Thomas Elder의 동상이 보이고, 바로 옆에는 학위 수여식 등 주요 행사가 열리는 보니톤 홀Bonython Hall이 있다.

주소 North Terrace **운영** 24시간 **요금** 무료 **홈페이지** adelaide.edu.au

⑤

애들레이드 오벌
Adelaide Oval

📍 지도 P.142
가는 방법 트램 페스티벌
플라자Festival Plaza역 하차 후
다리를 건너 도보 5~10분
주소 War Memorial Dr, North
Adelaide **요금** 스타디움 투어 $28
(90분), 루프클라임 $109~
199(약 2시간) ※예약 필수
홈페이지 adelaideoval.com.au

스타디움 지붕 위를 걷는 루프클라임

시티 북쪽 지역인 노스애들레이드에 있는 대형 스포츠 경기장. 크리켓 구장과 오스트레일리안 풋볼 경기장을 겸한다. 오스트레일리안 풋볼 리그(AFL) 팀 애들레이드 크로스Adelaide Crows와 포트 애들레이드Port Adelaide의 홈구장이다. 두 팀이 대결하는 더비 매치가 열리는 날이면 5만 석 규모의 경기장이 관중으로 가득 찬다. 건물은 다양한 개조와 현대화를 거쳐 스포츠 경기뿐 아니라 공연 및 문화 행사 등 다목적 엔터테인먼트 장소로 활용할 수 있도록 최첨단 시설을 갖추었다. 경기가 열리지 않는 날에는 일반 스타디움 투어와 함께 50m 높이의 지붕 위를 걷는 루프클라임RoofClimb도 진행한다. 고층 빌딩이나 교량이 아닌 스타디움 지붕에 올라가는 건 오직 애들레이드에서만 가능한 특별한 체험! 높은 곳에서 도시를 에워싼 파크 랜즈의 녹지와 스카이라인을 바라볼 수 있다. 경기가 없는 평상시에는 주간, 석양, 야간 타임으로 나누어 투어를 진행한다. 경기 당일에는 지붕에 마련된 특별석에서 경기를 관람할 수도 있다.

파크 랜즈
Park Lands

모두에게 개방된 도심 정원

애들레이드에서는 시내를 빙 둘러싼 광활한 녹지 전체를 29개 구역으로 나눠 번호를 붙였다. 토렌스강이 흐르는 북쪽 지역에는 시민을 위한 휴식 공간과 편의 시설이 가득하다. 자연에 관심이 있다면 애들레이드 식물원, 어린이를 동반한 가족 여행이라면 자이언트 팬더와 호주의 동물을 볼 수 있는 애들레이드 동물원이 좋은 선택이다. 파크 랜즈 남쪽에서는 일본식 정원 히메지 가든과 트리 클라임 액티비티가 인기가 많다.

지도 P.142 **홈페이지** adelaideparklands.com.au

ADELAIDE

애들레이드 식물원 *Adelaide Botanic Gardens*

가는 방법 트램 보태닉 가든Botanic Gardens역에서 도보 5분
운영 평일 07:15부터, 주말 09:00부터(계절별로 폐장 시간 다름) **요금** 무료

애들레이드 동물원 *Adelaide Zoo*

가는 방법 버스 98A · 98C번 이용(Stop 2 Frome Rd 하차) **운영** 09:30~17:00
요금 일반 $46, 4~14세 $24.50 ※예약 필수

히메지 가든 *Himeji Garden*

가는 방법 트램 사우스 테라스South Terrace역 하차, 또는 버스 98C · 99C번 이용
(Stop R1 Halifax St 하차) 후 도보 5분 **운영** 08:00~17:30 **요금** 무료

트리 클라임 *Tree Climb*

가는 방법 트램 사우스 테라스South Terrace역에서 도보 5분 **운영** 09:00~16:00
(일요일 15:00까지) **요금** 성인 $49.50, 어린이 $36.50 ※성인과 어린이 코스 별도
운영, 예약 필수 **홈페이지** treeclimb.com.au

글레넬그
Glenelg

트램이 달리는 낭만의 해변

애들레이드 도심에서 가장 가까운 해변으로, 그레이트오스트레일리아 만에서 안쪽으로 깊숙하게 파고든 세인트빈센트 걸프Saint Vincent Gulf 와 맞닿아 있다. 영국인이 애들레이드 평원에 식민 도시를 건설하기 전까지 파타윌야Pattawilya라고 불리던 글레넬그 일대 풍경은 1836년 남호주에 도착한 유럽 선박이 물자와 승객을 내려놓는 항구로 완전히 바뀌었다. 19세기 후반에 이미 중심 광장 모슬리 스퀘어Moseley Square와 기다란 부두 제티Jetty, 우체국, 관공서, 호텔, 교회까지 들어선 타운이 완성되었다. 1929년부터 운행을 시작한 트램은 애들레이드 시티와 글레넬그를 연결하는 교통수단으로, 100년 동안 도시 거주자를 해변으로 실어 나르는 역할을 하고 있다. 한여름에는 시즌 한정 대관람차가 다니고, 북쪽의 돌고래 보호구역까지 다녀오는 돌고래 크루즈도 운항한다. 드넓은 해변이 다소 쓸쓸한 분위기일 때도 있지만 남호주의 청정 해역을 만끽하기 좋은 근교 휴양지다.

📍 **지도** P.134
가는 방법 애들레이드 시티에서 11km, 자동차로 20분 또는 트램으로 35분(종점 Moseley Square 하차)
주소 Town Hall, Moseley Square, Glenelg SA 5045
홈페이지 glenelgsa.com.au

150년 역사의 시계탑 건물, 글레넬그 타운 홀

트램 종점이자 해변의 시작, 모슬리 스퀘어

글레넬그의 드넓은 해변

한쪽에 보존된 빈티지 트램

바로사밸리
Barossa Valley

끝없이 펼쳐진 포도밭

1842년부터 와인을 생산하기 시작해 '바로사밸리 시라즈'와 '에덴 밸리 리슬링'으로 호주 와인을 전 세계에 알린 와인 산지다. 독일풍 마을 타눈다, 영국풍 마을 앵거스턴 등 여러 동네에 산재한 150여 개 와이너리의 셀러 도어를 방문해 취향에 맞는 와인을 찾아보자. 세기의 와인이라는 평가를 받은 '펜폴즈 그랜지'를 생산하는 펜폴즈, 호주 최고의 시라즈 와인으로 불리는 '힐 오브 그레이스'를 생산하는 헨쉬키 셀러 등이 이 지역을 대표하는 와이너리다. 100년 세월 동안 한 해도 거르지 않고 싱글 빈티지 와인을 내놓은 세펠츠필드에서는 자신이 태어난 해에 생산한 와인을 맛보는 특별한 시음도 가능하다. 와인 페어링으로 식사를 원한다면 1918 비스트로 & 그릴을 방문해보자.

ⓘ Barossa Visitor Centre
가는 방법 애들레이드 시티에서 56km, 자동차로 1시간 **주소** 66/68 Murray St, Tanunda SA 5352 **운영** 월~금요일 09:00~17:00, 토요일 09:00~16:00, 일요일 10:00~16:00 **홈페이지** barossa.com

- **펜폴즈 Penfolds 주소** 30 Tanunda Rd, Nuriootpa **운영** 09:00~17:00 **홈페이지** penfolds.com
- **헨쉬키 셀러 Henschke Cellars 주소** 1428 Keyneton Rd, Keyneton **운영** 09:00~16:30 **휴무** 일요일 **홈페이지** henschke.com.au
- **세펠츠필드 Seppeltsfield 주소** 730 Seppeltsfield Rd, Seppeltsfield **운영** 10:30~17:00 **홈페이지** seppeltsfield.com.au
- **1918 비스트로 & 그릴 1918 Bistro & Grill 주소** 94 Murray St, Tanunda **문의** 08 8563 0405 **운영** 09:00~17:00 **홈페이지** 1918.com.au

---

▶ TRAVEL TALK

시간이 부족한 와인 애호가를 위한 꿀팁!
National Wine Centre of Australia

애들레이드 파크 랜즈의 호주 국립 와인 센터는 호주 와인 제조 기술과 역사에 관한 자료를 모아놓은 박물관이자 와인 테이스팅 명소예요. 포도밭으로 꾸민 정원 옆에 와인 바를 운영하니 바로사밸리의 와이너리에 갈 시간이 없다면 이곳을 방문해보세요.
가는 방법 애들레이드 식물원에서 도보 15분
주소 Hackney Rd & Botanic Rd **운영** 평일 08:30~17:00(금요일 19:00까지), 주말 09:00~17:00
요금 박물관 투어 $15, 테이스팅 투어 $50~ ※예약 권장
홈페이지 nationalwinecentre.com.au

⑨ 한도르프
Hahndorf

호주 속 독일 마을

애들레이드 남동쪽 풍요로운 구릉지대인 애들레이드 힐Adelaide Hill에 자리 잡은 전원 마을이다. 1838년 12월 28일 유럽에서 건너온 187명의 루터교 신자들이 정착한 호주에서 가장 오래된 독일 마을로, 이주에 도움을 준 덴마크 선장의 이름을 본떠 '한의 마을'이라는 뜻의 이름으로 부르게 되었다. 처음부터 교회를 중심으로 한 공동체로 설계한 마을이며, 초창기 52개 가문이 정착한 이래 마을 규모가 점차 확장되었으나 여전히 독일 마을의 분위기를 이어가고 있다. 아기자기한 상점과 독일 음식을 파는 레스토랑, 주변 농장과 과수원, 와이너리를 구경해보자.

ⓘ **Adelaide Hills Visitor Information Centre**
가는 방법 애들레이드에서 26km, 자동차로 30분
주소 68 Mount Barker Rd, Hahndorf SA 5245 **문의** 08 8393 7600
운영 평일 09:00~17:00, 주말 10:00~17:00 **홈페이지** hahndorfsa.org.au

저먼 빌리지 숍
The German Village Shop

전통 방식으로 만든 독일 수공예품을 파는 매장. 독일 뻐꾸기 시계와 비어 슈타인Beer Stein(빈티지한 독일 맥주잔), 크리스마스 장식품 등 아기자기한 소품으로 가득하다.

주소 50 Main St
운영 평일 09:00~17:00, 주말 09:00~17:30
홈페이지 thegermanvillageshop.com.au

한도르프 인
Hahndorf Inn

1863년에 건축한 호텔 건물에서 5대째 숙박업을 하는 홈스Holmes 가문의 주점이다. 간단한 프레첼, 푸짐한 소시지와 감자 요리, 독일 아르코브로이 맥주를 곁들인 식사는 독일 그 자체를 경험하게 해준다.

주소 35 Main St **운영** 10:30~21:00
홈페이지 www.hahndorfinn.com

캥거루 아일랜드
Kangaroo Island

힐링 여행지로 알려진 남호주의 명소

태즈메이니아와 멜빌 아일랜드에 이어 호주에서 세 번째로 큰 섬이 다. 총면적 4405km² 중 40% 이상이 자연 보호구역이며, 호주 최대의 바다사자 서식지 실 베이Seal Bay를 비롯해 야생 캥거루가 풀을 뜯는 스토크스 베이Stokes Bay, 파도가 깎아낸 기암절벽이 인상적인 플린더스 체이스 국립공원Flinders Chase National Park 등 야생 그대로의 자연이 기다리는 곳이다. 작은 사막 리틀 사하라Little Sahara에서는 샌드보딩을 즐길 수 있다. 제주도 면적의 약 2.5배에 달하는 큰 섬인 만큼 충분한 시간을 갖고 둘러보는 것이 좋지만, 애들레이드에서 출발하는 당일 투어 상품을 이용하는 것이 현실적인 대안이다. 그 외에는 비행기나 페리를 타고 들어가 리조트에 투숙하면서 렌터카로 여행하거나 연계 상품을 이용하는 방법도 있다.

ⓘ
홈페이지 tourkangarooisland.com.au
가는 방법
❶ 비행기: 애들레이드 공항에서 킹스코트 공항Kingscote Airport(KGC)까지 비행기로 30분
❷ 페리: 애들레이드에서 플루리우반도 끝, 케이프 저비스Cape Jervis까지 자동차로 1시간 30분, 시링크 페리로 캥거루 아일랜드의 페네쇼Penneshaw까지 45분

시링크 페리 터미널(케이프 저비스) SeaLink Ferry Terminal

페리 운영업체에서 애들레이드와 페리 터미널 간 셔틀버스를 연계 운행한다. 애들레이드 중심가에서 관광객을 픽업해 섬 관광을 마치고 돌아가는 16시간짜리 투어도 있다.
주소 Flinders Dr, Cape Jervis SA 5204 **운행** 1일 12회(예약 시간 45분 전까지 체크인 필수) ※렌터카를 카 페리에 실으려면 렌터카업체 사전 승인 필수
요금 [페리] 왕복 1인 $118, 자동차 $236
[셔틀버스] 애들레이드 ↔ 케이프 저비스 $68, 애들레이드 당일 투어 $373
홈페이지 sealink.com.au

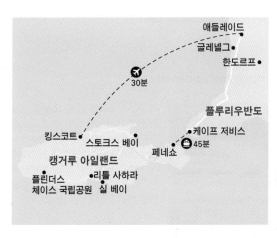

남호주의 아웃백으로 떠나는 모험!

신비로운 자연 명소 BEST 4

아웃백이란 미개척지와 다름없는 호주의 내륙 지대를 뜻한다.
웬만해서는 가불 엄두가 나지 않는 척박한 땅이지만 모험심 강한 여행자라면 애들레이드를
베이스캠프 삼아 특별한 오지 탐험에 도전해보자. 그중 유명한 장소를 모아 정리했다.

신비로운 지하 정원
마운트갬비어 *Mount Gambier*

만약 그레이트 오션 로드와 애들레이드 사이를 자동차로 여행한다면 소도시 마운트갬비어를 거쳐 가는 것도
방법이다. 이곳에는 한때 동굴이었으나 지반이 붕괴하면서 형성된 싱크홀이 있다. 자칫 폐허처럼 방치될 뻔
한 장소를 '가라앉은 정원Sunken Garden'이라는 이름의 멋진 관광지로 재탄생시켰다. 동굴 바닥에 쌓인 토사
에서 식물이 자라는 이색 광경을 볼 수 있는데, 이를 제안한 제임스 엄퍼스톤의 이름을 따서 이곳을 엄퍼스톤
싱크홀로 부른다.

가는 방법 그레이트 오션 로드 포틀랜드(P.091)에서 104km, 애들레이드에서 430km
주소 Umpherston Sinkhole(Balumbul), Jubilee Hwy E, Mount Gambier SA 5290

남호주의 광활함
허먹 힐 룩아웃 *Hummock Hill Lookout*

제2차 세계대전 당시 요새로 사용
한 전망 포인트에 올라가면 항구도시
화이앨라Whyalla와 스펜서만Spencer
Gulf 전체가 내려다보인다. 남호주에
서 서호주 방향으로 로드 트립을 이
어간다면 지겹도록 마주하게 될 황량
함을 미리 경험해보는 장소다.

가는 방법 애들레이드에서 380km
주소 Queen Elizabeth Dr,
Whyalla SA 5600

TRIP 03 진분홍 빛깔의 소금 호수
핑크 호수 Pink Lakes

한때 인스타그램을 뜨겁게 달궜던 진한 분홍빛 호수. 이러한 현상은 높은 염도에서 서식하는 호염성 조류와 핑크 박테리아의 작용 때문에 발생하는데, 평소에는 연분홍빛 소금 사막처럼 보이다가 비가 많이 내린 후에는 딸기 우유처럼 진한 색으로 물든다. 핑크 호수의 전형적인 특징을 보여주는 레이크 에어가 남호주에서 가장 유명하지만 비행기를 타고 가야 하는 깊숙한 외지에 있어 접근성이 떨어진다. 애들레이드와 비교적 가까운 클레어 밸리와 플루리우반도에도 핑크 호수가 있으니 궁금하다면 방문해보자.

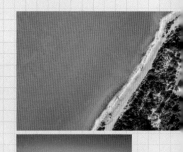

레이크 에어 Lake Eyre
위치 남호주 내륙 **가는 방법** 애들레이드에서 823km, 비행기로 록스비 다운스Roxby Downs까지 가서 투어 이용

범붕가 호수 Bumbunga Lake
위치 클레어 밸리 **가는 방법** 애들레이드에서 134km, 자동차로 1시간 40분
※목적지를 Lake Bumbunga Viewpoint로 검색할 것
주소 3193 Augusta Hwy, Lochiel SA 5510

앨버트 호수 Albert Lake
위치 플루리우반도 남쪽 **가는 방법** 애들레이드에서 137km, 자동차로 1시간 30분
※목적지를 Yarli로 검색할 것 **주소** 3871 Princes Hwy, Ashville SA 5259

TRIP 04 세계 최대의 오팔 광산
쿠버 페디 Coober Pedy

애들레이드에서 출발해 원주민의 성지인 울루루까지 1500km를 달리다 보면 만나게 되는 특색 있는 마을이다. 1920년대에 호주 특산품인 오팔을 채굴했던 광산 지역으로 첫인상은 꽤 삭막한 편이지만, 한낮의 뜨거운 열기를 피하기 위해 지하에 만든 덕아웃dugout(지하 거주지)의 특이한 건축양식이 눈길을 끈다. 우무나 오팔 광산Umoona Opal Mine과 카타콤 교회catacomb church(지하 묘지)를 구경한 뒤 지하 모텔에서 하룻밤 보내는 이색 체험도 가능하다.

ⓘ Umoona Opal Mine & Museum
가는 방법 애들레이드에서 850km, 애들레이드-다윈 간 장거리 기차가 47km 거리의 망구리 기차역Manguri Station에 정차
주소 14 Hutchison St, Coober Pedy SA 5723 **운영** 08:30~17:30 **휴무** 화요일
요금 무료(가이드 투어 별도) **홈페이지** umoonaopalmine.com.au

데저트 케이브 호텔 Desert Cave Hotel
타운 중심부에 있는 4성급 호텔로 근사한 지하 객실(일부)과 바를 갖추고 있다.
주소 1 Hutchison St **문의** 08 8672 5688 **홈페이지** desertcave.com.au

룩아웃 케이브 모텔 Lookout Cave Motel
전 객실이 지하에 배치되어 있으며 카타콤 교회와 가깝다.
주소 Lot 1141 McKenzie Close **문의** 08 8672 5118 **홈페이지** thelookoutcave.com

에어 하이웨이 &
호주 남서부

ⓘ 인포메이션

서호주의 주요 국립공원은 차량 1대당 하루 $17의 입장료를 받는
다. 국립공원 여러 곳을 여행한다면 5일, 14일, 1개월짜리 국립공원
패스 구입을 고려해보자. 온라인으로 패스를 구입하더라도 반드시 프
린트해 차량 외부에서 잘 보이도록 대시보드 위에 올려두어야 한다. 또
국립공원 방문 전에는 홈페이지에서 실시간 안전 정보를 꼭 확인할 것!
홈페이지 국립공원 안전 정보 exploreparks.dbca.wa.gov.au
패스 구입처 shop.dbca.wa.gov.au

✈ 가는 방법

애들레이드를 벗어나면서부터 편의 시설을 찾기가 극히 힘들다. 식수
와 비상식량, 차박 캠핑 준비는 기본이며 주유소가 눈에 띌 때마다 기
름을 가득 채우는 것도 필수다. 악천후와 돌발 상황에 대한 대비책도
있어야 한다. 대부분 지역의 통신 상태가 좋지 않으니 구글 오프라인
지도를 미리 다운받도록 한다. 도로 폐쇄와 각종 비상 상황을 알려주는
서호주 공식 홈페이지를 수시로 확인할 것.
홈페이지 emergency.wa.gov.au

끝없는 대륙 횡단 고속도로

에어 하이웨이 &
호주 남서부
EYRE HIGHWAY &
SOUTHWEST AUSTRALIA

서호주와 남호주를 잇는 유일한 포장도로 에어 하이웨이는 아주 가끔 눈에 띄는 제너럴 스토어(시골 마을
길가에 있는 잡화점)와 주유소가 반가울 정도로 고립된 길이다. 노스먼에서 해안으로 방향을 꺾으면
에스페란스Esperance의 눈부신 바다와 국립공원이 나타나고, 퍼스와 가까워질수록 해변 마을이 하나둘
늘어난다. 애들레이드와 퍼스 사이를 자동차로 여행하는 것은 드문 일이지만, 이 도로에 대한 국내 정보가 거의 없고
호주에 장기 체류하다 보면 한 번쯤 지나칠 수 있다는 점을 감안해 수천 km의 여정을 약도와 함께 정리했다.

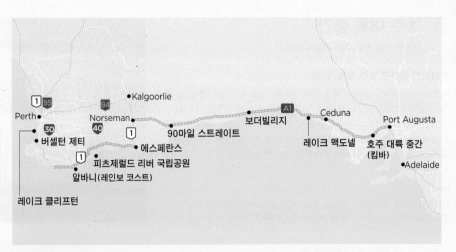

Kalgoorlie
Perth
Norseman
버셀턴 제티
에스페란스
피츠제럴드 리버 국립공원
알바니(레인보 코스트)
레이크 클리프턴
90마일 스트레이트
보더빌리지
Ceduna
레이크 맥도넬
호주 대륙 중간
(킴바)
Port Augusta
Adelaide

ROUTE

퍼스 도착
120km,
1시간 30분

레이크 클리프턴
111km,
1시간 30분
O9

피츠제럴드
리버
국립공원
O6

버셀턴 제티
O8

O7

알바니
(레인보 코스트)
360km, 4시간 30분

에스페란스
O5

195km, 2시간 30분

380km, 4시간

575km, 6시간

350km, 3시간 30분

90마일
스트레이트
O4

보더빌리지
O3

407km, 4시간

394km, 4시간

호주
대륙 중간
(킴바)

레이크
맥도넬
O2

O1

465km,
5시간

애들레이드 출발

A1 EYRE HIGHWAY
Yalata   53
Nullarbor   144
Border Village 330
Eucla   342
Perth   1766

① 호주 대륙 중간
Halfway Across Australia

여기까지 왔다면 호주 여행 '만렙'

포트오거스타Port Augusta에서 에어 하이웨이로 접어들어 한참을 달리다 보면 퍼스와 시드니의 중간 지점이라고 표시된 이정표가 나타난다. 정확하게는 시드니에서 1700km, 퍼스에서 2300km 떨어진 마을 킴바Kimba에 도착한 것이다. 기념할 만한 장소이므로 간판 앞에서 사진도 찍고, 핑크색 갈라 앵무새 조형물이 세워진 휴게소에서 잠시 휴식을 취하자.

가는 방법 포트오거스타에서 156km **주소** The Big Galah, Kimba SA 5641
운영 평일 08:00~17:00, 주말 09:00~15:00 **홈페이지** kimba.sa.gov.au

② 레이크 맥도넬
Lake Macdonnell

핑크와 블루가 반반! 워터멜론 애비뉴

호수 사이로 난 자동차 도로 한쪽은 민물 호수, 반대쪽은 핑크 박테리아가 서식하는 소금 호수다. 수량이 충분한 시기에는 겉과 속의 색깔이 다른 수박처럼 분홍색과 푸른색의 대비를 볼 수 있어서 '워터멜론 애비뉴'라고도 불린다. 가장 가까운 마을은 페농Penong이지만 주유소와 편의시설은 73km 전방의 세두나Ceduna에서 미리 이용하는 것이 좋다.

가는 방법 고속도로에서 비포장도로를 따라 15km가량 우회한다. 목적지는 구글맵의 Point Sinclair Pink Lake로 설정할 것.

③ 보더빌리지
Border Village

남호주와 서호주의 경계

검역소를 통과하려는 화물 트럭이 길게 늘어서 있는, 남호주의 마지막 마을이다. 호주 특산품 베지마이트를 들고 있는 캥거루 조형물 옆에는 주유소와 모텔, 레스토랑을 겸하는 로드하우스가 있다. 매년 10월 무렵이면 서호주 유클라Eucla에서 로드하우스까지 12km를 달리는 보더 대시Border Dash 이벤트가 열린다.

가는 방법 애들레이드에서 1320km, 퍼스까지 1462km
주소 Border Village Roadhouse, Eyre Hwy, Nullarbor SA 5690
홈페이지 bordervillageroadhouse.com.au

⑭

90마일 스트레이트
90 Mile Straight

호주에서 가장 긴 직선 도로를 달리다

1번 도로(A1 도로)의 일부인 에어 하이웨이는 호주 남부의 대평원 지대 눌라보 플레인Nullarbor Plain을 관통하는 총 1664km의 고속도로다. 그중 카이구나Caiguna와 발라도니아Balladonia 사이의 구간에 '호주에서 가장 긴 직선 도로'라는 타이틀이 붙었다. 안내 표지판을 시작으로 146.6km를 무조건 직진하게 되어 있으니 쉽게 가볼 수 없는 대륙 횡단 고속도로를 신나게 달려보자. 끝이 보이지 않는 지평선을 향해 일직선으로 뻗은 도로에서 호주 대륙의 광활함을 그대로 체감할 수 있다. 비상시에는 활주로로 활용한다고 한다.

📍
가는 방법 보더빌리지에서 350km
주소 East End of "90 Mile Straight", Caiguna WA 6443

TRAVEL TALK

주 경계선에서 주의해야 할 점은?

남호주에서 서호주로 진입하는 차량은 반드시 쿼런틴 체크포인트Quarantine Checkpoint라는 검역소를 통과해야 해요. 과일, 채소, 식물, 씨앗, 토양, 꿀 등의 품목은 특별한 사유가 없는 한 반입할 수 없고 폐기물 통에 버려야 합니다. 참고로 서호주에서 남호주 방향의 검역소는 보더빌리지가 아닌 세두나Ceduna에 있어요.

주 경계선을 지나면 시차가 발생하는데 서호주 표준시가 남호주에 비해 1시간 30분 늦고, 남호주에서만 일광절약시간제를 실시하는 10~4월에는 시차가 2시간 30분으로 늘어나요. 주민들의 생활 편의를 고려해 보더빌리지에서부터 서호주의 카이구나 사이 주 경계선 접경 지역 마을에서는 서호주와 같은 시차를 적용해요.

에스페란스
Esperance

아웃백이 끝나고 바다를 만나는 지점

황량한 아웃백을 지나 서호주 남부로 접어들면 에메랄드색 바다와 하얀 모래사장, 독특한 암반층으로 유명한 해안가 타운 에스페란스가 나온다. 무려 5개의 국립공원이 타운을 에워싸고 있어서 낚시, 스노클링, 스쿠버다이빙 등의 액티비티를 위해 찾아오는 사람이 제법 많다. 타운과 가까운 트와일라잇 비치Twilight Beach에서도 눈부신 바다를 볼 수 있고, 해발 262m의 프렌치맨 피크Frenchman Peak 봉우리와 러키 베이를 만나러 케이프 르 그랑 국립공원Cape Le Grand National Park을 다녀와도 좋다. 호주 1번 도로는 에스페란스를 기점으로 사우스 코스트 하이웨이 South Coast Highway라는 명칭으로 바뀐다.

가는 방법 퍼스에서 700km, 자동차로 8시간 또는 비행기로 에스페란스 공항(EPR)까지 3시간

ℹ️ **Esperance Visitor Centre**
주소 Kemp St, Esperance WA 6450 **문의** 1300 664 455
운영 평일 09:00~17:00, 주말 09:00~12:00 **홈페이지** visitesperance.com

러키 베이
Lucky Bay

뉴사우스웨일스 저비스베이의 하이암스 비치를 제치고 호주에서 가장 새하얀 모래사장으로 선정된 해변이다. 찾아가기 힘든 탓에 덜 유명할 뿐 희고 깨끗한 해안선이 수백 km 이어져 있어 최고의 해변이라 부르기에 부족함이 없다. 인적이 드물고 캥거루나 왈라비 같은 야생동물을 만날 기회도 많아 태양과 바다, 대지를 사랑하는 사람에게는 완벽한 힐링 여행지다.

가는 방법 에스페란스에서 러키 베이까지 62km, 자동차로 1시간
요금 유료(국립공원 패스 준비)

레이크 힐리어
Lake Hillier

염도가 높은 환경을 좋아하는 호염성 미생물의 영향으로 짙은 분홍빛으로 물드는 현상이 발생하는 호수다. 신비로운 풍경이 SNS를 통해 인기를 얻으면서 각광받기 시작했다. 미들 아일랜드Middle Island라는 섬 안에 있기 때문에 경비행기를 타고 하늘 위에서 보는 방법밖에 없다.

가는 방법 에스페란스 공항에서 경비행기 탑승
요금 $399(1시간 비행) ※예약 필수
홈페이지 flyesperance.com

06

피츠제럴드 리버 국립공원

Fitzgerald River National Park

끝없는 펼쳐진 서호주의 해안선

호주 내 다른 국립공원에 비해 상대적으로 지명도가 낮은 편이지만 이 지역을 지나는 여행자에게 꼭 소개하고 싶은 곳이다. 해안의 작은 리조트 타운인 호프턴에서 해머슬리 드라이브Hamersley Dr로 진입해 룩아웃까지 오르면 험준한 바위 절벽 위에 다다르는데 그 앞으로 펼쳐진 해안선의 풍광이 매우 아름답다. 서호주 자생식물의 20%가 분포하며 야생화가 만개하는 8~10월에는 더욱 아름답다.

📍
가는 방법 에스페란스에서 194km

ℹ️ **Hopetoun Community Resource Centre**
주소 46 Veal St, Hopetoun WA 6348 **운영** 09:00~16:00 **휴무** 주말
요금 유료(국립공원 패스 준비) **홈페이지** hopetounwa.com

TRAVEL TALK

서호주의 골든 아웃백

애들레이드에서 퍼스로 가는 가장 빠른 길은 에어 하이웨이가 끝나는 노스먼에서 에스페란스 쪽으로 내려가는 대신 '골든 아웃백'이라고 부르는 내륙 오지를 통과하는 것이다. 가는 길에 들러볼 만한 곳으로는 칼굴리Kalgoorlie가 있다. 1893년에 서호주 골드러시의 서막을 알린 금광촌으로, 거대한 채굴 현장과 함께 옛 건물이 보존되어 있다. 거대한 파도가 들이치는 듯한 형상으로 굳어진 길이 100m, 높이 15m의 거대한 바위 벽 웨이브 록Wave Rock도 SNS 명소다.
가는 방법 칼굴리 광산 마을: 94번 도로 이용, KCGM Super Pit Lookout을 찾아갈 것
웨이브 록: 40번 도로 이용, 에스페란스에서 퍼스로 갈 때 들를 수 있음

⑦ 알바니
Albany

레인보 코스트의 시작

1826년 12월 26일에 퍼스와 프리맨틀보다 2년 앞서 탄생한 서호주 최초의 타운이다. 수심이 깊은 내해에 만든 프린세스 로열 하버가 골든 아웃백에서 채굴한 금을 유럽으로 보내는 최적의 위치였기에 항만 도시로 성장하게 되었다. 현재 인구는 3만 명이며 알바니에서 덴마크, 월폴까지 3개의 타운이 이어진 해안선을 레인보 코스트라고 부른다. 얕은 바다가 매력적인 그린스 풀Greens Pool, 아름다운 해변 리틀 비치Little Beach, 서호주에서 유일하게 눈이 오는 블러프 놀Bluff Knoll(1099m)이라는 산으로 둘러싸여 있다.

가는 방법 퍼스에서 415km **요금** 유료(국립공원 패스 준비)

❶ Albany Visitor Centre
주소 221 York St, Albany WA 6330 **운영** 10:00~16:00
홈페이지 amazingalbany.com.au

톤디럽 국립공원
Torndirrup National Park

3개의 반도가 서로 연결되어 천연 방파제 역할을 한다. 톤디럽반도 끝에는 침식작용 때문에 조금씩 무너져 내리는 내추럴 브리지Natural Bridge와 높은 절벽 아래로 파도가 넘실대는 바다가 보이는 더 갭The Gap이 있다. 석회암 절벽과 화강암 곶을 향해 거칠게 밀어닥치는 파도가 장관을 이룬다.

주소 The Gap Rd, Torndirrup WA 6330

포롱거럽 국립공원
Porongurup National Park

선캄브리아기에 형성된 것으로 추정되는 포롱거럽산맥 정상에는 거대하고 둥근 돔 형태의 화강암 바위들(캐슬 록)이 있다. 해발 570m 고도에서 전경을 볼 수 있도록 스카이워크를 설치했다. 186톤의 육중한 바위가 아슬아슬하게 서 있는 밸런싱 록Balancing Rock도 주요 볼거리다.

주소 Castle Rock Parking, Porongurup WA 6324

내추럴리스트곶 등대

얄링업의 스미스 비치와 해안선

수영하기 좋은 해변이 많은 던스보로

⑧ 버셀턴 제티
Busselton Jetty

환상 속의 바다 열차

애니메이션 〈센과 치히로의 행방불명〉에 나오는 '바다를 달리는 기차'의 모티브가 된 장소다. 1865년에 완공한 제티Jetty(선박 접안을 위해 설치한 잔교)는 길이가 무려 1.84km다. 그 위에 선로를 설치하고 한때 버셀턴과 근교 번버리 사이를 오가던 기차를 관광 열차로 변신시켜 맨 끝에 위치한 해저 수족관Underwater Observatory까지 승객을 실어 나른다. 그야말로 바다 한복판을 달리는 셈이다. 버셀턴 제티가 있는 지오그라프 베이Géographe Bay와 하얀 등대가 인상적인 내추럴리스트곶Cape Naturaliste 일대는 1801년 프랑스 탐험가 니콜라 보댕이 발견했다. 인근의 던스보로Dunsborough, 얄링업Yallingup, 마거릿강Margaret River 유역의 와인 산지와 함께 다녀오기 좋은 퍼스 인근의 주말 여행지다.

ⓥ
가는 방법 퍼스에서 223km **주소** 61 Thornton Rd, Yallingup
운영 버셀턴 제티 24시간, 기차 10:00~16:00 ※기차 예약 필수
요금 버셀턴 제티 입장료 $4, 기차 왕복 티켓 $17, 해저 수족관 $40
(수족관 입장료+기차 왕복 티켓 포함) **홈페이지** busseltonjetty.com.au

레이크 클리프턴
Lake Clifton

지구 탄생의 근원을 찾아서

퍼스 남부 내륙과 바다 사이에는 원시 상태의 자연을 볼 수 있는 여러 호수와 습지가 있다. 그중 레이크 클리프턴은 '살아 있는 돌'로 불리는 트롬볼라이트thrombolite가 발견된 신비로운 호수다. 트롬볼라이트는 광합성을 하는 미생물의 생물막이 석회화되며 구조물을 형성한 것으로, 이산화탄소와 메탄가스로 가득했던 원시 지구에 다양한 생물이 탄생할 수 있도록 산소를 공급한 최초의 생명체라고 한다. 보드워크를 따라 걸어 들어가면 얕은 물에 반쯤 잠긴 동글동글한 물체가 트롬볼라이트다. 호수는 얄고럽 국립공원Yalgorup National Park 안에 있으며, 사륜구동 차량을 타고 해변을 달릴 수 있는 프레스턴 비치Preston Beach도 가깝다. 주말이면 퍼스 주민들이 캠핑을 위해 즐겨 찾는 곳이다.

가는 방법 퍼스에서 120km, 주차 후 보드워크를 따라 도보 5분
주소 Lake Clifton Thrombolites Car Park, Mount John Rd, Herron WA 6211
요금 무료 **홈페이지** parks.dpaw.wa.gov.au/park/yalgorup

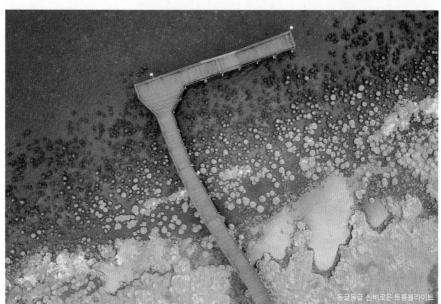

동글동글 신비로운 트롬볼라이트

사륜구동 차량을 타고 해변을 달리는 짜릿한 경험!

숲속 캠핑장에서의 하룻밤

다윈
DARWIN

P.212
브룸
BROOME

P.217
벙글 벙글
(푸눌룰루 국립공원)
BUNGLE BUNGLES
(PURNULULU NATIONAL PARK)

닝갈루 리프
NINGALOO REEF
P.210

P.208 샤크 베이
SHARK BAY

피너클스(남붕 국립공원)
P.205 PINNACLES
(NAMBUNG NATIONAL PARK)

P.170

퍼스(주도)
PERTH

P.162
에스페란스
ESPERANCE

웨스턴오스트레일리아
WESTERN AUSTRALIA

연평균 3000시간이 넘는 일조량 덕분에 '가장 화창한 주Sunniest State'로 불리는
웨스턴오스트레일리아주(이하 서호주)는 호주의 6개 주 가운데 가장 넓은 면적을 자랑한다.
서유럽 전체와 맞먹는 크기이며 호주 대륙의 33%를 차지한다. 하지만 내륙 대부분은 인간이
살 수 없는 불모지이며 아웃백(오지)이라 서호주 인구의 90% 이상이 주도인 퍼스와 주변 남서부
해안에 거주한다. 동부의 그레이트배리어리프와 견주어도 손색없는 산호초 바다, 낙타를 타고 해변을
거닐 수 있는 브룸, 우리나라에도 잘 알려진 푸눌룰루 국립공원의 벙글 벙글과 남붕 국립공원의
피너클스는 먼 길을 뚫고 힘들게 찾아온 이에게 충분한 보상을 해주는 최고의 여행지다.

INFO ⟩

인구	2,951,600명(호주 4위)
면적	2,527,013km²(호주 1위)

시차	한국 시간−1시간(서머타임 없음)
홈페이지	westernaustralia.com(웨스턴오스트레일리아주 관광청)

PERTH

퍼스

원주민어 부얼루 BOORLOO

스완강Swan River 유역에 자리 잡은 퍼스에서는 인구 210만 명이 거주하는
서호주의 주도다운 면모와 자연과 함께하는 평화로움을 동시에 경험할 수 있다.
세계에서 가장 큰 도심 공원인 킹스 파크의 전망대에 올라 끊임없이 변화하는 퍼스의
스카이라인을 감상해보자. 시드니 정반대편에 위치해 좀처럼 가기 힘든 퍼스가 주목받게 된
이유는 '지구상에서 가장 행복한 동물'로 알려진 호주의 마스코트 쿼카를 만날 수 있기 때문!
쿼카가 살고 있는 로트네스트 아일랜드, 항구도시 프리맨틀과 선셋 코스트 해변까지,
인도양을 따라 보석처럼 반짝이는 명소가 수없이 많다.

쿼카

서호주의
주도

킹스 파크

스완강

런던 코트

프리맨틀

퍼스

Perth Preview
퍼스 미리 보기

퍼스시City of Perth는 인도양에서 19km 내륙으로 들어온 지점인 스완 해안
평원Swan Coastal Plain에 자리 잡고 있다. 도시 중심부에는 강이 흐르고 서쪽으로는
바다, 내륙으로는 풍요로운 와인 산지가 있는, 척박한 서호주의 다른 지역과 달리
쾌적한 환경이다. 도시 자체는 크지 않지만 프리맨틀, 멜빌 등 주변 도시와 교외 지역을
포괄해 퍼스 광역 대도시권(Perth Metropolitan Region)으로 통칭한다.

↑ 피너클스
(188km)
77

캐버샴 야생공원 & →
⑤ 스완밸리(14km)

Indian Ocean

North Perth

51
퍼스 공항 ↗
(16km)

시티 비치•

Jolimont 퍼스 중심가 P.183

❶ 퍼스 중심가
•크라운 퍼스

킹스 파크• 🏛 엘리자베스 키

Victoria Park

웨스턴오스트레일리아 대학교• 퍼스 동물원•

South Perth

The Basin 🏛

❹ 코트슬로 비치•

로트네스트 ❸
아일랜드

Swan River

Little Salmon Bay•

1

프리맨틀 & 퍼스 주변 P.191

Melville

🏛 •프리맨틀 교도소
❷ 카푸치노 스트립
프리맨틀

사우스 비치• ↓ 마가렛 리버
(277km)

❶ 퍼스 중심가 ➡ P.183

유동 인구가 가장 많은 퍼스 CBD(중심 업무 지구:
Central Business District)를 중심으로, 정면에는
스완강이 흐르고 서쪽으로는 킹스 파크가 자리 잡
고 있다. 강을 건너면 사우스퍼스, 옵터스 스타디움
등으로 갈 수 있다.

❷ 프리맨틀 ➡ P.191

퍼스와 함께 서호주 초기부터 존재했던 항구도시로
'프리오Freo'라고도 한다. 유네스코 세계유산인 프
리맨틀 교도소가 있고, 인기 브루어리와 피시앤칩스
맛집도 많은 즐거운 장소다.

❸ 로트네스트 아일랜드 ➡ P.196

귀염둥이 쿼카가 살고 있는 바로 그 섬! 퍼스 중심가
나 프리맨틀에서 페리를 타고 갈 수 있다. 자전거 타
기와 스노클링도 즐기며 인도양을 만끽하자.

❹ 선셋 코스트 ➡ P.198

퍼스 북부 해안가. 코트슬로 비치, 스카버러 비치, 트
리그 비치, 힐러리 보트 하버 등 대표 해변이 모여 있
다. 여기서 더 북쪽으로 올라가면 피너클스와 란셀린
사막까지 갈 수 있다.

❺ 스완밸리 ➡ P.200

스완강 상류에 자리 잡은 와인 산지. 퍼스 중심가에
서 자동차로 30분만 가면 나오는 가까운 거리라서
가족 여행지로도 인기가 높다.

🔒 **Follow Check Point**

ⓘ Western Australia Visitor Centre

위치 퍼스 중심가
주소 55 William St, Perth WA 6000
문의 08 9483 1111
운영 평일 09:00~16:00, 주말 09:30~14:30
홈페이지 destinationperth.com.au

❄ 퍼스 날씨

미국 캘리포니아나 유럽 남부 연안과 흡사한 지중해성기후로 알려졌지만 퍼스의 여름은 건조하고 뜨겁
다. 낮에는 기온이 40℃ 가까이 치솟기도 하며, 오후 무렵 바다 쪽에서 간간이 불어오는 해풍('프리맨틀
닥터'라고 부름)이 무더위를 식혀줄 정도다. 겨울철에는 비가 자주 내리고 쌀쌀한 날씨가 계속된다. 여
행 최적기는 킹스 파크에 꽃이 만발하는 봄 시즌이며, 해양 스포츠를 즐긴다면 여름을 추천한다.

계절	봄(9~11월)	여름(12~2월)	가을(3~5월)	겨울(6~8월)
날씨	☀	☀ 폭염	☀	🌦
평균 최고 기온	23℃	30℃	26℃	19℃
평균 최저 기온	12℃	17.5℃	14℃	8℃

서호주 역사 TMI

서호주의 탄생

17세기 네덜란드 원정대가 처음 발견해 '뉴홀랜드New Holland'라고 부르던 서호주는 19세기에 이르러 영국 식민지가 되었다. 1826년 호주 남부 알바니(초기 지명 Frederickstown)에 건설한 군사 기지를 필두로 본격적인 탐사를 시작했으며, 1829년 5월 2일 찰스 프리맨틀 선장이 서호주 지역을 영국령으로 선포했다. 제임스 스털링 제독을 초대 총독으로 하는 '스완강 식민지Swan River Colony'(훗날 웨스턴오스트레일리아로 변경)가 탄생한 것이다.

초기 정착민은 자유 이민자였으나 인프라 건설을 위한 노동력이 필요해지자 1850년대부터 영국에서 죄수를 이송해왔다. 1890년대에는 칼굴리에서 금이 발견되면서 서호주 전역에 불어닥친 골드러시로 인구가 비약적으로 증가했다. 오늘날 퍼스 중심가에는 옛 건축물과 주요 정부 기관, 골드러시 시대에 설립한 퍼스 조폐국 등이 남아 있다.

가는 방법 레드캣 8번 정류장 **주소** St Georges Terrace

퍼스 조폐국

퍼스 타운 홀

스털링 가든

세인트조지 대성당

Perth **Best Course**

퍼스 추천 코스

반짝이는 바다가 기다리는
서호주의 관문 퍼스 여행

첫날 일정은 퍼스 중심가에서 시작한다. 대부분 도보로 이동 가능한 거리이고 대중교통도 무료로 이용할 수 있다. 둘째 날에는 프리맨틀로 이동해 유네스코 세계문화유산을 관람하고 해변 분위기를 만끽하자. 셋째 날은 로트네스트 아일랜드에 가서 쿼카도 보고 자전거도 타는 힐링 데이로 구성한다. 시드니 반대편 퍼스까지 왔다면 일주일 이상의 일정일 테니 렌터카를 빌리거나 투어 프로그램에 참여해 서호주 북부 또는 남서부의 인생 여행지를 만나보자.

TRAVEL POINT

➦ **이런 사람 팔로우!** 서호주의 자연과 동물을 좋아한다면

➦ **여행 적정 일수** 퍼스 3일+근교 4일

➦ **주요 교통수단** 도보, 버스, 페리와 근교는 렌터카

➦ **여행 준비물과 팁** 충분한 시간 여유를 갖고 방문할 것

➦ **사전 예약 필수** 마타가립 브리지 액티비티, 로트네스트 아일랜드 페리, 서호주 국립공원 패스

	DAY 1 퍼스 중심가 알차게 둘러보기	**DAY 2** 해변에서 보내는 여유로운 하루	**DAY 3** 로트네스트 아일랜드에서 쿼카 만나기
오전	**헤이 스트리트 몰** • 런던 코트 ▼ 도보 15분 • 웨스턴오스트레일리아 박물관 또는 퍼스 조폐국	**엘리자베스 키** ▼ 버스 20분 **킹스 파크** • 도심 전망 감상 ▼ 버스 20분	**프리맨틀 또는 퍼스** ▼ 페리 탑승 **로트네스트 아일랜드** • 자전거 대여 • 셀프 투어
오후	▼ 버스 10분 **엘리자베스 키** • 엘리자베스 키 브리지 산책 ▼ 페리 또는 버스 • Option 1 사우스퍼스 • Option 2 마타가럽 브리지	**프리맨틀** • 프리맨틀 교도소 • 프리맨틀 마켓 • 리틀 크리처 브루어리 ▼ 기차 + 도보 40분 **코트슬로 비치** • 석양 감상 ▼ 기차 30분 **퍼스로 복귀,** **또는 프리맨틀 숙박**	**DAY 4-7** **자유 여행** • 스완밸리 & 캐버샴 야생공원 • 버셀턴 제티와 던스보로 • 란셀린 사막과 피너클스 • 서호주 북부를 향해 로드 트립
기억할 것!	마타가럽 브리지 클라임은 덥지 않은 시간으로 선택할 것	• 교도소 투어 종류 확인하고 예약하기 • 프리맨틀 마켓은 금·토·일요일 운영	장거리 로드 트립은 국립공원 패스 준비하기

퍼스 들어가기

시드니 정반대편에 위치한 퍼스까지는 비행기로 가는 게 가장 합리적이다.
아래 표에 기재된 자동차 소요 시간은 참고용이며, 해당 구간을
실제 자동차로 이동할 때는 시간이 훨씬 많이 걸린다는 점을 명심하자.

퍼스-주요 도시 간 거리 정보

퍼스 기준	거리	자동차	비행기
애들레이드	2700km	44시간	3시간 30분
시드니	3935km	41시간	5시간
다윈	3846km	41시간	3시간 30분

비행기

인천국제공항에서 퍼스 공항Perth Airport(공항 코드 PER)까지 직항편은 없다. 홍콩, 쿠알라룸푸르 등 동남아시아 1회 경유 항공편을 이용하는 것이 가장 빠르다. 퍼스 공항에는 터미널이 4개 있는데 국제선 터미널은 T1이며 T2와 T3는 주로 국내선, T4는 콴타스항공 전용 터미널로 지정되어 있다. T1 · T2 터미널과 T3 · T4터미널은 서로 완전히 분리되어 있으며 개인 차량이나 무료 셔틀버스(Connect Terminal Transfer)를 타고 15분 정도 가야 한다. 퍼스 공항은 퍼스 중심가에서 17km 떨어진 스완강 남쪽에 있다. 대중교통인 에어포트 라인을 이용해 쉽게 오갈 수 있다.

주소 Perth Airport, WA 6105
홈페이지 perthairport.com.au

퍼스 공항에서 도심 들어가기

● 에어포트 라인 Airport Line

퍼스 공항과 퍼스 중심가를 연결하는 공항 철도. T1 · T2 터미널에서는 스카이브
리지를 건너 에어포트 중앙역Airport Central Station에서 탑승하면 된다. T3 · T4
터미널이라면 292번 버스로 10분 거리인 레드클리프 기차역Redcliffe Station이 더
가깝다. 요금은 기차역 자판기에서 일회용 티켓을 사거나 교통카드로 지불한다.

운행 평일 06:00~00:21(배차 간격 15~30분, 주말과 공휴일에는 지연 운행)
소요 시간 20분 **요금** 퍼스역Perth Station까지 존2 요금 적용
공항 내 교통카드 구입처 에어포트 중앙역 트랜스퍼스 인포센터Transperth InfoCentre,
국제선 터미널 T1 지상층 매장(Smarte Carte)

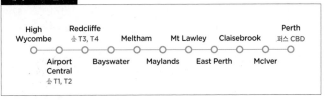

● 택시 & 라이드셰어 Taxi & Rideshare

퍼스 공항에서 퍼스 중심가까지는 거리가 멀어 택시 요금이 꽤 나온다. 일반 택시
업체로는 스완 택시Swan Taxis와 블랙 & 화이트 캡Black & White Cabs이 있으며 각
터미널 앞에서 승차한다. 택시에 비해 약간 저렴한 라이드셰어(우버, 올라, 디디)
는 지정된 픽업 장소(rideshare pick-up bays)에서 호출해야 하는데 터미널마
다 장소가 마련되어 있어 별 불편함은 없다.

운행 24시간 **소요 시간** 20분(퍼스역 기준) **요금** $45~50(공항세 별도 $4)

장거리 기차

호주 대륙을 횡단하는 인디언 퍼시픽Indian Pacific 기차가 시드니-멜버른-애들레
이드-퍼스를 연결하는데 총 3박 4일 걸린다. 장거리 기차와 버스가 정차하는 이
스트퍼스 터미널East Perth Terminal은 퍼스 중심가에서 5km 거리이며, 퍼스 트레
인 노선 중에서 미드랜드 라인을 타면 터미널까지 갈 수 있다.

➡ 호주 대륙 기차 여행 정보 1권 P.122

주소 East Perth Terminal, West Parade, WA 6004
홈페이지 journeybeyondrail.com.au

퍼스 교통 요금
자세히 알아보고 선택하기

퍼스 교통국에서 운행하는 버스, 페리, 기차는 요금 체계가 동일하다.
프리 트랜짓 존Free Transit Zone(FTZ) 내에서는 버스가 무료이고 그 외에는 거리별로
요금을 징수한다.

구간별 요금

구역	메트로카드	현금	스마트라이더
FTZ	퍼스 중심가의 핵심 구역	무료	
2섹션	이동 거리가 3.2km 이내인 경우	$2.40	$1.92~2.16
1존	현재 위치 기준으로 이동 거리에 따른 요금	$3.50	$2.80~3.15
2존		$5.20	$4.16~4.68
데이 라이더[1]	전역에서 사용 가능한 1일권	$10.40	$10.40

[1] 현금으로 구매하는 1일권은 출퇴근 시간을 제외한 평일 오전 9시 이후 또는 주말, 공휴일로 사용 시간이 다소 제한적이다.

● 현금 VS 교통카드, 어떤 걸 선택할까

여행자는 기차역이나 페리 터미널 자판기에서 1회용 티켓을 구입하거나 버스에서 현금(거스름돈 불가)을 내고 타는 것이 가장 간단하다. 만약 1일권인 데이 라이더Day Rider 티켓을 3번 이상 구입할 계획이라면 충전식 교통카드인 스마트라이더를 사용하는 것이 유리할 수 있다. 스마트라이더 소지자는 하루 최대 이용 요금 내에서만 결제가 되므로 제한 없이 대중교통을 이용할 수 있고 일요일에는 대중교통이 무료다. 단, 승하차 시 카드는 태그해야 한다.

● 스마트라이더 SmartRider

현금 대비 10%, 자동 충전 시에는 20% 할인받는 충전식 교통카드. 처음 구입할 때 환불되지 않는 카드 구입비($10)를 지불하고, 최소 금액 $10를 충전해야 한다. 판매처는 퍼스 공항, 엘리자베스키 버스 정류장, 퍼스역, 퍼스 언더그라운드역의 트랜스퍼스 인포센터와 교통카드 로고가 붙어 있는 일반 편의점이다. 맨 처음 탑승할 때 단말기에 카드를 태그(tap on)하고 내릴 때 다시 태그(tap off)해야 한다.

퍼스 도심 교통

퍼스 중심가와 수도권은 광역 버스와 기차로 연결되어 있어서 관광 명소 위주로 다닌다면 대중교통으로도 여행이 가능하다. 하지만 단독주택이 많고 지역이 넓어 현지 주민들의 대중교통 의존도는 낮은 편이다. 교통국 공식 홈페이지 또는 공식 앱(Transperth)에서 출발지(start)와 목적지(end)를 입력하면 가장 편리한 교통수단과 요금을 확인할 수 있다.

홈페이지 transperth.wa.gov.au

CAT 버스
CAT Bus

퍼스 중심 지역(CAT: Central Area Transit)을 버스 색상으로 구분되는 5개 노선에 따라 무료로 운행한다. 정류장에는 CAT ID라고 하는 번호가 1부터 145까지 지정되어 있어 목적지를 쉽게 파악할 수 있다. 프리 트랜짓 존(FTZ) 밖이라고 해도 CAT 버스는 항상 무료다.

주의 구글맵을 이용해 정확한 정류장 위치를 확인할 것 **운행** 노선도 참고 ▶ P.180

트랜스퍼스 버스
Transperth Bus

버스 앞문으로 타면서 교통카드를 태그하거나 운전기사에게 요금에 딱 맞게 현금을 지불한다. FTZ 내에서는 교통카드를 태그하지 않아도 버스를 무료로 이용할 수 있다. 하지만 탑승 또는 하차 장소 중 한 곳이 FTZ 밖이라면 전체 이동 거리에 해당하는 요금을 내야 한다. 만약 FTZ 내에서 교통카드 스마트라이더를 태그했는데 내릴 때 태그하는 것을 잊고 그냥 내리면 2존에 해당하는 요금이 결제된다. 야간 스퀘어 옆의 퍼스 버스포트Perth Busport가 메인 버스 터미널이다.

주의 교통카드가 없는 사람은 버스 정류장에 붙어 있는 FTZ 로고를 확인하고 탑승할 것 **운행** 월~토요일 오전부터 저녁까지만 운행하는 노선이 많고 주말과 공휴일에는 운행 빈도가 현저히 감소한다.

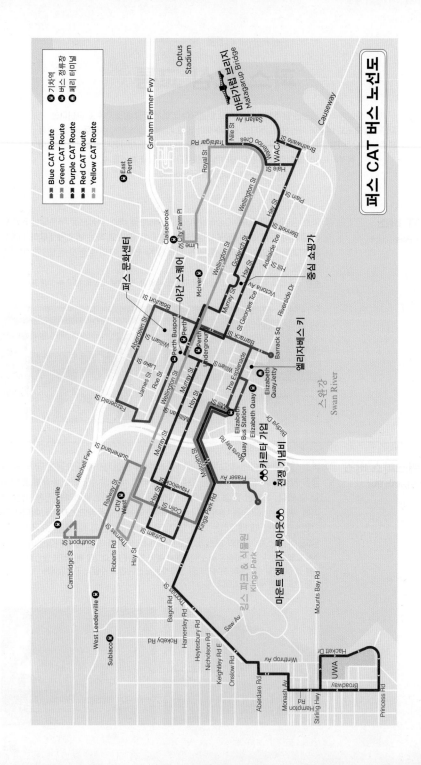

퍼스 CAT 버스 노선도

트랜스퍼스 트레인
Transperth Train

공항과 프리맨틀, 해변으로 갈 때 주로 이용하는 광역 기차. 총 6개 노선이 중심가의 퍼스역Perth Station 또는 퍼스 언더그라운드역Perth Underground Station 둘 중 하나에 정차한다. 두 역은 지하도로 연결되어 있는데 이름이 비슷하니 헷갈리지 않도록 주의한다. 기차는 기본적으로 FTZ 적용 대상이 아니지만 스마트라이더 소지자에 한해 일요일에는 무료 탑승이 가능하다.

주의 하차하기 전 버튼을 눌러 문을 열 것 **운행** 노선별로 운행 시간 다름

공항 철도 Airport Line

출발역 퍼스역 ▶ **주요 목적지** 퍼스 공항

동부 내륙 Midland Line

출발역 퍼스역 ▶ **주요 목적지** 이스트퍼스, 스완밸리(길포드)

남동부 내륙 Armadale/Thornlie

출발역 퍼스역 ▶ **주요 목적지** 퍼스 스타디움, 빅토리아 파크

서부 해안 Fremantle Line

출발역 퍼스역 ▶ **주요 목적지** 프리맨틀, 코트슬로 비치

북부 해안 Joondalup Line

출발역 퍼스 언더그라운드역 ▶ **주요 목적지** 스카버러 비치, 힐러리스 항구

남부 해안 Mandurah Line

출발역 퍼스 언더그라운드역 ▶ **주요 목적지** 로킹엄, 만두라

퍼스 기차역

퍼스 언더그라운드 기차역

페리
Ferries

퍼스 교통국에서 운행하는 공식 페리 노선은 퍼스 중심가 엘리자베스 키(Ferry Elizabeth Quay)와 강 건너편 사우스퍼스(Mends Street Jetty)를 오가는 1개 노선뿐이다. 요금은 교통카드로 결제하거나 페리 터미널 자판기에서 1회권을 구입한다. 그 옆에는 로트네스트 아일랜드행 사설 페리가 출항하는 배럭 스트리트 제티Barrack Street Jetty가 있다. ▶ 페리 탑승 정보 P.197

주의 공휴일과 겨울철에는 오후 9시경 운행 종료
운행 06:30 또는 07:30부터 여름철 23:30까지, 겨울철 21:25까지
(일요일, 공휴일 단축 운행)

엘리자베스 키 페리 터미널

사우스퍼스 페리 터미널

투어 버스
Tour Bus

퍼스 익스플로러Perth Explorer는 엘리자베스 키의 벨 타워에서 출발해 무료 버스로 갈 수 없는 킹스 파크와 크라운 퍼스까지 운행한다. 빠른 시간 안에 주요 관광 명소를 돌아볼 수 있다는 장점이 있으나, 중심가에서는 대중교통이 무료임을 감안하면 뚜렷한 메리트가 없다. 투어 버스와 식사, 크루즈, 퍼스 조폐소 입장권 등을 결합한 패키지 상품을 판매하기도 한다.

요금 24시간 $50, 48시간 $55
홈페이지 www.perthexplorer.com.au

데이 투어
Day Tour

퍼스 도심을 벗어나면 개인 차량을 이용하지 않고 여행하는 것이 매우 어렵다. 거리가 멀고 사륜구동 차량만 진입 가능한 지역도 많아서 여러 가지 어트랙션을 조합한 데이 투어 프로그램을 적절하게 활용하는 것이 효율적이다. 북쪽으로 200km 거리의 피너클스 사막, 남쪽으로 300km 거리의 마거릿강 유역의 와인 산지를 다녀오는 투어 상품이 대표적이다.

현지 여행사

• **애덤스 피너클 투어 Adams Pinnacle Tours**
퍼스에 기반을 두고 다양한 프로그램을 운영하는 여행사. 투어는 영어로 진행한다.
문의 08 6270 6060 **홈페이지** www.adamspinnacletours.com.au

• **현대여행사**
호주 전역의 여행 상품을 갖춘 한인 여행사. 다양한 당일 투어가 가능하다.
문의 호주에서 07 3210-0061, 한국에서 070 8625 9942 **홈페이지** hyundaitravel.com

퍼스 중심가
Perth City Centre

쇼핑과 문화의 중심지

퍼스 CBD와 노스브리지 등 관광 명소가 모인 중심지에서는 버스 요금이 무료다.
아울러 주요 쇼핑가는 충분히 걸어 다닐 만한 거리여서 관광하는 데 부담이 없다.
중심 항구인 엘리자베스 키는 로트네스트 아일랜드 페리와 킹스 파크로 가는
CAT 버스를 탈 수 있는 교통의 요지이니 꼭 기억해두자.

노스브리지
마타가럽 브리지
Roe St
Perth Busport
퍼스 문화센터
야간 스퀘어
Claisebrook
Perth
McIver
이스트퍼스
웨스트퍼스
Perth Underground
머레이 스트리트 몰
헤이 스트리트 몰
Wellington St
퍼스 중심가
Wellington Square
세인트메리 대성당
스털링 가든
Elizabeth Quay
엘리자베스 키
총독 관저
Gloucester Park
킹스 파크
Elizabeth Quay Jetty
(사우스퍼스행)
대법원
Adelaide Terrace
트리니티 대학교
디 아일랜드
스완 벨 타워
Barrack Square Jetty
(스완밸리 · 프리맨틀 · 로트네스트 아일랜드행)
Riverside Dr
Narrows Bridge
헤이리슨 아일랜드
스완강
Swan River
캥거루 보호구역
Mill Point Rd
Mends Street Jetty
사우스퍼스
McCallum Park
Canning River
Sir James Mitchell Park
퍼스 동물원
Mill Point Rd
빅토리아 파크
0　330m
사우스퍼스

TIP
일반 시내버스를 무료로 탈 때는
프리 트랜짓 존(FTZ)에 속하는지
반드시 확인하세요. ▶ P.180

01

헤이 스트리트 몰 & 머레이 스트리트 몰

Hay Street Mall & Murray Street Mall

퍼스에서 만나는 런던

보행자 전용 도로인 두 거리를 중심으로 약 500m 반경이 퍼스에서 가장 번화한 쇼핑가다. 데이비드 존스 백화점, 마이어 백화점, 카리용 시티 등의 모던한 쇼핑센터에는 현지인은 물론 여행자에게 필요한 편의시설이 다 모여 있다. 쇼핑 아케이드 중에서는 1937년에 지은 런던 코트London Court가 유명하다. 영국 튜더 왕조의 건축양식을 재현한 것으로 15~16세기 영국 런던 거리를 그대로 옮겨놓은 듯한 분위기다. 바로 옆에는 트리니티 교회와 홀, 학교 등 4개 동의 건물로 이루어진 트리니티 아케이드Trinity Arcade가 있다. 퍼스 초창기 쇼핑 아케이드의 아기자기한 상점가도 구경하고 사진도 남겨보자.

지도 P.183 **가는 방법** 퍼스 언더그라운드역 바로 앞, 레드 캣 86번 정류장 (Perth Underground Station) 하차
주소 647 Hay St **운영** 05:00~21:00(일요일 11:00부터)
홈페이지 londoncourt.com.au

02
엘리자베스 키
Elizabeth Quay

근교 여행의 출발지

퍼스는 다양한 도시 개발 프로젝트로 쉴 새 없이 발전하는 도시다. 대표적인 예가 영국 여왕 엘리자베스 2세에게 헌정하는 의미로 '엘리자베스 키'라는 이름을 붙인 항구다. 고층 빌딩과 현대적 조형물로 둘러싸인 이 지역은 2016년 완공 이후에도 계속 바뀌고 있다. 실제로 항구 기능도 하고 있어 강 건너편으로 가는 사우스퍼스행 페리와 로트네스트 아일랜드행 페리, 스완밸리행 유람선이 모두 이곳에서 출항한다. 또 바로 옆에 있는 엘리자베스 키 버스 정류장에서 블루 캣을 타면 킹스 파크로 갈 수 있다.

지도 P.183 **가는 방법** 퍼스 언더그라운드역에서 도보 10분, 블루·그린·퍼플 캣 1번 정류장(Elizabeth Quay) 또는 블루 캣 2번 정류장(Barrack Square) 하차

스완 벨 타워 *Swan Bell Tower*

전망대 역할을 겸하며 밤에는 화려하게 조명을 밝히는 82.5m 높이의 유리 종탑이다. 호주 건국 200주년을 기념해 런던의 교회 세인트마틴 인 더 필즈로부터 기증받은 종이 걸려 있다. 매주 목요일과 일요일 오후 12~1시에 타종 행사를 한다.

주소 Barrack Square, Riverside Dr **운영** 수~일요일 10:00~16:00 **요금** 일반 $15, 타종 행사 참여 $22 **홈페이지** thebelltower.com.au

디 아일랜드 *The Island*

보행자 전용 다리인 엘리자베스 키 브리지를 통해 육지와 연결된 작은 섬이다. 1928년 플로렌스 허머스톤 건물 전체를 그대로 옮겨와 트렌디한 카페와 레스토랑으로 개조하고 어린이 놀이터도 만들었다.

주소 The Esplanade **운영** 11:30~늦은 저녁(주말 11:00부터) **홈페이지** theislandeq.com.au

⑬ 야간 스퀘어
Yagan Square

⑭ 퍼스 문화센터
Perth Cultural Centre

원주민 문화센터이자 교통 허브

퍼스 CBD 북쪽을 지나는 철로 때문에 완전히 고립되었던 노스브리지 지역의 통로 역할을 하는 광장으로, 퍼스 지역 원주민의 역사와 문화를 알리는 문화센터를 겸한다. 영국 식민지 정책에 대항했던 눙가Noongar 부족의 전사 이름을 따서 광장 이름을 지었다. 45m 높이의 디지털 타워에서 미디어 아트를 상영하며 시기에 맞춰 문화 행사도 개최한다. 2018년 문을 열었으나 팬데믹을 겪으며 몇몇 시설물을 폐쇄하는 등 다소 쇠퇴한 상황이라 밤에는 안전에 주의해야 한다.

서호주의 역사와 문화를 말하다

서호주의 주도다운 면모를 보여주는 문화 공간이다. 야간 스퀘어, 노스브리지와 연결된 광장을 둘러싸고 미술관과 박물관, 도서관, 극장 등이 밀집해 있다. 그중 웨스턴오스트레일리아 박물관에는 1891년에 설립해 토종 식물과 희귀 화석 등 800만 점 이상의 유물이 있다. 2020년에는 원주민 언어로 '많은 이야기'를 뜻하는 불라 바딥이라는 전시관을 개관했다. 몰입형 멀티미디어 기법을 이용해 서호주 역사와 문화를 효과적으로 전달해 어린이와 함께하는 가족 여행이라면 적극 추천한다.

지도 P.183 **가는 방법** 퍼스역에서 도보 5분, 블루 캣 5·19번 정류장(WA Museum) 하차
주소 Roe St **홈페이지** perthculturalcentre.com.au

- **웨스턴오스트레일리아 박물관 불라 바딥**
  WA Museum Boola Bardip
  운영 09:30~17:00 **요금** $15
  홈페이지 visit.museum.wa.gov.au
- **웨스턴오스트레일리아 아트 갤러리 Art Gallery of WA**
  운영 10:00~17:00 **요금** 화요일 무료
  홈페이지 artgallery.wa.gov.au

지도 P.183
가는 방법 퍼스역과 퍼스 버스포트 바로 옆, 레드·옐로 캣 67번 정류장(Perth Station) 하차
주소 Wellington St & William St **운영** 24시간

━━━━ TIP ━━━━

2023년 말부터 2025년까지 약 3년간 3500만 달러 규모의 재개발 프로젝트를 진행한다. 박물관과 미술관 관람에 부분적인 제약이 있을 수 있으니 방문 전 확인할 것.

05

킹스 파크
Kings Park

추천

📍 **지도** P.183
가는 방법 엘리자베스 키에서 버스로 20분, 블루 캣 26번 정류장(Kings Park) 하차 **운영** 24시간 **요금** 무료 **홈페이지** bgpa.wa.gov.au

퍼스 최고의 전망 공원

서울 여의도 면적의 1.5배에 달하는 4.06km²의 녹지를 식물원과 전망 공원으로 조성했다. 식물원에는 서호주 북부 킴벌리 지역에서 옮겨 심은 바오밥나무(현지에서는 보압 트리boab tree로 부른다)를 비롯한 3000여 종의 식물을 식재했다. 매년 9월경에는 한 달 동안 야생화 축제가 열리는데 이때 공원 풍경은 경이로움 그 자체다. 워낙 넓어서 전체를 다 보는 것은 사실상 불가능하고 킹스 파크에서 가장 높은 지대인 마운트 엘리자Mount Eliza 언덕 위주로 둘러보는 것을 추천한다. 블루 캣 버스 종점인 26번 정류장에 하차하면 전쟁 기념비State War Memorial까지 도보 5분 거리다. 여기서부터 카르타 가읍Kaarta Gar-up을 비롯한 여러 전망 포인트에서 스완강과 어우러진 퍼스 전망을 감상할 수 있다. 평일에는 인적이 드문 편이니 외딴 곳은 가지 않도록 주의할 것.

⑥ 마타가럽 브리지
Matagarup Bridge

⑦ 사우스퍼스
South Perth

브리지 클라임과 집라인 체험

중심가 동쪽의 이스트퍼스 지역과 스완강 건너편 옵터스 스타디움Optus Stadium(스포츠 경기장)을 연결하는 보행자 전용 다리다. 이 다리가 특별한 이유는 액티비티가 가능하기 때문이다.

마타가럽 브리지 클라임은 314개의 계단을 걸어 올라가 높이 72m의 스카이뷰 플랫폼 전망대를 구경한 다음 집라인을 타고 강변을 향해 약 400m를 날아 내려가는 액티비티다. 스카이뷰 플랫폼과 집라인을 같이 체험하는 데 총 2시간, 둘 중 하나만 선택하면 1시간 30분 걸린다. 낮에는 너무 더울 수 있으니 가격이 좀 비싸더라도 저녁 무렵에 체험하기를 추천한다.

📍
지도 P.183
가는 방법 레드 캣 79번 정류장(Matagarup Bridge) 하차 후 다리 건너편 출발 장소까지 도보 10분
주소 Camfield Dr
(Northern End of Burswood Park)
운영 예약제
요금 집라인+클라임 $165~185
홈페이지 zipclimb.com.au

퍼스시가 정면으로 보이는 전망 포인트

퍼스시와 교량으로 연결된 스완강 남쪽 도시다. 엘리자베스 키에서 페리를 타면 10분 만에 사우스퍼스의 강변 공원에 도착하는데, 공원 전체가 퍼스 CBD의 고층 빌딩을 정면에서 감상할 수 있는 전망 포인트다. 또 선착장에 내려 카페와 레스토랑이 늘어선 멘드 스트리트를 따라 5분만 걸어가면 퍼스 동물원이 나온다. 퍼스 중심가에서 가기 쉬워 현지 주민들에게 인기 있는 지역이며 전망 좋은 호텔도 여럿 있다.

📍
지도 P.183
가는 방법 엘리자베스 키에서 페리 타고 Mends Street Jetty 하차 **주소** Mends St Jetty, South Perth

⑧ 퍼스 동물원
Perth Zoo

⑨ 헤이리슨 아일랜드 추천
Heirisson Island

자연 친화적 동물원

1898년에 문을 연 주립 동물원이다. 동물의 생태에 맞도록 최대한 자연에 가까운 환경을 조성하기 위해 시멘트 케이지와 난간을 제거하는 등 장벽이 없는 동물원으로 거듭났다. 호주 토종 동물과 사자, 기린 등 다른 대륙에서 온 동물도 만날 수 있다. 퍼스의 여러 동물원 중 중심가에서 강을 건너 쉽게 갈 수 있다는 것이 장점이다.

지도 P.183 **가는 방법** 엘리자베스 키에서 페리 타고 Mends Street Jetty 하차 후 도보 10분
주소 20 Labouchere Rd, South Perth
운영 09:00~17:00 **요금** 일반 $38.10, 4~15세 $19.05
홈페이지 perthzoo.wa.gov.au

캥거루가 사는 섬

스완강 한복판의 작은 섬에는 웨스턴 그레이 캥거루 무리가 살고 있다. 제한된 공간이 아닌 넓은 들판에서 캥거루가 자유롭게 생활하는 모습을 볼 수 있다는 점이 특별하다. 이스트퍼스와 강 건너편 빅토리아 파크를 연결하는 다리인 코즈웨이 브리지Causeway Bridge 중간쯤에 주차장이 있고, 자전거 도로도 조성되어 있다.

지도 P.183 **가는 방법** 레드 캣 1번 정류장(WACA) 하차 후 도보 20분, 또는 중심가에서 자전거로 15분
주소 Heirisson Island Carpark, East Perth
요금 무료 **운영** 24시간 **홈페이지**
parks.dpaw.wa.gov.au/site/heirisson-island

TRAVEL TALK

귀여운 코알라와 기념 촬영 하기! 퍼스 근교에는 캐버샴 야생공원Caversham Wildlife Park이 있어요. 규모는 작지만 호주 토종 동물에 특화된 곳으로 캥거루 먹이 주기, 코알라와 웜뱃 안고 인증샷 찍기 등의 체험을 할 수 있어 인기가 많아요. 스완밸리를 다녀오면서 잠시 들르기에 적당해요.
가는 방법 퍼스에서 22km, 자동차로 30분 또는 대중교통(기차+버스)으로 1시간 **주소** 233 Drumpellier Dr, Whiteman **운영** 09:00~16:30
요금 일반 $35, 3~14세 $16 **홈페이지** cavershamwildlife.com.au

《 퍼스 맛집 》

헤이 스트리트 몰을 포함해 퍼스역과 퍼스 언더그라운드역 사이에 있는 레스토랑을 찾아보자. 퍼스역 북쪽 노스 브리지는 핫 플레이스가 많은 나이트라이프의 중심지이지만 야간에는 안전에 주의해야 한다.

립 & 버거 *Ribs & Burgers*

퍼스 CBD 한복판에 있어 가기 편하고 맛도 좋은 곳. 양고기와 돼지고기, 비프립 등을 판매한다. 앵거스 비프와 와규 비프를 블렌딩한 버거 패티는 육즙이 풍부하다.

위치 헤이 스트리트 몰과 야간 스퀘어 사이
유형 유명 맛집 **주소** Shop 24/140 William St
운영 11:00~21:00 **예산** 버거 $14~17, 립 $40~65
홈페이지 ribsandburgers.com

바시티 버거 *Varsity Burgers*

국내 예능 프로그램 〈꽃보다 청춘〉에 등장해 일명 '위너 버거'로 이름을 알린 노스브리지 대표 맛집. 푸짐한 미국식 버거가 주력 메뉴다. 스포츠 경기가 열리는 날 응원 장소로도 알려져 있다.

위치 노스브리지 중심
유형 유명 맛집
주소 94 Aberdeen St
운영 11:00~22:30
예산 $18~25
홈페이지 varsity.com.au

C 레스토랑 *C Restaurant*

특별한 날 찾아갈 만한 고층 빌딩 33층의 회전식 전망 레스토랑. 오후에는 하이 티 타임도 진행하고, 저녁에 가면 퍼스 전경과 석양을 감상할 수 있다.

위치 헤이 스트리트 몰 주변 **유형** 전망 맛집
주소 Level 33/44 St Georges Terrace
운영 런치 12:00~16:30, 디너 18:00~23:00
예산 코스 요리 $99~135 **홈페이지** crestaurant.com.au

아일랜드 브루 하우스
The Island Brew House

리틀 아일랜드 브루잉에서 생산한 수제 맥주와 음식을 파는 레스토랑이다. 부드러운 영국식 브라운 에일과 쌉쌀한 페일 에일 등 다양한 풍미의 수제 맥주를 주력으로 한다.

위치 엘리자베스 키 **유형** 브루어리 **주소** Elizabeth Quay **운영** 11:30~22:00 **예산** 단품 메뉴 $16~30
홈페이지 theislandeq.com.au

미스터 워커 레스토랑
Mister Walker Restaurant

엘리자베스 키에서 페리를 타고 스완강 건너편 선착장에 도착하면 인기 최고의 전망 레스토랑이 나온다. 파스타와 피시앤칩스, 스테이크는 물론 캥거루 고기도 주문할 수 있다. 하루 종일 영업한다.

위치 사우스퍼스 **유형** 전망 맛집 **주소** Mends St Jetty **운영** 12:00~23:30(금~일요일 08:00부터)
예산 단품 메뉴 $25~40 **홈페이지** mrwalker.com.au

돔 카페 *Dôme Cafe*

브런치 메뉴를 갖춘 퍼스 기반의 체인 카페. 헤이 스트리트 몰 부근에도 지점이 있고, 하루 종일 영업하며 공간이 넓은 편이라 부담 없는 곳을 찾을 때 적당하다.

위치 퍼스 CBD 및 도시 전역 **유형** 브런치 카페
주소 167 St Georges Terrace(Westralia Plaza)
운영 06:00~19:00 **예산** $15~20
홈페이지 domecoffees.com

TRAVEL TALK

여름밤을 즐기는 나이트 마켓

여름이 오면 금요일 밤을 장식하는 트와일라잇 호커스 마켓Twilight Hawkers Market이 열려요. 퍼스역 주변으로 거리를 가득 메운 노점에서는 푸짐한 호주 음식과 세계 각국의 다양한 길거리 음식을 체험할 수 있답니다. 로컬 밴드의 라이브 공연도 즐거운 볼거리이며, 크리스마스 시즌에는 조명을 밝혀 더욱 특별하게 변신해요.

가는 방법 퍼스 기차역 주변 **운영** 10~3월 금요일 저녁 **인스타그램** @twilighthawkersmarket

프리맨틀 & 퍼스 주변
Fremantle & Around Perth

퍼스 근교 로컬 투어

퍼스 도심을 벗어나 바다 쪽으로 향해보자. 서호주 초기 정착지로 출발한
프리맨틀은 아름다운 항구도시다. 새파랗게 반짝이는 인도양 바다와 깨끗한
해안선을 따라 퍼스 주변에만 19곳의 해변이 있다. 유난히 붉게 물드는 서해안의
저녁 노을을 배경으로 인증샷은 필수다.

프리맨틀

Fremantle

추천

서호주 역사를 품은 항구도시

스완강과 바다가 만나는 곳에 자리한 프리맨틀은 퍼스와 같은 시기인 1829년에 탄생한 도시다. 영국에서 온 죄수들이 건설한 프리맨틀 교도소(1859년), 서호주에서 가장 오래된 공공 시설인 라운드 하우스(1830년), 중심가의 타운 홀(1887년) 등 19세기 항구도시의 원형이 잘 보존되어 있다. 특히 프리맨틀 교도소는 강제 이주 역사와 유형지로서의 가치를 인정받아 시드니의 하이드 파크 배럭, 태즈메이니아의 포트 아서 등 11개 장소와 함께 '오스트레일리아 교도소 유적지Australian Convict Sites'로 유네스코 세계유산에 등재되었다. 한편 프리맨틀은 현지인들이 주말마다 놀러 가는 휴양지에 가깝다. 낭만적인 카페가 즐비한 카푸치노 스트립과 항구는 금요일 저녁과 토요일에 가장 붐빈다. 기차역을 기준으로 주요 명소는 1km 내에 있으므로 개인 차량이 없어도 걸어 다니며 충분히 구경할 수 있다. 빅토리아 키 페리 터미널에서 로트네스트 아일랜드행 페리가 출발한다.

피싱 보트 하버와 프리맨틀 항구 전경

유네스코 세계유산인 프리맨틀 교도소

비지터 센터 바로 옆에 있는 타운 홀

프리맨틀의 카페 거리, 카푸치노 스트립

프리맨틀 기차역

지도 P.191
가는 방법 퍼스에서 22km, 자동차로 20분, 기차로 30분(Fremantle Line 종점),
프리맨틀역에서 비지터 센터까지 도보 5분

❶ Fremantle Visitor Centre
주소 155 High St, Fremantle
문의 08 9431 7878
운영 평일 09:00~17:00, 주말 10:00~16:00
홈페이지 visitfremantle.com.au

프리맨틀에서 뭐 하고 놀지?
꼭 해봐야 할 특별한 경험 다섯 가지

호주 사람들에게 '프리오Freo'라는 애칭으로 불리는 프리맨틀의 즐길 거리는 매우 다양하다.
이왕이면 마켓이 열리는 주말에 가보자.

01 색다른 경험! 교도소 투어

1855년부터 1991년 폐쇄될까지 무려 136년간 교도소 기능을 한 프리
맨틀 교도소는 이제 프리맨틀을 대표하는 관광지로 거듭났다. 단순한
가이드 투어뿐 아니라 철창 안 죄수 체험, 지하 20m까지 내려갔다 오는
터널 투어, 담력 테스트를 겸하는 횃불 투어까지 다양한 체험을 할 수
있다. '탈출 불가(No Escape Cafe)'라는 재미있는 이름의 콘셉트 카페
도 운영한다.

가는 방법 비지터 센터에서 도보 7분
운영 09:00~17:00(수·금요일은 야간 투어 진행) ※예약 권장
요금 기본 투어(Convict Prison, Behind Bars) $23,
터널 투어(Tunnels Tour) $65, 횃불 투어(Torchlight) $29
홈페이지 fremantleprison.com.au

02 프리맨틀 마켓 & 포모 프리오에서
현지인 마켓 구경하기

프리맨틀 마켓Fremantle Markets은 1898년부터 명맥을 이어
오는 실내 재래시장이다. 처음 건축할 때부터 마켓 용도로 지
은 건물에서 각종 청과물과 다양한 먹거리를 판다. 프리맨틀
마켓이 문을 열지 않는 평일에는 푸드 코트와 각종 엔터테인
먼트 시설이 있는 모던한 쇼핑센터 포모 프리오Fomo Freo로
가면 된다. 두 곳 모두 타운 홀, 비지터 센터와 가깝다.

- **프리맨틀 마켓**
  가는 방법 비지터 센터에서 도보 5분 **운영** 금~일요일
  09:00~18:00 **홈페이지** fremantlemarkets.com.au
- **포모 프리오**
  가는 방법 비지터 센터 옆 **운영** 09:00~21:00
  홈페이지 fomofreo.com.au

03 하버뷰 맛집에서 피시앤칩스 먹기

어선이 드나들던 작은 항구 피싱 보트 하버에서 제일 유명한 집은
단연 시세렐로Cicerello's. 1903년 가장 좋은 자리에 터를 잡고
피시앤칩스 맛집으로 명성을 쌓았다. 통째로 구운 생선이나
칼라마리도 주문할 수 있다. 현재는 소규모 무료 수족관과 제트
보트 등 수상 레포츠까지 운영하는 종합 명소로 변신했다.

가는 방법 비지터 센터에서 도보 12분
운영 09:30~20:00
요금 음식 단품 메뉴 $20~30, 제트보트 $59부터
홈페이지 cicerellosjetadventures.com.au

04 로컬 크래프트 비어 맛보기

퍼스를 대표하는 브루어리 리틀 크리처Little Creatures는 언제나
축제 분위기! 홉을 다량 사용해 향과 아로마가 풍부한 미국식 페
일 에일로 유명해졌다. 널찍한 메인 공간인 그레이트 홀에서 맥
주와 음식을 즐기거나 본격적인 양조장 투어를 해도 좋다. 게이
지 로드 브루어리Gage Roads Brewery는 빅토리아 키 페리 터미널
옆(A-Shed)에 있어 항구 전망이 예술이다. 해 질 녘 야외 테라
스석 분위기도 괜찮다.

• **리틀 크리처**
　가는 방법 비지터 센터에서 도보 12분
　운영 그레이트 홀 11:00~늦은 밤(양조장 투어는 예약제)
　홈페이지 littlecreatures.com.au

• **게이지 로드 브루어리**
　가는 방법 프리맨틀역에서 도보 10분
　운영 11:00~23:30 **홈페이지** gageroads.com.au

05 서호주 해변에서 수영하기

프리맨틀 북쪽 해변까지 가볼 시간이 없을 때는 피싱 보트 하버 바
로 옆 배더스 비치Bathers Beach에서 가벼운 물놀이를 즐겨도 좋
다. 좀 더 남쪽의 사우스 비치South Beach는 개를 데려갈 수 있으
며 방파제를 따라 맑은 바다를 구경하기 좋다.

가는 방법 배더스 비치까지 비지터 센터에서 도보 15분,
사우스 비치까지 버스로 10분(South Terrace 하차) **운영** 24시간

쿼카가 사는 힐링의 섬

로트네스트 아일랜드 Rottnest Island

아름다운 해변과 깨끗한 만으로 둘러싸인 로트네스트 아일랜드는 현지인들이 '로토Rotto'라 부르며 즐겨 찾는 휴양지다. 약 11km 길이의 섬은 너무 크지도 작지도 않아서 하루 종일 재미있게 놀다 오기 적당한 규모다. 섬에 무려 63개의 해변이 있어서 특별한 계획 없이도 발길이 머무는 곳에서 물놀이를 즐기면 된다. 투어 상품이 아닌 개인 자유 여행으로 다녀올 수 있다.

ⓘ Rottnest Island Visitor Centre
주소 1 Henderson Ave(Main Jetty)
문의 08 9372 9730
운영 07:30~17:00(금요일 19:00까지) **요금** 섬 입장료 $20.50
※페리 티켓에 입장료 포함
홈페이지 rottnestisland.com

가는 방법

로트네스트 아일랜드행 페리는 섬과 가까운 프리맨틀에서 탑승하는 것이 가장 저렴하다. 아래 요금은 당일 왕복 기준이며 섬 입장료가 포함된 가격이다. 유모차 휴대는 무료지만 자전거를 휴대하면 별도 요금이 발생한다. 추가로 섬에서 1박을 하면 금액이 늘어난다. 방문 시기 및 업체에 따라 요금이 조금씩 달라지니 예매할 때 자세한 정보를 확인하자.

페리 출발 장소
❶ 프리맨틀 빅토리아 키(O'Connor Landing, B-Shed) ➤ **소요 시간** 30분 **요금** $70~90
❷ 퍼스 중심가 엘리자베스 키(Barrack Street Jetty) ➤ **소요 시간** 1시간 30분 **요금** $99~120
❸ 북쪽 힐러리스 항구(Hillarys Boat Harbour) ➤ **소요 시간** 45분 **요금** $70~90

페리 운행업체
시링크 로트네스트 아일랜드 sealinkrottnest.com.au ➤ 프리맨틀, 퍼스 출발
로트네스트 익스프레스 rottnestexpress.com.au ➤ 프리맨틀, 퍼스 출발
로트네스트 패스트 페리 rottnestfastferries.com.au ➤ 힐러리스 보트 하버 출발

섬 내 교통수단

자전거 Bicycles

선착장 바로 앞에 자전거 대여업체가 많으니 즉석에서 빌려도 되고, 페리 승선과 자전거 대여를 패키지로 구입하는 방법도 있다. 자전거를 타기 좋은 환경이지만 언덕이 꽤 많아 생각보다 힘들다. 추가 요금을 내더라도 전기 자전거 대여를 추천한다.
요금 $30~50 **홈페이지** experience.rottnestisland.com

셔틀버스 Island Explorer

섬의 주요 장소 19곳에 정차하는 셔틀버스가 30분 간격으로 운행한다. 티켓은 온라인으로 예매하거나 메인 버스 정류장에서 구입한다.
요금 $30 **홈페이지** australianpinnacletours.com.au

야생 쿼카 만나는 방법

쿼카를 어디서 볼 수 있을까? 페리에서 내려 선착장 오른편과 주변 마을에 특히 많다. 낮에는 주로 나무 그늘에서 쉬거나 잠을 자고 해 질 무렵부터 활발하게 활동한다. 섬 전체가 서식지이니 지도 속 쿼카 아이콘을 확인하자.
주의 사항 먹이를 주는 행위는 불법이며 질병을 옮길 수 있으므로 쓰다듬는 것도 절대 금물이다. 쿼카는 천성적으로 호기심이 많아 가만히 서 있으면 먼저 다가오기도 한다.

⑫ 코트슬로 비치
Cottesloe Beach

⑬ 스카버러 비치
Scarborough Beach

퍼스에서 해변 한 곳만 고르라면 여기!

따뜻한 날씨가 계속되는 서호주에서 해수욕은 일상이다. 보석처럼 맑고 투명한 인도양에 접해 있는 퍼스에는 도심에만 19개의 해변이 있는데, 풍경이 특히 아름다운 북부 해안가를 선셋 코스트Sunset Coast라고 부른다. 그중 가장 유명한 장소가 퍼스 출신 영화배우 히스 레저가 사랑한 코트슬로 비치다. 해변을 거닐다 보면 웅장한 건물 인디아나 티하우스가 눈에 띈다. 1990년대에 새로 지은 건물이지만 19세기 빅토리아 배스하우스풍으로 건축해 서호주 유산으로 등록되었다. 오션뷰 맛집이며 리모델링 후 재오픈할 예정이다.

📍 **지도** P.172
가는 방법 퍼스 중심가에서 14km, 자동차로 20분, 대중교통으로 40분, 코트슬로 기차역(Fremantle Line)에서 해변까지는 1.5km이니 걸어가거나 버스로 환승

서핑하기 좋은 해변과 비치 풀

브라이턴 비치Brighton Beach, 트리그 비치Trigg Beach와 함께 스털링시City of Stirling의 주요 해변으로 꼽힌다. 곧게 뻗은 모래사장이 유난히 넓고 깨끗하며 편의 시설까지 완벽해 현지인들이 즐겨 찾는다. 보통 호주 바다는 3월에 가장 따뜻하고 9월에는 꽤 추운 편인데 이곳에는 1년 내내 수영할 수 있도록 스카버러 비치 풀Scarborough Beach Pool이라는 야외 수영장을 만들어놓았다. 이 외에도 스네이크 피트Snake Pit로 불리는 스케이트 파크와 인공 암벽, 어린이 놀이터를 갖추었고, 깔끔하게 정비된 에스플러네이드에는 카페와 레스토랑이 즐비하다. 저녁 무렵 선셋 힐 언덕에서 석양을 감상해도 좋고, 일주일에 한 번씩 해변에서 열리는 야시장 선셋 마켓도 색다른 볼거리다.

📍
가는 방법 퍼스 중심가에서 15km, 자동차로 20분, 대중교통으로 50분, 스털링 기차역(Joondalup Line) 앞에서 해변까지 가는 버스로 환승

• **스카버러 비치 풀 운영** 평일 05:30~20:00, 주말 07:00~18:00 **요금** $8
홈페이지 stirling.wa.gov.au

• **선셋 마켓 운영** 목요일 또는 토요일 15:00~20:00
※오픈 정보는 인스타그램 확인
인스타그램 @scarborough_sunset_markets

④ 힐러리스 항구
Hillarys Boat Harbour

⑤ 웨스턴오스트레일리아 수족관
Aquarium of Western Australia(AQWA)

수족관도 보고 헬기 투어도 가능한 항구

행정구역상 준달럽시City of Joondalup에 속하는 퍼스 북부 항구. 수백 척의 요트가 정박해 있고 웨스턴오스트레일리아 수족관, 헬리콥터 투어 등 다양한 수상 액티비티를 즐길 수 있는 곳이다. 로트네스트 아일랜드행 페리를 이곳에서도 탑승할 수 있는데, 출항 횟수는 프리맨틀보다 적은 대신 주차가 무료라 개인 차량을 가져간다면 이곳에 주차하고 떠나는 것도 방법이다.

가는 방법 퍼스 중심가에서 23km, 자동차로 20분
주소 86 Southside Dr, Hillarys
홈페이지 hillarysboatharbour.com.au

서호주 해양 생물 다 모였다

현지에서는 '아쿠아'로 부르는 수족관. 1만 2000km에 달하는 서호주의 해안선을 5개 테마 존으로 재현해 호주에 특화된 해양 생물을 전시한다. 약 340만 리터의 바닷물을 채운 메인 수조와 상어가 머리 위로 헤엄쳐 다니는 100m 길이의 수중 터널이 인기 있다. 상어 수조에서 다이빙하거나 유리 보트를 타고 바다를 들여다보는 체험형 상품도 있다.

위치 힐러리스 항구 앞
주소 91 Southside Dr, Hillarys **운영** 09:00~16:00
요금 일반 $34, 3~15세 $19(체험 상품은 별도 예약)
홈페이지 aqwa.com.au

TRAVEL TALK

| 줄임말을 좋아하는 호주 사람들 | 호주 사람들은 단어 첫 글자를 따서 줄여 부르거나 별명 붙이는 걸 참 좋아해요. 퍼스에서도 예외는 아닌데, 프리맨틀을 프리오Freo라고 하는 게 대표적이죠. 풋볼 클럽 이름조차 프리오 도커스Freo Dockers라고 부를 정도니까요. 또 로트네스트 아일랜드는 '로토Rotto', 코트슬로 비치는 '코트Cott', 스카버러 비치는 '스캅스Scabs'라고 해요. 일상에서 자주 쓰는 용어니 기억해두세요. |

유람선 타고 다녀오는 와이너리 투어

스완밸리 Swan Valley

스완강 상류의 스완밸리는 1829년부터 포도 농사를 짓는 서호주에서 가장 오래된 와인 산지다.
도시와 가까워 방문하기 편하고 와이너리뿐 아니라 가족과 함께 갈 만한 아기자기한 매장이 많다. 개인 차량이
없다면 퍼스 중심가의 엘리자베스 키에서 유람선을 타고 갔다가 돌아올 때는 기차를 이용하는 것도 방법이다.

ⓘ Swan Valley Visitor Centre
주소 Meadow St & Swan St, Guildford WA 6055
문의 9207 8899
운영 09:00~16:00
홈페이지 swanvalley.com.au

가는 방법
① 자동차: 퍼스에서 25km, 25분 소요. 원하는 와이너리의 셀러
도어를 방문할 수 있어 가장 편리한 방법이다. 가는 길에 캐버샴
야생공원을 다녀와도 좋다.
② 기차: 퍼스역에서 20분 소요. 길포드 기차역Guildford
Station(Midland Line)에 내리면 비지터 센터까지 도보 10분
거리다. 2존 요금 적용.
③ 유람선: 캡틴 쿡 크루즈에서는 교통편처럼 이용할 수 있는
일반 크루즈와 함께 와이너리 투어가 포함된 프로그램도
운영한다. 요금은 편도 $45, 왕복 $60부터.
홈페이지 captaincookcruises.com.au

⊛ TRIP 01 ⊛ 전통 있는 와이너리 체험
스완밸리 추천 와이너리

스완밸리의 와이너리는 모두 40여 곳이다. 180년 전통의 샌달포드 와인
은 스완강 유역에 있어 유람선을 타고 간다. 스완밸리에서 가장 오래된
와이너리 부지에 지은 올리브 팜 와인은 테이스팅 룸과 치즈 숍을 같이
운영하며, 윈디 크리크 이스테이트는 정원이 아름답기로 유명하다.

샌달포드 와인 Sandalford Wine
주소 3210 W Swan Rd, Caversham **홈페이지** sandalford.com

올리브 팜 와인 Olive Farm Wines
주소 920 Great Northern Hwy, Herne Hill **홈페이지** olivefarmwines.com.au

윈디 크리크 이스테이트 Windy Creek Estate
주소 27 Stock Rd, Herne Hill **홈페이지** windycreekestate.com.au

· TRIP · 02
클래식한 버거 맛보기
알프레드 키친 *Alfred's Kitchen*

1946년 근처 공원에서 노점으로 시작해 메인 거리에 자리 잡은 스완밸리의 터줏대감이다. 토스트 안에 베이컨과 달걀, 치즈를 넣은 '알프레드 스페셜'과 파인애플과 마요 샐러드가 추가된 '하와이언 스페셜'이 대표 메뉴다. 우리나라 음식 프로그램 〈수요미식회〉에서 소개해 국내 여행자도 많이 찾는다.

주소 James St & Meadow St, Guildford
운영 평일 17:00~23:00, 주말 12:00~01:00
홈페이지 alfredskitchen.com.au

· TRIP · 03
초콜릿 제조 과정 체험
마거릿 리버 초콜릿 컴퍼니 *Margaret River Chocolate Company*

서호주의 또 다른 와인 산지인 마거릿강 유역에 본점이 있는 프리미엄 초콜릿 브랜드. 퍼스와 가까운 스완밸리에도 매장이 있다. 갖가지 모양의 초콜릿에 아이들 눈이 휘둥그레진다. 달콤한 음료와 디저트를 파는 카페도 있다.

주소 5123 W Swan Rd, West Swan
운영 09:00~17:00
홈페이지 chocolatefactory.com.au

· TRIP · 04
신선하고 달콤한 꿀맛!
하우스 오브 허니 *House of Honey*

현지에서 수확한 신선한 꿀을 마음껏 맛볼 수 있는 양봉원. 여행 기념품을 구입하기에도 적당하고, 카페에서 파는 데본셔 티와 케이크도 맛있다.

주소 867 Great Northern Hwy, Herne Hill
운영 10:00~17:00
홈페이지 thehouseofhoney.com.au

Road Trip

❶ 인포메이션
서호주 북쪽으로 올라갈수록 우기(10~3월)와 건기(4~9월)의 구분이 뚜렷해진다. 중간의 코럴 코스트 쪽은 4~10월, 완전한 열대지방인 최북단은 6~9월이 여행 적기다. 퍼스 경계선을 넘어가면 상어나 악어가 출몰할 가능성이 있으니 강이나 바다에 함부로 들어가지 말아야 한다.

➔ 가는 방법
란셀린 사막과 피너클스까지는 퍼스에서 데이 투어가 가능하고, 좀 더 멀리 가려면 장거리 자동차 여행을 해야 한다. 국립공원에는 편의 시설이 거의 없으니 항상 충분한 식량과 식수를 휴대하고 노지 캠핑도 대비해야 한다. 도로 폐쇄와 각종 비상 상황을 알려주는 공식 홈페이지(emergency.wa.gov.au)를 확인할 것.

진정한 서호주로 떠나는 시간

코럴 코스트 & 킴벌리
CORAL COAST &
THE KIMBERLY

협곡과 폭포, 광활한 평원이 기다리는 진짜 서호주를 퍼스 북부에서 만날 수 있다. 동부의 그레이트배리어리프와 비견되는 산호초 바다를 지나 '호주의 마지막 개척지'로 불리는 킴벌리까지 통과하면 비로소 노던테리토리에 도착한다. 짧게는 열흘, 길게는 수 주일 걸리는 여정이며 오프로드 경로가 다수 포함되어 있으니 사전 조사를 철저히 하고 자신에게 맞는 여행 계획을 세우도록 한다.

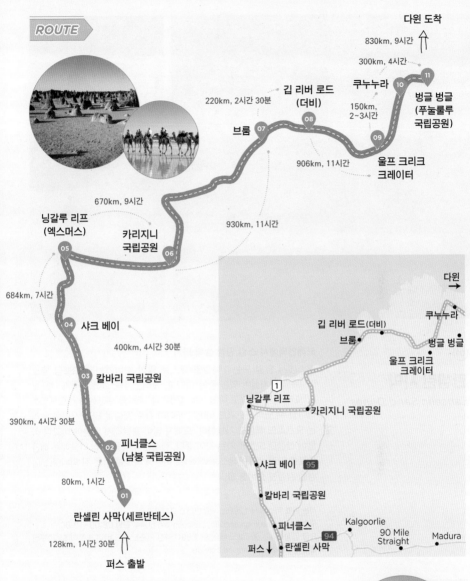

ROUTE

다윈 도착

830km, 9시간

300km, 4시간

쿠누누라 10 11 벙글 벙글
(푸눌룰루
국립공원)

220km, 2시간 30분 길 리버 로드
(더비)

08 150km,
2~3시간

브룸 07

09

울프 크리크
크레이터

906km, 11시간

닝갈루 리프 670km, 9시간
(엑스머스)

930km, 11시간

05 카리지니
국립공원

06

684km, 7시간

04 샤크 베이

400km, 4시간 30분

03 칼바리 국립공원

390km, 4시간 30분

02 피너클스
(남붕 국립공원)

80km, 1시간

01

란셀린 사막(세르반테스)

128km, 1시간 30분

퍼스 출발

다윈 →

쿠누누라

길 리버 로드(더비)

브룸 벙글 벙글

울프 크리크
크레이터

1

닝갈루 리프 카리지니 국립공원

샤크 베이 95

칼바리 국립공원

피너클스 Kalgoorlie

94 90 Mile
Straight Madura

퍼스 ↓ 란셀린 사막

서호주 북부의 주요 지명과 관광 포인트

코럴 코스트 ❶~❺
세르반테스에서 엑스머스까지 인도양을 따라 계속되는
1100km의 해안 지대

킴벌리 ❻~❿
가장 척박한 지역으로 알려진 북서부 일대,
중심 타운은 브룸

벙글 벙글 ⓫
푸눌룰루 국립공원의
중심 지형을 이루는 산맥

⓵ 란셀린 사막
Lancelin Sand Dunes

모래언덕에서 스릴 만점 썰매 타기

퍼스에서 당일 또는 1박 2일 코스로 많이 찾아가는 샌드보딩 명소다. 특별한 시설이 있는 것은 아니고, 모래언덕을 걸어 올라가 샌드보드(모래 썰매)를 타고 미끄러져 내려온다. 주차장 부근에서 샌드보드를 대여할 수 있다. 또 쿼드 바이크 투어나 특수 차량을 타고 사막을 달리는 오프로드 체험도 가능하다. 모래가 많이 흩날리기 때문에 비교적 바람이 잔잔한 오전에 가는 것이 좋다. 란셀린 사막을 즐긴 다음에는 해안 도로를 따라 세르반테스Cervantes로 이동해 숙소를 잡은 뒤 피너클스 야경을 감상할 준비를 한다.

📍
가는 방법 퍼스에서 128km, 세르반테스까지 87km
주소 Sandboarding Lancelin, Lancelin WA 6044 **운영** 08:00~19:00
요금 입장 무료, 샌드보드 대여 $12.50(1시간 기준), 쿼드 바이크 투어 $120부터
홈페이지 www.perthquad.com.au

▶ TRAVEL TALK

세르반테스에 간다면 랍스터를 먹어요!

남붕 국립공원 인근의 세르반테스는 퍼스에서 출발해 란셀린 사막, 피너클스와 함께 당일치기로 다녀오기 좋은 여행지입니다. 인도양으로 둘러싸인 작은 어촌에는 싱싱한 랍스터로 유명한 맛집이 있으니 꼭 방문해보세요.
랍스터 색 Lobster Shack
주소 37 Catalonia St, Cervantes WA 6511
운영 09:00~17:00
홈페이지 www.lobstershack.com.au

02

피너클스
(남붕 국립공원)

The Pinnacles
(Nambung
National Park)

사막의 신비한 돌기둥

남붕 국립공원에는 수천 개의 돌기둥이 서 있는 사막이 있다. 1650년 대에 이 지역을 항해하던 네덜란드 선원들이 고대 도시의 유적으로 착각했을 만큼 정교한 형상이다. 피너클스로 불리는 이러한 석회석 기둥은 매우 작은 것부터 3.5m까지 크기와 모습이 다양하다. 풍화 현상의 결과라고도 하고, 조개껍데기 등 칼슘 성분의 모래가 바람을 타고 날아와 형성됐다는 설도 있으나 정확한 생성 원인은 아직 밝혀지지 않았다. 사막을 가로질러 드라이브할 수 있도록 자동차 도로가 나 있으며, 잠시 주차하고 돌기둥 사이를 걸어보는 것도 가능하다. 일출이나 일몰 무렵, 그리고 밤하늘의 은하수를 볼 수 있는 저녁 시간대에 가면 더욱 특별한 풍경을 볼 수 있다. 비지터 센터가 문 닫은 이후에는 안전에 유의하고, 밤 9시 이전에는 국립공원을 나와야 한다.

가는 방법 퍼스에서 190km, 세르반테스에서 20km. 해안 도로인 60번 국도(Indian Ocean Dr) 방향에서 진입해야 한다.

❶ Pinnacles Desert Discovery Centre
주소 Nambung WA 6521 **문의** 08 9652 7913
운영 비지터 센터 09:30~16:30 **요금** 유료(국립공원 패스 준비)
홈페이지 visitpinnaclescountry.com.au

---- TIP ----

국립공원 방문 전 필독!
서호주 주요 국립공원은 입장료가 있으며, 한 곳 이상 방문할 계획이라면 1일권 대신 단기 패스(Holiday Pass) 구입을 추천한다. 1년짜리 연간 패스(All Parks Pass)도 있다. 입장권이나 패스는 국립공원 입구 또는 비지터 센터에서도 판매하지만 온라인에서 미리 구입하는 것이 편리하다. 패스는 미리 프린트해 차량 밖에서 잘 보이도록 대시보드 위에 올려놓아야 한다.
요금 1일 $17, 5일 $30, 14일 $50, 1개월 $70, 1년 $130 ※차량 1대 기준
구입처 shop.dbca.wa.gov.au

⑬ 칼바리 국립공원
Kalbarri National Park

서호주의 그레이트 오션 로드

해안 절벽과 내륙의 협곡을 골고루 감상할 수 있는 국립공원이다. 호주 1번 도로(A1 도로)를 타고 가다가 노스샘프턴Northampton에서 139번 도로를 따라 포트그레고리Port Gregory 방향으로 진입한다. 칼바리 마을까지 올라가는 동안 핑크 호수를 비롯해 아일랜드 록Island Rock, 내추럴 브리지Natural Bridge 등 해안 명소를 차례로 만나게 된다. 바람이 아주 심하게 부는 내륙 쪽 국립공원은 마을에서 하룻밤 묵고 아침 일찍 가는 것이 안전하다. 인터넷이 가능한 곳에서 홈페이지에 있는 지도를 미리 다운받아두면 편리하다.

 가는 방법 퍼스에서 590km, 자동차로 7~8시간

ⓘ **Kalbarri Visitor Centre**
주소 70 Grey St, Kalbarri WA 6536
문의 08 9937 1140
운영 06:00~18:00
요금 유료(국립공원 패스 준비)
홈페이지 kalbarri.org.au/plan/map

아일랜드 록 Island Rock

팟 앨리 Pot Alley

칼바리 국립공원 주요 포인트

100m 높이의 가파른 해안 절벽 지대. 전망 포인트마다 거센 파도와 바람에 침식된 독특한 형상의 바위를 볼 수 있다.

내추럴 브리지

핑크 호수 Hutt Lagoon

레드 블러프 Red Bluff

이글 협곡 Eagle Gorge

머치슨강Murchison River을 따라 80km 이어지는 협곡 지대. 고원지대의 전망 포인트에서 굽이굽이 흘러가는 물길이 내려다보인다. 마을 비지터 센터에서 11km 거리이며 진입로는 두 곳이다. 먼저 남쪽의 호크스 헤드 쪽을 본 다음, 카페 등 편의 시설이 있는 칼바리 스카이워크 쪽으로 이동한다. 둘 중 한 곳만 선택한다면 칼바리 스카이워크 쪽을 추천한다.

호크스 헤드 룩아웃 Hawks Head Lookout

로스 그레이엄 룩아웃 Ross Graham Lookout

Z 벤드 룩아웃 Z Bend Lookout

샤크 베이
Shark Bay

듀공과 돌고래가 헤엄치는 생태 여행지

호주 대륙 가장 서쪽 끝, 반도와 섬으로 이뤄진 샤크 베이는 멸종 위기에 처한 26종의 포유동물과 230종 이상의 조류가 서식하는 해양 생태계의 보고다. 특히 해초 군락이 없으면 생존할 수 없는 듀공dugong이 1만 마리 이상 군집을 이루어 살고 있다. 지역 전체가 여러 국립공원과 해양 공원으로 이루어져 있으며 1991년 유네스코 세계유산으로 등재됐다. 편의 시설은 주로 비지터 센터가 위치한 데넘 쪽에 모여 있으며, 멍키미아 쪽에도 리조트와 캠핑장이 몇 곳 있다. 바다 수영을 하기 좋은 계절은 12월부터 5월까지이고, 6~9월은 더위가 가시면서 밤에는 10℃, 낮에는 25℃ 내외의 쾌적한 기온이 유지된다.

⚲ 가는 방법 퍼스에서 데넘까지 822km, 자동차로 9~10시간, 또는 비행기로 샤크 베이 공항(MJK)까지 2시간

ⓘ Shark Bay World Heritage Discovery & Visitor Centre
주소 53 Knight Terrace, Denham WA 6537 **문의** 08 9948 1590
운영 평일 09:00~16:30, 주말 10:00~14:00
요금 유료(국립공원 패스 준비)
홈페이지 sharkbay.org/place/monkey-mia

셸 비치
Shell Beach

무수히 많은 조개껍데기로 뒤덮인 아름다운 해변이다. 약 10m 두께로 쌓인 코클cockle(새조개) 껍데기가 영롱하게 반짝이는 샤크 베이의 바다 색과 환상적인 조화를 이룬다. 페론반도를 육지와 연결하는 잘록한 지협(Taillefer Isthmus)에 해변이 있어서 돌고래를 보러 가는 길에 잠깐 들르기 좋다.

⚲ 주소 Shark Bay Rd, Francois Peron National Park

멍키미아
Monkey Mia

페론반도 끝에 자리한 프랑수아 페론 국립공원Francois Peron National Park에서는 돌고래와 인간이 교감하는 모습을 볼 수 있다. 1960년대에 한 어부가 일을 마치고 돌아오는 길에 큰돌고래bottle- nosed dolphin에게 먹이를 던져준 것을 계기로 돌고래와 인간의 만남이 60년 이상 이어지게 된 것이다. 샤크 베이에 서식하는 2000여 마리의 돌고래 중 약 300마리가 국립공원 동쪽 해안에서 먹이를 구한다. 보통 오전 7시 45분부터 12시 사이에 도착하는 돌고래 무리에게만 선착순으로 3회에 걸쳐 먹이를 주기 때문에 고래 체험 시간은 돌고래가 해변에 출몰하는 시간에 따라 달라진다. 개별적으로 먹이를 주거나 허락 없이 돌고래를 만지는 행위는 불법이다. 만약 수영할 때 돌고래가 50m 이내로 접근하면 물 밖으로 나와야 한다.

현지에서 길을 물어볼 때는 꼭 '몽키마이어'라고 발음해주세요!

📍 **주소** Monkey Mia Conservation Park Visitor Centre(Monkey Mia Jetty)
운영 07:00~15:00(돌고래 체험을 원한다면 오전 일찍 방문할 것) **요금** 1인당 $15

TRAVEL TALK

살아 있는 고대의 화석

샤크 베이의 하멜린 풀Hamelin Pool은 스트로마톨라이트stromatolite를 전 세계에서 가장 많이 관찰할 수 있는 지역이에요. 스트로마톨라이트는 지구 최초의 생명체로 알려진 시아노박테리아cyanobacteria의 광합성 침전물과 부유 물질이 뒤섞여 돌처럼 자라난 것이에요. 샤크 베이가 유네스코 세계유산으로 지정된 것도 스트로마톨라이트와 밀접한 연관이 있죠. 하지만 아쉽게도 2021년 사이클론으로 호숫가의 보드워크가 파괴되어 예전처럼 가까이 접근하는 것은 어려워졌어요. 퍼스와 가까운 레이크 클리프턴에 가면 이와 흡사한 트롬볼라이트를 볼 수 있으니 궁금하다면 그곳을 방문해보세요. ▶ P.167

닝갈루 리프
Ningaloo Reef

고래상어와 헤엄치고 산호초를 만나고

약 300km에 걸친 해안을 따라 450종 이상의 해양 생물과 250종의 산호가 서식해 2011년 유네스코 세계유산으로 등재된 보호구역이다. 보통 산호초는 해안으로부터 멀리 떨어져 있지만 닝갈루 리프의 산호초는 해안과 가까운 프린징 리프fringing reef(안초岸礁)에 해당한다. 덕분에 배를 타고 멀리 나가지 않고 수심 2.4m 안팎의 얕은 바다에서 스노클링을 하는 것만으로도 색색의 산호초와 열대어를 볼 수 있다. 만타레이manta Ray(쥐가오리)나 고래상어whale shark 같은 거대한 해양 생물과 어울려 수영하는 투어 상품도 있어서 여러모로 인기가 높은 관광지다. 중심 타운인 엑스머스와 코럴 베이에 다양한 편의 시설이 몰려 있다. 여행 시기는 5~10월이 적기다.

가는 방법 퍼스에서 1250km, 비행기로 리어몬스 공항(LEA)까지 2시간

ⓘ Ningaloo Aquarium and Discovery Centre
주소 2 Truscott Cresent, Exmouth WA 6707
문의 08 9949 3070 **운영** 평일 08:30~16:30, 주말 09:00~16:30
홈페이지 ningaloocentre.com.au

 닝갈루 리프 투어 업체
Exmouth Dive and Whalesharks Ningaloo

닝갈루 리프에서 참여 가능한 투어를 진행하는 업체. 시즌별로 볼 수 있는 해양 생물이 달라지니 일정에 따른 상품 내용을 정확하게 확인할 것.
홈페이지 exmouthdiving.com.au
고래상어와 수영하는 시즌 3~7월
혹등고래 크루즈 시즌 8~11월
스노클링 및 스쿠버다이빙 시즌 3~11월

⑥

카리지니 국립공원
Karijini National Park

천연 풀에서 즐기는 물놀이

켜켜이 쌓인 25억 년 전의 기반암이 오랜 세월 동안 침식하며 형성된 협곡으로 이루어진 국립공원이다. 열대기후와 사막기후가 혼합된 변덕스러운 날씨 때문에 우기에는 천둥번개를 동반한 폭우가 쏟아지거나 낮 기온이 40℃까지 치솟기도 한다. 대신 건기인 5~9월에 방문하면 암벽을 타고 흘러내린 폭포수가 만들어낸 천연 풀에서 수영할 수 있다. 데일스 협곡Dales Gorge 근처의 서큘러 풀Circular Pool과 포테스큐 폭포Fortescue Falls, 그리고 북서쪽의 해머슬리 협곡Hamersley Gorge 폭포가 특히 유명하다. 총면적이 6274km²에 달해 서호주에서 두 번째로 넓은 국립공원으로 대부분 비포장도로다. 국립공원 안에도 비지터 센터가 있는데 구글맵에서는 지름길인 비포장도로로 안내할 확률이 높다. 따라서 입구 쪽 마을인 톰프라이스를 먼저 찾아가서 메인 도로인 카리지니 드라이브Karijini Dr를 따라가다가 데일스 협곡으로 가는 길(Dales Dr)로 접어드는 방법을 추천한다.

📍
가는 방법 퍼스에서 1400km,
엑스머스Exmouth에서 680km

ℹ️ **Tom Price Visitor Centre**
(국립공원 외부)
주소 1 Central Rd, Tom Price WA
6751 **운영** 평일 08:30~17:00,
주말 08:30~12:30

ℹ️ **Karijini Visitor Centre**
(국립공원 내)
주소 Banjima Dr, Karijini WA 6751
문의 08 9189 8121
운영 09:00~16:00
요금 유료(국립공원 패스 준비)
홈페이지 parks.dpaw.wa.gov.au/
park/karijini

하이라이트

북서쪽 구역
• 해머슬리 협곡 Hamersley Gorge

중앙 구역
• 위노 협곡 Weano Gorge
• 핸드레일 풀 Handrail Pool
• 조프리 협곡 Joffre George
• 녹스 협곡 Knox Gorge

북동쪽 구역
• 데일스 협곡 Dales Gorge
• 서큘러 풀 Circular Pool
• 포테스큐 폭포 Fortescue Falls

⑦

브룸(루비비)
Broome(Rubibi)

해변을 걷는 낙타 행렬

브룸은 킴벌리 지역의 중심 마을로 진주 생산지로 유명했다. 인구는 1만 1500명에 불과하지만 여행 성수기인 6~8월에는 유동 인구가 폭발적으로 증가한다. 퍼스나 다윈 등의 대도시로부터 수천 km 떨어져 있어 큰마음 먹고 찾아가야 하지만 볼거리가 다양해 여행지로 충분하다. 여기서부터 푸눌룰루 국립공원까지는 약 850km로 척박한 킴벌리 지역을 지나야 한다. 적어도 4박 5일 일정이 필요하다.

가는 방법 퍼스에서 2240km, 비행기로 브룸 공항(BME)까지 2시간 30분

❶ Broome Visitor Centre
주소 1 Hamersley St, Broome WA 6725 **문의** 08 9195 2200
운영 평일 09:00~16:00, 토요일 09:00~13:00 **휴무** 일요일
홈페이지 visitbroome.com.au

- -

케이블 비치
Cable Beach

백사장이 22.5km 이어지는 케이블 비치에서는 인도양 너머로 저무는 강렬한 황금빛 노을을 배경으로 이국적인 낙타 행렬을 목격하게 된다. 투어는 오전, 늦은 오후, 석양 무렵으로 나누어 진행하며 성수기에는 예약을 권장한다. 단, 바다거북 산란기인 10~2월에는 해변 진입이 통제되기도 한다.

❶
주소 Broome Camel Safaris, Lot 303 Fairway Dr
운영 08:00~20:00 **휴무** 일요일
요금 석양 투어(1시간) $85,
낮 투어(30분) $45 **홈페이지**
broomecamelsafaris.com.au

갠시엄 포인트
Gantheaume Point

브룸 서쪽에 위치한 곳으로, 중생대 백악기 지층이 드러나는 썰물 때 브론토사우루스와 스테고사우루스 등 공룡 발자국 화석을 볼 수 있는 장소로 유명하다. 화석을 보려면 바닷물이 빠져야 하므로 구글에서 'Broome Tide Times'를 검색해 물때에 맞춰 가야 한다.

주소 Gantheaume Point Rd
운영 24시간

스트리터스 제티
Streeter's Jetty

1897년경부터 진주를 채취하는 돛단배가 정박하던 초창기의 부두. 보드워크를 따라 늪지에서 자라는 맹그로브 수풀 사이로 걸어 들어가면 부두 끝이 나온다. 요즘도 부두로 사용하는데 밀물 때는 바닷물에 잠기는 경우도 있다.

주소 9 Dampier Terrace
운영 24시간

> **TIP**
>
> 브룸은 보름달이 떠오를 때 갯벌에 달빛이 반사되면서 마치 달로 올라가는 계단처럼 보이는 '스테어케이스 투 더 문Staircase to the Moon' 현상으로 유명하다. 3월에서 10월까지 한 달에 2~3일 관측된다.

≪ 브룸 맛집 ≫

케이블 비치 하우스 *Cable Beach House*

케이블 비치의 석양을 바라보며 여유를 즐길 수 있는 해변 레스토랑.

유형 바 & 레스토랑 **주소** Cable Beach Rd W
운영 평일 12:00~23:00, 주말 07:00~23:00(키오스크 06:00~19:00)
※시즌별 상이 **홈페이지** www.cablebeachhouse.com.au

맷소 브룸 브루어리
Matso's Broome Brewery

망고 비어, 아이스-핫 칠리 비어, 무알코올 진저 비어 등 특색 있는 로컬 맥주를 맛볼 수 있다.

유형 브루어리 **주소** 60 Hamersley St
운영 11:00~21:00 **홈페이지** matsos.com.au

브룸 코트하우스 마켓
Broome Courthouse Markets

브룸 법원 정원에서 정기적으로 열리는 주말 마켓과 목요일 저녁의 나이트 마켓이 있다.

유형 마켓 & 푸드 트럭 **주소** 8 Hamersley St
운영 주말 08:00~13:00 **인스타그램** @broomemarkets

깁 리버 로드
Gibb River Road

사륜구동 차량은 필수!

울퉁불퉁한 황톳길을 끝없이 달려야
한다. 대부분 구간이 고르게 정비되어
있으나 간혹 움푹 파인 웅덩이에
빠지기도 하고, 비가 온 직후에는
진흙탕으로 변하기도 한다. 따라서
사륜구동 차량이 필수이며 우기는
피하는 것이 안전하다.

서부의 영원한 아웃백

서호주 서쪽 해안부터 노던테리토리와의 주 경계선까지 킴벌리의 오지
를 관통하는 660km의 오프로드다. 원래는 아웃백에서 키우던 소 떼를
항구까지 몰고 가던 목동들의 이동 경로였는데, 시대가 변하면서 오프
로드 마니아를 설레게 하는 여행지가 되었다. 도로 시작 지점인 더비의
비지터 센터에서 현장 상황에 대한 정보를 얻을 수 있다. 오프로드 운전
이 어렵다면 윈자나 협곡 투어(유료)에 참여해도 된다.

가는 방법 브룸에서 223km

ⓘ Derby Visitor Centre
주소 30 Loch St, Derby WA 6728 **문의** 08 9191 1426
운영 평일 08:30~14:00, 토요일 08:30~12:00 **휴무** 일요일
홈페이지 www.derbytourism.com.au

보압 감옥 나무
(쿠누무지)
Boab Prison Tree(Kunumudj)

메인 도로인 더비 하이웨이에서 깁 리버 로드로 갈라지는 분기점에 수령이 1500년 된 거대한 바오밥나무(일명 보압 나무)가 눈길을 사로잡는다. 풍선처럼 부풀어 오른 둥치 한쪽에 깊은 구멍이 나 있는데 원주민을 가두는 용도로 사용했다는 일화가 전해온다.

가는 방법 더비에서 7.5km
주소 Boab Prison Tree Rd, Off Derby Highway, Derby, 6728

윈자나 협곡
(반딜간 국립공원)
*Windjana Gorge
(Bandilngan National Park)*

약 3억 5000만 년 전 고생대 데본기에 형성된 석회암 지대인 네이피어 산맥의 일부로 약 3.5km 길이의 협곡이다. 레너드강Lennard River 양쪽으로 30~100m 높이의 깎아지른 듯한 절벽이 솟아 있다. 강에는 민물 악어가 서식하는데 바다악어와 달리 공격성이 적은 편이라고는 하나 각별한 주의가 필요하다. 홍수가 발생하면 폐쇄될 수 있으니 출발하기 전 더비에서 상황을 파악할 것.

가는 방법 더비에서 145km
주소 Fairfield-Leopold Downs Rd, Wunaamin Miliwundi Ranges WA 6728
요금 유료(국립공원 패스 준비)

터널 크리크
(디말루루 국립공원)
*Tunnel Creek
(Dimalurru National Park)*

물이 흐르는 깊이 750m의 거대한 석회암 동굴(일명 박쥐의 동굴) 안을 걸어볼 수 있다. 주차장에서 동굴 입구까지는 쉽게 갈 수 있으며, 동굴 안에 조명이 없어 랜턴을 준비해야 한다. 동굴 안에서 갑자기 박쥐가 날아오르는 경우가 있으니 놀라지 말 것.

가는 방법 더비에서 180km, 윈자나에서 35km
주소 Tunnel Creek Walk, King Leopold Ranges WA 6728
요금 유료(국립공원 패스 준비)

벨 협곡(달마니)
*Bell Gorge
(Dalmanyi)*

깁 리버 로드에서 가장 유명한 협곡으로, 킹레오폴드산맥에서 물이 흘러내린다. 주차장에서 1km가량 들어가야 하며, 다소 가파른 트레일 초입을 지나면 아름다운 충충 폭포를 만나게 된다. 붉은색 바위로 둘러싸인 천연 풀에서 수영을 즐길 수도 있다.

가는 방법 더비에서 250km
주소 Silent Grove Rd, Wunaamin Miliwundi Ranges WA 6728
요금 유료(국립공원 패스 준비)

⑨ 울프 크리크 크레이터
Wolfe Creek Crater

세계에서 두 번째로 큰 운석 분화구

약 30만 년 전에 5만 톤 이상의 운석이 떨어져 생성된 거대한 분화구다. 지름 880m로 거의 완벽한 원형을 이루고 있다. 원주민은 이 분화구를 '칸디말랄Kandimalal'이라고 불렀으며 뱀이 승천하면서 생긴 흔적이라고 믿는다. 200m의 워킹 트랙을 따라 분화구 가장자리까지 걸어 올라가면 믿기지 않을 만큼 거대한 분화구의 규모를 체감할 수 있다. 편의시설이 전무하니 오지 캠핑을 준비하고 가야 한다.

가는 방법 메인 도로(A1 도로)에서 홀스크리크Halls Creek 마을 직전에 나오는 Tanami Rd로 진입(비포장도로라 150km 가는 데 2~3시간 소요)
주소 Wolfe Creek Meteorite Crater National Park, WA 6770
요금 무료

TIP

서호주와 노던테리토리의 시차는 1시간 30분이며,
두 주 모두 일광절약시간제는 실시하지 않는다.

---

⑩ 쿠누누라
Kununurra

서호주와 노던테리토리의 경계

서호주의 마지막 마을로 불리는 쿠누누라는 인공 담수호(전체 유역 면적 4만 6100km²)인 아가일 호수 덕분에 망고와 멜론 같은 열대 과일을 재배할 수 있는 사막 지대다. 주 경계선까지는 불과 37km로, 퍼스보다 오히려 노던테리토리의 주도 다윈과 더 가깝다. 벙글 벙글(푸눌룰루 국립공원)로 향하는 거점이라서 겨울철에는 방문자가 제법 많고 여행자를 위한 편의 시설이 충분하다. 마을과 가까운 곳에 작은 공항이 있으며, 벙글 벙글 상공을 선회하고 돌아오는 항공 투어를 할 수도 있다.

가는 방법 더비에서 906km, 자동차로 11시간(가장 빠른 경로를 선택했을 때) / 다윈에서 830km, 자동차로 9시간 또는 비행기로 이스트 킴벌리 리저널 공항(KNX)까지 1시간

ℹ Kununurra Visitor Centre
주소 75 Coolibah Dr, Kununurra WA 6743
문의 08 9168 1177
운영 평일 09:00~16:00, 토요일 09:00~13:00
휴무 일요일
홈페이지 visitkununurra.com

⑪ 벙글 벙글(푸눌룰루 국립공원) [추천]
Bungle Bungles(Purnululu National Park)

아름답고 신비한 바위 산맥

푸눌룰루 국립공원 중심에 벙글 벙글이 솟아 있다. 약 2000만 년에 걸쳐 침식된 원추형 돔(바위산)이 작은 산맥을 이룬 것이다. 유네스코 세계유산으로 등재된 유명한 관광지이나 비지터 센터 이외의 편의 시설은 전혀 없으므로 본격적인 여행을 위해서는 차박 준비를 하고 최소 2~3일 일정을 잡아야 한다. 여행 최적기는 대체로 맑은 날씨가 계속되는 6~8월이다. 낮 최고 기온은 30℃까지 올라가고 새벽에는 15℃ 이하로 기온이 떨어질 정도로 일교차가 심해 반드시 따뜻한 옷을 챙겨 가야 한다. 열대사바나기후 특성상 폭우가 쏟아지는 12~3월에는 국립공원이 폐쇄된다.

가는 방법 쿠누누라에서 300km, 최소 4시간 소요. 첫 250km는 포장도로인 그레이트 노던 하이웨이 (A1 도로의 일부)지만 마지막 53km는 오프로드(Spring Creek Track)라서 사륜구동 차량으로만 갈 수 있다. 안전을 고려한다면 인근 마을 쿠누누라에서 출발하는 투어에 참여하는 것이 좋다.

❶ Purnululu Visitor Centre
문의 08 9168 7300 **운영** 4월~11월 중순(우기에는 폐쇄), 비지터 센터 08:00~16:00
요금 유료(국립공원 패스 준비) **홈페이지** parks.dpaw.wa.gov.au/park/purnululu

벙글 벙글을 제대로 감상하는 방법
워킹 트랙 걸어보기

힘들게 푸눌룰루 국립공원까지 왔는데 벙글 벙글을 가까이 볼 기회를 놓칠 수는 없다. 따가운 햇살과 샌드플라이로부터 몸을 보호할 준비를 철저히 하고 놀라운 자연 속으로 걸음을 내딛어보자.

● 돔 워크 Domes Walk

벙글 벙글은 콘 카르스트(카르스트의 지표면이 침식되어 원추 형태로 남은 것) 형성 과정을 그대로 보여주는 생생한 교과서다. 산화철 성분에 의한 주황색과 시아노박테리아 성분의 검은색이 수평 층리를 형성한 바위 표면을 자세히 관찰하고 싶다면 돔 워크를 걸어보자.

난이도 중 **가는 방법** 왕복 700m, 1시간 이상

● 커시드럴 협곡 Cathedral Gorge

쉴 새 없이 흘러내리는 물줄기로 인한 침식작용으로 연약한 사암이 무너져 내리면서 형성된 천연 앰피시어터다. 마치 웅장한 성당 내부에 서 있는 듯한 공간감이 느껴진다. 한쪽 구석에서 소리를 내면 바로 옆에서 나는 소리처럼 가깝게 들린다.

난이도 하 **가는 방법** 왕복 2km, 1시간

● 피카니니 크리크 룩아웃 Piccaninny Creek Lookout

광활한 초원 위에 솟아오른 벙글 벙글의 시그너처 풍경을 사진 찍을 수 있는 곳이다. 폭우가 쏟아지면 일대가 계곡으로 변했다가 건기에는 바닥이 완전히 드러난다. 거세게 소용돌이치는 물살에 닳아 반들반들해진 바위를 밟고 맨 끝까지 걸어가면 전망 포인트가 나온다.

난이도 중하 **가는 방법** 왕복 2.8km, 1시간

● 에키드나 캐즘 Echidna Chasm

희귀종 야자수(Livistona palms)가 자라는 계곡 초입을 지나 계속 걸어가다 보면 길이 점점 좁아지면서 거대한 암벽 사이로 사람 한 명이 겨우 통과할 만한 틈새가 나온다. 정오 무렵에 맞춰 가면 이 사이로 빛이 새어 들어오면서 협곡 전체가 붉게 물드는 장면을 볼 수 있다.

난이도 중
가는 방법 왕복 1.6km, 1시간 미만

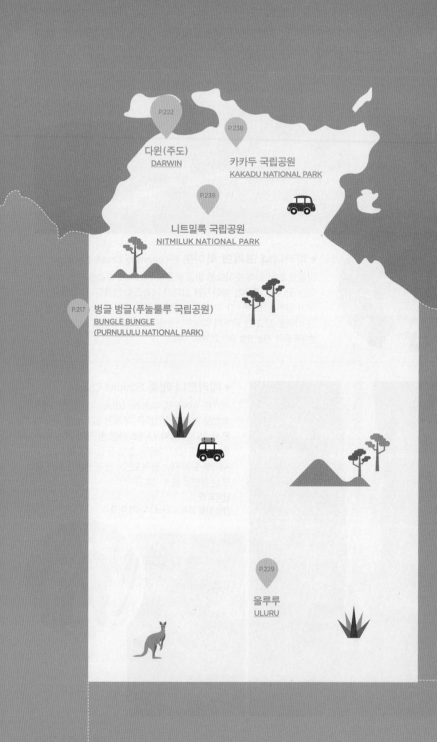

노던테리토리
NORTHERN TERRITORY

서호주와 퀸즐랜드주에 이어 호주에서 세 번째로 면적이 넓은 노던테리토리가
주state로 승격되지 못하고 준주territory로 남은 이유는 인구수가 적기 때문이다. 항구도시인
다윈을 제외하면 내륙 쪽은 미개척의 오지인 아웃백outback이다. 다윈과 다른 주요 도시와의
엄청난 거리에서 알 수 있듯이 고립된 지역이 대부분이라 비행기로 가는 것이 가장 적합하다.
비록 척박한 환경이지만 테리토리안Territorian으로 불리는 노던테리토리 주민들은 특유의 원주민
문화와 향토색을 고스란히 간직하며 살아가고 있다. 대도시와는 사뭇 다른 분위기와
자연환경을 경험할 수 있는 머나먼 그곳으로 특별한 여행을 떠나보자.

INFO

인구	254,300명(호주 8위)
면적	134만 7791km²(호주 3위)

시차	한국 시간+30분(서머타임 없음)
홈페이지	northernterritory.com(노던테리토리 관광청)

다윈을 알면 아웃백이 더 가까워진다!

노던테리토리 주도 다윈Darwin

다윈(원주민어: 골롬메르드젠Gulumerrdgen)은 '파 노스Far North' 또는 '가장 끝Top End'이라고 부르는 국토의 최북단에 자리 잡고 있다. 인도네시아 발리에서 다윈까지는 비행기로 2시간 45분, 시드니에서는 4시간 걸린다. 자국 내 다른 대도시보다 오히려 발리나 파푸아뉴기니 등과 더 가까워 남태평양 휴양지의 색채가 강하게 느껴진다. 방문객은 대부분 동남아시아로 휴가를 떠나거나 서호주 로드 트립을 준비하는 관광객, 또는 애들레이드에서 기차를 타고 3박 4일간 호주 대륙을 종단한 여행자들이다.

낭만적인 항구 워터프런트

다윈의 날씨는?

사계절이 아닌 우기와 건기로 나뉘는 열대기후다. 낮에는 따스한 햇살이 비치고 밤에는 시원한 6~9월이 가장 쾌적하다. 우기인 11~2월에는 폭우를 동반한 사이클론 때문에 홍수 피해가 자주 발생한다.

다윈에는 왜 낡은 건물이 없을까?

다윈은 무려 네 차례에 걸쳐 도시가 파괴된 비운의 도시다. 제2차 세계대전 당시 일본군이 다윈을 폭격한 다윈 공습Bombing of Darwin(1942년 2월 19일 오전 9시 58분)과 1897년, 1937년, 1974년 세 번에 걸친 사이클론 수해가 도시의 근간을 송두리째 흔들어놓았다.

다윈 중심가에는 뭐가 있을까?

다윈 CBD에는 워터프런트Waterfront로 불리는 해변 공원과 수영 시설, 스토크스 힐 워프Stokes Hill Wharf 선착장이 있다. 충분히 걸어 다닐 수 있는 거리인데 주요 장소를 오가는 무료 셔틀버스를 이용하면 편리하다. 비지터 센터에서 시작되는 보행자 전용 도로 더 몰The Mall 근처에 관광객을 위한 편의 시설이 집중되어 있으며, 무시무시한 바다악어를 볼 수 있는 크로코사우루스 코브 수족관은 비지터 센터에서 도보 8분 거리다.

ⓘ Top End Visitor Information Centre
주소 6 Bennett St, Darwin City NT 0800
문의 1300 138 886 **운영** 평일 09:00~16:30, 주말 10:00~14:00 **홈페이지** tourismtopend.com.au

다윈에서 수영하려면 여기! 인공 라군

유람선이 출발하는 스토크스 힐 워프

보행자 전용 도로, 더 몰

아찔한 수족관, 크로코사우루스 코브

다윈의 대표 해변

중심가에서 가까운 거리순으로 대표적인 해변을 꼽으면 컬렌 베이Cullen Bay(리조트 단지), 이스트 포인트East Point(다윈 군사 박물관 소재지), 민딜 비치Mindil Beach, 나이트클리프Nightcliff 등이다. 특히 민딜 비치에서는 4~11월 매주 목~일요일에 성대한 나이트 마켓이 열린다. 서쪽 해안은 아름답게 물드는 저녁노을을 감상하기 좋지만 간혹 바다악어와 상어가 출몰하기 때문에 입수는 불가능하다. 해변에서는 주변 사람들의 행동을 보고 신속한 판단을 하도록!

컬렌 베이

이스트 포인트

민딜 비치

나이트클리프

호주 대륙의 근원

울루루-카타 추타 국립공원
Uluṟu-Kata Tjuṯa National Park

다윈과 애들레이드에서 약 1500km 지점, 호주 대륙 정중앙에 위치한 지역을 '레드 센터Red Centre'라고 부른다. 대지가 온통 붉은색으로 물든 그곳에는 거대한 바위산 울루루와 카타 추타가 우뚝 솟아 있다. 노던테리토리 서쪽 사막의 원주민 아난구Anangu 공동체의 성지이자 유네스코 세계유산이다. 백인들이 붙인 지명인 '에어즈 록'과 '마운트 올가'에서 원주민이 수천 년간 불러온 '울루루'와 '카타 추타'라는 본래 이름을 되찾았고, '신성한 땅을 밟지 말아달라'는 원주민의 호소를 무시한 채 강행하던 울루루 등반도 2019년부터 전면 금지되었다. 찾아가는 길이 멀고 험해도 햇빛 방향에 따라 변화무쌍하게 달라지는 붉은 바위가 신성함과 경외심을 느끼게 한다.

Follow Check Point

ℹ **Uluru-Kata Tjuta Cultural Centre**
위치 울루루 옆
주소 Uluru Rd, Uluru NT 0872
문의 08 8956 1128
운영 계절별 일출·일몰 시간에 따라 변경
홈페이지 parksaustralia.gov.au/uluru

✅ 울루루-카타 추타 국립공원은 노던테리토
리의 다른 국립공원 패스를 사용할 수 없어 따
로 입장료를 내야 한다. 3일간 유효한 기본 패
스가 $38이며, 비지터 센터에서 요청하면 2일
간 연장해주기도 한다. 연간 패스는 성인 $50,
18세 이하 무료다. 온라인으로 미리 구입했다
면 프린트하거나 휴대폰에 저장해두었다가 게
이트에서 제시한다. 현장 구매도 가능하다.

울루루-카타 추타 국립공원

울루루-카타 추타 국립공원 실전 여행

울루루와 카타 추타라는 2개의 국립공원을 단일 국립공원처럼 관리한다. 지역 전체가 원주민의 성지로 지정되어 여행자를 위한 편의 시설은 극히 제한적이다. 장거리 여행자는 보통 465km 떨어진 앨리스스프링스Alice Springs를 베이스캠프 삼아 국립공원으로 출발한다. 하지만 개인 차량을 이용하는 것이 아니라면 울루루에서 25km 떨어진 율라라Yulara의 에어즈 록 공항까지 비행기를 타고 오는 것이 여러모로 경제적이다.

ACCESS

● 비행기로 가기

시드니, 케언즈, 브리즈번에서 앨리스스프링스 공항Alice Springs Airport(ASP) 또는 에어즈 록 공항Ayers Rock Airport(AYQ)까지는 비행기로 2시간 30분에서 3시간 정도 소요된다. 앨리스스프링스 공항이 규모가 크고 운항 편수도 많으며 렌터카 회사도 여러 곳 있다. 에어즈 록 공항은 규모가 작은 대신 공항에서 율라라 리조트까지 셔틀버스를 운행해 렌터카를 빌리지 않아도 여행이 가능하다. 또 항공기가 이착륙할 때 하늘에서 울루루를 내려다볼 수 있다는 것이 장점이다.

앨리스스프링스 공항
주소 Santa Teresa, Rd, Alice Springs NT 0871 **홈페이지** alicespringsairport.com.au
에어즈 록 공항
주소 Yulara NT 0872

● 기차로 가기

남호주와 노던테리토리를 연결하는 간 트레인Ghan Tain은 애들레이드에서 다윈까지 3박 4일 걸리는 대륙 종단 기차다. 25시간 동안 기차를 타고 가면서 하룻밤 보내고 앨리스스프링스 기차역Alice Springs Railway Station에서 약 5시간 동안 정차한다. 이때 경비행기를 타고 울루루를 잠깐 다녀오는 연계 투어를 이용할 수 있다.
주소 George Crescent, Ciccone NT 0870 **홈페이지** journeybeyondrail.com.au

● 버스로 가기

앨리스스프링스에서 울루루-카타 추타 국립공원으로 이동할 때는 주변 숙소에서 픽업해 에어즈 록 리조트에 내려주는 관광버스를 이용하는 것이 효율적이다. 당일치기로 다녀오는 투어도 있으나 거리가 멀기 때문에 요금 대비 가성비가 떨어진다.
요금 편도 $190~210
홈페이지 AAT 킹스 aatkings.com, 에무런 익스피리언스 emurun.com.au

● **자동차로 가기**

앨리스스프링스를 기준으로 애들레이드는 1600km, 다윈은 1534km 거리다. 두 도시를 잇는 유일한 대륙 종단 도로인 스튜어트 하이웨이(A87)는 전체가 포장도로이긴 하지만 아웃백을 지나가야 하기에 상당히 고된 여정을 각오해야 한다. 애들레이드에서 출발했을 때 중간에 들를 만한 곳으로는 쿠버 페디가 있다. ▶ P.157

PLANNING

● **DAY 1**

기차나 비행기로 메인 타운인
❶앨리스스프링스에 도착해 렌터카를 빌린다. 5~6시간 정도 달려
❷울루루에 도착하면 저녁 무렵이 되니 전망 포인트에서 석양을 감상하는 것으로 하루를 마무리한다. 숙소는 율라라 주변 리조트나 캠핑장을 예약해둔다.

● **DAY 2**

이튿날 새벽에 일출을 보고 울루루 주변을 탐방했다면 50km 떨어진
❸카타 추타를 다녀오자. 헬리콥터 투어와 원주민 문화 체험 등 에어즈 록 리조트에서 진행하는 프로그램에 참가해도 좋다.

● **DAY 3**

사륜구동 SUV 차량이라는 전제 하에
❹와타르카 국립공원(킹스 캐니언)과
❺웨스트맥도넬 국립공원을 차례로 들르고 앨리스스프링스로 돌아온다. 총 660km의 먼 길이라 새벽 일찍 출발해야 한다. 중간 지점인 킹스 캐니언 리조트에서 투숙하거나 하룻밤 캠핑할 수도 있다.

알고 가면 좋아요
울루루 여행 시 주의 사항

❶ 사진 촬영

호주 원주민의 성지로 엄격하게 관리하는 울루루에서는 방문 규정을 준수해야 한다. 접근이 허용된 구역도 사진 촬영은 금지인 경우가 많으니 항상 입구의 표지판을 확인할 것. 암각화나 원주민을 촬영하는 행위는 절대 금물이다.

❷ 날씨 & 복장

그늘이 전혀 없는 울루루-카타 추타 국립공원에서는 당일 기온이 36℃ 이상 예상될 경우 오전 11시부터 등산로 출입을 통제한다. 가장 더운 시간은 오후 4시경이니 가급적 오전에 트레킹을 마친다. 물과 비상식량을 반드시 지참하고, 샌드플라이에 물리지 않으려면 모자에 부착하는 플라이 넷fly net을 착용하는 것이 좋다. 여행 적기는 비교적 날씨가 서늘한 5~9월이며, 북부 열대지방과 달리 추위에 대비해 겉옷도 챙겨야 한다.

❸ 운영 시간

국립공원 개장 시간은 계절별로 일출과 일몰 시간에 따라 달라진다. 여행 성수기인 6~7월에는 오전 6시 30분부터 오후 7시 30분까지, 8월에는 오전 6시부터 오후 7시 30분까지 운영한다. 해가 긴 10~2월에는 오전 5시부터 오후 9시까지 문을 열기도 한다.

❹ 내비게이션 경로 설정

메인 도로인 A87(Stuart Hwy)과 A4(Lasseter Hwy) 도로는 안전하고 평탄한 길이지만 되도록 야간 운전은 피하는 것이 좋다. 대부분 통신이 두절되기 때문에 오프라인 구글맵을 사용해야 하는데, 비포장도로로 안내할 수 있으니 항상 표지판을 확인하도록 한다. 휘발유 가격은 앨리스스프링스 쪽이 저렴하고 국립공원과 가까워질수록 비싼 편이다.

①

울루루(에어즈 록)

Uluru(Ayers Rock)

TIP

관람 포인트마다 주차장이 있다. 개인 차량이 없으면 에어즈 록 리조트에서 울루루 또는 카타 추타로 출발하는 셔틀버스(hop-on-hop-off)를 이용해 다닐 수 있다.
홈페이지 uluruhoponhopoff.com.au

태고의 신비를 간직한 붉은 산

거대한 돔 형상으로 솟아오른 울루루는 높이 348m, 둘레 10km에 달하는 단일 암체(巖體)로 이루어진 바위산이다. 까마득한 지평선 너머로 서서히 모습을 드러내기 시작해 가까이 다가갈수록 엄청난 규모가 체감된다. 사진이나 영상으로는 크기와 오묘한 색을 제대로 가늠하기 어렵고, 직접 가서 보라는 말밖에는 달리 설명할 길이 없다.

울루루가 붉은빛을 띠는 것은 풍화작용의 결과다. 철분이 빗물과 산소에 노출되면서 산화 현상이 발생하고, 바위산을 구성하는 장석 사암의 주요 성분인 칼륨, 나트륨, 칼슘이 점토화되면서 붉은빛을 내는 것이다. 실제로 암반 지대 안쪽에서는 풍화되지 않고 회색으로 남아 있는 부분을 확인할 수 있다. 균일한 바위 표면에는 빗물로 인해 움푹 파인 구멍만 있을 뿐 갈라진 부분이 전혀 없다는 점도 특이하다.

가는 방법 율라라 에어즈 록 리조트에서 25km, 자동차로 20분
주소 Uluru Rd, Uluru NT 0872

문화센터 *Cultural Centre*

피전자라Pitjantjatjara 부족과 양쿤자라Yankunytjatjara 부족의 역사와 전통문화, 땅을 지배하는 규범 추코르파Tjukurpa에 대해 배울 수 있는 문화센터다. 내부 촬영은 금지이며 화장실, 기념품점과 식음료를 파는 매점이 있고 인포메이션 센터를 겸한다.
주차 Cultural Centre **운영** 07:00~18:00 **요금** 무료

울루루 베이스 워크 *Uluru Base Walk*

바위산 주변을 걸어서 돌아보는 것이 웅장한 단일 암체의 아름다움을 체감할 수 있는 가장 좋은 방법이다. 전체를 한 바퀴 걷는 것은 매우 힘드니 어느 정도 걷다가 돌아올 것. 오전에는 서쪽의 에어즈 록 클라임 주차장에서 출발하고, 오후에는 남쪽의 쿠니야 주차장에서 출발해야 뜨거운 햇빛을 조금이라도 피할 수 있다.
주차 Ayers Rock Climb Carpark 또는 Kuniya Carpark **트레킹** 10.6km, 도보 3시간 30분 **난이도** 중

말라 워크 *Mala Walk*

말라 부족이 울루루에 도착해 삶의 터전으로 삼았다는 곳. 트랙을 따라 걸으며 원주민의 벽화를 관람하고, 둥근 파도 모양으로 움푹 파인 칸추 협곡Kantju Gorge까지 걸어간다. 5~9월 오전 10시에는 공원 관리인이 설명해주는 무료 투어를 진행한다.
주차 Mala Carpark **트레킹** 왕복 2km, 도보 1시간 30분~2시간 **난이도** 하

쿠니야 워크 *Kuniya Walk*

고대 설화에 등장하는 물뱀 와남피Wanampi의 서식처였다는 무티줄루 워터홀Mutitjulu Waterhole까지 걷는 코스. 걸으면서 보게 되는 암각화에는 울루루 탄생 설화가 그림으로 묘사되어 있다. 여성을 상징하는 얼룩무늬 비단뱀 쿠니야Kuniya와 남성을 상징하는 푸른빛의 독사 리루Liru 간의 전투에 관한 내용이다.

주차 Kuniya Carpark **트레킹** 왕복 1km, 도보 45분 **난이도** 하

탈링구루 냐쿤차쿠 전망대 일출 & 일몰 포인트
Talinguru Nyakunytjaku Sunrise & Sunset Viewing

대표적인 일출 명소는 울루루 남동쪽 탈링구루 냐쿤차쿠 전망대다. 울루루와 카타 추타 국립공원이 겹쳐 보이는 특별한 위치다. 저녁에 가면 카타 추타 쪽으로 해가 지는 광경을 볼 수 있다. 태양 위치에 따라 빛깔이 달라지는 바위산이 가장 붉게 물드는 시간은 석양 무렵이다. 저녁노을을 감상할 수 있는 포인트는 여러 곳인데, 그중에서 지는 해를 등지고 울루루를 바라보는 위치인 '선셋 뷰잉'을 선택하면 다채로운 색의 뚜렷한 변화를 목격할 수 있다.

주차 Talinguru Nyakunytjaku Carpark, Uluru Car Sunset Viewing

카타 추타
(마운트 올가)
Kata Tjuta(Mount Olga)

평원 위에 솟아오른 3개의 봉우리

원주민어로 '여러 개의 머리'를 뜻하는 카타 추타는 남성을 상징하는 장소다. 울루루와 달리 역암 성분을 함유한 바위들이 풍화, 침식 작용을 거듭하며 약 3억 년 전에 깊은 골짜기를 형성했다고 한다. 총 36개의 바위가 3개의 돔을 이루고 있는데, 공동체의 전통 규율 추코르파에 따라 바위 전체를 하나의 성소로 받들기 때문에 바위 일부를 부분 촬영하는 것조차 금지한다. 하나뿐인 화장실은 선셋 뷰잉 쪽에 있다.

ℹ️ **가는 방법** 율라라 에어즈 록 리조트에서 50km, 자동차로 45분
※장소마다 같은 이름의 주차장이 있다.
주소 Kata Tjuta Rd, Petermann NT 0872

바람의 계곡
Valley of the Winds

거대한 바위틈 사이를 걸어볼 수 있다는 것이 카타 추타의 특별한 매력이다. 첫 번째 전망 포인트(카루 룩아웃Karu Lookout)까지는 어렵지 않게 갈 수 있으나, 계곡 아래쪽으로 내려가는 두 번째 전망 포인트(카링가나 룩아웃Karingana Lookout)부터는 경사가 심해진다. 전체를 한 바퀴 걷는 트레킹 코스는 풀 서킷 워크Full Circuit Walk라고 한다.

ℹ️
• **카루 룩아웃** **난이도** 중 **거리** 왕복 2.2km **소요 시간** 1시간
• **카링가나 룩아웃** **난이도** 중 **거리** 왕복 5.4km **소요 시간** 2시간 30분
• **풀 서킷 워크** **난이도** 중 **거리** 총 7.4km **소요 시간** 4시간

왈파 협곡 워크
Walpa Gorge Walk

'바람'이라는 뜻을 가진 왈파 협곡의 그늘과 계곡은 척박한 토양에 사는 동물들의 안식처 역할을 한다. 경사가 서서히 심해지다가 작은 계곡을 지나면 호주 특유의 관목인 스피어우드spearwood 군락지가 나타난다. 돌길로 이루어진 트랙의 난이도는 꽤 높은 편이지만 걸어볼 만한 길이다.

ⓘ
난이도 중상 **거리** 왕복 2.6km **소요 시간** 1시간

듄 전망대
Dune Viewing

울루루에서 카타 추타로 가는 26km 지점에 있는 전망 포인트. 멀리 울루루와 카타 추타가 보인다. 보드워크를 설치해 이 지대의 토양과 동식물을 자세히 관찰할 수 있으며, 카타 추타 너머로 지는 석양을 감상하는 포인트이기도 하다. 암석의 색 변화를 보고 싶다면 카타 추타 선셋 뷰잉으로 가면 된다.

ⓘ
난이도 중상 **거리** 왕복 2.6km **소요 시간** 1시간

와타르카 국립공원
(킹스 캐니언)
Watarrka National Park
(Kings Canyon)

아찔한 사암 절벽 지대

거대한 협곡으로 유명한 국립공원이다. 주차장에서 절벽 위로 올라가는 캐니언 워크Canyon Walk(6km)를 걸어야 전체 풍경이 제대로 눈에 들어오지만 이보다 짧은 크리크 워크Creek Walk에서도 그 규모를 짐작해볼 수 있다. 국립공원 안에 편의 시설은 거의 없으며 입구에 리조트 겸 캠핑장이 있다. 울루루-카타 추타 국립공원과 앨리스스프링스 사이의 우회 도로에 위치해 오가는 데 상당한 시간이 걸리기 때문에 캠핑장에서 하루 묵는 것도 괜찮다.

📍
가는 방법 앨리스스프링스에서 450km
주소 Kings Canyon Resort, Luritja Rd, Petermann NT
운영 24시간(방문 적기는 4~9월) **요금** 유료(국립공원 패스 준비)
홈페이지 nt.gov.au/parks/park-pass

와타르카 국립공원으로 가는 세 가지 길

스튜어트 하이웨이 Stuart Highway
450km, 5시간
87번 도로(Stuart Hwy)-4번 도로(Lasseter Hwy)-
3번 도로(Luritja Rd)를 경유하는 경로로, 일반 차량 진입이 가능하다.

라라핀타 드라이브 Larapinta Drive
342km, 9시간
웨스트맥도넬 국립공원에서 진입하는 비포장도로이며 메르니 루프 로드Mereenie Loop Rd의 일부다. 레인저 스테이션 또는 킹스 캐니언 리조트에서 패스를 구입해 통과해야 한다.

어니스트 길스 로드 Ernest Giles Road
291km, 7시간
스튜어트 하이웨이 중간 지점과 연결된 지름길. 비포장도로다.

엘러리 크리크

오미스턴 협곡

심슨스 갭

(04)

웨스트맥도넬
국립공원(초릿자)

West MacDonnell
(Tjoritja)

가는 방법 심슨스 갭까지 17km
주소 Simpsons Gap Visitors Centre, Burt Plain NT 0872
운영 24시간(방문 적기는 4~9월)
요금 유료(국립공원 패스 준비)
홈페이지 nt.gov.au/parks/park-pass

협곡과 절벽이 어우러진 절경

원주민어인 '초릿자'라는 지명을 공식적으로 병기하고 있으며, 현지에서는 '웨스트맥'이라는 별명으로 불린다. 웨스트맥도넬은 앨리스스프링스 서쪽을 지나는 산맥으로 국립공원 안에는 계곡과 워터 홀 water hole(물웅덩이)이 많아 천연 풀에서 수영하는 멋진 경험이 가능하다. 사계절 물이 고이는 심슨스 갭Simpsons Gap에는 토종 멀가mulga 나무 숲을 비롯한 식물군과 멸종 위기종인 블랙 록 왈라비 같은 희귀종 야생동물이 서식한다. 더 깊숙한 곳에 자리 잡은 오미스턴 협곡 Ormiston Gorge이나 엘러리 크리크 빅 홀Ellery Creek Big Hole도 유명한 워터 홀이다. 도보 여행자들에게 인기가 많은 라라핀타 트레일Larapinta Trail은 앨리스스프링스의 전신국(동쪽)에서 출발해 마운트 손더Mount Sonder(서쪽) 정상까지 장장 223km 거리를 자랑한다. 라라핀타 트레일이 끝나는 지점인 마운트 손더 룩아웃Mount Sonder Lookout부터 킹스 캐니언까지는 비포장도로(Larapinta Dr)다.

앨리스스프링스
(음번트와)

Alice Springs
(Mparntwe)

TIP

개인 차량 없이 다니는 방법
시내 대중교통은 월~토요일에만
운행한다. 2025년 6월까지는 대중교통
이용이 무료다. 평상시에는 버스에서
현금을 내고 일회용 승차권($3)이나
1일권($7)을 구입한다.
노던테리토리 교통 정보 nt.gov.au/
driving/public-transport-cycling

사막의 오아시스

남회귀선이 지나는 레드 센터의 구심점이자 3만 년 동안 원주민들이 살
아온 삶의 터전이다. 1872년에 유럽인들이 전신국을 세우면서 본격적
인 개발이 시작되었으며, 1860~1930년에 낙타 몰이꾼들이 수백 마리
의 낙타를 이끌고 아웃백의 루트를 개척하면서 외부에 알려졌다. 주로
아프가니스탄에서 건너와 일명 '간Ghan'으로 불린 인력이 1929년 애들
레이드-앨리스스프링스 구간을 따라 아프간 익스프레스 철도를 건설
했다. 이후 2004년에 다윈까지 총연장 2979km의 대륙 종단 루트로 발
전했다. 앨리스스프링스의 메인 도로인 토드 몰Todd Mall에 편의 시설
과 크고 작은 갤러리가 모여 있고 안작 힐ANZAC Hill에 올라가면 타운
전체가 내려다보인다. 타운 북쪽으로 30km 지점에는 남회귀선 기념탑
Tropic of Capricorn이 있다.

ℹ Alice Springs Visitor Information Centre
가는 방법 다윈에서 1496km **주소** 41 Todd Mall, Alice Springs NT 0870
문의 08 8952 5800 **운영** 평일 08:00~17:00, 주말 09:30~16:00
홈페이지 discovercentralaustralia.com

남회귀선 기념탑

울루루 숙소

앨리스스프링스는 선택지가 다양하지만 율라라는 숙소가 적어
몇 달 전에 예약이 마감된다. 개인 차량이 없는 경우는 셔틀버스를 운행하는
에어즈 록 리조트에서 묵는 것이 무난하다.

에어즈 록 리조트 *Ayers Rock Resort*

사막에서의 글램핑, 독채 캐빈, 일반 호텔, 저렴한 모텔급 숙소와 캠핑장까지 고루 갖춘 최고급 리조트다. 투숙객과 일반 관광객을 위한 다양한 투어는 물론 리조트 내에서 여러 문화 체험도 진행하는 등 사실상 울루루-카타 추타 국립공원 관광의 헤드쿼터 역할을 겸한다.

유형 캠핑장부터 5성급 호텔까지
주소 170 Yulara Dr, Yulara **문의** 1300 134 044
홈페이지 ayersrockresort.com.au

앨리스스프링스 YHA *Alice Springs YHA*

배낭여행자를 위한 저가형 숙소. 접근성이 좋아 이용이 편리하다. 2인실을 예약하려면 욕실 포함 여부(en suite)도 확인할 것.

유형 백패커스 **주소** 26 Cnr Parsons St
문의 08 8952 8855 **홈페이지** yha.com.au

더 스테이 앳 앨리스 스프링스 호텔 *The Stay at Alice Springs Hotel*

투어업체에서 많이 이용하는 중저가형 관광 호텔로 시내 중심가에 있어 픽업이 용이하다.

유형 3성급 **주소** 11 Leichhardt Terrace, Alice Springs **문의** 08 8950 6666
홈페이지 stayatalicesprings.com.au

커틴 스프링스 스테이션 *Curtin Springs Station*

캠핑장과 중저가 모텔, 레스토랑, 편의 시설을 갖춘 목장이다. 울루루와 100km 거리라 율라라의 대안이 된다.

유형 3성급 **주소** Lasseter Highway, Petermann
문의 08 8956 2906
홈페이지 www.curtinsprings.com

얼던다 데저트 오크 리조트 *Erldunda Desert Oaks Resort*

스튜어트 하이웨이에서 울루루로 접어드는 길목에 있다. 비교적 최근에 지어 시설이 깔끔하다. 울루루까지 270km 거리다.

유형 3성급 **주소** Lasseter Highway, Ghan
문의 08 8956 0984
홈페이지 erldundaroadhouse.com

킹스 캐니언 디스커버리 리조트 *Kings Canyon Discovery Resorts*

고립된 지역에서 만나는 오아시스 같은 시설이다. 리조트 비용은 꽤 센 편이지만 퀄리티에 대한 기대는 접어야 한다. 캠핑장도 함께 운영한다.

유형 캠핑장부터 3성급 호텔까지
주소 Luritja Rd, Petermann
문의 08 7210 9600
홈페이지 kingscanyonresort.com.au

신비로움으로 가득!

노던테리토리의 또 다른 명소

리치필드 국립공원을 비롯해 유네스코 세계유산 카카두 국립공원,
13개의 협곡으로 이루어진 니트밀룩 국립공원 등 울루루와 다윈 사이에 분포한
노던테리토리의 숨은 명소를 알아보자.

TRIP 01 악어가 출몰하는 야생의 밀림
카카두 국립공원 *Kakadu National Park*

노던테리토리 동북부, 인간의 발길이 닿지 않은 마지막 오지 아넘 랜드
Árnhem Lánd의 관문이다. 광활한 면적(1만 9804km²)의 카카두 국립
공원을 관통하는 앨리게이터강Alligator River에는 거대한 바다악어가
헤엄치고, 늪지대에는 다양한 생명체가 공존한다. 4만 년 동안 애버
리지니 원주민의 삶의 터전이자 성지로 고대 암각화가 다수 발견되었
으며, 그 자연·문화적 가치를 인정받아 유네스코 세계유산으로 등재
되었다. 국립공원 중심부의 타운 자비루까지는 도로가 잘 정비되어 있
어 어렵지 않게 갈 수 있으나 저지대와 늪이 많아 사륜구동 차량으로만
접근이 가능하다. 다윈에서 가이드 투어로 방문하는 것을 고려해보자.

ⓘ **Bowali Visitor Centre**
가는 방법 다윈에서 250km
주소 Kakadu Hwy, Jabiru NT 0886
운영 24시간
요금 입장료 1인 $25(7일간 유효, 일반
국립공원 패스와 별도로 온라인 또는
인포메이션 센터에서 입장권 구입)
홈페이지
parksaustralia.gov.au/kakadu

아웃백이 열대를 만나는 곳

TRIP 02
니트밀룩 국립공원(캐서린 협곡)
Nitmiluk National Park(Katherine Gorge)

카카두 국립공원과 남쪽 경계를 공유하며, 자오안Jawoyn 원주민 부족의 영토로 '매미가 꿈꾸는 땅'을 의미한다. 무려 13개의 협곡으로 이루어져 있으며 캐서린 협곡이라는 이름으로 더 잘 알려져 있다. 애들레이드에서 출발하는 간 트레인이 캐서린 마을에 정차하고, 이곳에서 전망 포인트(Baruwei Lookout)까지는 고지 로드Gorge Rd를 따라 28km가량 들어가야 한다. 카누를 타고 4·6·9번째 협곡까지 깊숙하게 들어가거나 62km의 자트불라 트레일Jatbula Trail을 걸을 수도 있지만, 전망 포인트에서 경치를 감상하고 돌아오는 코스가 일반적이다.

가는 방법 다윈에서 345km **주소** Nitmiluk NT 0852
운영 24시간 **요금** 유료(국립공원 패스 준비)

(TIP)
국립공원 패스 준비
노던테리토리의 국립공원을
방문하려면 반드시 온라인에서
'파크 패스'를 구입해야 한다. 단,
울루루-카타추타 국립공원과 카카두
국립공원은 따로 입장료를 받는다.
요금 1일 $10, 2주 $30, 1년 $60
홈페이지 nt.gov.au/parks/park-pass

폭포 연못에서 즐기는 물놀이

TRIP 03
리치필드 국립공원 Litchfield National Park

다윈의 오아시스라 불릴 만큼 아기자기하고 아름다운 국립공원이다. 도로 사정이 좋고 여러 명소가 가까운 거리에 모여 있어 평소에도 물놀이와 피크닉을 하려고 찾아오는 사람이 많다. 스튜어트 하이웨이(A1)를 따라 달리다가 B30번 도로(Batchelor Rd)로 접어들어 웅장한 플로렌스 폭포를 찾아가자. 주차 후 60개의 계단을 걸어 내려가면 수영하기 좋은 천연 풀이 나온다. 높은 절벽 위에서 물이 쏟아지는 톨머 폭포Tolmer Falls, 메인 도로에서 비교적 쉽게 볼 수 있는 왕기 폭포Wangi Falls도 있다. 커다란 박쥐 떼가 매달린 나무를 보려면 불리 록홀Buley Rockholes에 주차한 후 플로렌스 크리크 트랙을 따라가면 된다.

가는 방법 다윈에서 155km
주소 Florence Falls Waterhole, Litchfield Park NT 0822
운영 24시간
요금 유료(국립공원 패스 준비)

TRIP 04

아웃백 여행자의 휴게소
달리 워터스 히스토릭 펍 *Daly Waters Historic Pub*

애들레이드와 다윈을 직선으로 잇는 스튜어트 하이웨이, 브룸과 케언스를 잇는 비포장도로 사바나 웨이의 분기점에 자리한, 노던테리토리에서 가장 오래된 펍이다. 아무것도 없던 황무지에 1930년에 주유소, 작은 마켓, 숙소가 들어서면서 아웃백 여행의 아이콘으로 자리 잡았다. 이곳을 거쳐 간 이들이 남긴 수많은 징표를 하나씩 읽어보는 재미가 쏠쏠하다.

가는 방법 앨리스스프링스에서 915km, 다윈까지 590km
주소 16 Stuart St, Daly Waters NT 0852
운영 07:00~23:00
홈페이지 dalywaterspub.com

TRIP 05

비바람과 시간이 조각한 바위 구슬
칼루 칼루(데블스 마블) *Karlu Karlu(Devils Marbles)*

아웃백 로드 트립이 지루해질 때쯤 비바람에 풍화되어 둥글둥글해진 바위의 집합체를 만나게 된다. 1870년에 탐험가 존 로스가 "악마가 주머니에서 대리석을 꺼내놓고 사라진 장소 같다"고 기록한 덕분에 '데블스 마블'이라는 지명이 붙었다. 본래는 원주민 알리야와레Alyawarre 공동체의 성지로, 2008년 영토 반환과 함께 '칼루 칼루'라는 제 이름을 되찾았다.

가는 방법 앨리스스프링스에서 412km
주소 Devils Marbles, Warumungu, NT 0852
운영 24시간

• TRIP • 06

태양이 만들어주는 온천수
마타랑카 온천 *Mataranka Thermal Pool*

엘시 국립공원Elsey National Park에 간다면 천연 온천에서 수영을 즐겨보자. 모래 바닥이 그대로 비쳐 보일 정도로 맑은 물이 에메랄드색을 띠는 건 미네랄 성분 때문이라고 한다. 지하 30~100m 깊이의 거대한 저장 공간에 가둔 지하수를 태양열이 덥혀 약 34℃의 온천수가 하루 3000만 리터씩 워터하우스강Waterhouse River과 로퍼 크리크Roper Creek로 흘러 들어간다.

가는 방법 다윈에서 420km **주소** 642 Homestead Rd, Mataranka NT 0852
운영 24시간 ※건기에만 방문할 것 **요금** 무료

• TRIP • 07

깨끗한 계곡에서 물놀이 즐기기
베리 스프링스 워터홀 *Berry Springs Waterhole*

제2차 세계대전 당시 군사 휴양지였던 곳으로, 지금은 누구에게나 개방한다. 베리 크리크Berry Creek에서 흘러온 맑은 물이 모여 수량이 풍부한 천연 풀을 형성한다. 근처의 크레이지 에이커(망고 농장)에 가면 방금 수확한 망고로 짜낸 신선한 주스를 맛볼 수도 있다.

가는 방법 다윈에서 47km
주소 Berry Springs Nature Reserve, Berry Springs NT 0837
운영 4~10월 08:00~18:30
휴무 우기 **요금** 무료

INDEX

☑ 가고 싶은 도시와 관광 명소를 미리 체크해보세요.

Photo Credits

1권 021 Heart Reef ©Tourism Australia; 026 Story Bridge Adventure Climb ©Tourism and Events Queensland; 027 SkyPoint Climb ©Tourism and Events Queensland; 028 RoofClimb Adelaide ©Tourism Australia; 028 Perth Matagarup Zip Climb ©Tourism Australia; 040 Skyrail Rainforest Cableway ©Tourism Australia; 047 Great Barrier Reef(Fitzroy Reef Lagoon) ©Tourism and Events Queensland; 051 Sea World Cruises ©Tourism and Events Queensland; 052 Exmouth Dive and Whalesharks Ningaloo ©Tourism Australia; 053 Sea Turtle ©Tourism Australia; 064 Melbourne Cup ©Tourism Australia/Time Out Australia; 070 Damper, Billy Tea images ©Tourism Australia

2권 032 Vivid Sydney ©Tourism Australia; 066 Bennelong(exterior ©Brett Stevens, food ©Nikki To); 089 Tyrrell's Wines ©Tourism Australia; 132 Parliament House(aerial view) ©Tourism Australia; 136 bottom right ©Floridae Australia; 168 Brisbane City Botanic Gardens ©Tourism and Events Queensland; 186 Story Bridge(top) ©Tourism and Events Queensland; 188 Tropical Display Dome(bottom right) ©Tourism and Events Queensland; 193 Otto Ristorante ©Tourism and Events Queensland; 194 Felons Brewing Co. ©Tourism and Events Queensland; 194 Percival's ©Tourism and Events Queensland; 195 Fiume Bar ©Tourism and Events Queensland; 196-197 Harveys, The Tivoli and Cielo Rooftop ©Tourism and Events Queensland; 206-207 HOTA and Aquaduck ©Tourism and Events Queensland; Ripley's Believe It or Not!, Infinity Attraction, iFly Gold Coast ©Destination Gold Coast; 209 Exhibitionist Bar at HOTA ©Tourism and Events Queensland; 213 Sea World Cruises ©Destination Gold Coast; 219 Cairns(aerial view) ©Tourism and Events Queensland; 227 Fitzroy Island and Green Island ©Tourism and Events Queensland; 230-231 Salt House(top right), Prawn Star(bottom right), Rocco and Ochre Restaurants ©Tourism and Events Queensland; 236 Kuranda Scenic Railway ©Tourism and Events Queensland; 237 top left and top right ©Skyrail Rainforest Cableway; 239 Hartley's Creek Crocodile Farm ©Tourism Port Douglas and Daintree; 245 Magnetic Island(top) ©Tourism and Events Queensland; 246 Airlie Beach(aerial view) ©Tourism Whitsundays; 249 Journey to the Heart Tour ©Tourism and Events Queensland; 253 Hervey Bay Whale Watching ©Tourism and Events Queensland

3권 037 The LUME Melbourne ©Tourism Australia; 063 Yarra Valley Dairy ©Tourism Australia; 065 Searoad Ferry Terminal, Sorrento ©Peninsula Searoad Transport Pty Ltd; 066 Bath House, Amphitheatre(drone imagery) ©Peninsula Hot Springs; 072-073 Penguin Parade ©Phillip Island Nature Parks; 074 Churchill Island ©Phillip Island Nature Parks; 078 Eastern Beach(aerial view) ©Tourism Australia; 079 Pavilion ©Tourism Australia; 080 Torquay Surf Academy ©Tourism Australia; 096 Sovereign Hill ©Tourism Australia/Time Out Australia; 124 Port Arthur Historic Site ©Hype Tv/ Tourism Australia; 148 South Australian Museum ©Sia Duff; 149 State Library of South Australia ©Jake Wundersitz(SA Media Gallery); 150 RoofClimb Adelaide ©Tourism Australia; 151 North Terrace ©South Australian Tourism Commission; 151 Adelaide Zoo ©Tourism Australia; 155 Kangaroo Island(first and second images) ©Tourism Australia, Seal Bay Conservation Park(third) ©South Australian Tourism Commission; 157 Coober Pedy(first) ©Tourism Australia; Umoona Mine Guided Tour(second) ©South Australian Tourism Commission; 194 Fremantle Prison Tunnels Tour ©Tourism Australia; 195 Cicerello's Jet Adventures ©Tourism Australia; 210 Ningaloo Reef ©Exmouth Dive and Whalesharks Ningaloo; 223 Swimming with Crocodiles at Crocosaurus Cove, Darwin ©Tourism Australia; and all other images by H.J. Min, Dongkwon Won and Jang H. Park